半导体科学与技术丛书

高频宽带体声波滤波器技术

李国强　著

科学出版社

北　京

内 容 简 介

本书共 8 章。第 1 章介绍滤波器的发展史，着重分析射频滤波器的种类及体声波滤波器的研发进展。第 2 章和第 3 章从体声波滤波器的物理基础出发，基于声波的传输理论与材料的压电理论推导出器件仿真模型，并以两款体声波滤波器的设计案例介绍设计方法的应用，展现关键影响因素在设计过程中的调整规律。第 4~6 章依次介绍了 AlN 薄膜的制备与表征方法、体声波滤波器的关键制备工艺与封装技术，结合本书作者团队的研究成果，表明了单晶 AlN 体声波滤波器(SABAR®)技术路线较多晶 AlN 路线的优势。第 7 章着重介绍体声波滤波器在民用通信、国防、传感及医学领域的应用。第 8 章分析与展望了体声波滤波器的前沿技术，涉及 SABAR® 滤波器、温度补偿型体声波滤波器、四工器、XBAR、YBAR 等。

本书可作为射频通信、芯片制造、半导体等行业从业人员，特别是研发人员的参考书目；也可作为高等院校通信、集成电路、材料等专业的教辅用书；还可作为对本研究方向感兴趣人员的科普读物。

图书在版编目(CIP)数据

高频宽带体声波滤波器技术 / 李国强著. -- 北京 : 科学出版社, 2024.5.
(半导体科学与技术丛书). -- ISBN 978-7-03-078688-3

Ⅰ. TN713

中国国家版本馆 CIP 数据核字第 2024752XT6 号

责任编辑：周　涵　田轶静 / 责任校对：彭珍珍
责任印制：赵　博 / 封面设计：陈　敬

科学出版社 出版
北京东黄城根北街 16 号
邮政编码: 100717
http://www.sciencep.com
涿州市般润文化传播有限公司印刷
科学出版社发行　各地新华书店经销
*
2024 年 5 月第　一　版　开本: 720 × 1000　1/16
2025 年 1 月第二次印刷　印张: 24 3/4
字数：498 000

定价: 218.00 元

(如有印装质量问题，我社负责调换)

《半导体科学与技术丛书》编委会

《半导体科学与技术丛书》出版说明

半导体科学与技术在20世纪科学技术的突破性发展中起着关键的作用，它带动了新材料、新器件、新技术和新的交叉学科的发展创新，并在许多技术领域引起了革命性变革和进步，从而产生了现代的计算机产业、通信产业和IT技术。而目前发展迅速的半导体微/纳电子器件、光电子器件和量子信息又将推动21世纪的技术发展和产业革命。半导体科学技术已成为与国家经济发展、社会进步以及国防安全密切相关的重要的科学技术。

新中国成立以后，在国际上对中国禁运封锁的条件下，我国的科技工作者在老一辈科学家的带领下，自力更生，艰苦奋斗，从无到有，在我国半导体的发展历史上取得了许多“第一个”的成果，为我国半导体科学技术事业的发展，为国防建设和国民经济的发展做出过有重要历史影响的贡献。目前，在改革开放的大好形势下，我国新一代的半导体科技工作者继承老一辈科学家的优良传统，正在为发展我国的半导体事业、加快提高我国科技自主创新能力、推动我们国家在微电子和光电子产业中自主知识产权的发展而顽强拼搏。出版这套《半导体科学与技术丛书》的目的是总结我们自己的工作成果，发展我国的半导体事业，使我国成为世界上半导体科学技术的强国。

出版《半导体科学与技术丛书》是想请从事探索性和应用性研究的半导体工作者总结和介绍国际和中国科学家在半导体前沿领域，包括半导体物理、材料、器件、电路等方面的进展和所开展的工作，总结自己的研究经验，吸引更多的年轻人投入和献身到半导体研究的事业中来，为他们提供一套有用的参考书或教材，使他们尽快地进入这一领域中进行创新性的学习和研究，为发展我国的半导体事业做出自己的贡献。

《半导体科学与技术丛书》将致力于反映半导体学科各个领域的基本内容和最新进展，力求覆盖较广阔的前沿领域，展望该专题的发展前景。丛书中的每一册将尽可能讲清一个专题，而不求面面俱到。在写作风格上，希望作者们能做到以大学高年级学生的水平为出发点，深入浅出，图文并茂，文献丰富，突出物理内容，避免冗长公式推导。我们欢迎广大从事半导体科学技术研究的工作者加入到丛书的编写中来。

愿这套丛书的出版既能为国内半导体领域的学者提供一个机会，将他们的累累硕果奉献给广大读者，又能对半导体科学和技术的教学和研究起到促进和推动作用。

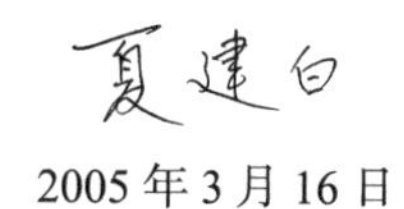

2005年3月16日

序

射频滤波器是射频通信领域的核心元器件，主要用于射频基站、智能手机、平板电脑、卫星通信、制导炮弹等民用及军用领域。体声波滤波器兼具高频、宽带、微型、高性能、易集成、低功耗和高功率容量等优点，是第五代 (5G) 高频宽带通信设备的“核芯”，对我国经济发展与国防建设具有重要意义。

目前，以多晶 AlN 为压电材料的体声波滤波器的技术路线已被国外“卡脖子”。与此同时，多晶 AlN 体声波滤波器性能仍有较大的提升空间。多晶 AlN 薄膜质量欠佳，存在大量的晶界和缺陷，导致器件声波损耗大，能量转换效率较低；器件制备过程中使用化学机械抛光 (CMP) 和牺牲层释放工艺来形成空腔，工艺十分复杂，对器件损伤较大，器件性能变差，工艺良率较低。针对上述问题，李国强教授另辟蹊径，在国际上首创了单晶 AlN 体声波滤波器 (SABAR®) 技术方案。他采用两步生长法，获得了适用于 SABAR® 制造的高晶体质量、低应力的单晶 AlN 薄膜。在此基础上，发明了倒装键合、衬底转移等新工艺，成功制备了 SABAR®，避免了传统器件制备工艺中的问题，大幅度提升了器件性能与工艺良率。目前，SABAR® 已规模化应用于多家头部通信企业及国防事业。SABAR® 的成功研发与应用对我国高速宽带通信领域的发展具有战略意义，有望解决相关“卡脖子”难题。

李国强教授在国内外具有丰富的科研工作经历，2004 年从西北工业大学博士毕业后，先后在东京大学和牛津大学做研究，对单晶 AlN 薄膜的生长及单晶 AlN 体声波滤波器进行了深入研究；2010 年回国后，在华南理工大学发光材料与器件国家重点实验室建立课题组。他结合国内外发展优势，带领小组继续开展单晶 AlN 体声波滤波器的研究工作；针对单晶 AlN 薄膜的生长难题，深入研究了单晶 AlN 薄膜在衬底上的微观缺陷、应力及生长模式之间的内在规律，采用两步生长法控制了 AlN 薄膜与衬底之间的界面反应，实现了高晶体质量、低应力 AlN 薄膜的外延生长；同时结合了倒装键合与衬底转移等技术，探索出 SABAR® 工艺路线，成功实现了 SABAR® 的产业化。迄今，李国强教授主持了多项国家及省部级相关重大科研项目，在国际知名学术期刊上发表了一系列研究论文，获授权了相当数量的国内外专利，在该书所论述主题上取得了显著成绩。

该书是李国强教授多年研究工作的总结，其阐述了体声波滤波器的理论基础、设计原理、核心工艺技术及发展态势，并重点阐述了 SABAR® 的技术路线，对目前国内外体声波滤波器的前沿技术进行了深入的分析讨论。该书内容丰富、层次清晰、理论联系实际、深入浅出，兼具先进性和实用性。

相信该书的出版将为从事体声波滤波器及射频前端科学研究与工程实践的相关人员提供有益帮助。衷心祝愿我国的半导体芯片科研事业蓬勃发展、日益兴盛！

刘胜

2024 年 2 月

前　言

半导体是战略性、基础性、先导性产业，是推动信息化和工业化深度融合、实现我国制造业高质量发展的基础与核心。半导体芯片被喻为国家的“工业粮食”，是所有整机设备的“心脏”。半导体产业作为关系国民经济命脉的支柱产业，其重要性已受到国内外的广泛重视，并成为维护国家安全、增强国家综合国力的关键所在。射频芯片作为半导体产业链中的战略性器件，是移动通信、物联网、卫星通信、电子对抗等民用、军用领域的核心芯片。

滤波器具有选择所需频率信号同时抑制不需要信号的功能，是射频前端最重要的分立器件。主流的射频滤波器包括声表面波 (SAW) 滤波器和体声波 (BAW) 滤波器。随着第五代 (5G) 通信时代的到来，无线通信正向高频高速方向发展。声表面波滤波器具有复杂的电极结构，随着频率的提高，声表面波滤波器将面临性能下降、功率容量低和制造工艺困难等问题，这使得它难以在 3 GHz 以上频率应用。而体声波滤波器因其高频率、低插损、高功率容量和易集成等优势，已成为 5G 等高频应用的首选。

目前体声波滤波器的主流压电材料是 AlN，其具备高声速、高杨氏模量、高热导率、低频率温度系数，且兼容互补金属氧化物半导体 (CMOS) 工艺，生产工艺成熟。然而，以多晶 AlN 为压电材料的体声波滤波器技术路线已被国外垄断，与此同时，多晶 AlN 体声波滤波器性能仍有较大的提升空间：多晶 AlN 薄膜质量欠佳，造成器件能量损耗大、功耗高；该技术路线中牺牲层释放工艺进一步降低了薄膜质量并损害了原始器件结构设计，造成器件性能较差，生产良率较低。为了解决目前体声波滤波器所存在的问题，作者率先尝试使用单晶 AlN 薄膜作为压电材料，并提出单晶 AlN 体声波滤波器 (SABAR®) 技术路线，力求改善 AlN 薄膜晶体质量，提高体声波滤波器性能，打破我国高端滤波器所面临的“卡脖子”现状。

作者基于前期多年的研究经历，通过本书系统而完整地介绍了体声波滤波器的物理基础、设计仿真、材料制备、芯片关键制备工艺、封装测试技术及其在国民经济及国防建设上的应用。在此基础上，对本研究团队全球首创并成功产业化应用的 SABAR® 技术路线进行了深入的分析，阐述了相关的科学问题，并对包括 SABAR® 在内的多种体声波滤波器前沿技术的发展趋势进行了展望。

在本书的撰写过程中，作者所在课题组的其他成员，如衣新燕、欧阳佩东等为全书的资料收集及校对整理工作付出了辛苦的劳动，在此对他们表示衷心的感谢；同时，感谢中国科学院刘胜院士及中国工程院周廉院士、赵连城院士的支持与鼓励；感谢国家重点研发计划 (2022YFB3604500)、国家产业基础再造和制造业高质量发展专项、广东省重点领域研发计划等项目对本书研究工作的支持。

知识的海洋浩瀚无垠，由于作者掌握的知识及水平有限，书中若存在疏漏和不当之处，敬请读者批评指正。

李国强

2023 年 12 月

目　　录

第 1 章　滤波器的发展史

1.1　引　　言

伴随社会经济的发展，人类对通信方式的要求越来越高。随着智能科技的快速迭代，无线通信技术得到了巨大的发展，无线通信技术改变了人类传统的通信方式，极大地缩短了信息传递和接收的时间。用户数量日益增多，互联网与通信技术也随之迅速发展，社会对其速度和可靠性提出了更高要求。在 21 世纪的现代社会，无线电磁波通信技术与电力技术一样，已成为人类生活不可或缺的一环。随着生产力的发展，信息数据吞吐量经历了飞跃式的增长，而人们对高速可靠的通信需求也在日益增长，无论是消费者还是企业都期盼着能够随时随地得到高速率与高可靠性的网络服务。社会也需要更加可靠便捷的网络来提高制造业效率。对于无线运营商而言，需要在满足日趋激增的数据吞吐量需求的同时，降低通信成本，以拓展更多的业务模式和营收模式。因此，在新一轮通信技术变革中，无线运营商需要做出更大的努力来降低通信成本、扩大业务规模 [1]。

目前移动通信和无线局域网 (wireless local area network，WLAN) 的典型架构包括天线、开关、滤波器、功率放大器 (PA)、低噪声放大器 (LNA) 和数模转换器 (D/A) 等。图 1.1 所示的系统框图代表了一个射频前端收发器，它包括发射电路和接收电路，两者共用同一个天线进行通信。在这个系统中，输入信号可以

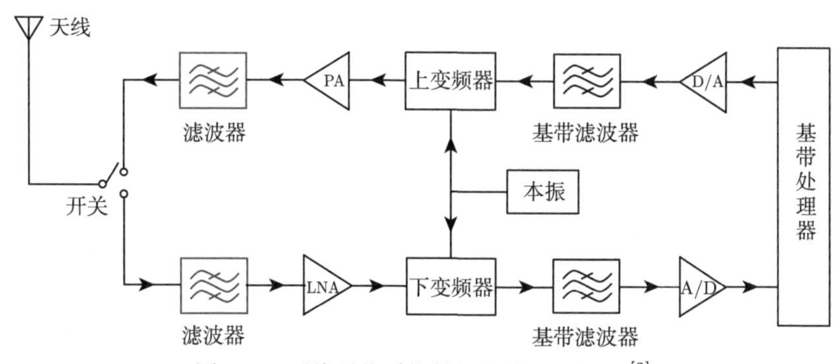

图 1.1　无线通信系统射频前端原理框图 [2]

PA. 功率放大器；LNA. 低噪声放大器；D/A. 数模转换器；A/D. 模数转换器

是声音或者计算机产生的数字信号。如果输入信号是声音，比如在移动电话中的情况，则首先将其转换为数字模式，以便在数字领域进行处理。经过数字处理后，信号可能会被压缩以减少传输时间，并且采用适当的编码方式来降低噪声干扰和传输误码的风险。在发射过程中，经过处理的数字信号会通过发射电路转换成相应的射频信号，并通过天线传输到空间中。而在接收过程中，天线接收到射频信号后，接收电路会将其转换回数字信号，并经过解码和解压缩的过程，使得原始信息能够被恢复出来。整个过程中，适当的编码和解码方法、压缩算法以及抗噪声技术起着重要的作用，可以有效地提高通信质量和可靠性 [3,4]。

在通信系统中，输入信号经过数字处理后，可以被转换成模拟形式以便传输。为了实现这一转换，我们使用数–模转换电路，将数字信号转换为低频的模拟信号。同时，本地振荡器产生高频的载波信号，这个载波信号与低频模拟信号进行混频操作。通过混频，将模拟信号与载波信号相结合，形成一个新的混频信号。混频信号经过功率放大器进行放大，以增强信号的强度，放大后的信号通过天线发送到自由空间，天线起着将编码处理后的信息转化为电磁波并向外传播的关键作用。通过以上过程，我们能够将经过数字处理和模拟转换的信息以电磁波的形式传输到自由空间中 [3,4]。

无线通信是一种重要的信息传输方式，它利用射频电磁波将信号传输到远距离的地方。在实际的通信过程中，需要使用各种射频器件来处理电信号。调制器可以将信号调制到合适的载波上，滤波器可以过滤掉不需要的频段，放大器可以增强信号的强度，双工器可以实现双向通信。这些器件共同协作以确保信号的有效传输。随着移动通信技术的快速发展，第五代 (5G) 通信已成为当今的热门研究领域以及惠及万家的国民技术。5G 通信采用的通信频段达到了 3 GHz 以上，其中包括诸如 N78 和 N79 等频段。以中国电信和中国联通为例，它们在 3400 ~3600 MHz 的频段内提供 5G 服务。这些频段属于高频段，传输的信号更为复杂和快速。在手机处理这些高频段的 5G 信号时，滤波器起到了至关重要的作用。滤波器能够根据信号的频率特性，允许特定频段的信号通过，同时阻隔其他频段的干扰。这样，移动终端可以准确地提取出当前信号传输信道所对应的频段，确保信息传递的准确性和稳定性。

为了实现 5G 移动通信技术的高效信息传递，我们需要开发出低损耗、高性能的射频滤波器。这样的滤波器能够在高频段下工作，并且能够有效地过滤掉干扰信号，同时保持较低的信号损耗。这对于提高信号传输质量和扩展通信范围至关重要。

随着智能移动终端设备的面世，便携性和小型化成为产品设计中的重要考虑因素。移动终端设备的功能差异性不断发展，与之对立的是手机主板的承载容量与各功能模块的丰富度之间的矛盾。这使得更多的模组和芯片需求必然会与纤薄化移动终端设备机身设计的要求产生冲突。为了解决这一矛盾，一个有效的方式是针对移动终端设备中的器件和前端模组进行集成化加工 [5]。通过集成工艺，可以将多个分立组件整合为集成电路，从而减小整体体积。同时，集成工艺拥有更好的可靠性和稳定性，能够提高产品的质量和性能。在集成化加工中，互补金属氧化物半导体 (complementary metal oxide semiconductor，CMOS) 技术等工艺可用于射频滤波器的制造。射频滤波器在移动终端设备中起到了非常重要的作用，能够过滤掉不需要的频段，确保信号的有效传输。然而，目前射频滤波器大多仍采用贴片安装的形式焊接在印刷电路板 (printed circuit board，PCB) 上，这在主板中占用了较多的空间资源，限制了移动终端设备的体积和设计。因此，实现射频滤波器的高集成化成为射频前端通信模块制造中必须克服的技术难点。通过研发低损耗、高性能的射频滤波器，并将其集成到移动终端设备中，可以进一步推动移动通信技术的发展，为用户提供更快、更稳定的通信体验。

滤波器作为无线通信系统中的关键器件，承担着频率选择的重要作用，是 5G 通信技术研究的重点之一。随着无线通信技术的快速发展，频段划分也越来越复杂且密集，滤波器需要具备非常高的带外抑制特性来避免目标通带与其他频段产生信号串扰，因此高频段选择性是射频滤波器的设计难点之一。并且，5G 无线通信采用大规模多输入多输出 (multiple input multiple output，MIMO) 系统，移动终端对滤波器的数量需求急剧攀升，而终端设备向微型模组化发展的趋势又势必导致其对芯片尺寸提出了更严格的要求，因此小型化也是滤波器的另一难点 [2]。为了解决这些设计挑战，研究人员正在努力开发新的射频滤波器技术。这些技术旨在提高滤波器的选择性和带外抑制性能，以满足日益复杂的无线通信系统的需求。

石英晶体滤波器和陶瓷滤波器是最早被提出的滤波器方案，因此，我们通常称它们为第一代通信用滤波器。它们采用石英晶体和压电陶瓷片作为压电功能材料实现谐振单元的构建 [6]。20 世纪 60 年代，科学家们在滤波器工作频率方面进行了大量的基础应用研究。他们发现，单纯依靠对单晶或陶瓷材料的物理减薄，只能将厚度控制在数十微米的范围内，这导致谐振器的振动主频率无法超过 200 MHz。为了突破这一局限，科学家们转而开始研究压电薄膜材料的制备工艺，以期望滤波器能够在更高频率下工作。这一举措标志着对滤波器工作频率限制的克服，为未来滤波器技术的发展指明了方向。

介质滤波器通常采用高介电常数、低损耗和低频率温度系数的微波介质粉末材料，如锆酸盐、钛酸钡等，它们通过高温烧结精制而成。作为第二代滤波器的代表，介质滤波器具有极高的性能指标 [7]。谐振腔体介质则采用损耗低、介电常数低的氧化铝支撑柱进行支撑。当特定频率的电磁波入射到双端口网络系统中时，其在空腔壁上发生全反射后可以形成电磁波驻波并产生谐振现象。通过适当的耦合和输出耦合一定数量的介质谐振单元，可以实现滤波功能，这在无线通信中具有重要意义。介质陶瓷滤波器尺寸通常在厘米级别，具有较高的品质因数 (Q 值) 和较低的插入损耗，同时具备良好的功率容量，因此在无线通信设备中得到广泛应用。然而，介质滤波器也存在一些局限性，例如体积较大，一般采用厘米级别尺寸，占用系统空间较多。另外，介质滤波器无法直接集成到信号处理电路中，通常作为分立器件使用，也无法与集成电路控制处理电路集成于同一模块中，因此需要额外设计和制造阻抗匹配的传输线，这将导致结构复杂且易出现信号衰减。因此，从工作性能、集成度以及体积大小等角度来看，介质滤波器在移动通信设备中并非最佳选择 [7,8]。

第三代滤波器采用的是声表面波 (surface acoustic wave，SAW) 滤波器，SAW 器件是一种利用压电基底和叉指电极进行能量转换的器件。其基本结构包括在压电基底表面制造的输入/输出叉指电极，又称为叉指换能器 (inter digital transducer，IDT)。当在输入端施加交变电压时，通过压电效应将电能转换为机械能，从而激励起沿表面传播的 SAW。而在输出端，同样出于逆压电效应的原理，声能被收集并转换为电能输出。在这种滤波器中，叉指电极的形状决定着谐振器的谐振频率。通过调整叉指电极的设计，可以实现对谐振频率的精准控制，从而实现滤波器对特定频率信号的选择性传输和过滤。这种能够进行声能和电能之间相互转换的特性，使得 SAW 谐振器在滤波器、复用器等频率相关应用中具有广泛的应用前景 [9]。和电磁波相比，声波波长大约只有其百分之一 [7]，因此 SAW 滤波器的尺寸也很小，封装前仅在几百微米 [10]。

目前，SAW 滤波器已经成熟地应用于基站、雷达等较大体积的中频滤波场合 [11]。SAW 谐振器利用叉指换能器完成了电信号与声信号的转换 [12]。叉指的倾斜角、宽度和缝隙的宽度决定了谐振周期，即频率。由于频率取决于叉指电极的粗细，叉指电极越细则其频率越高，对工艺的要求就会越高，且会带来更高的欧姆损耗 [13]。目前 SAW 滤波器在 2.5 GHz 以下的场景应用已相当成熟，器件封装后的体积也比较小，主要应用于中频滤波 [8]。过细的叉指电极导致 SAW 滤波器频率更高，功率容量更小 [14]，所以鲜有中心频率超过 3 GHz 的报道 [7]。此外，在制造工艺方面，电极线宽通常受到光刻工艺的限制，这是因为 SAW 滤波器的频率与线宽有关，在运用到前端高频滤波时难以处理大功率信号，且需要采用深亚微米的光刻和制造技术，深亚微米光刻和制造技术有很大的工艺复杂性 [15]。5G 通信技术要求的频段已经超过 3 GHz，对于 SAW 滤波器来说，必须依靠缩短叉指电极之间的距离来提高其起振频率；而当工作频率超过 3 GHz 后，两叉指电极之间的间距过小使得 SAW 滤波器的插入损耗增大，工艺加工难度提升，良品率下降 [5]。

在 1965 年，美国学者 Newell[16] 发表了一篇基于薄膜体声波 (bulk acoustic wave，BAW) 谐振器的学术论文。在这篇文献中，他制备出了一种薄膜 BAW 谐振器。这个谐振器的结构是基于布拉格反射层堆叠即固态装配型的。虽然这种固态装备型的谐振器具有很高的理论研究价值，但是它的制备难度较大，因此在一段时间内这种谐振器的发展只停留在理论研究的水平上。直到 1967 年，Slicker 和 Roberts[17] 成功制备出了以 CdS 作为压电薄膜的 BAW 实物器件，这标志着 BAW 谐振器迈出了实际应用的第一步。在这一领域的研究中，1980 年，Lakin 和 Wang 在硅片上成功制备出了以 ZnO 作为压电材料的背面刻蚀型的 BAW 谐振器。这一成果为 BAW 滤波器的集成化研究奠定了基础，其制备的谐振器基波频率为 435 MHz。两年之后，Lakin 又成功制备了以氮化铝 (AlN) 薄膜为压电材料的 BAW 谐振器，这极大地促进了 BAW 的研究和发展 [3]。然而，当时 BAW 滤波器的应用范围仍然在几百兆赫兹，相比于 SAW 滤波器，并没有在高频段上展现出更高的应用优势。此外，制备难度大、生产成本高和难以实现量产化等也限制了 BAW 滤波器的发展。然而在 1990 年，Krishnaswamy 和 Rosenbaum 成功制备出了工作频率超过 1 GHz 的 BAW 滤波器，这一成果将 BAW 滤波器的应用范围正式扩展到 GHz 波段 [4]。近年来，BAW 器件及其应用在学术界和工业界引起了广泛关注。研究人员在振动理论、压电材料、设计仿真、谐振器微结构、滤波器拓扑、固态装配滤波器、硅背刻蚀滤波器、多工器、复用器、传感器和单片集成技术等领域取得了重大的进展和成果 [6]。

WiFi 6E 和 5G 技术都是现代高频无线通信技术的重要代表，它们具有更高的传输速率、更低的延迟和更好的网络性能，对于推动全球数字化转型和信息技术应用具有非常重要的意义。WiFi 是一种广泛使用的无线网络技术，但其仅使用 2.4 GHz 和 5 GHz 作为主导频段，无线电频谱资源变得越来越紧张，这导致网络延迟增加，用户无线通信速率下降，路由器干扰频繁。WiFi 6E 是 WiFi 6 的增强版本，它将原有的 2.4 GHz 和 5 GHz 频段扩展到支持 6 GHz 频段，该频段范围为 5925~7125 MHz，共计 1200 MHz 的带宽，从而扩大了网络容量。随着物联网的广泛普及，预计全球物联网连接数将远远超过全球人口数量，可能是其数倍甚至数十倍。在这个背景下，“物的数据”将成为数据要素的核心组成部分，即由物体生成的数据。这些数据将成为整个经济社会贡献的重要来源，为各行业和领域带来巨大的发展潜力。通过物联网连接的设备和传感器，我们能够收集、分析和利用大量来自物体的数据，从而在推动创新、优化资源利用、提高生产效率、改善生活质量等方面产生积极的经济和社会影响。因此，6 GHz 频谱对于 WiFi 来说将有效地扩充 WiFi 信道数量，并极大地提高其传输能力。目前，WiFi 6E 可以在 6 GHz 频段进行无线通信，提供更大的频谱和更高的带宽，可以实现更快的数据传输和更低的延迟。而 5G 技术，自 2019 年商用以来，不断发展壮大。相比之下，5G 所涵盖的工作频段要比 3G、4G 等高出许多，4G 使用的频段主要集中在低频段，如 700 MHz、800 MHz、900 MHz、1.8 GHz、2.1 GHz 等，3G 则主要使用在 2 GHz、2.1 GHz。近年来，随着 5G 移动通信和 WiFi 6E、WiFi 7 等局域网络技术蓬勃发展，BAW 技术也开始呈现出一些新的发展态势。这些态势包括高频化、宽带化、高耐受功率、高温度稳定性、小型化封装和集成化等 [6]。在可以预见的将来，这些全新的发展趋势将会推动 BAW 滤波器技术在移动通信领域和其他领域内多元化发展，并迎来更广泛的应用。

1.2 射频滤波器的特性及分类

根据工作频率和采用的元件类型，滤波器可分为有源滤波器和无源滤波器。在无源滤波器中，又可进一步分为集中参数滤波器和分布参数滤波器 [18]。集中参数滤波器的主要元件是 LC 元件和晶体谐振器，分布系统滤波器的主要元件是同轴线和微带传输线，也包括波导和螺旋线谐振器 [3]。在无线通信中分布系统滤波器应用较少，故在本书中不过多概述。有源滤波器则由级联的放大器或其他有源器件构成。无源滤波器的谐振单元则由电阻器、电容器和电感器等无源元件构成。有源滤波器的谐振单元除了电阻器和电容器外，还使用晶体管、运算放大器等有源元件，无源滤波器的输出随负载的增加而衰减，有源滤波器可以有增益。滤波器种类繁多，其类别区分方式并不局限于按元件种类不同来区分，根据信号处理方式、通带内滤波特性、传输频带可以将滤波器的用途与特性一一细致区分。

按照不同的划分依据对滤波器进行分类，如表 1.1 所示。

表 1.1　滤波器划分依据及对应分类

划分依据	具体种类
按元件种类划分	无源滤波器、有源滤波器
按信号处理方式划分	模拟滤波器、数字滤波器
按通带内滤波特性划分	巴特沃斯 (Butterworth) 滤波器、切比雪夫 (Cheby shev) 滤波器、椭圆函数 (elliptic-function) 滤波器等
按传输频带划分	高通滤波器、低通滤波器、带通滤波器、带阻滤波器

LC 无源滤波器是最早被采用的集总参数滤波器方案，其利用电容和电感在特定频率点出现谐振的特性，在某一频带形成低阻抗的通带，而在其他频带形成高阻抗的抑制带，从而实现频段的选择功能。LC 无源滤波器发展时间最久，其电路结构简单、制备成本低廉，至今还广泛应用在一定的领域。虽然无源滤波器噪声性能好、器件线性度高，但是它的通带增益是衰减的，即存在插入损耗。电感元件广泛地应用在无源滤波器电路设计当中，电感元件面积大，品质因数低，这限制了无源滤波器电路向高度集成化方向发展 [19]。为了解决这个固有缺陷，科研

人员开始探究用其他元件替代或者减少电感元件的使用，这促进了各种有源滤波器的相继问世。有源滤波器可以减少对电感的依赖，便于集成在芯片上，同时能够压缩产品的成本。有源滤波器有很多品类，例如，有源 LC 滤波器利用高增益的放大器实现滤波功能；金属氧化物半导体场效应晶体管 (MOSFET)-C 滤波器则在此基础上采用处于线性区的金属氧化物半导体 (MOS) 管取代电阻进一步提高滤波器的精度；跨导电容滤波器则是在无源滤波器原型的基础上利用跨导电容结构模拟电感器件，实现滤波器功能 [20]。

数字滤波器和模拟滤波器都是信号处理中常见的滤波器，前文所讲述的无源滤波器和有源滤波器都属于模拟滤波器的范畴。它们的主要区别在于处理信号的方式和使用的技术。模拟滤波器是一种用于处理连续时间信号的滤波器，它通过对输入信号进行连续时间域上的操作来实现滤波效果。与之相反，数字滤波器是一种用于处理离散时间信号的滤波器，它通过对输入信号进行离散时间域上的操作来实现滤波效果。数字滤波器通过将连续时间信号进行采样和量化，将其转换为离散时间信号，并使用数字算法对其进行处理。这种转换使得数字滤波器能够更好地适应数字系统和实时数据处理的需求。模拟滤波器是利用电阻、电容、电感等模拟电路元件来处理信号的装置，其主要功能是对信号进行滤波。这些模拟电路元件能够根据信号的特性来实现滤波效果，通过改变电路的参数来调节滤波器的特性，以适应不同类型的信号处理需求 [21]；相比之下，数字滤波器则是利用数字信号处理器 (digital signal processor，DSP) 或者计算机等数字处理设备对离散时间信号进行处理的装置。数字滤波器能够通过算法对信号进行精确的处理和分析，具有灵活性高、可编程性强等优点，适用于复杂信号处理和实时控制系统中的应用，使用数字滤波器可以实现更高精度的滤波和更灵活的参数调整。数字滤波器与模拟滤波器相比有很多优点，但是在无线通信系统中数字滤波器无法取代模拟滤波器，因为在接收射频信号后，模数转换器 (analog to digital converter，ADC) 很可能会采集到混叠信号，所以在 ADC 前端加上抗混叠模拟滤波器是很有必要的。当前阶段，在射频前端收发机结构中应用最广泛的是 SAW 滤波器和 BAW 滤波器，这两种滤波器都属于无源滤波器，其中 SAW 滤波器适用于 2500 MHz 以内的应用，BAW 滤波器适用于高于 2500 MHz 的无线设备收发机 [22]。

根据带内传输函数类型的不同，演化出了多种经典的滤波器函数，如巴特沃斯滤波器、切比雪夫滤波器、椭圆滤波器等。切比雪夫滤波器是一种具有特殊特性的滤波器，其特点在于具有等波纹通带和单调上升的过渡衰减带。与最大平坦滤波器和椭圆函数滤波器相比，在接近通带边缘的阻带区域，切比雪夫滤波器的衰减更高，这意味着切比雪夫滤波器在阻止不需要的频率成分方面表现出色。这意味着在通带内部，切比雪夫滤波器允许信号通过，并且具有波动的幅度；而在阻带区域，它能够有效地抑制不需要的信号。切比雪夫滤波器在接近通带边缘的阻带区域的衰减程度最高，这使得它在需要更强的阻带性能时成为一种优选。然而，当远离通带的阻带区域时，切比雪夫滤波器的衰减性能可能会相对较低，尤其是与最大平坦滤波器或椭圆函数滤波器相比 [23]。经典滤波器函数类型需要根据不同的应用来选取。在大多数使用场景中，椭圆函数滤波器和切比雪夫滤波器在带内波纹与带外抑制之间做到了最好的平衡。通常情况下必须根据特定指标折中分析并确定最佳设计。具体介绍见后文 1.2.3 节 “LC 滤波器”。

滤波器是一种具有频率选择特性的双端口器件，用于根据频率对输入信号进行选择性处理。在频率选择划分上，滤波器通常具有四种常见的频率响应函数形式：低通滤波器、高通滤波器、带通滤波器和带阻滤波器。

低通滤波器：只允许从 0 Hz 到其截止频率 f_c 点的低频信号通过，同时阻止任何更高频率的信号。

高通滤波器：只允许从其截止频率 f_c 至无穷大的高频信号通过，同时阻止那些更低频率的信号。

带通滤波器：允许落在两点之间设置的特定频带内的信号通过，同时阻止该频带两侧的较低和较高频率的信号。

带阻滤波器：阻止落在两点之间设置的特定频带内的信号通过，同时允许该频带任一侧的较低和较高频率的信号。

如图 1.2 所示，横轴表示频率，纵轴表示电磁波的衰减程度，即信号的抑制效果。图 (a) 展示了低通滤波器的特性，对高于特定频率的信号表现出明显的衰减，而对低于该频率的信号则不产生衰减。图 (b) 表示高通滤波器，对低于特定频率的信号表现出显著的衰减，而对高于该频率的信号则不产生衰减。图 (c) 则展示了带通滤波器的特性，带外的信号受到衰减，而带内的信号通过时不会发生衰减。图 (d) 表示带阻滤波器，对处于阻带内的频率信号表现出明显的衰减，而对其他频率的信号则不产生衰减 [24]。

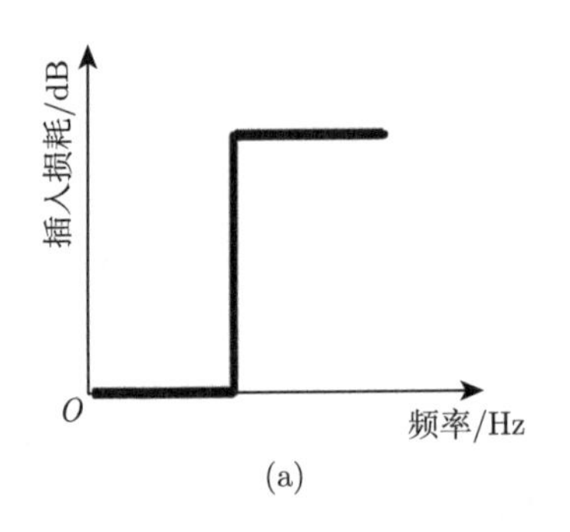

(a)

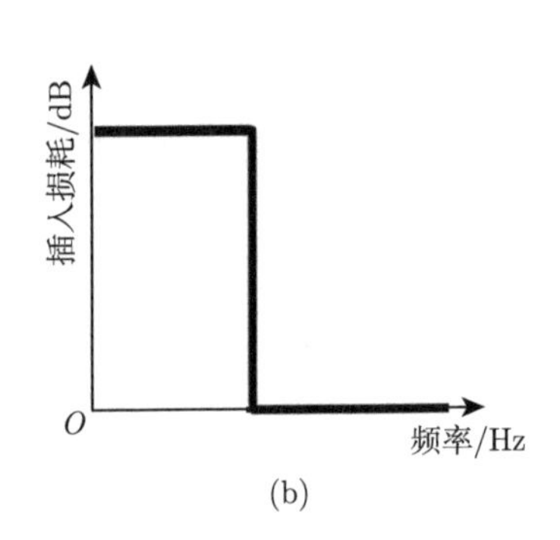

(b)

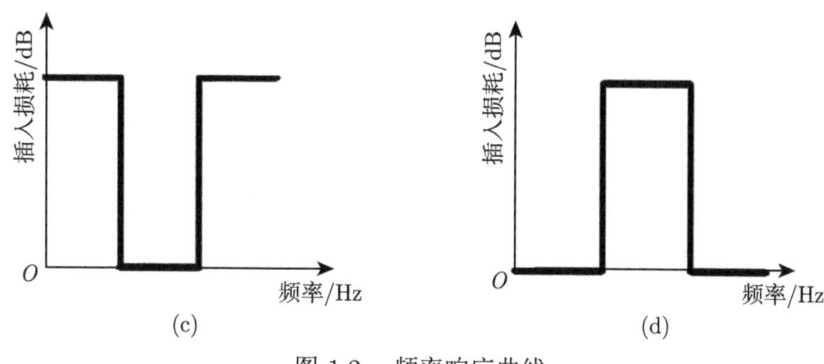

图 1.2 频率响应曲线

(a) 低通；(b) 高通；(c) 带通；(d) 带阻

对于滤波器来说，下面是常见的一些主要设计指标。

1. 中心频率

在带通滤波器中，中心频率是指射频信号通过滤波器时处于通带中心的频率。通带是指滤波器允许通过的频率范围，而带通滤波器则是只允许特定频率范围内的信号通过。中心频率是带通滤波器通带的中心点，也是通带内信号能够通过滤波器衰减最小的频率点。调节带通滤波器的中心频率可以改变所允许通过的频率范围，从而选择性地滤除或保留特定频率范围的信号。中心频率的选择取决于具体应用需求和信号特性。

2. Q 值

Q 值是体声波滤波器插入损耗、带外抑制、矩形度等指标的决定性影响因素。在滤波器的设计过程中，Q 值的大小至关重要。如果 Q 值较小，则会导致滤波器在设计目标上无法达到预期效果，同时会导致插入损耗增加，从而影响滤波性能。Q 值在滤波器电路中是一个非常关键的参数，它代表了滤波器的边带滚降与谐振峰的锐度之间的平衡。Q 值是滤波器的本征特性，它表示在没有外加负载源的条件下，滤波器所具有的 Q 值。然而，在实际应用场景中，滤波器通常需要与外部电路和负载相连，这时外部电路就会对滤波器的总体 Q 值产生一定的影响。为了描述外部电路对滤波器 Q 值的影响，人们引入了有载 Q 值的概念 [24]。因此，有载 Q 值是指在实际应用中，滤波器与外部电路和负载相连后所表现出来的 Q 值。它是由滤波器电路本身的无载 Q 值和外部电路对滤波器的影响所共同决定的。在实际设计中，外部电路对滤波器的总体 Q 值的影响需要被充分考虑，并且需要进行正确的补偿和优化。

3. 带宽

带宽可以定义为通过滤波器的信号频率的上限与下限之间的频率范围。这个范围可以根据滤波器的设计和应用需求进行调整，以实现所需的频率选择性。带宽的大小直接影响着带通滤波器的功能和性能。较大的带宽意味着通过滤波器的信号频率范围更广，而较小的带宽则会使得只有特定频率范围内的信号能够通过滤波器。因此，在设计和选择带通滤波器时，带宽是一个重要的参数，需要根据具体应用场景和信号要求进行合理的设置。体声波滤波器的带宽一般指的是 3 dB 带宽，3 dB 带宽指的是比峰值功率小 3 dB(就是峰值的 50%) 的频谱范围的带宽。

4. 插入损耗

插入损耗 (insertion loss，IL) 是指信号通过滤波器时所引起的功率损耗。它是输入信号功率与输出信号功率两者的差值，通常以分贝 (dB) 为单位表示。插入损耗可以看作是滤波器对信号的衰减程度，值越小表示滤波器的传输效率越高，衰减越小。插入损耗对于滤波器的性能至关重要，特别是在需要保持信号强度的应用中，通常采用 S_{21} 作为插入损耗的表达参量，插入损耗体现了滤波器滤波性能的优劣。

5. 回波损耗

回波损耗 (return loss，RL) 是指由信号传输过程中产生的反射而导致的信号功率损耗。当信号从源端传输到滤波器时，部分信号会发生反射并返回到源端，这会导致信号的损失。回波损耗是反映滤波器与源端两者匹配程度的指标，通常以分贝为单位表示。较高的回波损耗表示滤波器与源端两者的匹配较好，反射较小，损耗较低，回波损耗采用反射系数 S_{11} 来表示。

6. 带内波纹

带内波纹是指在滤波器的工作频带范围内，损耗 (插入损耗) 发生的上下波动的幅度。这种波纹幅度范围可以用来评估滤波器对不同频率信号的衰减能力的一致性和稳定性。小幅度的带内波纹幅度表示滤波器在整个频带范围内能够保持较为稳定的损耗水平，性能良好。

7. 矩形系数

在滤波器设计中，矩形系数是指滤波器在其截止频率附近的斜率或陡峭程度。一般来说，通过以 60 dB 或 40 dB 带宽与 3 dB 通带带宽之比来表示矩形系数。这个比值表明了滤波器在频率响应曲线上的过渡区域的陡峭程度。较小的矩形系数表示滤波器在截止频率附近的过渡区域更为陡峭，具有更高的选择性能。在滤波器设计和性能评估中，矩形系数被广泛应用，并被视为衡量滤波器性能的重要指标之一。通过优化矩形系数，可以实现更精确、高效的信号处理和滤波效果。

8. 群时延

群时延是描述信号响应时间的重要参数，反映了系统在特定频率下相位 (相移) 随频率变化的速率。当宽带信号经过传输路径或设备中的线性元件时，不同频谱分量的相速度存在差异，因此元件对各频谱分量的响应也会有所不同。这种差异导致到达接收端的信号因不同频率分量的相移或时延而产生相位关系的混乱，即相位失真。换句话说，群时延滤波器电路中的相位失真问题源于宽带信号的频谱分量在传输途中受到不同的时延影响，进而引发接收信号的相位关系紊乱。

矢量网络分析具有广泛的应用范围，可以精确地测量和分析高频电路中的各种参数，包括 S 参数、阻抗、反射系数、传输系数等。在滤波器测试中，矢量网络分析器可以实现对滤波器的频率响应、增益、相位等参数的精确测量和分析，以及对滤波器的选择性能、带宽、截止频率等进行评估。

矢量网络分析仪主要用于测量微波器件的 S 参数、幅频特性，如增益 (插损)、驻波比、相位特性以及群时延等。从电磁波等射频信号的特性出发，研究其传输、损耗、反射、干扰等电学参数，即散射参量 (scattering parameter)，也称为 S 参数，如图 1.3 所示。标准的双端口网络会有 4 个 S 参数，分别是输入端口的反射系数 S_{11}、正向传输系数 S_{21}、输出端口的反射系数 S_{22}、反向传输系数 S_{12}。对于谐振器，可以设计成只测单端口的反射系数 S_{11}(图 1.4)，也可以设计成双端口测试 S_{21}；对于滤波器则只能设计成双端口器件，需要测试反射系数 S_{11} 以及传输特性 S_{21} 参数。通常采用矢量网络分析仪测试 S 参数，再根据需求将其转化为频率阻抗特性曲线或导纳曲线。

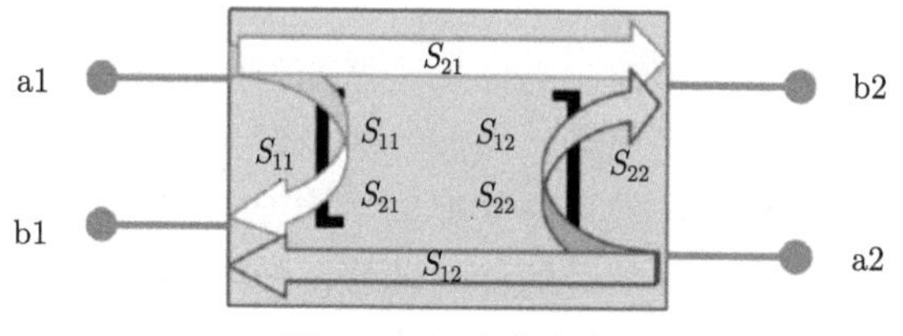

图 1.3　S 参数定义

前文对滤波器复杂的从属体系进行了系统的梳理，在目前的无线通信系统应用中，基站和移动终端收发成为滤波器应用最广泛的两个场景。在基站这类基础设施应用中，腔体滤波器和介质滤波器扮演着极其重要的角色，它的体积比声学滤波器大数倍，但却能在合理的成本下实现良好的性能。而在移动终端的应用中，声学滤波器能够同时满足低频率和高频率 (高达 9 GHz) 下的功率要求，在某些特殊情况下能够满足高达 12 GHz 频率的工况。它能够在保证体积小巧的同时，提供极佳的性能表现，以满足复杂的滤波器要求。声学滤波器是商用射频 (RF) 微

波应用 (例如手机、WiFi 和全球定位系统 (GPS)) 中最常见的滤波器。目前 5G 毫米波技术持续推进，其所覆盖频段已超出声学滤波器的物理极限，故 LC 滤波器作为最早出现的无源滤波器被赋予了新的血液，它成本低、体积中等，在 5G 毫米波段有稳定的性能表现。随着 CMOS 工艺和陶瓷低温共烧工艺的日渐成熟，LC 滤波器也以集成式无源滤波器 (integrated passive device，IPD) 和低温共烧陶瓷 (low temperature co-fired ceramic，LTCC) 滤波器的形式出现在大众视野。

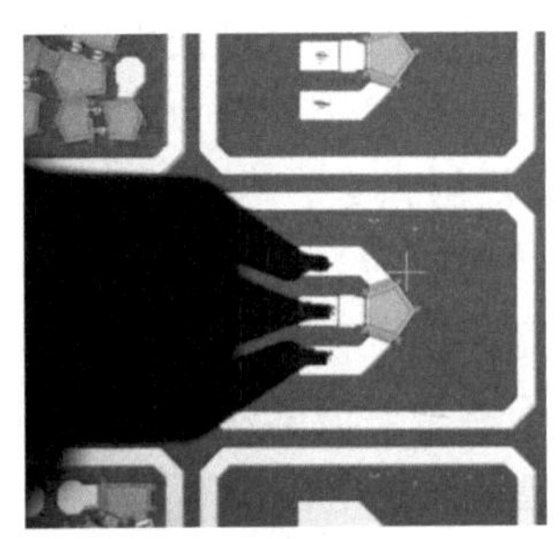

图 1.4　三探针测试实拍图

立足于无线通信滤波器常见的应用场景，接下来我们将对基站和移动终端收发中最常用的腔体滤波器、介质滤波器、LC 滤波器、IPD 滤波器、LTCC 滤波器、声表面波滤波器和体声波滤波器进行详细且全面的阐述。

1.2.1　腔体滤波器

微带及悬置线滤波器具有体积小、易于集成等优势，但与腔体滤波器相比，却很难获得较高的带外抑制 [25]。腔体滤波器的体积很大，但密封性很好，可以隔绝电磁波，只有小部分外泄。因而，腔体滤波器的带内损耗低，带外抑制高，工作频段宽。同轴式腔体滤波器是高频、微波等应用最为广泛的滤波器。腔体滤波是利用入射到腔内的信号与谐振腔本身共振频率接近时，通过激发孔进入腔内，在多个谐振腔间进行耦合，实现信号的能量转移，最终实现信号的输出。腔体滤波器通常由矩形谐振腔、谐振柱以及谐振螺旋钉构成。矩形谐振腔的尺寸对无负载品质因数、带内损耗和共振频率有很大的影响。故而在设计滤波器时，常常是通过调整谐振腔的高度或者调整螺杆的深度来实现对其共振频率的调控；通过调整矩形谐振腔的长宽高，实现对无负载品质因数的调控，最终达到降低通带内损耗的目的。同轴腔体滤波器主要分为两种不同的结构形式：梳状和叉指状。梳状结构滤波器的所有谐振柱一端与地相接，另一端处于开路状态；而叉指状结构滤波器的谐振柱是依次交错排列组成的，每个谐振柱都是一端开路另一端短路。在结构上，梳状结构适合于窄带谐振腔，而叉指结构则适合于宽带谐振腔，与之相比，叉指谐振腔具有更低的插损 [25]。

在腔体滤波器中，可以通过不同的工艺方法实现各类的腔体类型。目前，常见的腔体滤波器主要分为同轴腔体滤波器、截止波导腔体滤波器和矩形腔体滤波器以及圆波导腔体滤波器。

根据腔体结构，同轴腔体滤波器可分为四类 [26]：标准同轴、方腔同轴、螺旋形同轴和梳状结构。这种结构的微波滤波器由于其小体积、高电磁屏蔽性、低插入损耗以及耐大功率等优点，在各个微波系统中得到了广泛应用。而对于同轴谐振腔又可以将其分为三种：半波长谐振腔、四分之一波长谐振腔和电容加载型谐振腔，如图 1.5 所示。

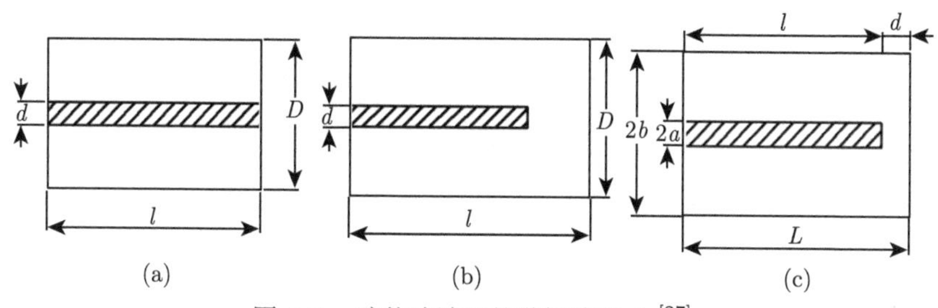

图 1.5 腔体滤波器的谐振腔形式 [27]
(a) 半波长谐振腔；(b) 四分之一波长谐振腔；(c) 电容加载型谐振腔

1.2.2 介质滤波器

以介质谐振器为基本单元可以构成介质腔体滤波器，因此介质腔体滤波器的发展基于介质谐振器的研究。早在 1939 年，美国斯坦福大学的研究者 R. D. Richtmyer 就已经证明了介质材料可以充当介质谐振器使用，然而当时的材料技术以及刻蚀工艺上的发展速度十分缓慢，也没有能力提供高介电常数以及低损耗的介电材料来作为实验对象，也因此介质滤波器当时没有引起人们重视而遭到搁置。20 世纪 60 年代，介质陶瓷的研究取得了重大进展，即用介质谐振器作为基本元件可以组成介电谐振腔，从而开始了介电谐振腔滤波器的研究。由于介质滤波器具有损耗小、介电常数高等特点，在基站等领域得到了广泛的应用。20 世纪 80 年代，随着微波介质材料研究的进一步深入发展，以 LTCC 和高温超导技术等为代表的一些新兴技术相继问世，这些新兴技术直到现在还被广泛使用。使用这些新技术制得的滤波器有着更小的尺寸和更低的损耗等特性，同时微波介质材料在性能上也有了新的突破，比如具有较高的介电常数、更高的温度稳定性以及更低的损耗。同时其成本也不断下降，从而被广泛普及。

在 20 世纪八九十年代，随着微波陶瓷材料技术的突破，介质滤波器的发展迎来了一个高速发展时期。如图 1.6 所示是目前最常见的一种介质滤波器类型。

在腔体内部，每一个腔体都有一个圆柱形的介质块，每个介质块由金属壳包围。相邻两个介质块之间通过膜片来耦合。由于这种结构简单，易于调节，因此方便工程师快速设计，但缺点是腔间耦合系数较低，因此不能有效地提高带宽。2007 年，一款体积小、集成度高、抗干扰能力强的二阶介质滤波器被研制出来。如图 1.7 所示，这种滤波器的集成度非常高，本身 Q 值也很高，可以达到 8000，而且这种介质滤波器调谐非常简易方便，因为其所有影响谐振频率的元件全部集成于谐振器上。

图 1.6　典型的介质滤波器结构

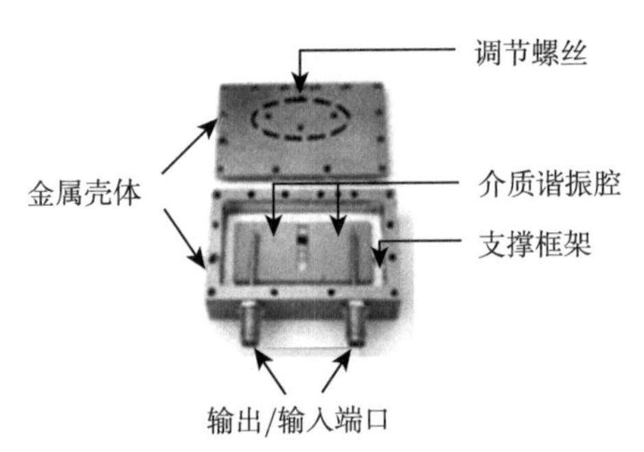

图 1.7　二阶介质滤波器内部构造

在当今介质滤波器领域，日本村田公司生产的滤波器占据了很大份额。在设计和研制过程中，该公司使用的陶瓷材料成本较低，却能实现高抑制与低插损这些优良性能，是当下非常成熟的介质滤波器结构。这一创新技术使介质滤波器获得了更广泛的普及，并成为商用市场上的主流产品。村田公司生产的介质滤波器中比较有代表性的是 DP 系列、FB 系列以及 MB 系列。

1.2.3　LC 滤波器

1. 巴特沃斯滤波器

巴特沃斯滤波器作为电子滤波器的一种，是低通滤波器中平坦幅度响应度最大的。目前，这类滤波器在通信、电测等领域已被广泛地应用，可以作检测信号的滤波器 [28]。这里补充一下通带频率和阻带频率的概念，能够通过滤波器的频率信号范围构成通带 (pass-band)；而被衰减的频率信号则不能在输出端输出，这些被衰减的频率范围构成了滤波器的阻带 (stop-band)。通带与阻带交界点的频率称为截止频率。理想的滤波器在通带区的频率响应不存在插入损耗，且可以在阻带表现出无限大衰减以隔断信号，但实际过程中，是无法共同实现两部分要求的。因此，在设计电路的过程中应根据实际需求选择合适的规格。巴特沃斯滤波器是 1930 年由英国工程师斯蒂芬 • 巴特沃斯 (Stephen Butterworth) 在英国《无线电工程》期刊上首次报道的。巴特沃斯滤波器表现出通频带内最大限度平坦且无起伏的频率响应曲线的特点，而在阻频带可以逐步归零。在振幅的对数–角频率的波特图中，以某边界角频率为起点，振幅会表现出随角频率增加而减小直至趋向于负无穷大的特性。一阶巴特沃斯滤波器的衰减率为每倍频 6dB，每十倍频 20dB；二阶巴特沃斯的衰减率为每倍频 12dB；三阶巴特沃斯滤波器的衰减率为每倍频 18dB，依此类推。巴特沃斯滤波器具有单调下降性的振幅对角频率，这使得其表现出在不同阶数下依然能保持相同形状的振幅对角频率曲线。这种特性也是明显区别于其他类型的滤波器在不同阶数下振幅–角频率图的差异性形状。然而，滤波器随着阶数的增加会表现出阻频带高衰减速度的振幅。

2. 切比雪夫滤波器

为纪念俄罗斯数学家切比雪夫，用他的名字命名了一种滤波器——切比雪夫滤波器。相对于巴特沃斯滤波器，这种滤波器在阻带的下降速度、衰减斜率等方面更具优势。其最大的特点为在通频带或阻频带区域有明显的等波纹波动的频率响应振幅曲线。切比雪夫滤波器表现出在通带或阻带上存在等波纹波动的频率响应幅度 (通带、阻带的平坦和等波纹相异性)。根据等波纹波动在频率响应幅度上的不同响应可分为 “I 型切比雪夫滤波器”(通带上的频率响应幅度为等波纹波动) 和 “Ⅱ 型切比雪夫滤波器”(阻带上的频率响应幅度为等波纹波动)(图 1.8)。此外，切比雪夫滤波器在过渡带比巴特沃斯滤波器具有更快的衰减，但频率响应的幅频特性的平坦性明显较差。切比雪夫滤波器与理想滤波器的频率响应曲线的差异性最小，但存在一定的等波纹波动的频率响应幅度。

3. 贝塞尔滤波器

贝塞尔滤波器是一种线性波滤器，其具有最大平坦群延迟 (线性相位响应)。最大平坦群延迟的意思是，处于通频带内的各类不同频率信号会在经过滤波器时产生与信号频率线性相关的相移，保证了最小波形失真。带通的相位响应近乎呈线性。贝塞尔滤波器可用于减少所有无限冲激响应 (IIR) 滤波器固有的非线性相位失真。贝塞尔滤波器不像巴特沃斯和切比雪夫滤波器，有公式来计算滤波器的阶数，贝塞尔滤波器的阶数只能通过给定的性能指标通过已有的设计曲线查找得到。贝塞尔滤波器的极点没有简单的计算公式，只能通过数值方法计算得到，所以滤波器的系数通过计算极点和零点得到 (总之，使用不太方便)。在音频设备中，保证频带内多信号的相位的条件下，进行带外噪声的消除，使得具有向其截止频率以下的所有频率提供等量延时的特性的贝塞尔滤波器在音频设备中得到应用。此外，贝塞尔滤波器还有高速的阶跃响应、无过冲或振铃现象，使得其在音频数模转换器 (digital to analog converter，DAC) 输出端的平滑滤波器，或音频 ADC 输入端的抗混叠滤波器方面表现出优异的性能。

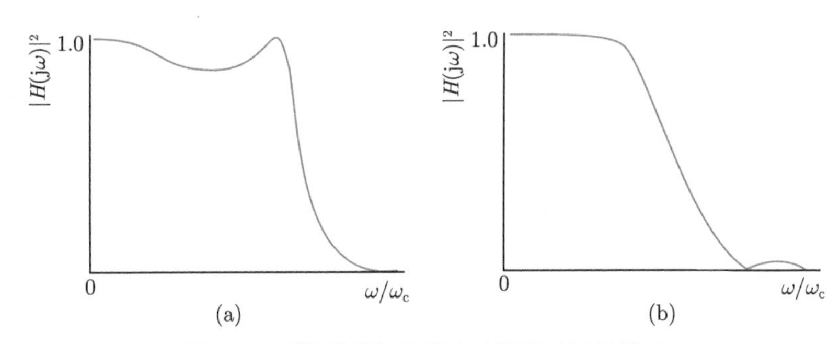

图 1.8　不同类型切比雪夫滤波器的波纹波动

(a) Ⅰ 型切比雪夫滤波器；(b) Ⅱ 型切比雪夫滤波器

4. 高斯滤波器

高斯 (Gaussian) 滤波器与上述的贝塞尔滤波器具有高度相似的响应特性。二者的主要差别在于延时特性曲线趋于零值时的速率不同。具体地，贝塞尔滤波器的延时特性曲线在通带内表现出高平坦性，在阻带区以后才开始且迅速趋近于零值；而高斯滤波器的延时特性曲线则在通带内缓慢降低，且在阻带区依然表现出趋近于零值的低速率。与贝塞尔滤波器一样，高斯滤波器的截止特性也不好。

5. 逆切比雪夫滤波器

首先，我们来介绍一下逆切比雪夫滤波器的特点。之所以叫逆切比雪夫滤波器这个名字，是因为它的特性正好与切比雪夫滤波器相反。切比雪夫滤波器的通带内衰减特性有起伏；逆切比雪夫滤波器的通带内衰减特性是最大平坦的，与巴特沃斯滤波器类似，而其阻带内特性是有起伏的。简言之，切比雪夫滤波器是通带内有起伏，逆切比雪夫滤波器是阻带内有起伏。当衰减量最先达到与阻带内极大值相等的值时，所对应的频率称为阻带频率 (stop band frequency)。阻带频率与截止频率都是设计中需要确定的参数。

6. 椭圆函数滤波器

椭圆函数滤波器是一种在全带中具有等波纹的滤波器，也可称为考尔 (Cauer) 滤波器。与其他类型的滤波器相比，在相同的阶数下其具有最小的通带和阻带波

动 [29]。它表现出在通带和阻带中相同的波动，这明显区别于具有平坦通带和阻带的巴特沃斯滤波器，以及通带、阻带的平坦和等波纹相异性的切比雪夫滤波器。在传递函数中，巴特沃斯滤波器和切比雪夫滤波器均为一个常数除以一个多项式的传递函数，为全极点网络，其衰减为无限大的情况只能出现在无限大阻带处。而椭圆函数滤波器则在有限频率上存在零点和极点。在通带区，极、零点会产生等波纹；在阻带的有线传输区，零点可以减少过渡区，进而获得极陡峭的衰减曲线。这促使椭圆函数滤波器在阶数相同的条件下比其他类型的滤波器的过渡带宽更窄和阻带波动更小。就此而言，椭圆函数滤波器具有明显更优的性能。但是，这种陡峭的过渡带特性也使得通带和阻带表现出起伏，这一点与其他类型滤波器是有明显区别的。椭圆函数滤波器是一种存在零、极点的滤波器，可以在有限的频率范围内存在传输零点和极点。此外，其在通带和阻带区都表现出具有等波纹性，进而在通带、阻带区获得高逼近特性。在相同的技术指标下，椭圆函数滤波器可以在更低的阶数下完成指标，且具有更窄的过渡带。但是，椭圆函数滤波器的传输函数远比巴特沃斯和切比雪夫滤波器复杂得多，是一种逼近函数。在传统的设计方法中，需要进行烦琐的电路网络综合计算，且还需由计算结果查表，这导致整个设计、调整的工作量和难度大大增加。需要使用 MATLAB 等计算工具才可以使椭圆函数滤波器的设计极大简化。

1.2.4 IPD 滤波器

IPD(integrated passive devices) 是半导体无源器件技术，可以用来制作 LC 滤波电路，所制成的滤波器称为 IPD 滤波器。无源器件的特性可以在不外加电源的情况下展现出来。制作无源器件的技术主要分为薄膜技术、低温共烧陶瓷技术，以及基于高密度互连的延伸技术和 PCB 技术 [30]。而薄膜技术因其高集成度、小体积、轻质量等特性，也正备受关注。另外，由于薄膜材料的独特结构与机械性能，在某些方面能够提供最优良的器件精度和功能密度。IPD 滤波器被认为是在 Sub-6G 和毫米波频段上的最佳解决方案。它不仅克服了 BAW、SAW 无法很好地支持 5G 宽带的劣势，而且与低温共烧陶瓷分离器件相比，IPD 通常以裸芯片的形式出现，有更好的一致性、更强的集成性、更小的尺寸，在成本上也有优势。

IPD 半导体无源器件技术可以制作高精度、高密度 (相比低温共烧陶瓷) 的电容器，封装重新布线层 (re-distribution layer，RDL) 工艺可以利用厚铜及进行三维堆叠制作 3D 电感，可以在有限的面积下提高电感量及 Q 值。其主要特点为高阻硅、厚铜工艺、金属–绝缘体–金属 (mental-insulator-mental，MIM) 电容等。采用高阻硅作为衬底在保证了与硅工艺兼容的同时，实现了射频器件的低损耗。同时，伴随单晶硅的愈发成熟的制备工艺。通过采用区熔法或外延工艺等方案，进而获得电阻率高于 2500 Ω·cm 的高阻硅晶圆，以保证传输高频微波信号的需求。

如图 1.9 所示，在适当的基板材料上，可以利用集成电路 (IC) 制程，对不同需求的电阻、电感及电容等元件进行制造加工 [30]。这种工艺的衬底材料主要为硅、玻璃、砷化镓、层压塑料和蓝宝石等。其中，硅因具有良好的热导率、低成本、与集成电路制作工艺高兼容等优点而被人们越来越多地使用。在半导体制造技术中，硅被广泛应用于制作器件上，以实现功能和性能的最大化。

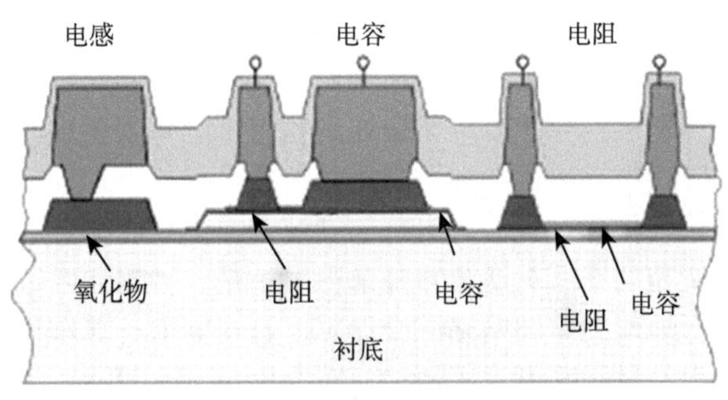

图 1.9 薄膜 IPD 结构

此外，随着微波、射频通信技术的迅猛发展，无源微波器件在微波系统中的作用也愈来愈重要，作为主要的无源器件之一的滤波器，已经成为各大雷达系统、广播电台、卫星通信等领域不可或缺的重要组成器件。这种新型器件作为双端口无源网络器件，在微波通信、电子对抗、微波测量和雷达等领域扮演着重要的角色，因此器件的工作性能对整个通信系统有着重要的作用。近年来，单片微波集成电路技术和多芯片组件技术的快速发展，对各类应用于武器系统的电子组件提出了小型化、高性能、低功耗、低成本的新要求 [30]。但是，目前微波滤波器的小型化面临着诸多问题，特别是滤波器的小型化严重制约着微波电路小型化的发展。而硅基技术为解决这一难题提供了一种可能的方案。

目前，硅基 IPD 技术在晶圆级封装 (wafer level package，WLP) 领域得到了长足发展和普及，其生产的产品逐步向小型化、低成本、低功耗方向迭代。但是，硅基衬底不可避免的导电性与寄生电容，使得基于此制备出的电感元件 Q 值较低，且插入损耗增大。这种缺陷制约了其高频段的应用。为解决上述问题，众多科研工作人员进行了大量的、系统的研究工作。

以硅基无源滤波器为例，我们考虑其电感的品质因数 Q 值对滤波器性能的影响。在图 1.10 中，电感的 Q 值对滤波器的插入损耗和稳定性具有重要影响。当电感的 Q 值为 7.6 时，滤波器的插入损耗约为 9.8 dB，但随着电感 Q 值增至 50，滤波器的插入损耗出现降低，约为 4 dB[30]。因此，高性能的硅基无源器件的研究集中在如何获得高 Q 值的电感。他们提出了多种解决方法，例如硅离子注入法、衬底刻蚀和厚铜技术等。这些方法旨在提高电感的 Q 值，从而进一步改善硅基无源滤波器的性能。

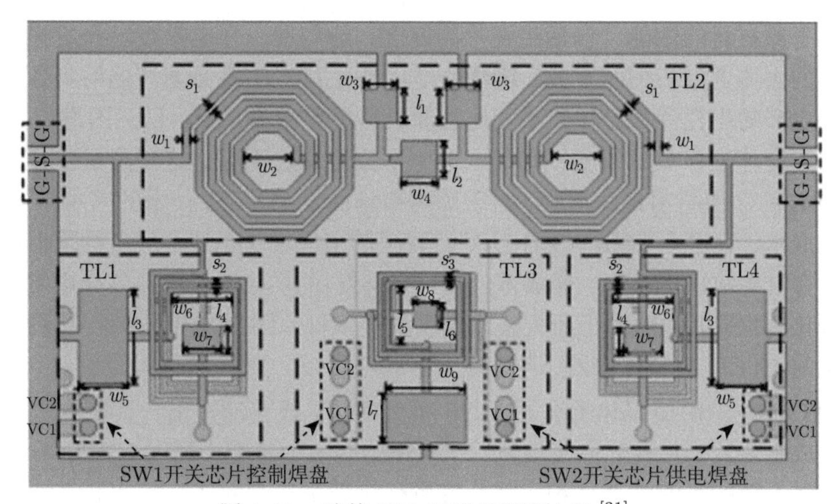

图 1.10 硅基 IPD 无源带通滤波器 [31]

国内在硅基 IPD 方面的研究相对较晚，但是得益于国家重大专项和 863 计划等资金的支持，我国也在这一领域取得了显著进展。目前，在硅基 IPD 技术研究方面主要有中国科学院半导体研究所、中国科学院微电子研究所、中国科学院上海微系统与信息技术研究所、北京邮电大学、清华大学、华南理工大学、电子科技大学等科研机构等 [30]。其中，中国科学院上海微系统与信息技术研究所的高丹等，利用 MATLAB 对影响电感 Q 值的各种因素进行了系统的仿真研究；清华大学的冯涛等采用 WLP 技术在硅基上面集成了性能优异的电感元件；台湾中山大学的黄成安等则利用硅基 IPD 技术制作了性能良好的平衡–不平衡变压器。上述研究表明，在国内硅基 IPD 技术研究方面已经形成了较为完整的研究体系，并且已经在理论和实践上取得了一定的突破。

总地来说，我国目前在硅基 IPD 技术方面的研究仍处于初始的探索阶段。从国外的研究中可以发现，这种高端制造技术依旧具有超高的发展潜力。不断进步的工艺技术和不断迭代发展的材料，促使硅基 IPD 组件 (滤波器、变压器和开关等) 走向低成本、小型化、高性能和低功耗。相对于国外多年的发展，国内在设计、制作硅基 IPD 组件方面存在巨大的技术鸿沟，且缺乏完整的硅基 IPD 模型数据库。因此，我国的科学团队需要继续努力，以推进硅基 IPD 技术的发展。

1.2.5 低温共烧陶瓷滤波器

多层低温共烧陶瓷 (LTCC) 滤波器是一种利用 LTCC 技术在陶瓷基板上集成多个无源器件的组件。由于其小体积、高可靠性和优异的高频表现等优势，在机载、舰载、星载和无线通信等领域被广泛地应用。LTCC 高频滤波器的性能严重受制于原材料的性能，包括生瓷片的厚度、均匀性、介电常数、介质损耗、导体浆料的固体含量和细度参数。遗憾的是，国内 LTCC 高频滤波器的制备严重依赖国外生产的生瓷片和导体浆料。这些原材料主要由美、德、日三国进口。同时，进口的生瓷片也存在着厚度不均匀、介电常数波动的情况。这些因素使开发原位替代的 LTCC 原材料迫在眉睫。对于国内市场而言，LTCC 技术的需求快速增长，导致低成本、有自主知识产权的 LTCC 材料的需求增长迅速，从而亟须形成完整的、具有自主知识产权的、低成本的 LTCC 材料的供应链，包括各介电常数、厚度系列化的生瓷片。但由于研究技术难度大等多种原因，国内还未能实现批量化、产业化的 LTCC 材料生产线 [32]。

LTCC 技术由美国休斯公司于 20 世纪 80 年代首次提出，其制作过程包括流延生成生瓷片、钻孔、注浆填孔、一次烧结等多个步骤。利用 LTCC 介质和金属银可以显著减小滤波器体积、优化高频传输效果，因此在高频率和高速度传输中表现良好。LTCC 可在较大电流和高温环境等工况下稳定运行，并比常规 PCB 具有更好的导热性能。此外，LTCC 技术可与其他多层布线技术相结合使用，例如与厚膜布线技术混合使用。虽然 LTCC 加工流程烦琐，但每个步骤都可进行检查，从而确保加工质量。

在全球范围内，LTCC 市场主要由日本、美国和欧洲等地的公司所掌握。这些公司除了在 LTCC 设计方面具有较高的技术水平外，还在 LTCC 原材料和生产设备等方面占据市场领先地位。对于 LTCC 原材料，这些公司在研发和生产上的投入十分可观，拥有多种系列化的 LTCC 材料，其表现稳定可靠。同时，在生产设备方面，这些公司也在研发和生产上不断创新，推出了各类功能齐全、性能优越的 LTCC 生产设备，以满足各种生产需求。另外，在 LTCC 电子设计方面，这些公司拥有丰富的经验和技术积累，能够为客户提供全面的 LTCC 电子设计解决方案。因此，这些公司在全球 LTCC 市场中占据领先优势，成为行业内的佼佼者。

国内在 LTCC 微波组件产品中依然以供给军用为主，低成本的、全自主的民用 LTCC 产品依然处于空白。随着 5G 的发展和全面普及，对 LTCC 滤波器的需求量快速增加。目前这部分市场被美日垄断，国内的 LTCC 产品在体积、封装引脚、性能上与国外产品存在着巨大的差距 [33]。

图 1.11 展示了 LTCC 复合系统的三维结构图和滤波器的嵌入式结构图 [34]。多层结构的技术方案可以有效达到缩小微波无源器件尺寸的目的，以便于在不同

层次的介质嵌入无源器件或功能器件。这种设计结合了表贴的多功能集成电路芯片，实现了高度集成化系统，使各个器件之间相互独立，不会产生干扰。这种嵌入式结构的设计为 LTCC 技术带来了更大的灵活性和功能性。如图 1.12 所示，LTCC 工艺的整体流程包括冲压通孔、型腔加工；通孔填充；导线印刷；层间堆叠；低温共烧；电磁屏蔽；分割测试等主要步骤 [34]。其中，浆料配制是指将 LTCC 材料配制成可用于工艺的浆料；流延成型是通过流延方法将浆料制成薄片；打孔是在

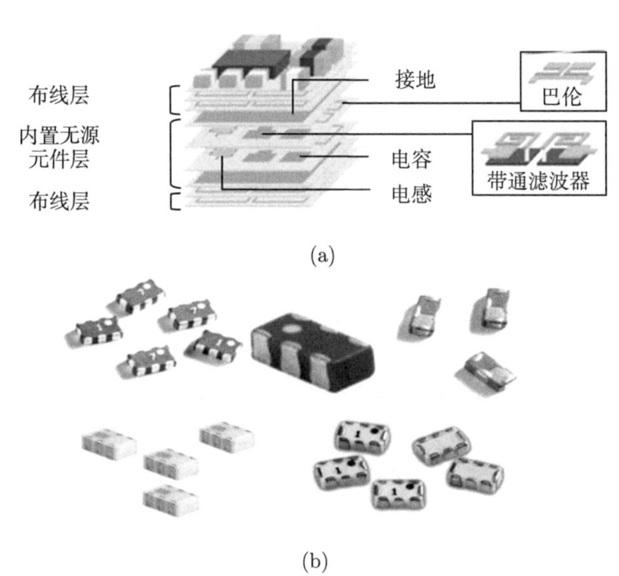

图 1.11 LTCC 滤波器 (a) 三维模型图和 (b) 实物图

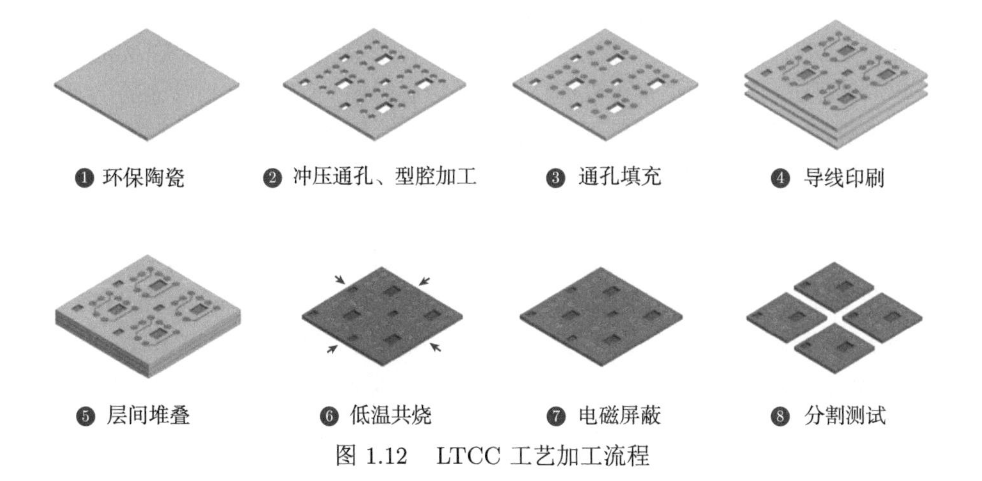

图 1.12 LTCC 工艺加工流程

薄片上形成所需的孔洞；过孔金属化是在孔洞内进行金属化处理；电极印刷是在薄片上印刷所需的电极；叠片静压是将多个薄片叠放在一起进行压实；切割生坯是将叠片后的坯体切割成所需形状；烧结是将切割后的坯体进行高温烧结，使其形成成品。

1.2.6 声表面波滤波器

19 世纪 80 年代，英国物理学家首次发现了 SAW，这是一种能量集中在材料表面的弹性波，其传播方向是沿着介质表面传播。1960 年左右，发明和推广的平面金属叉指电极和其他换能器被广泛地应用于激发和接收 SAW。这推动了 SAW 技术的研究和发展。目前，射频 SAW 滤波器在移动通信、智能家居和车载等物联网领域扮演着重要的角色，是实现信号交互的关键射频前端芯片。近年来，大规模的 5G 商业推广以及 6G 的研发，所需设备需要支持更多且更高频率的频段。主流的 SAW 滤波器的压电换能层材料是铌酸锂 (LN)，在表面传播过程中频率恒定，波长随介质的不同而改变。由于声速是波长和频率的积，不同介质中传播的声速也有所区别。相对于电磁波，SAW 的传播速度要小 5 个数量级，仅为 2000~10000 m/s[35]，也就是说 SAW 的波长也远小于电磁波。这也促使了器件尺寸的大大减小，进而更适应于通信技术高速发展对器件小型化的新需求。

对于利用 SAW 传输信号的器件，主要是通过介质表面的电极基于压电效应进行信号的滤波、延时和传感。而 SAW 在介质传播中，其能量主要在介质表面 (约为 85%)，这就意味着这种技术拥有较低的传播损耗。此外，这种器件表面的叉指电极是设计 SAW 滤波器的关键，它的结构参数是器件性能的决定性因素 (图 1.13)。随着技术的进步，低频 (1 GHz 以下) 的 SAW 滤波器已经基本成熟，学界和业界的研究主要向高频化和低插入损耗化发展。这就需要提高压电材料的性能以及多层膜结构设计。其中，多层膜结构主要是利用高声速的金刚石和压电薄膜材料，促使激发的声波主要在金刚石内传播，进而获得高速 (10000 m/s 以上) 的 SAW。在叉指电极宽带一定的前提下，多层膜结构可以提高器件的中心频率，但也会带来其他的衍射影响和二阶效应，这将大大影响器件的稳定性、通带纹波和其他性能，且这种结构的工艺复杂、研发周期长、成本高也是劣势之一。但随着科技进步，微纳加工技术可以实现宽度更细的电极制备，也激发了单层膜结构的新发展。

1885 年，英国物理学家瑞利 (Rayleigh) 在实验中发现了 SAW，但受制于技术以及仪器设备，无法稳定复现实验结果。直到 1965 年，Newell 利用 IDT 在压电材料表面再次激发并检测到了 SAW[36]，并实现了 SAW 的稳定激发，这也打开了 SAW 延迟线、陷波器、滤波器等用途和性能各异的 SAW 谐振器快速发展的大门。1968 年，IDT 技术在斯坦福大学的研究中获得突破性进展，制备出了低损耗 (只有 −4 dB) 的基于铌酸锂开发的声/电转换器 [37]。

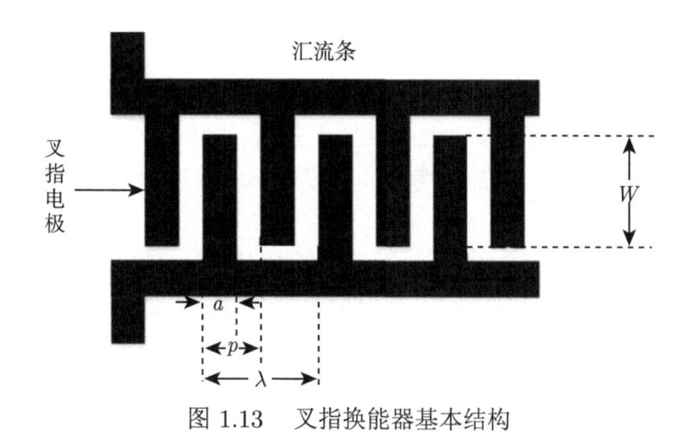

图 1.13 叉指换能器基本结构

1969 年，首个 SAW 色散延迟线被 Tancrell 等研究人员成功研制 [38]。但是由于技术的限制，直到 20 世纪 60 年代末，微纳结构的换能器电极结构才被研究者用光学方法将其转移到衬底材料上，并实现批量化生产 IDT 器件。随着压电材料技术的进步，人造压电材料出现了 [38]，推动了 SAW 技术和高性能 SAW 谐振器的广泛应用和发展。

1971 年，Chauvin 等 [39] 首次用 SAW 中频滤波器取代传统电力滤波器，实现了电视接收机中的图像处理，推动了 SAW 谐振器在通信领域的发展。几年后，Staples 等 [40] 将 SAW 晶体谐振器正式发表在文章当中。20 世纪 70 年代末期，在 Solie[41] 的研究下，SAW 带通滤波器 (216 MHz，插入损耗损 −3 dB) 也成功实现商用。

实验的进步也推动了理论模型的发展。1976 年，Cross 等 [42] 基于耦合模 (coupling of mode, COM) 理论，建立了声表面波器件的模拟模型，并得到 Abbott 等众多研究者的改良 [43]。目前，COM 耦合模型是模拟分析 SAW 谐振器的主要理论模型，它可以综合考虑 SAW 的反射、损耗和二阶效应，准确有效地计算 SAW 谐振器性能。

面对高速发展的通信技术，移动通信设备的高耗能成为亟须解决的问题，这对低功耗器件提出了更高的要求。目前，主流降低 SAW 滤波器插入损耗的技术方案是改进结构设计和改用高机电耦合效率的压电材料，这将提高其中心频率并将损耗降低至 −3 dB 左右。

2004 年，Hashimoto 等 [44] 构建了基于 LN 材料 Cu/15°YX-$LiNbO_3$ 结构的 SAW 谐振器，探讨了铜电极厚度对不同模态 SAW 声速的影响，并且他们提出的结构大大减少了由瑞利波模态引起的杂散响应所导致的损耗，并设计了基于兰姆波模态 3 阶梯形带通滤波器，其损耗得到了极大的降低，达到了 −3.7 dB；随后又提出了多种减少通带内横向模式干扰的技术方案，包括改变结构间隙和假指加权。

2010 年，Novgorodov 等 [45] 发现外加匹配电感可以匹配级联拓扑时传统 π 型结构的级间阻抗，这可以极大地降低插入损耗 (降低至 −1.7 dB)，并提出无外加电路下的 2.4~2.5 GHz 的中心频率、100 MHz 以上通带的声表面波滤波器传输零点的设计方法。

在 2017 年，日本村田公司提出了一种名为 IHP(incredible high-performance) 型的新型 SAW 滤波器结构 (图 1.14)。该结构采用叉指电极和高阻抗层/低阻抗层/高阻抗层/低阻抗层的多层膜材料来构建 (通常采用 W 作为高阻抗层，采用 SiO_2 作为低阻抗层)。这种 SAW 滤波器在 1.0 GHz 和 2.5 GHz 频率下具有较高的品质因数 Q 值，分别可达 5000 和 2500。该滤波器具有出色的散热性能，中心频率可达 3.5 GHz，插入损耗为 −1.7 dB，温度频率系数 (temperature coefficient of frequency，TCF) 低于 10 ppm①/℃，矩形度为 1.1%。在某些方面，该滤波器的性能超过了传统的体声波器件，提升了其在射频前端的竞争力。同年，该公司还利用该结构开发了适用于 4G 长期演进 (long time evolution，LTE) 频段的声表面波双工器 [46]，该双工器的 TCF 为 −8 ppm/℃，品质因数超过 4000，且具有最大插入损耗为 −1.9 dB 和 −2.3 dB 的非常低的损耗。目前，这种结构已经成为设计 2.7 GHz 以上高频 SAW 滤波器的主要结构。

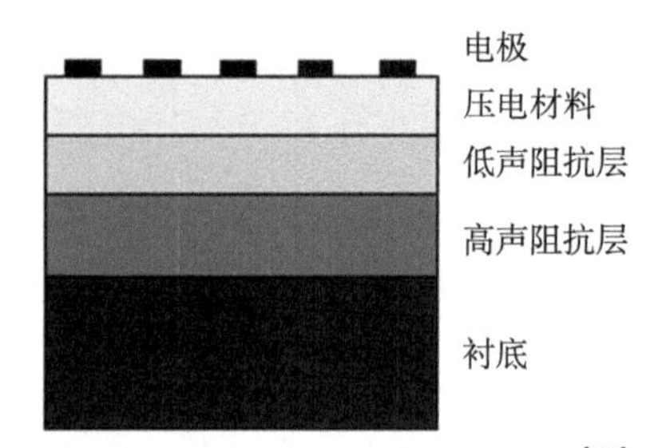

图 1.14　IHP SAW 滤波器结构 [47]

目前，日本村田公司批量生产的 SAW 滤波器最高中心频率为 2.605 GHz，隶属 Band 41 频段，型号为 SAFFB2G60FA0F0A，带宽为 100 MHz，带内波动为 0.5 dB，最大损耗为 −1.7 dB，近端抑制为 −50 dB，远端抑制为 −40 dB，如图 1.15 所示。2020 年，高通公司生产了一种绝缘体上压电基板 (piezoelectric substrate on insulator，POI) 的 SAW 滤波器 [48]，其性能更好，插入损耗降低了 1 dB，频率高达 2.7 GHz。由高通公司在 POI 基板上生产的 ultraSAW 滤波器可以成为 TC-SAW 和 IHP SAW 滤波器的替代品。

① 1 ppm=10^{-6}。

(a)

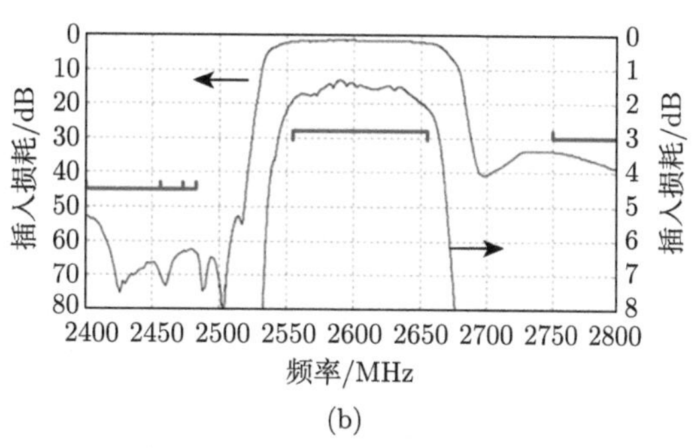

(b)

图 1.15 (a) SAFFB2G60FA0F0A 滤波器及其 (b) 性能曲线

2005 年，清华大学材料科学与工程学院新材料重点实验室在前人的研究基础上，采用了磁控溅射技术成功制备了 IDT/ZnO/金刚石结构；这种结构具有高 SAW 波速，可达到 10000 m/s 以上，显示出适用于制作高频宽带 SAW 滤波器，特别是 2.5 GHz 频率的潜力。随后，在 2010 年，天津理工大学的张庚宇采用相同的电极结构参数，并基于该结构进行改进，成功将 ZnO 的声波速度从 5028 m/s 提升至 9911 m/s；同时，中心频率也从 1.2 GHz 提高到 2.5 GHz；这一改进表明，通过优化电极结构，可以显著提升 SAW 的性能特征，为高频应用提供更加可行的解决方案 [49]。

2017 年，东南大学的朱卫俊等研究人员针对 4G-LTE TDD 基站对滤波器低损耗宽带宽的需求，基于 41°YX-$LiNbO_3$ 单层膜结构设计了一种适用于 3.7 GHz 频率的 SAW 滤波器。通过仿真分析，该滤波器的损耗小于 3.5 dB，具有良好的性能特征。这种滤波器的设计和制备，为满足高速通信系统对滤波器的要求提供了有效的方案和技术支持 [50]。

2019 年，刘宇豪等提出了一种新颖的换能器设计方法，即将其设计为具有一定角度的弯曲结构。这项研究成功地抑制了带内大部分横向模式的干扰 [51]。该研究对于优化器件的带内波动和减小纹波具有直接且重要的指导意义，为相关领域的研究和应用提供了有益的参考。

常见的 SAW 滤波器结构类型有双列直插结构 (interleaved interdigital transducer, IIDT)、缺陷微带结构 (defected microstrip structure, DMT) 和梯型结构 (ladder)。

随着科学技术的不断进步和数字技术、新一代蜂窝移动通信技术的广泛应用，中频 SAW 滤波器的需求正在逐渐减少。取而代之的是 GHz 以上的高频滤波器，这种滤波器成为射频前端不可或缺的关键元器件。在国内外众多研究趋势的综合推动下，SAW 滤波器日益向提高中心频率、减小横向模式干扰和降低传播损耗等方向不断发展。这些发展趋势不仅为高速通信系统的稳定运行提供了重要的支持和保障，还为现代社会的信息化进程注入了新的活力和动力。主流的器件结构从传统的双列直插结构 (图 1.16) 转变为插入损耗更低的梯形结构，以及将两种结构相级联后的混合结构 (图 1.17)。

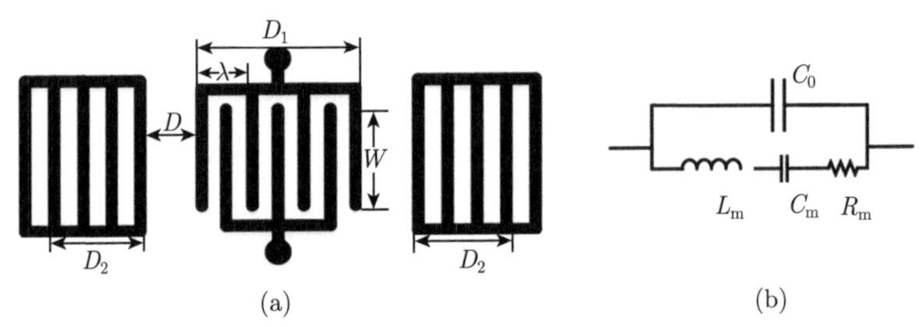

图 1.16 SAW 谐振器的 (a) 基本结构及其 (b) 等效电路

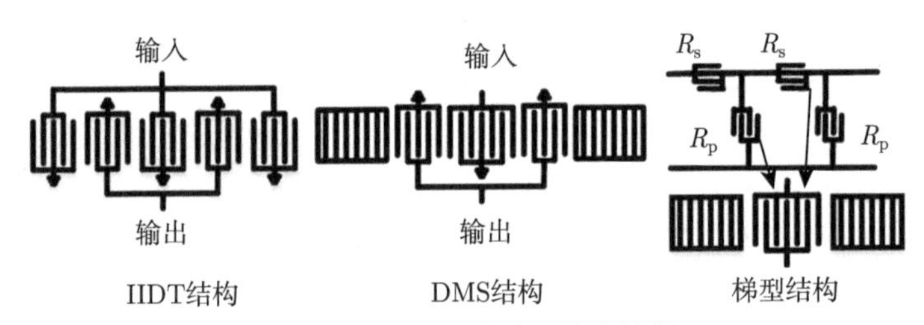

图 1.17 SAW 滤波器基本结构

1.2.7 体声波滤波器

体声波 (BAW) 谐振器是一种利用压电薄膜的声波谐振现象进行提取特定频段信号的器件。它是由一层 c 轴或 z 轴取向的压电薄膜夹在上下两层金属电极之间形成的“三明治”结构 [52]。当施加交变射频电压于两电极之间时，在压电薄膜内形成交变电场，从而在特定频率下激励起沿 c 轴传播的纵向声波，并形成驻波振荡。BAW 谐振器的电学阻抗特性曲线呈现出两个相隔很近的谐振频率，即并联谐振频率 (f_p，阻抗最大) 和联合谐振频率 (f_s，阻抗最小)[9]，这是由声波在器件内部的反射和干涉效应导致的。利用 BAW 谐振器的阻抗特性，可以将若干个体声波谐振器级联而设计出满足无线通信要求的射频滤波器和双工器。通过合理选择并联谐振频率和串联谐振频率，可以实现对特定频段的信号的滤波和分离。BAW 滤波器具有高品质因数和高电耦合系数的优点，因此在无线通信领域具有广泛应用，并能提供高性能和小尺寸的解决方案。如图 1.18 所示，当压电材料受到外部施加的机械力时，内部的正负电荷会发生位移而产生极化，致使压电材料的相对表面出现符号相反的束缚电荷，电荷密度与外部作用力的大小成正比，当撤除外部作用力后，压电材料表面的束缚电荷消失，恢复到初始不带电状态，这种现象称为正压电效应[53]；如果将压电材料放置于与极化方向相同的外部电场中，也会导致压电材料内部电荷迁移产生极化变形，撤出电场后，变形消失恢复初始状态，这种现象被称为逆压电效应[54]。

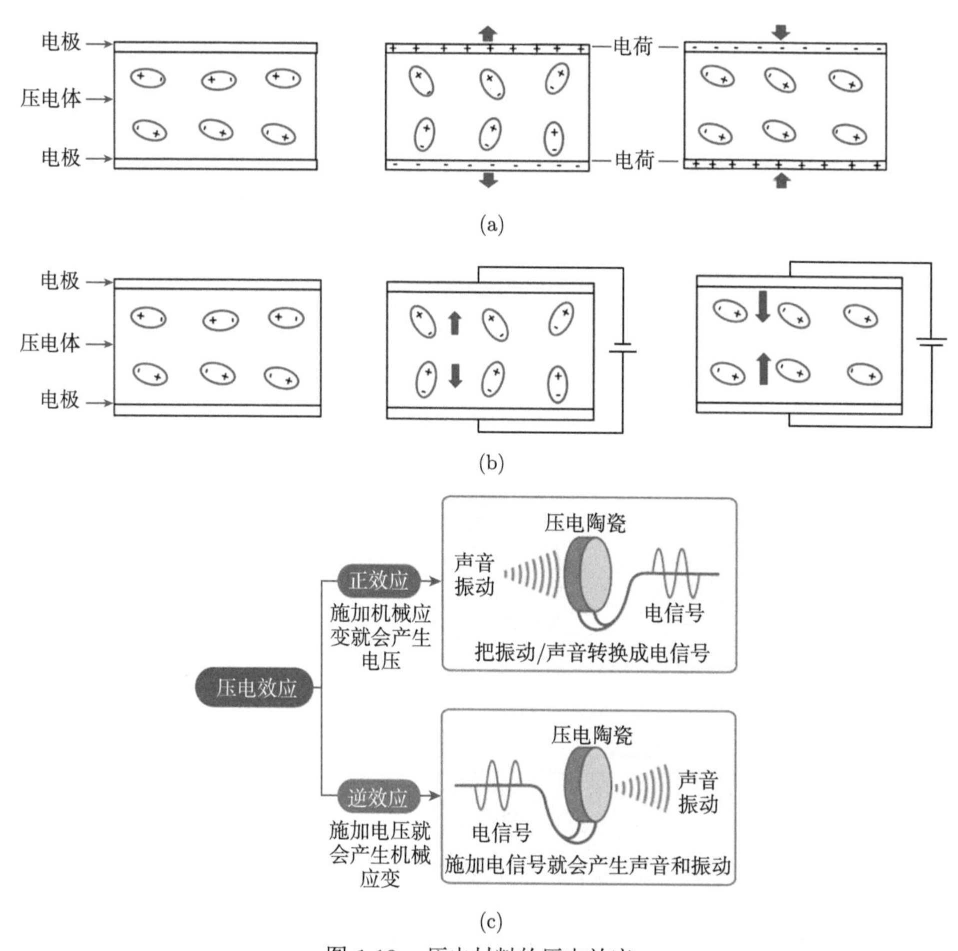

图 1.18 压电材料的压电效应
(a) 正压电效应；(b) 逆压电效应；(c) 正/逆压电效应中声波–电信号转化过程

BAW 滤波器工作时，施加于其电极上的交变射频电压会在电极两端形成交变电场，借助逆压电效应的存在引发极化现象，使得机械振动和电学信号在电极与压电层组成的复合薄膜内发生周期性变化，并以 BAW 的形式沿压电体纵向传输而产生驻波振荡。根据传输线理论可以得知声波在介质 1 传递到介质 2 时在介质界面上的反射率 r[16]，如式 (1.1)。在 BAW 滤波器中，为了最大限度地提高能量转换效率，反射要接近全反射，将绝大部分的声波能量都限制在复合压电薄膜内。

$$r = \frac{Z_2 - Z_1}{Z_2 + Z_1} \tag{1.1}$$

式中，Z_1 是介质 1 的声学阻抗；Z_2 是介质 2 的声学阻抗，当压电复合薄膜下的膜层声阻抗为零时，可以形成声波的全反射，声波都被限制在复合压电薄膜内形成谐振，实现了能量的高效率转换，频率 f 是波速 v 与 2 倍压电层厚度 d 的比值。当交变电场与压电材料的极化方向一致时，声波传输损耗最小，对应 BAW 滤波器最小阻抗，激发的谐振频率为串联谐振频率 f_s；当极化方向与电场方向相反时，此时的声波传输损耗最大，对应 BAW 滤波器的极大阻抗，激发的谐振频率为并联谐振频率 f_p。在 f_s 和 f_p 外，对应的相位为 $-90°$，整体阻抗呈电容性；在 f_s 和 f_p 之间，相位为 90°，阻抗呈电感性，阻抗和相位关系如图 1.19 所示。利用 BAW 滤波器的电容、电感特性，可以简化射频电路中的阻抗问题，提升设计效率。

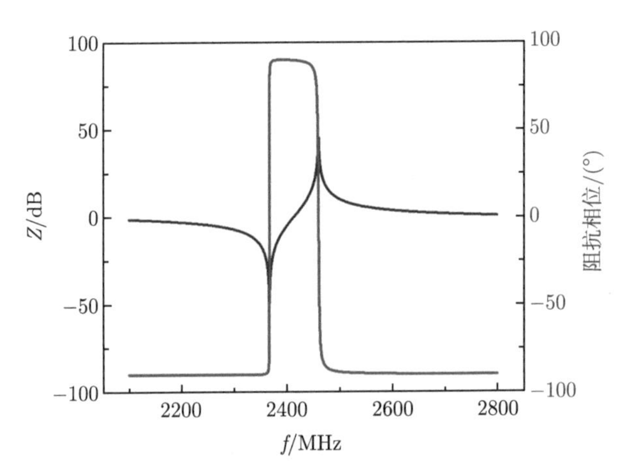

图 1.19　BAW 滤波器的阻抗/相位特性曲线

BAW 谐振器被广泛应用于传感、滤波、振荡、选频等复杂电路中，与电路的工作效果息息相关，优值 FOM(figure of merit) 是其最为关键的参数，它由品质因数 Q 与有效机电耦合系数 k_{eff}^2 决定，下面简单描述各项参数的意义及计算方法。

(1) 机电耦合系数 k_{t}^2。机电耦合系数 k_{t}^2 是用于表征压电材料中电能与机械能转换效率的参数，它是一个无量纲量，可由压电材料的压电常数 e、恒定电场 E 下的刚度 c^{E}、恒定应力 T 下的介电常数 ε^{T} 表示 [55]：

$$k_{\text{t}}^2 = \frac{e^2}{c^{\text{E}}\varepsilon^{\text{T}}} \tag{1.2}$$

在 BAW 谐振器中，又将转换效率用有效机电耦合系 k_{eff}^2 进行量化，它极大程度地受到了 k_{t}^2 的影响，可由串并联谐振频率进一步表示为 [55]

$$k_{\mathrm{eff}}^2=\frac{\pi^2}{4}\times\frac{f_{\mathrm{s}}}{f_{\mathrm{p}}}\times\left(\frac{f_{\mathrm{p}}-f_{\mathrm{s}}}{f_{\mathrm{p}}}\right) \tag{1.3}$$

(2) 品质因数 Q。在 BAW 滤波器能量转换时，系统中的部分能量会发生逸散造成能量损失，常用品质因数 Q 表示器件中能量损失的大小，其被定义为 [56]

$$Q=2\pi\frac{\text{存储的峰值能量}}{\text{每个周期消耗的能量}} \tag{1.4}$$

全频段 Q 值计算表达式如下 [57]:

$$Q_{\mathrm{s}}=\frac{f_{\mathrm{s}}}{2}\left|\frac{\partial\angle Z}{\partial f}\right|_{f_{\mathrm{s}}} \tag{1.5}$$

$$Q_{\mathrm{p}}=\frac{f_{\mathrm{p}}}{2}\left|\frac{\partial\angle Z}{\partial f}\right|_{f_{\mathrm{p}}} \tag{1.6}$$

式中，$\angle Z$ 为谐振器阻抗的相位角。

在单个 BAW 谐振器中，损耗包括固有损耗和外在损耗。其中固有损耗包括介电损耗、压电损耗，以及声子与电子之间的相互作用损耗 [58−60]，而外在损耗包括支撑损耗 (锚点损耗)、材料表面处物理量不对称造成的表面损耗、空气/流体阻尼损耗与欧姆损耗 [61−63]。这些损耗的存在会使得 BAW 滤波器的 Q 值大大降低，因此，需要从材料制备与器件设计两方面入手以降低 BAW 滤波器的损耗。

(3) 优值 FOM。BAW 滤波器中可以通过 Q 与 k_{eff}^2 计算求得 FOM，表达式如下 [64]：

$$\mathrm{FOM}=\frac{k_{\mathrm{eff}}^2\cdot Q}{1-k_{\mathrm{eff}}^2} \tag{1.7}$$

因为 k_{eff}^2 的值相对较小，可以将 FOM 表达式简化为 [64]

$$\mathrm{FOM}=k_{\mathrm{eff}}^2\cdot Q \tag{1.8}$$

优值 FOM 越大，制备而成的滤波器插损越低，带外抑制更大，滚降更大，因此提高 BAW 滤波器的 FOM 值是研究人员不断追求的目标。

在 BAW 滤波器中，实现声波的全反射可以采用两种方法：①空气的声阻抗近似为零，可以借助微机电系统 (micro-electro-mechanical system，MEMS) 工艺中的刻蚀与释放工艺在制备衬底上制备空气腔，从而在衬底与复合压电薄膜 (部分器件带有绝缘支撑层) 的交界处形成空气界面，获得能够形成全反射的声波限制边界；②参考光学工程中的布拉格反射层原理，在衬底与复合压电薄膜之间交替沉积四分之一波长厚的高、低声阻抗薄膜，声波在这种高、低声阻抗交替的异质界面处会发生相消干涉，进而形成强烈的反射现象，随着异质层的层数增加，反射效果会愈发接近全发射 [65]。因此，在此基础上衍生了三种典型的 SAW 滤波器结构：背面刻蚀型 (back-etching type)、空腔型 (air-gap type，分为上凸与下凹两种) 与固态装配型 (solidly mounted resonator，SMR)，结构如图 1.20 所示。其中背面刻蚀型、空腔型是通过形成空气界面达到全反射效果，而固态装配型则是利用布拉格反射原理，三者在结构与工艺上均存在明显区别，下面将对这三种结构进行简单介绍。

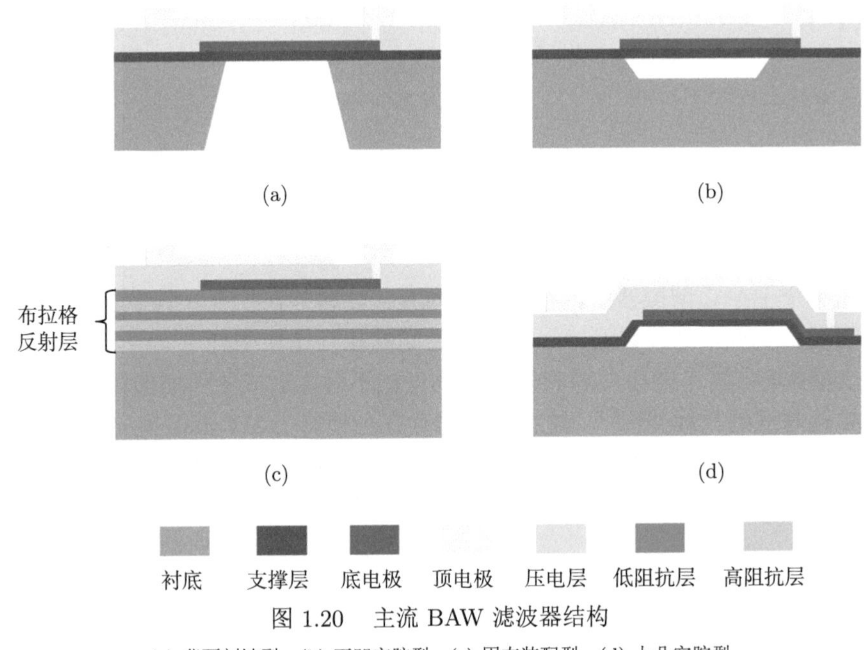

图 1.20　主流 BAW 滤波器结构

(a) 背面刻蚀型；(b) 下凹空腔型；(c) 固态装配型；(d) 上凸空腔型

(1) 背面刻蚀型。背面刻蚀型 BAW 滤波器是一种利用体硅加工工艺，通过干法或者湿法刻蚀工艺将硅衬底背面的大部分硅去除，在衬底上形成具有一定角度 (约 55°) 的倾斜空腔壁，使压电工作区直接与空气接触，形成声波全反射界面的器件。这种结构去除了绝大部分的衬底，剩余的未刻蚀部分用作支撑结构，很难保证器件的机械稳定性与良品率，且衬底厚度是百微米级的，远大于工作层，需要长时间的刻蚀，容易对工作层造成不可逆的破坏，较难保持器件的完整性，目前暂未实现量产，研究仅停留在部分实验室内。

(2) 空腔型。空腔型 BAW 滤波器分为上凸型与下凹型两种结构，两者的空腔均由牺牲层释放得来。其中上凸型 BAW 滤波器无须刻蚀衬底，而是直接在硅衬底上依次沉积牺牲层、功能层材料，随后通过工艺中预留的释放孔结构，使用干法或者湿法刻蚀工艺，释放牺牲层，从而形成空气隙获得完整的器件结构；而下凹型 BAW 滤波器则是首先在硅衬底上刻蚀 1~5 μm 厚度的空腔，在空腔中填入牺牲层，经过化学机械抛光 (chemical mechanical polishing，CMP) 工艺磨平后，依次制备工作层并释放牺牲层获得空气腔。空腔型结构保留了绝大部分的衬底，机械稳定性强，牺牲层选用厚度较小的 SiO_2、掺磷氧化硅 (phosphosilicate glass，PSG)、多晶硅等材料，释放速度较快且均匀性好，能够获得高 Q、高机械稳定性的优良器件，是目前商业化使用最主流的结构。

(3) 固态装配型。固态装配型 BAW 滤波器是指通过在硅衬底上生长交替分布高低声阻抗层的布拉格反射层，从而形成声波全反射的器件。在固态装配型 BAW 滤波器中，不需要去除衬底，器件机械稳定性较高；常用的低声阻抗层为 SiO_2，高声阻抗层为 W、Ta 等材料，制备便捷且成本较低，在获得良好的散热性的同时功率承载能力得到增强。然而，在实际固态装配型 BAW 器件中，布拉格反射层并不理想，膜层数量的增多使得阻尼损耗增大，器件有效机电耦合系数 k_{eff}^2 比空腔型略低，致使器件 Q 值降低。

1.3 现代通信对射频滤波器的要求

1.3.1 高频化

为实现 BAW 滤波器在 5G 通信中 Sub-6G 频段中的应用，对于 BAW 高频段的应用研究必不可少。但是，随着频率增加，高频滤波器的声波损失与频率的增加呈线性关系，甚至与频率的平方呈线性关系，当频率升高后，滤波器的 Q 值会大幅下降。为了解决这个问题，压电厚度必须按 $1/f$ 缩放，每个分支所需的电容也按 $1/f$ 减小。因此，谐振腔面积将按 $1/f^2$ 的大小缩放。虽然这有利于模缩，但会对器件的性能产生重大影响。这种方法会使支路串联电阻加倍。而谐振器的串联电阻主要由电极的薄片电阻驱动。如果 BAW 滤波器中的所有层在厚度上都是线性缩放的 (根据需要实现更高频率的设备)，薄片电阻将成为滤波器损耗的主要因素。

在 2009 年，Fujitsu 公司研制出工作频率高达 K 波段、Ka 波段的 BAW 芯片，其中滤波器的拓扑结构采取 4 级梯型的设计 [66]。K 波段滤波器中心频率为 23.8 GHz，相对带宽为 3.4%，插入损耗最小为 −3.8 dB；Ka 波段滤波器中心频率为 29.2 GHz，相对带宽为 3.4%，插入损耗最小为 −3.8 dB，此外 K 波段 BAW 中的谐振品质因数为 285，反谐振品质因数为 291，有效机电耦合系数 k_{eff}^2 为 6.0%。

但是在此频率下的 BAW 由于压电薄膜厚度太薄 (标称使用 0.5 μm 的 AlN)，压电性能退化严重，因此，性能尚未达到实用化要求。

2018 年，Akoustis 公司 [67] 报道了一种 BAW 滤波器，其中心频率为 5.25 GHz，3 dB 带宽为 205 MHz，插入损耗最小为 0.83 dB，在 30 MHz～11 GHz 具有优异的宽带抑制，在 UNI-2C/E/3/4 波段衰减大于 50 dB。同年，Qorvo 公司也研发出了一款中心频率为 5.25 GHz 的带通滤波器，型号为 QPQ1903[68]，该滤波器的通带插入损耗保持在 2 dB 以下，而相邻频段的抑制高达 45 dB；该滤波器与 50 Ω 端口阻抗匹配良好，回波损耗优于 15 dB，并且 Qorvo 公司在 2019 年开始进行量产。

1.3.2 宽带化

由于新一代移动通信技术需要传输的数据量更大，所以要求信号带宽相应更宽。而由于 BAW 的双谐振特性，当 BAW 滤波器的电路拓扑结构确定时，它的最大相对带宽通常是由压电薄膜材料的机电耦合系数 (k_t^2) 决定的，约为 k_t^2 的一半 [69]。目前通常采用的 AlN 压电材料的机电耦合系数约为 6%，因此使用 AlN 材料作为压电层的 BAW 滤波器可实现的相对带宽通常小于 3%，难以满足 5G 移动通信系统的需求。

为实现 BAW 滤波器更大的带宽，目前最常见的方式是掺杂技术，在二元系 AlN 压电材料中掺入其他金属材料可以改善其压电性能，提高机电耦合系数 [70]。而 Caro 等研究发现，在 AlN 中掺 Sc 后的 AlScN 薄膜表现出更强的机电耦合系数 (k_t^2)(图 1.21)[71]。掺杂的本质是通过固溶大半径的原子使得 Al—X 和 N—X 键长增加，其引发的晶格畸变导致正电荷在 c 轴上的极化长度增长，最终表现为 d_{33} 的显著增强 [72]。Teshigahara 等的研究发现在 AlN 中掺 Sc 时，随着掺入 Sc 的含量从 0%到 20%逐渐增加，AlScN 薄膜的机电耦合系数随之单调增强 [73]。

2017 年，Mertin 等在 200 mm 晶圆上成功地沉积了高钪含量的氮化钪铝薄膜，且压电系数高达 $e_{31,\mathrm{f}}$(横向压电系数)$= -2.67\ \mathrm{C/m^2}$ 和 $d_{33,\mathrm{f}}$(纵向压电系数)$=$ 10.3 pm/V(Sc 的含量分别为 42%和 34%时)，并证实了 c 轴结构化膜在压电纤锌矿相中的生长，且发现当拉伸应力区 Sc 含量较高时，薄膜出现晶粒异常长大，压电效应下降的现象 [74]。

2018 年，Mertin 等再次在 200 mm 的晶圆片上成功制备了钪含量为 33%和 42%的氮化钪铝薄膜。其中 33%含量 Sc 的氮化钪铝薄膜在 50 MPa 应力的薄膜工艺下表现出最佳的压电性能一致性，并得到了其压电系数高达 $e_{31,\mathrm{f}} = -2.3$ $\mathrm{C/m^2}$ 和 $d_{33,\mathrm{f}} = 11.8$ pm/V。而含量 Sc 为 42%的氮化钪铝薄膜显示出良好的结晶度，且其横向压电系数 $e_{31,\mathrm{f}}$ 高达 $-2.77\ \mathrm{C/m^2}$，比纯的氮化铝薄膜高 2.6 倍 [75,76]。

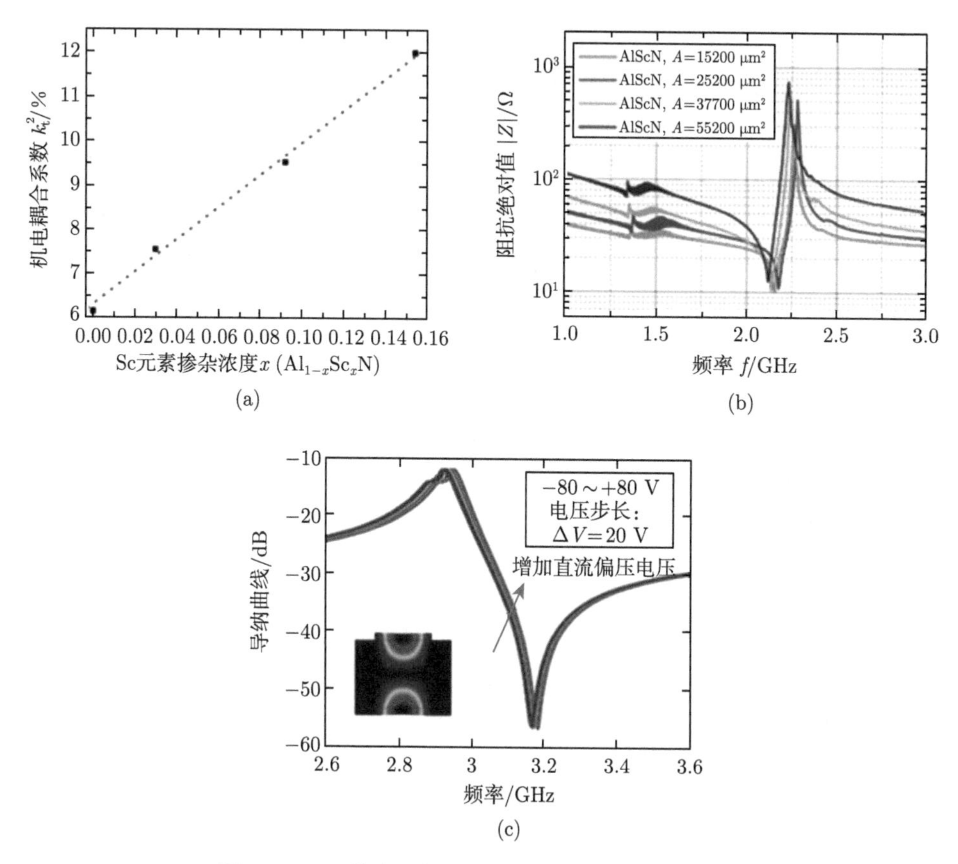

图 1.21 Sc 掺杂对机电耦合系数及谐振曲线的影响

(a)k_t^2 与 Sc 浓度的关系；(b)Sc 掺杂 27%时的谐振曲线；(c)Sc 掺杂 30%时的谐振曲线

1.3.3 集成化

射频滤波器在 5G 时代获得了飞速发展，以智能手机为例，4G 时代 iPhone8 支持包括 1G/2G/3G/4G 在内的频段共约 20 个，每个频段的收发系统中至少需要两个滤波器，而 iPhone12 5G 版本新增支持 17 个 Sub-6G 频段和 3 个毫米波频段，单部设备中的滤波器个数增长超过 40 个，并且随着 5G 技术的持续发展，单个设备中的滤波器数目仍保持增长趋势，使用数目在射频前端中的占比持续增大。2023 年 8 月 29 日发布的华为 Mate60 Pro 加入北斗卫星通话后，所覆盖频段将超过 50 个，按此计算，其所需滤波器数量超过 100 个。滤波器数量增长情况见表 1.2。目前智能手机中的 PCB 面积不断减小，如图 1.22 所示。手机制造商不断增大电池尺寸，以支持新功能，例如集成更多的摄像头和天线，以实现超宽带 (ultra wide band，UWB)、毫米波和多样化的功能。为了支持 WiFi、低频段、中频段、高频段、超高频段、UWB 和毫米波等广泛的频率范围，制造商还需要使用更多天线，除了在小型射频前端模块中集成这些滤波器之外，还迫使射频前端系统设计人员设计更小的前端组件，包括滤波器。然而，现有的射频前端器件尺寸已经很难再有显著的缩小，唯有进行先进集成封装或开发新型单片集成技术，才可能大幅缩小器件尺寸，在缩小尺寸的同时还要兼顾高频高功率的要求，更是难上加难，因此大规模集成和高频高功率仍是射频前端发展的大趋势。

表 1.2 全球通信技术迭代中所需滤波器数量增长情况

	支持的频段数量	所需滤波器数量
2G 智能手机	2~4	2~4
3G 智能手机	4~6	5~8
4G 智能手机 (低到中端)	10~20	20~40
4G 智能手机 (高端)	20~30	40~60
5G 智能手机 (Sub-6G)	30~50	60~100
5G 智能手机 (毫米波)	50~70	100~150

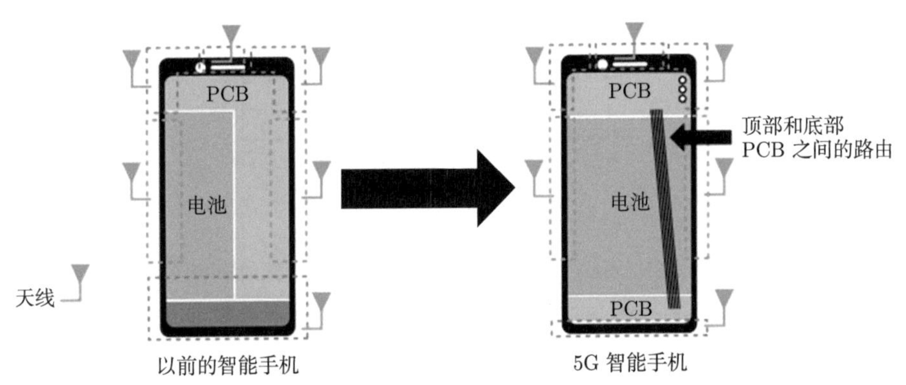

图 1.22 5G 手机中体积更大的电池会占用更多的印刷电路板空间

这些年，声波滤波器 (SAW 和 BAW) 的封装方式从最初的表贴陶瓷封装发展到芯片级封装、晶圆级封装。2016 年，Qorvo 提出了一种晶圆级封装技术 (wafer level packaging,WLP)，其所需要的封装区域仅占芯片面积的 40%[6]。2018 年，Qorvo 公司研制的 μBAW 封装技术，焊盘几乎未占用有效芯片面积，滤波器封装尺寸大幅度减小。2018 年，他们为解决焊盘占用有效芯片面积，开发了几乎不占用面积的 μBAW 封装技术。MIMO 和载波聚合 (carrier aggregation，CA) 技术的普及对手机中滤波器数量提出了更高的要求。这就必须提升封装技术，压缩滤波器的封装体积，并保证多颗滤波器的协同工作。主流的解决技术方案为在同一基板上封装多颗滤波器，从而制备出多工器或滤波器模组。但是，这项技术难度极大，目前仅有 Avago、Qorvo 等公司有相应的产品。其中，2015 年 Avago 公司推出的型号为 ACFM-2113 的 BAW 四工器的面积仅为 3.6 mm×2.0 mm。

为实现小型化的射频前端，开发 BAW 器件集成于有源器件的技术得到了广泛关注，从而演化出片上集成 (system on chip，SoC) 技术和系统级集成 (system in package，SiP) 技术两种方案。

(1)SoC 技术。由于与标准的微电子工艺高兼容性的 BAW 滤波器工艺，可实现与射频集成电路 (RFIC) 的单片集成。2006 年，意法半导体公司推出的一款首次实现 BAW 滤波器与有源芯片的集成的芯片 (面积 2.44 mm^2) 可以作为宽带码分多址 (WCDMA) 的 RFIC 的接收芯片。相较于分立模块，这款芯片的技术指标无明显差距。此外，快速发展的还有集成 BAW 的单片振荡器技术。Avago 公司开发的基于温补 BAW 的单片压控振荡器 (VCO) 芯片，其面积仅为 0.3 mm^2，体积仅为 0.04 mm^3，工作频率为 3.4 GHz 时，相噪仅为 −91 dBc@1 kHz。

(2)SiP 技术。SiP 技术相较于 SoC 技术在集成灵活性、成本上更具优势，是民用通信领域主流发展技术。目前，Avago 和 Qorvo 等公司基于 SiP 技术，成功研究出了射频前端多个滤波器、开关、耦合器以及放大器等芯片的集成的技术方案。这种技术制备出的集成模块是目前旗舰手机的标配模组，在可预见的未来也可普及在所有层次的手机中。

1.4 体声波滤波器的研发进展

1.4.1 国内外研发进展

在移动通信和物联网应用推动下，无线通信不断向高频高速发展。由于材料和工艺的适用性不同，5G 时代以来，高频通信被划分为 Sub-6G 和毫米波两个相对独立研究的频段：Sub-6G 频段下，采用微机电加工技术的 BAW 滤波器突破了二维加工尺寸的限制，工作频率得以提高到 3 GHz 以上，同时 BAW 滤波器具有高频、微型化、高性能、低功耗、高功率容量等优点，成为 Sub-6G 高频通信的核心元器件。自 1994 年惠普实验室的 Ruby 采用 AlN 为压电薄膜，成功在 4 英寸[①]晶片上制备了空腔型 BAW 谐振器起，基于 AlN 的 BAW 滤波器得到了快速发展。经过数十年的技术积累，国外 Broadcom、Qorvo 等几家公司的产品覆盖了 Sub-6G 的完整频段，谐振器 Q 值最高超过 2000，通带内插损可达到 1.2 dB 以下，带外抑制可超过 40 dB，通带带宽可超过 300 MHz，同时牢牢把握了滤波器市场份额及知识产权。

国内有多家单位开展了 BAW 滤波器技术研究，包括电子科技大学、浙江大学、天津大学、华南理工大学和广州市艾佛光通科技有限公司 (简称“广州艾佛”) 等。

① 1 英寸 =2.54 厘米。

实际上，BAW 器件对投入成本的要求是巨大的。因此，目前拥有设计部门和完整工艺生产链条的单位并不多见，典型代表如广州艾佛。目前，国内研究机构在压电薄膜材料、设计方法及器件结构等方面与国外的 BAW 滤波器研究的技术差距明显 [6]。

在 BAW 谐振器与滤波器的仿真设计方面，国内研究团队奋起追赶，对于滤波器的设计精度与失效分析做了许多针对性的研究。西南科技大学实验室对 Mason 模型提出改进方案，通过对 MBVD 模型的研究，对比传统 Mason 模型出现的中心频率左偏现象引入寄生电感参数，实现仿真模型的进一步优化。中国科学院微电子研究所在 Band 40 频段滤波器的设计过程中，采用 COMSOL 和 ANSYS 等三维多物理场仿真工具对其进行多物理场下的耦合分析。此外，针对 FBAR 谐振器与滤波器热场分析以及高散热率的 FBAR 谐振器结构的改进亦是一项研究重点 [5,77]。东南大学使用双级框架结构设计的 FBAR 滤波器，在进一步减少器件体积的同时也提高了其品质因数。

站在 5G 通信技术的市场需求及世界 BAW 滤波器产业发展的角度，发展高频化、高 Q 值、宽带化、高耐受功率、高温度稳定性、小型化封装和集成化等的下一代 BAW 滤波器成为必然。因此，推动研究 BAW 滤波器在新材料、新设计及新工艺技术的发展与应用，以促使 BAW 滤波器技术的跨代发展，成为历史的必然选择。

1.4.2　产业化进程

产业化方面，国内包括广州、苏州和天津等多地涌现出了多家 BAW 滤波器企业。例如，2020 年，广州艾佛 70 KK/月 (KK：百万颗) 的生产线建成投产，推出 BAW 滤波器完整国产化解决方案，同年推出了多款应用在 5G 通信的高性能 BAW 滤波器产品，为高频 BAW 滤波器的国产自主化迈开了一大步。除了 BAW、SAW 以外，国内上海、无锡等数家企业也在关注 LTCC、IPD 等技术。一般而言，AlN 高频滤波器的技术路线和专利被国外“卡脖子”。目前全球量产 BAW 滤波器比较著名的公司有 Broadcom、Qorvo、Skyworks 等，基本垄断了全球 BAW 滤波器市场，同时也几乎垄断了所有专利。国内少数做产业化的企业沿用美国的技术路线，具有极大的知识产权风险，这也是我国在 BAW 滤波器领域至今未形成大规模产业化的一个重要原因。2014 年，Qorvo 公司由 TriQuint 与 RFMD 合并组建，掌握了 RFMD 的 SAW 研发生产能力以及 TriQuint 的固态装配型滤波器的研发生产能力。2015 年，Avago 公司以 370 亿美元收购 Broadcom 公司。2016 年，Skyworks 公司完全收购了 2014 年他们与松下公司成立的合资企业，实现了收购松下公司滤波器部门的目的，补全了他们在 BAW 方面的技术。同年，合资企业 RF360 公司实现 Qualcomm 公司与 TDK 公司在无线通信技术上的互补 (TDK

公司于 2008 年收购 EPCOS 公司，获取声学滤波器生产技术)[78]。欧美国家射频器件企业以滤波器为核心开展深度整合，并且对我国实施芯片封锁，美国对中兴、华为的制裁不仅是针对集成电路，更是针对射频前端核心中高频滤波器芯片，因此射频滤波器技术是挡在我国半导体芯片国产化面前的一大块绊脚石，对国内很多企业打击非常大，如果没有自主产权的 BAW 滤波器，我国射频零组件企业将面临严峻的竞争劣势。

由于设计模型不完善，设计的性能指标与实际流片数据拟合度仍有一定差距。国内 BAW 滤波器起步较晚，尚未形成完善的芯片仿真设计模型与自动化软件，BAW 滤波器属于模拟芯片，与大规模集成电路的设计区别非常大，集成电路的设计是基于成熟电子设计自动化 (EDA) 软件的，因 Si 材料的特征属性已非常清晰确定，EDA 软件中的 Si 参数可以做到与实际材料基本一致，即大规模集成电路可以走设计与代工完全分离的路线。模拟芯片不同，模拟芯片用到的材料种类多，且材料参数并不固定，即不同生长条件下做出来的材料参数不尽相同，故仿真软件中很难固定某种材料的参数，需要先稳定生长设备并保持所制备的材料稳定，才能将材料参数提取出来导入仿真设计软件中进行设计，工艺的不稳定又会直接导致所设计出来的器件在流片制备出来后性能完全不同。故 BAW 滤波器的设计尚不完善，仍有很大的提升空间。

与此同时，现有 BAW 滤波器的制备工艺及性能仍有较大的提升空间。

(1) 材料上采用多晶 AlN，多晶 AlN 材料的晶体质量提升遇到瓶颈，磁控溅射方法制备的多晶 AlN 压电薄膜 (0002) 取向 X 射线衍射 (XRD) 半高宽很难做到 1° 以下，特别是 5G 高频滤波器所需要的 AlN 压电薄膜更薄，异质衬底生长半导体材料，会有一定厚度质量很差的过渡层，薄膜越薄，处于过渡层的厚度占比越大，薄膜质量就越差。由于晶界以及其他缺陷的大量存在，多晶 AlN 会造成大的能量损失、增加功耗、增加器件的热消耗。

(2)Si 衬底具有良好的导热性能，制备技术成熟，成本低廉且与 MEMS 工艺兼容，是产业化 BAW 滤波芯片衬底的最优选择。在 BAW 滤波芯片压电材料的选择中，AlN 凭借其高声速、低温漂和高导热性等优势，在众多压电材料中脱颖而出。通过物理气相沉积 (physical vapor deposition，PVD) 在 Si 衬底上制备的多晶 AlN，存在大量的晶界和缺陷，晶体质量较差，AlN(0002) 取向摇摆曲线半高宽通常大于 1.7°，且晶体质量难以进一步提升，导致 BAW 滤波芯片性能难以进一步提升。单晶 AlN 薄膜具有良好的晶体质量，然而金属有机化学气相沉积 (metal organic chemical vapor deposition，MOCVD) 生长单晶 AlN 薄膜需要高温，导致 Si 衬底易与氮源反应形成界面层，影响单晶 AlN 薄膜晶体质量；同时，单晶 AlN 薄膜与 Si 衬底之间存在较大的晶格失配和热失配，导致应力难以控制，表面易出现裂纹或褶皱 [79]。

(3) 空腔获取方法较为复杂。传统制备空腔型 BAW 滤波器工艺引入牺牲层制备空腔，导致后续制备的支撑层、电极层和 AlN 压电层薄膜质量降低。而且传统释放牺牲层带来的应力变化容易对 BAW 结构带来不良影响，同时释放药液会对底电极膜层产生腐蚀，影响器件性能，产品良率低。

因此，通过材料创新、制备工艺创新和设备创新，开发拥有自主知识产权的单晶 BAW 芯片制备技术，实现 BAW 芯片国产化，是我国滤波器行业的重中之重。

参考文献

[1] 张志远. 5G 毫米波射频收发前端的研究. 南京: 东南大学, 2022.
[2] 顾玲. 一种基于 5G 毫米波通信的宽带滤波器. 南京: 南京邮电大学, 2022.
[3] Ludwig R, Bogdanov G. 射频电路设计——理论与应用. 2 版. 王子宇, 王心悦, 等译. 北京: 电子工业出版社, 2013.
[4] 葛悦涛. 驻车加热器 C50 型遥控装置设计. 长春: 长春理工大学, 2009.
[5] 张铁林. 用于 5G 移动通信的 FBAR 谐振器与滤波器仿真设计. 广州: 华南理工大学, 2022.
[6] 杜波. 空腔型体声波滤波器及其宽带化技术研究. 成都: 电子科技大学, 2020.
[7] 李洁. FBAR 滤波器的仿真与制备研究. 广州: 华南理工大学, 2018.
[8] 刘国荣. 基于单晶 AlN 薄膜的 FBAR 制备研究. 广州: 华南理工大学, 2018.
[9] 金浩. 薄膜体声波谐振器 (FBAR) 技术的若干问题研究. 杭州: 浙江大学, 2006.
[10] Chen P, Li G, Zhu Z. Development and application of SAW filter. Micromachines, 2022, 13(5): 656.
[11] Zhang L, Yu H, Jiang M, et al. A 6～18 GHz multifunction heterodyne RF transceiver module on LTCC with SAW and BAW bandpass filters. IEEE MTT-S International Wireless Symposium (IWS), 2021, 1: 1-3.
[12] 曹哲琰. 面向移动无线通信的体声波器件研究与实现. 北京: 北京邮电大学, 2021.
[13] 张慧金. FBAR 器件模型和若干应用技术的研究. 杭州: 浙江大学, 2011.
[14] Ruby R, Gilbert S, Lee S K, et al. Novel temperature-compensated, silicon SAW design for filter integration. IEEE Microwave and Wireless Components Letters, 2021, 31(6): 674-677.
[15] 张亚非, 陈达. 薄膜体声波谐振器的原理、设计与应用. 上海: 上海交通大学出版社, 2011.
[16] Newell W E. Face-mounted piezoelectric resonators. Proceedings of the IEEE, 1965, 53(6): 575-581.
[17] Sliker T R, Roberts D A. A thin-film CdS-quartz composite resonator. Journal of Applied Physics, 1967, 38(5): 2350-2358.
[18] 王轩. 宽带小型化无线收发系统的设计. 成都: 电子科技大学, 2018.
[19] Khorshidian M, Reiskarimian N, Krishnaswamy H. A compact reconfigurable N-path low-pass filter based on negative trans-resistance with <1 dB loss and >21 dB out-of-band rejection. IEEE/MTT-S International Microwave Symposium (IMS), 2020: 799-802.
[20] 王蒙. 基于 S 波段 CMOS 射频集成滤波器设计. 哈尔滨: 哈尔滨工业大学, 2022.

[21] 蒲艺之. 宽频段声学监测系统研究. 成都: 电子科技大学, 2022.
[22] Kibaroglu K, Rebeiz G M. An N-path bandpass filter with a tuning range of 0.1~12 GHz and stopband rejection > 20 dB in 32 nm SOI CMOS. 2016 IEEE MTT-S International Microwave Symposium (IMS), 2016: 1-3.
[23] 李玉颖. 基于基片集成波导的多层电路研究. 南京: 南京邮电大学, 2021.
[24] 田松杰. X 波段 SIW 广义切比雪夫超结构滤波器的设计与研究. 成都: 电子科技大学, 2020.
[25] 史志雄. S 波段谐波雷达射频收发端腔体滤波器的研究与设计. 柳州: 广西科技大学, 2021.
[26] 刘雨滢. S 波段高性能腔体滤波器技术研究. 成都: 电子科技大学, 2020.
[27] 张先荣. 微波腔体无源器件关键技术研究. 成都: 电子科技大学, 2013.
[28] 刘建, 王炜, 郭毓敏, 等. 干式电力变压器振动信号调理电路的设计. 电子设计工程, 2013, 21(21): 140-143.
[29] Soni A, Gupta M. Analysis of fractional order low pass elliptic filters// 2018 5th International Conference on Signal Processing and Integrated Networks (SPIN). New York: IEEE, 2018: 13-17.
[30] 李铁楠. 硅基集成无源滤波器的设计与制作. 大连: 大连理工大学, 2013.
[31] 陈凡. 基于 IPD 工艺的集成射频滤波器设计方法的研究. 杭州: 杭州电子科技大学, 2023.
[32] 黄翠英, 岳帅旗, 王娜, 等. 国产 LTCC 材料在高频带通滤波器中的应用. 电子工艺技术, 2022, 43(6): 317-319, 369.
[33] 胡申. 基于 LTCC 技术的小型化滤波器设计与实现. 成都: 电子科技大学, 2022.
[34] 许露钰. 小型集成化带通滤波器研究. 成都: 电子科技大学, 2022.
[35] Shen J, Fu S, Su R, et al. A low-loss wideband SAW filter with low drift using multi-layered structure. IEEE Electron Device Letters, 2022, 43(8): 1371-1374.
[36] 黄华. 射频声表面波梯形滤波器的研制. 成都: 电子科技大学, 2011.
[37] 雷玉玺. 压电基片切割误差对声表面波滤波器中心频率的影响研究. 银川: 宁夏大学, 2005.
[38] Ikata O, Miyashita T, Matsuda T, et al. Development of low-loss band-pass filters using SAW resonators for portable telephones. IEEE Ultrasonics Symposium Proceedings, 1992, 1: 111-115.
[39] Chauvin D, Coussat E, Dieulesaint E. Acoustic-surface-wave television filters. Electronics Letters, 1971, 7(17): 491-492.
[40] Staples E J, Schoenwald J S, Rosenfeld R C, et al. UHF surface acoustic wave resonators. IEEE Ultrasonics Symposium, 1974: 245-252.
[41] Solie L. A surface acoustic wave multiplexer using offset multistrip couplers. IEEE Ultrasonics Symposium, 1974: 153-156.
[42] Cross P S, Schmidt R V, Haus H A. Acoustically cascaded ASW resonator-filters. IEEE Ultrasonics Symposium, 1976: 277-280.
[43] Abbott B P, Hartmann C S, Malocha D C. A coupling-of-modes analysis of chirped transducers containing reflective electrode geometries. Proceedings, IEEE Ultrasonics Symposium, 1989, 1: 129-134.

[44] Hashimoto K, Asano H, Matsuda K, et al. Wideband love wave filters operating in GHz range on Cu-grating/rotated-YX-$LiNbO_3$-substrate structure. IEEE Ultrasonics Symposium, 2004, 2: 1330-1334.

[45] Novgorodov V, Freisleben S, Heide P, et al. Modified ladder-type 2.4 GHz SAW filter with transmission zero. IEEE International Ultrasonics Symposium, 2010: 2083-2086.

[46] Takai T, Iwamoto H, Takamine Y, et al. High-performance SAW resonator on new multilayered substrate using $LiTaO_3$ crystal. IEEE Transactions on Ultrasonics, Ferroelectrics, and Frequency Control, 2017, 64(9): 1382-1389.

[47] Iwamoto H, Takai T, Takamine Y, et al. A novel SAW resonator with incredible high-performances. IEEE International Meeting for Future of Electron Devices, Kansai (IMFEDK), 2017: 102-103.

[48] Balysheva O L. SAW filters substrates for 5G filters. Wave Electronics and Its Application in Information and Telecommunication Systems (WECONF), 2022: 1-7.

[49] 张庚宇. IDT/AlN/Diamond 声表面波多层膜的模拟与制备. 天津: 天津理工大学, 2011.

[50] 朱卫俊. 4G-LTE TDD 基站用低损耗大带宽 3.7 GHz 声表面波滤波器研制. 南京: 东南大学, 2017.

[51] Liu Y, Liu J, Wang Y. A novel structure to suppress transverse modes in radio frequency TC-SAW resonators and filters. IEEE Microwave and Wireless Components Letters, 2019, 29(4): 249-251.

[52] 石哲. 用于 FBAR 技术的 AlN 薄膜的研究. 杭州: 浙江大学, 2006.

[53] Curie J, Curie P. Développement par compression de l'électricité polaire dans les cristaux hémières à faces inclinées. Bulletin de Minéralogie, 1880, 3(4): 90-93.

[54] Lippmann G. Principe de la conservation de l'électricité ou second principe de la théorie des phénomènes électriques. Journal de Physique Théorique et Appliquée, 1881, 10(1): 381-394.

[55] Smits J G. Eigenstates of coupling factor and loss factor of piezoelectric ceramics. IEEE standard on piezoelectricity (ANSI/IEEE Standard 17—1987). The Institute of Electrical and Electronics Engineers, Inc, New York, NY, 1978.

[56] Fedder G K, Hierold C, Korvink J G, et al. Resonant MEMS: Fundamentals, Implementation, and Application. New York: John Wiley & Sons, 2015.

[57] Jonscher A K. Dielectric relaxation in solids. Journal of Physics D: Applied Physics, 1999, 32(14): R57.

[58] Smits J G. Influence of moving domain walls and jumping lattice defects on complex material coefficients of piezoelectrics. IEEE Transactions on Sonics and Ultrasonics, 1976, 23(3): 168-173.

[59] Hutson A R, White D L. Elastic wave propagation in piezoelectric semiconductors. Journal of Applied Physics, 1962, 33(1): 40-47.

[60] Hao Z, Erbil A, Ayazi F. An analytical model for support loss in micromachined beam resonators with in-plane flexural vibrations. Sensors and Actuators A: Physical, 2003, 109(1-2): 156-164.

[61] Lin C M, Hsu J C, Senesky D G, et al. Anchor loss reduction in AlN lamb wave resonators using phononic crystal strip tethers. 2014 IEEE International Frequency Control Symposium (FCS), 2014: 1-5.

[62] Verbridge S S, Ilic R, Craighead H G, et al. Size and frequency dependent gas damping of nanomechanical resonators. Applied Physics Letters, 2008, 93(1): 013101.

[63] 吴涛, 陈绍业. 压电微机电谐振器. 北京: 机械工业出版社, 2019.

[64] Grudkowski T W, Black J F, Reeder T M, et al. Fundamental-mode VHF/UHF minature acoustic resonators and filters on silicon. Applied Physics Letters, 1980, 37(11): 993-995.

[65] Lakin K M. Thin film resonator technology. IEEE International Frequency Control Symposium and PDA Exhibition Jointly with the 17th European Frequency and Time Forum, 2003: 765-778.

[66] Hara M, Yokoyama T, Sakashita T, et al. A study of the thin film bulk acoustic resonator filters in several ten GHz band. IEEE International Ultrasonics Symposium, 2009.

[67] Tembhare P C, Rangaree P H. A review on: design of 2.4 GHz FBAR filter using MEMS technology for RF applications. 2015 IEEE Seventh National Conference on Computing, Communication and Information Systems (NCCCIS), 2017, 79(11): 1602-1604.

[68] Vrtury R, Hodge M, Shealy J B. High power, wideband single crystal XBAW technology for sub-6 GHz micro RF filter applications. IEEE International Ultrasonics Symposium (IUS), 2018.

[69] Lakin K M, Belsick J, Mcdonale J F, et al. Improved bulk wave resonator coupling coefficient for wide bandwidth filters. IEEE Symposium Ultrasonics (IUS), 2001.

[70] 王强, 李丽, 张仕强. 宽带 FBAR 滤波器的研制. 半导体技术, 2021, 46(8): 630-634.

[71] Caro M A, Zhang S, Riekkinen T, et al. Piezoelectric coefficients and spontaneous polarization of ScAlN. J. Phys. Condens. Matter., 2015, 27(24): 245901.

[72] Liao J, Cheng Z, Ma X. Theoretical evidence of piezoelectric constant enhancement of M-doped AlN (M = Sc, Er). Journal of Crystal Growth, 2022, 599: 126889.

[73] Teshigahara A, Hashimoto K, Akiyama M. Scandium aluminum nitride: highly piezoelectric thin film for RF SAW devices in multi GHz range. Proceedings of the Ultrasonics Symposium, F, 2012.

[74] Mertin S, Pashchenko V, Parsapour F, et al. Enhanced piezoelectric properties of *c*-axis textured aluminium scandium nitride thin films with high scandium content: Influence of intrinsic stress and sputtering parameters. IEEE International Ultrasonics Symposium (IUS), 2017.

[75] Mertin S, Heinz B, Mazzalar A, et al. High-volume production and non-destructive piezo-property mapping of 33% Sc doped aluminium nitride thin films. IEEE International Ultrasonics Symposium (IUS), 2018.

[76] Mertin S, Heinz B, Rattunde O, et al. Piezoelectric and structural properties of *c*-axis textured aluminium scandium nitride thin films up to high scandium content. Surface

and Coatings Technology, 2018, 343: 2-6.
[77] 贾乐. BAW 滤波器设计方法研究. 绵阳: 西南科技大学, 2018.
[78] 冯晗琛. BAW 器件非线性模型的建模与仿真. 成都: 电子科技大学, 2022.
[79] 衣新燕. 基于两步生长法 AlN 薄膜的高质量体声波滤波器制备研究. 广州: 华南理工大学, 2022.

第 2 章　体声波滤波器的物理基础

BAW 滤波器由衬底、支撑层、电极层和压电层等结构组成 (图 1.20)，其中最关键的组成部分是压电层。压电薄膜具有较低的对称性，当施加外力时，晶格发生畸变，导致晶胞中正负电荷分离，形成电偶极矩，在宏观层面上，表现为两端产生异号电荷；反之，如果压电薄膜在电场中产生极化，电荷中心将会转移，宏观上表现为材料形变。利用压电材料的这种性质，可以实现电信号 (交流电) 和声波信号 (机械振动) 的相互转换。

在本章中，我们将介绍 BAW 滤波器的物理基础。从胡克定律出发，基于弹性体中的压电效应，推导出 BAW 的数学物理方程，并介绍在弹性体中传播声波和 BAW 谐振器的基本性质。理解这些不同模式的波及其在外界因素影响下产生的变化是制备 BAW 滤波器的基础。

2.1　固体中的振动与波

2.1.1　不同介质中的声波传输

声音是由物质振动引起的机械波。它可以通过声波在固体、液体、气体和等离子体中的传播而产生。如果可以看到构成空气的分子，我们就会看到声音是一系列密度较高和较低的空气区域，它们以约 340 m/s 的速度远离声源。在空气中，声波表现出类似弹簧上的纵波的特性。

如图 2.1 所示，纵波是指波动方向与能量传播方向相同的波，而声波就是一种纵波。当声波在空气中传播时，空气分子沿着与波传播方向相同或相反的方向振动。与纵波不同，横波指的是波动方向与能量传播方向垂直的波。光波就是一种横波，光的电场和磁场振动方向与光的传播方向垂直。

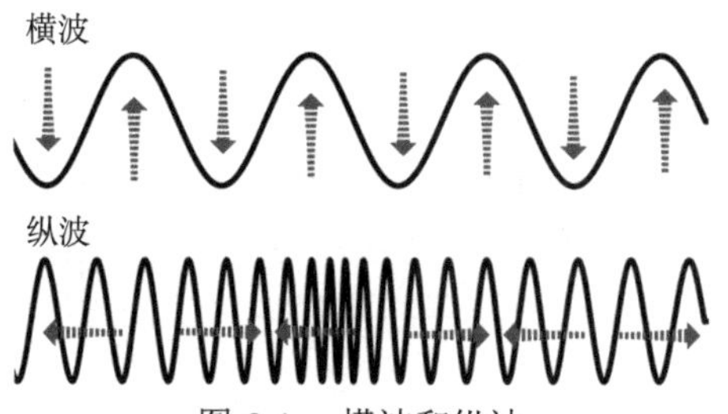

图 2.1　横波和纵波

相较于液体或固体，气体的密度较小。因此，当声音在气体中传播时，气体分子之间的碰撞频率较低，因为它们更加分散。这导致声波的传播速度通常较低，正是这种低速声波使我们的耳朵能够感知到声音。

液体中的分子更紧密，所以在液体中声波传播得更快。我们以地铁中的人流为例，有很多人 (我们把这些人看作介质中的粒子) 在地铁列车上紧密地挤在一起，相互施加排斥力，当地铁到站后，他们互相推挤形成的“波”的速度就会变快，因为他们靠得更近了。一部分人下车后，人流组成的“波”的速度就会降低，这就像气体中的粒子不是那么拥挤一样。

在固体中，分子以晶格的形式排列，它们之间通过大量相互作用的化学键连接。这使得固体中的分子间的距离非常小，因此固体中的分子排列更加紧密。正因为如此，固体中的声波传播速度通常非常快，远超人类听觉的范围。我们之所以能够听到固体物体发出的声音，是因为空气分子的共振作用。例如，当鼓面振动时，它会推动附近的空气分子，这些分子又会推动其他的空气分子，从而产生声波并传播到我们的耳朵。固体声波在日常生活中有许多应用，例如可以被用于预警泥石流灾害的发生，还可以通过检测金属材料中的声波来评估材料的质量、强度和缺陷等。BAW 谐振器通过将固体声波和交流电相互转化来实现其功能。

2.1.2　固体声波与胡克定律

固体可以分为刚体和弹性体。当固体受到外力作用时将发生形变或位移。刚体在受到外力后，外力会瞬间作用到刚体的每个点，从而导致了刚体的平动和转动，同时保持其形状和大小不变。实际上，任何物体都不是完全的刚体。从宏观角度看，有时可以近似地把物体当作刚体来处理。在传统的牛顿力学体系中，对一个刚体施加力会导致该物体加速。由于物体本身是刚性的，外力会瞬间传递到内部所有部分。这种近似处理的方法未考虑固体的晶体结构及内部相互作用。材料力学的强度理论和变形体力学的研究帮助解决了这些问题，从而揭示了外力与晶体内部变化之间的关系。

材料力学的研究发现，外力作用于晶体时会引起内部结构的应力和应变，弹性体受到外力作用后，不仅产生平动和转动，还会产生形变。如果外力没有超过弹性体的弹性限度，当外力消失时，弹性体可以恢复原状。在固体材料中，这一过程在微观上表现为固体受力后分子和原子之间的相对位置发生变化，导致化学键的伸长或压缩，从而储存能量。当外部力消失时，弹性体试图恢复原状，分子和原子从伸长或压缩状态返回到原始状态，并从中释放储存的能量，恢复弹性体的原本形状和尺寸。在 BAW 滤波器的研究中，我们主要涉及与弹性形变有关的固体性质。

我们以胡克定律来推导固体的形变。如图 2.2 所示，假设固体受到一个外力

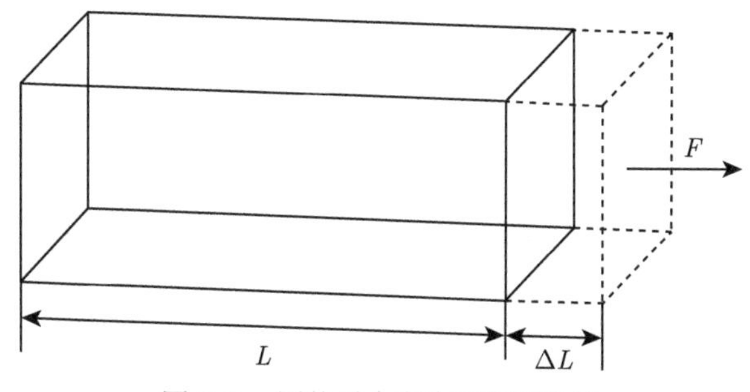

图 2.2 固体受力产生形变示意图

F，固体中的原子将会发生偏移，宏观上表现为整个固体发生形变。由于原子间存在相互作用力，固体中发生形变的原子也会受到相应的弹性力。当固体的形变量较小时，整个过程满足胡克定律。对于这样的一个系统，可以表示为

$$F=-kx \tag{2.1}$$

其中，k 表示固体的弹性常数。另外，固体中的原子在力的作用下满足牛顿第二定律，做加速运动，可以表示为

$$F=m\frac{\mathrm{d}^2x}{\mathrm{d}t^2} \tag{2.2}$$

由式 (2.1) 和式 (2.2) 可以得到原子位移和时间的关系：

$$\frac{\mathrm{d}^2x}{\mathrm{d}t^2}+\frac{k}{m}x=0 \tag{2.3}$$

这样固体中的原子的运动就被描述为简谐运动，其位移解为

$$x=A\sin\left(\omega_0t+\phi_0\right) \tag{2.4}$$

其中，A 为简谐运动的振幅；ϕ_0 为初始相位角；$\omega_0=\sqrt{\dfrac{k}{m}}$ 为角频率。式 (2.4) 表达了固体中原子做简谐振动的基础方程，代表了周期性动能和势能的转化，此过程中原子仅做振动，并没有产生声波。当这些原子振动引起周围其他原子的周期性运动后，声波才会产生。以上推导使我们对固体中声波的本质有了基本认识，即固体中的声波是由原子的振动引起的。

胡克定律在振动和波的问题中无处不在，正是这种对声波的简谐近似定义了晶体的弹性常数，这也是固体弹性理论的基础。如果考虑固体不遵守胡克定律的

情况，那么整个过程在数字和物理上将变得非常复杂，研究将进入非线性声学领域。因此我们在对 BAW 谐振器的研究中将始终保持胡克定律所描述的线性声学领域 [1,2]。

2.2　普通弹性体的平面声波传输理论

2.2.1　弹性体的基本声学方程 [3]

在前文中，我们讨论了胡克定律，指出当一个刚体受到外力时，外力会瞬间作用于刚体的每个点，从而导致刚体材料的平移和转动，同时其形状和大小不会发生变化。在刚体内部，由于原子做简谐振动，所以并不会产生声波。对于弹性体而言，当其受外力后首先会产生形变，随后力才会传到弹性体的每个部分，从而整体表现为加速运动。在弹性体形变过程中，弹性体内部的原子会受力产生偏移，并非像刚体那样做简谐振动。用来描述弹性体中的基本声场方程为应变–位移方程和运动方程，在笛卡儿坐标系下，其具体的形式为

$$\boldsymbol{S} = \nabla_{\mathrm{s}}\boldsymbol{u} \tag{2.5}$$

和

$$\nabla \cdot \boldsymbol{T} = \rho\frac{\partial^2 \boldsymbol{u}}{\partial t^2} - \boldsymbol{F} \tag{2.6}$$

其中，$\boldsymbol{S}$ 为应变，单位无量纲；$\boldsymbol{T}$ 为应力，单位为 $\mathrm{N/m^2}$；$\boldsymbol{S}$ 和 $\boldsymbol{T}$ 都为二阶张量。$\nabla_{\mathrm{s}}\boldsymbol{u}$ 定义为 $\nabla_{\mathrm{s}}\boldsymbol{u} = \dfrac{\nabla\boldsymbol{u} + (\nabla\boldsymbol{u})^{\mathrm{T}}}{2}$，为质点的位移，$\rho$ 为弹性体的密度，而质点的速度 $\boldsymbol{v}$ 和位移 $\boldsymbol{u}$ 之间有以下关系：

$$\nabla \cdot \boldsymbol{v} = \frac{\partial \boldsymbol{u}}{\partial t} \tag{2.7}$$

其中，$\boldsymbol{v}$ 和 $\boldsymbol{u}$ 为一阶张量，单位分别为 m/s 和 m。

由式 (2.5) 和式 (2.6)，再联合胡克定律可推导出弹性本构方程

$$\boldsymbol{T} = \boldsymbol{c} : \boldsymbol{S} + \boldsymbol{\eta} : \frac{\partial \boldsymbol{S}}{\partial t} \tag{2.8}$$

即可解出三个基本场变量 $\boldsymbol{u}$、$\boldsymbol{S}$、$\boldsymbol{T}$。式中，$\boldsymbol{c}$ 为弹性体的弹性刚度系数，为四阶张量，单位为 $\mathrm{N/m^2}$，是材料的本征量，由材料属性决定；符号 “:” 表示四阶张量和二阶张量的双点积。因为晶体的对称性，应变 $\boldsymbol{S}$ 和应力 $\boldsymbol{T}$ 为对称矩阵，通过引入缩写下标简化，即三阶张量应变 $\boldsymbol{S}$ 和应力 $\boldsymbol{T}$ 中的每一个分量的两个下标可以通过一个下标进行表示，缩写下标的规则见表 2.1。

表 2.1 缩写下标规则

双下标	xx	yy	zz	yz, zy	xz, zx	xy, yx
缩写下标	1	2	3	4	5	6

这样三阶张量应变 $\boldsymbol{S}$ 和应力 $\boldsymbol{T}$ 可以简化为

$$\boldsymbol{S}=\begin{bmatrix} S_{xx} & S_{xy} & S_{xz} \\ S_{xy} & S_{yy} & S_{yz} \\ S_{xz} & S_{yz} & S_{zz} \end{bmatrix}=\begin{bmatrix} S_1 & \frac{1}{2}S_6 & \frac{1}{2}S_5 \\ \frac{1}{2}S_6 & S_2 & \frac{1}{2}S_4 \\ \frac{1}{2}S_5 & \frac{1}{2}S_4 & S_3 \end{bmatrix} \tag{2.9}$$

$$\boldsymbol{T}=\begin{bmatrix} T_{xx} & T_{xy} & T_{xz} \\ T_{xy} & T_{yy} & T_{yz} \\ T_{xz} & T_{yz} & T_{zz} \end{bmatrix}=\begin{bmatrix} T_1 & T_6 & T_5 \\ T_6 & T_2 & T_4 \\ T_5 & T_4 & T_3 \end{bmatrix} \tag{2.10}$$

其中式 (2.9) 引入 1/2 是弹性理论中的标准惯例，来源是简化了某些关键性方程。这样通过缩写下标表示，我们可以将三阶张量应变 $\boldsymbol{S}$ 和应力 $\boldsymbol{T}$ 简化为六元的一阶张量，即

$$\boldsymbol{S}=\begin{bmatrix} S_1 \\ S_2 \\ S_3 \\ S_4 \\ S_5 \\ S_6 \end{bmatrix}=\begin{bmatrix} \dfrac{\partial u_1}{\partial x_1} \\ \dfrac{\partial u_2}{\partial x_2} \\ \dfrac{\partial u_3}{\partial x_3} \\ \dfrac{\partial u_2}{\partial x_3}+\dfrac{\partial u_3}{\partial x_2} \\ \dfrac{\partial u_1}{\partial x_3}+\dfrac{\partial u_3}{\partial x_1} \\ \dfrac{\partial u_1}{\partial x_2}+\dfrac{\partial u_2}{\partial x_1} \end{bmatrix} \tag{2.11}$$

$$\boldsymbol{T}=\begin{bmatrix} T_1 \\ T_2 \\ T_3 \\ T_4 \\ T_5 \\ T_6 \end{bmatrix}=\begin{bmatrix} T_{11} \\ T_{22} \\ T_{33} \\ T_{23} \\ T_{31} \\ T_{12} \end{bmatrix} \tag{2.12}$$

在引入缩写下标后，散度算符 $\nabla\cdot$ 和 ∇ 分别定义为

$$\nabla\cdot \to \nabla_{iK} = \begin{bmatrix} \frac{\partial}{\partial x} & 0 & 0 & 0 & \frac{\partial}{\partial x} & \frac{\partial}{\partial y} \\ 0 & \frac{\partial}{\partial y} & 0 & \frac{\partial}{\partial x} & 0 & \frac{\partial}{\partial x} \\ 0 & 0 & \frac{\partial}{\partial x} & \frac{\partial}{\partial y} & \frac{\partial}{\partial x} & 0 \end{bmatrix} \tag{2.13}$$

$$\nabla \to \nabla_{Lj} = \begin{bmatrix} \frac{\partial}{\partial x} & 0 & 0 \\ 0 & \frac{\partial}{\partial y} & 0 \\ 0 & 0 & \frac{\partial}{\partial x} \\ 0 & \frac{\partial}{\partial z} & \frac{\partial}{\partial y} \\ \frac{\partial}{\partial x} & 0 & \frac{\partial}{\partial x} \\ \frac{\partial}{\partial y} & \frac{\partial}{\partial x} & 0 \end{bmatrix} \tag{2.14}$$

相应地，四阶张量弹性刚度系数 $\boldsymbol{c}_{ijkl}$ 和弹性顺度系数 $\boldsymbol{s}_{ijkl}$ 也通过引入缩写下标，分别简化表示为二阶张量 $\boldsymbol{c}_{ij}$ 和 $\boldsymbol{c}_{ij}$。

2.2.2　弹性体的基本平面声波方程

2.2.1 节中我们讨论了弹性体的基本声学方程，获得了弹性体的应力和应变的关系式。通过引入缩写下标的形式，把难以计算的三阶张量应变 $\boldsymbol{S}$ 和应力 $\boldsymbol{T}$ 简化为六元的一阶张量。这里，我们将会把简化的应力和应变代入弹性体的运动方程中，从而得到弹性体的基本平面声波方程。

将弹性体质点速度与位移之间的关系式 (2.7) 和应变与应力的关系式 (2.8) 代入运动方程 (2.6) 中，并在运动方程两边对时间 t 微分，以消除应力场对 t 的影响，得到

$$\nabla \cdot \boldsymbol{c} : \frac{\partial \boldsymbol{S}}{\partial \boldsymbol{t}} = \rho \frac{\partial^2 \boldsymbol{v}}{\partial t^2} - \frac{\partial \boldsymbol{F}}{\partial t} \tag{2.15}$$

再代入式 (2.5)，可进一步转化为

$$\nabla \cdot \boldsymbol{c} : \nabla_{\mathrm{s}} \boldsymbol{v} = \rho \frac{\partial^2 \boldsymbol{v}}{\partial t^2} - \frac{\partial \boldsymbol{F}}{\partial t} \tag{2.16}$$

以缩写下标的形式可以表示为

$$\nabla_{iK}\boldsymbol{c}_{KL}\nabla_{Lj}\boldsymbol{v_j}=\rho\frac{\partial^2\boldsymbol{v_i}}{\partial t^2}-\frac{\partial}{\partial t}\boldsymbol{F}_i \tag{2.17}$$

其中，∇_{iK} 和 ∇_{Lj} 已由式 (2.13) 和式 (2.14) 定义，式 (2.17) 即为普通弹性体中的声波方程。

考虑在无源区 ($\boldsymbol{F}=0$)，弹性体中均匀的平面波沿任意方向传播：

$$\hat{\boldsymbol{l}}=\hat{\boldsymbol{x}}l_x+\hat{\boldsymbol{y}}l_y+\hat{\boldsymbol{z}}l_z \tag{2.18}$$

这个平面波具有与 $\mathrm{e}^{\mathrm{i}}(\omega t-k\hat{\boldsymbol{i}}\cdot\boldsymbol{r})$ 成正比的场，在这种情况下，式 (2.17) 中的算符 ∇_{iK} 和 ∇_{Lj} 可以用 $-\boldsymbol{j}\boldsymbol{k}_{iK}$ 和 $-\boldsymbol{j}\boldsymbol{k}_{Lj}$ 替代，表示为

$$-\boldsymbol{j}\boldsymbol{k}_{iK}=-\boldsymbol{j}\boldsymbol{k}\boldsymbol{l}_{iK}\rightarrow-\boldsymbol{j}\boldsymbol{k}\begin{bmatrix} l_x & 0 & 0 & 0 & l_z & l_y \\ 0 & l_y & 0 & l_z & 0 & l_x \\ 0 & 0 & l_z & l_y & l_x & 0 \end{bmatrix} \tag{2.19}$$

和

$$-\boldsymbol{j}\boldsymbol{k}_{Lj}=-\boldsymbol{j}\boldsymbol{k}\boldsymbol{l}_{Lj}\rightarrow-\boldsymbol{j}\boldsymbol{k}\begin{bmatrix} l_z & 0 & 0 \\ 0 & l_y & 0 \\ 0 & 0 & l_z \\ 0 & l_z & l_z \\ l_z & 0 & l_z \\ l_y & l_z & 0 \end{bmatrix} \tag{2.20}$$

这样，普通弹性体中的声波方程 (2.17) 转化为

$$k^2\left(\boldsymbol{l}_{iK}\boldsymbol{c}_{KL}\boldsymbol{l}_{Lj}\right)v_j=k^2\boldsymbol{\Gamma}_{ij}\boldsymbol{v}_j=\rho\omega^2\boldsymbol{v}_i \tag{2.21}$$

方程 (2.21) 称为 Christoffel 方程，方程中的矩阵

$$\boldsymbol{\Gamma}_{ij}=\boldsymbol{l}_{iK}\boldsymbol{c}_{KL}\boldsymbol{l}_{Lj} \tag{2.22}$$

称为 Christoffel 矩阵，其矩阵元仅为平面波传播方向和介质弹性常数的函数。Christoffel 方程的表述形式同时适用于各向同性和各向异性介质中的均匀平面波。因此，我们只要得到各向同性和各向异性的 Christoffel 矩阵，就可以通过 Christoffel 方程得到各向同性和各向异性的平面波解。

2.2.3 各向同性介质的平面声波

2.2.2 节中，我们由应力、应变和弹性体的运动方程推导出了普通弹性体的 Christoffel 方程和矩阵。这里，我们将推导普通弹性体的 Christoffel 方程，从而得到普通弹性体平面声波的波解和声速。

根据各向同性介质的性质可以推出其弹性常数，表示为

$$[\boldsymbol{c}] = \begin{bmatrix} c_{11} & c_{12} & c_{12} & 0 & 0 & 0 \\ c_{12} & c_{11} & c_{12} & 0 & 0 & 0 \\ c_{12} & c_{12} & c_{11} & 0 & 0 & 0 \\ 0 & 0 & 0 & c_{44} & 0 & 0 \\ 0 & 0 & 0 & 0 & c_{44} & 0 \\ 0 & 0 & 0 & 0 & 0 & c_{44} \end{bmatrix} \tag{2.23}$$

对于各向同性介质旋转不变性的要求，弹性常数的表达式还需满足：

$$c_{12} = c_{11} - 2c_{44} \tag{2.24}$$

由式 (2.23) 和式 (2.24) 可知，一个各向同性的介质只有两个独立的弹性常数。通常取 λ 和 μ 这两个独立常数，分别表示为

$$\begin{aligned} \lambda &= c_{12} \\ \mu &= c_{44} \end{aligned} \tag{2.25}$$

将各向同性介质的弹性常数式 (2.23) 和式 (2.24) 代入 Christoffel 矩阵 (2.22) 中，可得各向同性介质的 Christoffel 矩阵：

$$[\boldsymbol{\Gamma}_{ij}] = \begin{bmatrix} c_{11}l_x^2 + c_{44}\left(1 - l_x^2\right) & (c_{12} + c_{44})\, l_x l_y & (c_{12} + c_{44})\, l_x l_z \\ (c_{12} + c_{44})\, l_y l_x & c_{11}l_y^2 + c_{44}\left(1 - l_y^2\right) & (c_{12} + c_{44})\, l_y l_z \\ (c_{12} + c_{44})\, l_z l_x & (c_{12} + c_{44})\, l_z l_y & c_{11}l_z^2 + c_{44}\left(1 - l_z^2\right) \end{bmatrix} \tag{2.26}$$

$$c_{12} = c_{11} - 2c_{44}$$

对于各向同性介质的 Christoffel 方程，波解对所有传播方向都是一致的。这里不妨假设声波沿着 z 方向传播，这样 Christoffel 方程 (2.21) 就可以转化为

$$k^2 \begin{bmatrix} c_{44} & 0 & 0 \\ 0 & c_{44} & 0 \\ 0 & 0 & c_{11} \end{bmatrix} \begin{bmatrix} v_x \\ v_y \\ v_z \end{bmatrix} = \rho\omega^2 \begin{bmatrix} v_x \\ v_y \\ v_z \end{bmatrix} \tag{2.27}$$

进而可以转化为三个独立的方程：

$$
\begin{aligned}
k^2 c_{44} v_x &= \rho w^2 v_x \\
k^2 c_{44} v_y &= \rho w^2 v_y \\
k^2 c_{11} v_z &= \rho w^2 v_z
\end{aligned} \tag{2.28}
$$

由此可以得到声波的解，其中在 x 方向偏振，且沿 z 方向传播的波解为

$$v_{\mathrm{s}} = \hat{x} v \mathrm{e}^{\mathrm{i}(\omega t - kz)} \tag{2.29}$$

在 y 方向偏振，且沿 z 方向传播的波解为

$$v_{\mathrm{s}'} = \hat{y} v \mathrm{e}^{\mathrm{i}(\omega t - kz)} \tag{2.30}$$

在 x 或 y 方向偏振的波解都需满足色散关系:

$$k^2 c_{44} = \rho \omega^2 \tag{2.31}$$

这两个类型的声波为沿 z 方向传播的横波，区别为沿 x 轴极化和 y 轴极化。它们的声速相等，为 $\sqrt{\dfrac{c_{44}}{\rho}}$，也可以称之为简并剪切波。

方程 (2.28) 的第三个波解为

$$v_l = \hat{z} v \mathrm{e}^{\mathrm{i}(\omega t - kz)} \tag{2.32}$$

这个波解需满足色散关系 $k^2 c_{11} = \rho w^2$，此类型的声波是极化和传播方向都为 z 方向的纵波，其声速为 $\sqrt{\dfrac{c_{11}}{\rho}}$。

2.3 压电体的平面声波传输理论

2.3.1 压电效应

1. 压电效应的概念

某些特殊的材料具有压电效应这一独特的物理性质，这类材料被称为压电材料 (piezoelectric material)。外部机械力作用于压电材料上时，材料内部的电偶极矩被极化，从而产生电场变化，这便是压电效应。压电效应的发现可追溯到 1880 年，法国物理学家和数学家 Pierre Curie 及其兄弟 Jacques Curie 进行了一次研究晶体电学性质的实验。他们沿着石英晶体对角线施加了持续的压力，并使用静电仪测量了其表面电势。随着压力的增加，他们观察到晶体表面的电势产生了明显的变化，这表明晶体产生了电荷，意味着发生了由机械能向电能的转换。

2. 压电效应的基本原理

大多数表现出压电效应这种特性的材料都是晶体。然而，并非所有晶体材料都具有压电性质。在人们已知的 32 种晶体学点群结构中，有 21 种点群对应的晶体结构具有非中心对称性的特点，压电效应往往与这种无对称中心的性质有所关联。压电晶体受到应力时，晶胞中的正负离子产生相对位移，这会使得晶体正负电荷中心不再重合，表现为晶体宏观上的极化，这样晶体两侧就会因为压力形变的作用而产生异号电荷；相反地，压电晶体在电场中发生极化同样会使得晶体内电荷中心发生相对位移，导致晶体形变。利用压电材料可以实现机械振动 (声波) 和交流电之间的互相转换，因此压电材料广泛应用于声学器件中。图 2.3(a) 为压电效应的示意图。正压电效应实质上是机械能转化为电能的过程，可以用 $P = d/\sigma$ 表示。其中，P 为晶体的极化率，单位是 $\mathrm{C/m^2}$；d 为压电常数，单位是 C/N；σ 为应力，单位是 $\mathrm{N/m^2}$。

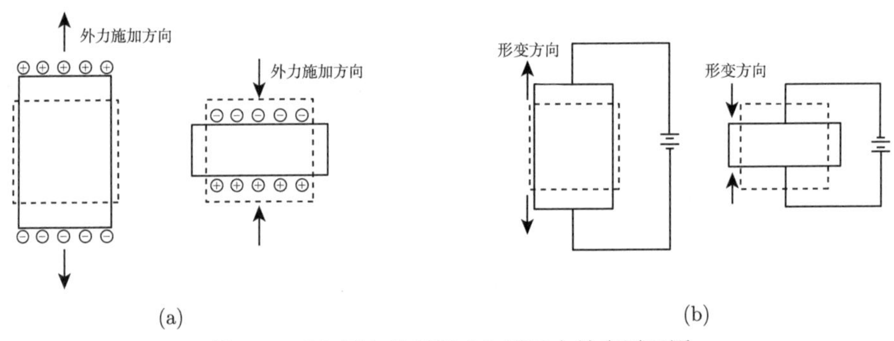

图 2.3　(a) 压电效应和 (b) 逆压电效应原理图

而在压电材料极化方向施加电场时，压电材料也会随着电场的大小发生形变。当撤去外加电场之后，材料的形变也随之消失，回归初始状态；若在材料两端施加相反方向的电场，则材料会发生与之前相反方向的形变，这种现象称为逆压电效应，也称为电致伸缩现象，如图 2.3(b) 所示。逆压电效应实质上是电能转化为机械能的过程，可以用 $S = d_{\mathrm{t}}E$ 表示。其中，S 为晶体的杨氏模量；d_{t} 为压电常数，单位是 m/V；E 为电场强度，单位是 V/m。

以石英为例，当石英晶体未受到外力作用时，硅离子和氧离子在垂直于晶体 z 轴的 xy 平面上的投影恰好等效为正六边形排列，此时正负离子正好分布在正六边形的顶角上，呈现电中性，如图 2.4(a) 所示；若沿 x 轴方向压缩，则硅离子 1 被挤入氧离子 2 和 6 之间，氧离子 4 被挤入硅离子 3 和 5 之间，结果表现为 A 面积累负电荷，B 面积累正电荷，如图 2.4(b) 所示，这一现象称为纵向压电效应。

若沿 y 轴方向压缩，则硅离子 3 和氧离子 2，硅离子 5 和氧离子 6 均向内移动相同的数值，故在 C 面和 D 面上均不产生电荷。而对于 A 面和 B 面，硅离子 1 远离了氧离子 2 和 6，氧离子 4 远离了硅离子 3 和 5，结果表现为 A 面积累正电荷，B 面积累负电荷，这时称为横向压电效应。

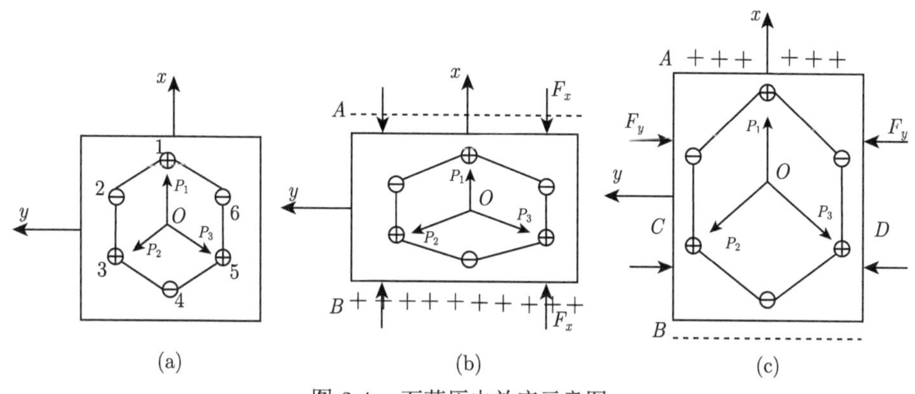

图 2.4 石英压电效应示意图

(a) 不受力情况；(b) 受 x 轴方向力的作用；(c) 受 y 轴方向力的作用

2.3.2 压电方程

在压电体中，用来描述弹性体中的基本声场方程的应变–位移方程 (2.5) 和运动方程 (2.6) 不能完全描述固体对声学应变的响应。相对于普通弹性体而言，表征压电晶体所用到的物理参数不仅包括弹性常数，还包括介电常数和压电常数。弹性常数包括弹性刚度系数 $\boldsymbol{c}$、体积模量 $\boldsymbol{k}$、杨氏模量、泊松比等，主要描述弹性压电体应变和应力之间的关系；介电常数描述了压电体在静电场的作用下的介电性质或极化性质；压电常数则反映弹性体的应变性质和压电体的介电性质之间的耦合关系。

压电体中的声场方程

$$\nabla_{\mathrm{s}}\boldsymbol{v} = \frac{\partial \boldsymbol{S}}{\partial t} \tag{2.33}$$

$$\nabla \cdot \boldsymbol{T} = \rho \frac{\partial^2 \boldsymbol{u}}{\partial t^2} - \boldsymbol{F} \tag{2.34}$$

和电磁场方程

$$-\nabla \times \boldsymbol{E} = \frac{\partial \boldsymbol{B}}{\partial t} \tag{2.35}$$

$$\nabla \times \boldsymbol{H} = \frac{\partial \boldsymbol{D}}{\partial t} + \boldsymbol{J}_{\mathrm{c}} + \boldsymbol{J}_{\mathrm{s}} \tag{2.36}$$

通过压电应变方程

$$\boldsymbol{D}=\boldsymbol{\varepsilon}^{\mathrm{T}}\cdot\boldsymbol{E}+\boldsymbol{d}:\boldsymbol{T} \tag{2.37}$$

$$\boldsymbol{S}=\boldsymbol{d}^{\mathrm{T}}\cdot\boldsymbol{E}+\boldsymbol{s}^{\mathrm{E}}:\boldsymbol{T} \tag{2.38}$$

或者压电应力方程

$$\boldsymbol{D}=\boldsymbol{\varepsilon}^{\mathrm{S}}\cdot\boldsymbol{E}+\boldsymbol{e}:\boldsymbol{S} \tag{2.39}$$

$$\boldsymbol{T}=-\boldsymbol{e}\cdot\boldsymbol{E}+\boldsymbol{c}^{\mathrm{E}}:\boldsymbol{S} \tag{2.40}$$

相耦合。在压电应变方程和应力方程中，$\boldsymbol{D}$ 为电位移，$\boldsymbol{S}$ 为应变，$\boldsymbol{T}$ 为应力，$\boldsymbol{\varepsilon}^{\mathrm{T}}$ 为加持电容率，$\boldsymbol{d}$ 和 $\boldsymbol{d}^{\mathrm{T}}$ 为压电应变常数，$\boldsymbol{s}^{\mathrm{E}}$ 为短路弹性顺度系数 (电场强度 E 恒定下的弹性顺度系数)，$\boldsymbol{\varepsilon}^{\mathrm{S}}$ 为夹持介电常数 (S 恒定下的介电常数)，$\boldsymbol{c}^{\mathrm{E}}$ 为短路弹性刚度系数 (电场强度 E 恒定下的弹性刚度系数)。

对于压电应变方程式 (2.37) 和式 (2.38)，三阶张量 $\boldsymbol{d}$ 和 $\boldsymbol{d}^{\mathrm{T}}$ 能将向量映射为对称矩阵，如压电应变方程成立，压电晶体的对称群中将没有满足此属性的非平凡旋转不变张量，这解释了为什么不存在各向同性压电材料。

对于属于六方晶系的压电晶体 (如 AlN)，三阶张量应变 $\boldsymbol{S}$ 和应力 $\boldsymbol{T}$ 可以表示为

$$\begin{bmatrix} S_1\\ S_2\\ S_3\\ S_4\\ S_5\\ S_6 \end{bmatrix}=\begin{bmatrix} s_{11}^{\mathrm{E}} & s_{12}^{\mathrm{E}} & s_{13}^{\mathrm{E}} & 0 & 0 & 0\\ s_{21}^{\mathrm{E}} & s_{22}^{\mathrm{E}} & s_{23}^{\mathrm{E}} & 0 & 0 & 0\\ s_{31}^{\mathrm{E}} & s_{32}^{\mathrm{E}} & s_{33}^{\mathrm{E}} & 0 & 0 & 0\\ 0 & 0 & 0 & s_{44}^{\mathrm{E}} & 0 & 0\\ 0 & 0 & 0 & 0 & s_{55}^{\mathrm{E}} & 0\\ 0 & 0 & 0 & 0 & 0 & s_{66}^{\mathrm{E}}=2\left(s_{11}^{\mathrm{E}}-s_{12}^{\mathrm{E}}\right) \end{bmatrix}\begin{bmatrix} T_1\\ T_2\\ T_3\\ T_4\\ T_5\\ T_6 \end{bmatrix}$$

$$+\begin{bmatrix} 0 & 0 & d_{31}\\ 0 & 0 & d_{32}\\ 0 & 0 & d_{33}\\ 0 & d_{24} & 0\\ d_{15} & 0 & 0\\ 0 & 0 & 0 \end{bmatrix}\begin{bmatrix} E_1\\ E_2\\ E_3 \end{bmatrix} \tag{2.41}$$

$$\begin{bmatrix} D_1 \\ D_2 \\ D_3 \end{bmatrix} = \begin{bmatrix} 0 & 0 & 0 & 0 & d_{15} & 0 \\ 0 & 0 & 0 & d_{24} & 0 & 0 \\ d_{31} & d_{32} & d_{33} & 0 & 0 & 0 \end{bmatrix} \begin{bmatrix} T_1 \\ T_2 \\ T_3 \\ T_4 \\ T_5 \\ T_6 \end{bmatrix} + \begin{bmatrix} \varepsilon_{11} & 0 & 0 \\ 0 & \varepsilon_{22} & 0 \\ 0 & 0 & \varepsilon_{33} \end{bmatrix} \begin{bmatrix} E_1 \\ E_2 \\ E_3 \end{bmatrix} \tag{2.42}$$

其中，式 (2.41) 代表反向压电效应的关系，式 (2.42) 代表压电效应的关系。

压电常数反映了弹性体的应变性质和压电体的介电性质间的耦合关系。根据式 (2.42)，对于六方晶系压电材料 AlN，压电效应矩阵中的压电常数 d_{ij} 只有五个非零分量 ($d_{15}, d_{24}, d_{31}, d_{32}, d_{33}$)。其中，只有三个是独立分量，它们分别是横向压电常数 d_{31}、纵向压电常数 d_{33} 和切向压电常数 d_{15}。

纵向压电常数 d_{33} 是压电材料的重要指标之一，它表示在垂直于极化方向施加单位压力时引起的电荷变化量，可以衡量压电材料在能量转换方面的效率。

2.3.3 压电介质中的平面声波

在本章前面的内容中，我们介绍和推导了普通弹性体中的声场方程并建立了压电体的压电方程。普通弹性体中的声场方程有两个解，电磁场方程有三个解，且两类方程的解是相互独立的。而在压电介质中，声场方程和电磁场方程不像普通弹性体那样相互独立，而是通过压电方程耦合在一起的，即压电体的耦合方程具有五个电磁波和声波相互耦合的波解。这里我们通过以电位移 $\boldsymbol{D}$ 和应力 $\boldsymbol{T}$ 建立的压电应力方程式 (2.39)、式 (2.40) 来建立压电体中的耦合方程。

将质点速度和位移之间的关系 (2.7) 两边乘 $\boldsymbol{c}^{\mathrm{E}}$ 可得

$$\boldsymbol{c}^{\mathrm{E}} : \nabla_{\mathrm{s}} \boldsymbol{v} = \boldsymbol{c}^{\mathrm{E}} : \frac{\partial \boldsymbol{S}}{\partial t} \tag{2.43}$$

这样，压电应力方程的时间导数可以表示为

$$\frac{\partial \boldsymbol{T}}{\partial t} = \boldsymbol{c}^{\mathrm{E}} : \nabla_{\mathrm{s}} \boldsymbol{v} - \boldsymbol{e} \cdot \frac{\partial \boldsymbol{E}}{\partial t} \tag{2.44}$$

将式 (2.42) 代入式 (2.34)，可以得到

$$\nabla \cdot \boldsymbol{c}^{\mathrm{E}} : \nabla_{\mathrm{s}} \boldsymbol{v} = \rho \frac{\partial^2 \boldsymbol{v}}{\partial t^2} + \nabla \cdot \left(\boldsymbol{e} \cdot \frac{\partial \boldsymbol{E}}{\partial t} \right) - \frac{\partial \boldsymbol{F}}{\partial t} \tag{2.45}$$

磁场通过式 (2.35) 来分离，其中 $\boldsymbol{B} = \mu_0 \boldsymbol{H}$：

$$-\nabla \times \nabla \times \boldsymbol{E} = \mu_0 \frac{\partial}{\partial t} \nabla \times \boldsymbol{H} \tag{2.46}$$

代入式 (2.36) 可以得到

$$-\nabla \times \nabla \times \boldsymbol{E} = \mu_0 \left(\frac{\partial^2 \boldsymbol{D}}{\partial t^2} + \frac{\partial \boldsymbol{J}_\mathrm{c}}{\partial t} + \frac{\partial \boldsymbol{J}_\mathrm{s}}{\partial t} \right) \tag{2.47}$$

式中，电位移 $\boldsymbol{D}$ 的时间导数可以用电场强度 $\boldsymbol{E}$ (式 (2.39)) 和速度 $\boldsymbol{v}$ (式 (2.33)) 来表示，这样可以得到

$$\begin{aligned} -\nabla \times \nabla \times \boldsymbol{E} =& \mu_0 \boldsymbol{\varepsilon}^\mathrm{S} \cdot \frac{\partial^2 \boldsymbol{E}}{\partial t^2} + \mu_0 \boldsymbol{e} : \nabla_\mathrm{s} \frac{\partial \boldsymbol{v}}{\partial t} \\ &+ \mu_0 \frac{\partial \boldsymbol{J}_\mathrm{c}}{\partial t} + \mu_0 \frac{\partial \boldsymbol{J}_\mathrm{s}}{\partial t} \end{aligned} \tag{2.48}$$

对于无电磁损耗的介质，耦合场方程式 (2.43) 和式 (2.46) 可转化为

$$\nabla \cdot \boldsymbol{c}^\mathrm{E} : \nabla_\mathrm{s} \boldsymbol{v} = \rho \frac{\partial^2 \boldsymbol{v}}{\partial t^2} + \nabla \cdot \left(\boldsymbol{e} \cdot \frac{\partial \boldsymbol{E}}{\partial t} \right) \tag{2.49}$$

$$-\nabla \times \nabla \times \boldsymbol{E} = \mu_0 \boldsymbol{\varepsilon}^\mathrm{S} \cdot \frac{\partial^2 \boldsymbol{E}}{\partial t^2} + \mu_0 \boldsymbol{e} : \nabla_\mathrm{s} \frac{\partial \boldsymbol{v}}{\partial t} \tag{2.50}$$

这就是通过电位移 $\boldsymbol{D}$ 和应力 $\boldsymbol{T}$ 建立的声场和电磁场耦合波方程。可以将方程 (2.49) 左边用矢量场分量的形式表示，即

$$\nabla \cdot \boldsymbol{c}^\mathrm{E} : \nabla_\mathrm{s} \boldsymbol{v} \rightarrow \nabla_{iK} \boldsymbol{c}_{KL}^\mathrm{E} \nabla_{Lj} \boldsymbol{v}_j \tag{2.51}$$

由于 BAW 器件的工作频率对应的电磁波波长远大于器件本身的尺寸，因此与准静态电场的影响相比，压电介质中电磁波和声学平面波之间压电耦合的影响可以完全忽略不计。这种近似方法称为准静态近似，这样电场强度将被表示为电势的梯度形式，即

$$\nabla \times \boldsymbol{E} = 0 \quad \rightarrow \quad \boldsymbol{E} = -\nabla \phi \tag{2.52}$$

在准静态近似下，耦合波方程式 (2.49) 和式 (2.50) 也可以简化为

$$\nabla \cdot \boldsymbol{c}^\mathrm{E} : \nabla_\mathrm{s} \boldsymbol{v} - \rho \frac{\partial^2 \boldsymbol{v}}{\partial t^2} = -\nabla \cdot \left(\boldsymbol{e} \cdot \frac{\partial \nabla \varPhi}{\partial t} \right) \tag{2.53}$$

$$\mu_0 \nabla \cdot \left(\boldsymbol{\varepsilon}^\mathrm{S} \cdot \frac{\partial^2 \nabla \varPhi}{\partial t^2} \right) = \mu_0 \nabla \cdot \left(\boldsymbol{e} : \nabla_\mathrm{s} \frac{\partial \boldsymbol{v}}{\partial t} \right) \tag{2.54}$$

再将准静态近似下耦合波方程写成矩阵的形式，即

$$\nabla_{iK} \boldsymbol{c}_{KL}^\mathrm{E} \nabla_{Lj} \boldsymbol{v}_j - \rho \frac{\partial^2 \boldsymbol{v}_i}{\partial t^2} = -\nabla_{iK} \boldsymbol{e}_{Kj} \nabla_j \frac{\partial \varPhi}{\partial t} \tag{2.55}$$

$$\nabla_i \varepsilon_{ij}^{\mathrm{S}} \nabla_j \frac{\partial^2 \varPhi}{\partial t^2} = \nabla_i \boldsymbol{e}_{iL} \left(\nabla_{Lj} \frac{\partial \boldsymbol{v}_j}{\partial t} \right) \tag{2.56}$$

其中，∇_i 表示为

$$\nabla_i = \begin{bmatrix} \dfrac{\partial}{\partial x} & \dfrac{\partial}{\partial y} & \dfrac{\partial}{\partial z} \end{bmatrix} \tag{2.57}$$

对于与复数波函数 $\mathrm{e}^{\mathrm{i}(\omega t - k\boldsymbol{l}\cdot\boldsymbol{r})}$ 成正比的平面波解，准静态近似下耦合波方程可以进行进一步简化，即

$$-k^2 \left(\boldsymbol{l}_{iK} \boldsymbol{c}_{KL}^{\mathrm{E}} \boldsymbol{l}_{Li} \right) v_j + \rho \omega^2 v_i = \mathrm{i}\omega k^2 \left(\boldsymbol{l}_{iK} e_{Kj} l_i \right) \varPhi \tag{2.58}$$

$$\omega^2 k^2 \left(l_i \boldsymbol{\epsilon}_{ij}^{\mathrm{S}} l_j \right) \varPhi = -\mathrm{i}\omega k^2 \left(l_i \boldsymbol{e}_{iL} \boldsymbol{l}_{Lj} \right) v_j \tag{2.59}$$

等式 (2.59) 左边与 $\varPhi$ 相乘的因子为标量，因此可以得到以速度表达的 $\varPhi$ 表达式：

$$\varPhi = \frac{1}{\mathrm{i}\omega} \frac{\left(l_i \boldsymbol{e}_{iL} \boldsymbol{l}_{Lj} \right)}{l_i \boldsymbol{\varepsilon}_{ij}^{\mathrm{S}} \boldsymbol{l}_j} v_j \tag{2.60}$$

将式 (2.60) 代入式 (2.58) 中，这样就得到了准静态近似下压电体的 Christoffel 方程，即

$$k^2 \left(\boldsymbol{l}_{iK} \left[\boldsymbol{c}_{KL}^{\mathrm{E}} + \frac{\left[\boldsymbol{e}_{Kj} l_j \right] \left[l_i \boldsymbol{e}_{iL} \right]}{l_i \varepsilon_i^{\mathrm{S}} l_j} \right] \boldsymbol{l}_{Lj} \right) \boldsymbol{v}_j = \rho \omega^2 \boldsymbol{v}_i \tag{2.61}$$

其中，

$$\boldsymbol{\varGamma}_{ij} = \boldsymbol{l}_{iK} \left[\boldsymbol{c}_{KL}^{\mathrm{E}} + \frac{\left[\boldsymbol{e}_{Kj} l_j \right] \left[l_i \boldsymbol{e}_{iL} \right]}{l_i \varepsilon_i^{\mathrm{S}} l_j} \right] \boldsymbol{l}_{Lj} \tag{2.62}$$

称为准静态近似下压电体的 Christoffel 矩阵，定义压电增劲弹性常数：

$$\boldsymbol{c}_{KL}^{\mathrm{D}} = \boldsymbol{c}_{KL}^{\mathrm{E}} + \frac{\left[\boldsymbol{e}_{Kj} l_j \right] \left[l_i \boldsymbol{e}_{iL} \right]}{l_i \varepsilon_i^{\mathrm{S}} l_j} \tag{2.63}$$

这样式 (2.61) 的形式与普通弹性体的 Christoffel 方程 (2.21) 形式几乎完全一致，仅需将式 (2.21) 中的弹性刚度系数替换为压电增劲弹性系数 $\boldsymbol{c}_{KL}^{\mathrm{D}}$。

压电材料的 Christoffel 方程和矩阵是其压电效应方程与声场方程的耦合解，能提供材料中不同类型弹性波在材料中传播速度和振幅等信息，对材料科学和声学等领域至关重要。通过求解 Christoffel 方程，可以获得压电材料中不同方向传播的弹性波模式，有助于理解和预测声波在压电材料中的传播特性，如压电共振频率和传播速度。压电材料中的声波模式转换和耦合也是研究的重点，通过 Christoffel 方程可分析不同传播方向上声波模式间的转换和耦合现象。这对于设计和优化压电滤波器、压电传感器和超声波成像等应用至关重要。

2.3.4 理想体声波谐振器的平面声波

2.3.3 节中我们通过将压电体的压电方程和普通弹性体的声场方程联合，并对方程进行了合理的简化，得到了准静态近似下压电体的 Christoffel 方程，也就得到了对压电体声场求解的方法。BAW 谐振器中最常用的压电材料为 AlN，这里我们以六方纤锌矿结构的 AlN 为例，求解压电体的 Christoffel 方程解，以得到其声场的波解。六方纤锌矿 AlN 属于 $6mm$ 点群，其弹性刚度系数表示为

$$\boldsymbol{c}^{\mathrm{E}}=\begin{bmatrix} c_{11}^{\mathrm{E}} & c_{12}^{\mathrm{E}} & c_{13}^{\mathrm{E}} & 0 & 0 & 0 \\ c_{12}^{\mathrm{E}} & c_{11}^{\mathrm{E}} & c_{13}^{\mathrm{E}} & 0 & 0 & 0 \\ c_{13}^{\mathrm{E}} & c_{13}^{\mathrm{E}} & c_{11}^{\mathrm{E}} & 0 & 0 & 0 \\ 0 & 0 & 0 & c_{44}^{\mathrm{E}} & 0 & 0 \\ 0 & 0 & 0 & 0 & c_{44}^{\mathrm{E}} & 0 \\ 0 & 0 & 0 & 0 & 0 & \dfrac{1}{2}\left(c_{11}^{\mathrm{E}}-c_{12}^{\mathrm{E}}\right) \end{bmatrix} \tag{2.64}$$

压电应力常数表示为

$$\boldsymbol{e}=\begin{bmatrix} 0 & 0 & 0 & 0 & \boldsymbol{e}_{x5} & 0 \\ 0 & 0 & 0 & \boldsymbol{e}_{x5} & 0 & 0 \\ \boldsymbol{e}_{z1} & \boldsymbol{e}_{z1} & \boldsymbol{e}_{z3} & 0 & 0 & 0 \end{bmatrix} \tag{2.65}$$

夹持介电常数表示为

$$\boldsymbol{e}^{\mathrm{S}}=\begin{bmatrix} \varepsilon_{xx}^{\mathrm{S}} & 0 & 0 \\ 0 & \varepsilon_{xx}^{\mathrm{S}} & 0 \\ 0 & 0 & \varepsilon_{zz}^{\mathrm{S}} \end{bmatrix} \tag{2.66}$$

将式 (2.64)~ 式 (2.66) 代入压电体的 Christoffel 方程 (2.61)，可以得到以六方 AlN 为压电材料的理想 BAW 的 Christoffel 方程

$$\left[\left(\frac{k}{\omega}\right)^2\left(c_{33}^{\mathrm{E}}+\frac{e_{z3}^2}{\varepsilon_{zz}^{\mathrm{S}}}\right)-\rho\right]\left[\left(\frac{q}{\omega}\right)^2 c_{44}-\rho\right]^2=0 \tag{2.67}$$

和 Christoffel 矩阵

$$\boldsymbol{\Gamma}_{ij}=\begin{bmatrix} c_{44}^{\mathrm{E}} & 0 & 0 \\ 0 & c_{44}^{\mathrm{E}} & 0 \\ 0 & 0 & c_{33}^{\mathrm{E}}+\dfrac{e_{z3}^2}{\varepsilon_{zz}^{\mathrm{S}}} \end{bmatrix} \tag{2.68}$$

该矩阵的特征值为 c_{44}^{E}、c_{44}^{E}、$c_{33}^{\mathrm{E}}+\dfrac{e_{z3}^2}{\varepsilon_{zz}^{\mathrm{S}}}$，对应于特征向量 [1 0 0]、[0 1 0]、[0 0 1]。这表明六方 AlN 作为压电材料的理想 BAW 与普通弹性体中的波解类似，包括两个简并的剪切波和一个纵波。其中一个简并剪切波在 x 方向偏振，沿 z 方向传播，另一个简并剪切波在 y 方向偏振，且沿 z 方向传播。而纵波的极化方向和传播方向都为 z 方向。

以六方 AlN 为压电材料的理想 BAW 的 Christoffel 方程的两个简并剪切波的波速为

$$v_{\mathrm{s}}=v_{\mathrm{s}'}=\sqrt{\frac{c_{44}}{\rho}} \tag{2.69}$$

纵波的波速为

$$v_{\mathrm{l}}=\sqrt{\frac{c_{33}^{\mathrm{E}}+\dfrac{e_{z3}^2}{\varepsilon_{zz}^{\mathrm{S}}}}{\rho}} \tag{2.70}$$

由理想 BAW 的质点位移的波解，我们可以得到一系列的物理量。理想的 BAW 中沿 c 轴传播的三类波解的各场量解析式如下表示。

(1) 纵波：

$$v_1=\sqrt{\frac{c_{33}^{\mathrm{E}}+\dfrac{e_{z3}^2}{\varepsilon_{zz}^{\mathrm{S}}}}{\rho}}$$

$$\boldsymbol{v}=v_z z=\left\{v_{z0}^{+}\exp[\mathrm{j}(\omega t-kz)]+v_{z0}^{-}\exp[\mathrm{j}(\omega t+kz)]\right\}z$$

$$\begin{aligned}\phi=&\frac{1}{\mathrm{j}\omega}\frac{e_{z3}}{\varepsilon_{zz}^{\mathrm{S}}}\left\{v_{z0}^{+}\exp[\mathrm{j}(\omega t-qz)]+v_{z0}^{-}\exp[\mathrm{j}(\omega t+qz)]\right\}\\&+(az+b)\exp(\mathrm{j}\omega t)\end{aligned}$$

$$\begin{aligned}\boldsymbol{E}=&E_z\boldsymbol{z}=\frac{1}{v_{\mathrm{l}}}\frac{e_{e3}}{\varepsilon_{zz}^{\mathrm{S}}}\left\{v_{z0}^{+}\exp[\mathrm{j}(\omega t-kz)]-v_{z0}^{-}\exp[\mathrm{j}(\omega t+kz)]\right\}z\\&-a\exp(\mathrm{j}\omega t)z\end{aligned}$$

$$\boldsymbol{T}_1=-\frac{c_{13}^{\mathrm{E}}+\dfrac{e_{z1}e_{z3}}{\varepsilon_{zz}^{\mathrm{S}}}}{v_l}\left\{v_{z0}^{+}\exp[\mathrm{j}(\omega t-kz)]+v_{z0}^{-}\exp[\mathrm{j}(\omega t+kz)]\right\}$$

$$+ e_{z1} a \exp(\mathrm{j}\omega t)$$

$$\boldsymbol{T}_2 = -\frac{c_{13}^{\mathrm{E}} + \dfrac{e_{z1}e_{z3}}{\varepsilon_{zz}^{\mathrm{S}}}}{v_{\mathrm{l}}} \left\{ v_{z0}^{+} \exp[\mathrm{j}(\omega t - kz)] + v_{z0}^{-} \exp[\mathrm{j}(\omega t + kz)] \right\}$$

$$+ e_{z1} a \exp(\mathrm{j}\omega t)$$

$$\boldsymbol{T}_3 = -\frac{c_{33}^{\mathrm{E}} + \dfrac{e_{z3}}{\varepsilon_{zz}^{\mathrm{S}}}}{v_{\mathrm{l}}} \left\{ v_{z0}^{+} \exp[\mathrm{j}(\omega t - kz)] + v_{z0}^{-} \exp[\mathrm{j}(\omega t + kz)] \right\}$$

$$+ e_{z3} a \exp(\mathrm{j}\omega t)$$

$$D = 0 \tag{2.71}$$

(2) 剪切波 1:

$$v_{\mathrm{s}} = \sqrt{\frac{c_{44}}{\rho}}$$

$$\boldsymbol{v} = v_x \boldsymbol{x} = \left\{ v_{z0}^{+} \exp[\mathrm{j}(\omega t - kz)] + v_{z0}^{-} \exp[\mathrm{j}(\omega t + kz)] \right\} x$$

$$\phi = 0$$

$$\boldsymbol{T} \to T_5 = -\frac{c_{44}^{\mathrm{E}}}{v_{\mathrm{sl}}} \left\{ v_{z0}^{+} \exp[\mathrm{j}(\omega t) - kz] - v_{z0}^{-} \exp[\mathrm{j}(\omega t + kz)] \right\}$$

$$\boldsymbol{E} = 0$$

$$\boldsymbol{D} = D_x \boldsymbol{x} = -\frac{e_{z3}}{v_{\mathrm{s}}} \left\{ v_{z0}^{+} \exp[\mathrm{j}(\omega t - kz)] + v_{z0}^{-} \exp[\mathrm{j}(\omega t + kz)] \right\} x \tag{2.72}$$

(3) 剪切波 2:

$$\boldsymbol{v}_{\mathrm{s}'} = \sqrt{\frac{c_{44}}{\rho}}$$

$$\boldsymbol{v} = v_y y = \left\{ v_{z0}^{+} \exp[\mathrm{j}(\omega t - kz)] + v_{z0}^{-} \exp[\mathrm{j}(\omega t + kz)] \right\} y$$

$$\phi = 0$$

$$\boldsymbol{T} \to T_4 = -\frac{c_{44}^{\mathrm{E}}}{v_{\mathrm{s2}}} \left\{ vz_{z0}^{+} \exp[\mathrm{j}(\omega t - kz)] - v_{z0}^{-} \exp[\mathrm{j}(\omega t + kz)] \right\}$$

$$\boldsymbol{E} = 0$$

$$\boldsymbol{D} = D_x y = -\frac{e_{z3}}{v_{\mathrm{s}'}} \left(v_{z0}^{+} \exp[\mathrm{j}(\omega t - kz)] + v_{z0}^{-} \exp[\mathrm{j}(\omega t + kz)] \right) y \tag{2.73}$$

2.4 体声波谐振器的电学特性

本章前面的内容已详细介绍并推导了压电体中的声场与波的方程。BAW 谐振器的基本结构类似 “三明治”，由顶电极层、底电极层以及它们之间的压电层组成，而电极层外则是空气。体声波将在这个薄膜 “三明治” 结构中传播。当体声波传播至电极层与空气层的交界处时，由于空气的声阻抗远小于金属电极，因此体声波会在空气–金属电极界面发生类似于光学的布拉格反射，最终在整个 “三明治” 结构内形成驻波。BAW 谐振器的性能取决于各层材料的声学和电学性质。基于 2.3 节推出的理想 BAW 谐振器三类波解的场量解析表达式 (2.69)～ 式 (2.71) 以及相应的边界条件，我们可以进一步推导出理想 BAW 谐振器的各种电学性质。

2.4.1 理想体声波谐振器的电学阻抗特性

图 2.5 所示为理想 BAW 谐振器的结构图，这个结构中仅考虑了压电层的纵波传播，忽略其他薄膜结构 (如电极层) 的影响，压电层厚度为 $2h$。

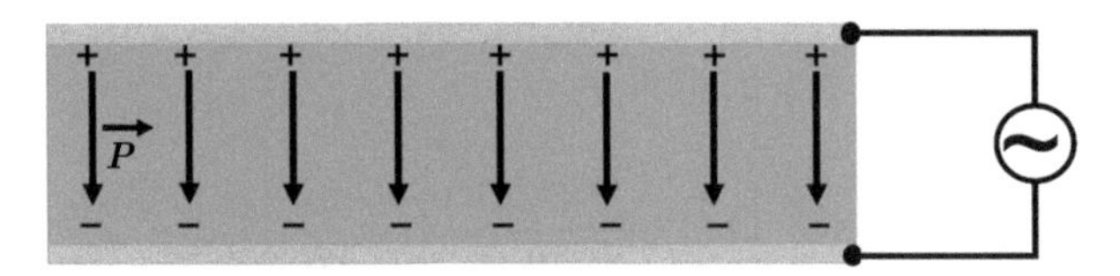

图 2.5 理想 BAW 谐振器的结构示意图

由 2.3 节中推出的六方 AlN 为压电材料的理想 BAW 谐振器的各个场量的解析表达式 (2.71)，以电势和应力的边界条件为基础，可以求出理想 BAW 谐振器的电学阻抗。

在不考虑电极和压电层的介质、机械损耗的近似条件下，压电层上下表面的电势可以表示为

$$\begin{aligned}\phi(h) =& \frac{1}{\mathrm{j}\omega}\frac{e_{z3}^{\mathrm{S}}}{\varepsilon_{zz}^{\mathrm{S}}}\left[v_{z0}^{+}\exp(-\mathrm{j}qh)+v_{z0}^{-}\exp(+\mathrm{j}qh)\right]\exp(\mathrm{j}\omega t)\\ &+(ah+b)\exp(\mathrm{j}\omega t)\\ =&\psi_0\exp(\mathrm{j}\omega t)\end{aligned} \tag{2.74}$$

$$\begin{aligned}\phi(-h) =& \frac{1}{\mathrm{j}\omega}\frac{e_{z3}}{\varepsilon_{zz}^{\mathrm{S}}}\left[v_{z0}^{+}\exp(+\mathrm{j}qh)+v_{z0}^{-}\exp(-\mathrm{j}qh)\right]\exp(\mathrm{j}\omega t)\\ &+(-ah+b)\exp(\mathrm{j}\omega t)\end{aligned}$$

$$= -\psi_0 \exp(\mathrm{j}\omega t) \tag{2.75}$$

理想的 BAW 结构中仅考虑了压电层的声波传播，忽略其他薄膜结构影响。由应力的边界条件可得

$$\begin{aligned} T_3(h) = &-\frac{c_{33}^{\mathrm{E}} + \dfrac{e_{z3}}{\varepsilon_{zz}^{\mathrm{S}}}}{v_l}\left[v_{z0}^{+}\exp(-\mathrm{j}qh) + v_{z0}^{-}\exp(+\mathrm{j}qh)\right]\exp(\mathrm{j}\omega t) \\ &+ e_{z3}a\exp(\mathrm{j}\omega t) \\ =&0 \end{aligned} \tag{2.76}$$

$$\begin{aligned} T_3(-h) = &-\frac{c_{33}^{\mathrm{E}} + \dfrac{e_{z3}}{\varepsilon_{zz}^{\mathrm{S}}}}{v_l}\left[v_{z0}^{+}\exp(+\mathrm{j}qh) + v_{z0}^{-}\exp(-\mathrm{j}qh)\right]\exp(\mathrm{j}\omega t) \\ &+ e_{z3}a\exp(\mathrm{j}\omega t) \\ =&0 \end{aligned} \tag{2.77}$$

联立式 (2.74)~ 式 (2.77) 即可求出

$$a \cdot \left[1 - \frac{k_{\mathrm{t}}^2 \tan(qh)}{qh}\right] = \frac{\psi_0}{h} \tag{2.78}$$

$$b = 0 \tag{2.79}$$

$$v_{z0}^{+} = -v_{z0}^{-} = \frac{\varepsilon_{zz}^{\mathrm{S}}}{e_{z3}} \frac{k_{\mathrm{t}}^2 v_1}{2\cos(qh)} \cdot \frac{\dfrac{\psi_0}{h}}{1 - \dfrac{k_{\mathrm{t}}^2 \tan(qh)}{qh}} \tag{2.80}$$

其中，k_{t}^2 为理想 BAW 中纵波沿 c 轴传播时的机电耦合系数，为

$$k_{\mathrm{t}}^2 = \frac{\dfrac{e_{z3}^2}{\varepsilon_{xx}^{\mathrm{S}}}}{c_{33}^{\mathrm{E}} + \dfrac{e_{z3}^2}{\varepsilon_{xx}^{\mathrm{S}}}} \tag{2.81}$$

$\theta = kh$ 表示声波传输 h 所发生的相位变化，表示为

$$\theta = kh = \frac{\omega}{v_{\mathrm{a}}} h = \frac{\omega h}{\sqrt{\dfrac{c_{44}^{\mathrm{E}} + \dfrac{e_{z3}^2}{\varepsilon_{zz}^{\mathrm{S}}}}{\rho}}} \tag{2.82}$$

流经理想 BAW 表面的位移电流为

$$I_{\mathrm{d}} = -\frac{\partial D_z}{\partial t} \cdot A \tag{2.83}$$

由理想 BAW 谐振器的各个场量的解析表达式 (2.71) 和式 (2.78)，可以得到理想 BAW 谐振器中电流的表达式：

$$I = \frac{\dfrac{\mathrm{j}\omega \varepsilon_{zz}^{\mathrm{S}} A \psi_0}{h}}{1 - \dfrac{k_{\mathrm{t}}^2 \tan(qh)}{h}} \tag{2.84}$$

理想 BAW 的电学输入阻抗为

$$Z_{\mathrm{in}} = \frac{U}{I} \tag{2.85}$$

将理想 BAW 谐振器中电流的表达式 (2.84) 代入，即可得到理想 BAW 的阻抗表达式：

$$Z = \frac{1}{\mathrm{j}\omega C_0} \cdot \left(1 - k_1^2 \cdot \frac{\tan\theta}{\theta}\right) \tag{2.86}$$

其中，C_0 为静态电容，表示为

$$C_0 = \frac{\varepsilon_{zz}^{\mathrm{S}} A}{2h} \tag{2.87}$$

2.4.2 理想体声波谐振器中的谐振频率分析

以厚度为 6 μm，电极尺寸为 70 μm×70 μm 的六方 AlN 压电材料理想 BAW 谐振器为例，其阻抗幅度和相位随频率变化的曲线如图 2.6 所示。其中图 (a) 为频率幅度较小情况下基频的阻抗幅度和相位特性，而图 (b) 为更宽频的电学阻抗特性。由图可知，理想 BAW 谐振器的电学性质相当于普通电容器叠加在频段上的一系列谐振点，每一组谐振点由一个极小值和一个极大值组成，阻抗极小值点称为串联谐振点 f_{s}，阻抗极大值点称为并联谐振点 f_{p}。在串联谐振点 f_{s} 处，理想 BAW 谐振器呈纯容性；在并联谐振点 f_{p} 处，理想的 BAW 谐振器呈纯感性 [4]。

理想 BAW 谐振器呈并联谐振状态时，$\dfrac{\tan\theta}{\theta}$ 趋近于无穷大，再由阻抗表达式 (2.86) 可得

$$\theta = qh = \frac{2\pi f_{\mathrm{p}}}{v_{\mathrm{a}}} \cdot h = (2n+1)\frac{\pi}{2} \quad (n = 0, 1, 2, \cdots) \tag{2.88}$$

这样就得到了并联谐振频率：

$$f_{\mathrm{p}}=\left(n+\frac{1}{2}\right)\frac{v_{\mathrm{a}}}{2h} \tag{2.89}$$

即理想 BAW 谐振器的第一个谐振频率 (基频) 位于 BAW 压电层厚度为声波波长的二分之一处，后续的并联谐振频率以两倍基频的间隔延续。

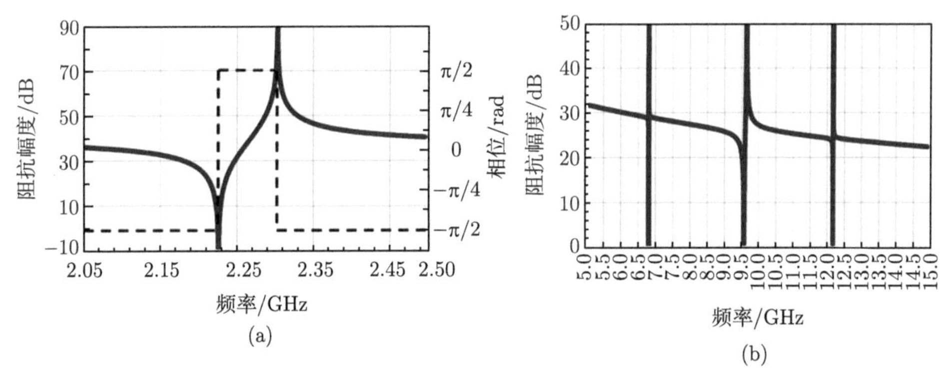

图 2.6　理想 BAW 谐振器的 (a) 阻抗幅度和相位随频率变化示意图以及 (b) 更宽频带下的阻抗幅度特性图

理想 BAW 谐振器呈串联谐振状态时，有 $1-k_{\mathrm{t}}^{2}\cdot\dfrac{\tan\theta}{\theta}=0$，即

$$k_{\mathrm{t}}^{2}=\frac{\theta}{\tan\theta}=\frac{2\pi f_{\mathrm{s}}\cdot\dfrac{h}{v_{\mathrm{a}}}}{\tan\left(2\pi f_{\mathrm{s}}\cdot\dfrac{h}{v_{\mathrm{a}}}\right)} \tag{2.90}$$

代入 f_{p} 的表达式 (2.89) 可得

$$k_{\mathrm{t}}^{2}=\frac{\left(n+\dfrac{1}{2}\right)\pi\cdot\dfrac{f_{\mathrm{s}}}{f_{\mathrm{p}}}}{\tan\left[\left(n+\dfrac{1}{2}\right)\pi\cdot\dfrac{f_{\mathrm{s}}}{f_{\mathrm{p}}}\right]}\approx\frac{\pi^{2}}{4}\left(\frac{f_{\mathrm{p}}-f_{\mathrm{s}}}{f_{\mathrm{p}}}\right) \tag{2.91}$$

即串联谐振点 f_{s} 和并联谐振点 f_{p} 之间的间隔与机电耦合系数 k_{t}^{2} 相关，k_{t}^{2} 越大，则两者之间的间隔越大。对于六方 AlN，k_{t}^{2} 约为 0.06，故串并联谐振点间隔很小。

2.4.3　复合体声波谐振器的电学阻抗特性

随着 5G 通信技术的应用普及以及移动通信射频滤波技术的不断前进，BAW 逐渐向着高频化和宽带宽发展。由于高频 BAW 需要更薄的压电层结构，因此

BAW 压电层两侧其他薄膜结构 (包括电极、支撑层、衬底等) 的厚度无法忽略，需要考虑对 BAW 器件的影响。因此可以将 BAW 谐振器以图 2.7 中的简化等效模型来表述。

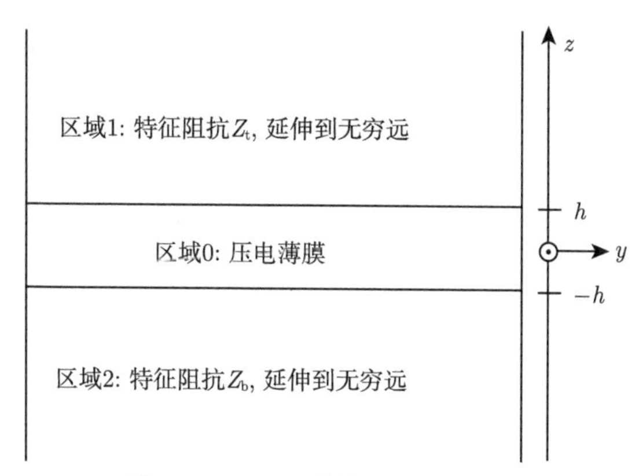

图 2.7 BAW 结构简化等效模型

在 BAW 结构的简化等效模型中，可以通过简化上表面区域的各层薄膜，将普通的声阻抗材料视为一层等效声学层。同样地，下表面的各层薄膜也可以简化为一层等效声学层。这样，它们可以一起组合成一个简化的“三明治”结构，即上声学层、压电层和下声学层。压电薄膜上方薄膜 (z 方向) 的声阻抗值用 Z_t 表示，压电薄膜下方薄膜 ($-z$ 方向) 的声阻抗值用 Z_b 表示。对于普通声学材料 (支撑层、保护层等) 的声阻抗可以用密度 ρ 和弹性刚度系数 c 表示：

$$Z_{\mathrm{mech}} = \sqrt{\rho c} = -\frac{T}{v} \tag{2.92}$$

复合 BAW 与理想 BAW 的区别仅在于 $z = h$ 和 $z = -h$ 处，即压电薄膜上下电极界面的边界条件不同，即

$$\varphi(h) = \Psi_0 = \frac{e_{z3}}{\varepsilon_{33}^{\mathrm{S}}}\left(u_{\mathrm{F}} e_{z3}^{-jkh} + u_{\mathrm{R}} e_{z3}^{jkh}\right) + ah + b \tag{2.93}$$

$$\varphi(-h) = -\Psi_0 = \frac{e_{z3}^{\mathrm{S}}}{\varepsilon_{33}^{\mathrm{S}}}\left(u_{\mathrm{F}} {e_{z3}}^{jkh} + u_{\mathrm{R}} {e_{z3}}^{-jkh}\right) - ah + b \tag{2.94}$$

$$\begin{aligned} -\frac{T(h)}{v(h)} = Z_\mathrm{t} \Rightarrow \frac{c_{33}^{\mathrm{E}}}{v_\mathrm{a}}\left(-v_{\mathrm{F}} e_{z3}^{-jkh} + v_{\mathrm{R}} e_{z3}^{jkh}\right) + e_{z3} a \\ = -Z_\mathrm{t}\left(v_{\mathrm{F}} {e_{z3}}^{-jkh} + v_{\mathrm{R}} {e_{z3}}^{jkh}\right) \end{aligned} \tag{2.95}$$

$$\frac{T(-h)}{v(-h)}=Z_{\mathrm{b}}\Rightarrow\frac{c_{33}^{\mathrm{E}}}{v_{\mathrm{a}}}\left(-v_{\mathrm{F}}{e_{z3}}^{jkh}+v_{\mathrm{R}}{e_{z3}}^{-jkh}\right)+e_{z3}a$$
$$=Z_{\mathrm{b}}\left(v_{\mathrm{F}}{e_{z3}}^{jkh}+v_{\mathrm{R}}{e_{z3}}^{-jkh}\right) \tag{2.96}$$

再采用与理想 BAW 相近似的推导过程，就能计算推导出复合 BAW 的电学阻抗特性：

$$Z=\frac{1}{\mathrm{j}\omega C_0}\left[1-k_{\mathrm{t}}^2\cdot\frac{\tan\theta}{\theta}\cdot\frac{(z_{\mathrm{t}}+z_{\mathrm{b}})\cos^2\theta+\mathrm{j}\sin(2\theta)}{(z_{\mathrm{t}}+z_{\mathrm{b}})\cos(2\theta)+\mathrm{j}\left(z_{\mathrm{t}}z_{\mathrm{b}}+1\right)\sin(2\theta)}\right] \tag{2.97}$$

其中，C_0 、k_{t}^2 和 θ 分别为静态电容、机电耦合系数和相位移，与理想 BAW 阻抗推导时一致。$z_{\mathrm{t}}=Z_{\mathrm{t}}/Z_{\mathrm{p}}$、$z_{\mathrm{b}}=Z_{\mathrm{b}}/Z_{\mathrm{p}}$ 分别为压电薄膜上部分和下部分的归一化声阻抗，在理想情况下：

$$z_{\mathrm{t}}=\frac{Z_{\mathrm{mech}}\left(h\right)}{Z_{\mathrm{p}}^{\mathrm{c}}} \tag{2.98}$$

$$z_{\mathrm{b}}=\frac{Z_{\mathrm{mech}}(-h)}{Z_{\mathrm{p}}^{\mathrm{c}}} \tag{2.99}$$

Z_{p} 为压电薄膜的声阻抗：

$$Z_{\mathrm{p}}=\sqrt{\rho\left(c_{33}^{\mathrm{E}}+\frac{e_{z3}^2}{\varepsilon_{zz}^{\mathrm{S}}}\right)} \tag{2.100}$$

图 2.8 中比较了复合 BAW 与理想 BAW 的电学阻抗特性曲线示意图。红色表示理想 BAW 的电学阻抗特性曲线，蓝色表示复合 BAW 的电学阻抗特性曲线。从图中可以看到，复合 BAW 的电学阻抗特性曲线的谐振频率偏向低频，这是因为电极厚度增加导致了更长的声波传输路径，使频率降低。

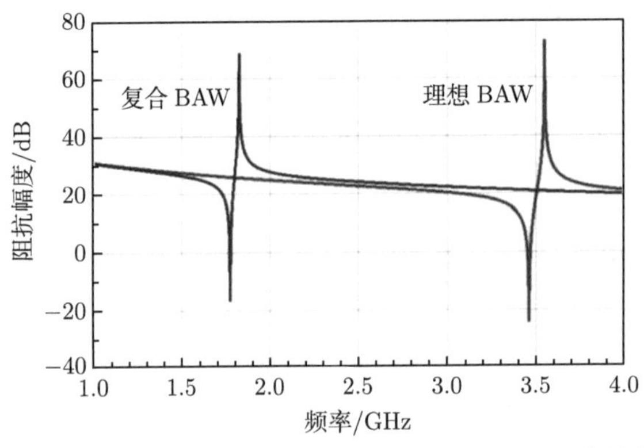

图 2.8　复合 BAW(左侧) 与理想 BAW(右侧) 的电学阻抗特性曲线示意图

2.5 体声波谐振器的损耗

BAW 中的损耗主要分为机械损耗和电学损耗两种。机械损耗是由压电层、电极层、支撑层和衬底等声学层中声波反射造成的。电极的阻抗和非电极材料介质损耗也会引起 BAW 的损耗，即电学损耗。

2.5.1 机械损耗

机械损耗以四阶张量 $\boldsymbol{\eta}$ 表示，包含了机械损耗的压电方程 (2.40) 变化为

$$\boldsymbol{T} = \boldsymbol{c} : \boldsymbol{S} + \boldsymbol{\eta} : \frac{\partial \boldsymbol{S}}{\partial t} \tag{2.101}$$

在实际应用中机械损耗 η 难以测量，一般使用复传播常数 (波矢 k 沿 c 轴方向的分量) $k' = k - \mathrm{j}a$ 的虚部表示。对于在六方晶体中传播的纵波，复传播常数表示为

$$k' = \omega \cdot \sqrt{\frac{\rho}{c'_{11}}} = k \cdot \sqrt{\frac{1}{1 + \dfrac{\mathrm{j}\omega\eta_{11}}{c_{11}}}} \tag{2.102}$$

其中，η_{11} 为黏滞系数张量矩阵元。在低损耗材料中 $\dfrac{\mathrm{j}\omega\eta_{11}}{c_{11}}$ 的值很小，因此式 (2.102) 可以近似转化为

$$k' = k\left(1 - \frac{1}{2} \cdot \frac{\mathrm{j}\omega\eta_{11}}{c_{11}}\right) = k - \mathrm{j}\alpha \tag{2.103}$$

其中，α 定义为压电材料的衰减系数，可以表达为

$$\alpha = \frac{1}{2} \cdot k \cdot \frac{\omega\eta_{11}}{c_{11}} = \frac{\omega}{2} \cdot \sqrt{\frac{\rho}{c_{11}}} \cdot \frac{\omega\eta_{11}}{c_{11}} \tag{2.104}$$

可以看出 α 与频率的平方成正比。在实验中，由于 α 在高频时易测量，因此一般会给出某种材料在特定频率下的 α 值来衡量其损耗。将复传播常数的表达式 (2.102) 代入复合 BAW 的电学阻抗特性 (2.96) 即可得到考虑了机械损耗的复合 BAW 电学阻抗特性公式。

此外，还可以定义衡量 BAW 器件声学损耗的主要参数——品质因数 Q，表示为

$$Q = \frac{c_{33}^{\mathrm{E}} + \dfrac{e_{z3}^2}{e_{zz}^{\mathrm{S}}}}{\omega\eta_{33}^{\mathrm{E}}} \tag{2.105}$$

除了声品质因数 Q 外，一般衡量 BAW 性能的主要参数还有等效机电耦合系数 k_{eff}^2，其定义为

$$k_{\mathrm{eff}}^2 = \frac{\frac{p}{2} \cdot \frac{f_{\mathrm{s}}}{f_{\mathrm{p}}}}{\tan\left(\frac{p}{2} \cdot \frac{f_{\mathrm{s}}}{f_{\mathrm{p}}}\right)} \tag{2.106}$$

有效机电耦合系数 k_{eff}^2 可以衡量串联谐振点 f_{s} 和并联谐振点 f_{p} 之间的距离以及 BAW 的带宽。k_{eff}^2 越大，串联谐振点 f_{s} 和并联谐振点 f_{p} 之间的距离以及 BAW 滤波器的带宽越大。

同时可以定义有效机电耦合系数 k_{eff}^2 和声品质因数 Q 的乘积为 BAW 滤波器的优值。BAW 滤波器的优值越大，其插损、滚降等性能越好。

2.5.2 电学损耗

对于 BAW 谐振器中 AlN 材料引起的电学损耗，可通过引入复介电常数的虚部表示。由于 AlN 材料的电学损耗值很小，一般仅考虑电极和引线等不影响谐振特性的压电层以外的电学损耗。如需考虑电极损耗，则可将等效电阻与 BAW 滤波器的外部电路匹配。这样做既简便，又不会影响 BAW 的谐振特性。在仿真结果中加入对应电极损耗的等效电阻也不会影响设计结果，同时还能提高设计与实际流片结果间的拟合度。

2.6 体声波滤波器的材料体系

应用于体声波滤波器的材料包括压电材料、金属材料和电解质材料等。AlN、ZnO、锆钛酸铅 ($Pb(Zr_{1-x}TiO_3)$，PZT) 等压电材料可应用于 BAW 谐振器压电层；Al、Mo、W、Au 可用于 BAW 滤波器的电极层；SiO_2、PSG 等材料可用于 BAW 滤波器的牺牲层、温补层和布拉格反射层等位置。常用的 BAW 滤波器中各种材料的声学属性值见表 2.2[5−8]。

表中各属性值含义如下。

(1) 压电应力常数。压电应力常数是指在施加机械应力时，压电材料的电荷分布变化量与机械应力之比的物理性质。通常情况下，压电应力常数越大，材料的压电效应越显著，从而使 BAW 器件具有更高的频率、更大的带宽和更强的灵敏度。

(2) 密度。密度主要影响对电极材料的选择，通常具有良好声学性质的电极材料是较差的导体，而好的导体可能具有较大的声阻抗而导致声学损失。

表 2.2 常用 BAW 滤波器中各种材料的声学属性值 [5−7]

材料	压电应力常数/(C/m^2)	密度 ρ/(kg/m^3)	纵波声速 v_a/(m/s)	声阻抗 Z_{mech}/[kg/(m^2·s)]	机电耦合系数 k_t^2	衰减因子 α/(dB/m)
AlN	1.55	3260	11350	3.70×10^7	6%	800
ZnO	1.32	5600	6340	3.62×10^7	7.8%	2500
PZT	10.95	7550	3603	2.72×10^7	20.25%	—
Al	—	2700	6526	1.76×10^7	—	7500
Mo	—	10280	6213	6.39×10^7	—	500
Si	—	2332	8429	1.97×10^7	—	—
Au	—	19300	3104	5.99×10^7	—	17760
Si_3N_4	—	3270	11000	3.60×10^7	—	—
SiO_2	—	2000	6253	1.25×10^7	—	—
W	—	19200	5501	1.056×10^8	—	—

(3) 声速。声速与 BAW 谐振器的谐振频率密切相关，BAW 的谐振频率与声速成正比，相同厚度下，声速越大，BAW 谐振器的谐振频率越高。

(4) 声阻抗。声阻抗可以通过声速和密度的乘积来计算 (2.4.3 节)。压电材料的声阻抗会影响器件的有效机电耦合系数 k_{eff}^2，最终影响滤波器的带宽性能。而电极材料需要更高的声阻抗，通常需要达到使用的压电材料的 2~3 倍才能得到较高的 k_{eff}^2 值。

(5) 衰减因子。由于高频时衰减因子 α 易于测量，因此可用于表示声波在材料传播过程中的能量损失程度。压电层和电极层的衰减因子越高，材料的品质因数 Q 越低。

图 2.9 则显示了几种典型的半导体器件材料的纵波声速、密度和声阻抗特性的比较。实现高性能 BAW 器件的一个关键要素是选择合适的材料。选择适合高性能声表面波器件使用的材料所考虑的因素包括电气特性 (如阻抗等)、声学特性 (如声阻抗、品质因数 Q、温度性质等) 以及其他物理特性 (如热导率)。除了这些基本的材料特性之外，考虑可制造性问题 (如薄膜的均匀性和可重复性) 也是选择正确的材料的重要标准之一。

2.6.1 金属材料

对于高性能 BAW 器件，理想的电极材料应具备以下特性：高声阻抗 (与压电材料的声阻抗差值高，有利于提高谐振器的有效机电耦合系数)，低电阻率 (电阻率越低，R_s 越小，有利于提高谐振器的品质因数 Q)，低密度 (密度高意味着质量负荷大，不利于谐振器的高频率)。此外，由于压电材料直接沉积在电极材料上，电极材料的类型和质量对压电材料的质量有直接影响。压电薄膜质量的改善可以通过以下措施实现：保持压电材料适当的取向、降低电极表面的粗糙度 (以减少声波的散射损失)，降低压电材料的晶格畸变。这些措施有利于提高压电薄膜的质量并改善谐振器的性能。在选择电极材料时，高性能 BAW 器件面临的问题是：通常具有良好声学性质的材料是较差的导体，而好的导体可能具有较大的声阻抗而导致声学损失。

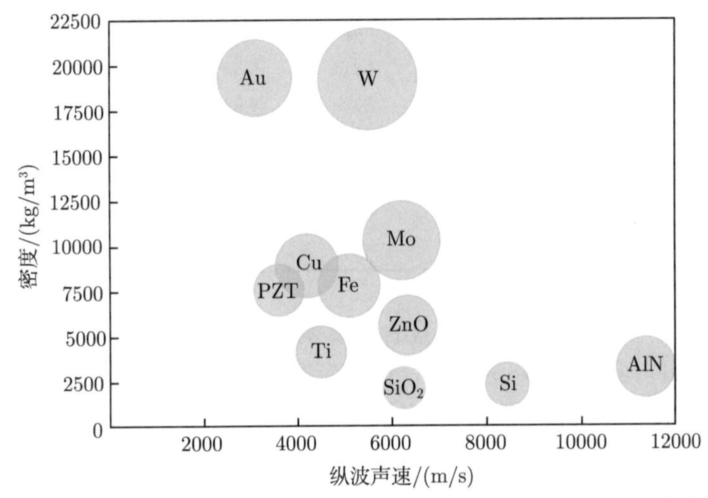

图 2.9　不同材料的纵波声速、密度，气泡的大小代表材料的声阻抗大小

铝 (Al) 通常以铝合金的形式使用，如 AlCu 和 AlSiCu 合金，其电气和机械性能非常接近纯铝，具有良好的导电性。然而，由于与钨和钼等高声阻抗材料相比，铝的声阻抗低，相应可实现的带宽较低，因此铝不常作为 BAW 滤波器的电极材料。

铜 (Cu) 的导电性大约是铝的 1.5 倍，但其工艺复杂性和工艺成本显著高于铝。铜的声阻抗稍大于铝，且可实现的品质因数 Q 比铝更差。

钨 (W) 与铝相比，具有非常高的声阻抗，因此可以作为固态装配型谐振器中布拉格反射层的一部分 [5]，也是一种电极材料。

钼 (Mo) 的导电性与钨相似，但声阻抗略低。因此，它也通常被用作 BAW 谐振器的电极材料。对于 BAW 滤波器，钼的声阻抗、密度和电阻率相对适中，使用钼作为电极材料是一个合适的选择。而对于固态装配型谐振器来说，钼作为电极材料会导致谐振器尺寸变大，使用钼电极相对于使用钨电极会降低器件的 k_{eff}^2，尤其是作为底电极时。

2.6.2 电介质材料

二氧化硅 (SiO_2) 作为电介质材料对 BAW 滤波器设备具有多种不同的应用。SiO_2 具有较低的声阻抗，这使其成为固态装配型谐振器中布拉格反射层低声阻抗部分的良好候选材料。此外，SiO_2 的温度行为与 BAW 滤波器其他薄膜层相反，随着温度的升高，SiO_2 表现出杨氏模量的增加和较小的热膨胀，这导致了声速的增大。因此，SiO_2 可以用来补偿其他材料刚度下降导致的声速减小，从而防止 BAW 滤波器的温度漂移。

在空腔型 BAW 滤波器的制备过程中，常使用 PSG 作为空气隙的牺牲层材料。由于磷的引入，PSG 的流动性较强，可以在较低的温度下流平，工艺简单，且有利于低电极层的沉积。

2.6.3 压电材料

常见的压电材料包括氮化铝、锆钛酸铅、铌酸锂、氧化锌等，相应的声学参数如表 2.3 所示。AlN 具有高声速、高导热性和较低的温度系数，且兼容 MEMS 工艺系统中制造 BAW 谐振器器件。目前，在 BAW 滤波器领域，基于 AlN 的 BAW 滤波器应用最为成功。

表 2.3 常用压电材料的声学参数

	AlN	PZT	LN	ZnO_2
密度 $\rho/(kg/m^3)$	3260	7550	150	5600
纵波声速 $v_a/(m/s)$	11350	6340	3603	5800
声阻抗 $Z_{mech}/[kg/(m^2 \cdot s)]$	3.70×10^7	4.79×10^7	2.72×10^7	3.25×10^7

1. 氧化锌

氧化锌 (ZnO) 在 MEMS 工艺中已经被使用多年，是常见的宽带隙半导体材料。氧化锌常见的晶体结构有六方纤锌矿结构、立方闪锌矿结构和立方岩盐矿结构。这三种结构中，立方闪锌矿结构和立方岩盐矿结构需要以立方氧化锌为衬底在高温高压下才能制备，而六方纤锌矿结构热力学性质较为稳定，便于工业上制备和使用。纤锌矿氧化锌晶体在常温下的禁带宽度约为 3.37 eV，具有相对较高的机电耦合系数，并且可以通过溅射工艺轻沉积，是常见的宽禁带半导体材料之一。但随着终端设备需求逐渐转向更高的频率，在高频下的高声学损耗限制了氧化锌的应用。随着人们对高功率、高容量和低成本射频滤波器器件的需求增加，氧化锌的一些其他缺点也逐渐显现，比如其具有较高的温度系数，这限制了氧化锌在射频滤波器等领域的应用。氧化锌易吸收水分，因此在将氧化锌薄膜封装于另一种材料之前，不能长时间暴露在环境中。由于这些缺点，随着 AlN 的制备变得越来越容易，氧化锌的使用率也逐渐降低。

2. 锆钛酸铅

PZT 陶瓷具有优良的压电、介电性能。由于其稳定性好，精度高，能量转换效率高，响应速度快，品质因数 Q、压电系数、机电耦合常数明显优于无铅压电陶瓷，被广泛应用于压电传感及驱动领域，如超声换能器等，对结构健康检测、能量采集等领域具有重大意义。1942 年，人们发现了 $BaTiO_3$ 的压电性，由于其介电常数较高，很快获得应用发展，至今仍用于制作声呐装置的振子和声学计测装置以及滤波器等，但存在频率温度稳定性欠佳等问题。1954 年，美国的研究人员发现 PZT 陶瓷具有良好的压电性能，其机电耦合系数约为 $BaTiO_3$ 的两倍。在之后的三十年间，PZT 成为广泛应用的压电陶瓷材料，该种材料的出现使得压电器件从传统的换能器及滤波器扩展到电压变压器和压电发电装置等。

3. 铌酸锂

铌酸锂晶体声速高，可以制备高频器件，因此铌酸锂晶体可用于谐振器、换能器、延迟线、滤波器等，其中应用最为广泛的是 SAW 滤波器件。铌酸锂晶体在更高频率的滤波器方面研究进展很快，材料和器件制备技术仍然表现出巨大的潜力。随着铌酸锂单晶薄膜材料以及新型声学器件技术的发展，基于铌酸锂晶体的前端射频滤波器具有重要的应用前景，但目前并没有形成产业化生产。

4. 氮化铝

AlN 是一种非常理想的 BAW 谐振器材料。它具有高声速、高杨氏模量、高导热性和较低的温度系数，这使得它非常适合在 MEMS 系统中制造 BAW 谐振器器件。

AlN 是一种非常稳定的化合物，具有很强的共价键和离子键。AlN 存在三种常见的晶体结构，分别是常温常压条件下稳定的六方纤锌矿结构、亚稳态立方闪锌矿结构和立方岩盐矿结构。在常温常压下，AlN 更倾向于形成热力学稳定性的纤锌矿结构而不是亚稳态的闪锌矿结构。高压条件下，纤锌矿结构 AlN 才能转化为闪锌矿结构。

图 2.10 展示了纤锌矿 (wurtzite)AlN 和闪锌矿 (zincblende)AlN 的晶体结构。这两种结构都是基于六方密堆积结构，但是它们之间存在一些明显的差异。两套六方密堆积结构沿着 c 轴方向平移晶胞长度的 5/8 可以得到纤锌矿结构 AlN，如图 2.10(a) 所示；两个面心立方晶格结构沿对角线平移对角线长度的 1/4 可以得到闪锌矿结构 AlN，如图 2.10(b) 所示。这两种结构的基本构成单元都为变形的 $[AlN_4]$ 四面体。纤锌矿结构沿着 c 轴方向以 ABAB $\cdots$ 的方式堆叠，而闪锌矿结构沿着 (111) 方向以 ABCABC $\cdots$ 的方式堆叠。纤锌矿 AlN 中主要的化学键是共价键，但由于 Al 原子和 N 原子的电负性差异较大，化学键中离子键成

分也存在。应用于声波滤波器的 AlN 为六方纤锌矿结构，此结构的结合能约为 11.5 eV。纤锌矿结构 AlN 是一种直接带隙半导体，具有约 6.2 eV 的带宽，属于 $P6_3mc$ 空间群。纤锌矿 AlN 晶格常数的实验值为 $a = b$ =3.112 Å、c = 4.982 Å，不同方向的比率 c/a = 1.601 较六方密堆积结构的理想值 (1.633) 稍小。图 2.10(c) 显示了纤锌矿 AlN 的成键情况。N 原子与 Al 原子之间成共价键，呈 sp^3 杂化。从 a 轴方向看，Al_0 原子与三个 N 原子 (N_1、N_2、N_3) 形成相同的共价键，键长约为 0.189 nm，为 B_1 键。从 c 轴方向看，Al_0 原子与 N_0 原子形成共价键，键长约为 0.197 nm，称为 B_2 键。B_2 键的键长稍大于 B_1 键，键能较低。因此，纤锌矿 AlN 晶体在 (100) 方向主要为 B_1 键，而在 (0002) 方向为 B_2 键。在对 AlN 薄膜生长进行研究时，为了找到最适合 c 轴 AlN 薄膜择优取向生长的工艺条件，人们通常会通过分析 AlN 晶体的成键情况优化工艺，从而获得性能更好的 AlN 薄膜。

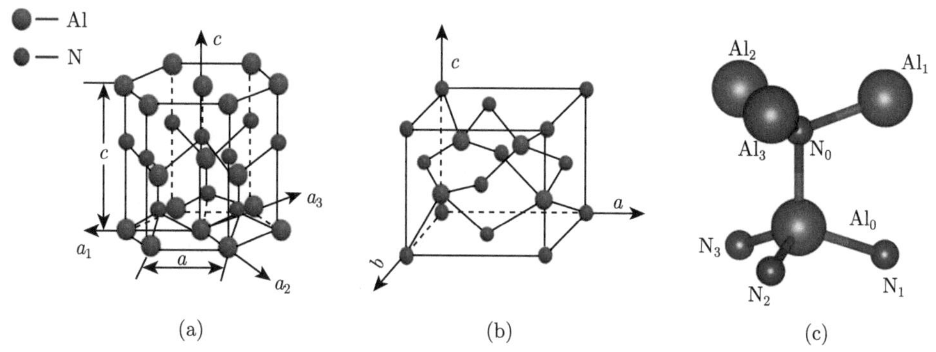

图 2.10 (a) 纤锌矿 AlN 晶体结构；(b) 闪锌矿 AlN 晶体结构；(c) 纤锌矿 AlN 成键情况

以 AlN 为压电层的薄膜 BAW 滤波器主要应用于需要高品质因数的高频滤波器市场，该市场还包括体积较大的陶瓷材料制造的滤波器和声表面波滤波器。目前国际上主流厂商的薄膜 BAW 滤波器产品所使用的 AlN 材料多为采用磁控溅射法生长获得的。磁控溅射法可以在较低温度，甚至常温下生长 AlN，因此适用于 BAW 器件和其他传感器等应用。采用磁控溅射制备的 (0002) 取向 AlN 薄膜为多晶结构，存在大量的晶界和缺陷。除了晶体质量以外，其他性质与单晶材料相似。而最初测量声速、介电常数等数据的是在蓝宝石基底上外延生长的单晶 AlN。多晶 AlN 与单晶 AlN 的这种相似性与纤锌矿 AlN 的六方点群性质有关，该结构在平面内具有四阶张量的各向同性。只要制备的薄膜结构致密性足够，即使沿 c 轴 (0002) 方向生长的晶体为多晶 AlN，其晶体性质在任意方向上也是一致的，并且晶界也不会过多地削弱这种特性。

目前 BAW 滤波器量产器件大多是基于多晶 AlN，材料和器件结构已经接近性能极限，难以大幅度提升，很难满足未来的通信需求。而压电层为单晶 AlN 的 BAW 滤波器具有更高的工作频率，更好的品质因数和更高的功率容量等优点，符合未来射频通信领域的发展趋势。

参 考 文 献

[1] Joel R. Bulk Acoustic Wave Theory and Devices. Norwood: Artech House,1988.
[2] Cheeke J D N. Fundamentals and Applications of Ultrasonic Waves. Boca Raton: CRC Press, 2012.
[3] Auld B A. Acoustic Fields and Waves in Solids. Malabar: Krieger Publishing Company, 1973.
[4] Marksteiner S, Kaitila J, Fattinger G G, et al. Optimization of acoustic mirrors for solidly mounted BAW resonators. Proc. IEEE Ultrasonics Symposium, 2005, 1: 329-332.
[5] Farina M, Rozzi T. Electromagnetic modeling of thin-film bulk acoustic resonators. IEEE MTT-S International Microwave Symposium Digest, 2004, 1: 383-386.
[6] Naik R S. Bragg reflector thin-film resonators for miniature PCS bandpass filters. Boston: Massachusetts Institute of Technology, 1998, 1: 232-236.
[7] Su Q X, Kirby P, Komuro E, et al. Thin-film bulk acoustic resonators and filters using ZnO and lead-zirconium-titanate thin films. IEEE Transactions on Microwave Theory & Techniques, 2001, 49(4): 769-778.
[8] Jiang P, Mao S, An Z, et al. Structure-size optimization and fabrication of 3.7 GHz film bulk acoustic resonator based on AlN thin film. Frontiers in Materials, 2021, 8: 343.

第 3 章　体声波滤波器的理论模型及设计方法

BAW 谐振器是由压电薄膜和电极、支撑层或布拉格反射层等弹性介质构成的，其性能取决于材料的声学和电学特性以及器件的几何结构等。每种型号的滤波器对性能要求指标不一样，需要根据频段要求对谐振器和滤波器的材料、几何尺寸、版图等进行设计，因此结果准确的设计方法对于指导器件制备、减少资源的浪费尤为重要。根据第 2 章器件的声学电学物理理论基础，可以推导出 BAW 谐振器中普通弹性薄膜和压电薄膜中的平面声波的传输特性，并以此为基础得到 BAW 谐振器的电学阻抗表达式，可进一步设计拓扑结构进行滤波器仿真；同时有限元仿真可以针对 BAW 谐振器/滤波器的几何结构进行精确设计以提高器件的性能。本章将从 BAW 谐振器的电路模型、有限元模型出发，介绍 BAW 滤波器的电路设计方法及设计思路，并具体提出可能影响到器件性能的关键因素，最终以两个滤波器设计案例对上述设计方法进行验证。

3.1　体声波谐振器的等效电路模型

3.1.1　BVD 模型

若仅研究体声波 BAW 谐振器的电学特性，可将谐振器的电路简化为如图 3.1 所示的电路，其中 C_{m}、C_0、L_{m}、R_{m} 分别是动态电容、静态电容、动态电感、动态电阻。BVD(Butterworth-Van Dyke) 模型有两个谐振点，C_{m}、L_{m} 构成串联谐振点 f_{s}；C_{m}、L_{m}、C_0 构成并联谐振点 f_{p}。BVD 模型由 Ristic[1] 和 Rosenbaum[2] 等提出，该模型结果可以在谐振点附近近似等效。

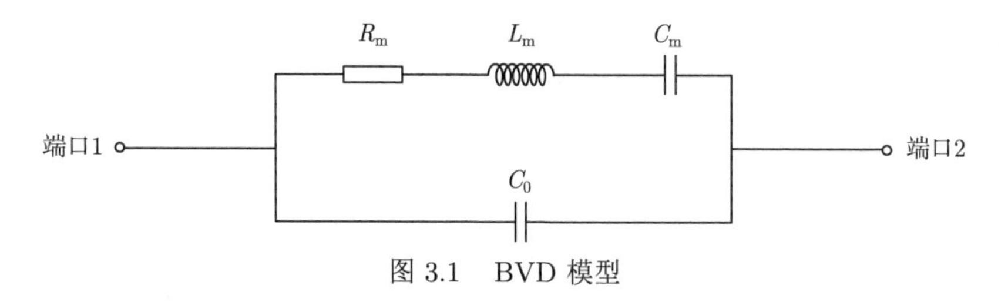

图 3.1　BVD 模型

通过计算该模型两端口之间的阻抗，可得到典型的阻抗–频率 (Z-f) 响应曲线，如图 3.2 所示，在串联谐振点 f_{s}，即 2.277 GHz 处阻抗 Z 最小；在并联谐振点 f_{p}，即 2.337 GHz 处阻抗 Z 最大。

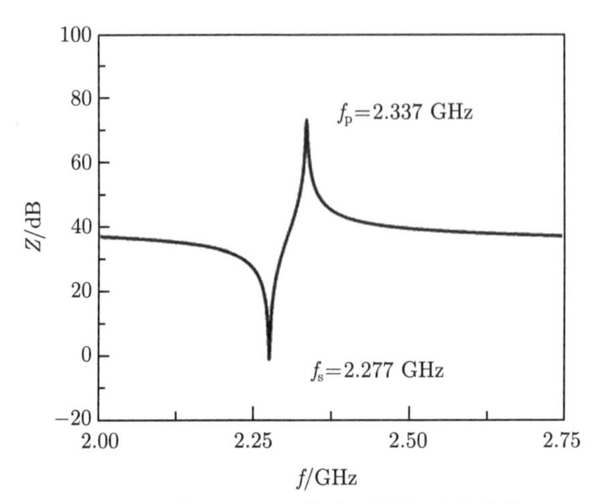

图 3.2　输入阻抗 Z 的典型频率响应曲线

模型中各个值的计算方法由第 2 章中提到的包含了机械损耗的谐振器电学阻抗特性公式和 BVD 模型等效阻抗对比得到，推导方式如下所述。

当 θ 为 $\dfrac{\pi}{2}$ 的奇数倍时，$\tan\theta$ 的正切值趋向无穷大，这些点称为极点。在正切值的 n 阶极点附近，可以有以下的近似表达：

$$\tan\theta \approx \frac{2\theta}{\left[(2n+1)\dfrac{\pi}{2}\right]^2 - \theta^2} \tag{3.1}$$

将其代入包含了机械损耗的 BAW 电学阻抗特性公式，且令 $(2n+1)\dfrac{\pi}{2} = x_n$ 可得

$$Z \approx \frac{1}{\mathrm{j}\omega C_0} \cdot \frac{x_n^2 - 2k_\mathrm{t}^2}{x_n^2} \cdot \left[\frac{1 - \left(\dfrac{\omega h}{v_\mathrm{a}}\right)^2 \dfrac{1}{x_n^2 - 2k_\mathrm{t}^2} + \dfrac{\mathrm{j}\omega\eta_{33}^\mathrm{E}}{c_{33}^\mathrm{E} + \dfrac{e_{z3}^2}{\varepsilon_{zz}^\mathrm{S}}} \dfrac{x_n^2}{x_n^2 - 2k_\mathrm{t}^2}}{1 - \left(\dfrac{\omega h}{v_\mathrm{a}}\right)^2 \dfrac{1}{x_n^2} + \dfrac{\mathrm{j}\omega\eta_{33}^\mathrm{E}}{c_{33}^\mathrm{E} + \dfrac{e_{z3}^2}{\varepsilon_{zz}^\mathrm{S}}}}\right] \tag{3.2}$$

图 3.1 BVD 模型的等效阻抗可写为

$$Z(\omega) = \frac{1}{\mathrm{j}\omega(C_0 + C_\mathrm{m})} \cdot \frac{1 - \omega^2 L_\mathrm{m} C_\mathrm{m} + \mathrm{j}\omega C_\mathrm{m} R_\mathrm{m}}{1 - \omega^2 L_\mathrm{m} \dfrac{C_0 C_\mathrm{m}}{C_0 + C_\mathrm{m}} + \mathrm{j}\omega \dfrac{C_0 C_\mathrm{m}}{C_0 + C_\mathrm{m}} R_\mathrm{m}} \tag{3.3}$$

对比式 (3.2) 和式 (3.3)，可得到 C_0、C_m、L_m、R_m 的各表达式。

$$C_0 = \frac{\varepsilon_{zz}^{\mathrm{S}} A}{2h} \tag{3.4}$$

$$C_{\mathrm{m}} = \frac{2k_{\mathrm{t}}^2}{x_n^2 - 2k_{\mathrm{t}}^2} C_0 \approx \frac{8}{\pi} k_{\mathrm{t}}^2 C_0 \tag{3.5}$$

$$L_{\mathrm{m}} = \left(\frac{h}{v_{\mathrm{a}}}\right)^2 \frac{1}{2k_{\mathrm{t}}^2 C_0} \tag{3.6}$$

$$R_{\mathrm{m}} = \frac{\eta_{33}^{\mathrm{E}} x_n^2}{c_{33}^{\mathrm{E}} + \dfrac{e_{z3}^2}{\varepsilon_{zz}^{\mathrm{S}}}} \frac{1}{2k_{\mathrm{t}}^2 C_0} \tag{3.7}$$

根据串联谐振点定义以及 BVD 模型的电容、电阻、电感的组成方式，可以推导出以下器件串并联谐振点以及对应品质因数 Q 的表达式：

$$f_{\mathrm{s}} = \frac{1}{2\pi\sqrt{C_{\mathrm{m}} L_{\mathrm{m}}}} \tag{3.8}$$

$$f_{\mathrm{p}} = \frac{1}{2\pi\sqrt{L_{\mathrm{m}}(C_{\mathrm{m}}^{-1} + C_0^{-1})^{-1}}} \tag{3.9}$$

$$Q_{\mathrm{s}} = \frac{2\pi f_{\mathrm{s}} L_{\mathrm{m}}}{R_{\mathrm{m}}} \tag{3.10}$$

$$Q_{\mathrm{p}} = \frac{2\pi f_{\mathrm{p}} L_{\mathrm{m}}}{R_{\mathrm{m}}} \tag{3.11}$$

品质因数 Q 反映了谐振峰的陡峭程度，并影响应用于滤波器时的最小插入损耗及通带边缘的陡峭程度。

这里还定义了电容比 γ，可以用此衡量压电性的强弱。在应用于滤波器时，其影响了最小插入损耗并决定了最大通带带宽。

$$\gamma = \frac{C_0}{C_{\mathrm{m}}} = \frac{1}{(f_{\mathrm{p}}/f_{\mathrm{s}})^2 - 1} \tag{3.12}$$

值得注意的是，通过式 (3.10) 和式 (3.11) 计算出来的品质因数 Q 几乎相同，但这通常是不正确的，产生这种现象的原因是 BVD 模型仅考虑了黏性损耗。

至此，传统 BVD 模型可从理论上导出，可见该模型在一定程度上具有一些可参考性，但是其忽略了压电薄膜的介质损耗、电极的声学损耗、引线损耗，只考虑了压电薄膜的介质损耗，具有一定的局限性，只能对指定的谐振点附近等效，不能够完整仿真 BAW 谐振器的所有谐波特性。

3.1.2 MBVD 模型

由图 3.1 和式 (3.1)~ 式 (3.7) 可以看出，在 BVD 模型电路中存在一定的局限性，其仅考虑了由压电换能产生的机械损耗，忽略了在实际制备的 BAW 谐振器中还会存在一些其他的损耗，如电极层的机械损耗、压电薄膜的介质损耗、电极的引线损耗等 [3]。为了更加准确地表征谐振器的电学特性，Larson 等在 2000 年提出了新型的 MBVD (modified Butterworth-Van Dyke) 模型 [4]，如图 3.3 所示。

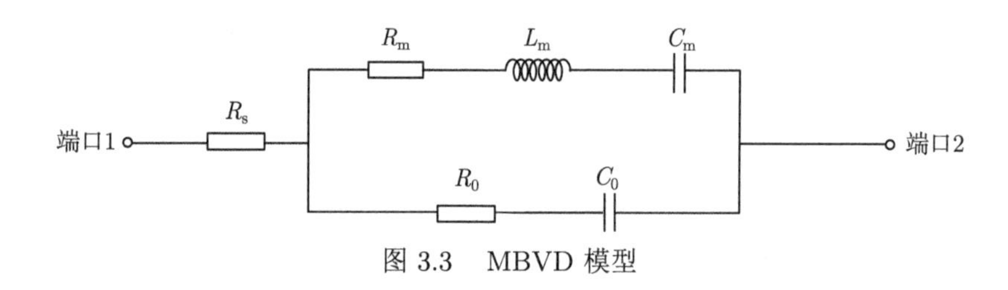

图 3.3 MBVD 模型

与 BVD 等效电路模型相比，MBVD 模型将多个影响因素同时考虑了进来，其在模拟电路中增加了两个元件 R_0 和 R_s。用 R_0 来表示压电薄膜的介质损耗部分，用 R_s 来表示电极的引线损耗和机械损耗，因而 MBVD 模型在 BVD 模型的基础上更加完善，其能更精确地描述谐振频率附近的 BAW 谐振器电学特性 [3]。且 MBVD 模型可通过测试谐振器的 S 参数，提取元件参数，在简化 BAW 谐振器、滤波器的电性能分析与阻抗匹配上具有明显的优势。

R_0 由下式给出：

$$R_0 = \frac{\varepsilon_{zz}^{\mathrm{S}}}{C_0 \sigma} \tag{3.13}$$

其中，σ 为压电薄膜材料的电导率。R_s 则需要根据实际制作 BAW 所用的电极材料来决定。

模型中这些电阻的引入会对谐振特性有一定的影响，因此式 (3.10) 和式 (3.11) 也需要改进，由下式给出：

$$Q_s = \frac{2\pi f_s L_m}{R_m + R_s} \tag{3.14}$$

$$Q_p = \frac{2\pi f_p L_m}{R_m + R_0} \tag{3.15}$$

从以上公式中可以得到，当 $R_s < R_0$ 时，$Q_s > Q_p$；反之，当 $R_s > R_0$ 时，$Q_s < Q_p$。

为进一步理解谐振器的特性，通常需要了解品质因数 Q 是如何随频率变化的。为此，Feld 等提出了用来表征谐振器特性随频率变化的品质因数 Q 公式 [5]：

$$Q(f) = 2\pi f \tau(f) \frac{|S_{11}|}{1 - |S_{11}|^2} \tag{3.16}$$

式中，S_{11} 是通过矢量网络分析仪测得的电反射系数；τ 是群延迟，可由下式进行估算：

$$\tau(f) = -\frac{\partial \angle S_{11}}{2\pi \partial f} \tag{3.17}$$

式中，$\angle S_{11}$ 为 S_{11} 系数的相位角。

在电磁学中处理介质损耗的问题时往往引入复介电常数，因此有

$$\varepsilon_{zz}^{S'} = \varepsilon_{zz}^{S}(1 - \mathrm{j}\tan\delta) = \varepsilon_{zz}^{S}\left(1 - \mathrm{j}\frac{\sigma}{\omega \varepsilon_{zz}^{S}}\right) \tag{3.18}$$

其中，$\tan\delta$ 称为损耗角正切，表示介质损耗。用 $\varepsilon_{zz}^{S'}$ 代替 ε_{zz}^{S}，将其代入式 (3.4)～式 (3.7)，可以得到各元件变化后的表达式，变化后等效于 C_0 与一个电阻为 $g_0 = C_0 \dfrac{\sigma}{\varepsilon_{zz}^{S}}$($\sigma$ 为电导率) 的并联，如图 3.4 所示。而并联的电阻通过数值的改变可以转换成串联的电阻。由于我们常使用的压电薄膜材料为 AlN 和 ZnO 之类的弱压电耦合材料，机电耦合系数 k_t^2 很小，考虑基模谐振时压电材料介质损耗的引入对于机械电容 C_m 的影响可以忽略。电极的损耗只需要用一个串联的电阻 R_s 表示，这就导出了 BAW 的 MBVD 电路模型。

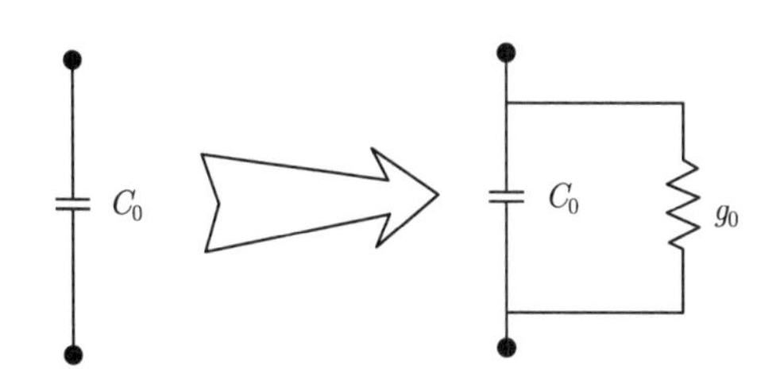

图 3.4　静态电容 C_0 引入介质损耗后的等效结构

然而 MBVD 模型中的各个参数的具体数值需要提取出来后进行模拟才能获得准确的结果。所以采用一个高效的参数提取方法是十分必要的 [6]。模型中参数的提取主要有以下两种方法 [7]。

(1) 根据测试结果得到的参数值：

$$C_0 = \frac{\varepsilon_r \varepsilon_0 A}{d} \tag{3.19}$$

$$C_{\mathrm{m}}=\frac{C_0\left(\omega_{\mathrm{p}}-\omega_{\mathrm{s}}\right)}{\omega_{\mathrm{s}}} \tag{3.20}$$

$$L_{\mathrm{m}}=\frac{\omega_{\mathrm{s}}^2}{C_{\mathrm{m}}} \tag{3.21}$$

$$\frac{\omega_{\mathrm{p}}}{\omega_{\mathrm{s}}}=1+\frac{1}{r} \tag{3.22}$$

$$R_0=\frac{r}{Q_{\mathrm{e}}\omega_{\mathrm{s}}C_0} \tag{3.23}$$

$$R_{\mathrm{m}}=\frac{\omega_{\mathrm{s}}C_{\mathrm{m}}}{Q_{\mathrm{p}}} \tag{3.24}$$

$$r=\frac{C_0}{C_{\mathrm{m}}} \tag{3.25}$$

这一组公式可以通过矢量网络分析仪测试出的 S 参数，计算出 MBVD 模型中各参数值，计算过程相对简单，并且因为数据是通过测试得出的，较为准确。通常在谐振器级联构成滤波器的设计中都使用这种方法计算得到电路等效参数。

(2) 公式推导值：

$$C_0=\frac{\varepsilon_{\mathrm{r}}\varepsilon_0 A}{d} \tag{3.26}$$

$$C_{\mathrm{m}}=\frac{8}{\pi}k_{\mathrm{t}}^2C_0 \tag{3.27}$$

$$L_{\mathrm{m}}=\frac{\pi^3 v_{\mathrm{a}}}{8\varepsilon_{\mathrm{r}}\varepsilon_0 A\omega_{\mathrm{r}}^3 k_{\mathrm{t}}^2} \tag{3.28}$$

$$R_{\mathrm{m}}=\frac{\pi\eta\varepsilon_{\mathrm{r}}\varepsilon_0}{8k_{\mathrm{t}}^2\rho A\omega_{\mathrm{r}}v_{\mathrm{a}}} \tag{3.29}$$

$$\omega_{\mathrm{r}}=\frac{1}{\sqrt{C_{\mathrm{m}}L_{\mathrm{m}}}} \tag{3.30}$$

式中，A、d、k_{t}^2、ε_{r}、ε_0、η、ρ、v_{a}、ω_{r} 分别表示压电材料的谐振面积、电极厚度、机电耦合系数、相对介电常数、真空介电常数、声黏连系数、密度、声速和谐振中心频率。该种方法中的元器件参数值可以直接由谐振器的物理参数得到，参数获得方便迅速，适合前期模拟时使用，但过程较复杂。

通常我们在用这些模型进行 BAW 谐振器/滤波器的电学性能模拟时，总是先采用材料的各种理想参数，并认为这些参数的值都是准确的。但实际上，因制备 BAW 谐振器/滤波器材料的种类、设备及工艺方法的不同，所以实际生产得到的器件中的参数并非与当初理想的数值相同，从而使得实际测量的电学性能与仿真估算时存在一定的差别。因此为了得到更准确的数值，通常是先用普适解析电路模型预测特定指标下 BAW 谐振器的几何尺寸，如谐振器所用的各种材料厚度、电极正对面积 (有效面积) 等，然后按照设计尺寸制备 BAW 谐振器样品，再对 BAW 谐振器进行测试，最后用曲线拟合的方法从测量数据中提取出 MBVD 模型中各参数的值，得到我们需要的 MBVD 模型再进行射频滤波器的设计和仿真。

值得注意的是，MBVD 模型成立的前提是压电薄膜为弱压电耦合材料，这对于 AlN 和 ZnO 精度是足够的，但对于 PZT 之类的强压电耦合材料，MBVD 会存在较大的误差。

3.1.3 Mason 模型

1. 压电层的 Mason 模型

Mason 模型是研究 BAW 谐振器/滤波器电学性能的一维物理模型，获得的电响应是材料物理参数和声学叠层中几何尺寸的函数。Mason 模型具有的一个显著的特点是可以确定膜厚对频率的影响。同时该模型还可以用 k_t^2、电极材料、电极与压电材料厚度之比来预测有效机电耦合系数 k_{eff}^2。因此，人们常使用 Mason 模型设计谐振器/滤波器膜层厚度。

众所周知，压电材料会具有压电效应，在交变电场的作用下，产生逆压电效应，形成周期性的压缩或膨胀，会造成质点的振动，这种振动是复杂的，既有横向的振动又有纵向的振动，无论横向或纵向的振动，都会发生声–电能量的交换。而在分析复合状态下 BAW 谐振器的阻抗模型时，一般只需要考虑纵波传播，因为 BAW 的长度和宽度远大于厚度，因此忽略了横向传播的横波带来的影响 [8]。图 3.5 为典型“三明治”结构的 BAW 的 Mason 等效电路图。

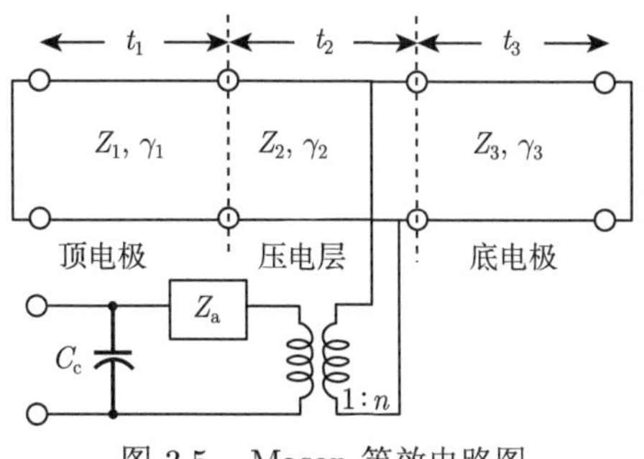

图 3.5 Mason 等效电路图

对于图 3.5 所示的 BAW 谐振器结构的等效电路图，Lakin 给出了一维结构

的阻抗转换公式 [9]：

$$Z = \frac{1}{\mathrm{j}\omega C_0}\left(1 - K^2 \frac{\tan\theta}{\theta} Z_{\mathrm{m}}\right) \tag{3.31}$$

Z_{m} 定义为

$$Z_{\mathrm{m}} = \frac{(Z_{\mathrm{b}} + Z_{\mathrm{t}})\cos^2\theta + \mathrm{j}\sin(2\theta)}{(Z_{\mathrm{b}} + Z_{\mathrm{t}})\cos(2\theta) + \mathrm{j}(Z_{\mathrm{b}}Z_{\mathrm{t}} + 1)\sin(2\theta)} \tag{3.32}$$

其中，Z_{b} 和 Z_{t} 分别为压电材料上下两侧对比于压电阻抗的归一化负载阻抗。

将式 (3.32) 进行一定的数学变换，即可得到等效公式：

$$Z = \cfrac{1}{\mathrm{j}\omega C_0 + \cfrac{1}{-\cfrac{1}{\mathrm{j}\omega C_0} + n^2\left(-\mathrm{j}Z_{\mathrm{p}}\csc(2\theta) + \cfrac{1}{\cfrac{1}{\mathrm{j}Z_{\mathrm{p}}\tan\theta + Z_{\mathrm{t}}} + \cfrac{1}{\mathrm{j}Z_{\mathrm{p}}\tan\theta + Z_{\mathrm{b}}}}\right)}} \tag{3.33}$$

其中，$n^2 = \dfrac{2\theta}{k_{\mathrm{t}}^2\omega C_0 Z_{\mathrm{p}}}$，$\mathrm{j}Z_{\mathrm{p}}\tan\theta = Z_{\mathrm{a}}$，$-\mathrm{j}Z_{\mathrm{p}}\csc(2\theta) = Z_{\mathrm{c}}$。

相比 MBVD 模型这类简单的电学行为模型，Mason 模型将力学分析与电学电路相对应使得等效电路的物理含义更加明确，并将 BAW 谐振器/滤波器各个结构的等效模型进行级联而进一步提高了模型的准确性。压电层的机电等效模型如图 3.6 所示，其只能仿真压电膜层在特定边界条件下的电学性能，没有设置电极等普通声学层，因而无法仿真普通声学层中声学损耗带来的影响，也不能直接反映其他普通声学层结构和参数变化对 BAW 谐振器/滤波器性能的影响。

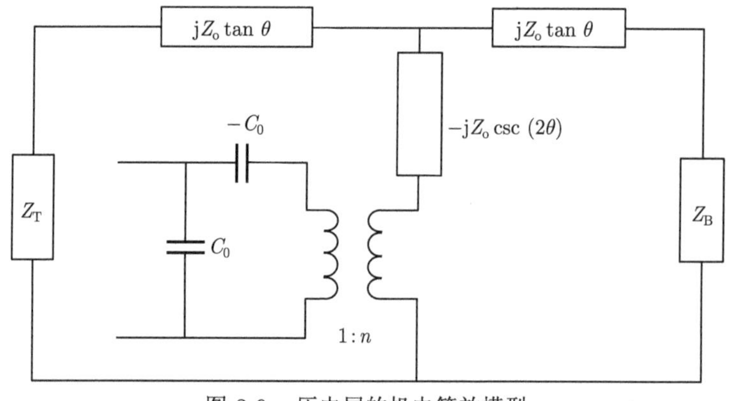

图 3.6　压电层的机电等效模型

运用 ADS(advanced design system) 软件可将压电层的 Mason 等效模型绘制如图 3.7 所示。

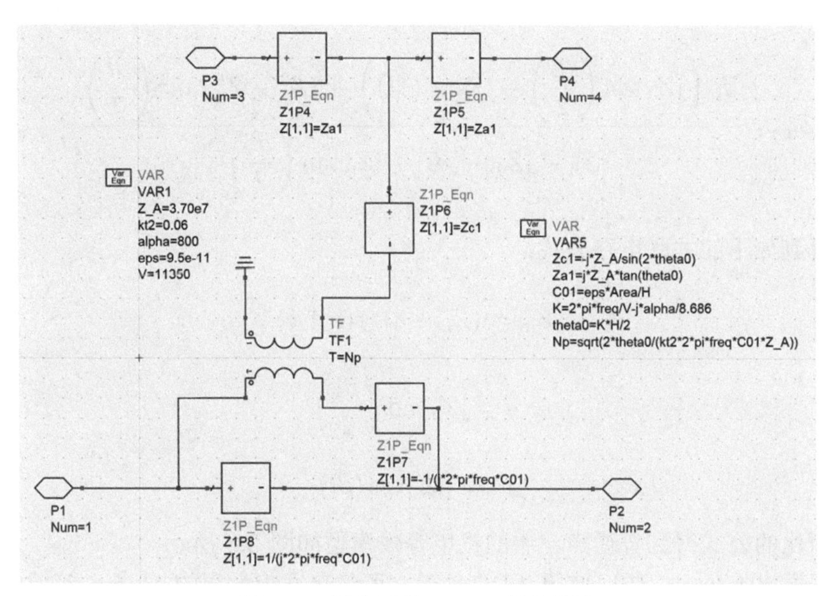

图 3.7 压电层的 Mason 等效模型

由图 3.7 可知压电材料的以下参数：夹持介电常数 $\varepsilon_{zz}^{\mathrm{S}}$、纵波声速 v_{a}、声学损耗 α、机电耦合系数 k_{t}^2、声阻抗 Z_{mech}、压电层厚度 h；以及电极的以下参数：电极面积 A、声阻抗、纵波声速、电极厚度、声学损耗，即可得出有具体数值的 BAW 谐振器的等效电路。

2. 普通声学层的 Mason 模型

将压电层之外的膜层称为普通声学层。顶电极以上和支撑层以下需要构造阻抗为零的空气层使得在此界面发生全反射，以此作为声波限制边界。在 Mason 模型中，通过假想变压器来实现机械能与电能的转换，因此将声阻抗 Z_{b}、Z_{t} 类比于电阻抗进行处理 (Z_{b} 和 Z_{t} 分别对应着底、顶两层电极处的边界阻抗条件)。由于 Z_{b}、Z_{t} 具体数值还未定义，而 Z_{t} 主要考虑上电极的影响，Z_{b} 主要考虑下电极的影响，电极作为普通声学层也存在沿 Z 方向传播的纵声波 [10]。

因此可借用传输线理论来讨论声波在其中的传输过程，由传输线理论得到输入阻抗 Z_{in} 和负载声阻抗 Z_{L} 之间的关系：

$$Z_{\mathrm{in}}=Z_0\frac{Z_{\mathrm{L}}+\mathrm{j}Z_0\tan{(\beta l)}}{Z_0+\mathrm{j}Z_{\mathrm{L}}\tan{(\beta l)}} \tag{3.34}$$

其中，β 是声学传输常数；l 是声学层的厚度；Z_{in} 是输入阻抗；Z_0 是特征声学阻抗；Z_{L} 是负载声阻抗。在考虑声学损耗的情况下，可将 β 用 $k = \beta - \text{j}\alpha$ 代替，这里 α 是材料的衰减因子。对此公式继续进行数学转化得到

$$Z_{\text{in}} = \frac{Z_{\text{L}}\left(\text{j}Z_0\tan\left(\dfrac{\beta l}{2}\right) - \text{j}Z_0\csc(\beta l)\right) + 2Z_0^2 - Z_0^2\tan^2\left(\dfrac{\beta l}{2}\right)}{Z_{\text{L}} - \text{j}Z_0\csc(\beta l) + \text{j}Z_0\tan\left(\dfrac{\beta l}{2}\right)} \tag{3.35}$$

简化得到如下的并联电路公式：

$$Z_{\text{in}} = (Z_{\text{L}} + a)//(a + b) \tag{3.36}$$

$$a = \text{j}Z_0\tan\left(\frac{\beta l}{2}\right) \tag{3.37}$$

$$b = -\text{j}Z_0\csc(\beta l) \tag{3.38}$$

根据简化的公式得到普通声学层的机电等效模型如图 3.8 所示。

根据以上公式，依旧使用 ADS 软件，可将普通声学层的 Mason 等效模型绘制如图 3.9 所示。

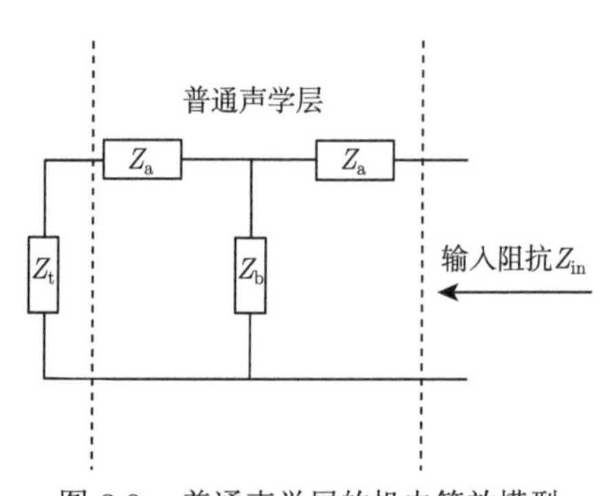

图 3.8 普通声学层的机电等效模型

3. BAW 普遍适用的 Mason 模型

在普通声学层等效电路中引入传播常数的虚部，即可代入电极、支撑层等的声学损耗。将图 3.9 所示的等效电路表示的普通声学层与图 3.7 所示的 Mason 模型表示的压电层级联，就可灵活地表示各种结构的 BAW 谐振器，即获得了普适的经典 Mason 等效模型。依旧使用 ADS 软件，可将 BAW 谐振器的 Mason 等效模型绘制如图 3.10 所示。

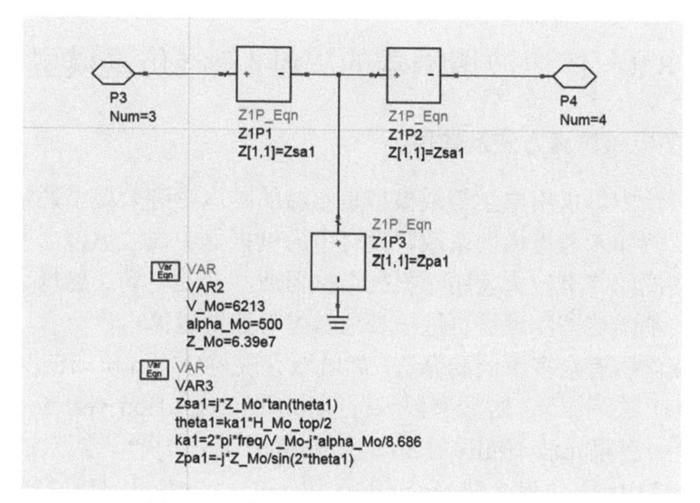

图 3.9 普通声学层的 Mason 等效模型

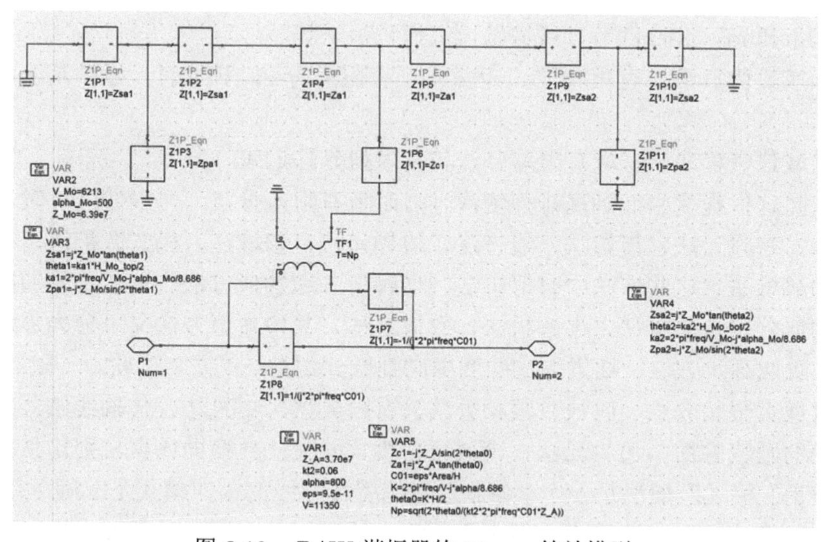

图 3.10 BAW 谐振器的 Mason 等效模型

顶、底电极均以空气作为声学反射层，在电路中等效为短路。当添加额外层时，根据实际的物理结构与材料种类，增加普通声学层等效电路的阶数即可。

Mason 模型根据 BAW 谐振器/滤波器的材料参数 (声阻抗、机电耦合系数、声速、衰减常数和介电常数等) 和几何尺寸 (厚度、面积) 便可准确地模拟出谐振器/滤波器的谐振特性，反映几何尺寸、材料参数对传输性能的影响，对设计 BAW 谐振器时有指导性作用。但 Mason 等效模型中引入了变压器以及负电容元件，形式上较为复杂，仿真过程计算量较大，对软件要求较高。

3.2　体声波谐振器的二维/三维仿真模型

3.2.1　常用的电磁仿真方法及软件

在实际设计中，仅用电学等效模型是不够的。电学等效模型通常会设定一些理想的条件，例如未考虑横向杂散、没有考虑谐振器中横波纵波之间的相互影响等，与真实情况始终有较大差距。根据谐振器所涉及的电场、磁场、力学等物理场，势必需要基于这些物理场再进一步地考虑与建模运算。

计算电磁学中有众多不同的算法，如时域有限差分 (finite difference time domain，FDTD) 法 [11,12]、时域有限积分 (finite integration technology domain，FITD) 法 [13]、有限元法 (finite element method，FEM)[14]、矩量法 (method of moments，MoM)[15]、边界元法 (boundary element method，BEM)[16,17]、谱域法 (spectral-domain method，SM)[18]、传输线法 (transmission-line method，TLM)[19]、模式匹配法 (mode-matching method，MMM)[20,21]、横向谐振法 (transverse resonance method，TRM)[22]、线方法 [23] 和解析法等。

频域数值算法：有限元法、矩量法、有限差分法 (FDM)、边界元法和传输线法。

时域数值算法：时域有限差分法和有限积分法 (FIT)。

依照解析程度由低到高排列依次是：时域有限差分法、传输线法、时域有限积分法、有限元法、矩量法、线方法、边界元法、谱域法、模式匹配法、横向谐振法和解析法。这些方法中有解析法、半解析法和数值方法。依照结果的准确度由高到低分别是解析法、半解析法、数值方法。其中数值方法又可分为零阶、一阶、二阶或高阶方法，结果的准确度由高到低分别是：高阶、二阶、一阶、零阶。

时域有限差分法、时域有限积分法、有限元法、矩量法、传输线法、线方法是纯粹的数值方法；边界元法、谱域法、模式匹配法、横向谐振法则均具有较高的分辨率。模式匹配法是一个半解析法，倘若传输线的横向模式是准确可得的话。理论上，模式可以是连续谱。但由于数值求解精度的限制，通常要求横向模式是离散谱，这就要求横向结构上是无耗的，更通俗地讲，就是无耗波导结构。换言之，模式匹配法最适用于波导空腔、高品质因数 Q 且在能量传输的某一维上结构具有一定的均匀性的场景。譬如，它适用于两个圆柱腔在高维度上的耦合的分析，但不适用于两个葫芦腔体的耦合分析，因为后者没有非常明确的模式参与能量交换，人们只能将大量的模式一并考虑，这样就降低了其效用。有限元法是一种一阶纯数值方法 (若用一阶元的话)，它适用于任何形状的结构，是通用的方法。但一般来说，通用方法在特殊应用领域的效率将不如特殊方法。比如对于高品质因数 Q 空腔滤波器设计，模式匹配法就远优于有限元法。

随着计算电磁学在工程应用领域影响力的不断加深，商用电磁分析软件越来越多，操作界面的智能化使得设计人员可以更加方便、直观地进行滤波器设计、天线设计、目标电磁特性分析等。

1. 以有限元法为主的微波软件

ANSYS HFSS(high frequency structure simulator) 是 ANSYS 公司在世界上推出的第一个商业化的三维电磁仿真软件，其三维电磁场设计和分析的电子设计工业标准得到了广泛的认可。HFSS 拥有精确自适应的场解器、简洁直观的用户设计接口，并且其具有功能强大的后处理器，能够进行电性能分析以及计算任意形状三维无源结构的 S 参数和全波电磁场，仿真效果如图 3.11 所示。

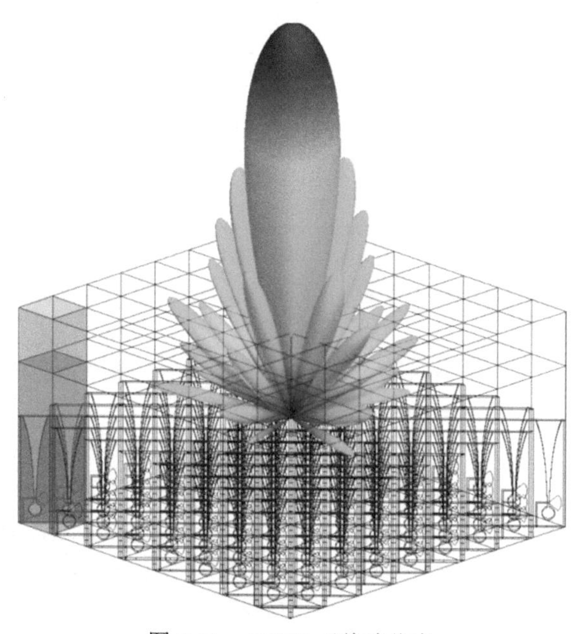

图 3.11 HFSS 天线阵仿真

HFSS 软件在天线设计领域具有很强大的功能，它可以计算天线参量，如方向性、远场方向图剖面、远场 3D 图和 3 dB 带宽；绘制极化特性，包括圆极化场分量、球形场分量、Ludwig 第三定义场分量和轴比。使用 HFSS，可以计算：① S 参数和相应阻抗的归一化 S 参数；② 端口特征阻抗和传输常数；③ S 参数和相应阻抗的归一化 S 参数；④ 结构的本征模或谐振解。且由 ANSYS HFSS 和 ANSYS Designer 构成的 ANSYS 高频解决方案，是目前唯一以物理原型为基础的高频设计解决方案，提供了从系统到电路直至部件级的快速而精确的设计手段，覆盖了高频设计的所有环节。

这个方法是 BAW 谐振器、滤波器仿真的常用方法，后续章节将详细介绍。

2. 以有限积分法为主的微波软件

德国 Computer Simulation Technology 公司推出的一款高频三维电磁场仿真软件 CST 广泛应用于移动通信、蓝牙系统、信号集成和电磁兼容等领域。CST 仿真软件包含的主要产品有：CST 设计工作室、CST 微波工作室、CST 电磁工作室以及马飞亚 (MAFIA)。其专门用于高频领域电磁分析和设计的软件是 CST 微波工作室，它是一款无源微波器件和天线的仿真软件，可以仿真耦合器、滤波器、环流器、隔离器、谐振腔、平面结构、连接器、电磁兼容、IC 封装、各类天线以及天线阵列，能够给出 S 参数、天线方向图、增益等结果。

微波工作室 (Microwave Studio) 使用简洁，能为用户的高频设计提供直观的电磁特性，展示如图 3.12 所示。除了主要的时域求解器模块外，还为某些特殊应用提供本征模及频域求解器模块。CAD 文件的导入功能及 spice 参量的提取增强了设计的可能性并缩短了设计时间。另外，由于 Microwave Studio 的开放性体系结构能为其他仿真软件提供链接，使 Microwave Studio 与其他设计环境相集成。

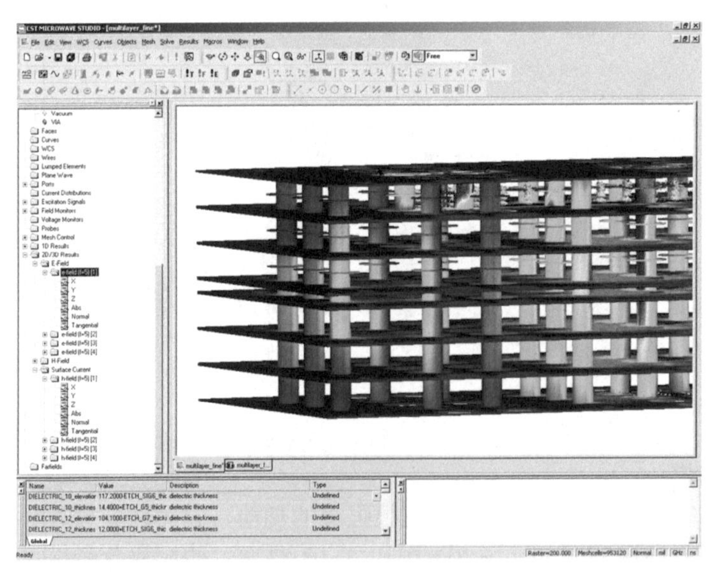

图 3.12　CST 工作窗口

3. 以矩量法为主的微波软件

1) Microwave Office

该微波 EDA 软件是 AWR 公司推出的，为微波平面电路设计提供了最完整、最快速和最精确的解答，如图 3.13 所示。它是通过两个仿真器来对微波平面电路进行仿真的。对于由集总组件构成的电路，该软件设有“VoltaireXL”仿真器来处理。而对于由具体的微带几何图形构成的分布参数微波平面电路，则采用场的方法较为有效，该软件采用“EMSight”仿真器来处理。“VoltaireXL”仿真器内设一个组件库，在建立电路模型时，可以调出微波电路所用的组件，其中无源器件有电感、微带线、带状线、同轴线、电阻、电容、谐振电路等，非线性器件有双极晶体管、场效应晶体管、二极管等。“EMSight”仿真器是一个三维电磁场模拟程序包，可用于平面高频电路和天线结构的分析。特点是把修正谱域矩量法与直观的窗口图形用户接口 (GUI) 技术结合起来，使得计算速度加快许多。Microwave Office 可以分析射频集成电路 (RFIC)、微波单片集成电路 (MMIC)、微带贴片天线和高速 PCB 等电路的电气特性。

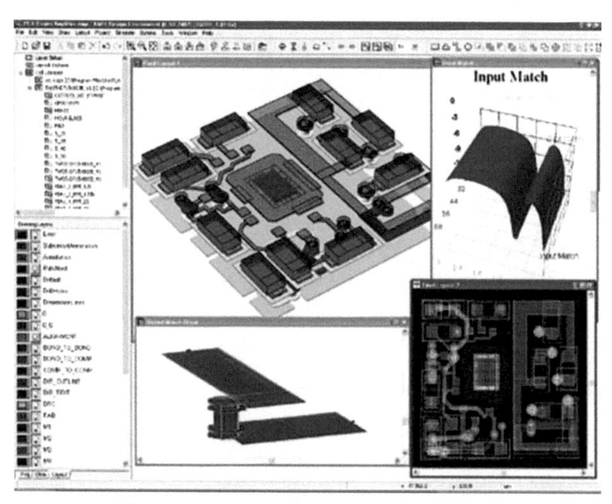

图 3.13 Microwave Office 工作窗口

2) ADS

ADS 是安捷伦 (Agilent) 公司推出的微波电路和通信系统仿真软件，工作窗口如图 3.14 所示，是国内各大学和研究所使用最多的软件之一。其功能非常强大，仿真手段丰富多样，可实现包括时域和频域、噪声、数字与模拟、线性与非线性等多种仿真分析手段，并可对设计结果进行成品率分析与优化，从而大大提高了复杂电路的设计效率，在电路设计领域是非常优秀的设计工具。主要应用于：射频和微波电路的设计，通信系统的设计，DSP 设计和向量仿真。

3) ANSYS Designer

ANSYS Designer 是 ANSYS 公司推出的微波电路和通信系统仿真软件，工作窗口如图 3.15 所示，是第一个将高频电路系统、版图和电磁场仿真工具无缝地

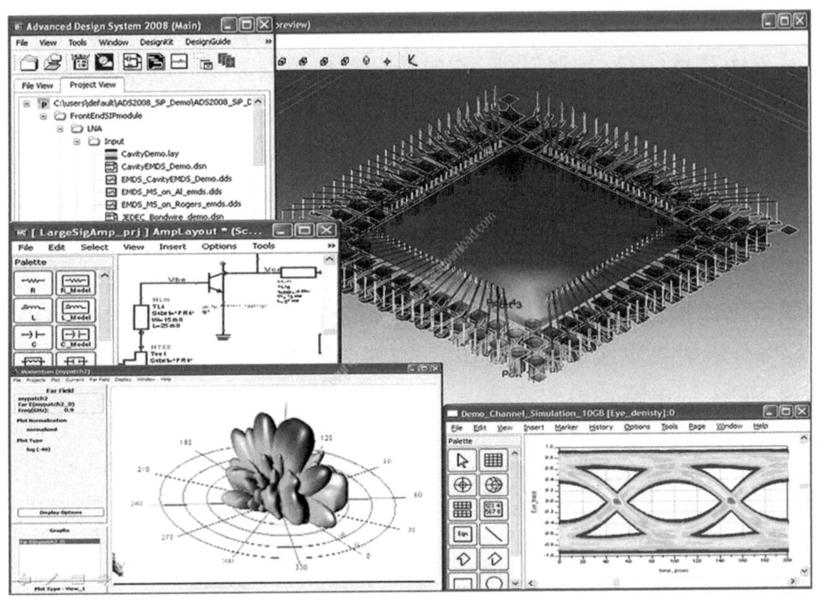

图 3.14 ADS 工作窗口

集成到同一个环境的设计工具，这种集成不是简单地和接口集成，其关键是 ANSYS Designer 独有的“按需求解”的技术，可以实现对设计过程的完全控制，其主要是根据需求来选择求解器去实现。

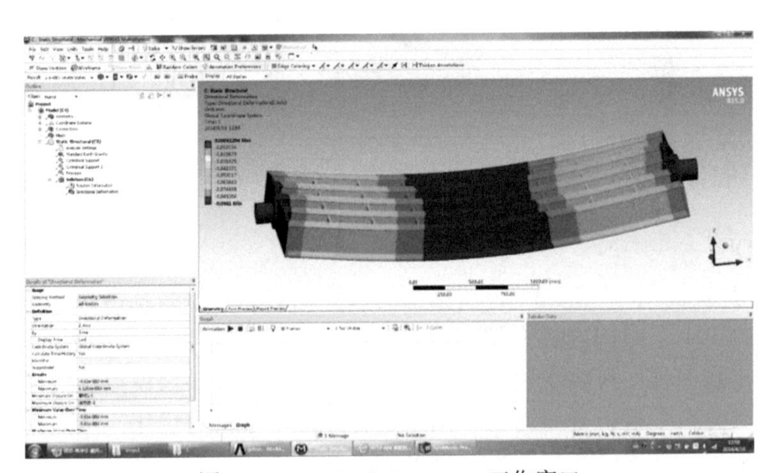

图 3.15 ANSYS Designer 工作窗口

ANSYS Designer 拥有自动化版图功能，将设计与实际全方面结合，实现所见即所得，版图与原理图自动同步，大大提高了版图设计效率。同时，ANSYS 可以与其他仿真软件联合，并可以和测试仪器连接导入实际数据，完成各种设计任务，如混频器、滤波器、移相器、频率合成器、锁相环、通信系统、雷达系统，以及放大器、功率分配器、合成器和微带天线等。

4) XFDTD

Remcom 公司推出的基于时域有限差分法的三维全波电磁场仿真软件，如图 3.16 所示。XFDTD 具有用户接口友好、计算准确的优点；但 XFDTD 本身没有优化功能，要通过第三方软件 Engineous 协同作用来完成优化。该软件的应用最早出现在仿真蜂窝电话中，在手机天线和合成孔径雷达 (SAR) 的应用中也有一定涉及。现在广泛用于雷达散射截面计算、无线、化学、光学、陆基警戒雷达、微波电路和生物组织仿真。

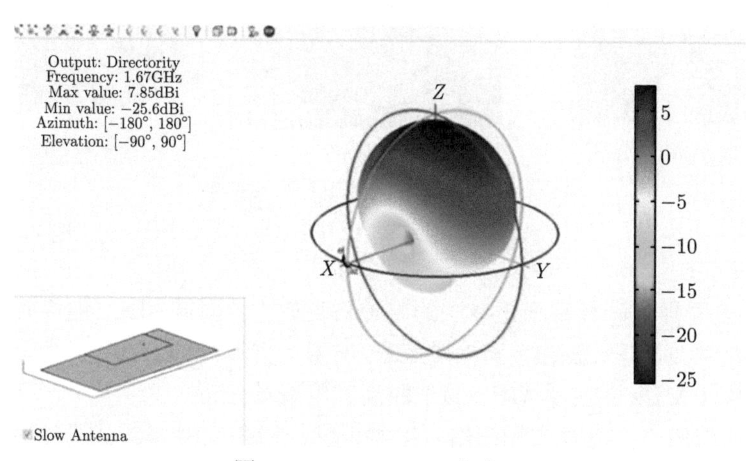

图 3.16 XFDTD 工作窗口

5) Zeland IE3D

Zeland IE3D 是一个电磁场仿真工具，其作用原理是基于矩量法来实现的，其在解决多层介质环境下的三维金属结构的电流分布问题时得到了非常多的应用。

Modua、Mgrid 和 Patternview 是 Zeland IE3D 的三部分；Mgrid 为 Zeland IE3D 的前处理套件，功能有建立电路结构、设定基板与金属材料的参数和设定模拟仿真参数；Modua 是 Zeland IE3D 的核心执行套件，可执行电磁场的模拟仿真计算、性能参数计算和执行参数优化计算；Patternview 是 Zeland IE3D 的后处理套件，可以将仿真计算结果、电磁场的分布以等高线或向量场的形式显示出来。

Zeland IE3D 仿真结果包括 S、Y、Z 参数，电压驻波比 (VWSR)，电阻电容电感组成的等效电路 (RLC)，电流分布，近场分布和辐射方向图，方向性，效率和雷达散射截面 (RCS) 等，如图 3.17 所示；应用范围主要是在微波射频电路、多层印刷电路板、平面微带天线设计的分析与设计。

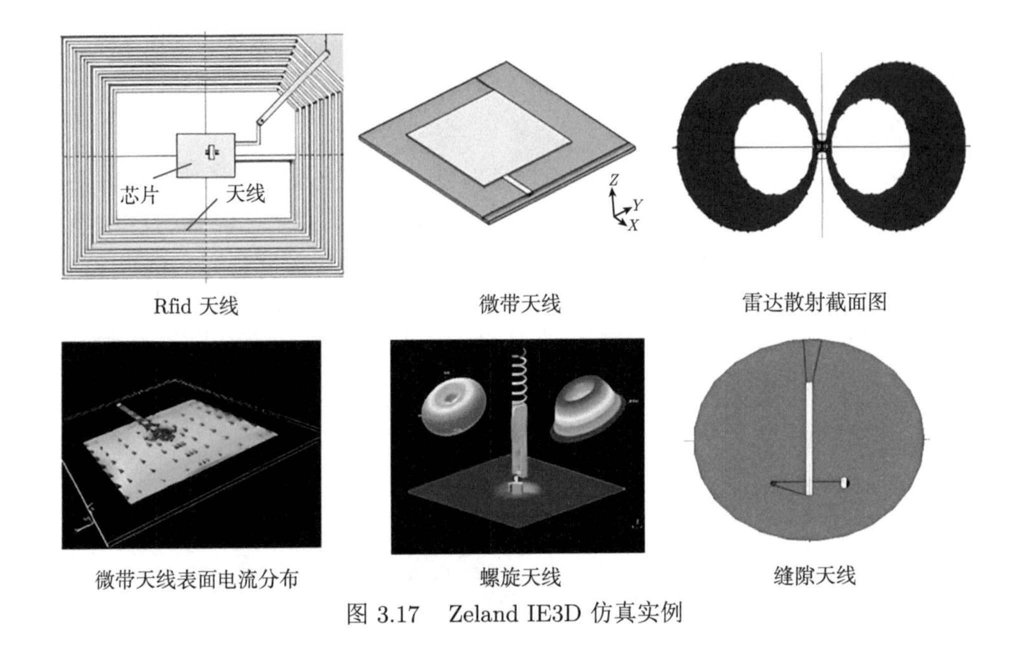

图 3.17 Zeland IE3D 仿真实例

6) Sonnet

Sonnet 同样是一种基于矩量法的电磁仿真软件，面向 3D 平面高频电路设计系统以及在微波、毫米波领域和电磁兼容/电磁干扰设计的 EDA 工具。Sonnet 应用于频率从 1 MHz 到几千 GHz 的平面高频电磁场分析。

主要的应用有：微带匹配网络、微带电路、微带滤波器、带状线电路、带状线滤波器、过孔 (层的连接或接地)、耦合线分析、印刷电路板电路分析、印刷电路板干扰分析、桥式螺线电感器、平面高温超导电路分析、毫米波集成电路微波单片集成电路 (MMIC) 设计和分析、混合匹配的电路分析、HDI 和 LTCC 转换、单层或多层传输线的精确分析、多层的平面的电路分析、单层或多层的平面天线分析、平面天线阵分析、平面耦合孔的分析等。

7) FEKO

FEKO 是 EMSS 公司旗下第一个把矩量法推向市场的三维全波电磁仿真软件，常用于复杂形状三维物体的电磁场分析。

FEKO 是针对天线设计、天线布局与电磁兼容性分析而开发的专业电磁场分析软件，从严格的电磁场积分方程出发，以经典的矩量法为基础，采用了多层快速多级子算法 (multi-level fast multipole method，MLFMM)，在保持精度的前提下大大提高了计算效率，并将矩量法与经典的高频分析方法 (物理光学 (physical optics，PO)、一致性绕射理论 (uniform theory of diffraction，UTD)) 无缝结合，从而非常适合于天线设计、雷达散射截面、开域辐射、电磁兼容中的各类电磁场分析问题。

FEKO 5.0 版本之后更是混合了有限元法，能更精确地处理多层电介质 (如多层介质雷达罩)、生物体吸收率的问题，如图 3.18 所示。

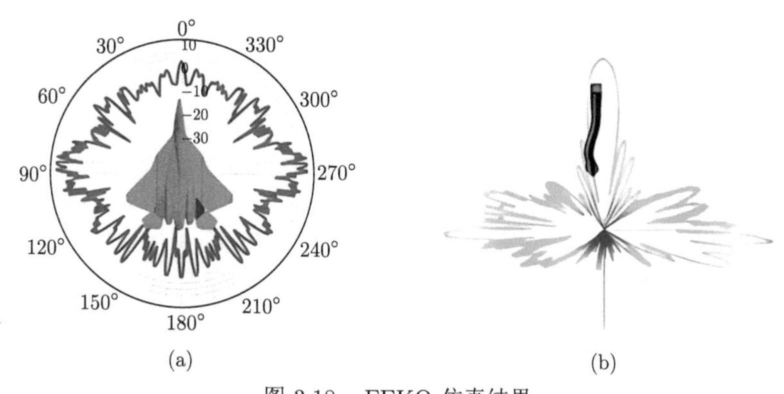

图 3.18 FEKO 仿真结果

(a) 雷达散射截面仿真结果；(b) 增益结果

FEKO 通常处理问题的方法是：对于电小结构的天线等电磁场问题，FEKO 采用完全的矩量法进行分析，保证了结果的高精度。对于具有电小与电大尺寸混合的结构，FEKO 既可以采用高效的基于矩量法的多层快速多极子法，又可以将问题分解后选用合适的混合方法 (例如用矩量法、多层快速多级子分析电小结构部分，而用高频方法分析电大结构部分)，从而保证了高精度和高效率的完美结合。因此，在处理电大尺寸问题如天线设计、雷达散射截面计算等方面，其速度和精度均有其他软件无法达到的优异效果。

采用以上技术路线，FEKO 可以针对不同的具体问题选取不同的方法来进行快速精确的仿真分析，使得应用更加灵活，适用范围更广泛，突破了单一数值计算方法只能局限于某一类电磁问题的限制。

3.2.2 COMSOL 有限元仿真

通过有限元模型的分析，可以对 BAW 谐振器/滤波器的阻抗特性进行更全面的分析，并直观获得谐振状态下 BAW 谐振器/滤波器中各物理场状态。COMSOL Multiphysics 是一款专业数值分析软件系统，是用于研究谐振器特征频率和频率响应最常用的一款仿真软件，特别是可以研究谐振器当中的热力学、寄生模式等情形 [24,25]，只要是可以用偏微分方程表述的物理现象，它都可以进行有效的模拟并求解。Multiphysics 译为“多物理场”，COMSOL 摒弃了长久以来的有限单元库思想，从基本的变分原理出发，通过求解偏微分方程来模拟真实的物理现象 [26]。利用各类物理定律的偏微分方程，根据离散化类型构建各偏微分方程的数值模型方程。因为大多数的偏微分方程无法获得解析解，所以这些近似的数值模型方程在精度足够的情况下就可以得到偏微分方程的近似解 [27]。因此使用有限元方法更方便，适应性更好，在处理多物理场耦合问题时有巨大的优势。利用 COMSOL 中的固体力学、静电、MEMS 和压电效应模块，便可对 BAW 谐振器/滤波器进行有限元模型仿真 [24,27−32]。有限元的网格剖分是将三维空间内的物体拆分为四面体等简单几何体，这样就避免了复杂的边界条件引发的不收敛问题。

使用 COMSOL 软件对 BAW 谐振器建模有两种常见的方式，分别为二维模型与三维模型，这两种方式各有优点。二维建模运算速率较快，而且能够简化边界条件，只关注所需要研究的核心结构，此外在网格剖分上可以直接采用映射分割，避免了自动进行三角形网格剖分造成的局部网格质量差的问题。三维建模的精度更高，但由于 BAW 谐振器的网格剖分与声波波长正相关，网格的尺寸在微米量级，所以三维模型的网格数量是二维模型的三个数量级以上，这将导致三维模型的运算速度较慢，且边界条件也相对复杂，如果添加负载层等相对复杂的结构，易出现计算无法收敛的情况。

运用 COMSOL 软件进行分析，首先需要确定研究对象，再对研究对象进行抽象处理，设定边界条件，确定研究目标，再根据目的制订具体的仿真方案。大致的步骤如图 3.19 所示。

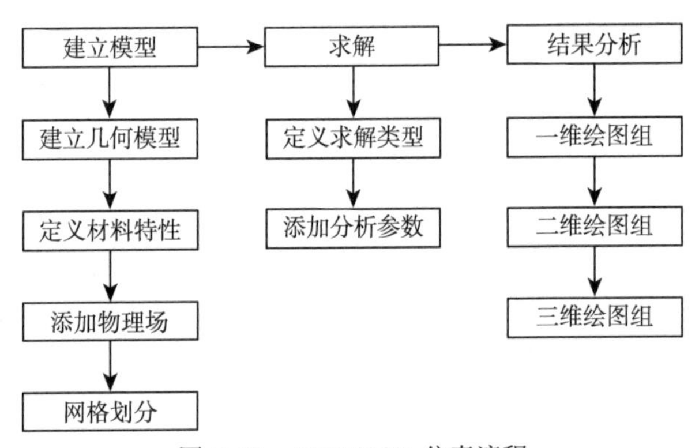

图 3.19 COMSOL 仿真流程

具体方式如下：首先构建得到 BAW 谐振器压电振荡堆的仿真模型，图 3.20 所示是最简单的压电“三明治”结构，上下两层为电极，中间为 AlN 压电层。其材料学参数以及谐振器的尺寸参数参照 ADS 电学等效模型设置。在实际的 BAW 谐振器二维模型中，声波传输的无限性和计算区域的有限性是相互矛盾的，为了解决这种矛盾，简化计算量，需要在不引入边界反射的情况下人为地将运算边界进行切割，引入完美匹配层 (perfectly matched layer，PML) 是一种高效的解决方法。因此，在构建完成 BAW 谐振器的二维几何模型之后，需要在边界使用 PML

进行截断，以提升运算效率。随后手动选择软件自带的材料库中的材料对不同几何块进行划分。

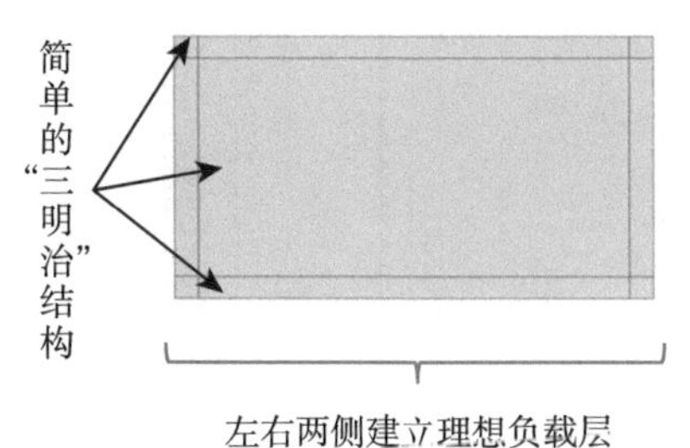

图 3.20 BAW 谐振器压电振荡堆结构示意图

上述步骤完成之后，还需要在仿真软件中设置 BAW 谐振器的多物理场：在固体力学场中，压电材料一栏选中压电层，将除顶电极外功能层的纵向边界设定为固定约束，而横向边界定义为自由边界；在静电场中将底电极接地且顶电极上电压设置为 1 V。对该二维有限元仿真模型进行计算，将得到的导纳曲线与 ADS 电学等效模型进行对比，观察两者的区别，结果如图 3.21 所示。

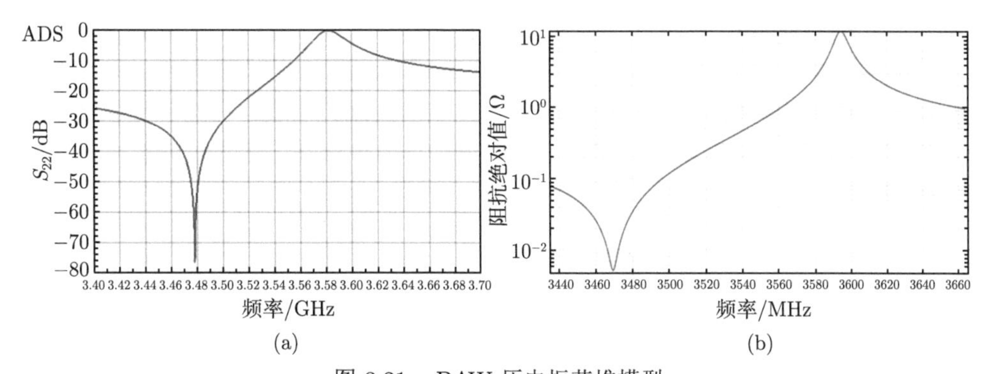

图 3.21 BAW 压电振荡堆模型

(a) 电学仿真模型 S 参数曲线；(b) 有限元仿真模型导纳曲线

可以观察到两者的中心频率基本一致，这可以证明在电学等效模型中实际上计算结果只模拟了压电振荡堆的谐振特性，而在实际设计器件的过程中，对于 BAW 谐振器需要重新考虑其他膜层结构对 BAW 谐振器的影响。

此二维模型是根据实际器件结构设计的，并在下方构建了空气隙。谐振器的尺寸为压电薄膜 1000 nm，上电极层厚度为 181 nm，下电极层厚度为 267 nm。图 3.22 (b) 为 BAW 谐振器二维有限元模型的网格剖分图，划分时需将网格设置一栏，使用映射的手段对 BAW 谐振器二维模型的网格进行超细化划分，使得网格大小与自由度的值能够满足精确计算的要求。

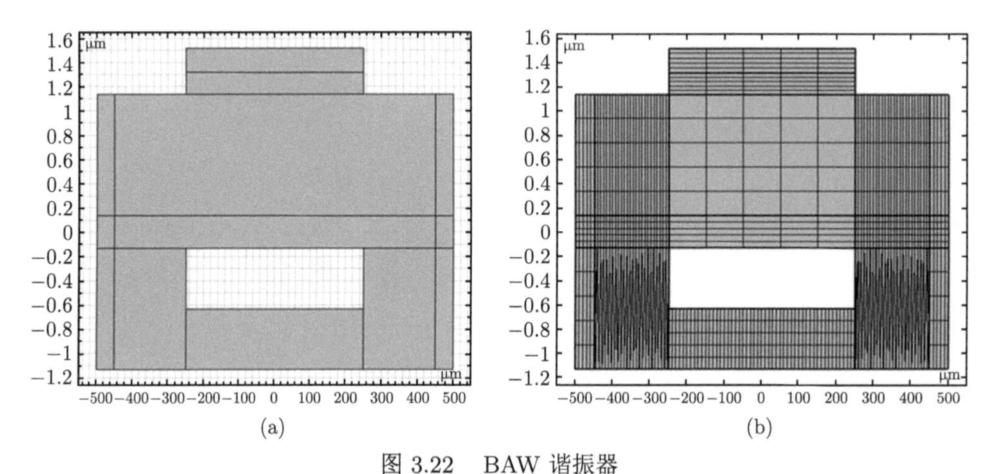

图 3.22　BAW 谐振器

(a) 二维模型示意图；(b) 二维模型网格剖分

在对 BAW 谐振器进行特征频率仿真扫描的过程中，首先使用线性梯度间隔较大的扫描步长，得到 BAW 滤波器的谐振峰分布频段区间，然后选择在该频段重新设置扫描范围，逐渐缩小步长，进行仿真后，对结果进行后处理，最终得到有限元仿真的 BAW 谐振器谐振曲线以及其余器件性能状态等。仿真计算得到的导纳–频率曲线图如图 3.23 所示。可以直观地看到，该 BAW 谐振器的串联谐振频率与并联谐振频率在 2200 MHz 附近，在该谐振器的串联谐振频率和并联谐振频率之间存在寄生谐振峰。这表明 BAW 谐振器内部存在对主要振动模式干扰的其他振动模式。

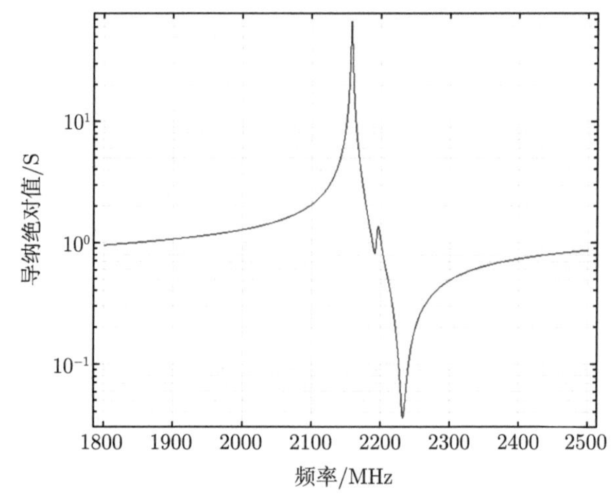

图 3.23　BAW 谐振器导纳曲线图

COMSOL 除了可以对谐振器的基本阻抗特性曲线进行表示之外，还可以研究各频率下各点的位移状态、电势分布、史密斯圆图等性能。如图 3.24 所示，如果增加其他物理场进行研究，还可以获得谐振器的热分布等，可以对谐振器性能进行综合研判与分析。

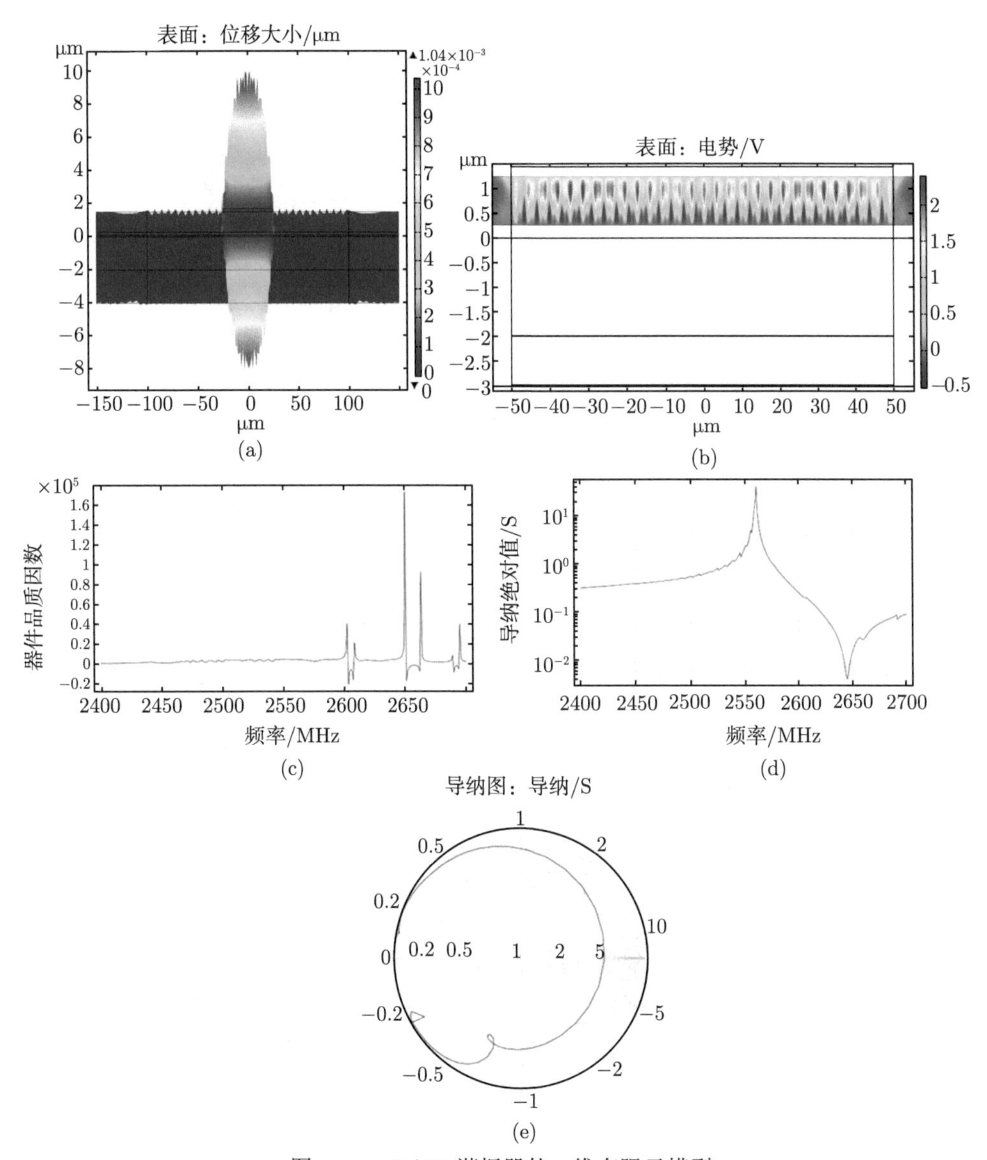

图 3.24　BAW 谐振器的二维有限元模型

(a) 位移分布图；(b) 电势分布图；(c) 器件品质因数 Q；(d) 导纳曲线；(e) 史密斯导纳圆图

对于三维模型的构建及后处理方法与二维相同，只是过程相对烦琐，处理时间更加久，结果更精确，同样需要注意网格的划分规则以及物理场边界的选取，这对最终结果的准确性至关重要。与二维模型不同的是，电势分布采取的是对切面进行分析，实际上也相当于是二维模型的结果，同样厚度的三维模型结果展示如图 3.25 所示。

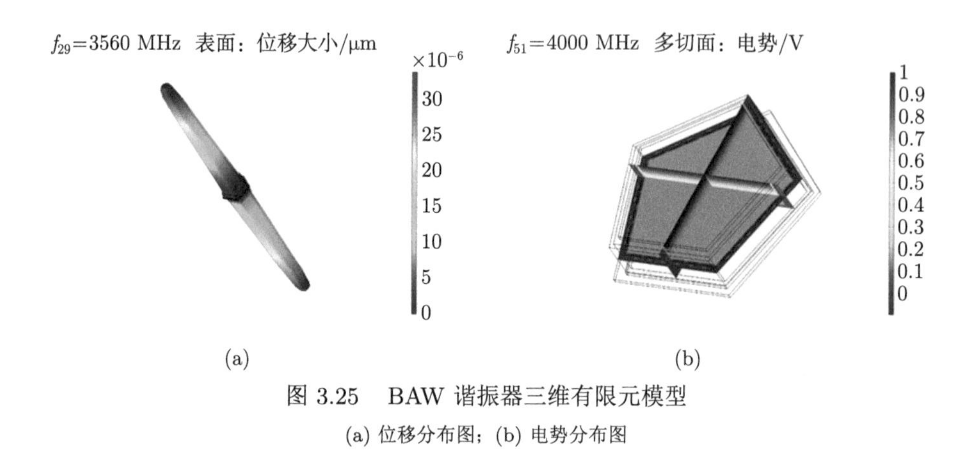

图 3.25 BAW 谐振器三维有限元模型

(a) 位移分布图；(b) 电势分布图

3.2.3 ANSYS HFSS 有限元仿真

HFSS 经过多年的发展，已经是电子设计人员，尤其是电磁仿真人员必不可少的工具。在各个领域都得到了广泛应用，比如微波、高速电路、天线、射频等领域，已成为行业标准和黄金工具，在三维全波电磁场仿真上，已成为工程师们得心应手的工具。为了应对快速发展的设计需求，除了不断地扩展仿真功能，在仿真速度、仿真规模等方面高性能计算的支持也更加深入和广泛。HFSS 能够在用户最少干预的情况下，对直接关系到电子器件性能的电磁场状态进行快速精确的仿真 [33]。针对一个子系统或部件、系统以及终端产品在电磁场中的性能及其相互影响，HFSS 可分析整个电磁场问题，包括反射损耗、衰减、辐射和耦合等 [34,35]。

HFSS 的强大功能基于有限元算法与积分方程理论，以及稳定的自适应网格剖分技术。该网格剖分技术可保证其网格能与 3D 物体共形，并适合任意电磁场问题分析。在 HFSS 中物体结构决定网格。

受益于多种最尖端的求解技术，HFSS 能根据用户的不同需求来选择合适的求解技术。每个求解器都具有强大的功能，HFSS 可自动根据用户指定的几何模型、材料属性以及求解频段来生成最适合最准确的网格进行求解，以保证求解的精度。求解条件较为苛刻的高频仿真问题时，HFSS 求解器可配置高性能计算 (high performance computing，HPC) 技术，如区域分解法和分布式求解，以减少计算时间，有效利用计算机资源来加速求解问题。

HFSS 作为行业标准的电磁仿真工具，特别是针对射频、微波以及信号完整性设计领域，是分析任何基于电磁场、电流或电压工作的物理结构的绝佳工具。

HFSS 适用领域如下所述。

- 高频组件：耦合器、滤波器、隔离器、功分器、LTCC、介质振荡器、芯片部件、磁珠等。
- 天线：贴片天线、角锥天线、阵列天线、Vivaldi 天线、八木天线等。
- 电缆：同轴电缆、双绞线电缆、带状电缆等。
- IC 封装：引脚型 (方形扁平式封装 (QFP)、带引线的塑料芯片载体封装 (PLCC) 技术、双列直插式封装 (DIP) 技术、小外形封装 (SOP) 等)、球栅阵列封装 (ball grid array，BGA) 技术、功率器件 (绝缘栅双极晶体管 (IGBT)、功率场效应晶体管 (MoSFET)、直接覆铜陶瓷基板等)、多芯片组件 (MCM) 等。
- 连接器：同轴连接器、多脚连接器 (端子型、卡槽型等)、插针插座等。
- 印刷电路板：裸板、平面、传输线、网格平面、硬板、混合板、柔性板。
- 其他：射频识别 (radio frequency identification，RFID)、无线充电、电磁干扰/电磁兼容性 (EMC/EMI)。

使用 HFSS，可以计算的参数与输出结果有：S 参数、Y 参数、Z 参数；时域反射计 (TDR)；端口面的传播模式和端口阻抗；Touchstone 文件、Spice 网表；差模/共模传输线特性；辐射特性 (方向图、增益、3 m/5 m/10 m 远场)；单站、双站雷达散射截面；电磁场显示 (散射场、矢量场)；电场、磁场、电流密度、功率损耗等，场计算器可以得到的各种物理量 HFSS 的功能特点。

1. 电磁求解技术

HFSS 提供了诸多最先进的求解器技术用于高频电磁场仿真。强大的求解器基于成熟的有限元法、完善的积分方程法，以及结合了两者优势的混合算法，在易用的设计环境中为使用者提供了最先进的计算电磁学方法。

HFSS 求解器包括：频域求解器、瞬态求解器、积分方程 (IE) 求解器、物理光学求解器、混合有限元–积分方程法 (FE-BI) 求解器、平面 EM[36]。

2. HFSS 3D 建模器

3D 界面能够使用户建模复杂的 3D 几何结构或导入 CAD 几何结构。通常情况下，3D 模式可用于建模和仿真天线、RF/微波组件和生物医疗设备等高频组件。工程师能够抽取散射矩阵参数 (S、Y、Z 参数)，对 3D 电磁场 (远近场) 进行可视化，并生成可链接到电路仿真的 ANSYS 全波 SPICE 模型。该建模器包含了参数功能，能方便地帮助工程师定义变量，根据设计趋势、优化敏感度和统计分析变更设计。

3. 自动自适应网格剖分

自动自适应网格剖分技术是 HFSS 的主要优势之一，无须人为剖分网格。剖分过程使用高可靠性的体网格剖分技术，利用多线程减少内存消耗并提高仿真速度。自动自适应网格剖分可以有效地减少有限元网格生成和细化的复杂度，从而对任何问题都可进行高效的数值分析。

4. 网格单元技术

HFSS 软件采用四面体网格单元对电磁问题进行求解。这种类型的网格单元结合自适应剖分步骤，对任何 HFSS 仿真都可实现几何体共形，并适应电磁特性的剖分。HFSS 据此可对任何仿真提供最高保真度的结果。除了可生成标准的一阶 (first-order) 四面体网格外，HFSS 还可生成零阶 (zero-order) 和二阶 (second-order) 单元，以及不同阶数混合的单元。利用混合阶 (mixed-order) 单元技术，HFSS 基于网格单元的尺寸指定单元阶数，可实现更加有效的网格剖分和求解过程。HFSS 还具备曲线型网格单元技术，可与任何相关曲面实现完美共形。这样就可提供最高的精确度，且完全没有任何假设或曲面细分。

5. 高性能计算

ANSYS HPC 计算技术为 HFSS 仿真提供了最强大的计算能力。有了 ANSYS Electronics HPC，就可以求解更大、更复杂的电磁场仿真问题，还可以利用网络化计算资源实现更快的求解。

6. 优化和统计分析

ANSYS Optimetrics 是通用软件选项，可为 HFSS 3D 界面增添参数扫描、优化分析、敏感度分析和统计分析功能。Optimetrics 通过在设计参数中快速确定满足使用者设定约束的优化值，从而使高性能电子器件的设计优化过程自动化。

如图 3.26 所示，HFSS 求解过程主要包括 5 个步骤。

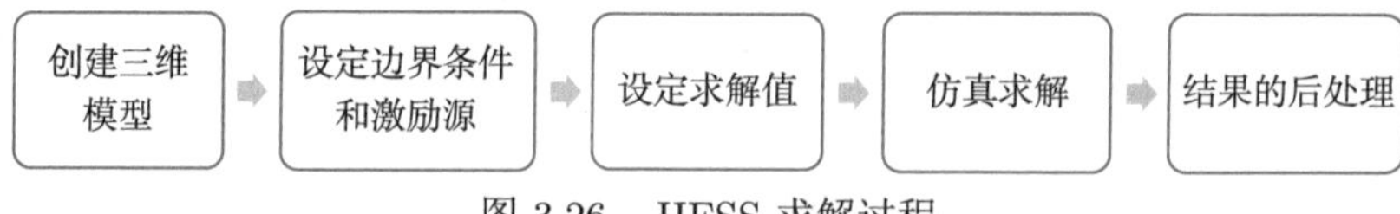

图 3.26　HFSS 求解过程

先打开 ANSYS 的软件程序 ANSYS Electronics Desktop，创建一个新的工作页面 Project1，单击任务栏中的 HFSS 图标进入 HFSS 工作页面。首先需要将单位修改成我们所需要的，一般 BAW 谐振器/滤波器在微米级别。单击 Units，在 Select Units 选项中选中 μm，单击 OK。随后，在 HFSS>Solution Type 中选择我们需要的求解类型，Modal 为模式驱动，Terminal 为终端驱动等。如图 3.27 所示，模式驱动是计算基于 S 参数的模型，$\boldsymbol{S}$ 矩阵求解将根据波导模式的入射和反射功率描述。终端驱动是计算基于多导线传输的 S 参数的终端。$\boldsymbol{S}$ 矩阵求解将以终端电压和电流的形式描述。瞬态驱动 (Transient)：在时域计算问题。它采用时域 (瞬态) 解算器 [36]。激励源的选择：复合激励 (Composite Excitation) 和网络分析 (Network Analysis)。本征模 (Eigenmode)：计算某一结构的本征模式或谐振模式，可以求出该结构的谐振频率及这些谐振频率下的场模式。

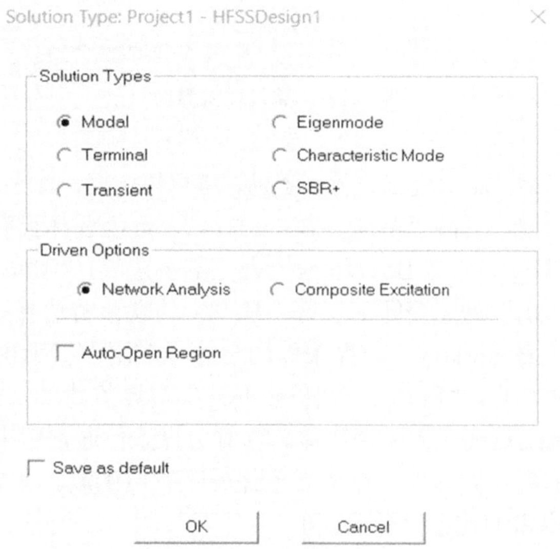

图 3.27 求解类型选择

然后开始建模操作，在任务栏中选择相应的图形进行绘制，我们可以根据所设计好的尺寸进行绘制，同时在绘制好后，插入相应的材料。选择 Material，单击 Edit，在搜索框中找到我们所需要的材料，选中单击确定，如图 3.28 所示。也可以在上级 Attribute 选择栏中改变图形的颜色、透明度、图形名称等。

在绘制复杂图形时，我们可以利用布尔运算操作进行图形的加减 (Unite 为两图形相加，形成一个整体；Subtract 为图像相减操作，可以绘制凹形体等)。在绘制电极图形层时，我们也可以灵活运用 Project Sheet 功能来简化操作。我们在对模型进行操作时，常需要对操作对象进行筛选，HFSS 中共有 5 种对象类型可供选择。在主菜单的 Select 选项框中 Object 模式选择整个物体，Face 模式选择 3D 物体的表面，Edge 模式选择物体棱边，Vertex 模式选择物体的顶端。

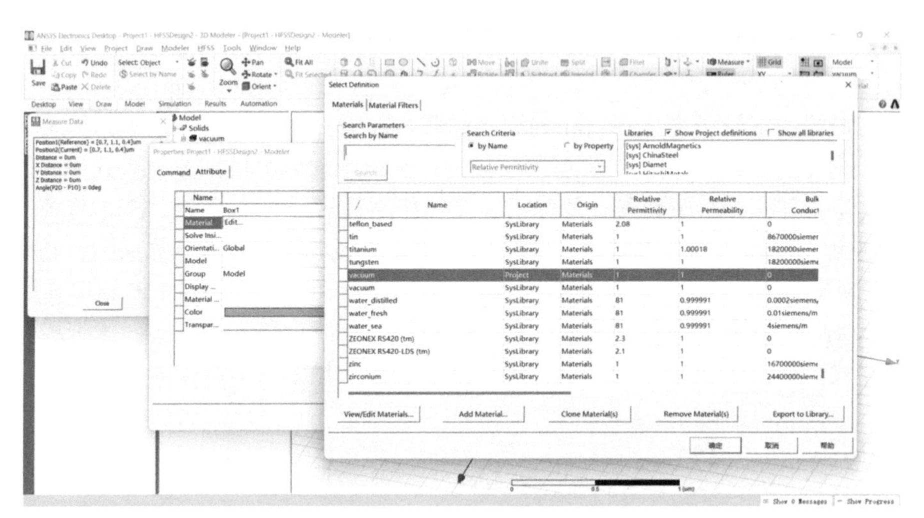

图 3.28 插入材料界面

在绘制好图形后，需要进行边界、激励、运算等定义。首先，选中我们需要定义的边界，单击右键，单击“Assign Boundary”，可以选择我们所需的边界条件，常用边界条件如“Perfect E Boundary”为完美电边界，“Radiation Boundary”为辐射边界，“PML”为完美匹配层等。HFSS 的默认背边界条件为理想电边界条件。“Perfect E Boundary”边界条件同时可以应用在模型内部，在该平面上，电场方向和该平面垂直。“Perfect E Boundary”边界条件可以指定给 2D 的平面物体，代表该传输线是理想的无耗物体。辐射边界条件通常用来设置开放的模型，即允许电磁波传输到无穷远处，在边界条件处吸收电磁波。理想匹配层边界条件在 HFSS 中同样用来创建一个开放模型。

定义激励条件，激励源有多种，但是仅有 Wave Port、Lumped Port、Floquet Port 这三种激励能够输出 S 参数的计算结果。Wave Port 是 HFSS 里最常用的激励方式，广泛应用在微带、带状线、同轴或波导传输线中，它必须位于模型的外边界上，代表能量进入的区域。HFSS 在求解过程中计算 γ 常数，所以结果可以去嵌入进端口或者去嵌入出端口，S 参数根据去嵌入化的长度自动计算得到。Lumped Port 是 HFSS 中另外一个常用的端口类型。类似于面电流源，可以激励常见的各种传输线。Lumped Port 应用在其他 Wave Port 不方便的场合，它仅仅能应用在模型内部。Lumped Port 仿真结果包含 S、Y 和 Z 参数，没有 Y 参数或者波阻抗的信息，所以 Lumped Port 不能去嵌入化，但可以归一化。且 Lumped Port 只能定义在二维的平面上，该二维平面必须要和两个导体的边缘相连。

设置求解频率，在 Project Manager→Analysis→Driven Solution Setup 中，如图 3.29 所示，进行求解频率设置。求解频率设置的值必须是元器件的工作频率。如果仿真的是一个扫描频率，则求解频率的值为工作频率、扫描频率的中心值或者最高工作频率的 60%~80%，选用何值取决于扫描频率的类型。

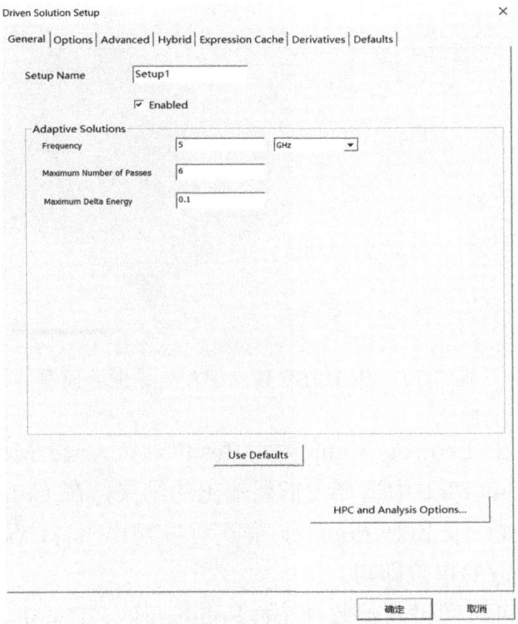

图 3.29 求解频率设置界面

Setup Name 默认为 Setup1，后续也可以添加多个求解频率 Setup2，Setup3，···，Adaptive Solution 选项下的 Frequency 中填入所需要求解的频率，一般为中心频率。Maximum Number of Passes 为迭代次数的设置，Maximum Delta Energy 为精度设置。设置好需要的参数，在 Project Manager→Analysis→Setup1→Edit Frequency Sweep 中添加扫频。Sweep Type 中可以选择扫频类型，Discrete 为离散扫描，Fast 为快速扫描。在 Distribution 中选中 Linear Count 填入扫频的 Start 和 End 频率，Points 扫描点数并保存。选中何种扫描类型取决于使用者的需求。如知道一些特殊频率点场信息，离散扫描比快速扫描要快，快速扫描通常使用在需要得到一段频率所有解的情况下。如图 3.30 即为用 HFSS 建立的 BAW 谐振器模型 [37,38]，在所有设定完成后，在 Simulation 选项中使用 Validate 选项进行检查，系统可以检测是否有设定错误，可以根据系统提示进行修改。当 Validate 中检查不报错后，就可以进行仿真模拟，单击 Analyze All 进行仿真即可。单击右下角的 Show Progress 可以看到仿真进度 [39,40]。

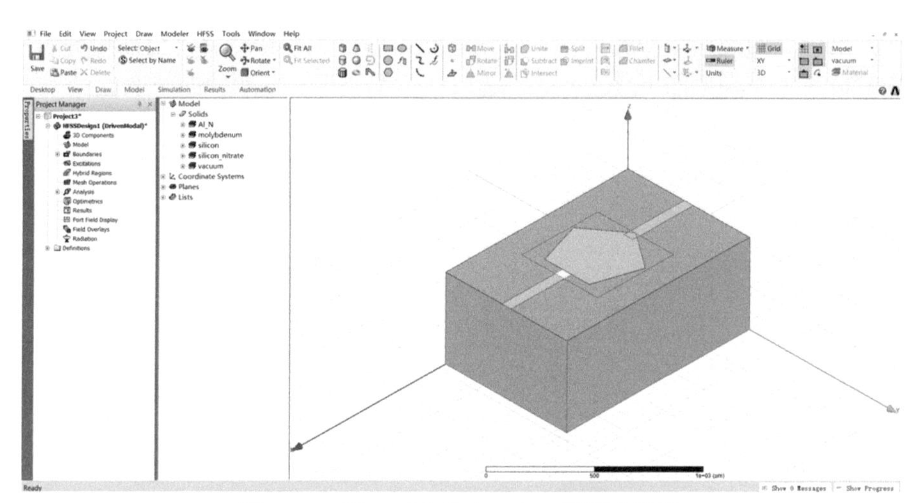

图 3.30　用 HFSS 建立 BAW 谐振器模型

仿真结束后，在 Project Manager→Results→Create Modal Solution Date Report→Rectangular Plot 中选择我们要输出的结果，在 Category 中选择 S Parameter、Y Parameter、Z Parameter 等，可以输出 S_{11}、S_{21} 等参数图形，在 Function 中选择合适的单位即可。

此外，我们也可以通过其他软件 (如 Solidworks、Pro/E、AutoCAD 等) 导入创建的模型结构，但是该模型是非参数化的，后续还需要人工改为参数化模型。如 HFSS 的高性能及高准确性可通过 ANSYS Workbench 平台调用，该工具通过一个以用户为中心的界面直接与企业级结构 CAD 工具链接，从而实现多物理场仿真。采用此功能，用户可分析将 HFSS 仿真结果作为输入条件的热及流体分析问题。另外，用户可以对 HFSS 建立的模型实现企业级共享。结构、热和流体工程师可以使用 HFSS 的结果以完成各自需要的仿真。

3.3　体声波滤波器的拓扑结构

3.1 节和 3.2 节所述谐振器的电学阻抗特性，即在相隔很近的频率附近先后产生串、并联谐振。利用这一特性，通过一定的拓扑方式将不同谐振频率的谐振单元相互连接便可实现滤波的功能，在某一段频率区间内信号可以低损耗通过，其他部分的信号则被抑制。

常见的滤波器拓扑结构有 4 种，如图 3.31 所示，分别是网格型 (lattice)、梯型 (ladder)、层叠型 (stacked crystal filter，SCF) 和耦合型 (coupled resonator filter，CRF)[41]。其中网格型和梯型滤波器是将 BAW 谐振器通过级联和桥接的方式构成；而层叠型和耦合型则利用了 BAW 谐振器特有的声学耦合特点，将两个压电振荡堆以直接或间隔的方式以一定的声学介质层层叠而成，区别就是后者进一步在两个谐振器夹层中加入了声学介质层以对带宽等系数进行调整。

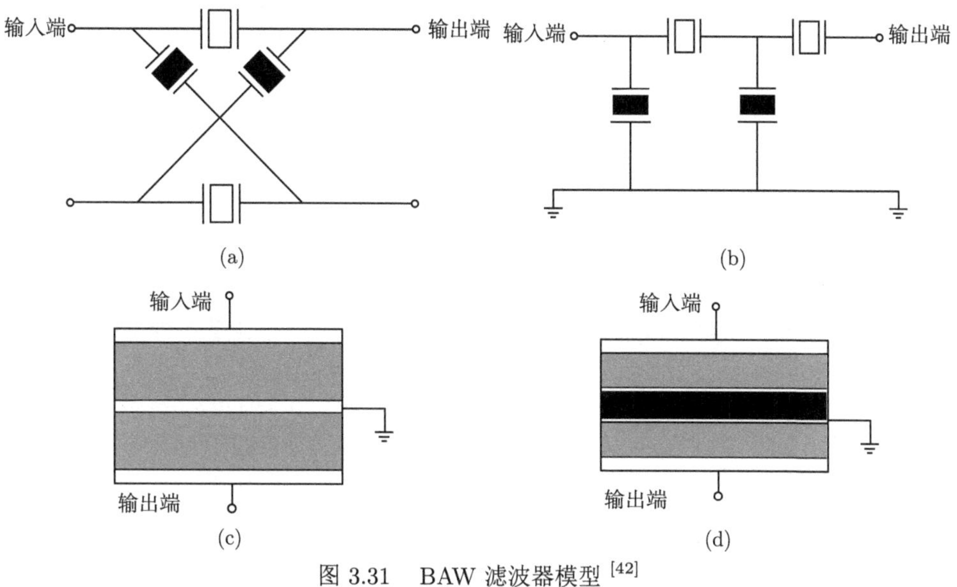

图 3.31 BAW 滤波器模型 [42]

(a) 网格型；(b) 梯型；(c) 层叠型；(d) 耦合型

3.3.1 梯型结构

梯型滤波器由多个串、并联谐振器组成，如图 3.32 所示，位于串联支路上的谐振器称为串联谐振器，位于并联支路上的谐振器称为并联谐振器，两组谐振器分别有相同的谐振频率。同时，并联谐振器的并联谐振频率和串联谐振器的串联谐振频率近似相等，这就可以形成一个带通的滤波器，谐振器总数即为滤波器阶数。

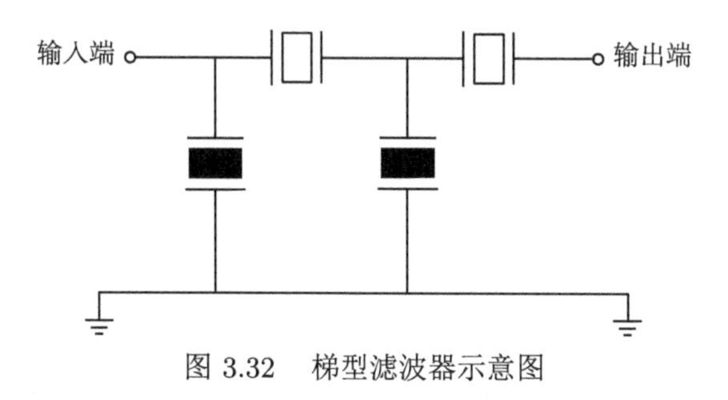

图 3.32 梯型滤波器示意图

下面以最简单的二阶梯型滤波器为例介绍带通的原理，如图 3.33 所示，蓝色是并联谐振器的阻抗特性曲线，红色是串联谐振器的阻抗特性曲线，绿色是滤波器的插入损耗曲线。在 b 图对应的点，该频率处并联谐振器阻抗呈最小值，该路径可视为短路，信号直接流入接地端，大幅衰减，导致第一个传输零点的产生。在 d 图对应的点，该频率处串联谐振器阻抗呈最小值，串联支路可视为短路，而并联谐振器阻抗呈最大值，并联路径可视为断路，因此射频信号只走串联部分，信号衰减极少。在 b、d 段，串联谐振器的阻抗都相对于并联谐振器小很多，经串联支路低损耗通过到达另一端，不流经并联支路而消失，因此仅在 b、d 段信号可以低损耗通过，这就产生了带通滤波器。在 d 图对应的点，该频率处串联谐振器阻抗呈最大值，串联支路可视为断路，信号不能顺利到达另一端，只能走有一定阻抗但相对小的并联支路从而走向接地端，结果也是信号大幅衰减，导致第二个传输零点的产生。而在 a 图和 e 图对应的点，串联支路都有阻抗，信号通过会有部分衰减，因此在 b、c 段以外呈现有一定的衰减通过，这就是带外抑制。

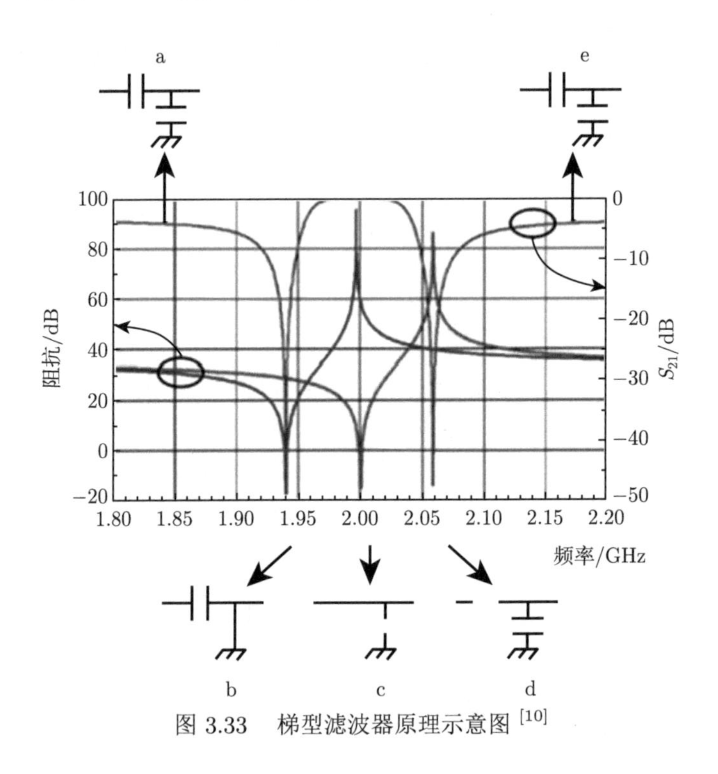

图 3.33　梯型滤波器原理示意图 [10]

以上展现了最简单的二阶梯型带通滤波器的传输特性。梯型滤波器因为传输零点的存在，具有优异的滚降特性和高频选择性。缺点在于带外抑制较小，这可通过增加阶数的方法增加带外抑制，但同时会引入更大的带内波纹。还可通过调整谐振器面积，改变其静态电容值，从而优化带外抑制 [43]。同时这也是最常用的滤波器拓扑结构。

3.3.2 网格型结构

网格型滤波器具有与梯型滤波器相似的结构单元，都有串并联谐振器，且串联谐振器的串联谐振点与并联谐振器的并联谐振点的频率相同。两者的区别仅是谐振器的连接方式不同。如图 3.34 所示，白色串联部分为串联谐振器组，黑色并联部分为并联谐振器组。

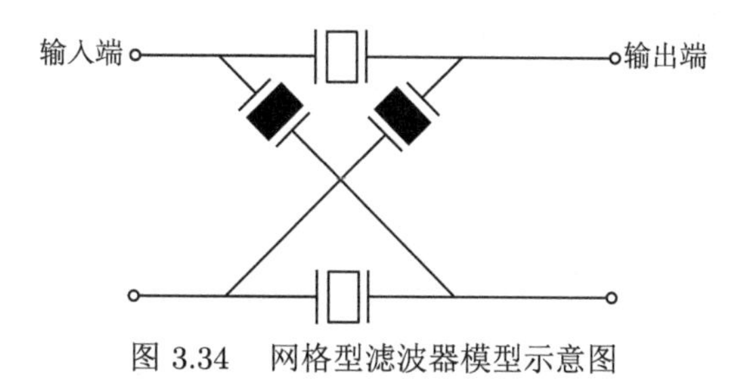

图 3.34 网格型滤波器模型示意图

在网格型结构中，当串联支路和并联支路的阻抗相等且相位相反时，信号最完整地通过网络。相反，当串联支路和并联支路的阻抗相等且相位相同时，由于网络结构的对称性，可实现较大的衰减，且越远离谐振频率，衰减越大。由于滤波器网络有对称性，输出端口几乎没有信号输出，滤波器可以获得良好的带外抑制，但是在这种情况下滤波器没有传输零点，将导致滚降较差，矩形系数差，如图 3.35 所示。实际设计中，可以将梯型、网格型滤波器混合在一起，综合二者的优点。

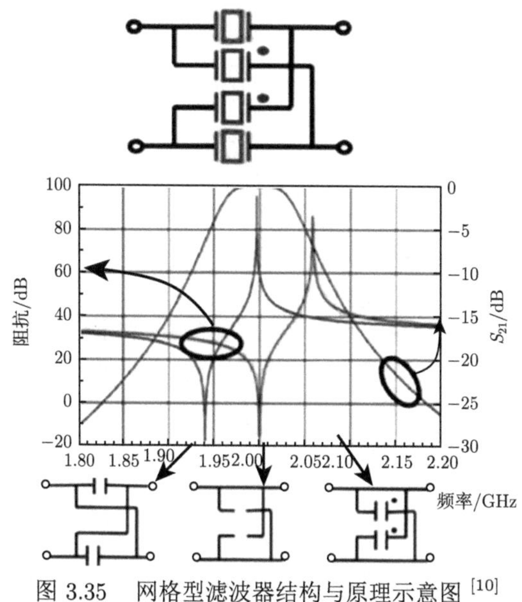

图 3.35 网格型滤波器结构与原理示意图 [10]

3.3.3　混合型结构

与上述通过电学方法连接谐振器不同，层叠型滤波器是由两个谐振器通过中间共用的电极层直接层叠得到，耦合型滤波器 [44−46] 与之类似，区别仅是后者在两个谐振器夹层中加入了声学介质层。通常层叠型滤波器带宽较小，这是因为两个 BAW 谐振器的耦合减少了器件的机电耦合系数，因此产生了对耦合型滤波器的研究与发展，因为可以通过耦合型滤波器中间介质层的调整来进行优化，以对带宽等系数进行调整。二者结构如图 3.36 所示。

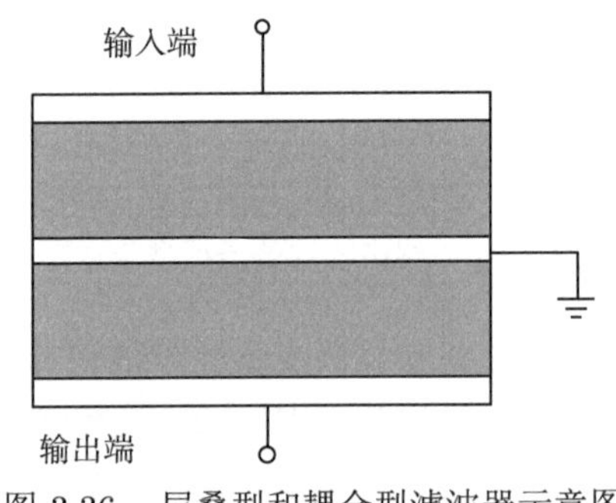

图 3.36　层叠型和耦合型滤波器示意图

3.4　体声波滤波器的设计方法

3.4.1　体声波滤波器设计流程

ADS 是安捷伦公司电子设计自动化部门 (Agilent EEs of EDA) 研发的高频混合信号电子设计软件，它能实现系统、电路、全三维电磁场仿真。使用 ADS 仿真软件，设计者还可以添加其他电路、系统和电磁仿真组件，完成更具挑战性的设计 [47]。下面介绍使用 ADS 设计滤波器的流程。

第一步：首先确定方案的可行性，考虑到 BAW 滤波器材料本身有一定的局限性，AlN 压电材料性质是一定的，即使通过改变电极材料，外接电感等方法增加 BAW 谐振器有效机电耦合系数从而达到增加谐振器带宽的目的，也无法使其超过材料本身机电耦合系数限定的带宽值。而调整串并联谐振频率差值，使其不重合度增大，虽然可以增加滤波器带宽，但是也会带来较大的插损，在设计中采用时需特别注意。如带宽无法满足滤波器设计的需求，则只能放弃 BAW 滤波器的技术方案。

第二步：根据滤波器的中心频率、带宽以及制备条件来选择合适的压电材料和电极材料。根据滤波器中心频率要求，确定串并联谐振器频率。根据 Mason 模型，代入各材料属性，可粗略得到 BAW 谐振器几何尺寸。

第三步：在上一步的基础上借用 ADS 中调谐 (tune) 等优化功能，对包括压电层和普通声学层的材料、厚度和电极面积等相关参数进行多次反复调节和优化，直到性能达到设计要求为止。需要注意的是，如不是滤波器频率较高等特殊情况需要，不要采用过薄的压电层，这是因为顶电极调频层 (增厚并联谐振器顶电极以降低并联谐振器并联谐振频率点) 的厚度将很难调整 [38]。

第四步：将 BAW 谐振器的设计参数输出为版图进行工艺流片并测试，对测试结果进行分析，将测试数据反馈给设计，与设计结果进行拟合，直到设计与流片测试数据完全拟合，保存谐振器各参数，进行下一步滤波器设计。

第五步：确定了谐振器的参数之后，因为滤波器所要求的带宽和中心频率确定，单个谐振器的性能不需要作反复的调整，可以用 MBVD 模型提取出 BAW 谐振器各参数，简化设计过程。之后，就可以进行滤波器的仿真设计，确定滤波器的拓扑结构。

第六步：根据上述仿真得到的 BAW 滤波器各参数，制备所需的滤波器，然后对制备的样品进行测试及参数微调 [48]。将测得的结果与仿真结果进行比较，如果差别较大，则可适当对仿真模型进行调整，包括考虑制备时材料、设备、工艺等参数对其造成的影响，使得仿真的结果与测试结果尽量趋于一致，从而提高仿真模型的准确性。

3.4.2 体声波滤波器设计验证方法

为了提高 BAW 滤波器仿真设计的准确性及效率，本节梳理了 BAW 滤波器的设计和设计检验方法，从实际应用需求出发，了解清楚应用端关注的关键指标，从理论设计开始，构建电路仿真模型，优化达到指标要求后进行制样测试，然后对样品参数进行逆推，与设计参数进行比较拟合，建立起理论设计与样品之间相互验证的关系，即实现 BAW 滤波器的设计和设计检验。

BAW 滤波器设计首先要确定 BAW 谐振器的谐振频率，具体如下所述。

BAW 滤波器的级联设计，滤波器的工作基频是首先要确定的。BAW 滤波器的工作频率是建立在 BAW 谐振频率基础上的，根据最基本的 BAW 级联实现滤波功能的原理可知，BAW 滤波器的工作频率需小于两倍 BAW 的两谐振点频率之差，由此确定 BAW 谐振器的基本谐振频率。

对于 BAW 滤波器的结构特点，其最简单的级联结构由一个串联的 BAW 谐振器和一个并联的 BAW 谐振器组成。对于串联 BAW 谐振器，并联谐振频率 f_{p} 为 BAW 滤波器通带最高频，串联谐振频率 f_{s} 为 BAW 滤波器通带中频；对于并联 BAW 谐振器，并联谐振频率 f_{p} 为 BAW 滤波器通带中频，串联谐振频率 f_{s} 为 BAW 滤波器通带最低频，从而确定 BAW 谐振器并联谐振频率 f_{p} 和串联谐振频率 f_{s}。

根据下式计算压电材料的理论机电耦合系数：

$$k_{\mathrm{t}}^2=\frac{\pi^2}{4}\frac{f_{\mathrm{s}}}{f_{\mathrm{p}}}\frac{f_{\mathrm{p}}-f_{\mathrm{s}}}{f_{\mathrm{p}}} \tag{3.39}$$

式中，k_{t}^2 为理论机电耦合系数，选取机电耦合系数不小于该理论值的压电材料作为 BAW 谐振器/滤波器压电层材料。若是对带外抑制或矩形系数没有严格的要求，则可选偏小但接近于理论机电耦合系数的压电层材料，这个可以在后续通过调整厚度和面积，或者增加电感等元件的方式来进行弥补。

根据所确定的 BAW 谐振器的谐振频率，代入式 (3.39) 中，可以初步确定压电材料的机电耦合系数。不过这时根据式 (3.39) 所计算出来的机电耦合系数为理想值，称为理论机电耦合系数，因为谐振频率的确定，其实已经把矩形系数设定为 1 了。在实际设计中，BAW 滤波器的矩形系数做到 1 是非常困难的，只能往 1 上靠近，所以，在材料的选择上可以选择机电耦合系数稍大的材料，或选定机电耦合系数接近的材料，在设计厚度和结构时进一步提升有效机电耦合系数。初次仿真设计中，设定的机电耦合系数应小于该计算所得值。

根据压电谐振条件，获得理论压电层厚度，具体如下所述。

理论压电谐振条件满足公式：

$$\theta=kH_{\mathrm{a}}=\frac{2\pi f_{\mathrm{p}}}{v_{\mathrm{a}}}H_{\mathrm{a}}=\frac{\pi}{2} \tag{3.40}$$

根据所述理论压电谐振条件公式，计算得到理论压电层厚度：

$$2H_{\mathrm{a}}=\frac{v_{\mathrm{a}}}{2f_{\mathrm{p}}} \tag{3.41}$$

其中，θ 是相偏移角；k 是波数，H_{a} 为理论压电层厚度的一半；v_{a} 为设计压电材料纵波声速。

对于基本的经典“三明治”结构，电极层–压电层–电极层，由压电效应产生的声波从电极层与压电层接触一面经过压电层到达另一电极与压电层界面发生全反射，电极层被认为是无限薄，即存在电极层，为了便于分析，把压电层厚度设置为根据公式算出来的厚度。此步骤可以先对工作频率和膜层厚度建立起联系，随后将对厚度进行分配。

从理想压电材料厚度中可以分配出各层材料厚度，如果压电层采用的是同样的材料，可以将原先设计的厚度简单分成两部分，一部分继续作为压电层，另一部分拿出分配作为其他功能层；但如果采用的是不同材料，其厚度需要通过建立起谐振频率和各层材料厚度的关系式得到，相当于将不同的材料厚度换算为等效的压电材料厚度。

根据工艺以及各层材料厚度比例对器件性能的影响，可以对 BAW 谐振器/滤波器的实际压电层厚度进行确定。压电层厚度太薄或者太厚都不行，压电层过薄会导致压电效应变弱，整体谐振效果变差，压电层太厚会导致制备成本增加；同时电极层过薄，厚度控制精度会变差，过厚电容效应增大，弱化谐振。各层材料的厚度都要有一个合适的范围，而在这个合适的范围内，也要根据工艺方案和设备性能做出选择。综合考虑，对于初始的设计，初始压电层厚度可以取压电层厚度理论计算值的一半。

把理论压电层厚度减去初始压电层厚度作为等效压电层厚度，即上下电极和其他特殊层结构的总厚度，然后把等效压电层厚度转化为除压电层以外其他各功能层的厚度。

通过等效压电层厚度，结合各层选用的材料，获取除压电层外其他各层材料厚度，具体如下所述。

通过公式

$$f_{\mathrm{p}}=\frac{1}{\dfrac{2h_1}{v_1}+\dfrac{2h_2}{v_2}+\cdots+\dfrac{2h_n}{v_n}+\dfrac{2h_{\mathrm{a}}}{v_{\mathrm{a}}}}\cdot\frac{1}{2} \tag{3.42}$$

或

$$f_{\mathrm{p}}=\frac{v_{\mathrm{a}}}{2h_1\cdot\dfrac{v_{\mathrm{a}}}{v_1}+2h_2\cdot\dfrac{v_{\mathrm{a}}}{v_2}+\cdots+2h_n\cdot\dfrac{v_{\mathrm{a}}}{v_n}+2h_{\mathrm{a}}}\cdot\frac{1}{2} \tag{3.43}$$

把等效压电层厚度转化成除压电层外其他各层的厚度；其中，$2h_n(n=1,2,3,\cdots)$ 为其他各层材料的厚度，$v_n(n=1,2,3,\cdots)$ 为其他各层材料的纵波声速，有以下关系：

$$2H_{\mathrm{a}}=2h_{\mathrm{a}}+2h_1+2h_2+\cdots+2h_n \tag{3.44}$$

这里，$2h_{\mathrm{a}}$ 为初始压电层厚度；$2H_{\mathrm{a}}$ 为实际压电层厚度。

根据 BAW 谐振器结构分布，压电层厚度确定后，对于其他层首先要根据层的功能确定材料，再去考虑把等效压电层厚度转换成各功能层材料的厚度。

在分配后计算得到的电极材料厚度上，上下电极各取一半。而其他材料层的厚度，可以结合工艺条件，按比例分配，给定初始值。

在 BAW 仿真软件中，构造 BAW 谐振器的 Mason 模型并进行仿真，具体如下所述。

在 ADS 软件中，根据 BAW 谐振器电学阻抗模型构造 BAW 谐振器的 Mason 模型等效电路表达式；

所述 BAW 谐振器电学阻抗模型表达式为

$$Z=\frac{1}{\mathrm{j}\omega C_0}\left[1-k_{\mathrm{t}}^2\frac{\tan\theta}{\theta}\frac{(z_{\mathrm{t}}+z_{\mathrm{b}})\cos^2\theta+\mathrm{j}\sin(2\theta)}{(z_{\mathrm{t}}+z_{\mathrm{b}})\cos(2\theta)+\mathrm{j}(z_{\mathrm{t}}z_{\mathrm{b}}+1)\sin(2\theta)}\right] \tag{3.45}$$

其中，ω 是角速度；C_0 是静态电容；z_{t} 是压电层的压电薄膜与上电极层交界面向上看的归一化声学阻抗；z_{b} 是压电层的压电薄膜与下电极层交界面向下看的归一化声学阻抗，进行数学变换，等效成

$$Z=\cfrac{1}{\mathrm{j}\omega C_0+\cfrac{1}{-\cfrac{1}{\mathrm{j}\omega C_0}+n^2\left(-\mathrm{j}Z_{\mathrm{p}}\csc(2\theta)+\cfrac{1}{\cfrac{1}{\mathrm{j}Z_{\mathrm{p}}\tan(2\theta)+Z_{\mathrm{t}}}+\cfrac{1}{\mathrm{j}Z_{\mathrm{p}}\tan(2\theta)+Z_{\mathrm{b}}}}\right)}} \tag{3.46}$$

其中，$n^2=\dfrac{2\theta}{k_{\mathrm{t}}^2\omega C_0 Z_{\mathrm{p}}}$；$Z_{\mathrm{t}}$ 为压电层的压电薄膜上表面的输入阻抗；Z_{p} 为压电层的压电薄膜下表面的输入阻抗。该等效式即为 Mason 模型等效电路表达式。

根据式 (3.47)，在 ADS 中对 BAW 谐振器构造 Mason 模型，将各层材料参数输入。

根据式 (3.43) 或式 (3.44)，联合式 (3.45) 计算得到各层材料的厚度，这些计算值在 Mason 中来看，相当于只考虑到了纵波声速，而对于声阻抗来说，是密度与声速的乘积，因此，根据材料的不同，只考虑声速的因素等效计算得到的厚度数据代入 Mason 模型中，仿真运行得到的谐振频率会与设计预期有偏差，应在 Mason 模型中对 BAW 谐振器的厚度参数进行调整。

通过对初始压电层厚度和除压电层层外其他各层材料厚度的调整优化，具体包括：压电层以及其他各层选用的材料的获取，在 Mason 模型中输入材料的厚度值，并在考虑声阻抗的影响因素下，对压电层和其他各层的厚度进行适应性调整。

根据 BAW 滤波器的级联构造结构，进行仿真优化，可以获得满足要求的一些参数，如 BAW 的各层厚度和面积。具体为：采用阶梯方式将 BAW 滤波器进行级联，其中的 BAW 谐振器至少包括两种频率，高频的 BAW 谐振器在级联结构中串联，低频的 BAW 谐振器在级联结构中并联，BAW 谐振器的面积设定一定的初始值，可以相同。下一步对厚度和面积进行调整，同时可以增加谐振器的个数以调整阶数，这个调整过程可以手动也可采用 ADS 的自动优化、调谐功能，获得满足性能要求的波形，以及对应的谐振器几何尺寸数据。

一般采用梯型级联方式，在仿真过程中级数依次增加，每次增加后仿真运行观察结果，直到满足带外抑制、带宽、插损等要求即可。阶数不需要过多，因为这

会导致插损变大，封装面积增加，后续排版变得复杂。级联初步确定之后，进行优化，包括对串并联谐振器面积比以及单个谐振器的材料厚度比进行调整，若调整优化下来发现某 BAW 谐振器面积过大，则串联支路上的大谐振器可划分为两个串联小 BAW 谐振器，并联支路上则将单个 BAW 谐振器分成两个并联 BAW 谐振器。而对于幅度的调整，根据经验进行增加被动元器件或增加串并联方法进行调整，可以在并联支路上进行一个 BAW 谐振器的并联，人为制造零点，改善带外抑制。同时，带内插损也会有所改善，等等。滤波器的设计会出现很多矛盾点，这些都是需要去调整和权衡的，最终目的是设计出符合应用端指标要求的滤波器，并且工艺实现的难易程度也要考虑进去。

在 ADS 中得到 BAW 滤波器的尺寸数据和级联方式之后，继续在三维电磁仿真软件中建模，仿真设计获得最接近 ADS 中的优化结果。在满足要求的滤波器设计出后，BAW 滤波器也被设计出来，最后结合工艺方案，进行版图的设计。

根据绘制的版图，进行掩模版的制备，工艺流程的制订；根据制订出的工艺流程方案，制造 BAW 谐振器和滤波器。工艺流片主要关注 BAW 谐振器/滤波器设计的检验，但考虑到应用以及设计检验，滤波器则是 BAW 是否满足设计要求的间接体现，因此在流片制样过程中设计的滤波器要一并考虑制备，多维观察比较，相互检验。

在制造出 BAW 谐振器，以及使用所述 BAW 谐振器级联构建的 BAW 滤波器后，对 BAW 谐振器测试提取 MBVD 参数，对滤波器指标测试，具体如下。

挑选经检验合格的样品，放置于探针平台上，进行点触，通过矢量网络分析仪获得测试数据。

对所述 BAW 谐振器样品提取 MBVD 模型中的六个参数，具体如下所述。

(1) 在 S_{11} 曲线图上，格式 (format) 选 log Mag，设最大和最小两个追踪的标记 (mark) 点，所在的频率点分别为 f_p 和 f_s(注意 $f_\mathrm{s} < f_\mathrm{p}$)。

(2) 在 f_s 点附近，用谐振点频率除以 3 dB 带宽，即为 Q_s，在 f_p 点附近，用同样的方式，使用谐振点频率进行计算，即为 Q_p。

(3) 由 $\left(\dfrac{f_\mathrm{p}}{f_\mathrm{s}}\right)^2 = 1+\dfrac{1}{r}$，推导出 $r = \dfrac{1}{\left(\dfrac{f_\mathrm{p}}{f_\mathrm{s}}\right)^2 - 1}$，$r$ 为电容比，定义为 $r = \dfrac{C_0}{C_\mathrm{m}}$，两式子比较，用于计算 C_m。

(4) 在 S_{11} 曲线图上，“format” 选虚部 (imaginary)，在离开谐振的区域一段较相近 (平坦) 的曲线上，标记若干个 “mark” 点。一般地，电容表示为 $\dfrac{1}{\mathrm{j}\omega C_0}$，而图中的数值跟频率有关，即图中对应频点的数值为表达式 $\dfrac{1}{2\pi f C_0}$ 的结果，因此

要计算较准确的 C_0，把各对应频率数值 (注意 GHz 换算成 Hz) 代入式子中，而“mark”点处也标有对应点的阻抗 (即式子表达的结果)，算出一个 C_0，若干个频点算平均值，得到最终的 C_0 结果。

(5) 通过电容比的定义公式，已知 r 和 C_0，可以算出 C_m。

(6) 根据公式 $f_\mathrm{s}=\dfrac{1}{2\pi\sqrt{L_\mathrm{m}C_\mathrm{m}}}$，已知 f_s 和 C_m，可以算出 L_m。

(7) 在 S_{11} 曲线图上，“format”选实部 (real)，在离开谐振的区域一段较相近 (平坦) 的曲线上，标记若干个“mark”点。把这些标记点的数值取平均值，即为 $R_\mathrm{s}+R_0$。

(8) 接下来进行纯数学计算，设 $R_\mathrm{so}=R_\mathrm{s}+R_0$，因此 $R_0=R_\mathrm{so}-R_\mathrm{s}$。把 Q_s 表达式 Q_e 代入 Q_so 和 Q_po 表达式中，可以算出 R_m 和 R_0，最后算出 R_s。其中，各品质因数 Q 等式给出如下：

$$\frac{1}{Q_\mathrm{s}}=2\pi f_\mathrm{s}\cdot R_\mathrm{m}\cdot C_\mathrm{m} \tag{3.47}$$

$$\frac{1}{Q_\mathrm{e}}=\frac{2\pi f_\mathrm{s}R_0C_0}{r} \tag{3.48}$$

$$\frac{1}{Q_\mathrm{so}}=\frac{1}{Q_\mathrm{s}}\cdot\left(1+\frac{R_\mathrm{s}}{R_\mathrm{m}}\right) \tag{3.49}$$

$$\frac{1}{Q_\mathrm{po}}=\left(\frac{f_\mathrm{p}}{f_\mathrm{s}}\right)\cdot\left(\frac{1}{Q_\mathrm{s}}+\frac{1}{Q_\mathrm{e}}\right) \tag{3.50}$$

对 BAW 滤波器指标测试，探针置于滤波器端口处，根据技术指标要求，设置不同 S 网络参数和“mark”点，直接测试获得。

在测试得到数据之后，可以直接和设计数据比较，若出现偏差，便需要把测试得到的数据再转换为设计数据，进行设计检验。

通过 MBVD 参数数据推导出 Mason 模型所需参数，具体通过以下关系获得：

$$k_\mathrm{t}^2=\frac{\pi^2}{8}\frac{C_\mathrm{m}}{C_0}\left(1-\frac{C_\mathrm{m}}{C_0}\right) \tag{3.51}$$

$$L_\mathrm{m}=\frac{h_\mathrm{a}^2}{v_\mathrm{a}^2}\frac{1}{2k_\mathrm{t}^2}\frac{1}{C_0} \tag{3.52}$$

$$C_0=\frac{\varepsilon A}{2h_\mathrm{a}} \tag{3.53}$$

$$\frac{1}{2\pi\sqrt{L_\mathrm{m}\dfrac{C_\mathrm{m}C_0}{C_{\mathrm{m}+}C_0}}}=f_\mathrm{p}=\frac{1}{\dfrac{2h_1}{v_1}+\dfrac{2h_2}{v_2}+\cdots+\dfrac{2h_n}{v_n}+\dfrac{2h_\mathrm{a}}{v_\mathrm{a}}}\cdot\frac{1}{2} \tag{3.54}$$

将获得的所需参数代入 Mason 模型仿真，进行结果比对，分析数据差异。根据在实际制备中获得的材料相关属性参数，再对设计参数进行修改，进行进一步的优化。

由实际测试所提取的 MBVD 参数，直接建立 MBVD 模型和 MBVD 参数转化为 Mason 模型进行 BAW 和滤波器仿真是等效的。进一步地，再对 BAW 参数调整优化，MBVD 模型和 Mason 模型电路仿真是等效的，并且两者可以根据需要交叉使用。具体如下。

通过构建 BAW 的 MBVD 电路模型，把所提取的 MBVD 参数代入模型中仿真，通过对参数人工调谐或设置目标自动优化，进行仿真设计，把获得的参数转化代入 FEM 多维仿真，进行后续步骤。

或者，把所提取的 MBVD 参数，转化为 Mason 模型中所需参数，重新在仿真软件中构造 BAW 的 Mason 模型，仿真优化，进行后续步骤。

以上设计及检验流程并非一定按此步骤进行，切入点不同，部分步骤可以跳过，设计目的不同，流程便会不同，因此可以有多种组合，以上设计流程考虑了多种情况下的要点，根据需要对要点选择和组合。

3.5 体声波谐振器及滤波器性能的关键影响因素

最基本的滤波器级联是由一个串联谐振器和一个并联谐振器构成的，如图 3.37 所示。

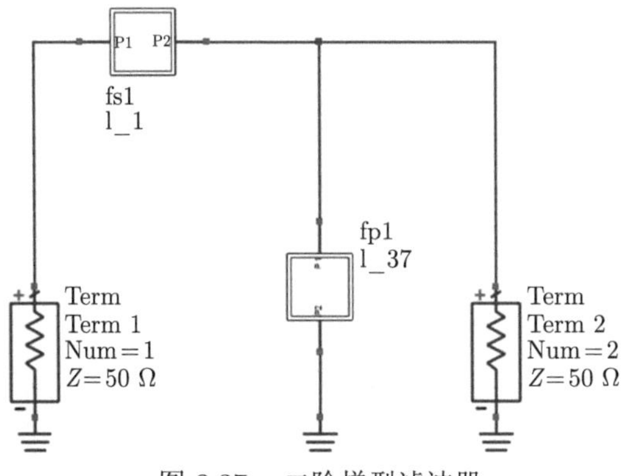

图 3.37 二阶梯型滤波器

该级联结构形成滤波器的原理是，当信号频率在串联谐振器串联谐振点附近时，串联支路阻抗最小，而并联支路阻抗最大，信号从串联支路通过，如果频率正好在串联谐振器串联谐振点上或者在并联谐振器的并联谐振点上，则通带内插损最小，即信号损失最小。当信号频率在串联谐振器并联谐振点附近时，串联支路阻抗大于并联支路的阻抗，信号从并联支路传入接地端，信号未通过，形成滤波器右边的零点；串联谐振器在该工作频点的阻抗越大，零点越深。当信号频率在并联谐振器的串联谐振点附近时，信号同样通过并联支路接地被损耗掉，信号不通过，形成滤波器左边的零点；其中，并联谐振器在该工作频点的阻抗越小，零点越深，其原理示意图见图 3.38。

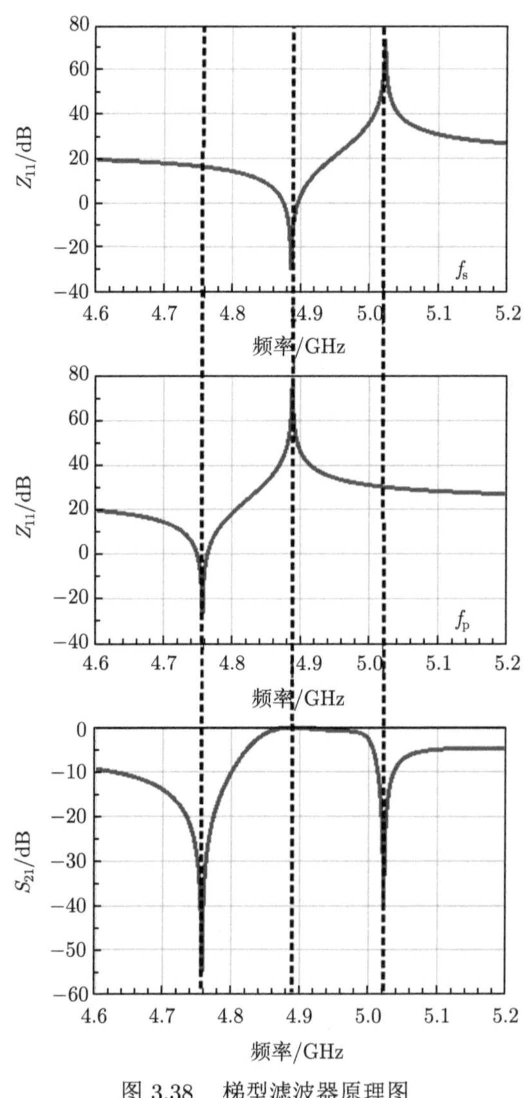

图 3.38　梯型滤波器原理图

因此滤波器的设计主要在于两个方面，一个是谐振器的好坏，另一个是级联方式的优劣。

对于谐振器，需要研究的主要是压电材料电极材料的选择、各膜层的厚度，以及谐振器的一些抑制杂波的特殊结构。所以对于谐振器，确定好结构和材料后，要确定好各膜层厚度值及厚度比，获得最大 k_t^2 和品质因数 Q，满足频率与带宽要求。

对于级联，需要研究的问题是，怎样保证通带良好，阻带隔离度高。即如何使插损尽可能小，带外抑制尽量大。对于谐振器，能够满足很好的 k_t^2 和 Q，是滤波器设计好坏的必要条件，但级联也至关重要，级联的好坏直接决定谐振器性能能否全部发挥出来，最终决定滤波器性能的好坏。

3.5.1 电极与压电薄膜厚度比

为了研究电极与压电层厚度比对谐振器的影响，采用控制变量法，同时为了不引入过多变量，将谐振器结构模型简化，只保留已普遍商用的 Mo-AlN-Mo 三明治结构。现拟定了以下几组实验方案：

(1) 上下电极厚度一致，且厚度保持不变，改变压电层的厚度；

(2) 压电层厚度保持不变，改变上下电极厚度并且同时等量变化；

(3) 压电层厚度保持不变，改变一边电极厚度，对剩下另一边电极厚度保持不变；

(4) 给定一个谐振频率，改变压电层厚度，调整电极厚度，保证其中一个谐振频率不变；

(5) 比较压电层和电极的厚度在高频和低频中对谐振频率的影响大小。

1. 上下电极厚度一致，压电层厚度变化

根据方案设计，上下电极 Mo 的厚度都设置为 100 nm，压电层 AlN 的厚度分组为 400 nm，500 nm，600 nm，···，1500 nm，具体厚度参数如表 3.1 所示。

表 3.1 压电层厚度变化参数

序号	Mo 底电极厚度/nm	AlN 厚度/nm	Mo 顶电极厚度/nm
1	100	400	100
2	100	500	100
3	100	600	100
4	100	700	100
5	100	800	100
6	100	900	100
7	100	1000	100
8	100	1100	100
9	100	1200	100
10	100	1500	100

仿真后的数据见图 3.39，具体实验结果如表 3.2 所示，其中 $f_{\mathrm{p}_{n+1}}-f_{\mathrm{p}_n}$($n$ 取 $1\sim10$ 的整数) 为后一组实验的 f_{p} 减前一组实验的 f_{p}。

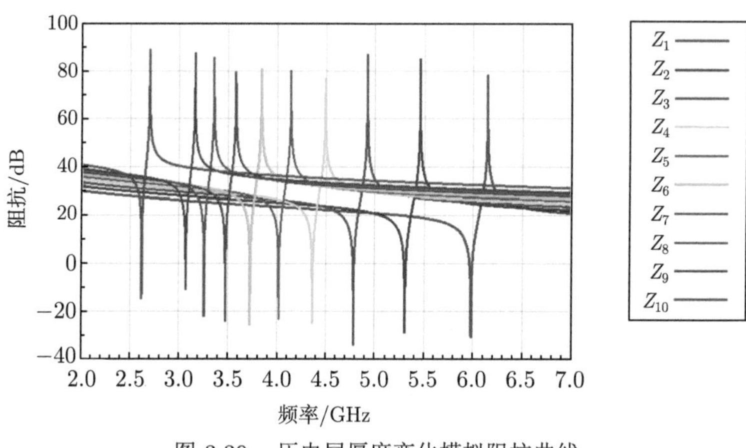

图 3.39 压电层厚度变化模拟阻抗曲线

表 3.2 压电层厚度变化模拟实验结果

序号	AlN 厚度/nm	f_{s}/GHz	f_{p}/GHz	$(f_{\mathrm{p}_{n+1}}-f_{\mathrm{p}_n})$/GHz	$(f_{\mathrm{p}}-f_{\mathrm{s}})$/GHz
1	400	5.978	6.143	0.688	0.165
2	500	5.304	5.455	0.534	0.151
3	600	4.782	4.921	0.430	0.139
4	700	4.363	4.491	0.354	0.128
5	800	4.018	4.137	0.299	0.119
6	900	3.727	3.838	0.256	0.111
7	1000	3.478	3.582	0.223	0.104
8	1100	3.262	3.359	0.195	0.097
9	1200	3.073	3.164	0.465	0.091
10	1500	2.621	2.699	—	0.078

厚度增加对频率的影响是偏向低频，此外，通过数据还可以总结结果如下。

随着 AlN 厚度的增加，相同的厚度变化，谐振器的频偏变小而非线性变化；同时，随着 AlN 厚度的增加，同一个谐振器串并联谐振点频率间距变小，即机电耦合系数在变小；同时，可以发现上下电极 Mo 厚度为 100 nm，压电层厚度为 600 nm 时，谐振效果最好，可初步判断电极与压电层厚度比为 1∶3 时谐振效果最好。

AlN 增加相同的厚度，频率偏移逐渐变小，原因在于 AlN 与金属电极 Mo 对频率的影响不同，AlN 厚度变化对频率的影响比 Mo 小，故在电极 Mo 厚度不变的情况下，逐渐增大 AlN 的厚度，相当于逐渐降低 Mo 厚度的比例，即弱化电极对频率的影响。随着 AlN 厚度的增加，同一个谐振器串并联谐振点频率间距变小，即机电耦合系数在变小，原因在于 AlN 的厚度影响着频率，在高频处，k_t^2 会比低频处的相对较大，即面积和介电常数一定，厚度增加，电容变小，k_t^2 也变小；从另一角度说明，电势一定，距离拉大，电场变小，也即在相当的条件下压电效应减弱，因此 k_t^2 会变小。

2. 压电层厚度保持不变，上下电极厚度同时等量变化

根据实验设计，压电层 AlN 的厚度设置为 600 nm，上下电极 Mo 的厚度同等分组为 100 nm，150 nm，200 nm，···，600 nm，具体厚度变化条件如表 3.3 所示。

表 3.3 电极厚度变化参数

序号	Mo 底电极厚度/nm	AlN 厚度/nm	Mo 顶电极厚度/nm
1	100	600	100
2	150	600	150
3	200	600	200
4	250	600	250
5	300	600	300
6	350	600	350
7	400	600	400
8	450	600	450
9	500	600	500
10	600	600	600

仿真结果如图 3.40 所示，具体数据如表 3.4 所示。

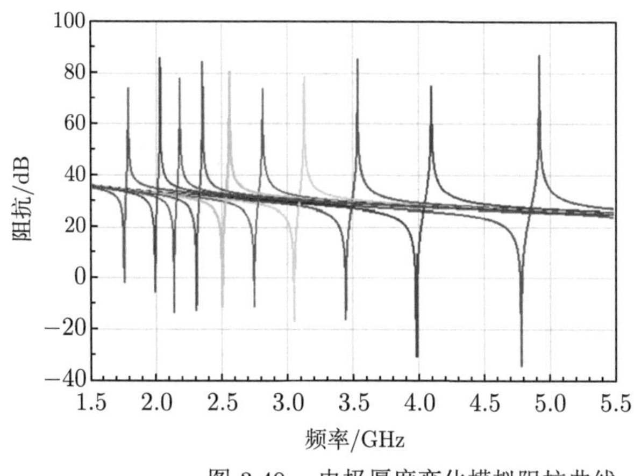

图 3.40 电极厚度变化模拟阻抗曲线

表 3.4　电极厚度变化模拟实验结果

序号	(Mo 底/顶电极厚度)/nm	f_s/GHz	f_p/GHz	$(f_{p_{n+1}} - f_{pn})$/GHz	$(f_p - f_s)$/GHz
1	100	4.782	4.921	0.826	0.139
2	150	3.985	4.095	0.557	0.110
3	200	3.447	3.538	0.408	0.091
4	250	3.054	3.130	0.316	0.076
5	300	2.749	2.814	0.252	0.065
6	350	2.506	2.562	0.208	0.056
7	400	2.305	2.354	0.175	0.049
8	450	2.136	2.179	0.149	0.043
9	500	1.991	2.030	0.242	0.039
10	600	1.757	1.788	—	0.031

从以上仿真数据可以看出，除了厚度增加频率向低频偏移外，随着 Mo 厚度的增加，对频率的影响力逐渐减弱，在高频下的影响较强，谐振器串并联谐振点频率间距变小，即机电耦合系数在变小。同时可以看到，上下 Mo 电极总厚度与压电层厚度比为 1:3 时谐振效果最好，验证了 3.5.1 节 1. 实验的结论。

与 AlN 相比，Mo 的厚度变化对谐振频率的变化更为敏感，主要与材料的纵波声速、声阻抗有关。

随着 Mo 厚度的增加，谐振器的机电耦合系数变小的原因是材料厚度比例影响到声波的传输效率，在高频处，k_t^2 会比低频处的相对较大。压电层厚度、谐振面积不变，增加电极的厚度，压电效果固定，而传播的路径变长，这样相当于能量辐射更广，k_t^2 就会变小，同时，损耗也会有所增加。Mo 和 AlN 的厚度增加都会使得 k_t^2 减小，而 Mo 的影响力更大。

3. 单电极厚度变化对谐振器性能的影响

根据实验方案设计，压电层 AlN 的厚度都设置为 600 nm，Mo 电极对其中一电极设定为 100 nm，另一电极的厚度分别为 100 nm，150 nm，200 nm，···，600 nm，具体厚度参数如表 3.5 所示。

表 3.5　底电极厚度变化参数

序号	Mo 底电极厚度/nm	AlN 厚度/nm	Mo 顶电极厚度/nm
1	100	600	100
2	150	600	100
3	200	600	100
4	250	600	100
5	300	600	100
6	350	600	100
7	400	600	100
8	450	600	100
9	500	600	100
10	600	600	100

仿真结果如图 3.41 所示。具体实验数据如表 3.6 所示，可见实验结果与 3.5.1 节 3. 变化规律一致。

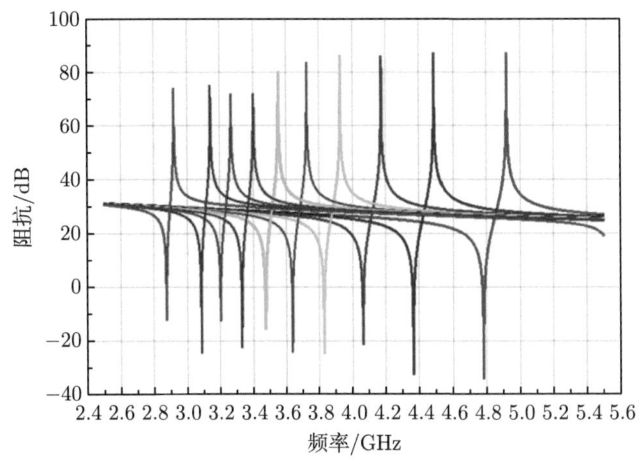

图 3.41 底电极厚度变化模拟阻抗曲线

表 3.6 底电极厚度变化模拟实验结果

序号	Mo 底电极厚度/nm	f_s/GHz	f_p/GHz	$(f_{p_{n+1}} - f_{p_n})$/GHz	$(f_p - f_s)$/GHz
1	100	4.782	4.921	0.432	0.139
2	150	4.366	4.489	0.315	0.123
3	200	4.064	4.174	0.246	0.110
4	250	3.830	3.928	0.202	0.098
5	300	3.638	3.726	0.172	0.088
6	350	3.474	3.554	0.152	0.080
7	400	3.331	3.402	0.135	0.071
8	450	3.203	3.267	0.125	0.064
9	500	3.085	3.142	0.222	0.057
10	600	2.874	2.920	—	0.046

4. 固定并联谐振频率改变压电层厚度的影响规律研究

根据方案设计，并联谐振频率都固定为 4.96 GHz，压电层 AlN 的厚度从 400 nm 到 500 nm，600 nm，⋯，1500 nm 递增，同时对上下电极 Mo 厚度进行调整，使得并联谐振点频率均为 4.96 GHz，仿真结果如表 3.7 所示。

表 3.7　固定并联谐振频率 AlN 厚度变化模拟实验结果

序号	f_p/GHz	AlN 厚度/nm	(Mo 底/顶电极厚度)/nm	f_s/GHz	$(f_p - f_s)$/GHz
1	4.96	400	151.07	4.837	0.123
2	4.96	500	122.64	4.827	0.133
3	4.96	600	98.15	4.820	0.14
4	4.96	700	76.62	4.818	0.142
5	4.96	800	57.35	4.817	0.143
6	4.96	900	39.67	4.820	0.14
7	4.96	1000	23.03	4.828	0.132
8	4.96	1100	6.99	4.832	0.128
9	4.96	1200	—	—	—
10	4.96	1500	—	—	—

仿真结果见图 3.42。

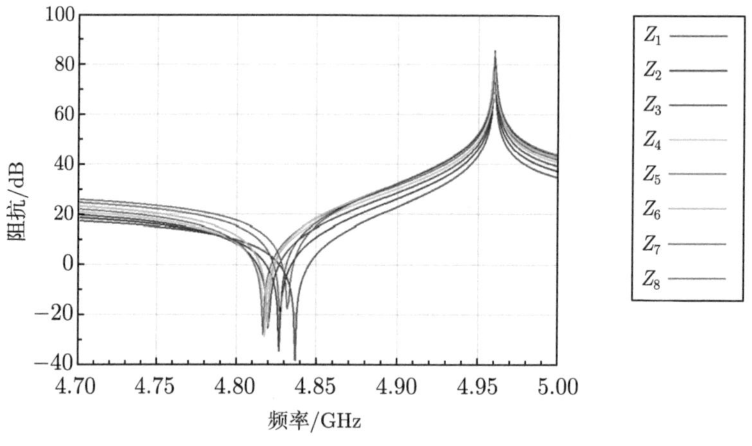

图 3.42　固定并联谐振频率模拟阻抗曲线

从表 3.7 数据以及图 3.42 曲线可以看出，固定并联谐振点频率，随着 AlN 厚度增加，电极厚度减小，可以看出，谐振器的 k_t^2 是先增大后减小，即存在一个电极与压电层厚度比使得 k_t^2 最大；此外可以看出，谐振特性随着 AlN 厚度增大而一直变差。研究发现，对于给定的谐振频率，上下电极厚度越接近，k_t^2 越大，总厚度越小。谐振效果下降的原因主要是电极材料变薄，引入的阻抗会变大，进而导致谐振效果变差。

3.5.2　有效机电耦合系数

1. 有效机电耦合系数对谐振器的影响

为了研究有效机电耦合系数对谐振器的影响，设置了一组实验，把 k_t^2 作为变量，从 3%, 4%, ···, 12%变换，而压电层和电极设置为固定的数值，其中压电层厚度为 500 nm，上下电极厚度都为 122.64 nm，如表 3.8 所示。

表 3.8 有效机电耦合系数变化实验

序号	$k_t^2/\%$	AlN 厚度/nm	(Mo 底/顶电极厚度)/nm
1	3	500	122.64
2	4	500	122.64
3	5	500	122.64
4	6	500	122.64
5	7	500	122.64
6	8	500	122.64
7	9	500	122.64
8	10	500	122.64
9	11	500	122.64
10	12	500	122.64

将以上变量代入 Mason 模型中在同一直角坐标图中作出，如图 3.43 所示。

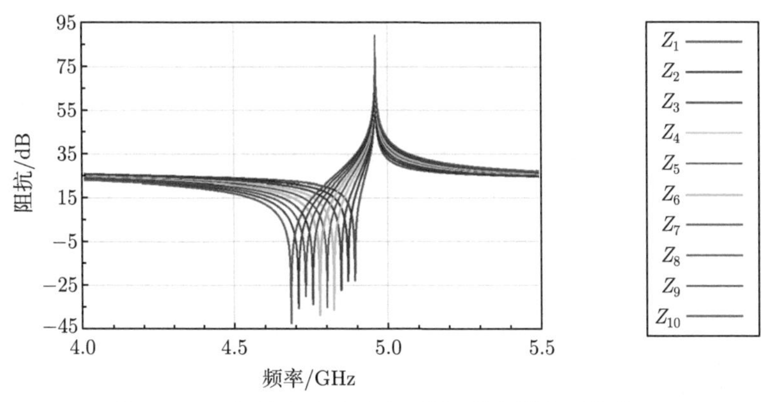

图 3.43 不同有效机电耦合系数下谐振器的阻抗曲线

通过仿真数据分析可以得到如下规律。

机电耦合系数越大，并联谐振点不变，两谐振点频率间距越大。并联谐振点与膜厚有关，因此膜厚固定不变，并联谐振点也不变。增大机电耦合系数，串联谐振点偏低频，因此两谐振点频率间距随着机电耦合系数增大而变大。

对应地，在相位中，随着机电耦合系数变大，相位跃变跨度也越大。因为两谐振点之间的频段是呈感性的，谐振以外频段是呈容性的，随着机电耦合系数变大，两谐振点频率间距变大，导致感性频段变宽，感性频段随着机电耦合系数增大而扩大。

随着机电耦合系数的增大，谐振器性能整体得到提升。随着机电耦合系数的增大，Z_p 随之增大，Z_s 随之减小，零点也会随之变深。同时，通过数据处理发现，品质因数 Q 也随着机电耦合系数的增大而增大。

2. 有效机电耦合系数对滤波器的影响

通过研究机电耦合系数对谐振器的影响，从而进一步推导出其对滤波器的影响，但多谐振器进行级联会引入一些不确定因素，因此需要进行滤波器的仿真设计研究。

简单设计了一款滤波器，形成通带，固定其他参数，只对机电耦合系数在 4%～6% 进行变化，结果如图 3.44 所示。

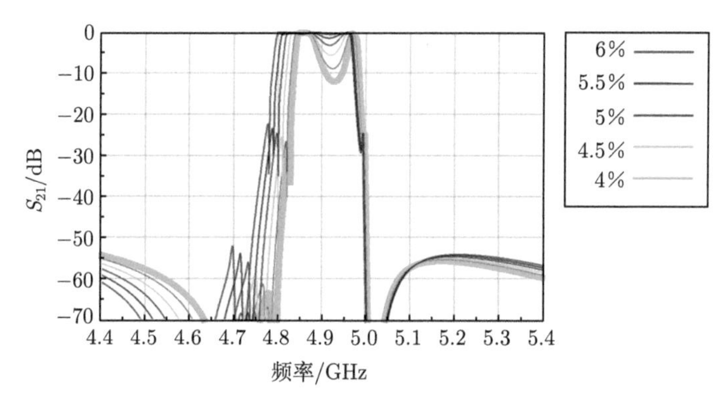

图 3.44　不同有效机电耦合系数滤波器的插损曲线

通过曲线图可以看到，随着机电耦合系数的减小，通带左边界点会往高频偏移，与此同时，带外抑制通带左边不断增大，右边变小。这个现象与对谐振器的分析观察一致，即机电耦合系数减小时，谐振器串联谐振点偏高频，且 Q 值变差致带外抑制变大。而在滤波器这里，还有其他一些现象，例如通带内出现凹陷，滤波器通带右侧有细微低频偏移的趋势，滤波器左右陡峭度变大，这说明滤波器并不完全是谐振器性能的叠加。

综上，首先分析了通过机电耦合系数对谐振器的影响，接着设计了一款滤波器，分别通过减小和增大机电耦合系数，研究了其对滤波器的影响。通过研究发现，机电耦合系数在谐振器上对并联谐振点不造成影响，在串联谐振点和阻抗上有明显影响。当谐振器级联组成滤波器时，对滤波器的整体性能影响基本延续着，但是，对于滤波器来说，并不是简单的各谐振器性能的叠加，因为相对于谐振器来说，其他参数，如面积、膜厚，在滤波器上会相互作用，这样滤波器的曲线图是所有参数的综合表现，跟单个谐振器的分析会有所不同。

因此，对于滤波器，许多参数都会对器件性能产生影响，可以根据指标要求进行取舍，选择影响最大的几个参数进行优化设计，实现滤波器性能最优化。对于 k_t^2，其值较大能够保证通带插损和回波损耗变好，但是，对于频段间隔离度要求严格的设计来说，较小的 k_t^2 有更好的陡峭度，即矩形系数更好。所以，k_t^2 过大或者过小，对于滤波器来说都不是很好的选择，要适合的 k_t^2 才能使得滤波器性能最优化。

3.5.3 级联方式及阶数

对于级联方式，本研究采用梯型级联，这里研究了将一个谐振器拆分成几个谐振器，以不同形式的串并联达到同样效果。对于阶数，通过简单的二阶，结合单个谐振器功能不同的实现形式，研究电路结构对滤波器性能的影响，并随之展开不同阶数滤波器仿真设计，发现其中的设计规则。

1. 单谐振器以及多个谐振器串并联组合研究

单谐振器及将单谐振器通过不同的串并联方式组合，产生以下多种方案，分别为：同一支路只有一个谐振器；同一支路串联两个谐振器；同一支路上并联两个谐振器；同一支路上单个谐振器和两个并联谐振器进行串联。如图 3.45 所示为多个谐振器以不同方式串并联达到一个谐振器的效果，此拆分目的在于在芯片设计及版图绘制时，可以将一个大的谐振器拆分成几个小谐振器，便于芯片中谐振器的灵活排布。

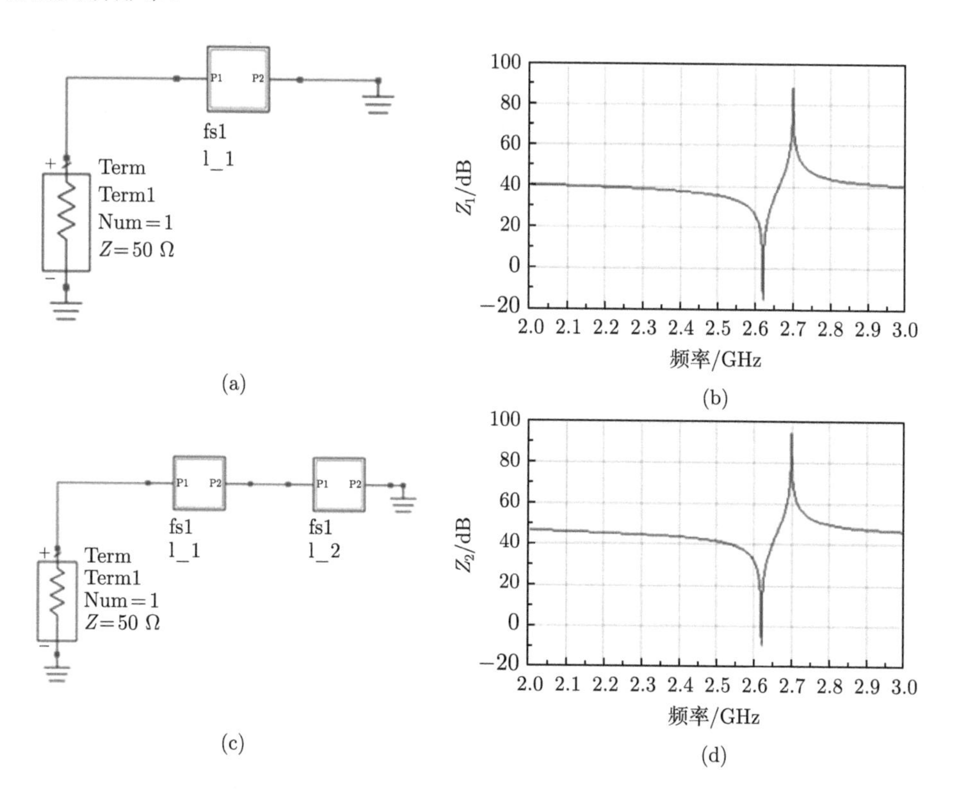

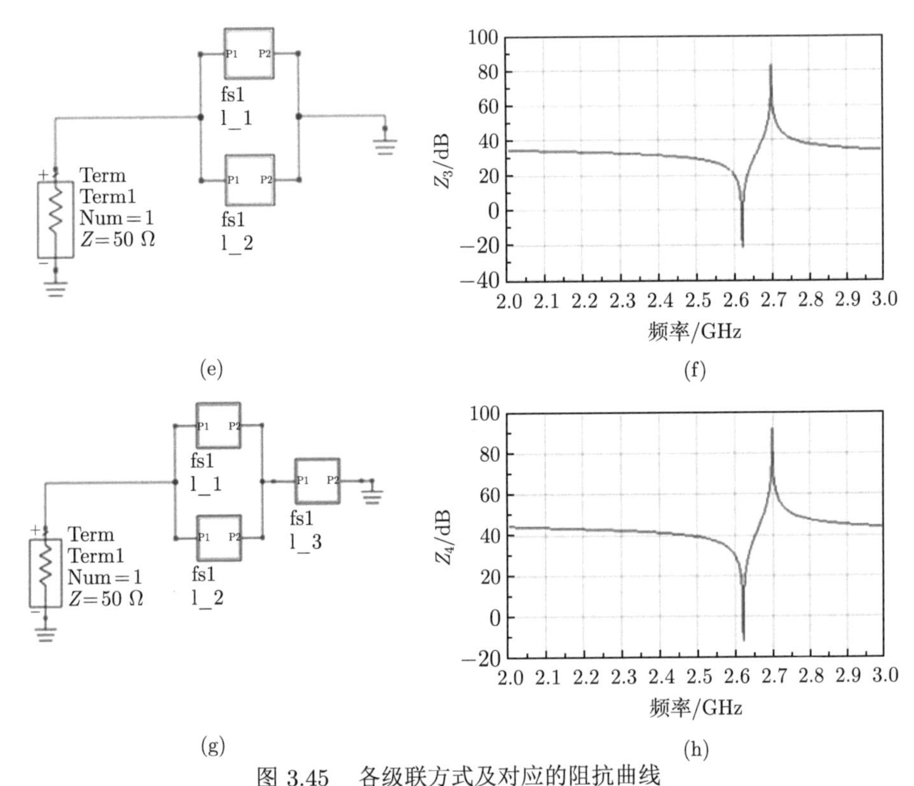

图 3.45　各级联方式及对应的阻抗曲线

(a) 单个谐振器；(c) 两个谐振器串联；(e) 两个谐振器并联；(g) 两个谐振器并联再串联一个谐振器；(b)、(d)、(f)、(h) 为对应左侧的阻抗特性曲线

可以看出，在同一通路中，虽然通过不同方式组合谐振器，但信号都表现出单个谐振器的信号，因此可以推断出，这些组合都可以等效于一个谐振器，或者单个谐振器可以分解成多个谐振器不同形式的组合。

把这些信号罗列在一起，如图 3.46 所示。通过罗列可以发现，不管谐振器怎样组合，谐振频率都没有改变，从而印证了上面的推断。而由此可知，不同组合只是改变了等效谐振器的阻抗，如图 3.46 中阻抗特性曲线所表现出来的阻抗大小不一样。因此，在其他参数都未发生改变的情况下，结合各种级联结构以及对应的阻抗图，谐振器不同的串并联形式组合仅改变了不同的等效面积从而影响了阻抗。所以通过调整面积大小可以使不同级联结构的阻抗曲线完全重合。

以单个面积为 A 的谐振器作为基准，根据串并联电路中阻抗大小的关系，其可等效为同一支路串联两个面积为 $2A$ 的谐振器，或同一支路上并联两个谐振器面积均为 $A/2$，或单个面积为 $2A$ 的谐振器和并联的两个面积为 A 的谐振器串联。得到的曲线图完全重合，如图 3.47 所示，验证了前述结论。这对后续设计中遇到阻抗和面积需要变换的情况有重要指导作用。

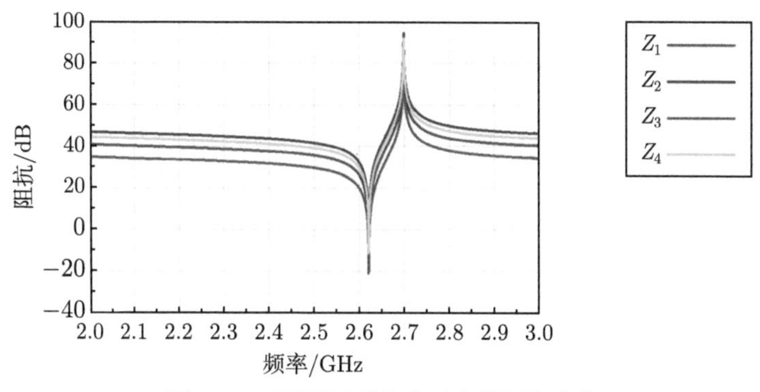

图 3.46 不同级联方式对应的阻抗曲线

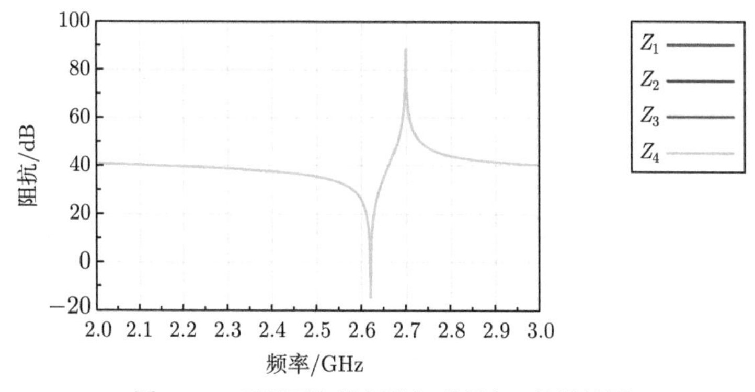

图 3.47 不同面积谐振器级联频率阻抗等效图

2. 最简单滤波器级联研究

最简单的一阶滤波器级联，如图 3.48 所示。

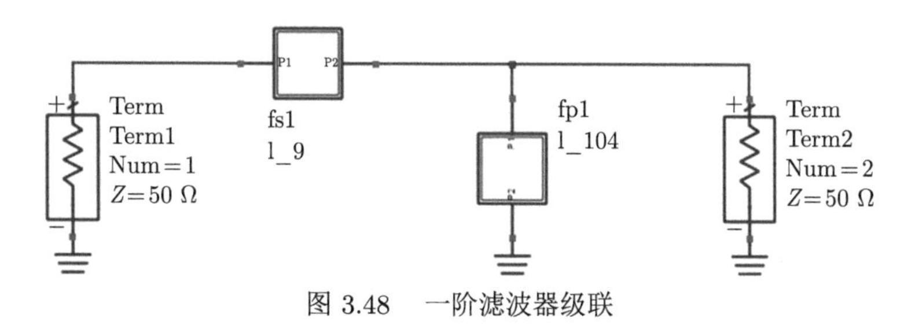

图 3.48 一阶滤波器级联

3.3.1 节滤波器原理简介时即为此级联结构，在该结构中，分别对厚度、面积进行变换，分析实验结果。

首先研究厚度改变的影响。改变谐振器底电极厚度，将其设定为 100 nm、150 nm、200 nm、250 nm、300 nm，仿真结构如图 3.49 所示。

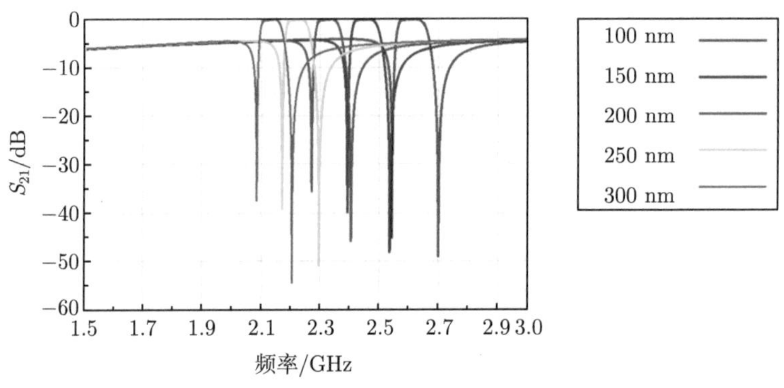

图 3.49 改变底电极厚度的滤波器 S_{21} 曲线

从图 3.49 可以看到，同时改变等量的电极厚度值，滤波器通带完好，说明串联、并联谐振器谐振频段的间距与有效机电耦合系数的改变量相同。相同电极厚度的变化对滤波器性能的影响降低，往低频偏移的偏移量逐渐减小，这与前面对单个谐振器改变功能层厚度导致频偏的规律相同。

改变串并联谐振器的电极厚度差值。并联谐振器的顶电极与串联谐振器的顶电极差值分别设置为 10 nm、20 nm、30 nm、40 nm、50 nm，仿真结果如图 3.50 所示。

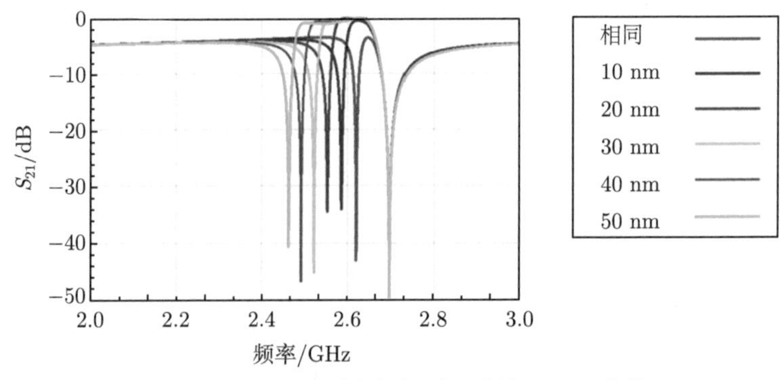

图 3.50 不同并联电极加厚层滤波器 S_{21} 曲线

从图中可以看出，在合适的厚度差值下才能形成很好的通带。厚度差值过小，通带不明显，甚至变成阻带。厚度差值过大，会形成相互独立的两个谐振器信号曲线，没有通带。因此，在滤波器的设计中，可以适当地利用这一规律，在带内插损允许的情况下，稍微增大厚度差值，增加带宽。

其次研究面积大小对滤波器性能的影响。分别改变串联谐振器和并联谐振器的面积，进行研究。

对串联谐振器的面积，设置为 1000 μm^2、5000 μm^2、7000 μm^2、9000 μm^2、15000 μm^2，作出曲线如图 3.51 所示。

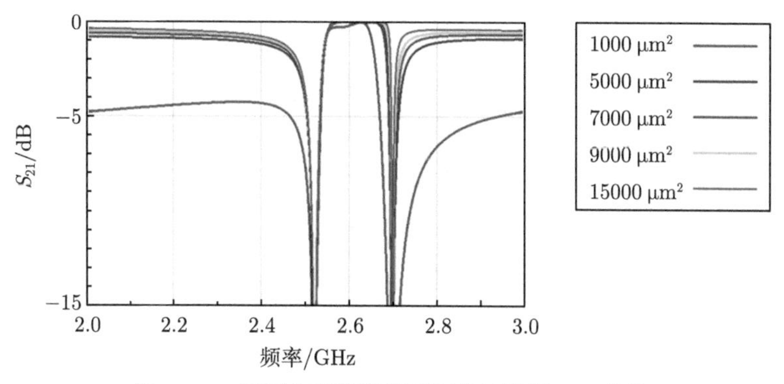

图 3.51 不同串联谐振器面积的滤波器 S_{21} 曲线

对并联谐振器的面积，也设置为 1000 μm^2、5000 μm^2、7000 μm^2、9000 μm^2、15000 μm^2，数据曲线图如图 3.52 所示。

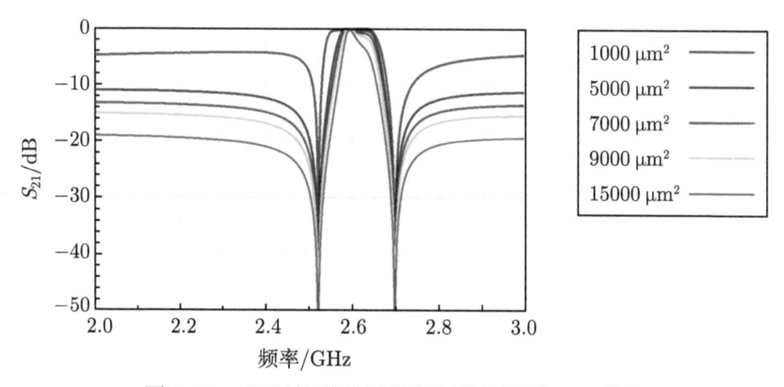

图 3.52 不同并联谐振器面积的滤波器 S_{21} 曲线

可以看到，对于串联和并联谐振器，串联面积变化与并联面积变化所带来的趋势相反。对串联谐振器的面积，其值增大，通带将增加，但带外抑制会变小。对并联谐振器的面积，其值增大，带外抑制增加，但通带会变差。这是因为面积增大将增大谐振器阻抗曲线幅度，而串联支路阻抗曲线幅度相对要小，使通带内信号通过时，尽可能减少损耗；并联支路阻抗幅度相对要求较大，在其串联谐振点时阻抗更小，通过接地端损耗的信号频率增多而导致带外抑制提高。

3. 不同阶数的研究

对于不同阶数的级联，设定为 1 阶、2 阶、3 阶、4 阶、5 阶，进行规律性研究，曲线如图 3.53 所示。

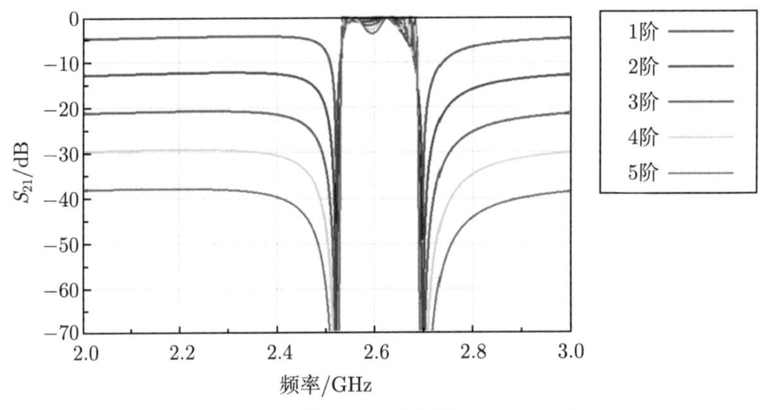

图 3.53　不同阶数滤波器的 S_{21} 曲线

从图中可以看到，随着级数的增加，带外抑制也随之增加，但相对地，通带内信号变差，带内波纹增加。因此级数的选择要兼顾带内插损和带外抑制。如果选定一种级数进行设计，通过调整厚度、面积等其他变量，还是不能够符合要求，那么就要根据设计过程中发现的情况，减少或者增加级数，再调整其他参数。

3.5.4　被动元件的引入

为了更好地研究被动元件 (电感、电容) 的引入对谐振器及滤波器波形的影响，这里分别介绍了电感、电容的特性，以及引入模型后对滤波器波形的影响。

首先对单独的电感、电容的阻抗曲线进行研究，随后对电感和电容的一些简单组合产生的现象进一步分析研究，然后结合谐振器，分别对谐振器串联或并联不同电感或电容进行分析。结合前面章节对滤波器级联的研究，增加被动元件的级联，进行滤波器的仿真设计。

1. 电感

对于引入电感，根据阻抗公式 $Z_L = \mathrm{j}\omega L$，可以看出，确定了电感值，阻抗值与频率变化呈正比例关系。同时也可以看出，电感值越大，阻抗值变化斜率越大。分别对 0.1 nH、1 nH、10 nH 的电感值绘制曲线，频率阻抗曲线如图 3.54 所示。

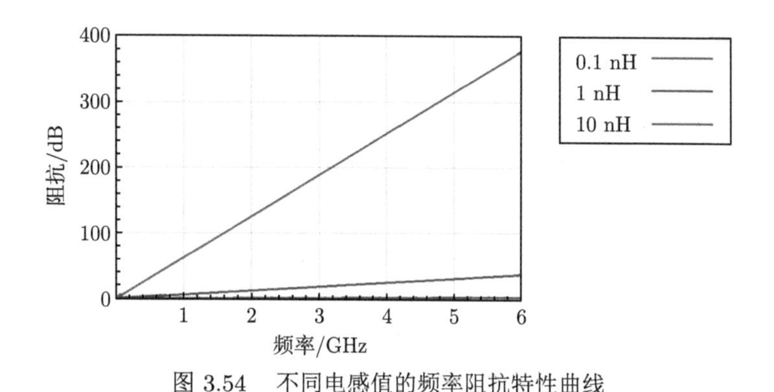

图 3.54 不同电感值的频率阻抗特性曲线

2. 电容

对于引入电容，根据阻抗公式 $Z_C=\dfrac{1}{\mathrm{j}\omega C}$ 可以看出，确定了电容值，阻抗值便与频率变化呈反比例关系。同时也可以看出，电容值越大，阻抗值变化斜率越小。分别对 0.5 pF、1.5 pF、5 pF 的电容值绘制频率阻抗曲线，如图 3.55 所示。

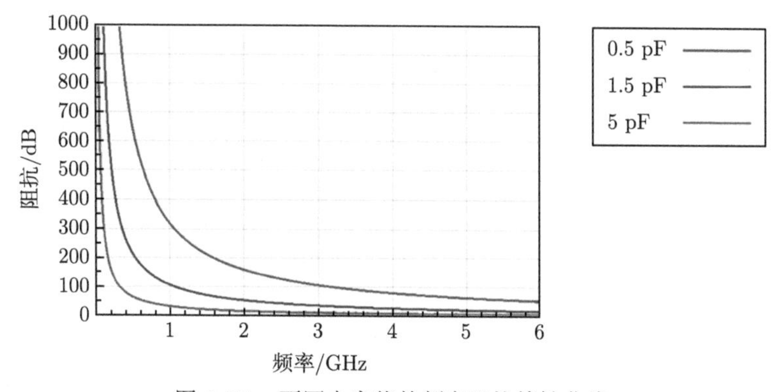

图 3.55 不同电容值的频率阻抗特性曲线

根据阻抗公式，感抗值和容抗值存在着倒数的关系，也即在电路上，等效于串联和并联关系。

3. 电感和电容级联

谐振器在两谐振点频段内呈现电感特性，频段外呈现电容特性，因此谐振器既有电感效应，又有电容效应，在对电感和电容的级联进行研究之前，考虑到之前对谐振器级联的研究，可以把其中的谐振器替换成电感或电容。

为了研究电容电感的串并联组合，对电容电感用 ADS 软件进行组合仿真实验，分别研究了电容与电感串联，电容电感串联后并联，电容电感并联后串联，电容电感并联后并联，剔除掉重复数组，总共有六组级联方式。

由图 3.54 和图 3.55 可知，电感电容对频率有这样的特性，电感可以通低频、阻高频，而电容可以通高频、阻低频。通过这一特性可以对电感电容的级联结果进行分析。

如图 3.56(a)、(b) 所示，电感串联、电容并联，在低频处，电感相当于短路，低阻抗，因而信号通过电感到信号接收端，而并联的电容处相当于开路。在高频处，信号在电感处相当于开路无法通过，而即使有信号通过，也会沿着电容并联支路接地，所以在接收端信号很弱。这就是一个简单的低通滤波器模型。

如图 3.56(c)、(d) 所示，电感并联、电容串联，在低频处，信号在电容处相当于开路无法通过，而即使有信号通过，也会沿着电感并联支路接地，所以在接收端信号很弱。在高频处，信号低损耗通过电容到信号接收端，并联的电感处相当于开路。这是一个简单的高通滤波器模型。

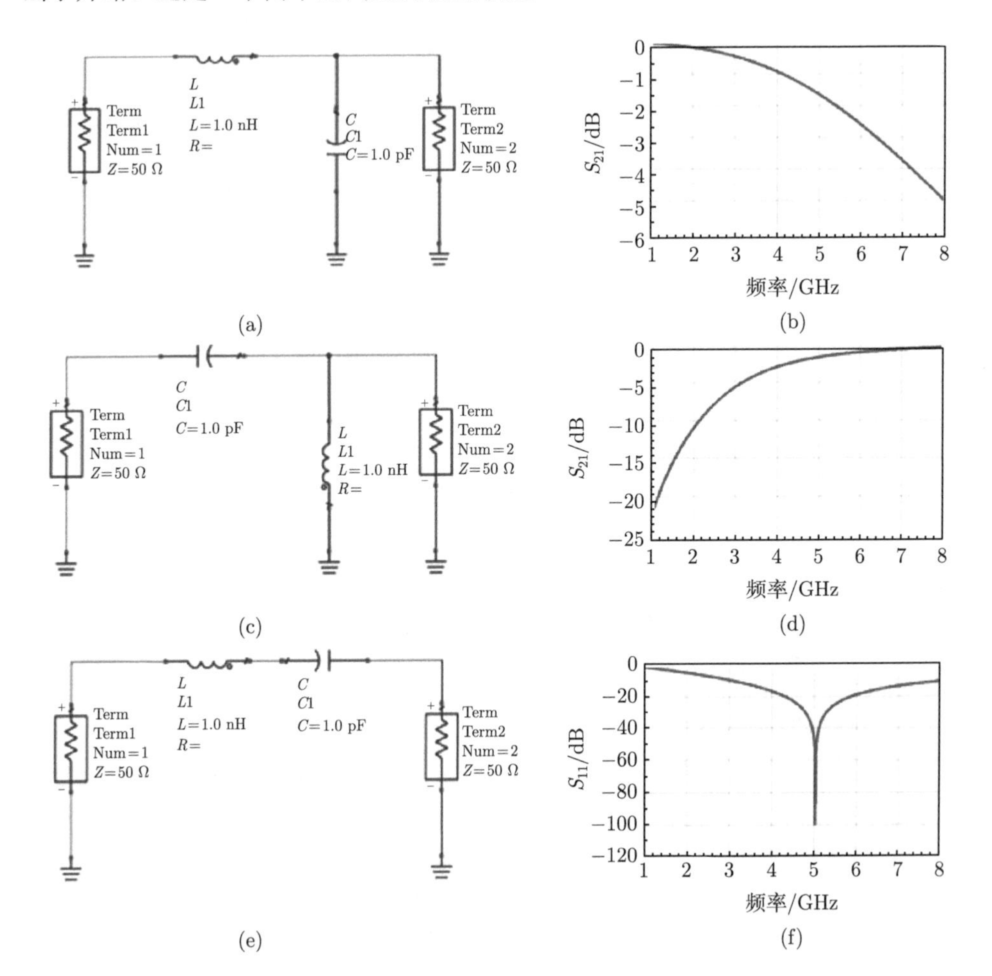

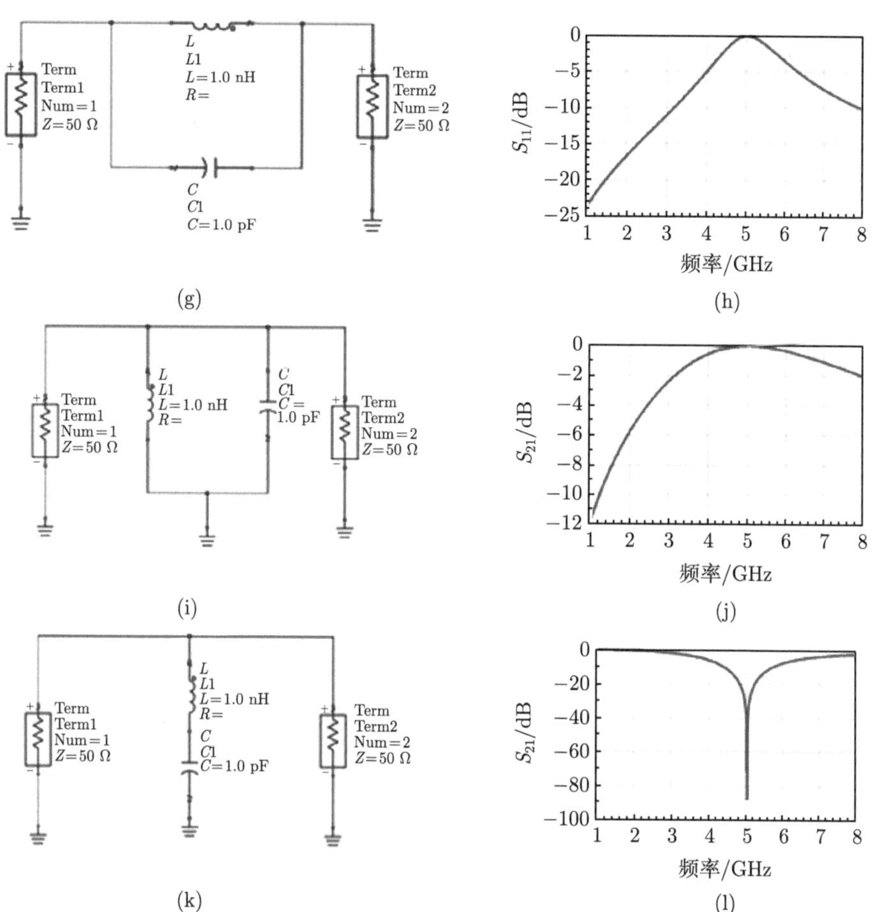

图 3.56 电感电容在电路中的级联方式示意图及对应的插入损耗曲线或回波损耗曲线

(a) 电感串联，电容并联；(b) 对应的插入损耗曲线；(c) 电感并联，电容串联；(d) 对应的插入损耗曲线；(e) 电容电感串联，支路串联；(f) 对应的回波损耗曲线；(g) 电容电感串联，支路并联；(h) 对应的回波损耗曲线；(i) 电容电感并联支路并联；(j) 对应的插入损耗曲线；(k) 电容电感串联，支路并联；(l) 对应的插入损耗曲线

如图 3.56(e)、(f) 所示，电容和电感串联，低频处被电容阻断通路，高频处电感阻断通路，因而在特定频段处，信号都能通过电容和电感，且在特定频点，信号通过率能达到峰值，回波损耗曲线图中可以说明上述现象。

如图 3.56(g)、(h) 所示，电容和电感并联后串联在通路，低频处通过电感传送信号，高频处通过电容传送信号，而在特定频段处，信号都不能通过电容和电感，且在特定频点，信号阻断能够达到最大，回波损耗曲线图中可以说明上述现象。

如图 3.56(i)、(j) 所示，并联的电感和电容并联在电路中，低频处通过电感信号接地，高频处通过电容信号接地，在特定频段处，信号都不能通过电容和电感，信号传输到接收端。这是一个简单的通带滤波器原型。

如图 3.56(k)、(l) 所示，串联的电感和电容并联在电路中，在这种情况下，并联电路中，信号低频和高频都会阻断，信号直接传送到接收端。在特定频段处，并联电路中，信号能够接地损耗掉，此时接收端信号最小。这是一个简单的阻带滤波器原型。

4. 被动元件与谐振器级联

两种器件在电路中有串联和并联两种级联方式，因此，对于谐振器引入电感和电容，有四种级联方式，即电感或电容与谐振器串联或并联。

电感和谐振器串联，电感值梯度设置为 0 nH、0.1 nH、1 nH、10 nH，曲线如图 3.57 所示。

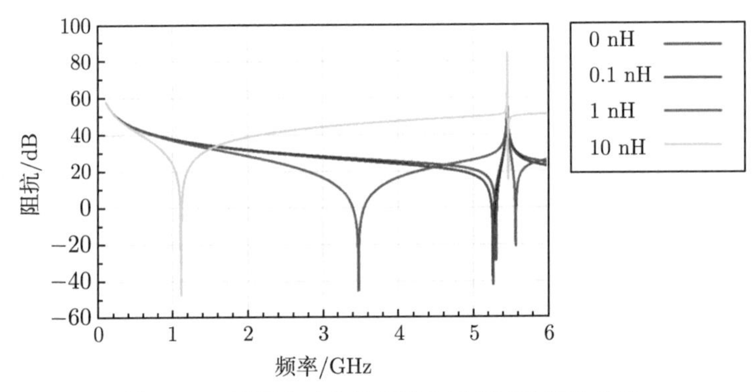

图 3.57　不同电感和谐振器串联得到的阻抗曲线

纯电容的串联引入同样不会影响到并联谐振点，在较高的频率下电容产生的阻抗比较小，电容值越大，阻抗越小，串联后的阻抗相当于谐振器阻抗和容抗的叠加，总体来说增大了串联电容，不管容值多大，都会较谐振器的阻抗有所提升。串联电容运用在滤波器时有利于提升带外抑制，但是同样也因为高频阻抗低，二者阻抗的叠加，串联谐振点会或多或少地向高频偏移，使机电耦合系数降低，因此使用串联电容时需要综合考虑其影响。

电感和谐振器并联，电感值梯度设置为 0.1 nH、1 nH、10 nH、1500 nH，频率阻抗特性曲线图如图 3.58 所示。

纯电感的并联引入不会影响到串联谐振点。串联通路中，在串联谐振点处，信号都会传输到接收端，因此不会改变串联谐振点。但是，随着并联支路上的电感值增加，并联支路上分流接地的信号也会随之增加，因此接收端信号会变弱。即电感值越小，谐振器原本的性能曲线受影响越大，因此后续滤波器设计中并不会采用单独并联电感的设计。

电容和谐振器串联，电容值梯度设置为 0 pF、0.1 pF、1 pF、10 pF，仿真曲线如图 3.59 所示。

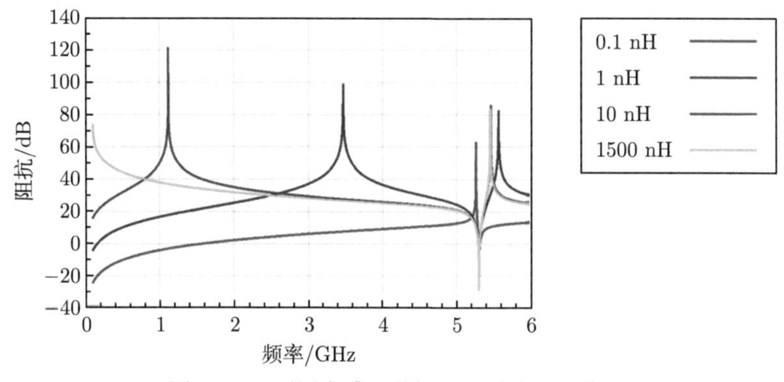

图 3.58 不同电感和谐振器并联的阻抗曲线

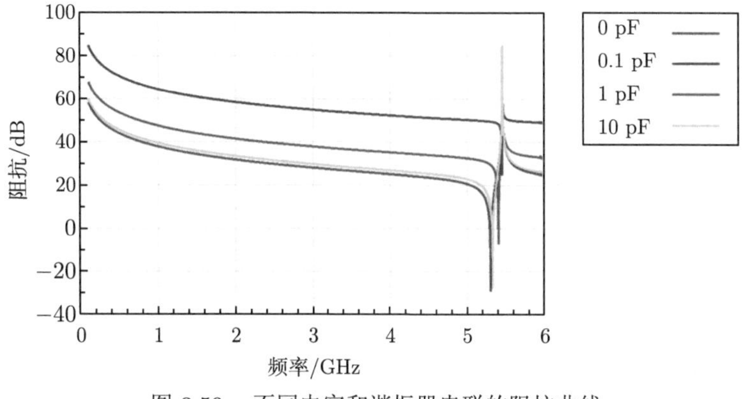

图 3.59 不同电容和谐振器串联的阻抗曲线

纯电容的串联引入同样不会影响到并联谐振点，这是因为高频下电容阻抗很小，电容值越大，阻抗越小，串联后的阻抗相当于谐振器阻抗和容抗的叠加，总体来说增大了串联电容，不管容值多大，都会较谐振器的阻抗有所提升，这运用在滤波器时有利于提升带外抑制，但是同样也因为高频阻抗低，二者阻抗的叠加，串联谐振点会或多或少地向高频偏移，使机电耦合系数降低，因此使用串联电容时需要综合考虑其影响。

电容和谐振器并联，电容值梯度设置为 1500 pF、10 pF、1 pF、0.1 pF，曲线如图 3.60 所示。

纯电容的并联引入不会影响到串联谐振点。这是因为在低频时电容阻抗较大，并联支路相当于开路，可以顺利通过串联支路谐振器到达另一端，阻抗较低，导致信号的损耗较小，但是高频时，容值越大，阻抗越小，到达另一端的信号流经电容而接地，大大损耗了信号的传输，恶化了机电耦合系数，因此设计时不采用并联的电容。

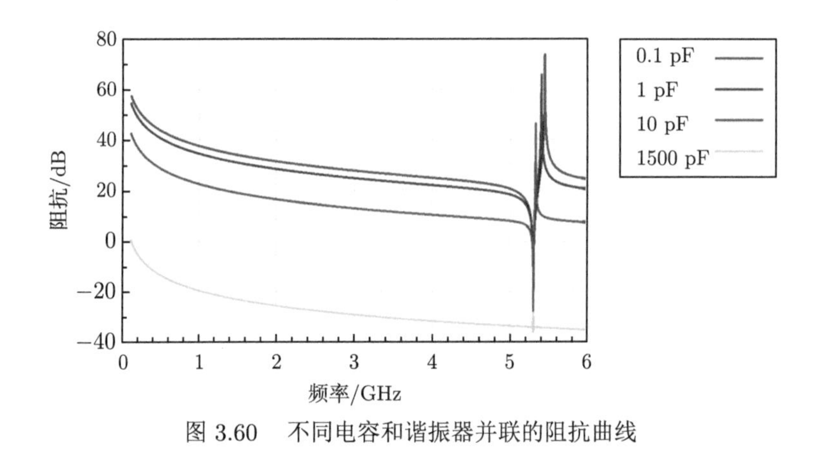

图 3.60　不同电容和谐振器并联的阻抗曲线

3.6　滤波器的设计案例

3.6.1　Band 40 频段滤波器设计

根据以上被动元件对谐振器阻抗特性的影响研究，这里采用 Mason 等效电路模型以及前述滤波器设计及设计检验方法在 ADS 软件中对 Band 40 频段的 BAW 滤波器进行设计，Band 40 频段滤波器的设计指标如表 3.9 所示，通带内 (2300~2400 MHz) 的插入损耗要求尽可能低，设置为 1.5 dB，通带附近的频段要求抑制尽可能大，定为 45 dB 以上。

表 3.9　Band 40 频段滤波器设计指标

关键参数	频率范围/MHz	单位	指标
输入端的回波损耗	2300~2400	dB	12
输出端的回波损耗	2300~2400	dB	12
带内插损	2300~2400	dB	1.5
带内波纹	2300~2400	dB	1
带外抑制	10~960	dB	45
	960~1880	dB	45
	1880~2270	dB	45
	2430~2480	dB	45
	2483~5365	dB	45
	5365~5925	dB	45

下面设计基于 AlN 和 Mo 材料进行，根据设计指标要求，分解分析，确定设计思路。

对给定频段 (2300~2400 MHz) 分析，确定滤波器的中心频率为 2.4 GHz，根据实验工艺条件分析，电极厚度需要在 200 nm 以上，因此压电层厚度在 900~1200 nm 选择。结合前面对压电薄膜及电极厚度比的研究，初始压电薄膜厚度要尽量往厚的值设定，同时可预留部分厚度作为修频层的设计余量，在后续频率偏移时可直接减薄至目标频率，因此，初始给定压电层厚度为 1200 nm。

实际的谐振器结构，并不只是 Mo-AlN-Mo 结构，根据对器件结构的分析，设定谐振器结构为 Mo-AlN-Mo-AlN 结构，从左到右依次是底电极、压电层、顶电极和保护层，上一部分的压电层厚度在这一部分拆分为保护层与压电层，保护层作为修频时的设计余量，同时保证电极不被氧化失效，因此压电层厚度为 1000 nm，保护层厚度为 200 nm。

对于级联阶数，可以通过插损和带外抑制指标要求进行初步判断。阶数越多，带外抑制越大，但插损同时变大。阶数越少，插损较好，但带外抑制差，且矩形系数也会变差。另外，谐振器的阶数及排布直接影响了芯片的尺寸，因此，兼顾以上要求，初步暂定为 5 阶，具体可根据后续仿真结果调整，初步级联结构如图 3.61 所示。

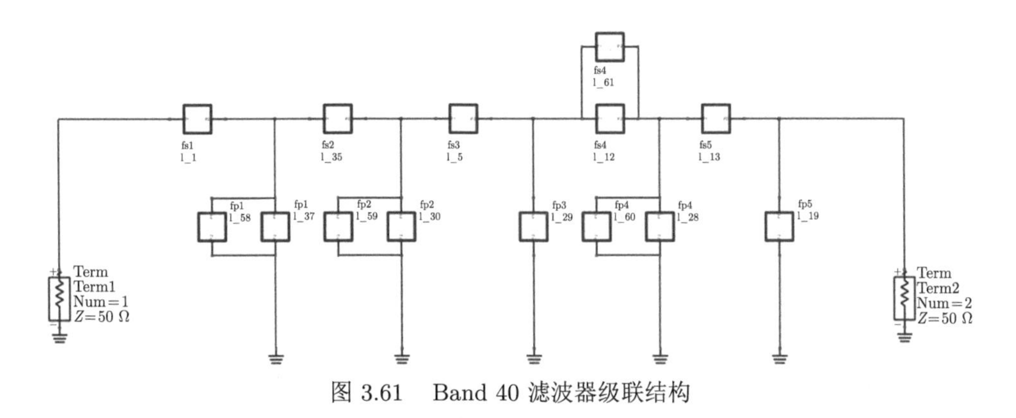

图 3.61 Band 40 滤波器级联结构

在不同厚度比例下，k_{eff}^2 也不同。可以通过通带频段简单计算出数值，结合对谐振器工艺流片情况的经验综合判断，初始可以在 5%~6.5%给出数值。此值需要从实际谐振器流片测试结果计算得来，这里我们选择 6%。

确定基本的电路结构和谐振器结构后，进一步调整谐振器材料的具体厚度，为了简化制备的难度，确保所有谐振器底电极、压电层、顶电极、保护层厚度一致，串并联谐振器的频率偏移采用额外的加厚层完成。通过调谐功能，首先调整谐振器的材料厚度，在基本保证带宽的前提下，采用上述电极与压电厚度比的结论，多次小步长调整厚度，得到谐振器的厚度为底电极 Mo 267 nm，压电层 AlN 1 μm，顶电极 Mo 185 nm，加厚层 Mo 32 nm，保护层 AlN 200 nm。接着调整面积比，要达到带外抑制大，插损小的情形需要调整并/串联面积比，即代表串联支路的整体阻抗要小，通带内插损就低，并联支路阻抗要大，带外抑制就大，根据这一原则同样使用调谐功能进行面积的改善，最终仿真结果如图 3.62 所示。

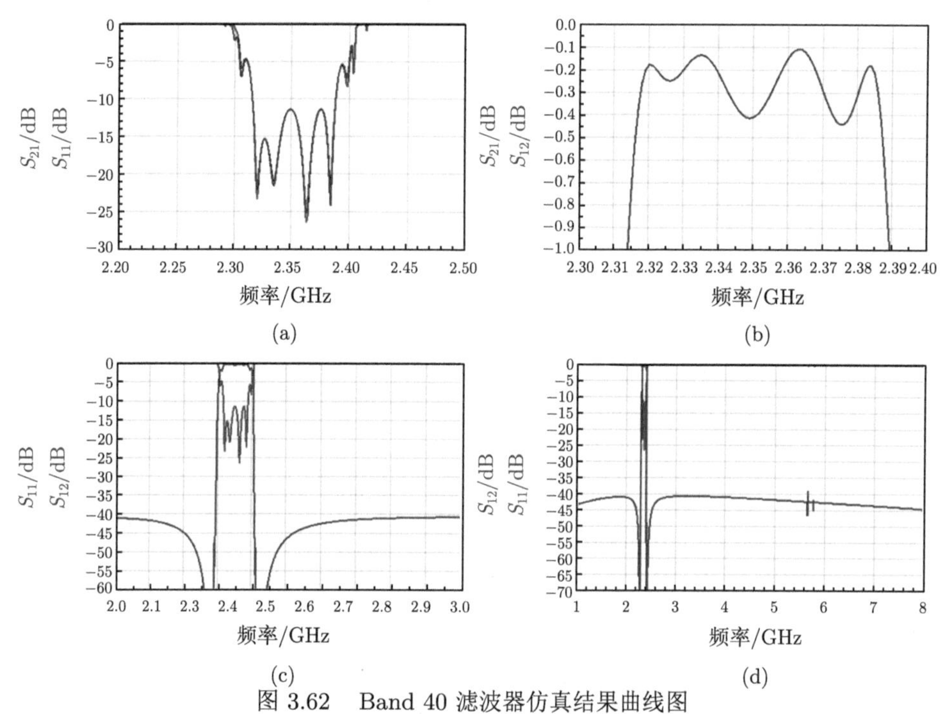

图 3.62　Band 40 滤波器仿真结果曲线图

(a) 2.2～2.5 GHz 频段滤波器回波损耗曲线；(b) 2.3～2.4 GHz 通带内插入损耗曲线；(c) 2～3 GHz 频段插入损耗曲线；(d) 1～8 GHz 频段插入损耗曲线

通过对图 3.62 的数据曲线进行分析，发现带宽达不到要求，可以看到此级联结构的通带频段是 2.318～2.388 GHz，带宽只有 70 MHz，无法满足带宽 100 MHz 的要求，因此，需要对带宽进行拓宽，采用电感匹配的方式进行，级联匹配情况如图 3.63 所示。

其中，$L1$、$L2$、$L3$、$L4$、$L5$ 电感值分别为 1.1 nH、1.1 nH、1.6 nH、0.2 nH、0.6 nH。通带运行结果与未匹配电感级联结构的对比如图 3.64 所示。

从图 3.64 以及图 3.65 可以看出，匹配电感可以有效提升通带带宽，并且可以引入多个零点，在某些特殊频带处如果需要增加带外抑制，也可以通过匹配合适的电感使其产生零点，以达到指标要求的带外抑制。最终设计指标见

表 3.10。

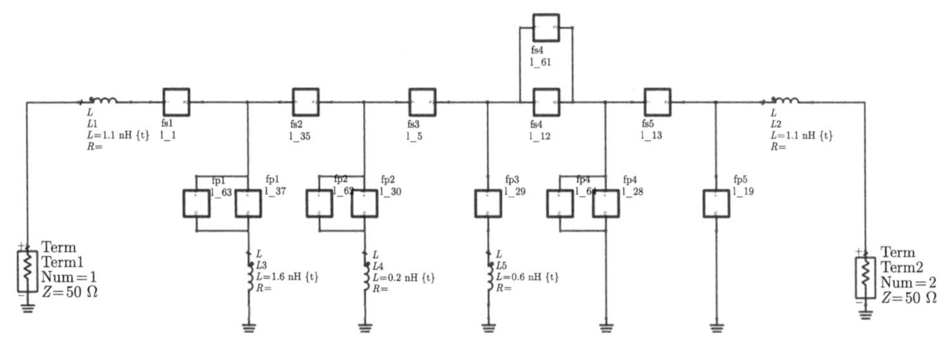

图 3.63 匹配电感的 Band 40 滤波器级联图

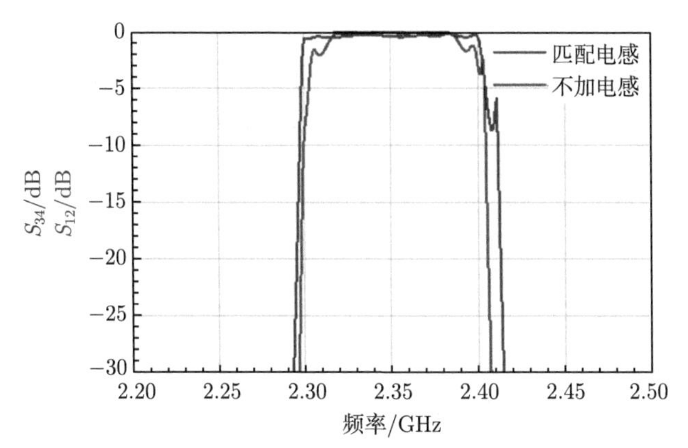

图 3.64 匹配电感与不匹配电感通带对比图

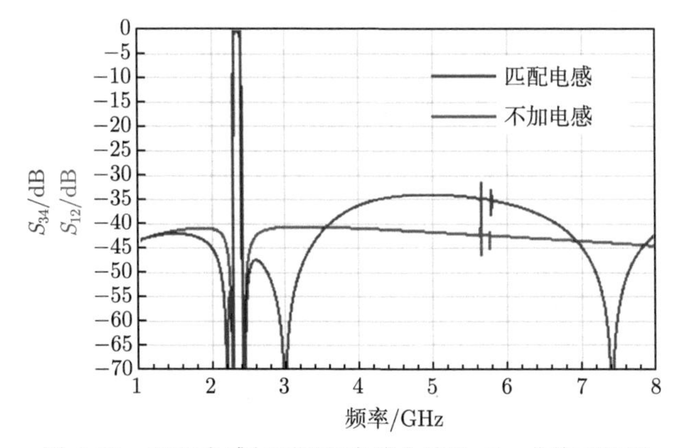

图 3.65 匹配电感与不匹配电感全波段 S_{21} 曲线对比图

表 3.10　Band 40 带通滤波器设计指标

关键参数	频率范围/MHz	单位	指标	设计值
输入端的回波损耗	2300～2400	dB	12	12
输出端的回波损耗	2300～2400	dB	12	12
带内插损	2300～2400	dB	1.5	0.7
带内波纹	2300～2400	dB	1	0.4
带外抑制	10～960	dB	40	44
	960～1880	dB	40	42
	1880～227	dB	40	42
	2430～248	dB	45	54
	2483～5365	dB	30	35
	5365～5925	dB	30	35

3.6.2　N79 频段滤波器设计

根据本章前部分提到的设计方法，N79 的设计与 Band 40 类似，带内插损设置为 1.5 dB，带外抑制针对 N79 周围可能影响的频段进行指标设计，如 WiFi 频段 (2400～2483.5 MHz)、Band 41 频段 (2496～2690 MHz)、N77 频段 (3300～3800 MHz)，具体设计指标要求如表 3.11 所述。

表 3.11　N79 频段带通滤波器设计指标

关键参数	频率范围/MHz	单位	指标
输入端的回波损耗	4800～4960	dB	10
输出端的回波损耗	4800～4960	dB	10
带内插损	4800～4960	dB	1.5
带内波纹	4800～4960	dB	1
带外抑制	10～2370	dB	30
	2400～2483.5	dB	35
	2496～2690	dB	35
	3300～3800	dB	35
	4600～4780	dB	20
	4980～5100	dB	20
	5150～5350	dB	45
	5725～5850	dB	35
	6000～6500	dB	30

下面设计基于 AlN 和 Mo 材料进行，根据设计指标要求，分解分析，确定设计思路。

对给定频段，给出 4.96 GHz 的并联谐振点，根据实验工艺条件分析，电极厚度需要在 100 nm 以上，因此压电层厚度在 400~500 nm 选择，初始给定压电层厚度为 500 nm。

实际的谐振器结构并不只是 Mo-AlN-Mo 结构，根据对器件结构的分析，设定谐振器结构为 Mo-AlN-Mo-AlN 结构，从左到右依次是底电极、压电层、顶电极和保护层。

因此，电极厚度需要做一些调整。顶电极 Mo 分解为 Mo-AlN，但分解后，会导致电极厚度低于 100 nm，因此，整体电极厚度都需要做出调整。上下电极及保护层厚度初始都简单给定 100 nm，需注意在设计调整优化的时候，只针对上下 Mo 电极去调整。

机电耦合系数结合对谐振器实际工艺流片情况的经验综合判断，选择 6%。滤波器阶数初步暂定为 4 阶 (即 4 组串并联谐振器)。

在仿真中，因为相关指标的相互制约，无法采用带外抑制全部大于 45 dB 的要求，故需要在相关谐振器上串联电感，对谐振点进行调整，拉开间距分布，针对指标要求对特定的频段进行处理。初步级联结构如图 3.66 所示。

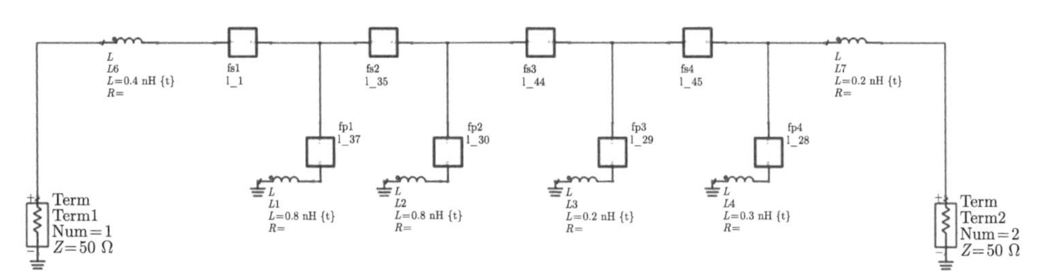

图 3.66 N79 滤波器初步设计原理图

与 Band 40 类似，确定基本的电路结构和谐振器结构后，进一步通过调谐功能调整谐振器的材料厚度，接着调整面积比。以上设计方案中，f_{s3} 和 f_{s4} 两个串联谐振器的面积只有 2000 μm^2，同时对整个滤波器来讲，与其他谐振器相比面积相差较大，不符合工艺制备要求，为保证器件性能满足最大谐振器面积与最小谐振器面积比在 3:1 之内，需要对谐振器面积过大拆分、过小合并。根据前面对谐振器级联结构的细致深入研究，如果谐振器阻抗过大，且面积过小，可以把这个滤波器一分为二进行串联，扩大面积为 4000 μm^2；反之，并联，可以减小面积。改进后的级联结构如图 3.67 所示。

为了获得达到指标要求的矩形系数，即提升通带边缘的陡峭度，需要对 f_{s1} 谐振器进行特殊的设计调整，即对不同厚度的谐振器进行串并联组合，后与 f_{s1} 谐振器串联，如图 3.68 所示。通过此方案处理，通带边缘的隔离度符合指标要求，结果如图 3.69 所示。与此同时，对谐振器的尺寸要求也需调整为实验室工艺可以达到的水平。

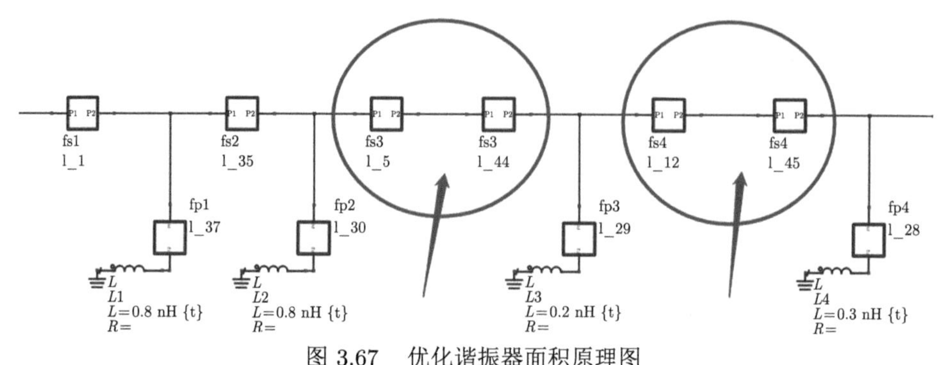

图 3.67　优化谐振器面积原理图

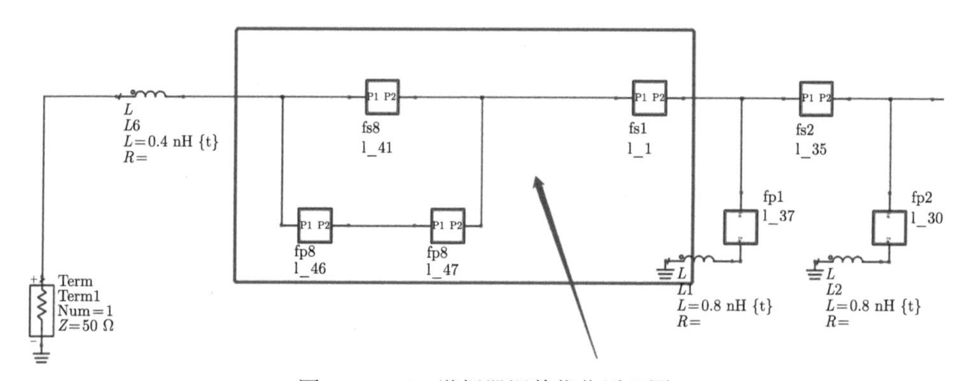

图 3.68　f_{s1} 谐振器调整优化原理图

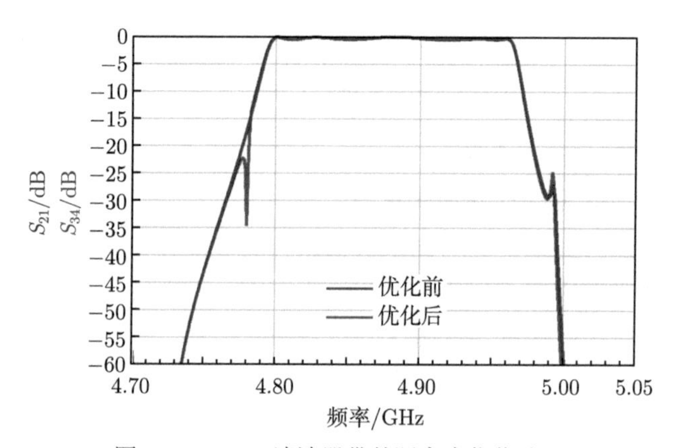

图 3.69　N79 滤波器带外隔离度优化结果

最终级联结构设计如图 3.70 所示。

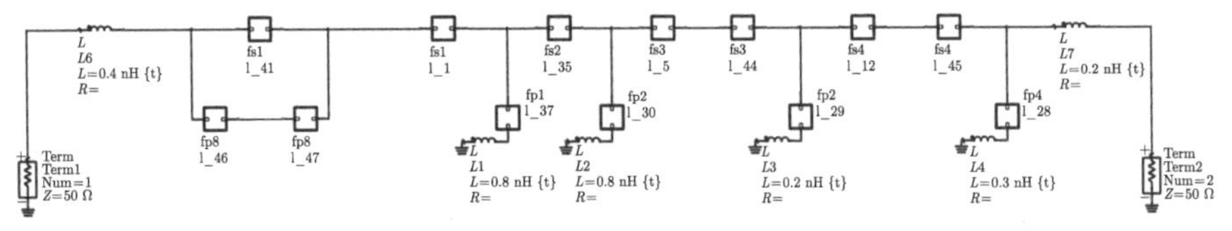

图 3.70 最终优化原理图

仿真结果曲线图如图 3.71 所示，具体数据如表 3.12 所示。

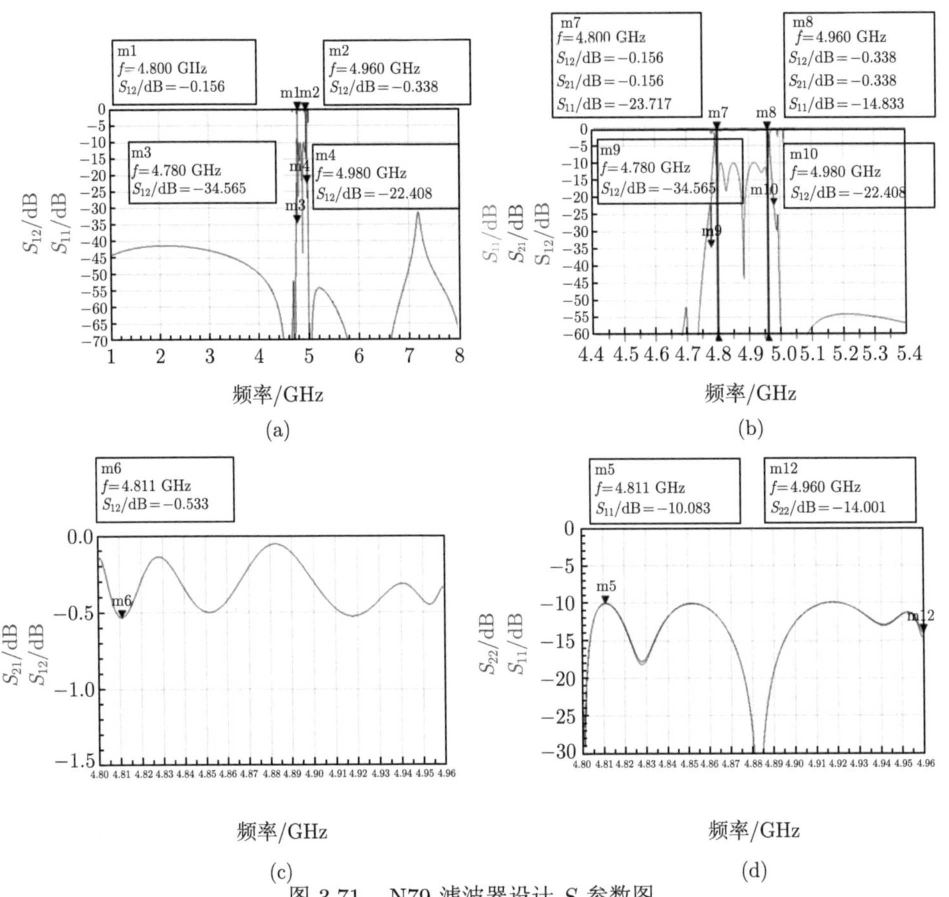

图 3.71 N79 滤波器设计 S 参数图

(a) 1~8 GHz 频段滤波器带外隔离度；(b) 4.4~5.4 GHz 频段回波损耗曲线；(c) 4.8~4.96 GHz 通带内插入损耗曲线；(d) 4.8~4.96 GHz 通带内回波损耗曲线

表 3.12　N79 频段滤波器设计优化结果

关键参数	频率/MHz	单位	指标	设计值
输入端的回波损耗	4800～4960	dB	10	10
输出端的回波损耗	4800～4960	dB	10	10
带内插损	4800～4960	dB	1.5	0.5
带内波纹	4800～4960	dB	1	0.4
带外抑制	10～2370	dB	30	42
	2400～2483.5	dB	35	42
	2496～2690	dB	35	43
	3300～3800	dB	35	45
	4600～4780	dB	20	22
	4980～5100	dB	20	22
	5150～5350	dB	45	55
	5725～5850	dB	35	65
	6000～6500	dB	30	72

参 考 文 献

[1] Ristic V M. Principles of acoustic devices. The Journal of the Acoustical Society of America, 1983, 76 (5): 1598.

[2] Driscoll M M, Moore R A, Rosenbaum J F, et al. Recent advances in monolithic film resonator technology. IEEE 1986 Ultrasonics Symposium, 1986.

[3] 金浩. 薄膜体声波谐振器 (BAW) 技术的若干问题研究. 杭州: 浙江大学, 2006.

[4] Larson J, Bradley P D, Wartenberg S, et al. Modified Butterworth-Van Dyke circuit for BAW resonators and automated measurement system. Ultrasonics Symposium, 2000.

[5] Feld D A, Parker R, Ruby S M R, et al. After 60 years: a new formula for computing quality factor is warranted. IEEE Ultrasonics Symposium, 2008: 431.

[6] Bjurstrom J, Vestling L, Olsson J, et al. An accurate direct extraction technique for the MBVD resonator model. European Microwave Conference, 2005.

[7] Wang K, Frank M, Bradley P, et al. FBAR Rx filters for handset front-end modules with wafer-level packaging. 2003 IEEE Symposium on Ultrasonics, 2003.

[8] Xu L, Wu X S, Zeng Y Q, et al. Simulation and research of piezoelectric film bulk acoustic resonator based on Mason model. 2021 6th International Conference on Integrated Circuits and Microsystems (ICICM 2021), 2021: 184-188.

[9] Lakin K M. Modeling of thin film resonators and filters. 1992 IEEE MTT-S Microwave Symposium Digest, 1992: 149-152.

[10] 刘鑫尧. 空腔型薄膜体声波谐振器 (BAW) 滤波器研究. 广州: 华南理工大学, 2020.

[11] Zonouri S A, Hayati M. A compact graphene-based dual-band band-stop filter using new hook-shaped resonator for THz applications. Materials Science in Semiconductor Processing, 2023, 1: 153.

[12] Gupta P K, Paltani P P, Tripathi S. Photonic crystal based all-optical switch using a ring resonator and Kerr effect. Fiber and Integrated Optics, 2022, 41 (5-6): 143-153.

[13] Xie D, Li D X, Hu F R, et al. Terahertz metamaterial biosensor with double resonant frequencies for specific detection of early-stage hepatocellular carcinoma. IEEE Sensors Journal, 2023, 23 (2): 1124-1131.

[14] Yang Y, Dejous C, Hallil H, et al. Finite element method and equivalent circuit analysis of tunable BAW resonators. 2022 29th IEEE International Conference on Electronics, Circuits and Systems (IEEE ICECS 2022), 2022.

[15] Min Q, He W Q, Wang Q B, et al. A study of stepped acoustic resonator with transfer matrix method. Acoustical Physics, 2014, 60 (4): 492-498.

[16] Ekeom D, Dubus B, Volatier A, et al. Solidly mounted resonator (SMR) FEM-BEM simulation. 2006 IEEE Ultrasonics Symposium, 2006: 1474.

[17] Laroche T, Ballandras S, Daniau W, et al. Simulation of finite acoustic resonators from finite element analysis based on mixed boundary element method/perfectly matched layer. 2012 European Frequency and Time Forum (EFTF), 2012: 186-191.

[18] Kedar A, Kataria N D, Gupta K K. Characterization and analysis of high temperature superconducting microstrip and coplanar resonators using a spectral domain method. Superconductor Science & Technology, 2004, 17 (7): 823-827.

[19] Pan Y, Zheng S L, Zhou J H, et al. Analyses of whispering gallery modes in circular resonators by transmission line theory. Journal of Lightwave Technology, 2014, 32 (13): 2345-2352.

[20] Leung K W.Conformal strip excitation of dielectric resonator antenna. IEEE Transactions on Antennas and Propagation, 2000, 48 (6): 961-967.

[21] Yu S, Wu X Z, Xi X, et al. A high-precision mode matching method for rate-integrating honeycomb disk resonator gyroscope. 2021 IEEE 16th International Conference on Nano/Micro Engineered and Molecular Systems (NEMS), 2021: 1579-1582.

[22] Krizhanovski V G, Rassokhina Y V. The transverse resonance technique for analysis of irregular distributed slot discontinuity in microstrip line ground plane. 2012 International Conference on Mathematical Methods in Electromagnetic Theory (MMET), 2012: 113-116.

[23] Kremer D. Modeling of non-radiative dielectric waveguides and double disk resonators made up of uniaxial anisotropic dielectrics by the method of lines. AEU-International Journal of Electronics and Communications, 1998, 52 (6): 347-354.

[24] Koohi M Z, Lee S, Mortazawi A, et al. Design of BST-on-Si composite BAWs for switchable BAW filter application. 2016 46th European Microwave Conference (EUMC), 2016: 1003-1006.

[25] Liu Y, Wang D K, Wang D F. Analytical study on effect of piezoelectric patterns on frequency shift and support loss in ring-shaped resonators for biomedical applications. Microsystem Technologies Micro and Nanosystems Information Storage and Processing Systems, 2017, 23 (7): 2899-2909.

[26] 王刚, 安琳. COMSOL Multiphysics 工程实践与理论仿真: 多物理场数值分析技术. 北京: 电子工业出版社, 2012.

[27] Huang H Y, Ge Y B, Xu X R, et al. An approximation for rapid simulation of thin film bulk acoustic resonators (FBAR) with sandwich-layered structure. Acta Mechanica Solida Sinica, 2023, 36 (2): 293-305.

[28] Ashraf N, Mesbah Y, Emad A, et al. Enabling the 5G: modelling and design of high q film bulk acoustic wave resonator (BAW) for high frequency applications. 2020 IEEE International Symposium on Circuits and Systems (ISCAS), 2020.

[29] Chen S T, Yin Q P, Hu C, et al. Design and optimization of baw filter using acoustic-electromagnetic coupling model and MBVD model. 2020 IEEE MTT-S International Conference on Numerical Electromagnetic and Multiphysics Modeling and Optimization (NEMO 2020), 2020.

[30] Gill G S, Singh T, Prasad M. Study of BAW response with variation in active area of membrane. 2nd International Conference on Emerging Technologies, Micro to Nano 2015 (ETMN-2015), 2016.

[31] Johar A K, Sharma G K, Kumar A, et al. Modeling, fabrication, and structural characterization of thin film ZnO based film bulk acoustic resonator. Materials Today-Proceedings, 2021, 1: 5716-5721.

[32] Yuan J, Liu T T, Chen S, et al. Perturbation analysis of frequency shift in a thin film bulk acoustic wave resonator under biasing field. Sixth Symposium on Novel Optoelectronic Detection Technology and Applications, 2020.

[33] Cendes Z. The development of HFSS. 2016 USNC-URSI Radio Science Meeting, 2016, 39-40.

[34] Fu P, Hao X Q. Surface mounting packaging of SAW low-loss high stop-band rejection filter. Electro-Mechanical Engineering, 2008.

[35] Lin S H, Lin K H, Chiu S C, et al. Full wave simulation of SAW filter package and SAW pattern inside package. 2003 IEEE Ultrasonics Symposium Proceedings, 2003: 2089-2092.

[36] Zhao K Z, Petersson L E R. Overview of hybrid solver in HFSS. 2018 IEEE Antennas and Propagation Society International Symposium on Antennas and Propagation & USNC/URSI National Radio Science Meeting, 2018: 411-412.

[37] 陈俊. 缺陷地面结构滤波器和薄膜声体波谐振器滤波器研究. 西安: 西安电子科技大学, 2008.

[38] 张慧金. BAW 器件模型和若干应用技术的研究. 杭州: 浙江大学, 2011.

[39] Nam K, Park Y, Ha B, et al. Monolithic 1-chip BAW duplexer for W-CDMA handsets. Sensors and Actuators A—Physical, 2008, 143 (1): 162-168.

[40] Park Y K, Nam K W, Yun S C, et al. Fabrication of monolithic 1-chip BAW duplexer for W-CDMA handsets. Proceedings of the IEEE Twentieth Annual International Conference on Micro Electro Mechanical Systems, 2007: 694.

[41] Ruby R. A decade of BAW success and what is needed for another successful decade. 2011 Symposium on Piezoelectricity, Acoustic Waves and Device Applications (SPAWDA), 2012.

[42] 李彦睿. 薄膜体声波滤波器的研究和设计. 成都: 电子科技大学, 2011.
[43] Menendez O, Paco P D, Villarino R, et al. Closed-form expressions for the design of ladder-type BAW filters. IEEE Microwave and Wireless Components Letters, 2006, 16 (12): 657-659.
[44] Ballato A, Lukaszek T. A novel frequency selective device: the stacked-crystal filter. 27th Annual Symposium on Frequency Control, 1973.
[45] Fattinger G G, Aigner R, Nessler W. Coupled bulk acoustic wave resonator filters: key technology for single-to-balanced RF filters. International Microwave Symposium Digest, 2004.
[46] Lakin K M. Equivalent circuit modeling of stacked crystal filters. Thirty Fifth Frequency Control Symposium, 2005.
[47] 陈铖颖. ADS 射频电路设计与仿真从入门到精通. 北京: 电子工业出版社, 2013.
[48] Cong P, Ren T L, Liu L T. A novel piezoelectric-based RF BAW filter. Microelectronic Engineering, 2003, 66 (1-4): 779-784.

第 4 章　AlN 薄膜的制备与表征方法

4.1　AlN 薄膜的制备方法

正如前文所提到的，AlN 作为 Ⅲ 族氮化物的代表，具有宽带隙、耐辐射、耐高温等优点，同时与目前 BAW 滤波器的其他压电材料 ZnO、PZT 等相比，AlN 的纵波声速高达 10400 m/s，且材料固有损耗低，与 CMOS 工艺兼容。因此，AlN 是目前最合适的压电薄膜材料，在 BAW 滤波器中得到广泛应用。AlN 薄膜的制备方法同样受到科研人员以及各大滤波器厂商的重点关注。下面将从磁控溅射、脉冲激光沉积、分子束外延、金属有机化学气相沉积、两步生长法、物理气相传输以及其他制备方法来介绍 AlN 薄膜的制备。

4.1.1　磁控溅射

1852 年，Grove 发现辉光放电产生的等离子体对阴极材料产生了溅射现象，随即科研人员对该现象进行了研究探索。1870 年，科研人员在溅射现象的基础上发明了直流二级溅射技术，并将此技术应用在制备涂层之上，但仍未能成功应用于实际生产之中。磁控溅射是在直流二级溅射的基础上进一步发展而来的，通过在靶材表面引入与电场垂直的磁场，利用电磁场的相互作用提升溅射速率，成为目前溅射沉积镀膜最常用的方法之一。1985 年，澳大利亚的 Window 和 Savvicles 提出磁控溅射的概念，通过附加磁场，大幅度地改善了沉积涂层的质量 [1,2]。

磁控溅射是指在真空室中，利用高能粒子轰击靶材表面，通过粒子动量传递打出靶材中的原子及其他粒子，并使其沉淀在衬底上形成薄膜的技术 [3−6]。磁控溅射属于物理气相沉积 (PVD) 的范畴，通常分为两种，直流反应磁控溅射和射频反应磁控溅射。磁控溅射技术可制备耐腐蚀摩擦薄膜、超导薄膜，是一种非常有效的沉积方法，近年来发展迅速，应用广泛 [7,8]。

1. *磁控溅射的基本原理*

磁控溅射基本原理如图 4.1 所示 [9]，直流反应磁控溅射系统中，在阳极和阴极之间施加高电压，使腔体中的分子、原子瞬间电离，电子 e^- 在电场 E 的作用下向阳极衬底迁移，在迁移过程中与反应腔中的 Ar 原子发生碰撞，使其电离出一个新的 Ar^+ 与电子。Ar^+ 在电场的作用下向金属 Al 靶材移动，并对 Al 靶材进行轰击溅射。Al 原子与 N 离子发生反应结合生成 AlN 薄膜并沉积在衬底上，新电子受到电场的作用加速进入磁场 B，且与磁场 B 中的磁力线垂直，因此在洛伦兹力的影响下绕磁力线旋转。当 Al 靶材阴极表面为环形磁场时，电子在磁场中做圆周运动，并被束缚在表面附近的等离子体区域。随着碰撞次数的增加，电子的能量消耗殆尽，逐渐远离靶表面，并在电场 E 的作用下最终沉积在衬底上[10,11]。

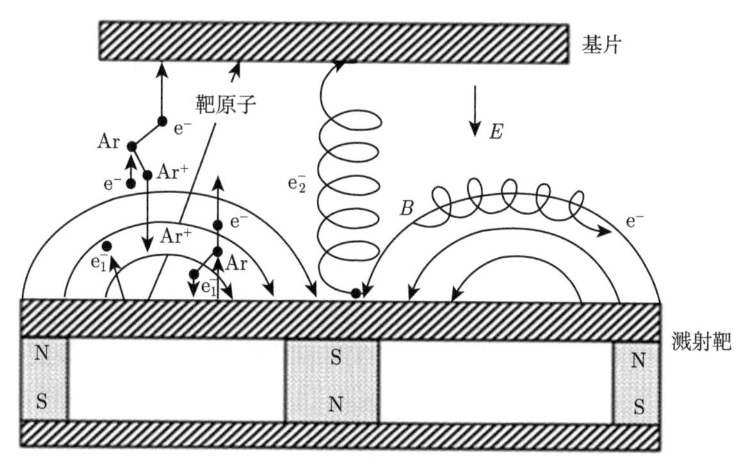

图 4.1 磁控溅射基本原理[9]

当将磁控溅射沉积中的直流电源更换成交流电源时，直流磁控溅射系统可转换成射频反应磁控溅射系统。在电压的正半周期，电子迁移率比离子迁移率高，Al 靶材为正极，可迅速吸引表面附近的等离子体中的电子，使表面与等离子体的点位相同，中和靶材表面累积的正电荷，并且在靶材表面迅速沉积大量电子，使靶材呈现负电势，吸引正离子继续轰击靶材，释放出 Al 原子，类似于电容器的充电过程。在电压的负半周期，Al 靶材表面的实际电势最低点近似于施加负电压的两倍。由于离子比电子质量大，迁移率小，靶材表面电势上升缓慢，下一周期又重复上述过程，其结果类似于在 Al 靶材施加了一个等效偏压，从而对 Al 靶材进行溅射。总体来说，由于施加电场是不断变化的，等离子体中的电子受到交变电场的作用在区域内发生振荡，导致电子与工作气体分子碰撞次数增大，进而使击穿电压、放电电压及工作气压等参数指标显著降低。一般而言，射频溅射电源的频率可在 1~30 MHz 范围内，通常使用的是 13.56 MHz，如图 4.2 所示。

2. 磁控溅射的特点

相比于其他薄膜制备技术，磁控溅射优势明显，主要包括以下几点：①沉积速度快，溅射过程中对衬底和靶材的温度影响小，对膜层的损伤较小；②适用范围广，大部分材料若能制备靶材，均能使用磁控溅射方法制备；③衬底与薄膜之间结合紧密，薄膜不易脱离；④溅射过程中的真空度高，杂质原子影响小，故薄

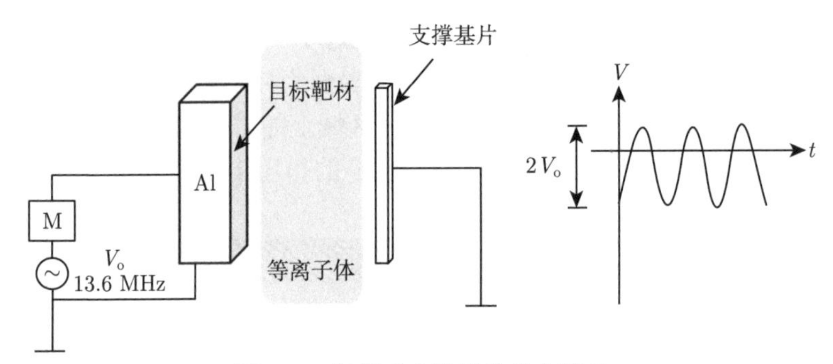

图 4.2　射频反应溅射的基本原理

膜的纯度高、致密性好；⑤磁控溅射工艺的可重复性好，同时能实现薄膜的掺杂，易实现工业商业化应用。

溅射沉积也存在一定的不足，例如，①会在等离子体严重轰击的靶材区域留下较深的痕迹，长时间下靶材极易损坏；②靶材的利用率不足，一般低于 40%，导致靶材的浪费，增加薄膜制备成本；③等离子体稳定性较差；④无法实现强磁材料的低温高速溅射。

3. 磁控溅射制备 AlN 的研究现状

目前商用 BAW 滤波器使用的 AlN 材料多为反应磁控溅射法沉积获得。磁控溅射法生长材料的温度可以低至 200~300 ℃，甚至是常温，可避免在高温条件下 AlN 与衬底之间产生的巨大应力，能有效满足其在 BAW 滤波器及其他器件中的应用。

2004 年，Tay 等 [12] 通过射频磁控溅射在 p 型 Si 衬底上制备了不同厚度的 AlN 薄膜，研究了沉积工艺对 AlN 薄膜的影响。研究结果表明，在高于 400 W 的射频功率下制备的 AlN 薄膜表现出良好的 c 轴取向性。但随着 AlN 薄膜厚度的增加 (1.8 μm 增加到 2.7 μm)，薄膜表面的粗糙度均方根 (root mean square, RMS = 18.76 nm) 变差，同时表现出更大的晶粒结构，如图 4.3 所示。

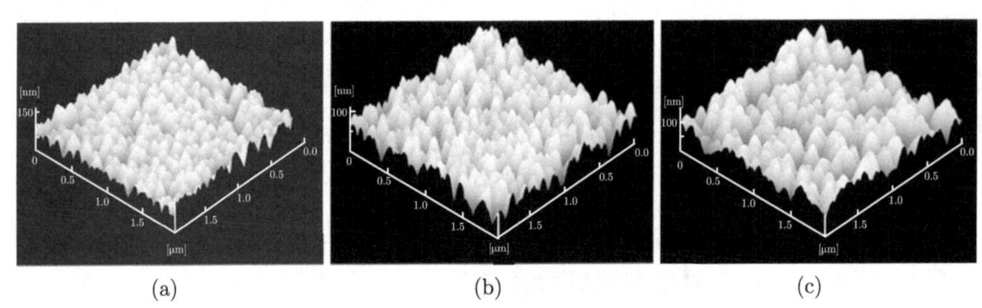

(a)　(b)　(c)

图 4.3　不同厚度 AlN 薄膜表面粗糙度 [12]

(a) 1.8 μm；(b) 2.25 μm；(c) 2.7 μm

2010 年，Lee 等 [13] 通过射频磁控溅射在 Si 衬底上成功制备了 (103) 取向的 AlN 薄膜，并研究了不同的温度 (100 ℃、200 ℃、300 ℃ 和 400 ℃) 对 AlN 薄膜晶体结构和表面形貌的影响。研究表明，当温度为 300 ℃ 时，AlN 薄膜 X 射线衍射 (X-ray diffraction，XRD) 半高宽 (FWHM) 降低至 0.6°，表面粗糙度降低至 3.259 nm。

2013 年，Zhao 等 [14] 对磁控溅射设备进行改装，通过采用不同磁体调整磁场，成功在 6 英寸和 8 英寸的 Si 衬底上制备了不均匀性小于 0.6%的 AlN 薄膜。研究结果表明，磁体设计对 N_2/Ar 的影响起主导作用，AlN 薄膜在不同 N_2/Ar 下的不均匀性与磁体设计密切相关，且 AlN 薄膜内应力与 N_2/Ar 呈线性趋势。

2017 年，Tang 等 [15] 通过磁控溅射，成功制备了 Sc 含量 15%, 高度 c 轴取向的 AlScN 薄膜，并在此基础上研究了溅射功率对薄膜晶体结构、表面形貌和压电响应的影响。测试结果表明，AlScN 薄膜 (0002) 取向的 XRD 衍射峰强度随着溅射功率的增大而增大，当功率为 135 W 时，AlScN 薄膜 (0002) 取向衍射峰强度、半高宽、薄膜表面形貌、表面粗糙度以及压电响应规律达到最优值；当溅射功率大于 135 W 时，XRD(0002) 特征峰急剧减小，半高宽、表面形貌以及压电响应等均发生恶化，如图 4.4 所示。

2018 年，Liu 等 [16] 通过射频反应磁控溅射，在不同晶体质量的金刚石上沉积了 c 轴取向的 AlN 薄膜。研究结果表明，金刚石衬底的晶体质量与取向对 AlN 薄膜的晶体生长方向存在较大影响，当金刚石表面缺陷密度较大时，AlN 薄膜会出现晶粒取向混乱；当金刚石取向为 $(11\bar{2}1)$ 时，AlN 薄膜呈现较好的 c 轴取向生长。

同年，Lan 等 [17] 利用射频磁控溅射生长了单相 a 轴 AlN 薄膜，研究了溅射功率对 AlN 薄膜晶体质量、晶体结构以及表面粗糙度的影响。研究结果表明，当溅射功率发生变化时，AlN 薄膜的晶体取向与结构并未发生变化。而当溅射功率为 110 W 时，AlN 薄膜的粗糙度低至 0.445 nm。

2020 年，Han 等 [18] 在室温条件下，通过直流磁控溅射在 Si(100) 衬底上生长 AlN 薄膜，以不同 N_2 流量比 ($N_2/(N_2+Ar)$) 为变量，研究流量比对 AlN 薄膜的影响。实验结果表明，随着 N_2 流量含量增加，AlN 薄膜的 XRD(0002) 取向衍射峰强度逐渐增强，c 轴取向性逐渐增强。当 N_2 的流量比为 50%时，XRD(0002) 取向半高宽为 0.34°。

2023 年，Wang 等 [19] 通过直流磁控反应溅射，在 Si 衬底的 (100) 面上沉积了具有 (0002) 优选取向的 AlN 和 6%Sc 掺杂的 AlN 薄膜，研究了薄膜的晶体质量、表面粗糙度、薄膜应力等，并比较了 Sc 掺杂前后 AlN 薄膜的质量变化。研究表明，所有薄膜都具有均匀致密的结构，晶体质量较好。同时，Sc 的掺杂显著降低了 AlN 薄膜的不均匀性、粗糙度和应力，对后续制备高质量的压电薄膜，提

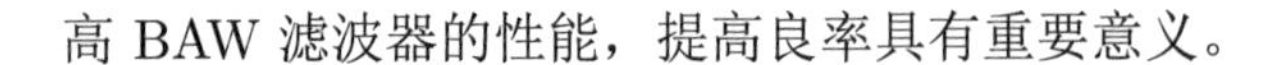

高 BAW 滤波器的性能，提高良率具有重要意义。

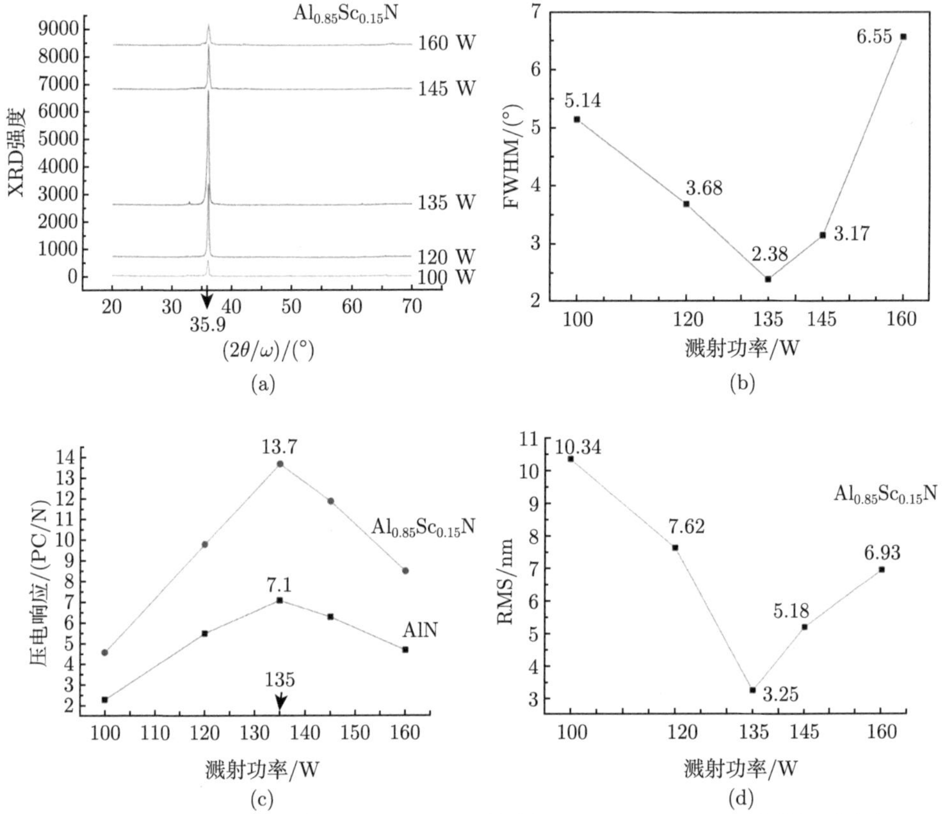

图 4.4　不同功率下制备的 $Al_{0.85}Sc_{0.15}N$ 薄膜的 (a) XRD(0002) 取向峰衍射强度；(b) XRD(0002) 取向峰半高宽；(c) 压电响应；(d) 表面粗糙度 [15]

4.1.2　脉冲激光沉积

脉冲激光沉积 (pulsed laser deposition，PLD) 是一种物理气相沉积技术，其采用高功率脉冲激光束在真空室内聚焦轰击待沉积材料靶材来制备薄膜。早在 1960 年，梅曼研制出世界上首台红宝石激光器后不久，科研人员发现激光拥有很高的能量密度，当激光束照射到固体材料表面时会产生由固体、离子及分子组成的等离子体羽辉，其温度高达 $10^3 \sim 10^4$ K[20]。1965 年，Smith 和 Turner 首次利用红宝石激光器制备薄膜 [21]，开展了对激光制备薄膜的探索。在此之后，科研人员提出了 CO_2 激光器等新技术，但该方法的激光波长较长，靶材熔融之后，在沉积过程中难免会携裹大量的微滴，影响沉积的薄膜质量 [22]。

20 世纪 70 年代，科研人员成功研发出电子 Q 开关短脉冲激光技术 [23]，该技术瞬时功率可高达 10^6 W，功率密度超过 10^8 W/cm^2，且由于脉冲时间一般为纳秒级别，烧蚀深度大幅度减小，同时也降低了烧蚀产物中液相物质的产生，有利于提升薄膜质量，因此促进了 PLD 技术的进一步发展。1987 年，美国贝尔实验室的 Kuppusami 和 Rajiv 等 [24,25] 借助 KrF 准分子激光器，利用 PLD 技术，成功制备了超导薄膜材料 $YBa_2Cu_3O_{7-x}$ (钇钡铜氧 (YBCO))。此后，世界上各实验室与课题组积极开展功能薄膜材料的 PLD 生长技术研究，这种技术陆续成为制备半导体、高温超导薄膜等的重要方法 [26,27]。

1. 脉冲激光沉积的原理

PLD 技术原理与装置 [28] 如图 4.5 所示，激光器产生的高能脉冲激光通过光学透镜射入真空腔体轰击 Al 靶材表面，并与靶材表面发生较强的相互作用，材料表面受到高能脉冲激光的强烈辐射，其表面的原子和分子将发生反应。这个过程中需要控制激光脉冲的能量、频率、时间等参数，以达到所需的沉积效果。在 PLD 过程中，激光束的能量被吸收并转化为热能，使靶材表面温度迅速升高并在表面产生等离子体羽辉。其中，等离子体羽辉中包含了靶材表面的原子和分子，以及由激光束激发的其他粒子。这些带电粒子在电场的作用下，以喷射流的形式沉积到基材上，形成薄膜。

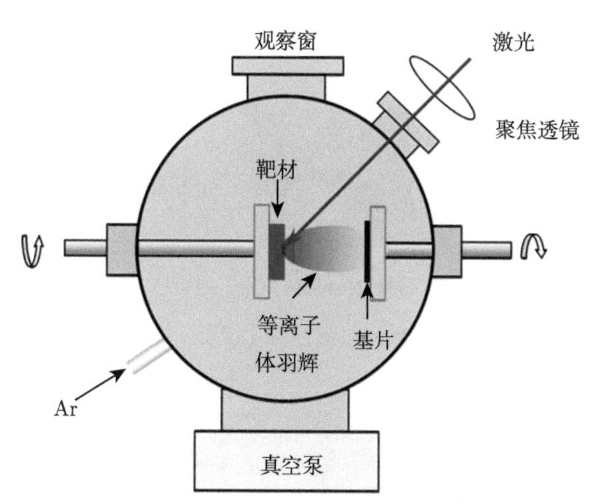

图 4.5　PLD 技术原理与装置图 [28]

通常而言，PLD 技术制备薄膜的过程主要分为以下三个阶段 [29−33]。

1) 激光与靶材的相互作用

当一束高能激光作用于靶材表面时，由于激光的脉冲时间很短，靶材几乎不与周围环境发生热传导，激光作用的靶材表面急剧升温，此时温度远高于靶材的蒸发温度，因而靶材表面发生剧烈烧蚀，在特定的区域形成高密度的等离子体。等离子体产生之后，以其他的方式继续吸收激光的能量，瞬间可达到 10^4 K 数量级的温度，形成等离子体羽辉 [34]。

靶材表面附近的空间结构如图 4.6 所示 [35]，其中 A 区域为未发生熔融，仍旧吸收激光能量的固态靶材区，此区域仍未被激光烧蚀，但由于导热效果，存在温度梯度。B 区域为已经在激光下发生熔融，形成液相的区域，即烧蚀区域。C 区域为电晕区域，是高温高密度的等离子体区域。在 C 区域与 B 区域邻近处，蒸发粒子的密度很高，为 $10^{16}\sim10^{21}$ cm^{-3}，该区域称为 Knudsen 层。高密度的蒸发粒子呈余弦函数 $\cos\theta$ (θ 是观察点与靶面中心位置的连线和靶材表面法线间的夹角) 分布，且在该区域的碰撞十分激烈。在碰撞的作用下，各粒子的蒸发速度得到调整，不同粒子的平均速度趋于一致，最终到达衬底的时间也基本相同，从而使薄膜与靶材的化学成分比保持一致。D 区域为等离子体膨胀区，也称为导热区。在高温高压环境下，电晕区的等离子体会在激光的作用下形成一个具有致密核心的等离子体火焰。等离子体在吸收激光能量后会继续膨胀，并对其速率进行重新调整和分布，等离子体的空间分布由 $\cos\theta$ 形式转变为 $(\cos\theta)^n$。导热区对脉冲激光的能量辐射几乎没有障碍，通常也称之为激光透明区。

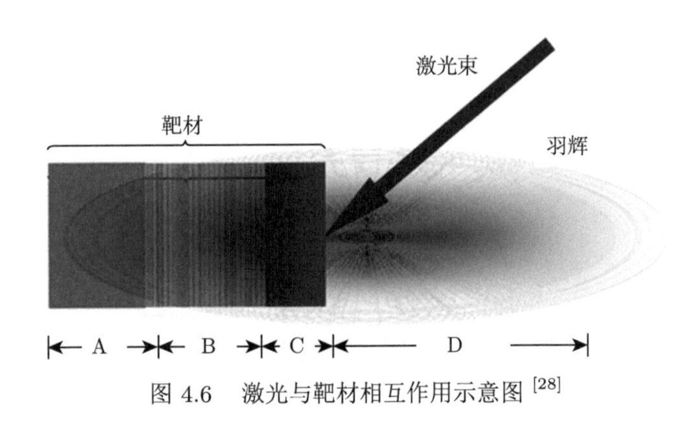

图 4.6 激光与靶材相互作用示意图 [28]

2) 等离子体空间传输

在脉冲激光作用下，Al 原子吸收激光能量从 Al 靶材表面脱离并发生电离，形成高密度高能量的等离子体向外喷射。随着脉冲激光的运行，等离子体从靶材的表面运动到衬底表面，其中等离子体需要经历等温膨胀和绝热膨胀两个物理过程。当运动时间小于激光脉冲宽度时，由于默认该过程中等离子体膨胀导致的温度降低与吸收激光导致的温度升高近似，所以一般视为等温膨胀过程。而当运动时间大于激光脉冲宽度时，由于等离子体在短时间内迅速膨胀，可以忽略膨胀过程中的热量交换，所以一般视为绝热膨胀，温度随时间下降。等离子体在膨胀过程中会快速压缩腔内的 N_2，使得 N_2 的压强迅速升高。激光烧蚀靶材所产生的烧蚀物粒子在运动过程中将会发生碰撞、散射等能量转移行为，进而影响粒子到达衬底时的数量与能量，得到在不同设备不同工艺参数下的 AlN 薄膜。

3) 等离子体沉积成膜

等离子体通过喷射到达衬底时，与衬底发生相互作用。相互作用时，衬底会溅射出部分表面原子，这些原子与入射粒子发生碰撞，形成一个温度与粒子密度均很高的对撞区，该区域阻碍了等离子体进一步与衬底接触 [32]，如图 4.7 所示。当对撞区获得入射粒子流的能量之后，聚集速度进一步增加，且聚集速度大于靶材溅射速度时，对撞区会发生膨胀与消散。溅射现象对薄膜的均匀性、晶体质量、表面形貌等具有一定的影响，因此气体压强、脉冲激光频率、激光能量密度以及衬底温度等工艺参数的调整对 AlN 薄膜的生长至关重要。

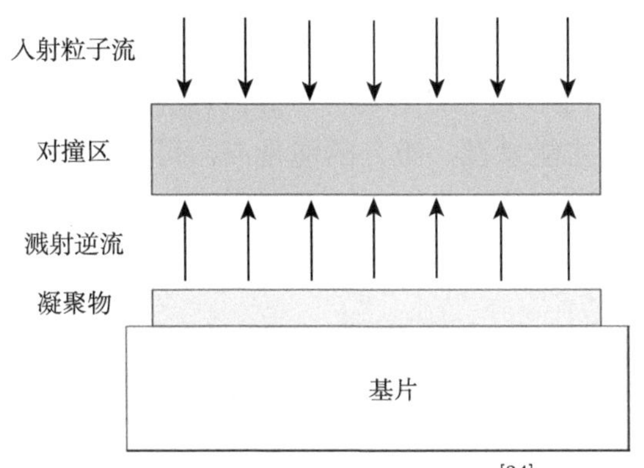

图 4.7　粒子流相互作用示意图 [34]

衬底可以使 AlN 获得与衬底表面平行的动能以发生横向迁移，寻找能量较低的位点稳定下来。横向迁移过程中，吸附粒子可能与其他粒子发生碰撞并脱附，重新回归气相；也有可能相互作用形成粒子团，增强吸附力。相互结合的粒子团满足一定能量条件时，其在衬底的时间进一步延长，并逐渐演变为生长核。粒子团在成核之后，仍然可能发生离解，在一定的能量关系下，生长核随着外来原子的引入而逐渐变大，逐渐形成岛状结构。随着粒子不断被岛状结构吸引，岛与岛之间相互融合，形成更大的岛。岛状结构不断增加，部分小岛之间形成不连续、其间有许多沟道的网状结构。新的生长核又会在沟道中形成，填充沟道，随着该过程的反复进行，最终实现了衬底上薄膜的制备。

2. 脉冲激光沉积的特点

与其他薄膜制备技术相比，PLD 技术具有以下特点。

(1) PLD 技术的激光在制备 AlN 薄膜的过程中并非连续，当激光处于脉冲时间时，激光烧蚀靶材形成高能量高密度的等离子体羽辉向衬底移动；当激光处于脉冲时间外时，等离子体羽辉的密度减小，有利于衬底上的 AlN 粒子横向迁移。高的成核密度以及高的横向迁移速率是薄膜 2D 横向外延生长的重要因素，脉冲激光沉积技术能有效满足上述要求 [20]。

(2) PLD 技术能制备与靶材成分一致的多元素化合物薄膜。一般的热沉积技术制备薄膜时，最终得到的薄膜化学组成比例与靶材存在一定程度的差距。对于 PLD 技术，由于 Knudsen 区域的存在，可以使薄膜与靶材的化学成分比保持一致 [36]。

(3) PLD 技术可以在低温条件下制备高质量无界面反应的 AlN 薄膜。在高温生长技术中，AlN 薄膜会与衬底发生剧烈的界面反应，同时 AlN 到达衬底表面时的迁移能较小，无法在表面高效地进行横向迁移。在 PLD 技术中，等离子体羽辉具有很高的能量，能有效地在薄膜表面进行横向迁移或向邻近的晶格转移能量，能在低温条件下制备高质量薄膜 [23]。

除了上述特点，PLD 技术还存在许多其他热沉积方法无法比拟优点：

(1) 相比于其他的能量源，激光的能量高，可制备高熔点及成分复杂的薄膜 [37−41]；

(2) 靶材与衬底位于真空室内，激光源位于真空室外，可有效地减少杂质与污染，提升薄膜纯度 [42]；

(3) 仪器操作简单，可灵活优化生长参数；

(4) 在真空室引入各种工作气体，可制备多元素化合物薄膜 [43−45]；

(5) 薄膜沉积速率快，且膜厚可控 [46−48]；

(6) PLD 为非平衡生长过程，可保留亚稳相结构。

与此同时，PLD 技术也存在一定的不足，主要表现在：

(1) 薄膜表面易存在熔融小颗粒或分子碎片，不易进行大面积薄膜的制备，同时降低了薄膜的晶体质量 [49]；

(2) 等离子体羽辉的方向性很强，在各个方向的速度不一致，在衬底的不同区域，所吸附的粒子数量和活性有很大的差别，薄膜均匀性较差；

(3) 在镀膜的过程中，靶材部分溅射出来的物质会沉积在激光进入的窗口处，入射激光被阻挡进而影响激光能量，导致入射激光功率随时间出现衰减。

3. 脉冲激光沉积制备 AlN 的研究现状

2008 年，Zhu 等 [50] 采用 PLD 技术在 $SrTiO_3(100)$ 衬底上制备了立方相 AlN 薄膜，并采用反射高能电子衍射 (reflection high-energy electron diffraction，RHEED)、XRD 和原子力显微镜 (atomic force microscope，AFM) 对沉积膜的微观结构和表面形貌进行了表征。研究发现，在 450 ℃ 下制备的 AlN 薄膜呈现多晶结构；而当沉积温度提高到 650 ℃ 时，得到了立方相的 AlN 薄膜；但当生长温度进一步提高到 800 °C 时，AlN 薄膜的结晶质量下降。AFM 测试表明，AlN 薄膜的表面形貌与 N_2 分压有很大关系，在 650 °C 和 10 Pa N_2 条件下沉积的薄膜的表面粗糙度约为 0.674 nm。

2013 年，本书作者带领团队 [51] 采用 PLD 技术在 2 英寸 Si(111) 及蓝宝石衬底上外延生长出均匀无裂纹的 AlN 薄膜。通过优化激光光栅和 PLD 生长条件，制备的单晶 AlN 薄膜具有优异的厚度均匀性 (图 4.8)，基于 Si 衬底薄膜的表面粗糙度为 1.4 nm，基于蓝宝石衬底薄膜的表面粗糙度为 1.53 nm。高分辨透射电子显微镜 (high resolution transmission electron microscope，HRTEM) 模拟表明，AlN 薄膜与 Si 及蓝宝石衬底之间存在 1.5 nm 厚的界面层，AlN 薄膜几乎完全松弛，面内拉伸应变仅为 0.3%。

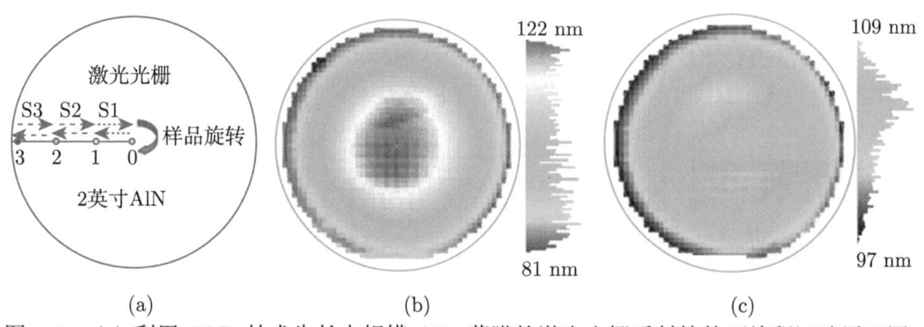

图 4.8 (a) 利用 PLD 技术生长大规模 AlN 薄膜的激光光栅反射镜的可编程运动原理图；(b) 未进行激光光栅处理和 (c) 优化激光光栅处理后的厚度分布图 [51]

2014 年，本书作者带领团队 [52] 对 PLD 技术在 Si 衬底上制备 AlN 薄膜的外延生长机理和位错形成的原因进行了全面的研究。研究发现，由于 PLD 的高能量效应和脉冲效应，在 Si(111) 上生长 AlN 薄膜的外延过程是一个与应变松弛机制有关的 2D 逐层生长机制。在最佳生长条件下，AlN 靶的预烧蚀抑制了 Si-N 界面反应，并存在厚度为 1.5 nm 具有高密度位错的单晶 AlN 层；而在非最佳生长条件下，活性 Si 原子与 AlN 之间的界面相互扩散和渗透，导致衬底与 AlN 薄膜之间发生严重的界面反应，大幅度提升了 AlN 薄膜中的位错和缺陷密度，如图 4.9 所示。

同年，本书作者通过对激光光栅程序进行优化 [53]，在 550 °C 温度下在 Cu(111) 衬底上生长了 321 nm 厚的单晶 AlN 薄膜，该薄膜具有良好的厚度均匀性，表面粗糙度为 2.3 nm，AlN 薄膜与 Cu(111) 衬底之间存在界面层厚度为 1.2 nm 的 AlN/Cu 异质界面。但由于 Cu(111) 衬底晶体质量较差，AlN 薄膜 (0002) 取向半高宽为 2.0°，$(10\bar{1}2)$ 取向半高宽为 2.5°，如图 4.10 所示。

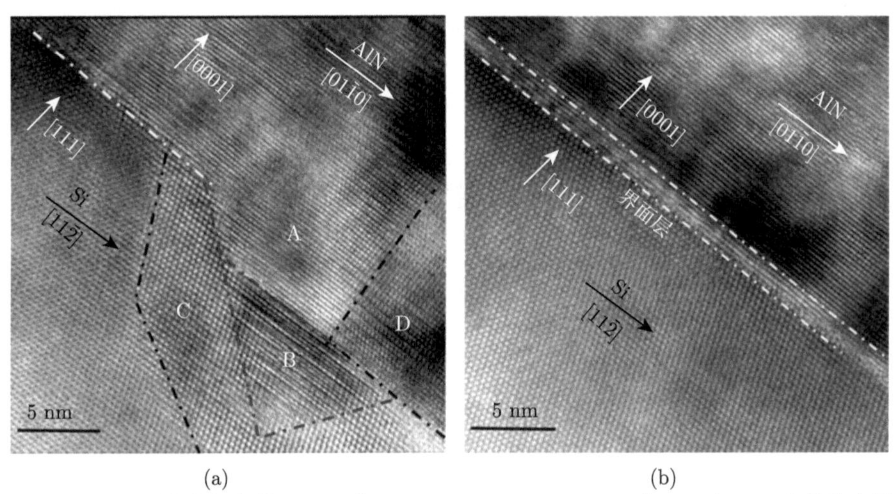

图 4.9　在 (a) 最佳生长条件 1×10^{-3} Torr (1 Torr=1.33322×10^{2} Pa) 和 (b) 非最佳生长条件 8×10^{-3} Torr 下生长的 AlN 与 Si 衬底之间的 HRTEM 图像 [52]

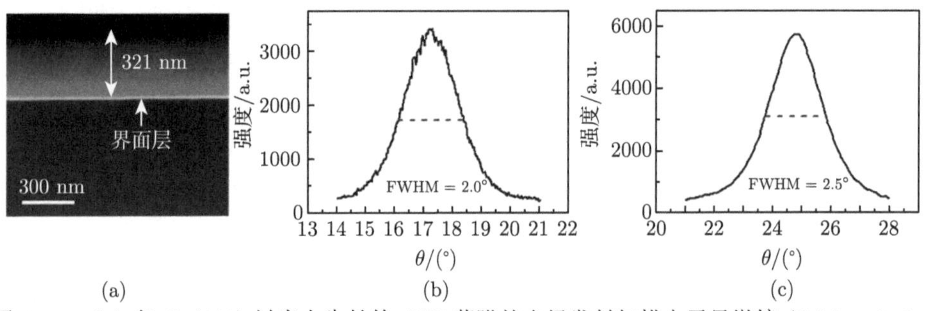

图 4.10　(a) 在 Cu(111) 衬底上生长的 AlN 薄膜的电场发射扫描电子显微镜 (field emission scanning electron microscopy，FESEM) 图；(b) AlN 薄膜 (0002) 取向半高宽；(c) AlN 薄膜 (10$\bar{1}$2) 取向半高宽 [53]

2015 年，本书作者 [54] 在 Si(111) 衬底上生长了不同厚度的 AlN 薄膜，并在此基础上研究了薄膜的表面形貌和结构特性。实验结果发现，Si 衬底表面生长的 AlN 薄膜很薄时 (2 nm)，薄膜表面呈原子平面，表面粗糙度为 0.23 nm；且随着厚度的增加，AlN 晶粒逐渐增大，并形成相对粗糙的表面，如图 4.11 和图 4.12 所示。当 AlN 薄膜厚度为 120 nm 时，AlN 岛相互融合，形成 AlN 层，生长速率从 240 nm/h 下降到 180 nm/h，直接证明了 PLD 在 Si 衬底上生长 AlN 薄膜的生长方式由 3D 岛状生长转变为 2D 层状生长，如图 4.13 所示。

同年，针对传统异质外延衬底与 AlN 之间晶格失配与热失配较大的问题，本书作者带领团队使用 $(La_{0.3},Sr_{0.7})(Al_{0.65},Ta_{0.35})\ O_3$ (LSAT) 作为 AlN 薄膜异质外延的衬底 [55]，在 450 ℃ 下成功生长出厚度为 300 nm，表面粗糙度为 1.8 nm

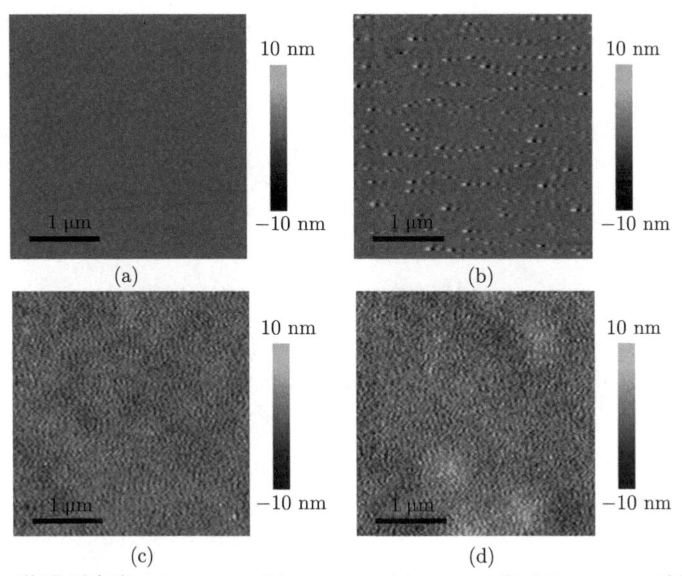

图 4.11 AlN 薄膜厚度为 (a) 2 nm、(b) 10 nm、(c) 90 nm 和 (d) 180 nm 时的 AFM 表面形貌 [54]

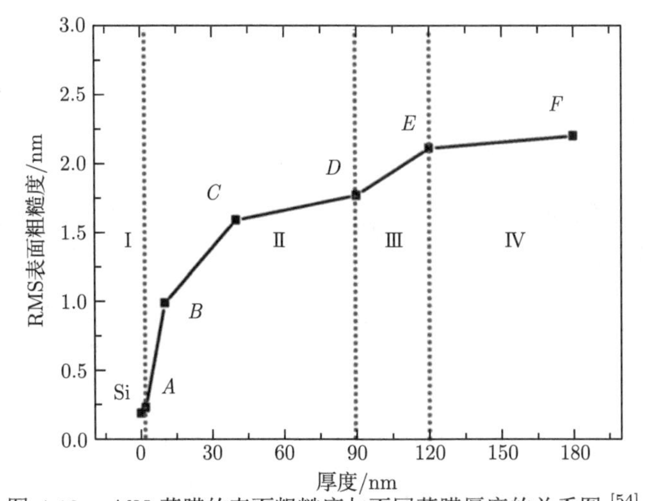

图 4.12 AlN 薄膜的表面粗糙度与不同薄膜厚度的关系图 [54]

$A \sim F$ 表示 AlN 不同的厚度及对应的 RMS。A 点厚度为 2 nm、RMS=0.23 nm；B 点厚度为 10 nm、RMS=0.99 nm；C 点厚度为 40 nm, RMS 没有具体给出；D 点厚度为 90 nm、RMS=1.77 nm；E 点厚度为 120 nm、RMS=2.11 nm；F 点厚度为 180 nm、RMS=2.20 nm。I∼Ⅳ 分别表示文献作者将 Si 衬底上 AlN 薄膜的生长分为四个阶段，在第 I 阶段，2 nm 厚的 AlN 薄膜的 RMS 值与 Si 衬底相似，表明脉冲激光产生的 AlN 等离子体物质均匀沉积在 Si 衬底上；进入第 Ⅱ 阶段，均方根值先快速上升，然后趋于稳定，这种变化是 AlN 生长核不断吸收新的入射物质所致，当高能入射粒子与 AlN 颗粒碰撞时，它们倾向于合并在一起以降低表面能，达到最稳定的状态，当 AlN 岛屿足够大时，RMS 值增加缓慢；第 Ⅲ 阶段，表面粗糙度呈现快速增加的趋势，表明 AlN 岛相互合并，最终形成 AlN 层；第 Ⅳ 阶段，AlN 层外延生长基本稳定且具有突变异质界面的 AlN 薄膜，如图 4.14 所示，为后续 BAW 滤波器高质量压电薄膜的制备提供了一种方法。

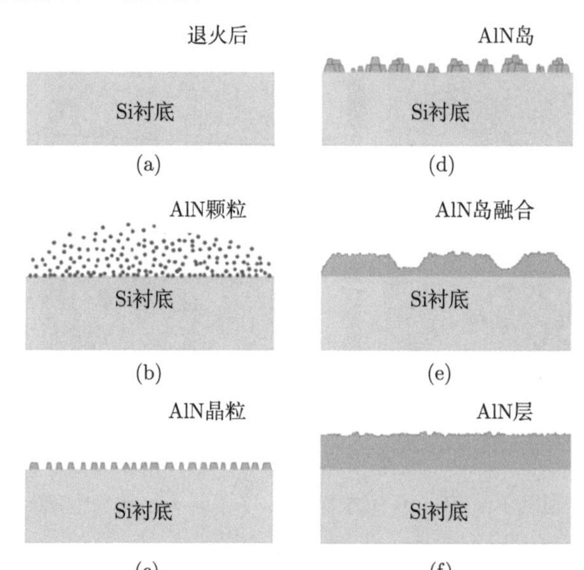

图 4.13 在 Si 衬底上通过 PLD 方法生长 AlN 薄膜的机理示意图 [54]

(a) 衬底退火；(b) 高能脉冲激光烧蚀 AlN 陶瓷靶材，产生 AlN 等离子体，扩散到 PLD 腔内退火后的 Si 衬底；(c) 脉冲激光为 AlN 的充分迁移提供了足够高的动能，因此，具有优异均匀性的 AlN 薄膜最初沉积在 Si 衬底上，随着新入射种的增加，沉积的 AlN 种相互碰撞，形成 AlN 晶粒；(d) AlN 颗粒不断吸收新的入射种，并逐渐变大，形成 AlN 岛；(e) 岛长到一定大小时，它们开始在 AlN 岛的底部区域相互结合；(f) 最终形成 AlN 层，覆盖整个 Si 衬底表面，在此过程中，AlN 的生长方式由岛状生长转变为层状生长

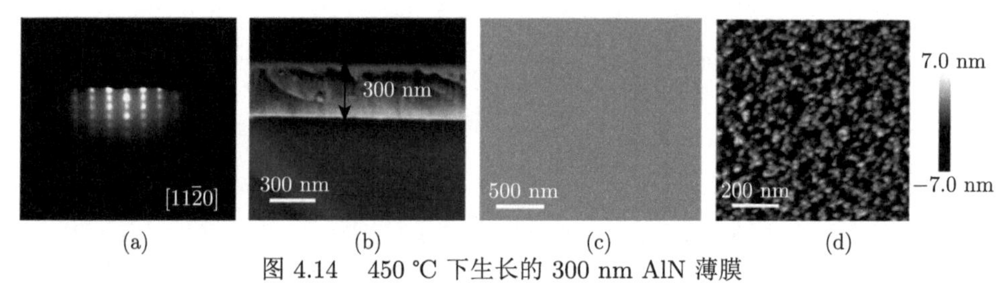

图 4.14 450 ℃ 下生长的 300 nm AlN 薄膜

(a) 60 分钟退火后 RHEED 图；(b) 扫描电子显微镜 (scanning electron microscopy，SEM) 横截面图；(c) SEM 图；(d) AFM 图 [55]

4.1.3 分子束外延

在 20 世纪六七十年代，美国贝尔实验室的 Cho 和 Arthur，基于 GaAs 表面生长反应动力学的研究成果，结合薄膜制备中广为采用的 PVD 技术的特点，发明了一种更为先进的薄膜生长手段，即分子束外延技术 (molecular beam epitaxy，MBE)[56]。目前，MBE 已经发展成为高质量 AlN 薄膜制备的主要技术手段之一 [57]。

1. 分子束外延的基本原理

MBE 是一种在超高真空环境 (约 10^{-9} Torr) 下进行高质量 AlN 薄膜制备的重要技术手段。如图 4.15 所示，在超高真空环境中，薄膜生长所需的 Al 原子和 N 原子从高纯度的源炉，通常为 Knudsen effusion cell(K-cell) 中经加热而蒸发，所形成的气体原子经过设置在源炉口的小孔准直后形成分子束流，分子束流直接沉积在具有一定温度的衬底材料上，其间 Al 原子和 N 原子按照一定的晶体结构排列方式逐层沉积生长在衬底上，并最终形成稳定的高质量 AlN 薄膜 [58]。

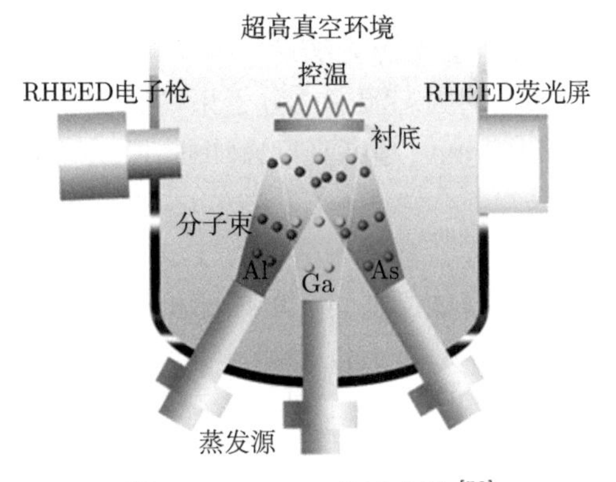

图 4.15 MBE 的示意图 [59]

MBE 的反应动力学过程如图 4.16 所示，在衬底表面发生 Al 原子与 N 原子键合反应，实现 AlN 薄膜生长的动力学过程，在薄膜生长的过程中，入射 Al 原子和 N 原子在衬底表面除了会发生吸附和结合，还会涉及分解、迁移、解吸等一系列的物理反应过程 [60]，而且在实际反应过程中，吸附和脱附过程是同时发生的，二者处于动态平衡之中。

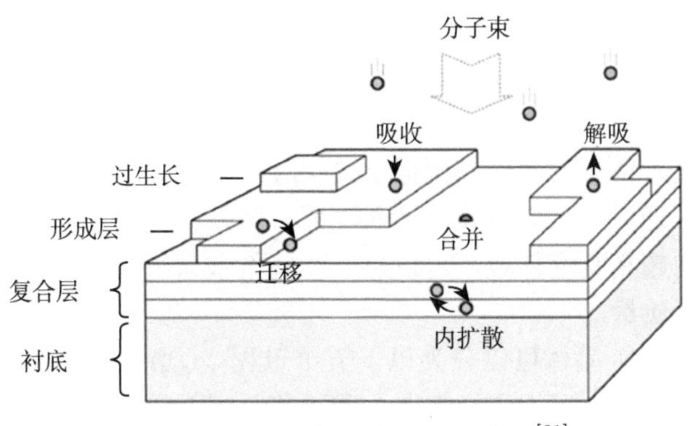

图 4.16 MBE 的反应动力学过程 [61]

MBE 的核心是要保证高纯固态/气体源能够通过热蒸发或者其他方式产生定向且速率可控的分子束，然后分子束有效传送到衬底表面，发生反应实现外延生长，且整个过程不受杂质分子干扰或入侵，最终在衬底表面生长出高质量的薄膜。为了实现高质量的外延，要求这个过程在超高真空 (小于 10^{-6} Torr) 的状态条件下进行，这个要求可以用气体动力学理论的平均自由程方程来解释 [61]：

$$\lambda = \frac{k_B T_1}{\sqrt{2}\pi D^2 P} \tag{4.1}$$

式中，k_B 为玻尔兹曼常量；T_1 为源炉温度 (单位为 K)；D 为分子直径；P 为环境压强。在常温常压状态下，固态源无法形成分子束；而在超高真空压强下 ($P = 10^{-10} \sim 10^{-6}$ Torr) 时，高温的固态源形成分子束，其平均自由程分别在 $10^2 \sim 10^5$ cm (常温常压) 至 $10^6 \sim 10^9$ cm (超高真空)，由此可以确定，更高的真空程度可以实现更大的平均自由程。

另外，超高真空状态也可以避免环境中的残余气体分子与衬底的外延表面碰撞使衬底表面受到污染。根据单位时间、单位面积的衬底表面被气体分子碰撞次数 N[61]：

$$N = \frac{1}{4} n v \tag{4.2}$$

结合压强与气体分子密度 n 的关系和分子热运动平均速率 v：

$$P = 1.035 \times 10^{-19} n T \tag{4.3}$$

$$v = \sqrt{\frac{8RT}{\pi M}} \tag{4.4}$$

得到

$$N = \frac{1}{4} \cdot \frac{P}{1.035 \times 10^{-19}} \cdot \sqrt{\frac{8RT}{\pi M}} \tag{4.5}$$

在常温下，当 $P = 10^{-6}$ Torr，$N = 3 \times 10^{14}$ cm^{-2}·s^{-1} 时，2 ~ 3 s 内残余气体分子就会覆盖整个衬底表面；而当 $P = 10^{-10}$ Torr，$N = 3\times10^{10}$ cm^{-2}·s^{-1} 时，残余气体分子覆盖整个衬底表面则需要 5~8 h。此外，一般的 MBE 生长室都会配备一层冷屏，通过 77 K 的液氮流入冷屏，降低腔体内壁温度，吸附残余气体分子，保持腔内超高真空环境，可以进一步降低残余气体分子碰撞到衬底表面的概率，提高外延质量。

MBE 生长 AlN 晶体可以分为以下五个过程。①沉积：Al 原子和 N 原子以无相互作用的形式自由沉积到衬底上；②迁移：表面吸附的 Al 原子和 N 原子在表面发生迁移；③成核：Al 原子和 N 原子迁移至晶格的位置进行成核；④再迁移：未进入晶格参与外延生长的原子从衬底上解吸附并脱离外延表面；⑤液滴：没有参与晶格生长且未能及时脱附的金属原子在生长表面形成液滴 [62]，如图 4.17 所示。

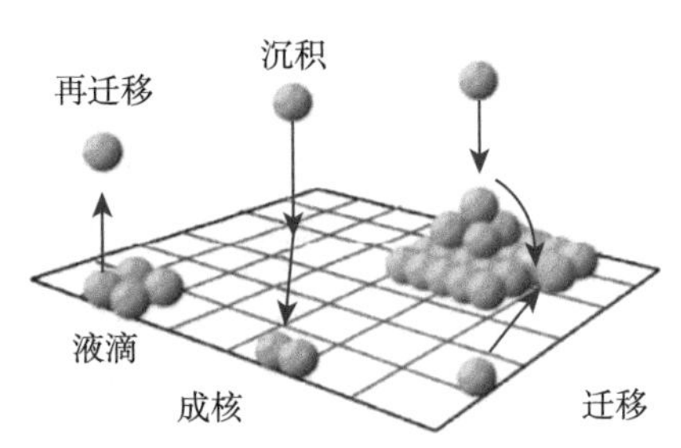

图 4.17 MBE 生长过程中的沉积、迁移、成核、再迁移、液滴五种情况 [62]

2. 分子束外延的特点

归纳起来，MBE 相比于其他生长技术的优点如下所述 [63,64]。

(1) 高质量薄膜。MBE 技术要求在超高真空下制备薄膜，受到外来污染影响小，其厚度可以精确控制到原子级别。

(2) 容易形成在界面处突变的超精细结构。MBE 生长速度较慢，通常为 0.1~1 nm/s，可以精密地控制掺杂、组分和厚度，有利于生长多层异质结构。

(3) 动力学过程。MBE 生长不是在热平衡条件下进行的，是一个动力学过程，可以生长一般热平衡生长所难以得到的晶体。

(4) 原位观测。MBE 生长过程中，表面处于真空中，可以利用附设的设备进行原位 (即时) 观测，分析、研究生长过程、组分、表面状态等。

(5) 形成的结构按合金成分或杂质浓度的差别而呈现复杂的结构分布。

(6) 材料的结构可以在需要的区域形成需要的内在应力。张应力或压应力，造成存在应力区域的部分能带的改变，因此可以在此区域改变其能带结构，这称为“能带工程学”，也给材料和器件的设计带来了更多的选择。

(7) MBE 系统可以通过设备的完善，进行 RHEED、俄歇电子能谱 (auger electron spectroscopy，AES) 等实现在线监控，可以对材料的生长过程进行精确控制，并进行详细分析。

但相应地，MBE 也存在一些缺点，主要表现在如下方面。

(1) 需要超高的真空度以及昂贵的设备维护费用，MBE 为了避免蒸发器中杂质的污染，需要使用大量的液氮；

(2) 生长速率较慢，不适用于厚膜生长和大量生产，大幅度限制了 MBE 技术在量产化方向的应用。

3. 分子束外延制备 AlN 的研究现状

1995 年，MacKenzie 等 [65] 尝试使用 MBE 法在蓝宝石上生长单晶 AlN 薄膜，XRD(0002) 取向半高宽约为 430″，表面粗糙度为 0.8 nm，如图 4.18 所示，成为当时 MBE 方法生长 AlN 薄膜的最好结果。

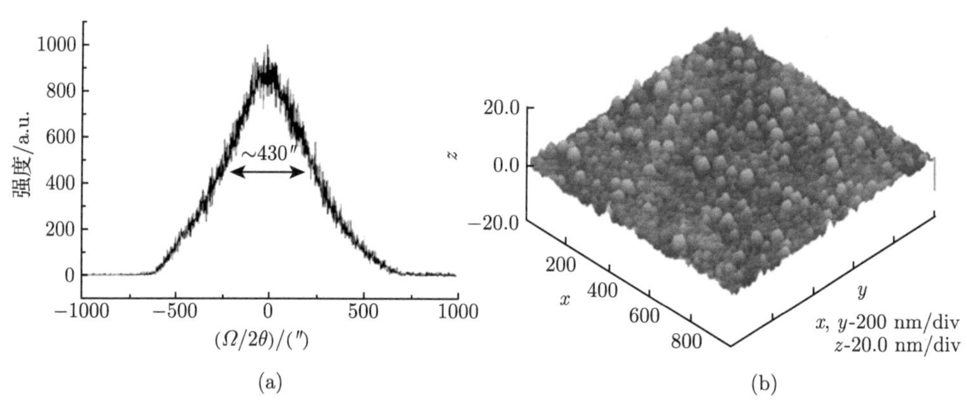

图 4.18　单晶 AlN 薄膜的 (a) XRD(0002) 取向半高宽和 (b) 表面粗糙度 [65]

2002 年，Kulandaivel 等 [66] 通过等离子体辅助分子束外延 (plasma assisted molecular beam epitaxy，PA-MBE) 在 c 面蓝宝石衬底上生长了高质量的 AlN 薄膜。研究发现，AlN 薄膜的 c 轴晶格常数随薄膜厚度变化而变化；且 AlN 薄膜表征的 RHEED 图谱表明，薄膜表面形貌较好，XRD(0002) 和 $(10\bar{1}2)$ 取向半高宽分别为 42″ 和 180″，如图 4.19 所示。

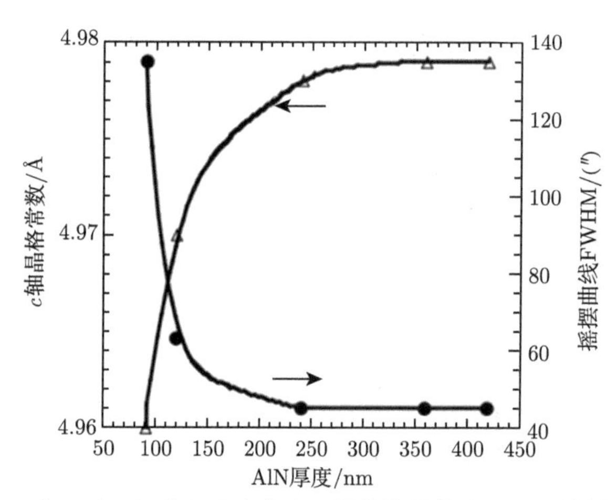

图 4.19　AlN(0002)、$(10\bar{1}2)$ 半高宽和 c 轴晶格常数随 AlN 层厚度的变化 [66]

同年，Luo 等 [67] 在 Si 的 (111) 面上利用预铺 Al 技术，有效地避免了 N

原子与 Si 衬底在高温下发生反应形成 Si_xN_y 的界面层，实现了 150 nm 的 AlN 薄膜的生长，并大幅降低了薄膜的表面粗糙度，表面粗糙度降低至 0.5 nm。但该 AlN 薄膜的晶体质量较差，XRD (0002) 取向半高宽高达 1.55°，如图 4.20 所示。

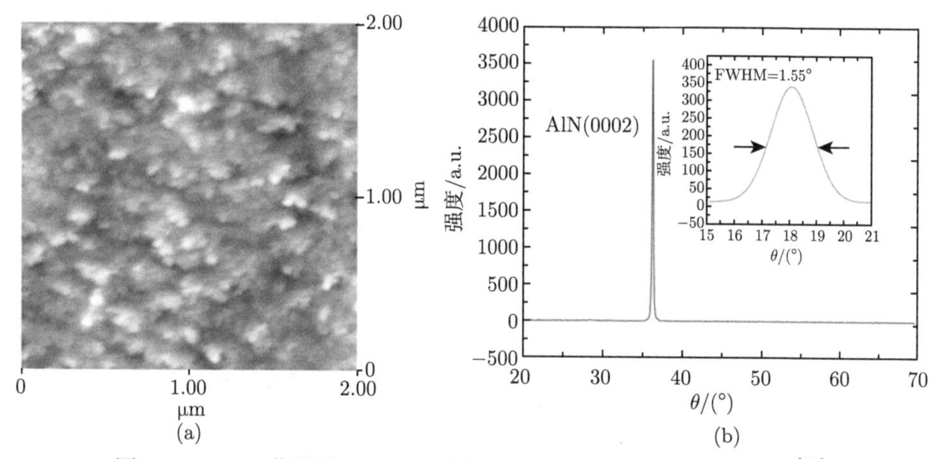

图 4.20 AlN 薄膜的 (a) AFM 图和 (b) XRD(0002) 取向半高宽 [67]

2003 年，Okumura 的研究小组 [68] 使用低温氮化技术成功制备了高质量 AlN 薄膜。当 AlN 厚度大于 200 nm 时，XRD(0002) 取向半高宽小于 80″；当厚度为 800 nm 时，在 AlN 薄膜表面观察到清晰的原子台阶，表面粗糙度为 0.12 nm，XRD(0002) 取向半高宽可低至 70″，如图 4.21 所示。

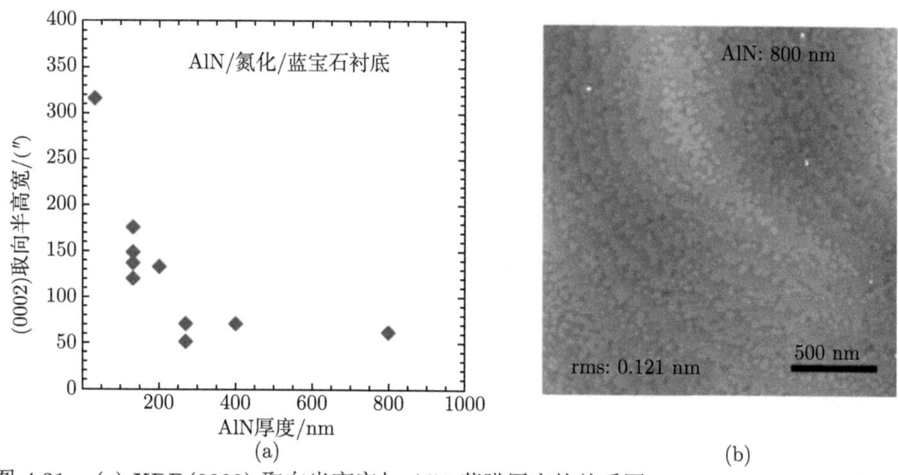

图 4.21 (a) XRD(0002) 取向半高宽与 AlN 薄膜厚度的关系图；(b) 800 nm AlN 薄膜的 AFM 表面形貌图 [68]

2010 年，Kehagias 小组 [69] 研究了生长在蓝宝石 m 面上 AlN 薄膜的界面特性，他们将生长环境控制在富 Al 的条件下，利用 TEM 对在氮化蓝宝石与非氮化蓝宝石上生长的 AlN 薄膜进行表征分析对比。研究发现，除了占主导地位的半极性取向外，AlN 薄膜还存在 m 面取向的纳米晶体组成的界面区，如图 4.22 所示。随着蓝宝石氮化程度的增加，非极性纳米晶的尺寸显著增加。

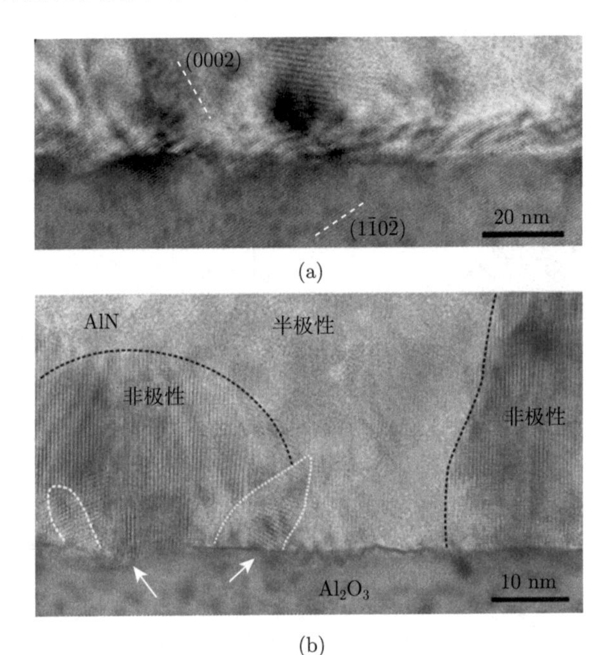

图 4.22　(a) 非氮化蓝宝石生长的 AlN 的横截面 HRTEM 图，AlN 的 (0002) 和蓝宝石的 (112) 取向表明了非极性 AlN 的主要晶体取向；(b) AlN 的 (113) 和蓝宝石的 (001) 横截面 HRTEM 图显示半极性和非极性 AlN[69]

2013 年，Nechaev 等研究了在蓝宝石衬底上生长不同厚度成核层对 AlN 薄膜的影响 [70]。研究结果表明，在 780 ℃ 下，通过迁移增强外延 (migration-enhanced epitaxy，MEE) 在 50 nm 成核层下获得了晶体质量最好的 AlN 薄膜，XRD(0002) 和 (10$\bar{1}$5) 取向半高宽分别为 469″ 和 1025″，螺位错密度为 4.7×10^8 cm^{-2}，边缘位错密度为 5.9×10^9 cm^{-2}，如图 4.23 所示。

2015 年，Makimoto 等在蓝宝石衬底上设计了一种 20 nm，由 Al_2O_3、AlN 和 Al_2O_3 非晶薄膜组成的 AlON 缓冲层，并在此基础上生长了厚度为 1 μm 的 AlN 薄膜 [71]。SEM 图像表明，通过 AlON 缓冲层生长的 AlN 表面良好，生长均匀，如图 4.24 所示。XRD 分析表明，AlN 薄膜的 XRD(0002) 和 (10$\bar{1}$2) 取向半高宽分别为 2412″ 和 3024″，螺位错密度为 1.3×10^{10} cm^{-2}，如图 4.25 所示，与使用传统低温缓冲层方法制备的 AlN 薄膜处于相同的数量级。

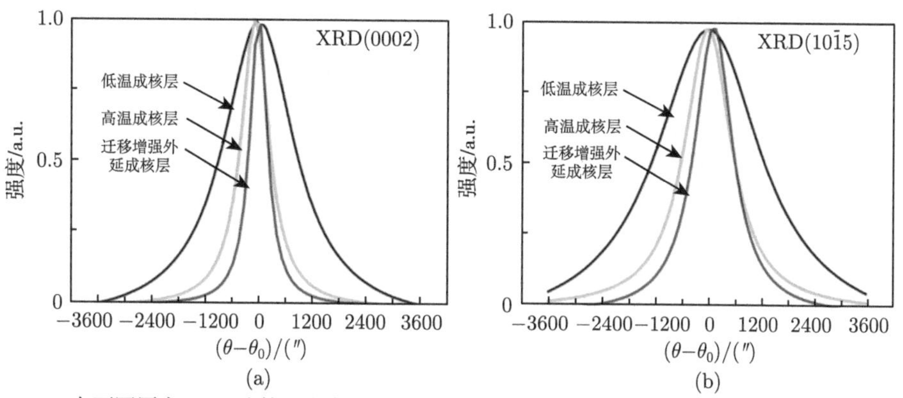

图 4.23 在不同厚度 AlN 成核层上生长的 AlN 的 XRD(a)(0002) 和 (b)(10$\bar{1}$5) 取向半高宽 [70]

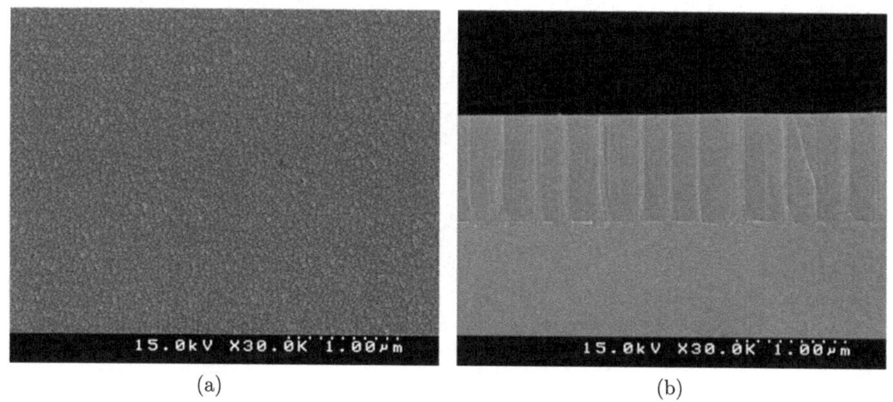

图 4.24 1 μm AlN 的 (a) 表面和 (b) 横截面 SEM 图 [71]

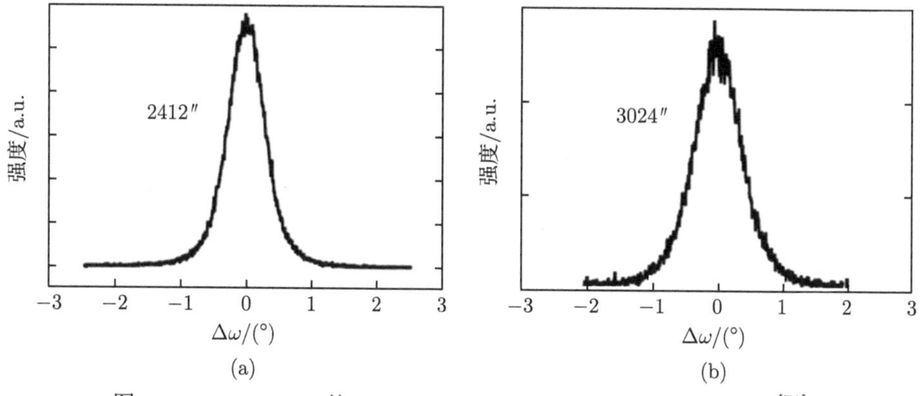

图 4.25 1 μm AlN 的 XRD(a)(0002) 和 (b)(10$\bar{1}$2) 取向半高宽 [71]

4.1.4　金属有机化学气相沉积

MOCVD 技术是目前半导体薄膜外延生长方法中应用最为广泛的技术，其外延生长得到的薄膜结晶质量介于 MBE 和氢化物气相外延 (hydride vapor phase epitaxy，HVPE) 的薄膜之间，MOCVD 外延薄膜生长速率也介于以上两者之间，并且 MOCVD 外延工艺的可重复性很高，适合于批量的产业化生产，所以成为外延生长领域的主流技术 [72]。

1. 金属有机化学气相沉积的基本原理

MOCVD 制备 AlN 薄膜的基本过程是 NH_3 作为 N 源，H_2/N_2 作为载气携带 Al 源三甲基铝 (TMAl)/三乙基铝 (TEAl) 进入反应腔。在高温条件下，Al 源与 N 源发生反应产生中间产物，同时气相中包含一些未参加反应的源与热解产物。之后，这些气相混合物到达衬底表面并吸附在表面之上，易与衬底发生界面反应并入晶格。与此同时，衬底表面的 AlN 分子在表面发生迁移，到达能量最低点。最后，反应的副产物、脱附的分子随气流脱离衬底，排出反应腔体，如图 4.26 所示。

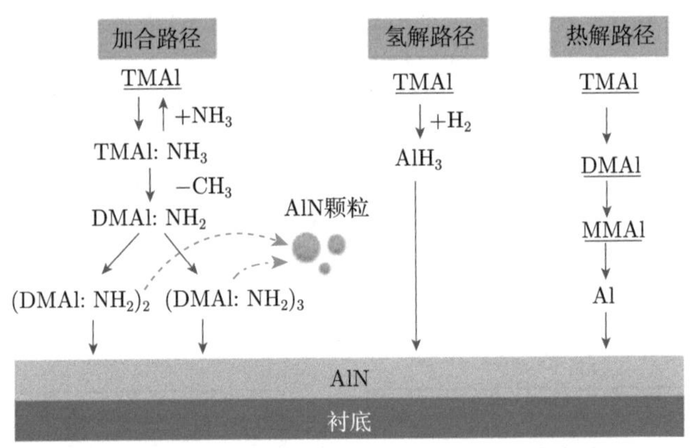

图 4.26　MOCVD 反应过程示意图 [73]

由图 4.26 可得，MOCVD 的反应过程中既包含 Al 源与 N 源的化学反应过程，也包括 AlN 颗粒在衬底上吸附、迁移、解吸等物理过程。其中，根据反应区域的不同，可以将 MOCVD 过程中的反应分为均相反应和异相反应。Al 源发生热分解以及随后在气相中发生的反应属于均相反应；气相原子或分子在衬底表面发生反应生成外延材料的反应属于异相反应。

为更好地理解这一过程，Stringfellow[74] 引入了滞留边界层的概念，即当黏性流体经过衬底上方时，受到衬底表面摩擦力的影响，流速会逐渐减慢，形成一种相对稳定的流动状态。流体与衬底之间的距离越小，流体的所受的摩擦力越大，流体的流速也就越低。基于此，AlN 薄膜的生长速率由 Al 源与 N 源反应物到达衬底表面的时间以及在衬底表面发生化学反应的时间所决定。当反应物到达衬底的时间大于在衬底表面发生化学反应的时间时，该过程为“质量运输控制”；当在衬底发生化学反应的时间远大于反应物的运输时间时，该过程被称为“化学动力学控制”；若两个过程的时间类似，则称之为“热力学控制”。

通过对外延生长速率与实验参数的研究，Shaw[75] 指出，根据外延生长速率与温度的关系可以判断出不同温区下外延过程受哪种机制控制。如图 4.27 所示，在温度较低时，AlN 薄膜的生长速率主要受 Al 源分解速率的影响，因此该过程处于“动力学控制的过程”。随着温度的升高，Al 源分解速率增快并呈指数型升高，在此基础上衬底温度若发生剧烈变化，则导致外延生长速率突变，进而使 AlN 薄膜的厚度均匀性下降。

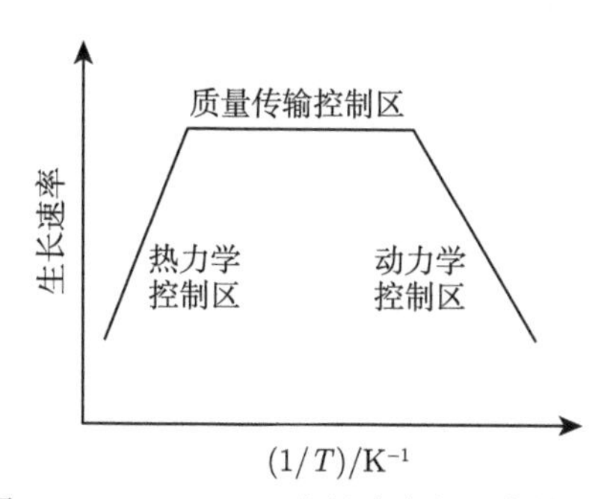

图 4.27　MOCVD 生长速率与温度的关系

随着温度进一步升高，Al 源完全分解，此时生长速率由 Al 源到达衬底的时间决定，AlN 薄膜的生长速率几乎不随温度变化，此时 AlN 薄膜的生长速率较快且表面形貌优秀。

而当反应温度进一步升高时，Al 源到达衬底的速率与在衬底表面发生化学反应的速率相平衡，在该条件下，气相中 Al 源与 N 源的预反应加剧，导致生长速率随温度的升高而降低，同时严重影响了 AlN 薄膜的晶体质量。

MOCVD 的主要生长过程如下所述 [76]。

(1) Al 源和 NH_3 被载气 (通常为 N_2 或 H_2) 携带通过气体输运管道和紧耦合喷淋头进入反应室内，到达已经被加热丝加热到合适温度的衬底上方。

(2) 各种气相混合物通过扩散穿过边界层 (边界层是指衬底表面由流速、浓度、温度差所形成的一个中间过渡范围)，进而到达衬底表面。

(3) 反应物在衬底上方附近实现较高浓度集聚。

(4) Al 源和 NH_3 被高温热分解。当它们在衬底表面附近相遇时将发生沉积反应，包括反应物间的化学反应以及相关寄生反应等，反应产物在生长表面迁移，从而参与晶体外延生长。

(5) 反应后的产物、寄生反应产物以及没有反应完毕的所有气体分子从衬底表面解吸附，扩散出两相界面中间的过渡边界层，再被载气从反应室系统带出，通过气体输运系统最后进入尾气处理系统进行处理。

2. 金属有机化学气相沉积的特点

相比于其他生长方法，MOCVD 具有以下优点 [77,78]。

(1) 生长 AlN 薄膜的 Al 源与 N 源均以气态的方式进入反应腔，通过控制二者的气体流量或通断时间调整 AlN 薄膜的厚度以及生长方式等。

(2) 在生长调控应力的超晶格层以及晶格过渡的过渡层时，反应腔内气体的流动速率较快，有利于获得陡峭的异质界面。

(3) AlN 薄膜的生长通过热分解 Al 源与 N 源发生反应进行，控制两者的气体流量与温度均匀性，即可大幅度提升 AlN 薄膜的均匀性，有利于多片 AlN 薄膜的外延生长。

(4) 一般而言，较低的 Ⅲ-V 族材料比有利于 AlN 薄膜的 2D 横向生长，较高的 Ⅲ-V 族材料比有利于 AlN 薄膜的 3D 纵向生长。因此，通过调整 Ⅲ-V 族材料比，可以实现调节 AlN 薄膜的生长速率。

(5) 反应源种类丰富。Al 源的选择包括 TMAl、TEAl 等含 Al 的有机金属化合物，N 源的选择包括 NH_3、N_2 等。

(6)MOCVD 对真空度的要求较低，且反应腔的结构简单，易于维护。

3. 金属有机化学气相沉积制备 AlN 的研究现状

2008 年，Chen 等 [79] 在 SiC 衬底上研究了 AlN 薄膜的生长条件，通过调控薄膜的 3D、2D 交替生长模式 (图 4.28)，获得了高质量 AlN 薄膜。研究发现，2D-3D 生长的 AlN 薄膜表面光滑，表面粗糙度为 0.132 nm，如图 4.29 所示。XRD 测试表明，AlN 薄膜的 (0002) 和 $(10\bar{1}2)$ 取向半高宽分别为 86″ 和 363″。此外，2D-3D 模式可有效控制薄膜应力，并在此基础上成功生长了 1.5 μm 无裂纹的 AlN 薄膜，如图 4.30 所示。

2010 年，Imura 等 [80] 成功在金刚石衬底上生长了 AlN 薄膜，并通过 AFM、XRD、TEM 对 AlN 薄膜的微观结构和生长机理进行了研究。结果表明，在 AlN 生长的初始阶段，不同取向的 AlN 结晶颗粒在金刚石 (001) 表面随机形核；第二阶段时，AlN 晶粒主要沿 c 轴取向生长；最后在金刚石 (001) 衬底上成功获得了具有高 c 轴取向的 AlN 薄膜，如图 4.31 所示。

2013 年，Tian 等通过在蓝宝石 c 面上生长的高温 AlN (high temperature AlN，HT-AlN) 薄膜中插入薄 AlN 中间层 [81]，研究 AlN 中间层生长温度对 HT-AlN 生长方式的影响。研究发现，当 AlN 中间层温度由 470 ℃ 上升至 670 ℃ 时，

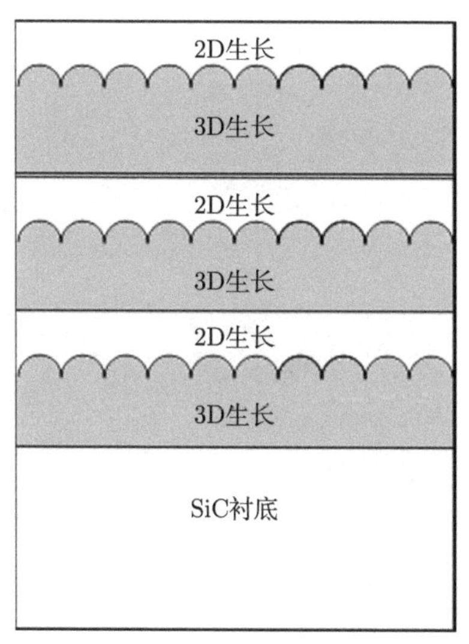

图 4.28 2D-3D 生长模式示意图 [79]

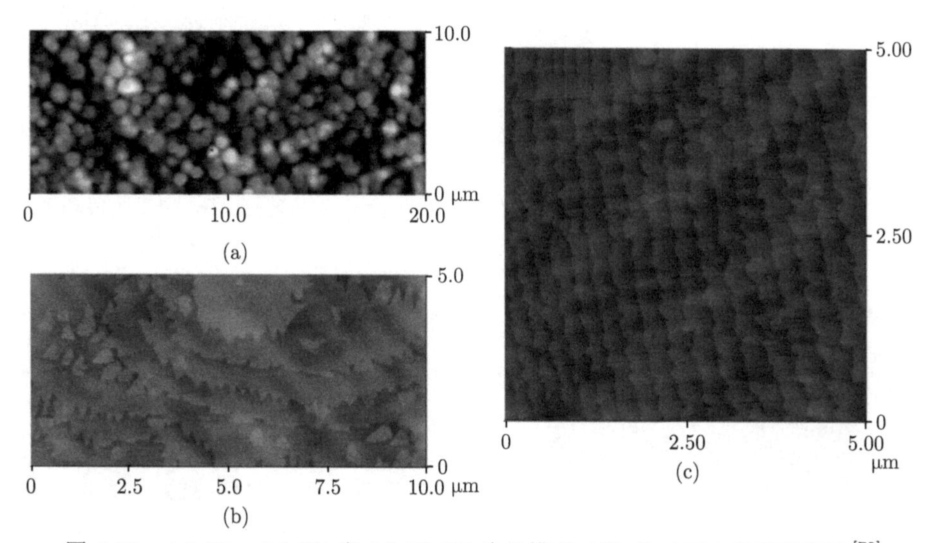

图 4.29 (a) 3D、(b) 2D 和 (c) 2D-3D 生长模式 AlN 的 AFM 表面形貌图 [79]

AlN 薄膜的生长方式由 3D 生长转化为 2D 生长；但当温度进一步升高至 870 ℃ 时，生长方式重新转化为 3D 生长，如图 4.32 所示。他们推测，由于 HT-AlN 的完全应变松弛，使较小的 AlN 晶粒倾斜，同时改变了 AlN 簇的大小和方向，导致生长模式由 3D 向 2D 转换 (图 4.33)。

2016 年，Lee 等通过调整 AlN 缓冲层的厚度，研究了高温 MOCVD(high temperature MOCVD，HT-MOCVD) 不同条件下生长的 AlN 薄膜性质 [82]。实

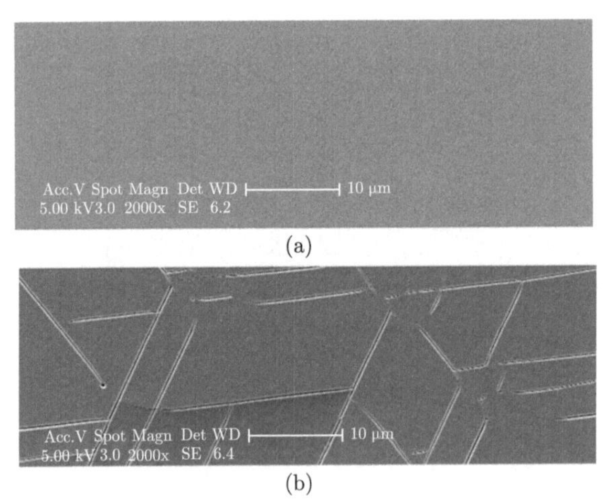

图 4.30　(a) 2D-3D 模式生长 1.5 μm 和 (b) 3D 模式生长 1.0 μm AlN 的 SEM 图 [79]

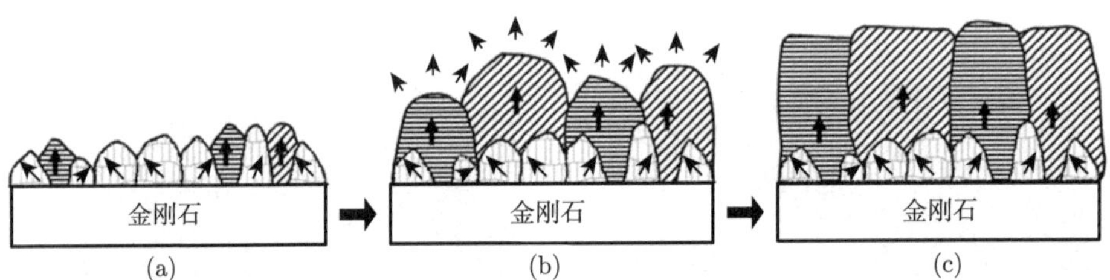

图 4.31　AlN 薄膜在金刚石 (001) 衬底上生长的 (a) 初始阶段、(b) 第二阶段和 (c) 最后阶段 [80]

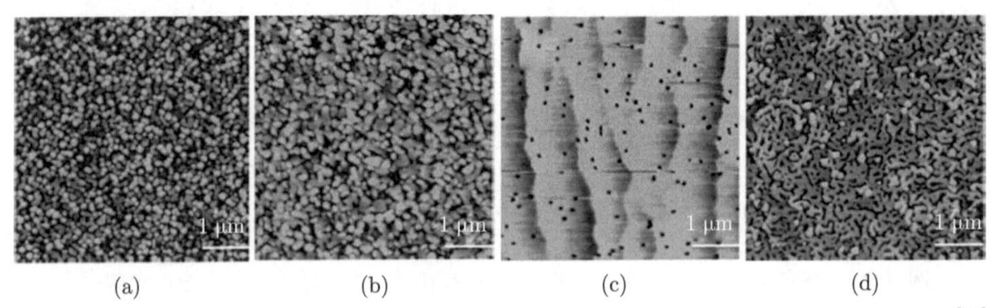

图 4.32　(a) 无 AlN 插入层；AlN 插入层温度为 (b) 470 ℃，(c) 670 ℃ 和 (d) 870 ℃[81]

验结果表明：较薄的 AlN 缓冲层诱使具有高密度反转畴的混合极性 AlN 层的生长；随着缓冲层厚度的增加，AlN 薄膜的极性由混合极性逐渐转变成 Al 极性，如图 4.34 所示。N 极性出现原因是 AlN 薄膜在生长的过程中，在蓝宝石衬底上 O_2 的分解和扩散，在 AlN 与蓝宝石界面处形成了 AlON 相。通过优化 AlN 缓冲层厚度，顶层 AlN 薄膜的 XRD(0002) 和 $(10\bar{1}2)$ 取向半高宽分别为 72″ 和 590″。

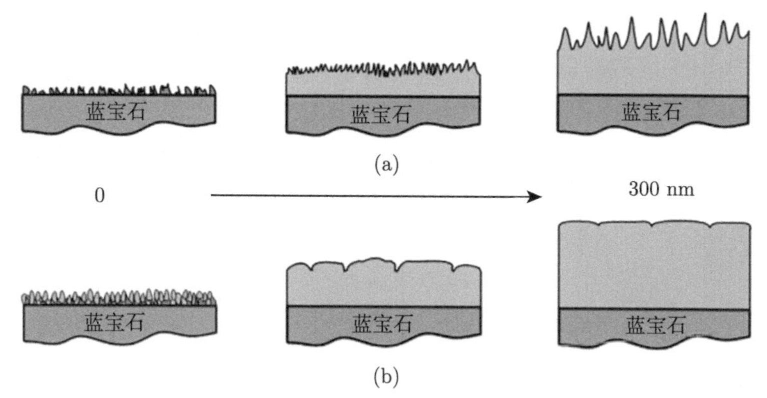

图 4.33 (a) 不含 AlN 中间层；(b) 670 ℃ 下插入 AlN 中间层的顶层 HT-AlN 薄膜生长演变图 [81]

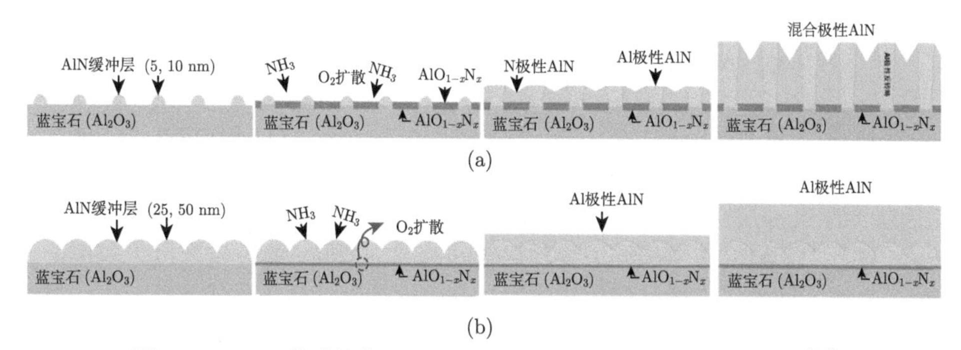

图 4.34 AlN 薄膜的生长机制和极性随缓冲层厚度的变化示意图 [82]

2017 年，Tran 等研究人员为了在 Si 衬底上制备高质量的 AlN 薄膜 [83]，通过对 Si(111) 进行图形化设计 (图 4.35)，采用 NH_3 脉冲生长多层 AlN 技术和横向外延生长技术在 Si(111) 衬底上生长厚度约 8 μm 的 AlN 薄膜。XRD (0002) 和

图 4.35 图形化 Si 衬底的 (a) SEM 图像和 (b) 平面视图 [83]

$(10\bar{1}2)$ 取向半高宽分别为 620″ 和 1141″，如图 4.36 所示，位错密度约为 $10^7\ \text{cm}^{-2}$，为后续基于 AlN 的滤波器件提供了良好的材料基础。

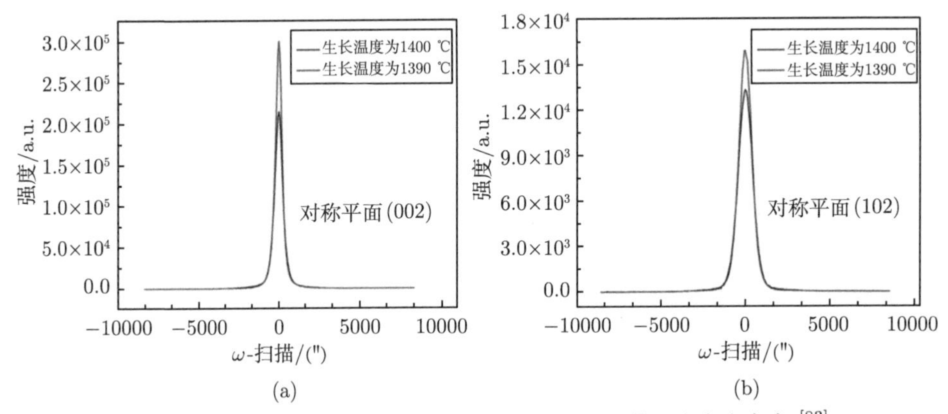

图 4.36　AlN 薄膜的 XRD (a) (0002) 和 (b) $(10\bar{1}2)$ 取向半高宽 [83]

2018 年，He 等 [84] 通过将溅射 AlN 缓冲层与 MOCVD 相结合，成功制备了高质量的 AlN 薄膜。研究人员发现，与 MOCVD 制备的 AlN 缓冲层相比，溅射产生的 AlN 缓冲层由更小更均匀的晶粒组成，如图 4.37 所示。在后续 MOCVD 的生长过程中，AlN 薄膜延续了缓冲层较好的 c 轴取向，螺位错密度大幅度降低；同时，高密度纳米级空洞能使位错弯曲，有效地抑制了边缘位错 (图 4.38)，因此总位错密度降低至 $4.7\times10^7\ \text{cm}^{-2}$，相比于 MOCVD AlN 缓冲层上生长的 AlN 薄膜下降了 81.2%。

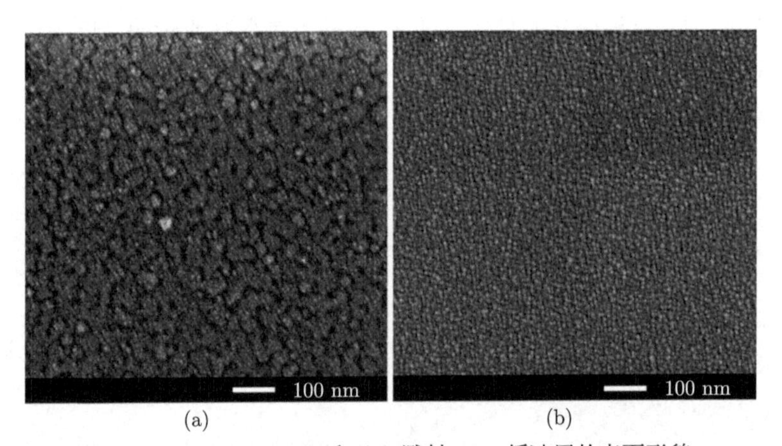

图 4.37　(a) MOCVD 和 (b) 溅射 AlN 缓冲层的表面形貌

MOCVD 制备的 AlN 缓冲层由大而不均匀的晶粒组成，平均尺寸为 30 nm；溅射制备的 AlN 缓冲层由小而均匀的晶粒组成，平均尺寸为 10 nm[84]

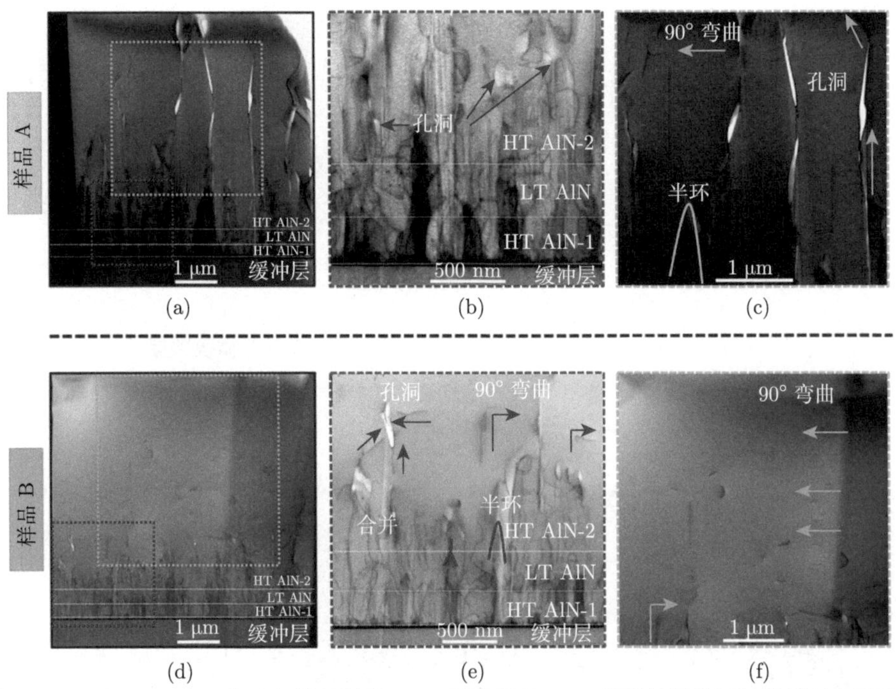

图 4.38 (a) MOCVD 和 (d) 溅射制备 AlN 缓冲层的 AlN 薄膜的横截面扫描透射电子显微镜明场图像 (scanning transmission electron microscopy bright field image，STEM BF)；(b) 和 (c) 分别是 (a) 中红色和绿色虚线区域的放大图像；(e) 和 (f) 分别是 (d) 中红色和绿色虚线区域的放大图像 [84]

同年，Jo 与 Hiramaya 为了获得更好表面形貌的 AlN 薄膜，研究了 Ga 含量对蓝宝石的 m 平面生长半极性 AlN 的影响 [85]。光学显微镜和 AFM 测试表明，在一定 V-Ⅲ 族元素含量比下，随着 TMGa 流量的增加，AlN 薄膜的表面形貌明显改善 (图 4.39)；当 TMGa 流量从 0 sccm① 增加到 20 sccm 时，表面粗糙度由 7.2 nm 降低至 4.5 nm，但 AlN 的 (0002) 取向半高宽发生了恶化，如图 4.40 所示。

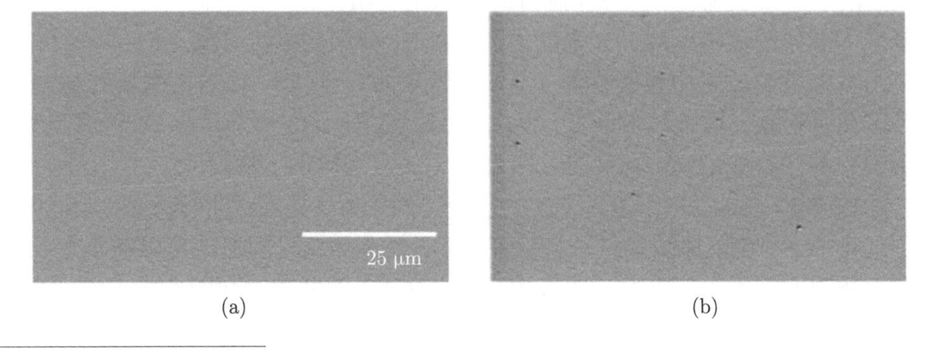

① sccm 为体积流量单位，1 sccm = 1 cm^3/min。

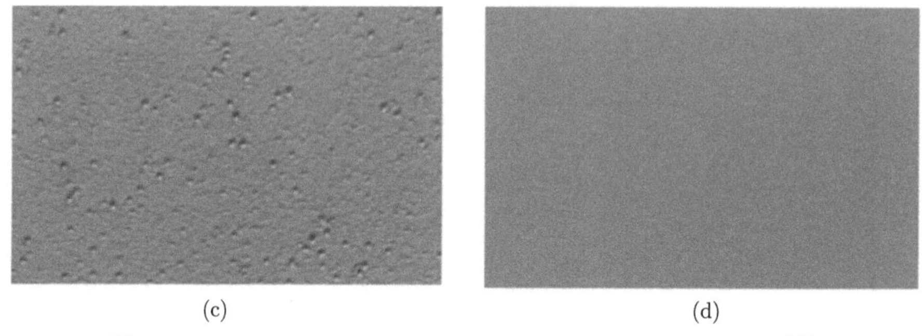

图 4.39　不同 TMGa 流量下生长的 AlN 薄膜光学显微镜图像 [85]

(a) TMGa：0 sccm，NH_3：20 sccm；(b) TMGa：5 sccm，NH_3：20 sccm；(c) TMGa：10 sccm，NH_3：20 sccm；(d) TMGa：10 sccm，NH_3：39 sccm

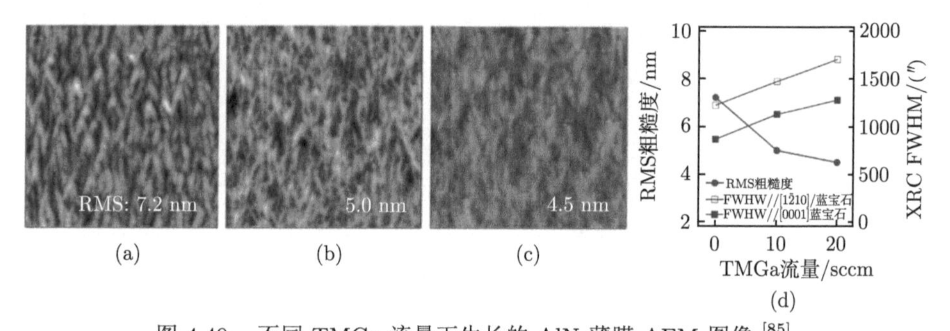

图 4.40　不同 TMGa 流量下生长的 AlN 薄膜 AFM 图像 [85]

(a) TMGa：0 sccm；(b) TMGa：10 sccm；(c) TMGa：20 sccm；(d) 表面粗糙度与 XRD(0002) 取向半高宽随 TMGa 流量变化的趋势图

与此同时，本书作者带领团队设计低温 AlN 成核层，在 Si(111) 衬底上生长了高质量的 AlN 薄膜，并研究了成核层温度对 AlN 薄膜表面形貌和晶体质量的影响 [86]。研究发现，在 800 ℃ 下，低温 AlN 成核层阻碍了 AlN 与 Si 衬底之间非晶态的 Si_xN_y 的形成，AlN 薄膜具有清晰的 AlN/Si 异质界面 (图 4.41)，有效地降低了薄膜的位错密度，大幅度提升了 AlN 薄膜的晶体质量，XRD(0002) 取向半高宽为 0.3°，表面粗糙度为 1.9 nm(图 4.42)。此外，该结构生长的 AlN 薄膜几乎完全松弛，面内拉伸应变仅为 0.42%，如图 4.43 所示，为 AlN 薄膜在后续 BAW 器件、LED 及 GaN 基光电器件中的应用提供了基础。

2019 年，Leone 等对 MOCVD 的反应器的气体供应系统进行改装，大幅度提升了气相中 Sc 前驱体的数量，且保证了 Sc 前驱体蒸气的流动可以被重复控制，并在此基础上首次在蓝宝石衬底上成功制备了 Sc 含量高达 30%($Al_{0.7}Sc_{0.3}N$) 的掺杂 AlN 薄膜 [87]。$Al_{0.7}Sc_{0.3}N$ 具有较高的晶体质量，XRD(0002) 取向半高宽为 257″，为后续 HEMT 及高频宽带 BAW 滤波器提供了良好的材料基础。

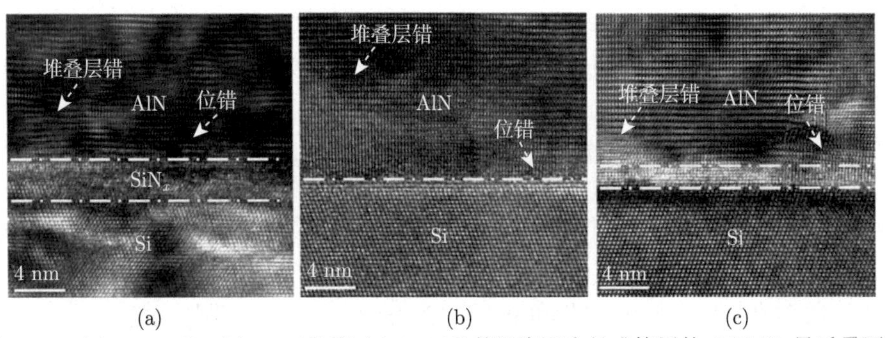

图 4.41 (a) 1100 ℃、(b) 800 ℃ 和 (c) 700 ℃ 的温度下生长成核层的 AlN/Si 异质界面的横截面 HRTEM 图像 [86]

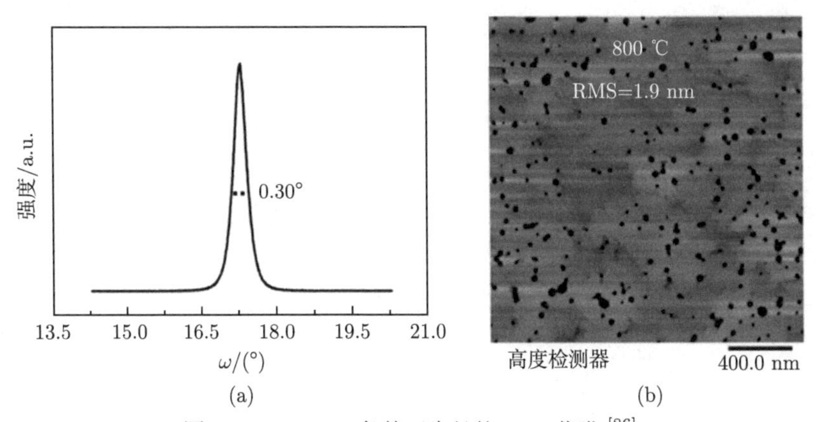

图 4.42 800 ℃ 条件下生长的 AlN 薄膜 [86]

(a) XRD(0002) 取向半高宽；(b) AFM 表面形貌图

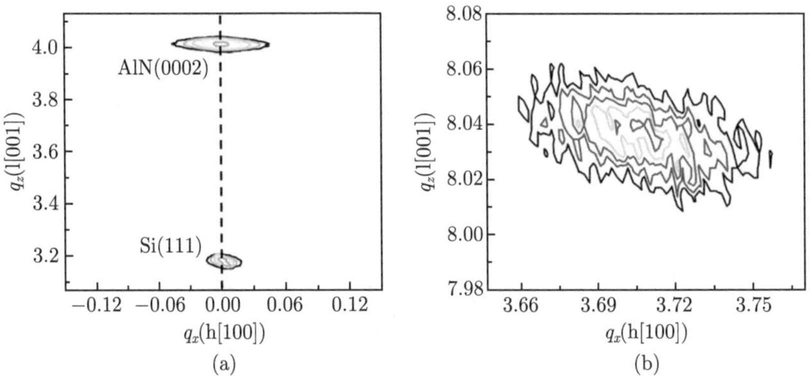

图 4.43 在 800 ℃ 温度下生长的 AlN 薄膜在 (a) AlN(0002) 和 (b) AlN(104) 方向的倒易空间点阵 (reciprocal space mapping，RSM)[86]

2023 年，Zhang 课题组 [88] 研究了在蓝宝石 c 面上生长 AlN 薄膜的过程。研究发现，通过控制 V-Ⅲ 比调节生长模式，可以有效地控制 AlN 薄膜的边缘型螺位错 (edge threading dislocation，ETD) 密度、表面形貌和应力情况。研究人员发现 AlN 岛在 3D 生长模式下的延迟聚并促进了 ETD 的湮灭，有效控制了应力，但表面粗糙度较大；而 2D 生长模式制备的 AlN 薄膜诱使了拉应力产生，薄膜表面平整但存在裂纹，如图 4.44 所示。通过对 3D 生长模式和 2D 生长模式的合理调控，Zhang 等成功制备了厚度为 1 μm 的无裂纹 AlN 薄膜，XRD(0002) 和 $(10\bar{1}2)$ 取向半高宽分别为 65″ 和 917″，RMS 为 0.85 nm (图 4.45)。

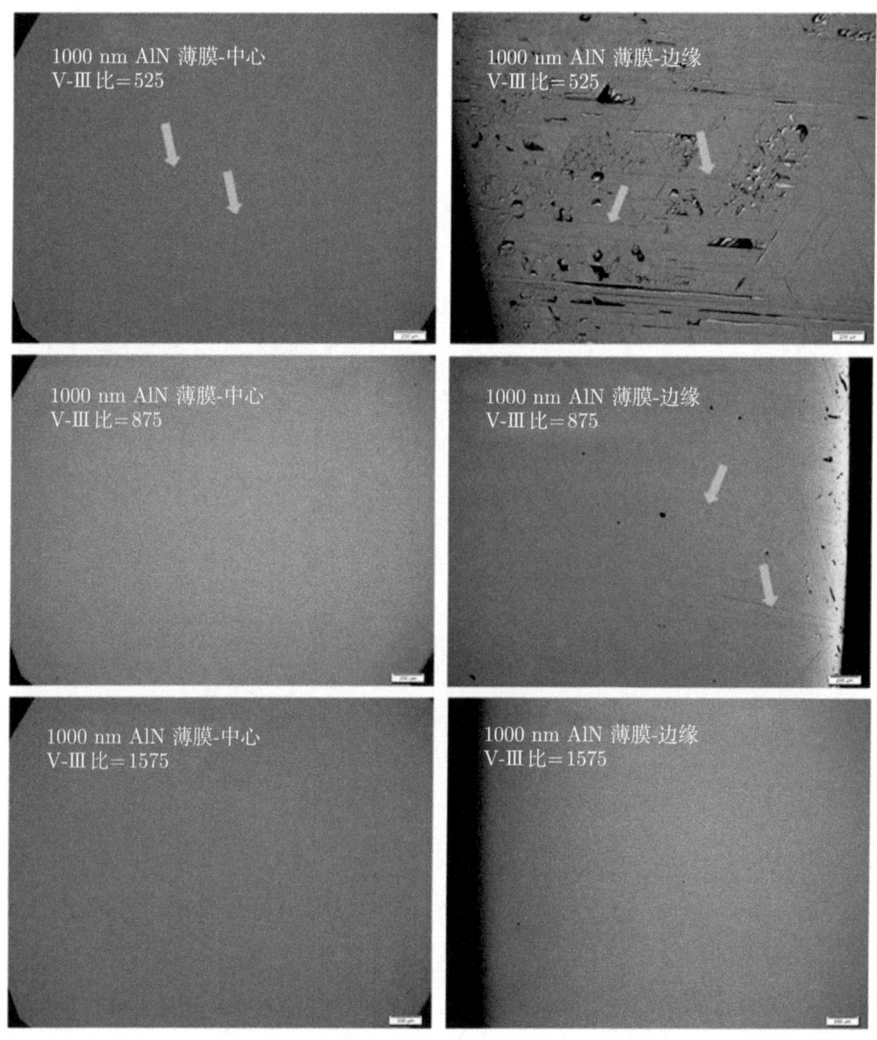

图 4.44　不同 V-Ⅲ 比下生长的 AlN 薄膜晶圆中心和边缘的光学显微镜图像 [88]

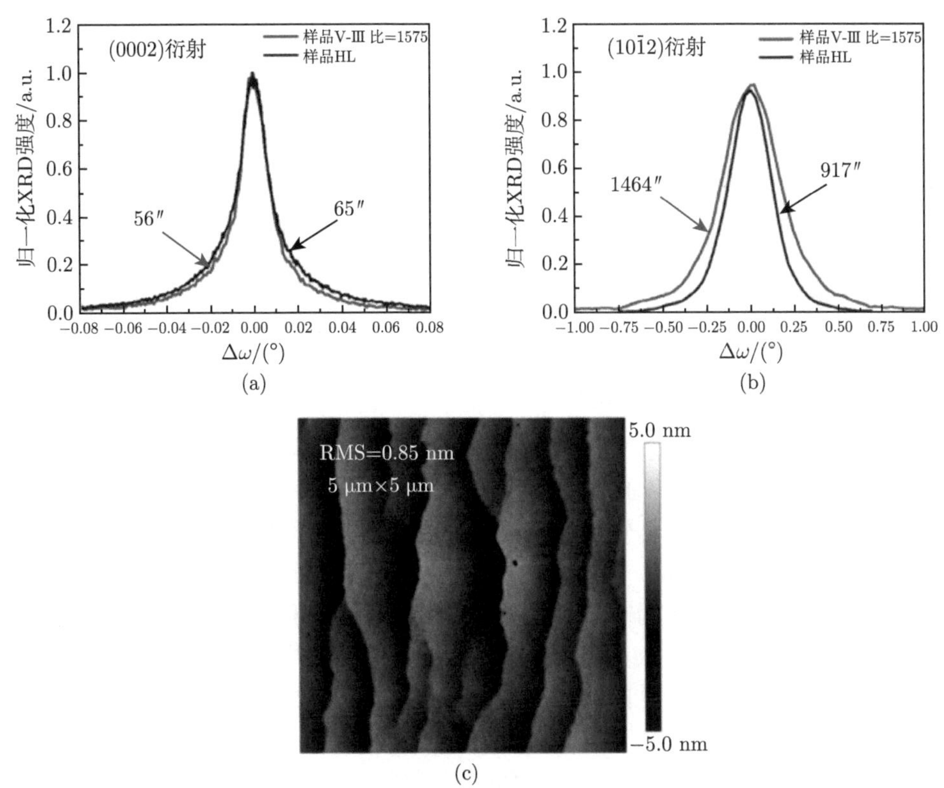

图 4.45 V-Ⅲ 比为 1575 下，AlN 薄膜 XRD (a) (0002) 和 (b) (10$\bar{1}$2) 取向半高宽以及 (c) AlN 薄膜的 AFM 图像 [88]

4.1.5 两步生长法

对比前文所提到的磁控溅射法、PLD 技术、MBE 技术、MOCVD 技术这四种常用的方法，磁控溅射法制备的 AlN 薄膜晶体质量与表面形貌较差，且一次只能溅射一片外延片，生产效率较低；而 PLD 技术制备 AlN 薄膜过程中气化膨胀产生的反冲力对一部分熔融靶材的冲击，导致一些熔融的液滴溅射沉积于基底，对薄膜的质量有一定的损害，使得薄膜均匀性较差、缺陷密度较高并且沉积速率较低；MBE 技术外延制备 AlN 薄膜对真空度的要求很高，沉积速率较低，不适合企业大规模生产；MOCVD 技术制备 AlN 薄膜因为生长温度高，AlN 前驱体的寄生预反应剧烈，从而生长速率较慢，同时某些衬底的物理化学性质不够稳定，容易与薄膜发生剧烈的界面反应，外延薄膜应力较大且难以控制。

面对上述方法的缺点，本书作者另辟蹊径，开创了两步生长法，既有效地控制了 AlN 薄膜与衬底之间的界面反应，减少了位错密度，同时又成功地调控了 AlN 薄膜的应力，为高性能 AlN 器件的制备提供了材料基础 [89]。两步生长法的详细介绍见第 8 章。

4.1.6 物理气相传输法

物理气相传输法 (physical vapor transport，PVT) 是目前生长大尺寸 AlN 的最有效方法，区别于其他晶体生长方法的优势在于生长过程中没有其他物质参与。使用的原料和生长的晶体是同一种物质。原料在高温区分解，产生气态 AlN; 之后在温度的作用下，气态 AlN 与杂质以不同速率向低温区迁移，到达低温区后气态 AlN 重新结晶形成晶体。由于是同一种物质发生升华和凝华，所以该方法也被称作升华法 [90]。

1. 物理气相传输法的基本原理

典型的 PVT 生长工艺中，将 AlN 粉末原料/烧结料置于封闭或半开放的坩埚系统中，如图 4.46 所示。在几百毫巴 (1 bar = 10^5 Pa) 的 N_2 气氛下，通过温度梯度将反应性的升华蒸气传输到温度低于原料的重结晶区域。通常，坩埚系统使用垂直结构，如图 4.47 所示，AlN 原料置于一端的高温区域，而高纯度 AlN 晶体通过高温升华后凝华沉积在另一端低温区域。AlN 的生长可以在低至 1800 ℃ 的温度下实现，但是，要实现更高的生长速率，就需要将温度提升超过 2000 ℃。如此高的生长温度，加上高反应性的 Al 蒸气，对选择合适的坩埚材料及热系统提出了挑战。在热力学 Al-N 系统中 [91]，主要稳定的化合物是 Al、AlN 和 N_2，见图 4.48。

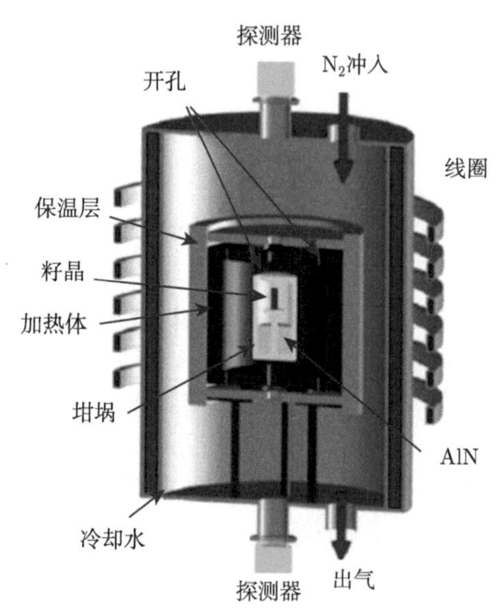

图 4.46 PVT 生长 AlN 晶体加热系统结构示意图

在合适的温度和压力以及 N_2 过量的情况下，只有气态 Al 和 N_2 与固态 AlN

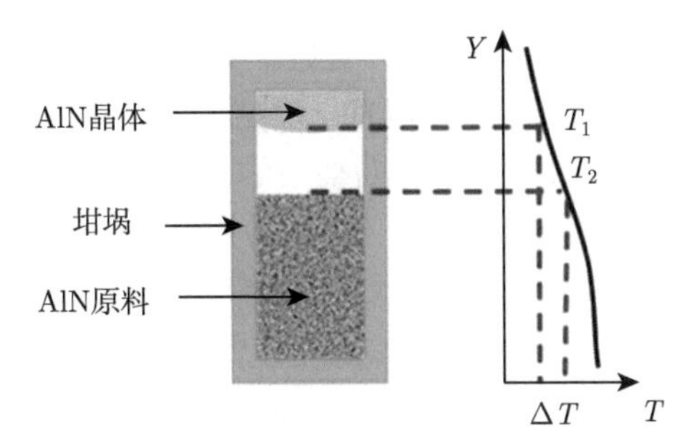

图 4.47 PVT 生长 AlN 晶体的原理示意图

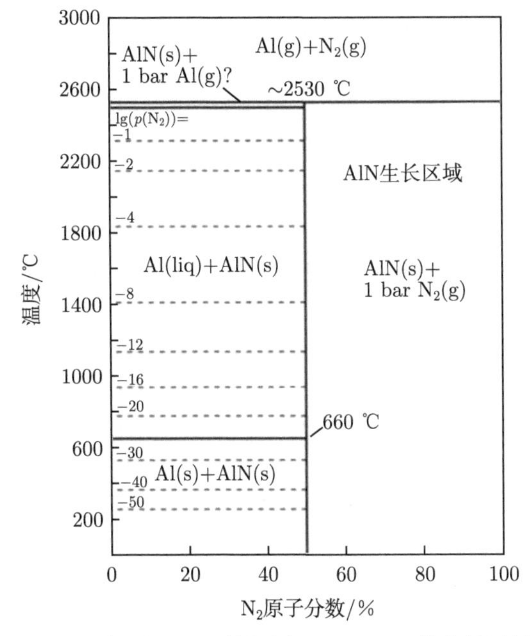

图 4.48 气压 1 bar 的相图 (以及 AlN 的生长区域)

处于平衡状态。模拟计算出其他物质的浓度要低得多，并且它们与晶体生长的相关性可以忽略不计。因此，升华–凝华的过程可以通过以下简单反应式来描述 [92]：

$$AlN(s) \rightleftharpoons Al(g) + \frac{1}{2} N_2(g) \tag{4.6}$$

熔体生长通过化合物的熔点温度来确定生长温度，而升华生长通常可以在一个大范围的温度下进行。在 PVT 生长中，在原料和籽晶之间会由于温度相关的局部分压产生温度梯度驱动的物质传输净通量。AlN 表面的 Al 分压即使在 1600 ℃ 时也能提供足够的物质通量，但是由于表面原子迁移率以及 N 原子化学活性不足，在此温度下仅形成细长的针状晶 [93]。较高的温度有利于增加生长速率和表面动力学，即促进原子在表面规则排列。但是，气相中的物质浓度要比熔体生长中的浓度低几个数量级，这限制了晶体的生长速度。

通过对 AlN 生长中的热动力和表面动力学进行分析，PVT 法制备 AlN 晶体可通过以下五个过程：①高温条件下，AlN 原料升华成 Al 蒸气和 N_2，同时在 N_2 氛围下会生成少量的 Al_xN ($x = 2$、3、4) 气相；②在温度的作用下，高温区的气相在不同的驱动力下向低温迁移；③气相成分在低温区的生长表面吸附；④表面扩散和成核；⑤解吸附过程。通过实验和计算确定蒸气压曲线，能较好地描述 AlN 的升华行为 [94−98]。在过去的研究过程中，研究人员对气相传输及蒸气的吸附机理进行了深入研究 [99−107]。当 N_2 过量超过分压 (通常为 300~900 mbar) 时，生长物质的传输主要受扩散控制，水平对流、热扩散传质及对流仅起到很小的作用。

2. 物理气相传输法的特点

PVT 法具有生长速率快、结晶完整性好、安全性高、适合生长块状高质量衬底材料等优点，被认为是制备大尺寸、高质量 AlN 晶体最有前途的方法，在国际及国内取得了一定的科研和商业成果，并且高质量的 AlN 晶体在进行氮化物外延和器件制备方面也取得了重要进展。距离 AlN 单晶衬底制造及生长的商业化还存在不少难以攻克的技术难关，具体如下所述。

(1) 生产高质量 AlN 单晶的有效方法是同质外延生长，但获取高质量 AlN 籽晶及其迭代生长技术难度大、周期长。而采用 SiC 异质外延生长时，由于晶格失配等因素的影响，AlN 的结晶质量较低，往往难以制备大尺寸单晶锭。

(2) 一般来说，制备 AlN 单晶时会选择 Al 极性或 N 极性进行生长。在 Al 极性生长中，表面很容易出现大量的生长中心，这会严重影响结晶质量。同时在低过饱和度的生长环境下，难以精确控制生长过程，并且生长速率较慢。而稳定的 N 极性生长主要在 TaC 坩埚系统中实现。但 N 极性晶体中 C、O 杂质含量较高，会大幅降低 UVC (紫外线 100~280 nm 高频短波) 光电器件的紫外透过率。

(3) 氧杂质会严重影响 AlN 初始形核，从而形成多晶导致长晶失败。高温下氧杂质进入 N 亚晶格取代了 N 位，形成的点缺陷会严重影响晶片的紫外透过率。氧杂质主要来源于原料表面的氧化层，这就对原料的纯度提出了很高的要求，而目前制备高纯度、低氧含量的原料成本往往较高。

(4) AlN 单晶的后制程工艺较为复杂。AlN 单晶具有硬度高、脆性大的特点，而且在研磨抛光的过程中容易与水发生轻微的腐蚀反应。这导致了其难以获取原子级粗糙度的金属极性面。

(5) AlN 单晶生长装备的设计与制造也具有极高的技术壁垒，高温热场的选材、布局与结构设计是 PVT 生长炉的核心。实现全自动、高精度可控的炉台系统对于可重复性制备高质量的 AlN 单晶至关重要。

3. 物理气相传输法制备 AlN 的研究现状

2004 年，Bickermann 等采用 PVT 生长法制备了多晶致密的 AlN 微球，并给出了多晶 AlN 的多种性能数据 [108]。测试结果表明，AlN 微球表面粗糙度和空洞出现的差异可能是由不同的晶粒取向、极性和/或杂质掺入导致的 (图 4.49)。

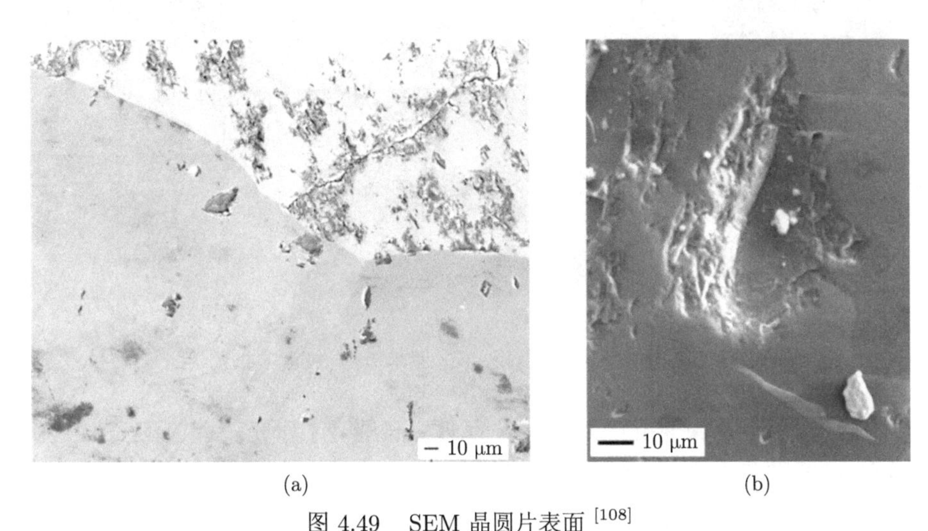

(a) (b)

图 4.49 SEM 晶圆片表面 [108]

(a) 相邻但取向不同的晶粒表现出不同密度的结构缺陷；(b) 空腔内外 Al 析出

2005 年，Epelbaum 等研究了三种不同方法对块状 AlN 生长的适用性 [109]：①连续生长直径达 15 mm 的独立晶体；②在直径 50 mm、高度 15 mm 的大孔中反复生长的晶粒；③在直径 25 mm 的 4H-SiC(001) 衬底上进行生长。研究结果表明，上述三种方法均不能单一制备与坩埚直径相当大小的大块单晶，但方法①或方法③与方法②的组合存在实现该目标的可能性，为后续 AlN 种子的生长提供了方法。

2011 年，Wang 等研究人员采用 TaC 坩埚，在 2250 ~ 2350 ℃ 的温度范围内，研究了 PVT 法制备 AlN 晶体的过程 [110]。通过自种生长的方法，研究人员成功在坩埚盖上生长出了直径为 30 mm 的 AlN 微球，生长速率可达 1 mm/h 以上，并研究了在 (110)、(100) 和 (001) 面 AlN 种子上生长的 AlN 晶体。研究发现，生长在 (110) 面种子上的晶体具有与种子不同的天然晶面；对于生长在 (100) 或 (001) 种子上的晶体，晶体的天然晶面与种子的晶体学取向相同，表明该取向的 AlN 晶体可以作为合适的晶种。

2017 年，Wu 等对纳米到厘米尺寸 AlN 单晶生长进行了详细的研究，并采用自发成核的方法生长出不同尺寸的 AlN 晶体 (图 4.50 和图 4.51)，讨论对比了不同尺寸 AlN 晶体的生长条件和生长机理，进一步探究了 AlN 晶体的结构和光学性质 [111]。研究发现，随着温度的升高，AlN 晶体尺寸逐渐增大，AlN 源和形核区的最佳温度范围为 2050 ~ 2320 ℃。

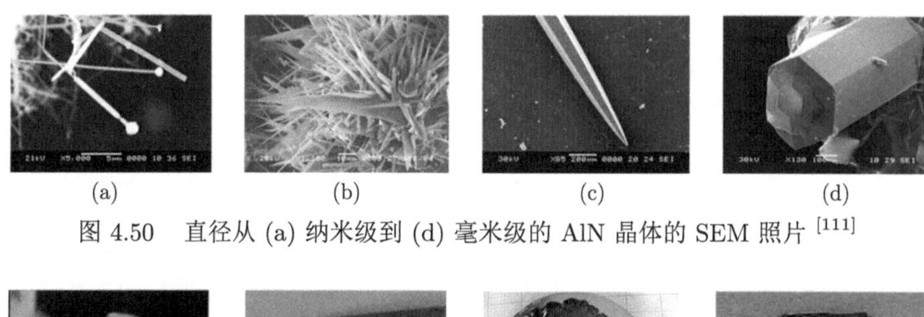

(a)　(b)　(c)　(d)

图 4.50　直径从 (a) 纳米级到 (d) 毫米级的 AlN 晶体的 SEM 照片 [111]

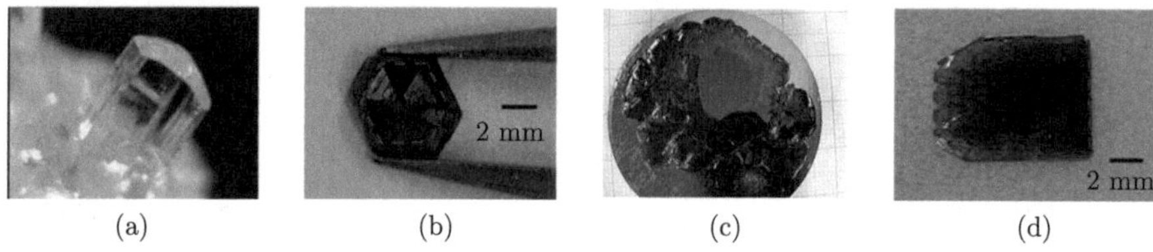

(a)　(b)　(c)　(d)

图 4.51　直径从 (a) 毫米级到 (b)~(d) 厘米级的 AlN 单晶光学照片 [111]

2019 年，Chen 课题组对大块 AlN 晶体生长展开了研究，讨论了三种 PVT 方法 (逆温度梯度法、选择性生长法和独立生长法) 的不同特征 [112] (图 4.52)，包括

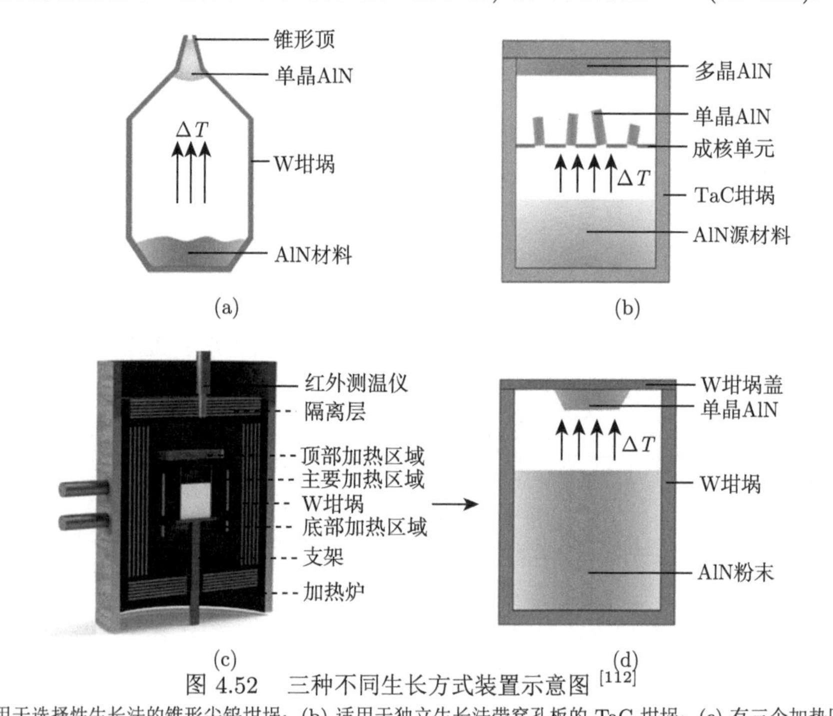

(a)　(b)

(c)　(d)

图 4.52　三种不同生长方式装置示意图 [112]

(a) 适用于选择性生长法的锥形尖钨坩埚；(b) 适用于独立生长法带穿孔板的 TaC 坩埚；(c) 有三个加热区的生长单位；(d) 逆温度梯度的钨坩埚沉积在装置 (c) 中

锥形区选择性生长、穿孔片上独立生长和逆温度梯度成核控制，并对各方法制备的大块 AlN 晶体的尺寸和质量以及工艺复杂性方面进行了比较。研究发现，采用逆温度梯度法可以显著降低成核速率，实现坩埚上的单一生长，进而得到厘米级别的块状 AlN 单晶。XRD 测试表明，制备的 AlN 晶体具有较高的晶体质量，(0002) 取向半高宽为 66″，如图 4.53 所示。该方法以其高效率、灵活性和高成本效益，为制备用于种子生长的大尺寸、高质量 AlN 种子晶体提供了广阔的前景。

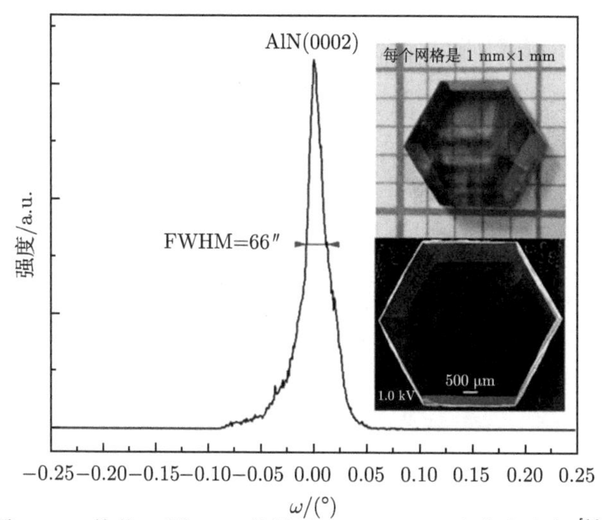

图 4.53 块状 c 面 AlN 单晶的 XRD(0002) 取向半高宽 [112]
上下插图分别为大块晶体的光学照片图像和低倍率 SEM 图像

2022 年，Zhao 等利用 AlN 种子成功生长了 2 英寸 AlN 单晶，并将实验与计算流体力学 (computational fluid dynamics，CFD) 模拟相结合 [113]。实验结果表明，过度生长是晶粒聚结并向较大的 c 面表面合并的关键过程，这对在大尺寸种子上进行 AlN 的同质生长来提高晶体质量具有重大意义。CFD 结果表明，过度生长的影响直接取决于生长速率及其与温度和压力的关系，为后续条件优化提供了理论基础。

4.1.7 其他制备方法

制备 AlN 薄膜除了前文所描述的方法，还有氢化物气相外延 (hydride vapor phase epitaxy，HVPE)、原子层沉积 (atomic layer deposition，ALD)、智能剥离 (smart-cut) 技术等方法。

1. 氢化物气相外延

HVPE 是一种生长速率非常快的化学气相沉积技术。生长速率可达 400 μm/h 以上，十分适用于生长 AlN 厚膜等 [114]。HVPE 的设备和工艺相对简单，近些年颇受研究人员的重视。

1) 氢化物气相外延的基本原理

HVPE 工艺一般是在常压高温的石英反应器内进行反应。其石英反应器通常分为两个温区，以制备 AlN 为例，反应的具体过程为：起初先向反应器内通入 HCl，在载气 (氦气) 的携带下到达低温区 (850 ℃ 左右)，而后与石英舟里的金属 Al 发生反应，生成挥发性 AlCl 气体，然后载气继续携带着 AlCl 气体进入高温区，与通入反应器的 NH_3 进行反应，从而在衬底表面也生成 AlN，过剩的 HCl 与 NH_3 则在反应管出口处形成 NH_4Cl。在上述过程中，所涉及的主要化学反应式如下：

$$2Al(l) + 2HCl(g) \longrightarrow 2AlCl(g) + H_2(g) \tag{4.7}$$

$$AlCl(g) + NH_3(g) \longrightarrow AlN(s) + HCl(g) + H_2(g) \tag{4.8}$$

此外，反应炉在实际反应中会产生部分 NH_4Cl、$AlCl_3$ 等与实际生长无关的副产物，为了防止这些产物在低温条件下凝聚阻塞管路，引发炸炉等恶劣情况，需保证尾气废气处理温度高于 150 ℃，一般 300 ℃ 以上较为合适。

HVPE 法外延 AlN 的热力学理论研究表明 [115,116]：以上每个反应式中的反应物的吉布斯自由能均大于生成物的吉布斯自由能，证明了以上反应是可以自发进行的；此外，反应式 (4.7) 的转化率是式 (4.8) 的三十多倍，为此需要增加 NH_3 的流量，使之超过 AlCl 的流量，即超过反应气体 HCl 的气流量，NH_3 的流量与 HCl 的流量之比一般设置在几十倍。当生长温度低于 900 ℃ 时，表面化学反应速率很慢，此时 AlN 的生长受热力学过程控制，也称为表面反应过程控制。

HVPE 法外延 AlN 的生长过程还受动力学过程影响，NH_3 分子和 AlCl 生成 AlN 的过程主要分为三步 [117,118]：首先，NH_3 分子和 AlCl 分子到达高温衬底表面，吸附到表面并受热分解；其次，分解出的活性 N 原子和活性 Al 原子吸附到衬底表面成核，副产物 Cl 原子和 H 原子则通过解吸附返回气相中；最后，沉积的活性 N 原子和活性 Al 原子在衬底表面进行扩散迁移。当生长温度高于 900 ℃(900~1100 ℃) 时，表面化学反应速率增快，此时 AlN 的生长受动力学过程控制，也称作质量传输控制。

2) 氢化物气相外延制备 AlN 的研究现状

2007 年，Nagashima 课题组将传统的热壁式加热炉与带集成加热元件的加热炉相结合，建立了高温生长系统。他们在 1200 ℃ 以上的高温下生长 AlN 薄膜 [119]。结果表明，在等量 $AlCl_3$ 的情况下，AlN 在 1280~1410 ℃ 范围内的生长速率是恒定的，如图 4.54 所示。但随着 AlN 的生长速率增加，晶体质量迅速恶化，当生长速率为 85 μm/h 时，XRD(0002) 取向半高宽为 4620″，而生长速率为 8.2 μm/h 时，XRD(0002) 取向半高宽仅为 720″，晶体质量增加 6 倍。

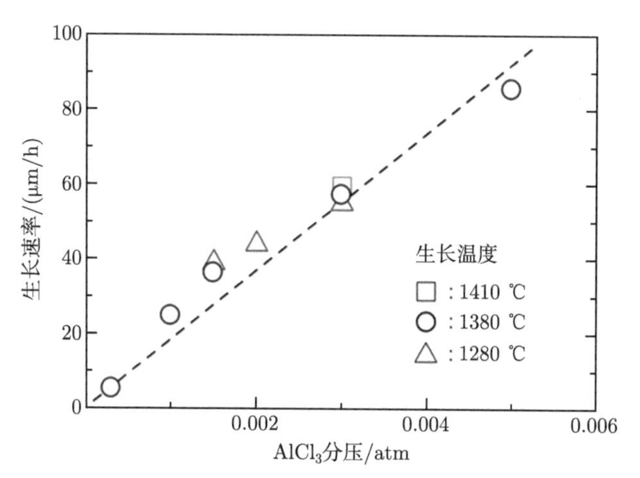

图 4.54 生长速率与 AlCl 流量的关系图 [119]
1 atm=1.013×10^5 Pa

2017 年，Huang 等采用冷壁高温氢化物气相外延法 (cold wall high temperature hydride vapor phase epitaxy，CWHT-HVPE) 和热壁低温氢化物气相外延法 (hot wall low temperature hydride vapor phase epitaxy，HWLT-HVPE) 沉积 AlN 缓冲层 [120]。结果表明，在 1000 ℃ 下通过 HWLT-HVPE 生长的 500 nm AlN 缓冲层有着最好的晶体质量，在此缓冲层下生长的 AlN 薄膜 XRD(0002) 和 $(10\bar{1}2)$ 取向半高宽分别为 295″ 和 306″ (图 4.55)，对应的螺位错和边缘位错分别为 $1.9\times10^8\ \mathrm{cm}^{-2}$ 和 $5.2\times10^8\ \mathrm{cm}^{-2}$。这归因于通过 HWLT-HVPE 生长的 AlN 缓冲层具有更高的压应力，有利于位错的倾斜与湮灭，如图 4.56 所示。

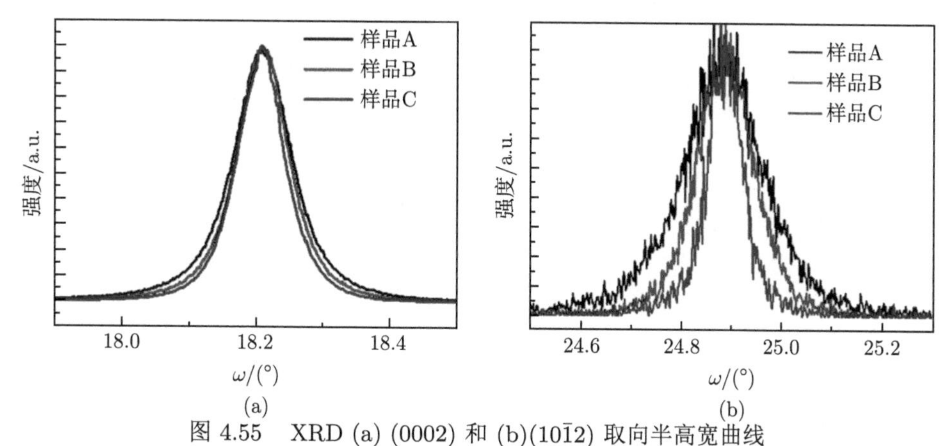

图 4.55 XRD (a) (0002) 和 (b)$(10\bar{1}2)$ 取向半高宽曲线
样品 A 为 1000 ℃ 下 CW-LT-HVPE 制备的 AlN 薄膜；样品 B 为 1300 ℃ 下 CWLT-HVPE 制备的 AlN 薄膜；样品 C 为 1000 ℃ 下 HWLT-HVPE 制备的 AlN 薄膜 [120]

2019 年，Xiao 与 Miyake 对在纳米图形化蓝宝石衬底 (nano patterned sapphire substrate，NPSS) 和平面蓝宝石衬底 (flat sapphire substrate，FSS) 溅射沉积的 AlN 进行热退火处理，在此基础上继续生长厚度为 (9±1) μm 的 AlN 薄膜 [121]。研究发现，较高的温度促进了 c 轴取向 AlN 薄膜的生长，抑制了其他取向晶体的形成，有效地提高了 AlN 薄膜的结晶度，如图 4.57 所示。此外，在 1550 ℃ 下退火得到的 AlN 薄膜表面光滑且无裂纹，XRD(0002) 和 $(10\bar{1}2)$ 取向半高宽分别为 102″ 和 219″。

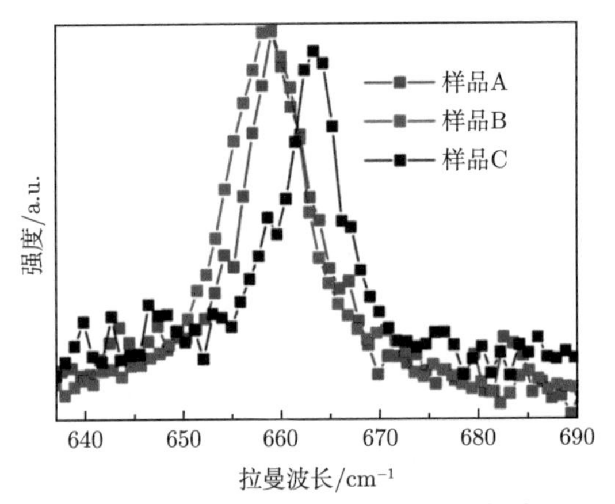

图 4.56　三个样品的拉曼光谱图 [120]

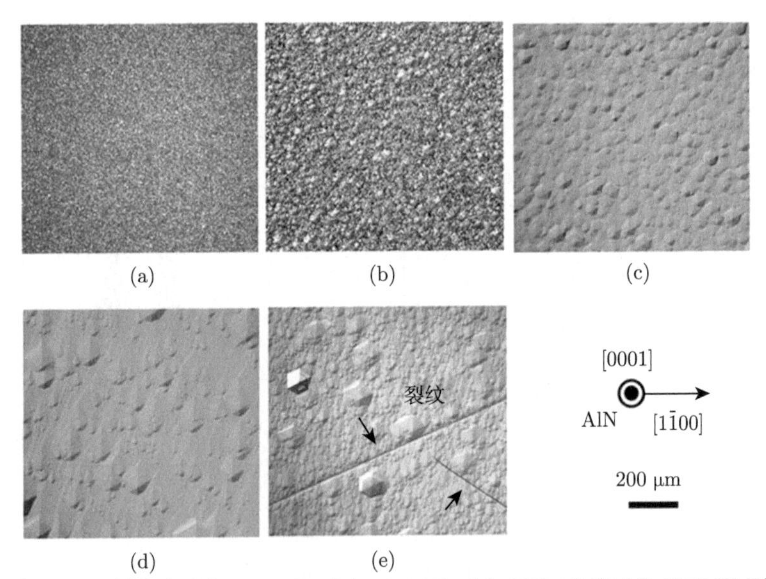

图 4.57　在 NPSS 衬底上 (a) 1400 ℃，(b) 1450 ℃，(c) 1500 ℃ 和 (d) 1550 ℃ 下溅射沉积退火的 AlN 薄膜；(e) 在 FSS 衬底上 1550 ℃ 溅射沉积退火的 AlN 薄膜的微分干涉差显微镜 (differential interference contrast microscope，DICM) 图像 [121]

2. *原子层沉积*

原子层沉积 (atomic layer deposition，ALD) 又被称为原子层外延生长 (atomic layer epitaxy，ALE)，该方法通过将 Al 源 TMAl，N 源 NH_3 以脉冲的方式交替通入反应腔内，并在衬底上反应生成 AlN 薄膜。20 世纪 80 年代，ALD 被应用于Ⅲ-V 族半导体化合物的制备 [122,123]，但是这项技术在当时受限于需求和成本，并没有投入商业化的生产，因此对这方面的研究逐渐减少。20 世纪末，随着微电子领域的迅猛发展，对于集成电路的特征尺寸要求越来越高，ALD 技术在薄膜的厚度和组成的精确控制等方面的优势日渐凸显 [124]。近年来，ALD 技术被广泛应用在各种领域，如微电子、光学、纳米技术、能源、生物医用、显示器、密封涂层等。材料市场和应用领域的大幅拓展也使得 ALD 设备快速的发展和成长 [125−130]。

1) 原子层沉积的基本原理

ALD 是一种特殊类型的化学气相沉积 (chemical vapor deposition，CVD) 技术，可以通过交替的自限制表面反应在衬底上生长均匀的薄膜 [131,132]。在典型的 ALD 过程中，两种前驱体交替脉冲通入反应器腔体，与底物上的官能团反应并沉积，并通过惰性气体吹扫将未反应的前驱体和反应过程中的所有副产物分离开来 [131]。以 ALD 制备 AlN 薄膜为例 [134,135]：①通入 Al 源 TMAl 进入反应腔，并在衬底上进行吸附；②通过惰性气体 N_2 对衬底表面吹扫，提升衬底表面 Al 源吸附的均匀性，同时利用真空泵抽出多余的 TMAl 与副产物；③再通入 N 源 NH_3 进入反应腔，在衬底表面与吸附的 Al 源进行反应，生成 AlN 层；④再次通入惰性气体 N_2 对 AlN 层进行吹扫，完成一个 ALD 循环，如图 4.58 所示。因此，通过调整 ALD 的循环次数，控制每次循环中通入反应腔 Al 源与 N 源的流量，能成功将薄膜厚度控制在原子尺度，大幅度提升 AlN 薄膜的晶体质量与表面粗糙度。此外，由于 ALD 中 Al 源与 N 源均以气体的方式进行反应，可成功在复杂材料的

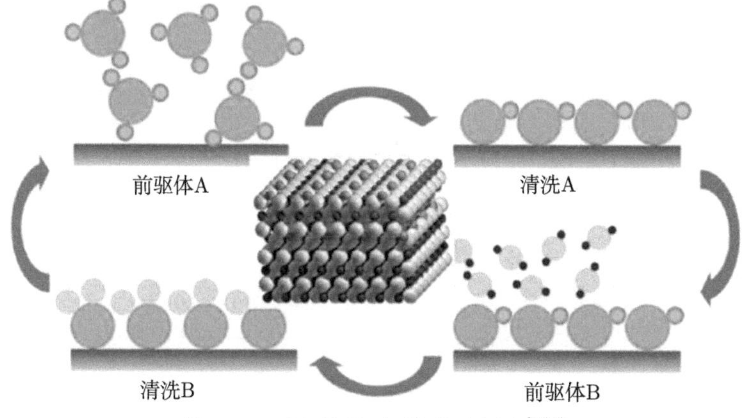

图 4.58 原子层沉积模型示意图 [133]

内壁上发生反应形成保护层，因此该方法可制备复杂的 3D 形貌结构涂层。

在 ALD 反应过程中，选择合适的前驱体与反应腔体对制备 AlN 薄膜至关重要。实验研究中需要考虑到前驱体的稳定性和挥发性，根据设计的具体反应过程选择有机金属源、金属卤化物材料、NH_3 等氧化剂作为前驱体。根据 ALD 的特点，合适的反应前驱体对实现高质量 AlN 薄膜的制备至关重要。因此前驱体物质的选择要满足以下几点要求 [136−139]：

(1) Al 源在制备 AlN 薄膜的过程中应具有良好的挥发性，确保 Al 源能有效地沉积在衬底表面，避免由载气流动受限导致无法沉积；

(2) Al 源与 N 源应具有充足的蒸气压，确保在反应过程中 Al 源与 N 源能成功覆盖衬底表面；

(3) Al 源与 N 源对衬底表面应具有充足的敏感性，能与衬底表面在短时间内发生吸附或与衬底表面基团发生快速反应，从而减少 AlN 薄膜的杂质；

(4) Al 源与 N 源应具有足够的化学稳定性，在反应之前不发生子分解反应，同时对衬底损害较小。

2) 原子层沉积制备 AlN 的研究现状

2018 年，Heli 等采用等离子体增强原子层沉积 (plasma enhanced atomic layer deposition，PEALD) 和原位原子层退火 (atomic layer annealing，ALA) 技术在 Si 衬底上低温生长 AlN 薄膜，并详细研究了 ALA 处理中等离子体功率和持续时间对 AlN 薄膜的影响 [140]。实验结果表明，PEALD 生长的 AlN 薄膜为多晶 AlN，在 ALA 处理后多晶 AlN 的结晶度大幅度提升，且随着等离子体的功率和时间的增加，AlN 的 (100) 峰强度保持不变，如图 4.59 所示。

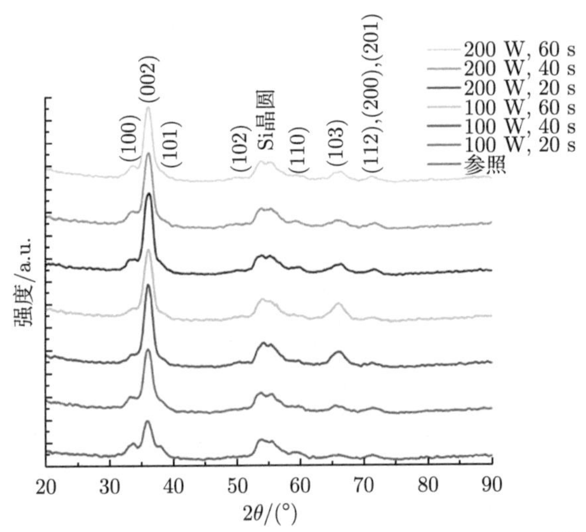

图 4.59　Si(100) 衬底生长 AlN 薄膜的 GIXRD 图 [140]

2019 年，Chen 等以 TMAl 和 NH_3 为前驱体，在 400 ℃ 生长了 AlN 薄膜，并在 N_2 氛围下分别在 700 ℃、800 ℃、900 ℃ 以及 1000 ℃ 下退火 1 min，并研究了退火前后 AlN 薄膜的厚度、表面形貌、晶体结构等 [141]。研究表明，随着退火温度的升高，薄膜的致密性得到增强，AlN 薄膜的厚度减小，表面粗糙度随着温度的升高降低，XRD(0002) 取向衍射峰随退火温度的升高而增强，如图 4.60 所示。

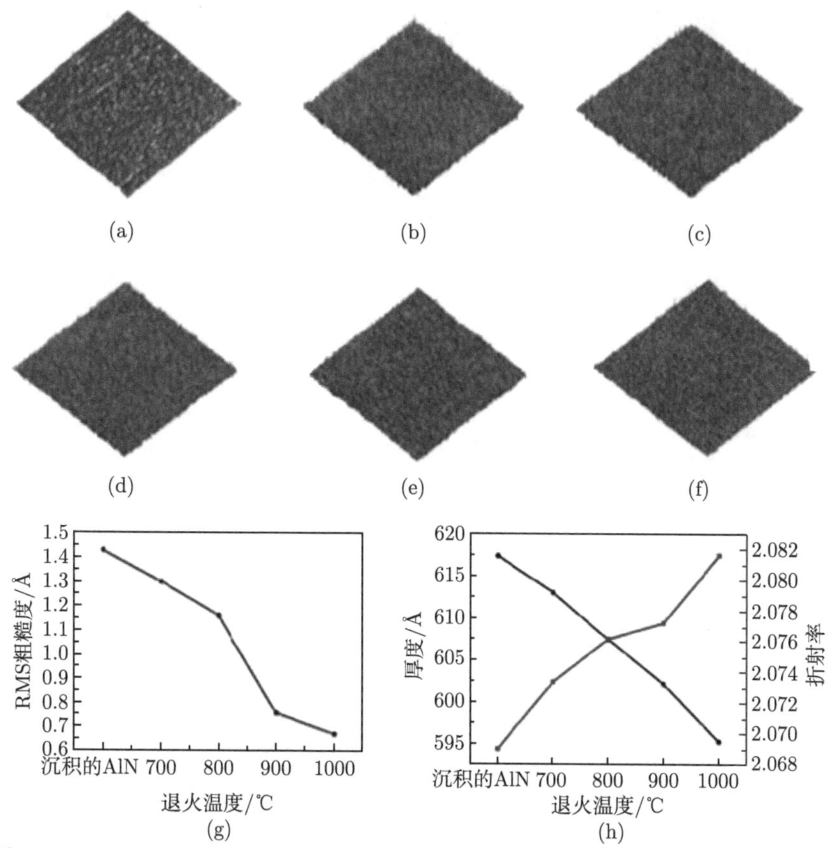

图 4.60 (a) SiC 衬底；(b) ALD 技术沉积的 AlN 薄膜；在 N_2 氛围下 (c) 700 ℃、(d) 800 ℃、(e) 900 ℃ 和 (f) 1000 ℃ 下退火 1 min 的 AlN 薄膜 3D AFM 图像；不同退火温度下 AlN 薄膜的 (g) RMS 和 (h) 厚度 [141]

2020 年，Beshkova 等以 TMAl 和 NH_3 分别为 Al 源和 N 源，脉冲比分别为 3:1、2:1、1:1，在 Si(111) 衬底上沉积了厚度为 25 nm 的 AlN 薄膜 [142]。测试结果表明，脉冲比为 2:1 的 AlN 薄膜表面粗糙度较小，表面粗糙度为 1 nm，如图 4.61 所示；XRD 数据表明，AlN 薄膜展现了非晶结构；X 射线光电子能谱 (X-ray photoelectron spectroscopy，XPS) 表征结果中，Al 原子的浓度约为 N 原子浓度的 2.5 倍，因此当 TMAl 和 NH_3 剂量分别为 180 ms 和 90 ms 时，Al/N 比接近化学计量比 (1∶1)，这为后续 AlN 薄膜在滤波器件中的应用奠定了基础。

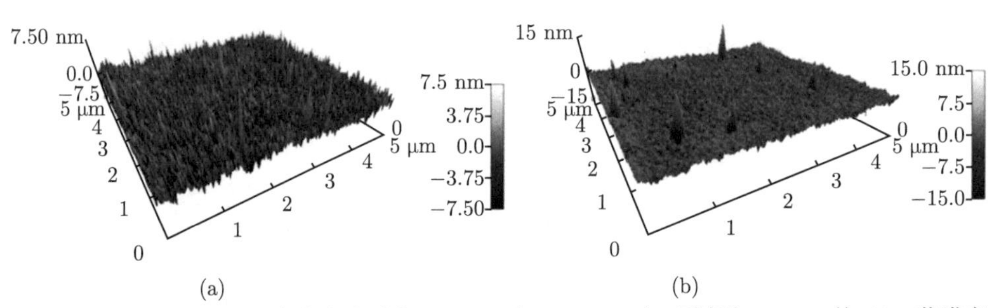

图 4.61 TMAl 和 NH_3 脉冲比分别为 (a) 2∶1 和 (b) 1∶1 时，厚度为 25 nm 的 AlN 薄膜表面形貌 [142]

3. 智能剥离技术

智能剥离技术作为一种灵活、通用的晶圆级异质集成技术，因其可以在突破不同材料之间晶格失配等物理限制的同时满足电子器件制备的薄膜尺寸需求的优势而备受青睐，相比于减薄技术，大大降低了生产成本 [143−145]。

1) 智能剥离技术的基本原理

1995 年，Bruel 等率先提出了智能剥离技术，它是将离子注入结合键合技术制备绝缘体上硅 (silicon-on-insulator，SOI) 材料 [146]。其原理是将 H^+(或者 He^+) 向 Si 片中发射，在 Si 片内部形成一层气泡，将含有气泡的 Si 片与 AlN 进行键合，通过热处理，使含有气泡的 Si 片从气泡层完全断裂。智能剥离技术的主要工艺流程如图 4.62 所示。

该技术主要包括以下 5 个过程 [147]。

(1) 热氧化：将键合硅片进行热氧化，在表层形成 SiO_2 覆盖层，SiO_2 层的厚度取决于 SOI 材料隐埋氧化层的厚度。

(2) 离子注入：在室温条件下，向 Si 片注入一定量的 H^+，在 Si 片中形成一层气泡层。注入 H^+ 的深度取决于后续 Si 片分离时的位置。

(3) 清洁与键合：在超净间对 Si 片与 AlN 薄膜进行严格清洁处理，去除表面的颗粒与污染物，同时提升 Si 片与 AlN 薄膜的亲水性；之后在表面水的相互作用下，Si 片与 AlN 薄膜通过弱氢键进行键合。

(4) 热处理：在 400~600 ℃ 条件下，使 Si 片中的 H^+ 气泡层发生剥离，Si 片顶层与 AlN 薄膜组成 SOI 结构，剥离的 Si 片能继续循环使用；通过将温度升高至 1000 ℃ 以上，在高温条件下能大幅度提升键合界面的强度并消除 SOI 结构中的注入损伤。

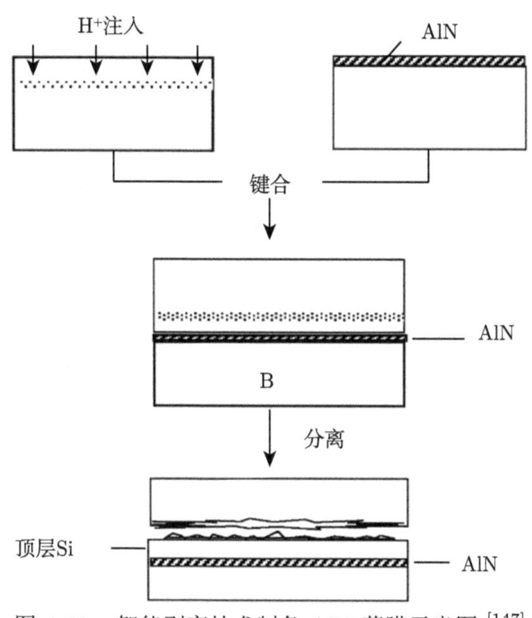

图 4.62 智能剥离技术制备 AlN 薄膜示意图 [147]

(5) 抛光：Si 片发生剥离后，SOI 结构的表面粗糙度较大，因此需要对 SOI 的表面进行化学机械抛光处理，大幅度减小 SOI 结构的表面粗糙度。

2) 智能剥离技术的特点

智能剥离技术的优点主要有 [147]：

(1) 注入 H^+ 的剂量为 $10^{16}\ cm^{-2}$，比通过植入氧气进行分离 (separation by implantation of oxygen，SIMOX) 注入 O_2 的剂量低两个数量级，因此可以用普通的注入机来完成。

(2) 可以形成均匀的顶层规模，并且顶层薄膜厚度可以通过调整注入离子的剂量和能量得以精确地控制。

(3) 经过热氧化层得到的隐埋氧化层，能与顶层形成良好的界面特性，并且隐埋氧化层的厚度和材料类型均可以根据需要自行选择。

(4) 剥离后产生的多余 Si 片仍然可以作为键合的硅衬底，从而使生产成本大大降低。

综上所述，目前科研工作者已经开发了各式各样制备 AlN 薄膜的方法，各种方法均存在优缺点。其中，磁控溅射、PLD、ALD 等方法制备 AlN 薄膜所需温度较低，AlN 薄膜不与衬底发生界面反应，可生长具有突变异质界面的 AlN 薄膜，但磁控溅射制备的 AlN 薄膜为多晶材料，PLD 制备的 AlN 薄膜虽然为单晶，但是薄膜均匀性差，ALD 制备的 AlN 易为非晶材料；MBE、MOCVD、HVPE 等方法制备的 AlN 薄膜为单晶，但其所需的温度较高，AlN 薄膜易与衬底之间发生界面反应而降低晶体质量。通常而言，相比于多晶材料，单晶材料在半导体器件中发挥着更加重要的作用，多晶材料中的大量缺陷会使器件的性能大幅下降，影响器件稳定性。因此，本章后续着重介绍单晶 AlN 薄膜的研究现状。

4.2　单晶 AlN 薄膜制备的研究现状

20 世纪 70 年代，AlN 材料的研究获得进展，质量较好的 AlN 在蓝宝石和 SiC 衬底上实现。Chu 等 [148] 在 1200~1250 ℃ 下获得了 25 μm 厚的单晶 AlN 薄膜。1979 年，Yoshida 通过 MBE 在 Si(111) 和蓝宝石 (001) 上获得 AlN 薄膜 [149]。Mortia 等 [150] 通过 MOCVD 在蓝宝石上生长出单晶 AlN，但是受到生长温度和气体流量的强烈影响，晶体质量不高。

AlN 的生长很困难，通常会面临生长速率慢、晶体质量差的问题。由于 Al 附着原子的黏附系数比 Ga 大得多，表面迁移弱很多，相对于 GaN 材料，AlN 材料的生长相对要难很多。在层状生长模式中，附着原子会在生长表面自由能最低的地方稳定，所生长的薄膜表面具有原子级的平整度 [151]。在 AlN 材料的生长过程中，由于 Al 附着原子的表面迁移不强，无法从附着的地方迁移到自由能最低的原子台阶处，从而很容易形成 3D 岛状的生长模式。由于众多的 3D 岛的存在，在岛的长大愈合过程中自然也就会产生额外的缺陷和晶界。同时，在 MOCVD 的反应腔中会出现 Al 源与 NH_3 发生预反应形成气相残留物，不仅降低了生长效率，这些残留物同样也会影响 AlN 材料的晶体质量 [152]。

4.2.1　高温生长技术

根据动力学理论 [153]，AlN 薄膜的 2D 生长需要升高外延过程的温度，提供足够的能量使 Al 原子发生能量迁移，从而大幅度提升 AlN 薄膜的晶体质量。表面吸附原子的扩散长度 λ 由式 (4.9) 与式 (4.10) 给出：

$$\lambda = \sqrt{D\tau} \tag{4.9}$$

$$D = D_0 \exp\left(-\frac{E}{kT}\right) \tag{4.10}$$

其中，τ 是吸附原子在生长面上的平均停留时间；D 是吸附原子的表面扩散系数；E 是吸附原子表面扩散能垒；T 是生长温度。由于 Al 原子的黏滞系数较高，因此由式 (4.9) 和式 (4.10) 可知，通过提高生长温度有利于增强 Al 原子的表面扩散。目前研究者普遍认为，当生长温度高于 1200 ℃ 时才能显著提高 Al 原子迁移率 [154,155]。Imura 等在 2006 年和 2008 年先后证明高温 MOCVD 的生长系统可以显著提高 AlN 薄膜晶体质量 [156,157]，他们分别在 1300 ℃ 及 1600 ℃ 的高温条件下在蓝宝石衬底和 SiC 衬底上生长出约 2 μm 厚表面光滑的 AlN 薄膜，相比于中低温生长，高温能够促进位错闭合成环，最终 AlN 薄膜的位错密度分别为 $2\times10^9\ \mathrm{cm}^{-2}$ 和 $7\times10^8\ \mathrm{cm}^{-2}$，明显低于低温生长的 AlN 薄膜的位错密度 (大于 $1\times10^9\ \mathrm{cm}^{-2}$)[152]。

2019 年，Wang 等研究了高温退火对蓝宝石上生长的 AlN 薄膜应变演化的影响 [158]。结果表明，在 1700 ℃ 高温退火前后，AlN 的拉伸应变向压缩应变有明显的转变。通过对微观结构进行分析，高温退火会导致诱导拉伸应力的晶粒消失，并产生一个对界面上下晶格常数影响不大的新界面 (图 4.63)，同时 AlN/蓝宝石界面消除了几乎所有与晶格错配相关的应力，如图 4.64 所示。

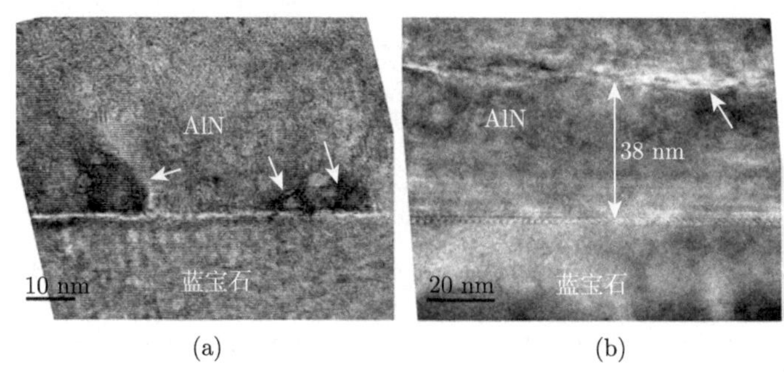

图 4.63 高温退火前 (a) 和后 (b) AlN/蓝宝石界面附近的 HRTEM[158]

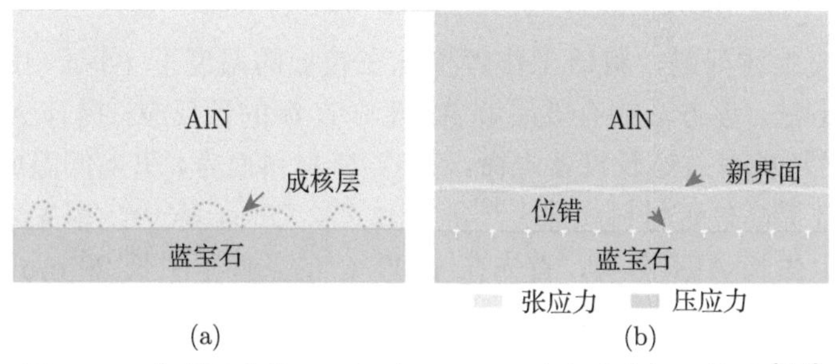

图 4.64 高温退火前 (a) 和后 (b) AlN 应变演化机理模型 [158]

2022 年，Sahar 等利用 MOCVD 技术，探究了在不同温度下蓝宝石衬底上 AlN 薄膜从 3D 到 2D 的生长转变 [159]，如图 4.65 所示。研究发现，在 1100 ℃ 下以 Frank-van der Merwe 或 2D 生长模式生长的 AlN 薄膜晶体质量最好，(0002) 取向半高宽为 147″，螺纹位错密度约为 $2.21\times10^9\ \mathrm{cm}^{-2}$。

然而，高温生长 (大于 1300 ℃) 往往需要设计特殊的 MOCVD 生长反应室以及加热器 [160,161]。而在传统的 MOCVD 反应室中，生长 AlN 薄膜所需要的高温条件导致反应室的上下壁温度差距较大，在此条件下极易产生热对流，大幅度降低 AlN 薄膜的表面均匀性，同时也会加剧 Al 源与 N 源的预反应，降低 AlN 薄膜的生长速率，而形成的大量颗粒与气相寄生产物易发生聚集和冷凝，附着在 AlN 薄膜表面形成缺陷，影响薄膜的晶体质量。

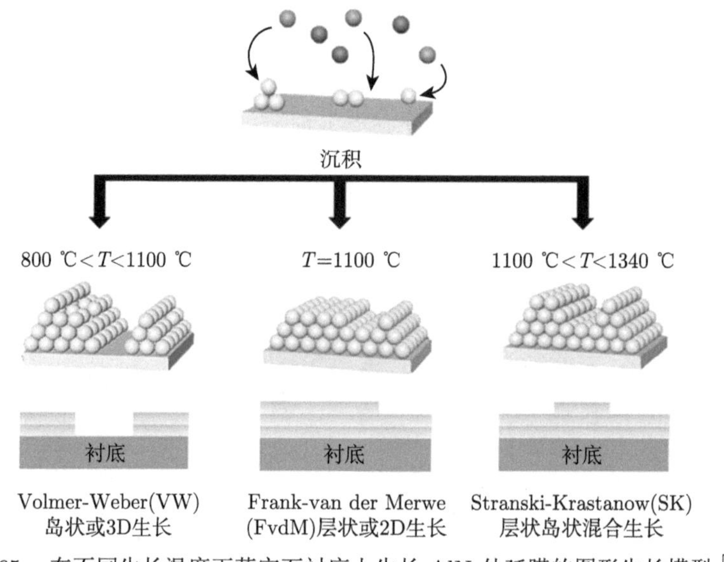

图 4.65　在不同生长温度下蓝宝石衬底上生长 AlN 外延膜的图形生长模型 [159]

4.2.2　多步 AlN 层设计

为了解决上述问题，科研工作者探究在较低的温度下 (小于 1300 ℃) 生长 AlN 薄膜的方法。该方法能有效缓解 Al 源与 N 源的预反应，提升 AlN 薄膜的晶体质量，同时还能有效延长设备寿命。对 GaN 材料而言，引入低温成核层已经被证实可以有效提高外延材料质量 [162]，1997 年，Ohba 等 [163] 率先采用该方法在蓝宝石衬底上生长 AlN 薄膜，首先在 1200 ℃ 的条件下生长 20 nm 的 AlN 成核层，再将温度升高至 1270 ℃，成功制备了厚度为 1 μm 无裂纹均匀性良好的 AlN 薄膜。在之后的研究中，科研工作者发现低温 AlN 成核层对 AlN 薄膜的晶体质量具有重要影响，如图 4.66 所示 [164]。2013 年，Sun 等 [164] 在 950 ℃ 的条件下在蓝宝石衬底上生长了 50 nm 的 AlN 低温成核层，之后将温度升高，成功生长了 XRD(0002) 取向半高宽为 60″，厚度约 1 μm 的 AlN 薄膜。2014 年，Chen 等与 Balaji 等研究了蓝宝石衬底上 AlN 成核层温度对 AlN 薄膜的影响，研究表明，当生长温度较低时，衬底表面的 Al 吸附原子不易发生迁移，成核晶粒尺寸太小；而当生长温度过高时，高温导致 AlN 晶粒取向的偏移 [154,165]。当成核层温度为 950 ℃ 时，AlN 薄膜 XRD(0002) 取向半高宽为 90″。

Al Tahtamouni 等以高低温度“两步法”生长的 AlN 为缓冲层进一步生长出

厚度为 1 μm AlN 薄膜，XRD(0002) 半高宽为 40″，位错密度仅 3×10^6 cm^{-2}，与单步法生长的 AlN 薄膜相比，位错密度降低了一个数量级 [166]。

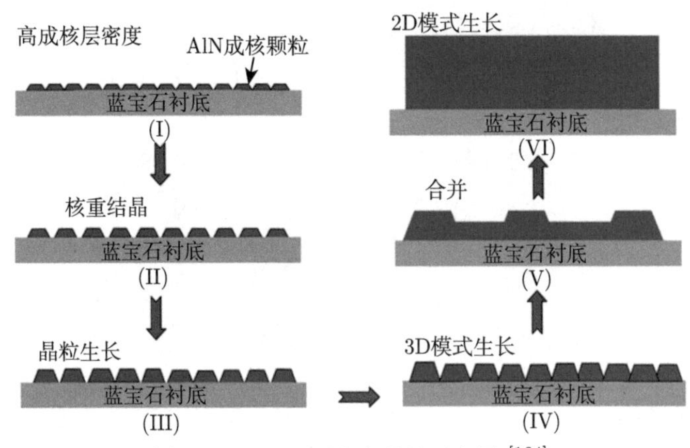

图 4.66 AlN 两步生长法示意图 [164]

在对低温成核层的研究中，研究人员发现，AlN 成核层的 V-Ⅲ 比对整个 AlN 薄膜的影响也至关重要。当 V-Ⅲ 比越低的时候，AlN 的生长速率越高，易呈现 2D 生长模式 [167]。2006 年，Bai 等通过调整 V-Ⅲ 比和源流量来改变 AlN 在蓝宝石衬底上的生长模式，研究表明，当 AlN 呈 2D 生长时，有利于位错闭合与湮灭，能大大降低位错密度 [168]。目前，研究者已经从最初的高低温度“两步法”，延伸出高低 V-Ⅲ 比“两步法”[169]，高低气压“两步法”[170] 等，普遍应用的 AlN 的 2D 生长规律是高温低 V-Ⅲ 比，3D 生长规律是低温高 V-Ⅲ 比 [171,172]。上述方法的主要特点可以归纳为：首先在衬底上以低温或高 V-Ⅲ 比的条件生长一层疏松的 3D 成核层用来释放失配应力，然后通过升温或降低 V-Ⅲ 比，促进 AlN 薄膜 2D 横向生长诱导位错闭合，从而提升 AlN 薄膜的晶体质量，获得高质量、表面平整的薄膜 [152]。

与蓝宝石和 SiC 衬底不同，对于 Si 衬底而言，除了采用常见的“两步法”生长外，由于 Si 与 N 容易反应生成无定形的 Si_xN_y 界面层，2000 年之后人们开始在 AlN 薄膜生长前引入一层预铺 Al 层 [173,174]。一方面预铺 Al 会提高 AlN 在 Si 衬底上的润湿性，促进 AlN 的 2D 生长；另一方面，预铺 Al 已经被证实能够有效阻止无定形的 Si_xN_y 界面层的形成 [175]。Cao 和 Bak 等分别采用预铺 Al 技术，通过研究预铺 Al 时间对 AlN 薄膜性能的影响后发现，预铺 Al 技术是改善界面反应的有效手段，但是预铺 Al 时间不宜过长，否则衬底表面容易形成 3D 的 Al 岛，造成 Al 堆积 [176,177]。图 4.67 是 Bao 等研究不同预铺 Al 时间下生长的 AlN 薄膜的 SEM 图 [175]。

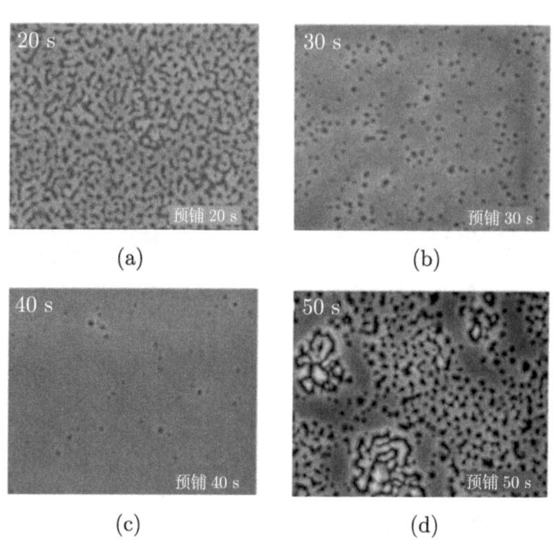

(a)　(b)　(c)　(d)

图 4.67　预铺 Al 时间为 (a) 20 s、(b) 30 s、(c) 40 s 和 (d) 50 s 生长的 AlN 薄膜表面的 SEM 图 [175]

在 AlN 薄膜的生长模式以及位错控制机制的基础上，科研工作者提出了生长多层 AlN、插入层等设计思路。2012 年，Lee 等发现 Al 插入层对 AlN 薄膜中针孔形成的抑制作用 [178]，通过对 AlN 薄膜进行 KOH 腐蚀，他们发现 Al 插入层是控制 AlN 薄膜 N 极性与 Al 极性的重要因素。当外延结构中存在 Al 插入层时，AlN 薄膜呈现表面光滑平整的 Al 极性面。2014 年，Wang 等在 Si 衬底上生长的 AlN 薄膜中也引入了 Al 插入层，通过对 Al 插入层施加不同时间的氮化，Al 插入层能有效提升 Al 原子的表面迁移率。当氮化时间为 25 s 时，引入插入层的 AlN 薄膜表面粗糙度由 5.1 nm 降低至 1.91 nm，位错密度下降至 3×10^7 cm^{-2} [179]。

2022 年，Zhang 等发现在蓝宝石上生长 AlN 的两步法存在一定的局限性，长时间生长缓冲层将使其难以获得平坦的薄膜表面 [180]。因此，在两步生长法的基础上引入了中间层，在这一步中，AlN 表面形貌受到 NH_3 流速的控制，位错密度进一步降低，并且在 1120 ℃ 的温度下获得了高质量的 AlN 薄膜，如图 4.68 所示。XRD(0002) 取向半高宽为 172″，$(10\bar{1}2)$ 取向半高宽为 145″，位错密度为 6.39×10^7 cm^{-2}。

4.2.3　迁移增强技术

抑制 MOCVD 反应室内 Al 源与 N 源的预反应是减小 MOCVD 生长过程中寄生预反应的重要组成部分；同时，增强 Al 原子在衬底上的迁移率也是科研工作者重点考虑的问题。1992 年，由 Asif 等首次提出使用脉冲原子层沉积技术 (switched atomic layer epitaxy，SALE) 在蓝宝石衬底上沉积 AlN 薄膜，增强了 Al 吸附原子的表面迁移率 [181]。这种技术又被称为迁移增强技术 (migration-

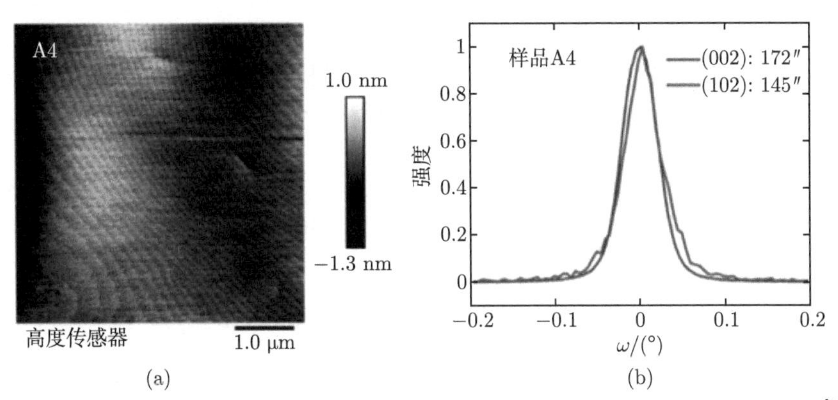

图 4.68 (a) AlN 薄膜的 AFM 图；(b) XRD(002) 和 (102) 取向半高宽测量结果 [180]

enhanced epitaxy，MEE)[182]，主要特点是 Al 源和 N 源以脉冲模式交替进入反应生长室，使得 Al 吸附原子与 N 原子在结合前有充足的时间移动到成核点，促进 2D 生长，并减少 TMAl 和 NH_3 同时滞留在反应腔内的相遇时间，降低寄生预反应概率。2001 年，Zhang 等通过实验证实，通过采用这种生长技术能够实现在比传统的低压 MOCVD 温度低 200~300 ℃ 条件下生长出较高质量的薄膜 [183,184]。2008 年，Sang 等以该技术生长的 AlN 薄膜作为蓝宝石衬底上的缓冲层，再连续生长 1.2 μm 的 AlN 薄膜，其位错密度降低为 2.1×10^8 cm^{-2}，如图 4.69 所示；TEM 结果表明，在两种不同方法生长的 AlN 层间存在一层能改变应力状态并有效引导位错湮灭的界面层，这个界面层对薄膜质量的提升具有重要意义 [185]。这一技术还被成功地应用于制备 AlInGaN、AlGaN 等材料。2007 年，Hirayama 等交替采用 NH_3 脉冲和传统的连续法在蓝宝石衬底上生长出低缺陷密度 (7×10^8 cm^{-2}) 的 AlN 和 AlGaN 薄膜，并实现波长 231~261 nm 的 AlGaN 基 UV-LED[186]。

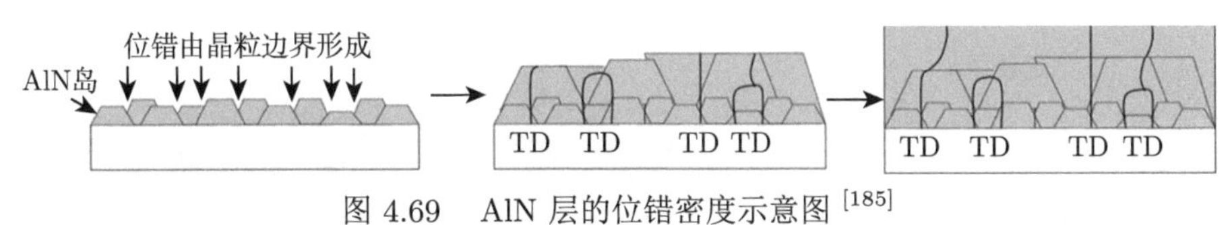

图 4.69 AlN 层的位错密度示意图 [185]

TD. 穿透位错密度

随着对 MEE 技术研究的不断深入，2008 年，Takeuchi 等发现，在采用 MEE 生长技术前是否增加一个传统连续法的生长阶段对 AlN 成核层的生长模式影响很大 [187]。于是，研究者重新调整了 MEE 技术，通过结合传统连续法和 MEE 技术的特点，提出了 MMEE (modified MEE) 技术。图 4.70 是 Banal 研究小组采用的 MMEE 技术，每个周期中包含了 1 个周期 MEE 生长和 1 个周期连续法生长 [188]。结果表明，采用 MMEE 技术在蓝宝石衬底上得到的 600 nm AlN 薄膜

的 (0002) 半高宽为 43″，位错密度约 4.0×10^6 cm^{-2}。同时通过对比发现，分别采用连续法、MEE 和 MMEE 技术生长的 AlN 成核层中 3D 成核岛大小依次是连续法 (约 15 nm)<MMEE (约 25 nm)<MEE (约 50 nm)，表明 Al 吸附原子迁移率也是依次增强。

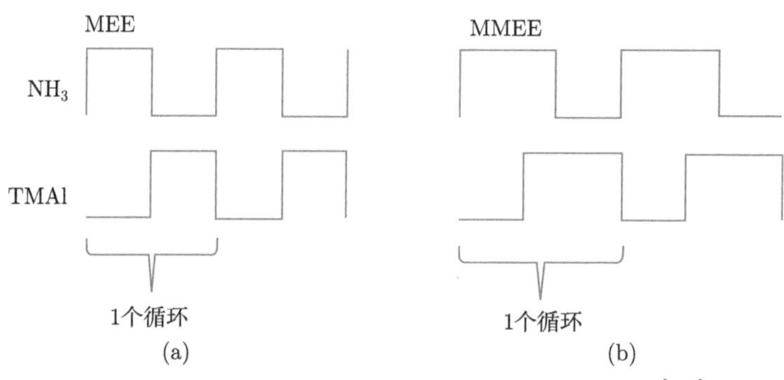

(a) (b)

图 4.70 (a) MEE 和 (b) MMEE 脉冲生长示意图 [188]

相比于传统连续法，MEE 技术能够有效提升 Al 原子在衬底表面的迁移率，但 Al 原子一般迁移至台阶前端与 NH_3 发生反应并入晶格。经过周期性的脉冲生长后，AlN 会形成垂直于台阶方向的层状表面；同时，AlN 成核岛较大，导致 AlN 薄膜表面不平整。2016 年，Soomro 等 [189] 采用 MEE、MMEE 以及传统连续法研究了在蓝宝石衬底上的不同 AlN 成核状态。如图 4.71 所示，MMEE 技术有利于促进 AlN 薄膜的 2D 生长，当脉冲时间过长时，容易造成 AlN 生长不均匀且具有较高的晶粒间应力；而连续生长法由于 Al 原子的表面迁移率较差，更倾向于混乱地堆叠在衬底表面，易形成多个成核位点，导致 AlN 薄膜 3D 生长，大幅度提升了 AlN 薄膜的表面粗糙度 [152]。

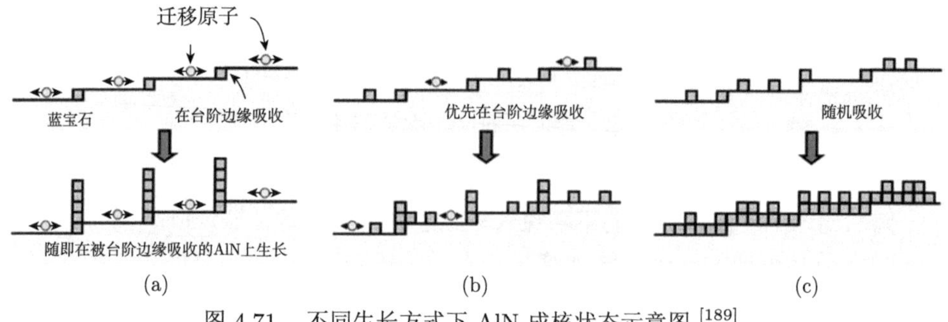

(a) (b) (c)

图 4.71 不同生长方式下 AlN 成核状态示意图 [189]

(a) MEE；(b) MMEE；(c) 传统连续法

4.2.4 横向外延生长技术

为了提高 Al 原子在生长表面的迁移率以及降低 AlN 薄膜的缺陷密度，一些复杂的生长技术也被应用到 AlN 薄膜的生长中。近年来研究人员开始探索尝试借鉴 GaN 薄膜中常采用的横向外延生长 (epitaxial lateral overgrowth，ELO) 技术，虽然横向外延的工序细节会有所不同，但横向外延都包括两步：首先制作图形模板，其次在图形模板上通过增强横向生长的方式外延材料。其工艺过程如图 4.72 所示。首先在 AlN 模板上通过刻蚀的方法制作出图形。在二次生长时，AlN 在纵向生长的同时也会在沟渠区横向生长直至材料愈合。在横向外延的生长过程中，沟渠区域的横向生长会使缺陷生长方向由纵向转向横向，因此可以防止缺陷的穿透生长，缺陷密度会随着生长降低，如图 4.73 所示。

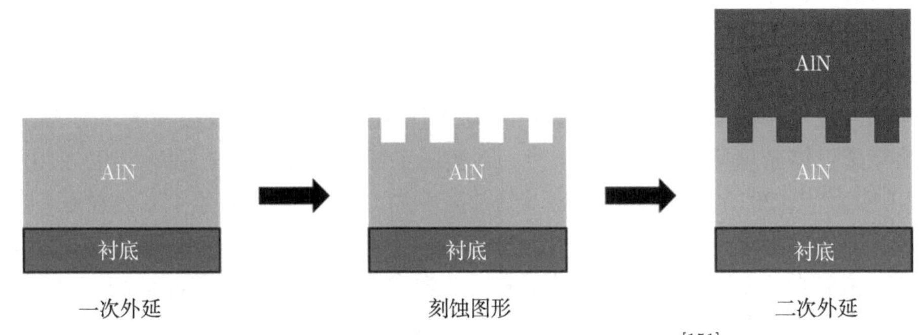

图 4.72 ELO 方法生长 AlN 的流程示意图 [151]

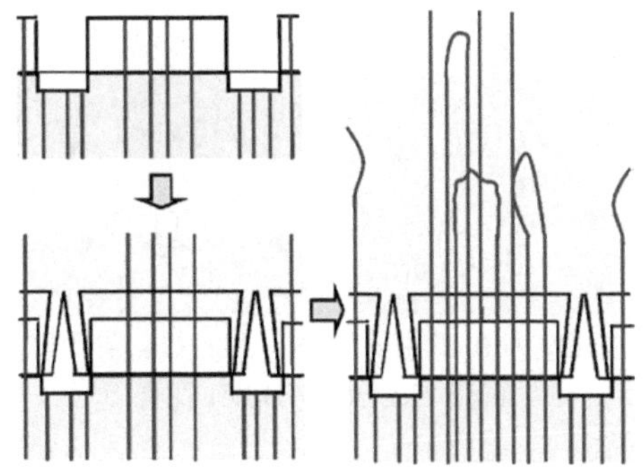

图 4.73 ELO 方法生长过程中位错线变化示意图 [158]

2006 年 Imura[155] 通过联合高温 MOCVD 生长和横向外延技术在微米级沟槽型 AlN/蓝宝石衬底模板上生长出了愈合完整的 AlN 薄膜，如图 4.74 所示 [190]，其 AlN 的 (0002)XRD 摇摆曲线半高宽只有 148″，穿透位错密度降低到 10^7 cm^{-2}。

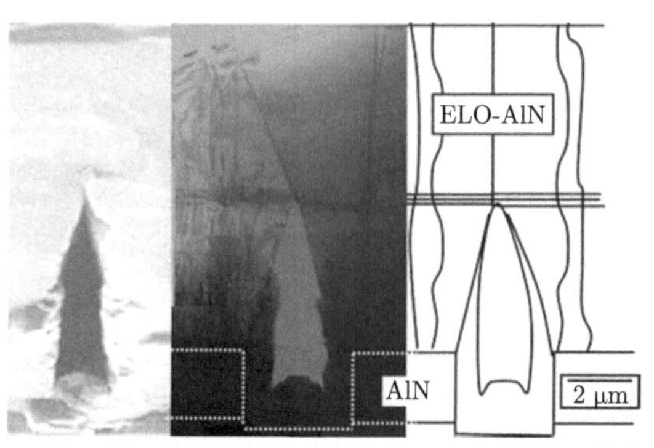

图 4.74　ELO-AlN 的 SEM 与 TEM 示意图 [190]

2007 年，Imura 等 [190] 结合高温生长技术与 ELO 技术，获得了高生长速率和无裂纹的 AlN 薄膜。由于沟槽的过滤作用，在沟槽上方生长的 AlN 位错密度较低。此外，随着 AlN 厚度的增加，大部分从 AlN 模板中穿出的位错在生长过程中形成环路结构而被湮灭，位错密度降低至 4×10^7 cm^{-2}。2009 年，Hirayama 等联合 NH_3 脉冲通入技术和横向外延技术在微米级沟槽型 AlN/蓝宝石衬底模板上，使 AlN 薄膜的穿透位错密度降低到 10^8 cm^{-2}，并实现了最大光输出 2.7 mW 级的 270 nm UV-LED[191]。2013 年，Zeimer 等以刻蚀深度为 0.45 μm m 面蓝宝石为衬底，成功生长了平整高质量 AlN 薄膜，AlN(0002) 取向半高宽为 130″，缺陷密度为 3.5×10^7 cm^{-2}；并在此 ELO AlN 的基础上，进一步制备了高质量 $Al_{0.8}Ga_{0.2}N$ 层，可用作 LED 的 UV-C 波长区域发射缓冲层，如图 4.75 所示 [192]。

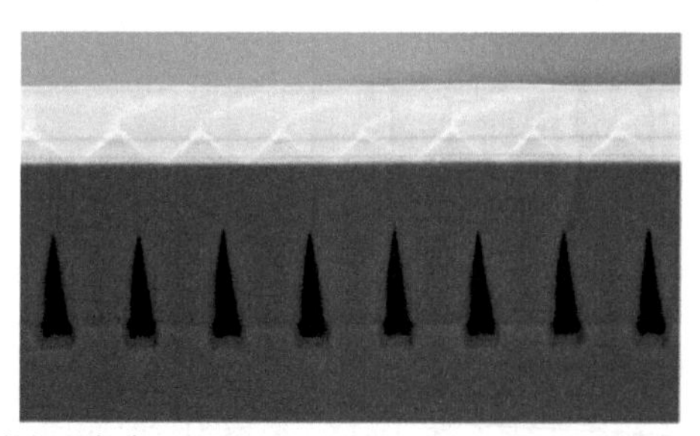

图 4.75　蓝宝石 m 面刻蚀深度为 0.45 μm，AlN、$Al_{0.8}Ga_{0.2}N$ 横截面背散射电子图像 (back scattered electron，BSE) 图像 [192]

2015 年，Conroy 等利用纳米图形化 ELO 技术 (图 4.76)，成功在蓝宝石衬底上生长了低缺陷密度 AlN 薄膜。纳米图形化的自组装路线省去了 ELO 技术中的某些步骤，成功在总厚度小于 1.5 μm 的条件下，将位错密度降低至 3.5×10^8 cm^{-2}。原位监测曲线表明，通过 ELO 法制备的 AlN 薄膜产生的拉伸应变较小，如图 4.77 所示 [193]。

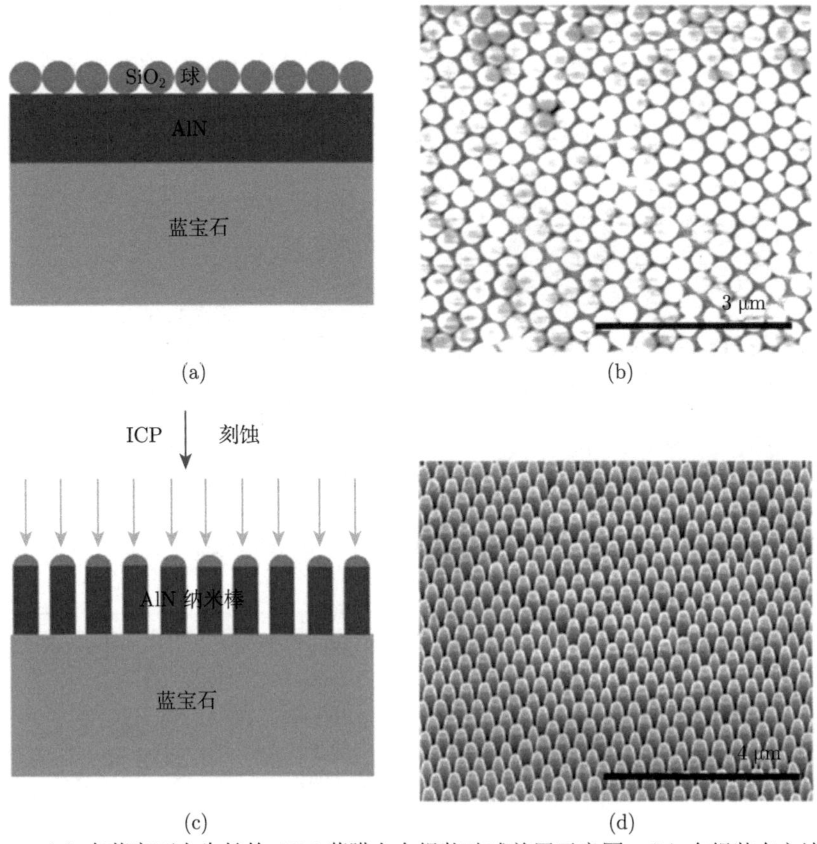

图 4.76 (a) 在蓝宝石上生长的 AlN 薄膜上自组装硅球单层示意图；(b) 自组装在六边形 2D 晶格单层上的硅球自上而下的 SEM 图像；(c) 电感耦合等离子体 (inductively coupled plasma, ICP) 刻蚀后新形成的 AlN 纳米棒示意图；(d) 纳米棒结构的倾斜视图 SEM 图像 [193]

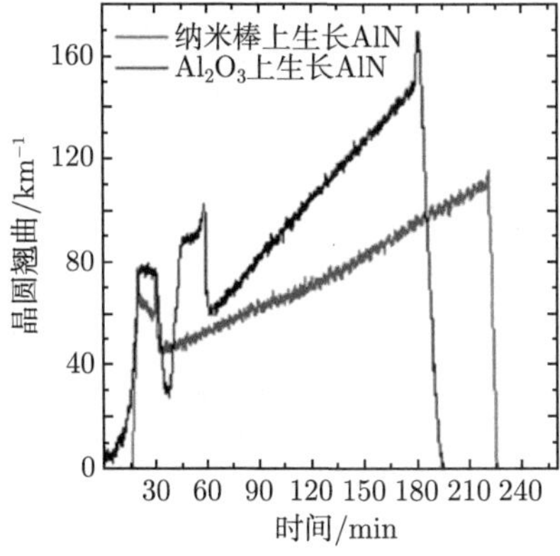

图 4.77 蓝宝石衬底与 AlN 的晶圆曲率原位监测图 [193]

2019 年，Long 等在蓝宝石衬底上进行锥形图形化 (图 4.78)，成功生长出厚度为 10.6 μm 的无裂纹、低应力的 AlN 薄膜 [194]。AlN(0002) 取向半高宽为 165″，$(10\bar{1}2)$ 取向半高宽为 185″，位错密度小于 $3\times10^8\ \mathrm{cm}^{-2}$，如图 4.79 所示。在异质外延过程中，AlN 薄膜的双聚结可以有效地放松应变。RSM 表征表明，AlN 薄膜近似于

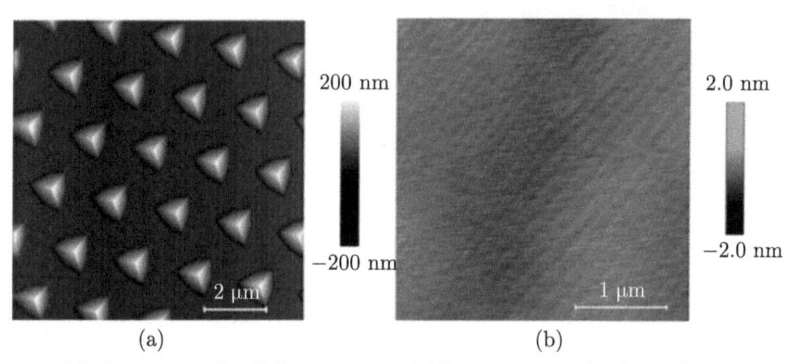

图 4.78　(a) 锥形 PSS 表面形貌的 3D AFM 图像；(b) AlN 表面形貌的 AFM 图像 [194]

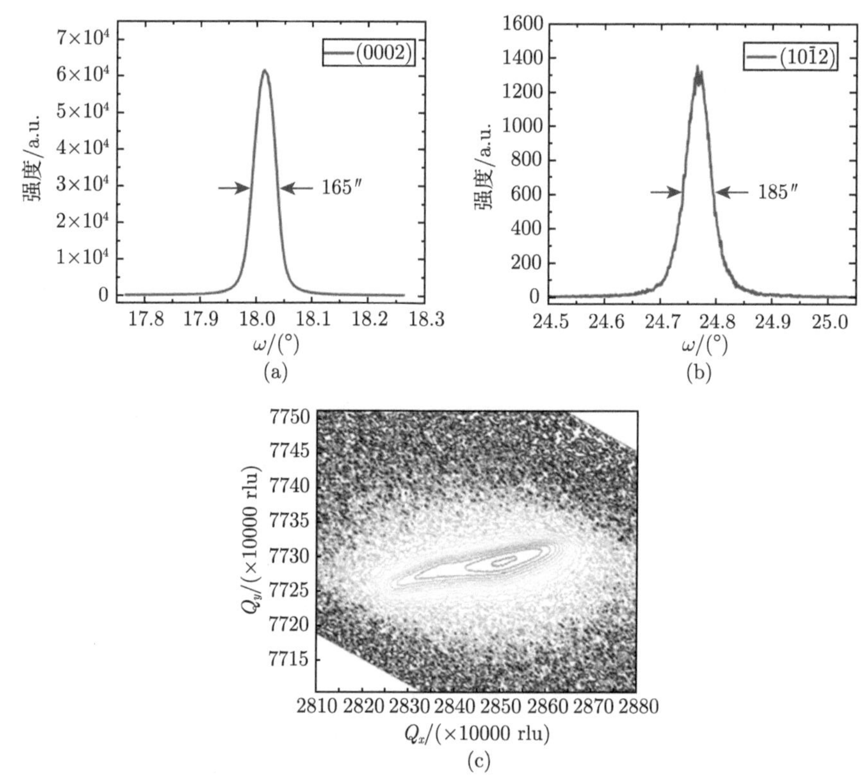

图 4.79　AlN (a) (0002) 面和 (b) $(10\bar{1}2)$ 面取向半高宽以及 (c) RSM 图 [194]

rlu 为对光单位 (relative light unit)，仅仅是一个样品中光产生量的相对测试值

应力弛豫状态，表面形貌无裂纹，表面粗糙度为 0.14 nm。

2023 年，Shen 等研究了具有规则六边形孔的纳米图案化 AlN/蓝宝石模板 [195]，蓝宝石氮化预处理和解理面的有序横向生长，均匀的面外和面内取向结合，有效地抑制了凝聚过程中穿透位错的出现。AlN 薄膜的位错密度达到 $3.3\times10^4\ \text{cm}^{-2}$，接近目前已有的 AlN 块状单晶，如图 4.80 ~ 图 4.82 所示。

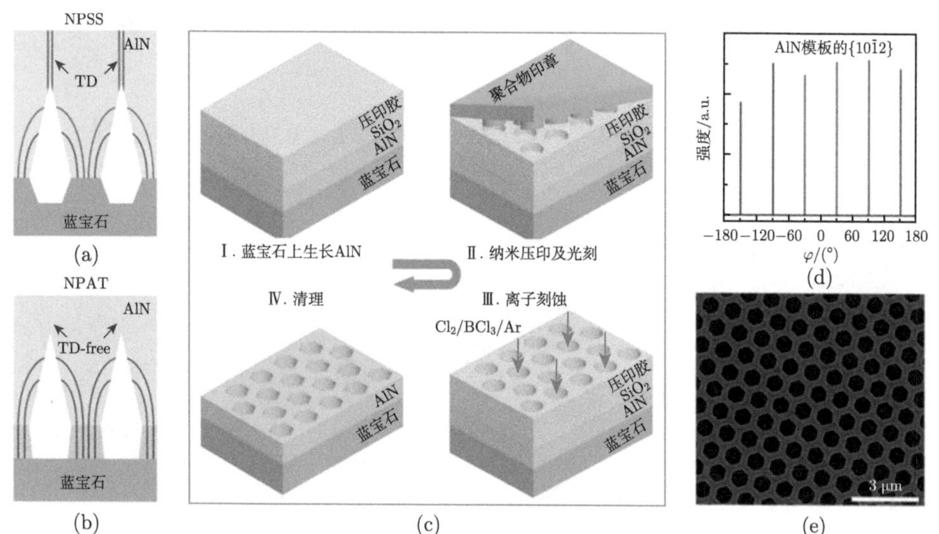

图 4.80 在纳米图案化 AlN 蓝宝石模板 (nano-patterned AlN/sapphire templates，NPAT) 上生长 AlN 的示意图 [195]

(a)、(b) NPSS 和 NPAT 上 AlN 薄膜 TD 的演化；(c) NPAT 制备示意图；(d) XRD φ-扫描蓝宝石上 AlN 模板的 $\{10\bar{1}2\}_{\text{AlN}}$ 平面；(e) 带正六边形孔的 NPAT 的 SEM 图像

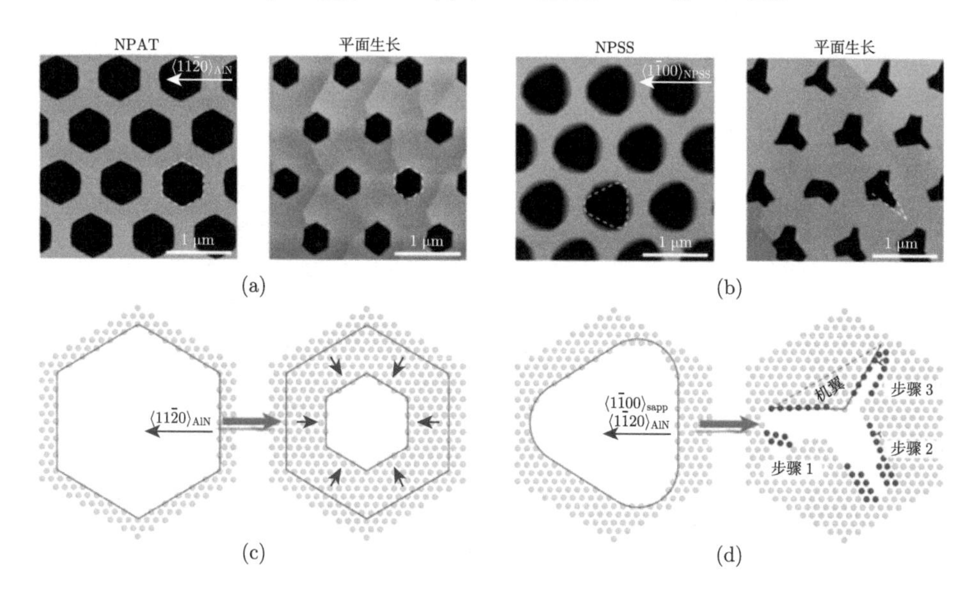

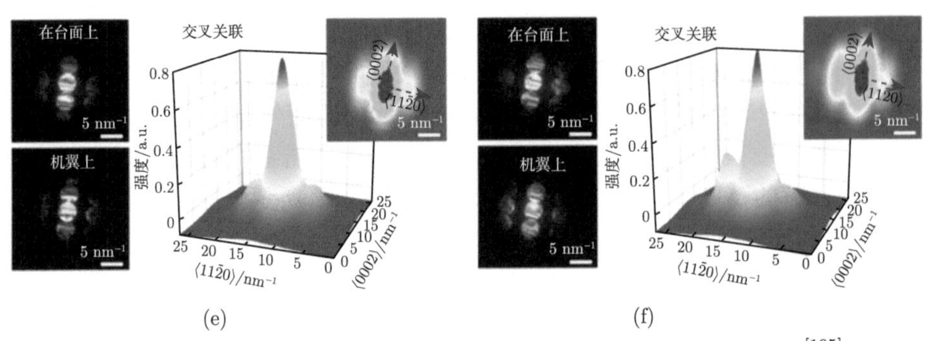

图 4.81　NPAT 和 NPSS 上生长 AlN 在横向愈合过程中的取向控制 [195]

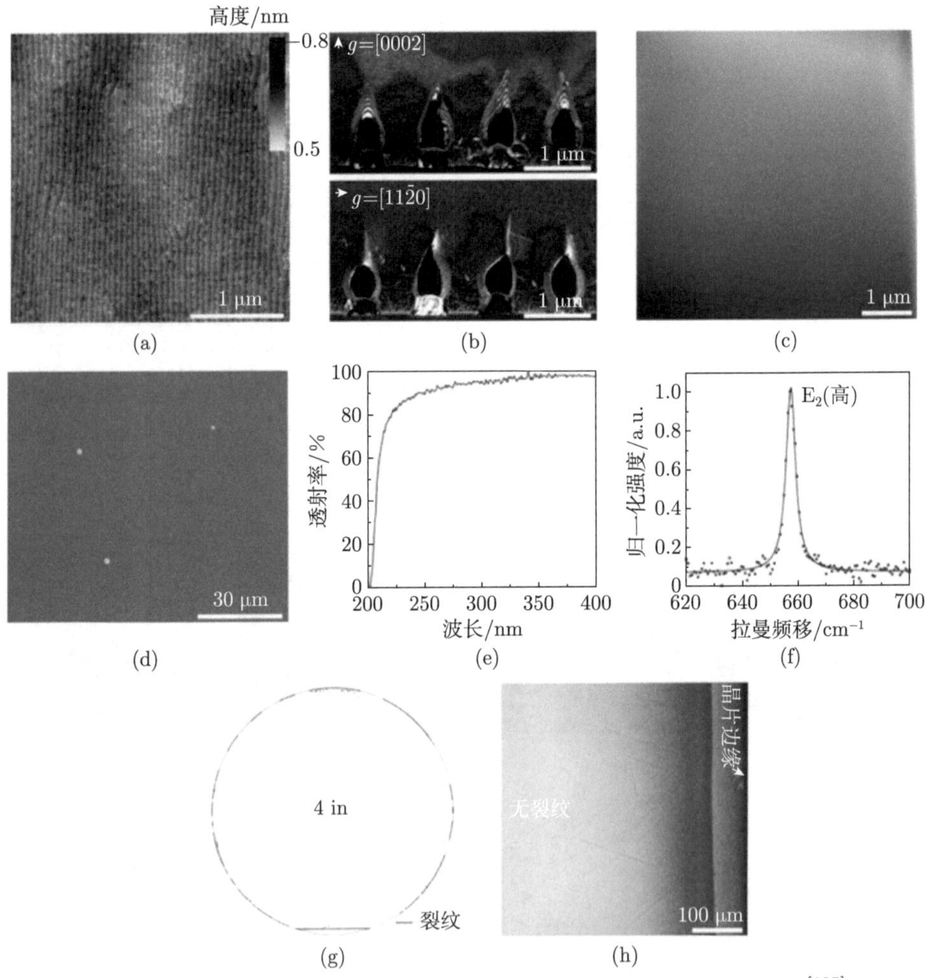

图 4.82　NPAT 上生长 AlN 的 AFM、SEM、晶体质量及光学显微镜 [195]

1 in = 2.54 cm

4.3 单晶 AlN 薄膜体声波滤波器的优势

BAW 滤波器利用某些不具备对称中心材料 (如石英、AlN、ZnO、$LiTaO_3$ 等) 的压电效应进行工作，实现电能与机械能的相互转换。目前，国际上的主流 BAW 滤波器产品均以多晶 AlN 作为压电材料，但其材料中存在大量的晶界和缺陷，声波在材料中传播时会被晶界和缺陷散射吸收，造成能量损失，增加功耗，因此多晶 AlN BAW 滤波器功率容量相对较低，器件损耗相对较高，这些因素限制了其在高功率场景下的应用。与多晶 BAW 器件相比，单晶 AlN 薄膜的 BAW 滤波器具有更高的机电耦合系数和更低的晶体缺陷，可以在高工作频率下获得更大的滤波器带宽和更低的插入损耗。

2008 年，Ohashi 等通过测量 Y 切割和 Z 切割样品的纵波、横波以及泄漏的声表面波 (leaked surface acoustic wave，LSAW) 的速度来确定单晶 AlN 的声学速度 [196]。由于实际测量的单晶 AlN 与计算中的单晶 AlN 存在一定差距，因此测量得到的纵波声速低于计算的纵波声速，如图 4.83 所示。综合考虑 BAW 滤波器的工作原理，根据公式 $f_0 = v/2d$，这里 f_0 为谐振频率，v 为声速，d 为 AlN 薄膜的厚度。单晶 AlN 薄膜具有更高的声速，因此在相同厚度下，基于单晶 AlN 的 BAW 器件可以拥有更高的中心频率。

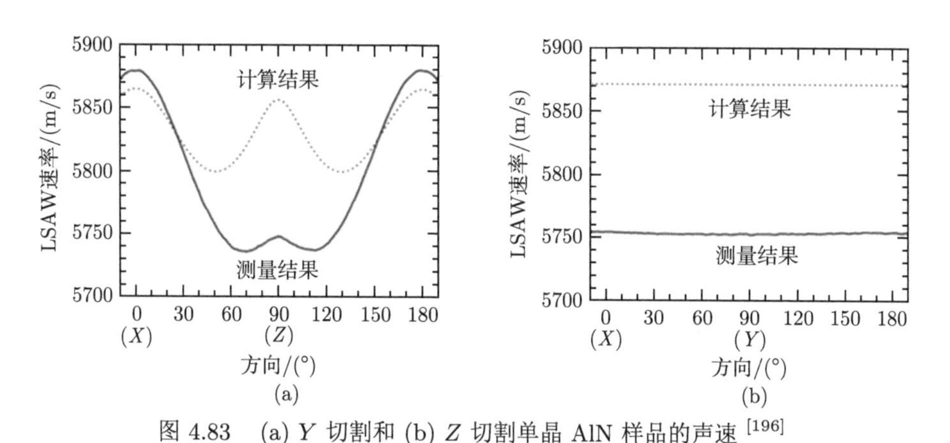

图 4.83 (a) Y 切割和 (b) Z 切割单晶 AlN 样品的声速 [196]

基于多晶 AlN 的 FBAR 测量到的最高机械耦合效率约为 6.5%。单晶压电薄膜的纵向压电耦合系数高于多晶薄膜，理论上应该具有更高的机械耦合效率。2016 年，Shealy 等通过测试 Akoustis Technologies 公司制备的 120 μm ×120 μm 的单晶 AlN 器件，获得了实验值并与仿真结果对比 [197]，使用 COMSOL 多物理场对简化的 BAW 模型进行仿真模拟，如图 4.84 所示，该模型由压电 AlN 薄膜、上下两个 Mo 电极和周围的完美匹配层所组成。

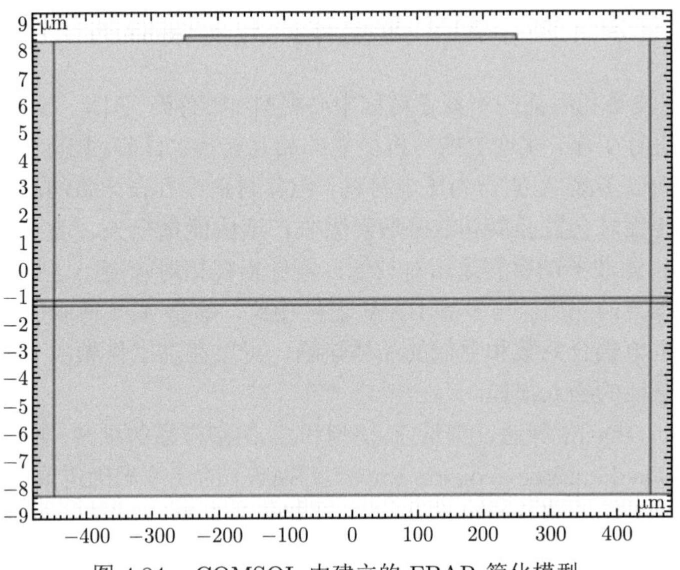

图 4.84　COMSOL 中建立的 FBAR 简化模型

对圆形薄膜结构和椭圆形薄膜结构进行了模拟，比较了多晶薄膜和单晶薄膜的 FOM ($k_t^2 \times Q$) 作为面积的函数，并确定了 k_t^2 和 f_s 分别与纵向压电耦合系数 e_{33} 和纵向弹性模量 C_{33} 的轨迹趋势。如图 4.85 所示，为圆柱形多晶和单晶器件的 e_{33} 上下范围的 FOM 与面积的关系图。通过集总参数提取得到优值，形成模拟中每个区域的 BVD 模型。基线 C_{33} 和 e_{33} 值分别与厚度为 2 μm 的单晶和多

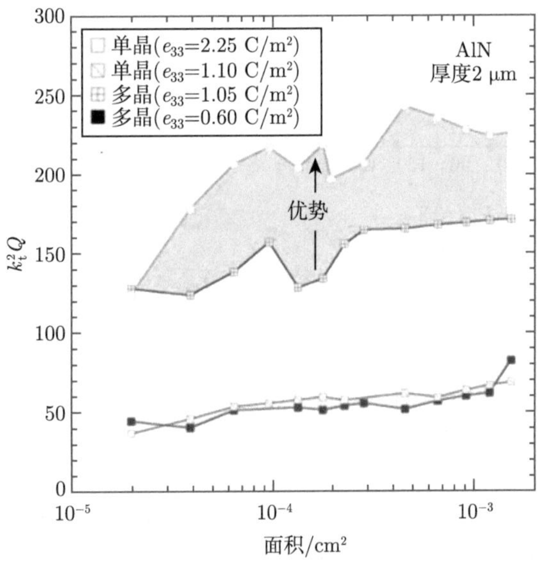

图 4.85　使用 COMSOL 仿真的 2 μm 厚圆形 AlN 薄膜谐振器的 FOM 与面积关系图 [197]

晶 AlN 薄膜的测量 f_s 和 k_t^2 值拟合。多晶 AlN 的模拟 f_s 值为 1.35 GHz，单晶 AlN 的模拟 f_s 值为 1.875 GHz。k_t^2 值多晶为 7%和单晶为 14%，单晶性能明显优于多晶。单晶谐振器获得较高的品质因数 Q 是由于其机械耦合效率大于多晶谐振器，在上限情况下单晶 AlN 的压电耦合系数能够达到多晶 AlN 的两倍以上。

基于上述阐述，采用单晶 AlN 薄膜的 BAW 滤波器具有更高的性能，随着 5G 技术的到来，以单晶 AlN 基 BAW 滤波器为代表的化合物半导体行业将迎来高速发展的机遇。

早在 2004 年，本书作者在东京大学开展单晶 AlN BAW 滤波器研究，并率先在金属 W 衬底 [198]、尖晶石衬底 [199] 上生长出了体声波滤波器用的高质量 AlN 薄膜，表面粗糙度为 0.2 nm；2006 年，Aota 等利用 MOCVD 技术在 Si 衬底上生长了高取向 AlN 薄膜 [200]，(0002) 取向半高宽为 2.4°。研究人员通过降低 Mo 电极电阻、优化空腔刻蚀工艺等方法，使 Si/SiO_2 的刻蚀选择比达到 650，成功制备了中心频率位于 3.698 GHz，品质因数 Q 为 1557 的背刻蚀型 BAW 器件，如图 4.86 所示。

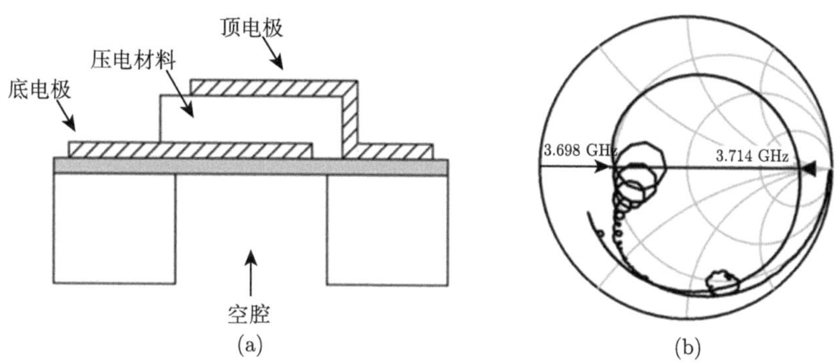

图 4.86 (a) BAW 器件的结构和 (b) S_{11} 史密斯圆图 [200]

2017 年，Hodge 等采用 MOCVD 生长技术在 SiC 衬底上获得了高质量的 AlN 单晶薄膜，XRD(0002) 取向半高宽为 0.027°。研究人员以该单晶 AlN 薄膜为压电层，成功制备了第一款中心频率为 5.24 GHz 的单晶 AlN BAW 滤波器，最小插入损耗为 2.82 dB，带外抑制大于 38 dB，如图 4.87 所示；谐振器的机电耦合系数达到 6.32%，品质因数 Q 为 1523。实现的滤波器的 S 参数与史密斯圆图展现出较好的一致性 (图 4.88)，芯片尺寸为 0.594 mm^2，不到当时用于 WiFi 路由器中的滤波器尺寸的十分之一 [201]。

同年，Shealy 等采用 MOCVD 技术在 SiC 衬底上获得了单晶 AlN 薄膜，XRD(0002) 取向半高宽为 0.025°。研究人员以该单晶 AlN 薄膜为压电层，成功制备了一款中心频率为 3.71 GHz 的 BAW 滤波器，该器件的 3 dB 带宽为 100 MHz，

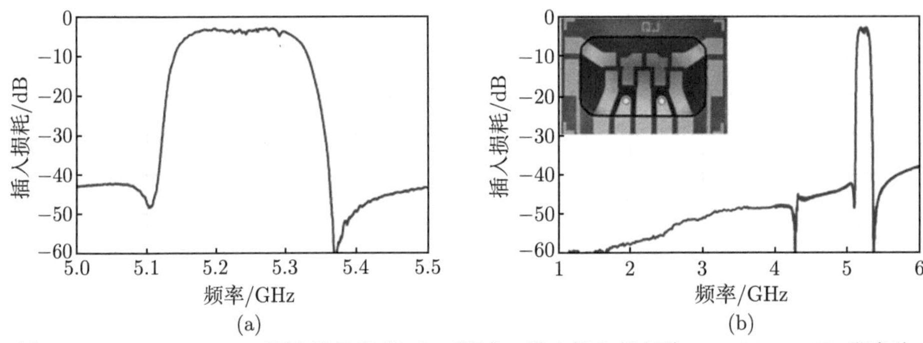

图 4.87　(a) 5.24 GHz 滤波器的窄带 S_{21} 测试，最小插入损耗为 2.8 dB，4 dB 带宽为 151 MHz；(b) 5.24 GHz 滤波器的宽带 S_{21} 测试，带外抑制效果优于 38 dB[201]

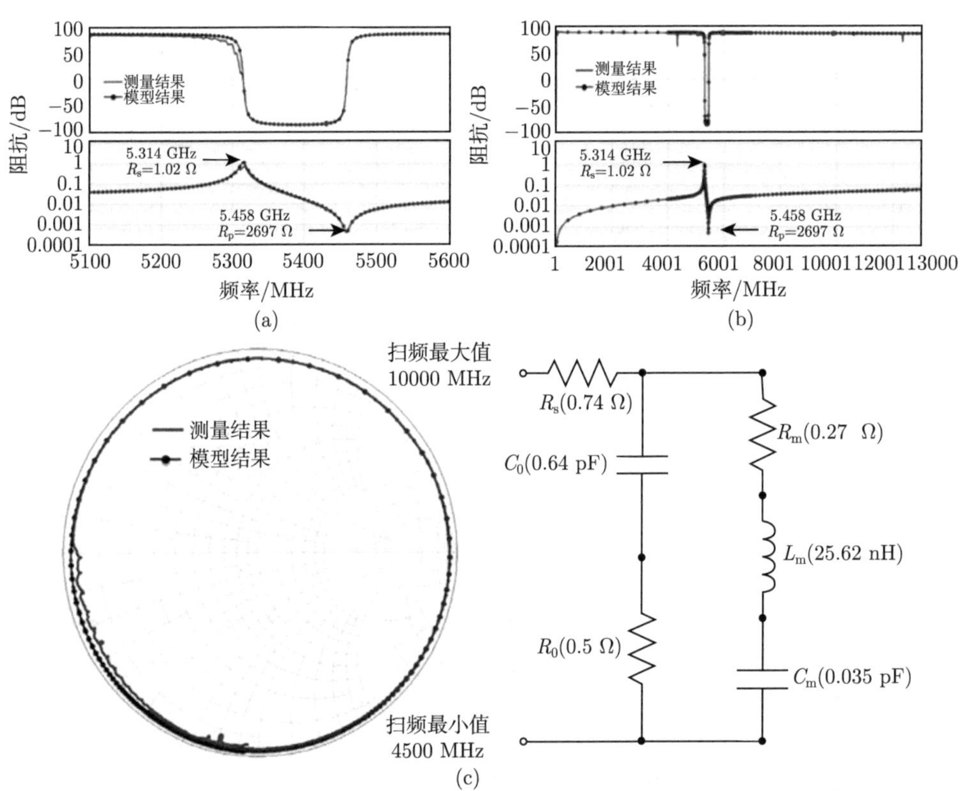

图 4.88　(a) 测量数据与 MBVD 模型的窄带相位和导纳拟合曲线比较；(b) 测量数据与 MBVD 模型的宽带相位和导纳拟合曲线比较；(c) 测量数据与 MBVD 模型的史密斯圆图比较以及 MBVD 模型 [201]

最小插入损耗为 2.0 dB，窄带抑制为 40 dB，带外抑制大于 37 dB，如图 4.89 所示；谐振器的机电耦合系数达到 7.63%，品质因数 Q 为 1572，相比于多晶 AlN

谐振器，机电耦合系数提升超过 593%，FOM 提升超过 288%。这是基于 SiC 生长的单晶 AlN BAW 滤波器首次在 3.7 GHz 频段的展示，为高频移动、WiFi 和基础设施应用提供了实验基础 [202]。

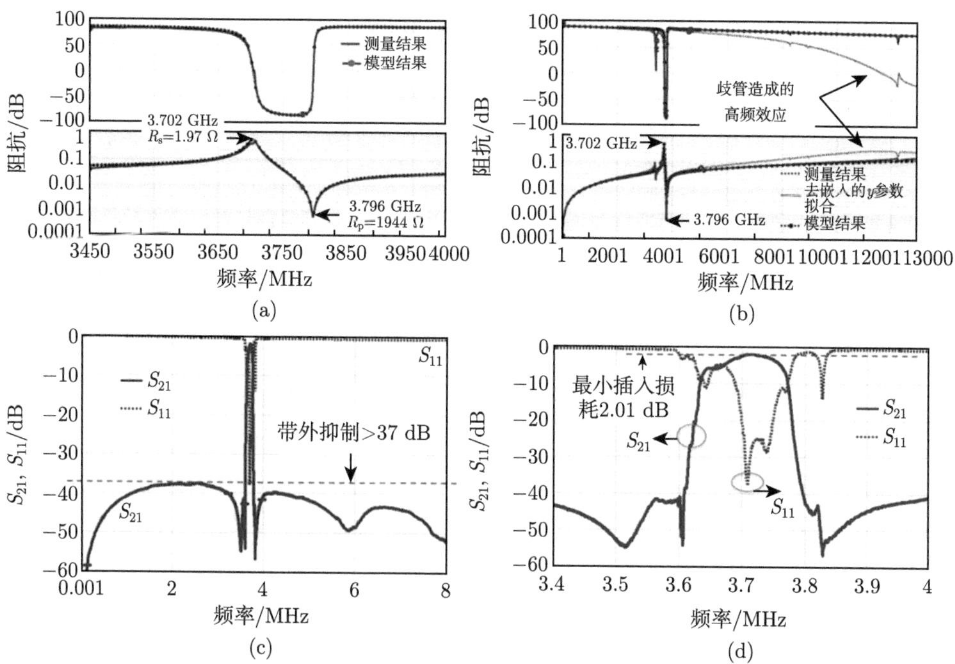

图 4.89 (a) 测量数据与 MBVD 模型的窄带相位和导纳拟合曲线比较；(b) 测量数据与 MBVD 模型的宽带相位和导纳拟合曲线比较；(c) 3.7 GHz 滤波器的宽带 S_{21} 和 S_{11} 测试，带外抑制为 37 dB；(d) 3.7 GHz 滤波器的窄带 S_{21} 和 S_{11} 测试，最小插入损耗为 2.0 dB[202]

2020 年，Shen 等设计制作了一款中心频率在 3.55 GHz、3 dB 带宽为 120 MHz 的单晶 AlN BAW 滤波器，并将该款滤波器与多晶 AlN BAW 滤波器进行了比较。其中，单晶 AlN BAW 滤波器的插入损耗降低了约 0.2 dB (图 4.90)，是当时所报道的 3 GHz 频率范围内功率处理能力最高的 BAW 滤波器 [203]。

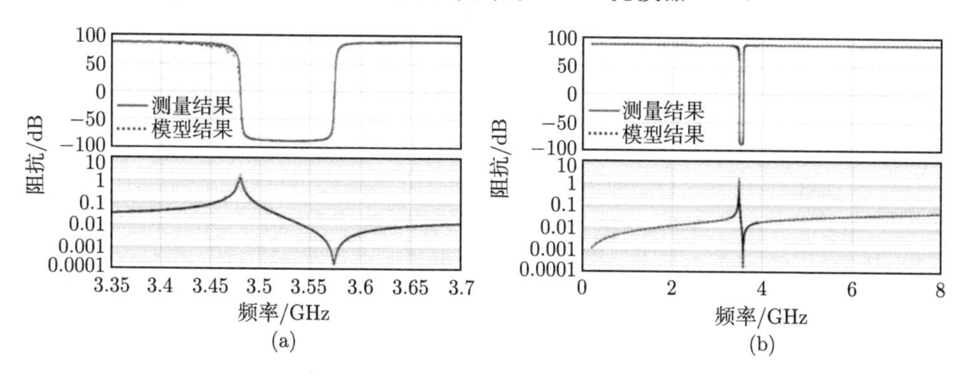

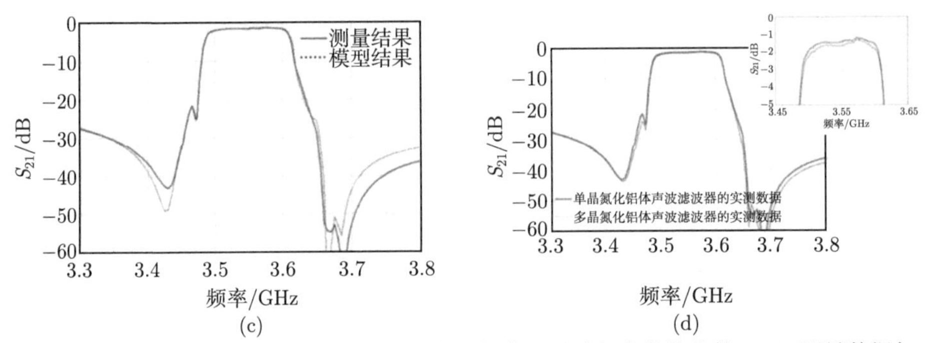

图 4.90　(a) 测量数据与 MBVD 模型的窄带相位和导纳拟合曲线比较；(b) 测量数据与 MBVD 模型的宽带相位和导纳拟合曲线比较；(c) 3.55 GHz 滤波器的窄带测试，回波损耗优于 −16 dB；(d) 3.55 GHz 单晶 AlN 和多晶 AlN BAW 滤波器测试 [203]

2022 年，本书作者带领团队将 MOCVD 和 PVD 技术结合，在 Si 衬底上生长 AlN 薄膜，并在此基础上制备了一款中心频率位于 2.596 GHz 的体声波滤波器，详细内容见第 8 章 [89]。同年，Ding 等采用 MOCVD 技术在 SiC 衬底上生长出厚度为 650 nm 的单晶 AlN 薄膜，之后研究人员将具有电极层的单晶 AlN 膜转移到另一片 SiC 晶片上，如图 4.91 所示，形成空气隙型 BAW 滤波器。该款

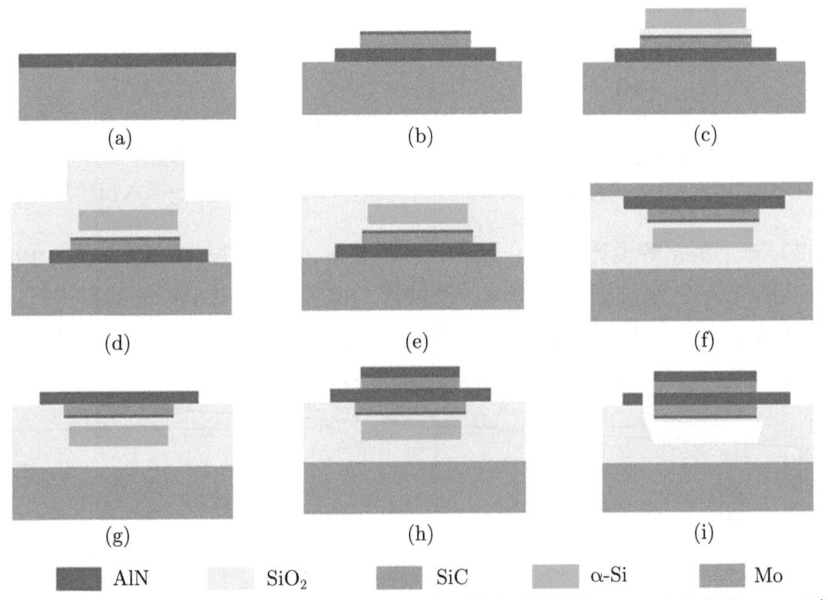

图 4.91　(a) 沉积单晶 AlN 压电薄膜；(b) 通过光刻和蚀刻制备 Mo 底电极和 AlN 过渡层；(c) 按照顺序沉积 SiO_2 和 α-Si 牺牲层；(d) 沉积 5 μm 的 SiO_2 形成键合层；(e) CMP 去除表面台阶；(f) 通过 SiO_2 键合层与另一片 SiC 键合；(g) SF_6 气体刻蚀 SiC，CMP 抛光；(h) 通过光刻和蚀刻形成顶电极和AlN过渡层；(i) 蚀刻通孔至 α-Si，并通过去除下面的牺牲层来释放空腔[204]

滤波器中心频率为 3.3 GHz，带宽为 160 MHz，最小插入损耗为 1.5 dB，带外抑制大于 31 dB，如图 4.92 和图 4.93 所示；谐振器的机电耦合系数达到 7.2%[204]。

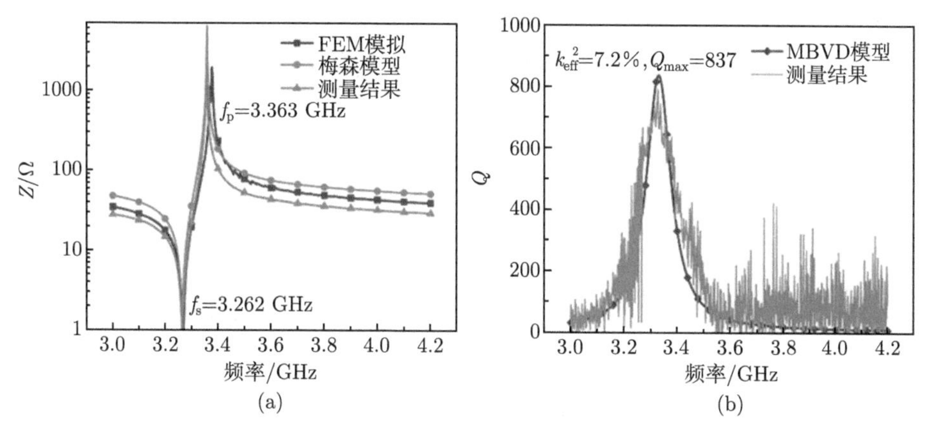

图 4.92 (a) 谐振器的阻抗和 (b) Q 因子的 MBVD 模型拟合与实测数据 [204]

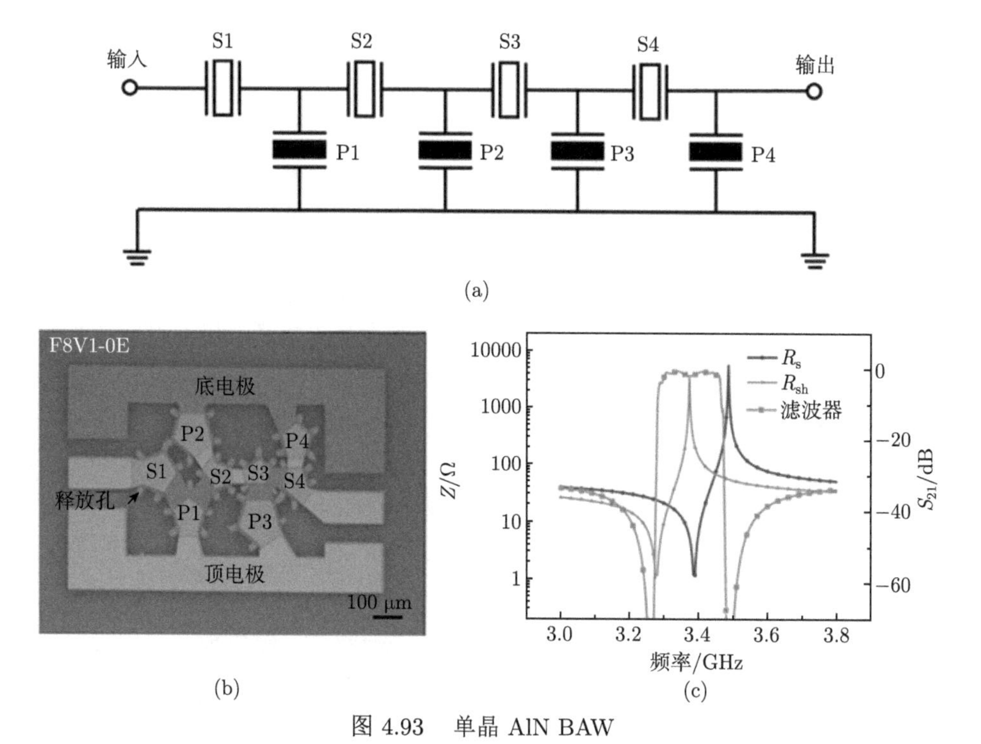

图 4.93 单晶 AlN BAW

(a) 器件结构；(b) 版图设计；(c) 串联谐振器、并联谐振器与滤波器的模拟结果 [204]

基于上述目前已报道的单晶 AlN 体声波滤波器的器件性能，与基于多晶 AlN 的同种器件结构或相同频段的多晶 AlN 器件相比，如表 4.1 所示，单晶 AlN 器件在机电耦合系数、品质因数 Q、FOM、插入损耗等方面均存在明显的性能优势，在实验和模拟上充分展现了单晶 AlN 器件的优越性，在 5G 和未来的 6G 无线通信中具有巨大的潜力。

表 4.1　已报道的单晶 AlN 器件与多晶 AlN 器件对比

压电材料	FWHM /(°)	中心频率 /GHz	机电耦合系数/%	Q	插入损耗/dB	文献
多晶 AlN	1.6	5.25	6.40	997	—	[205]
多晶 AlN	3.9	—	4.60	—	—	[205]
多晶 AlN	—	2.40	—	1548	—	[206]
多晶 AlN	—	3.70	1.1	1557	—	[200]
单晶 AlN	0.027	5.24	6.32	1523	2.82	[201]
单晶 AlN	0.025	3.71	7.63	1572	2.0	[202]
单晶 AlN	0.057	3.55	6.32	2778	1.20	[203]
单晶 AlN	0.68	2.60	6.39	1904	—	[89]
单晶 AlN	0.022	3.4	7.20	837	1.60	[204]

4.4　体声波滤波器单晶 AlN 薄膜的需求

4.4.1　残余应力与翘曲

对于单晶 AlN 薄膜而言，残余应力对其性能具有重要的影响。在外延生长过程中，AlN 薄膜由它所附着的衬底材料所支撑，薄膜的结构和性能受到衬底材料的重要影响。因此薄膜与衬底之间构成相互联系、相互作用的统一体，这种相互作用宏观上以两种力的形式表现出来：其一是表征薄膜与基体接触界面间结合强度的附着力；其二则是由于 AlN 薄膜与衬底之间在晶格常数、热膨胀系数两方面存在一定的差异，在生长以及降温过程中存在着相互作用，反映薄膜单位截面所承受的来自衬底约束的作用力——薄膜应力。薄膜应力在作用方向上有张应力和压应力之分。若薄膜具有沿膜面膨胀的趋势，则衬底对薄膜产生压应力；反之，薄膜沿膜面具有收缩趋势，则衬底对薄膜造成张应力，如图 4.94 所示。

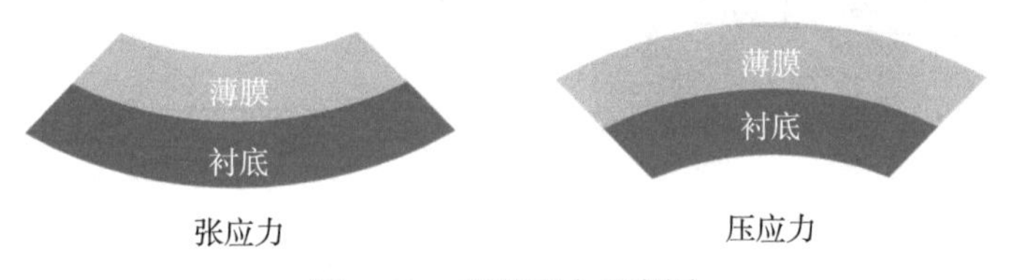

图 4.94　薄膜应力示意图

薄膜翘曲度指的是薄膜在衬底上的曲率变化，如图 4.95 所示。对于体声波滤波器而言，薄膜翘曲度的控制至关重要，它对滤波器的性能和可靠性产生显著影响。在制备 AlN 薄膜时，翘曲度通常来源于残余应力。高的残余应力会导致薄膜的弯曲或翘曲，这可能会导致薄膜的机械强度下降并使薄膜表面出现裂纹。不均匀的薄膜翘曲度会导致滤波器的频率响应不稳定，改变滤波器的中心频率和带宽，降低滤波器的选择性和性能，使得滤波器得不到准确的滤波效果。此外，薄膜翘曲度也会影响滤波器与其他组件的连接和集成。不适当的薄膜翘曲度可能导致滤波器与其他组件间连接不牢固，增加信号的损耗和杂散误差。因此，控制好单晶 AlN 薄膜翘曲度是实现高性能体声波滤波器的关键。

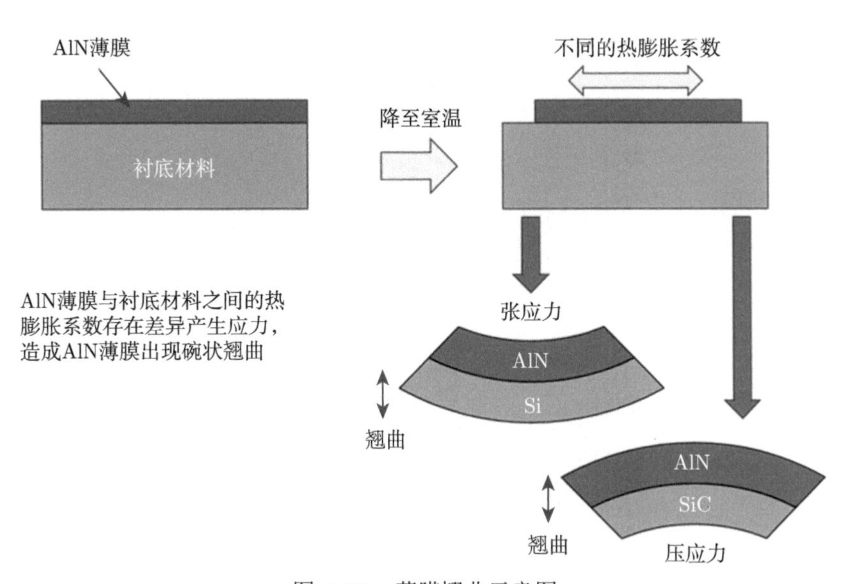

图 4.95 薄膜翘曲示意图

高残余应力可能导致 AlN 薄膜在使用过程中的声学、光学、电学性能的改变，严重时导致出现裂纹、剥落、失活和结构变形等一系列问题，极大地影响了器件的性能与使用寿命。在体声波滤波器的制备流程当中，制备工艺特别复杂，涉及数十道光刻程序以及上百道工艺程序，因此 AlN 薄膜的应力需要控制在 200 MPa 左右。一般而言，通过 MOCVD 技术制备的单晶 AlN 薄膜残余应力高达 GPa 级别，当 AlN 薄膜在 Si 衬底上生长厚度超过 300 nm，温度恢复到室温时，薄膜就会出现裂纹；通过 PVD 法生长的多晶 AlN 残余应力可通过改变 Ar 流量、N_2 流量、溅射功率等方式调控薄膜应力处于 MPa 级别，这也是 PVD 的优势所在，因此本书作者充分结合两种方法的优点，发明了 PVD 结合 MOCVD 两步生长法，成功生长了低残余应力的单晶 AlN 薄膜，具体介绍见第 8 章。若薄膜的残余应力较高，则在衬底被释放后薄膜有产生裂纹以及破碎的风险；由于整个晶圆产生凹型翘曲，这不仅影响键合对准精度，而且两片晶圆无法紧密接触导致键合良率低下，键合完成后晶圆中心部分空鼓使器件失效，如图 4.96 所示；同时，在器件制备过程中 AlN 薄膜极易在光刻或湿法刻蚀后产生裂纹，导致之前步骤无效以及后续工艺无法进行；在牺牲层释放时，AlN 薄膜的残余应力也会导致空腔崩塌使器件报废，如图 4.97 所示。

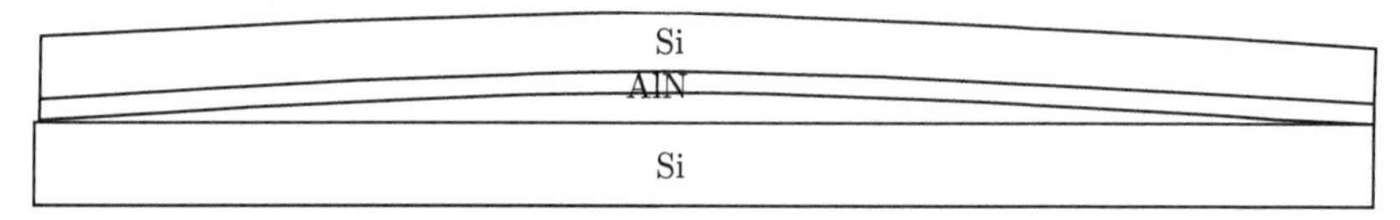

图 4.96　张应力过大引起的键合效果图

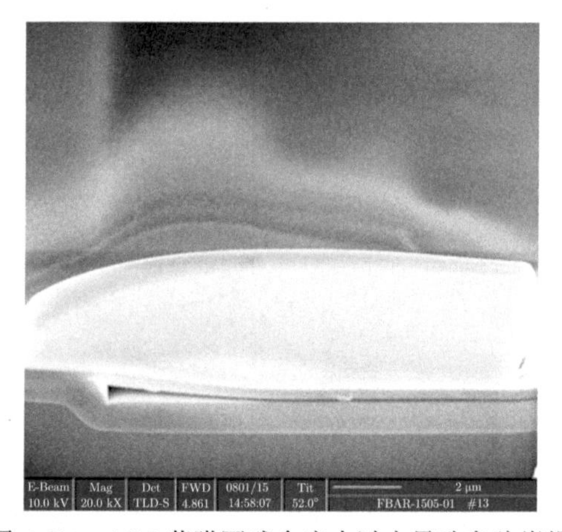

图 4.97　AlN 薄膜因残余应力过大导致空腔崩塌

此外，Mishin 的研究表明，AlN 薄膜的残余应力对薄膜的机电耦合系数存在较大影响 [207]，如图 4.98 所示。当 AlN 薄膜的残余应力由压应力 2200 MPa 转

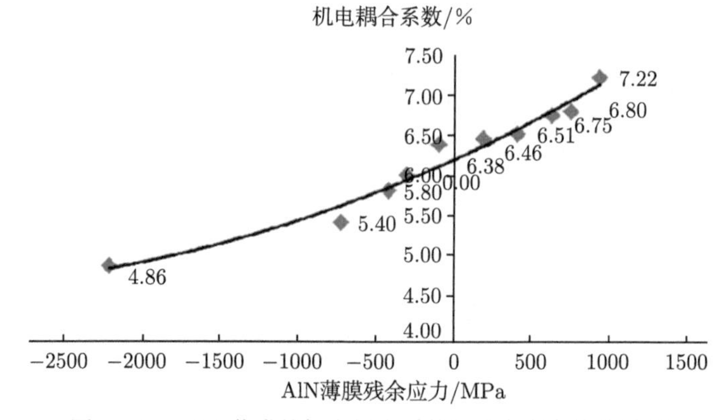

图 4.98　AlN 薄膜的机电耦合系数与残余应力的关系图

变成张应力 1000 MPa 时，AlN 薄膜的机电耦合系数从 4.86%增加至 7.22%，严重影响了体声波滤波器的带内波纹、插入损耗和带宽等性能。

为了降低残余应力与翘曲，可以采取一些措施。首先，选择合适的衬底材料对于控制残余应力非常重要，选择与单晶 AlN 具有较好的晶格匹配性的衬底，可以减少晶格失配所引起的应力。其次，调节薄膜的生长条件，例如温度、气压等参数，以优化 AlN 薄膜的结构并减少残余应力的产生。此外，还可以在单晶 AlN 薄膜和衬底之间引入缓冲层来减小晶格不匹配所引起的应力，并提高薄膜的结构稳定性。最后，还能通过设计新型外延生长方法，从根本上解决 AlN 残余应力过大的问题。

4.4.2 晶体质量

对于 AlN 薄膜和在此基础上制备体声波滤波器而言，晶体质量的优劣直接影响着滤波器的性能、稳定性和可靠性。单晶 AlN 内部的微粒在 3D 空间中有规律地、周期地排列，单晶 AlN 的整体在 3D 方向由同一空间格子构成，整个晶体中质点在空间的排序为长程有序；多晶 AlN 是由大量微小的单晶随机堆砌成的整块材料，晶界、晶面较单晶 AlN 更多，且当晶粒粒度较小时，晶粒难以直观呈现晶面、晶棱，如图 4.99 所示。一般而言，多晶 AlN 薄膜的 (0002) 取向衍射峰的半高宽一般在 1.2° 以上，晶体质量欠佳，φ 扫描不会出现六重旋转对称衍射峰；而单晶 AlN 薄膜的 (0002) 取向衍射峰的半高宽较小，且 φ 扫描中会出现相应的六重旋转对称衍射峰。

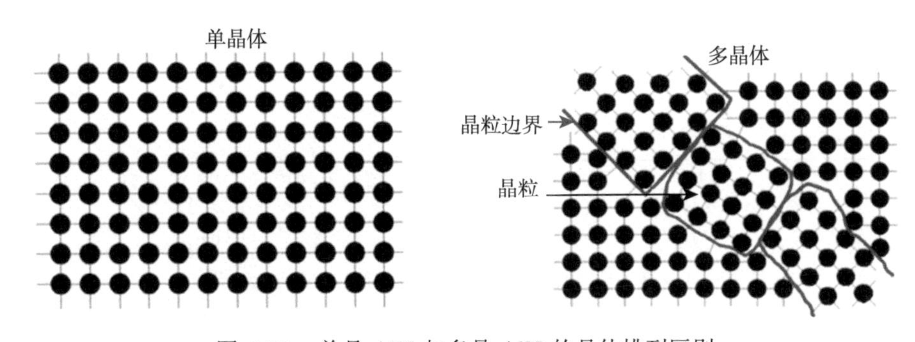

图 4.99 单晶 AlN 与多晶 AlN 的晶体排列区别

目前，磁控溅射 PVD 法制备的 AlN 薄膜大多为多晶材料，而通过 PLD 技术、MBE 技术、MOCVD 技术等制备的 AlN 薄膜为单晶材料，下面通过 X 射线衍射进一步阐述 AlN 薄膜晶体质量的重要性。

如图 4.100 所示，利用 X 射线衍射仪对在 Si 衬底 (111) 面上生长的单晶与多晶 AlN 薄膜进行面外和面内扫描 [208]。单晶与多晶 AlN 在 36.1° 和 76.7° 均出现了 AlN 的 (0002) 和 (004) 衍射峰，但在多晶 AlN 中在 71.4° 处出现了 (112) 衍射峰，多晶 AlN 的 c 轴取向性较差，在体声波滤波器中易诱发横向杂波，降低器件性能。同时，多晶 AlN 的 (0002) 取向半高宽高达 2.12°，而单晶 AlN 薄膜的 (0002) 仅为 0.89°，说明单晶 AlN 薄膜的晶体质量更好，缺陷更少，因此声波在其传输过程中的损耗也越小。如图 4.101 所示，对两种 AlN 薄膜进行 φ 扫描，单晶 AlN(112) 和 Si(1$\bar{1}$3) 每隔 60° 出现一个六重旋转对称衍射峰，且峰位一一对应；而在多晶 AlN 中，φ 扫描杂乱无章。

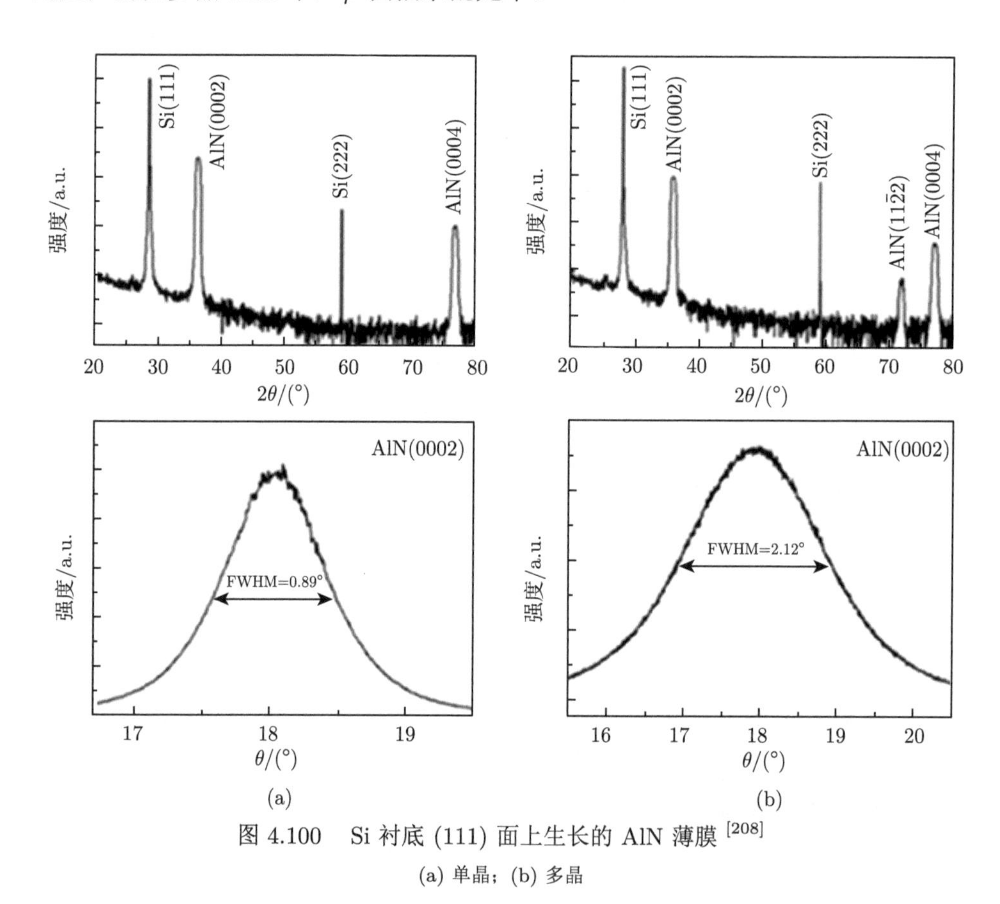

图 4.100　Si 衬底 (111) 面上生长的 AlN 薄膜 [208]

(a) 单晶；(b) 多晶

因此，晶体质量对于 AlN 薄膜的物理特性及体声波滤波器的性能具有重要影响。高质量的晶体结构和完整的晶界可以使得薄膜具有更好的结构一致性和均匀性。优质的晶体质量可以提供更好的声波传播特性，减少能量的损耗，并提高滤波器的选择性和准确性。其次，晶体质量对于薄膜的机械特性也很重要。良好的晶体质量可以提供更高的机械强度和韧性，防止薄膜发生剥离、断裂和失效等问题，而滤波器通常需要承受较高的机械应力和振动。通过提高晶体质量，薄膜能

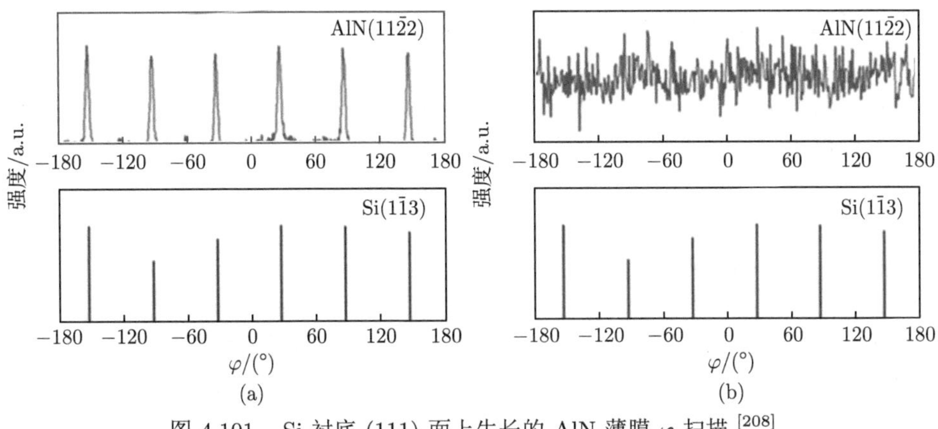

图 4.101 Si 衬底 (111) 面上生长的 AlN 薄膜 φ 扫描 [208]

(a) 单晶；(b) 多晶

够更好地抵抗外界应力，提供更长的使用寿命和更好的可靠性。此外，晶体质量对于滤波器的集成和工艺步骤也产生影响。在制备体声波滤波器时，薄膜通常需要与其他材料进行连接和集成。高质量的晶体质量可以提供更好的界面质量，促进其与其他材料的良好结合。这对于有效传递声波、减少杂散信号和提高滤波器的性能至关重要。因此，晶体质量对于 AlN 薄膜的物理特性及体声波滤波器的性能具有重要影响。

4.4.3 表面均匀性

表面均匀性指的是薄膜表面的厚度均一性，对于单晶 AlN 薄膜制备的体声波滤波器的性能和可靠性都有重要的影响。如图 4.102 所示，对单晶 AlN 与多晶 AlN 分别进行 AFM 扫描，两者的表面粗糙度分别为 2.498 nm 和 17.3 nm，说明单晶 AlN 的厚度均匀性好，具有更光滑的表面 [208]。此外，通过对二者进行 SEM 测试表征，如图 4.103 所示，单晶 AlN 的表面平整致密，表面存在少量粒径约 100 nm 的 AlN 团簇颗粒；而多晶 AlN 仍未愈合，表面存在粒径为 500 nm 的椭圆状晶粒。在截面图中，单晶 AlN 呈 2D 层状生长，薄膜连续性好，界面光滑；而多晶 AlN 呈纤维状生长，柱状晶体存在一定程度的倾斜，c 轴取向性差，且多处沿着 (0002) 方向断裂，声波在其中传输时，会在断裂处发生散射与吸收，导致器件性能下降 [208]。

衬底表面的均匀性对于 AlN 薄膜的结晶度和晶体质量具有重要影响，一个均匀平整的表面有助于薄膜中晶体的有序排列和生长，减少晶格缺陷和界面扭曲的形成。这可以提高薄膜的结晶度和晶体质量，进而改善薄膜的声学性能。较好的晶体质量可以提供更低的声波传播损耗和更高的品质因数 Q，从而显著提升体声波滤波器的效率和性能。其次，表面均匀性对于滤波器的频率响应和选择性也具有重要影响。在制备体声波滤波器时，薄膜的表面均匀性直接影响声波的传播速度和衍射效应。如果表面存在坑洞、颗粒、凸起或不平整的区域，这些不均匀性会导致声波散射与反射，从而引起频率响应的畸变和损耗。相反，一个平整均匀的表面可以提供更加准确和稳定的传播特性，保证滤波器的选择性和频率响应的可靠性。

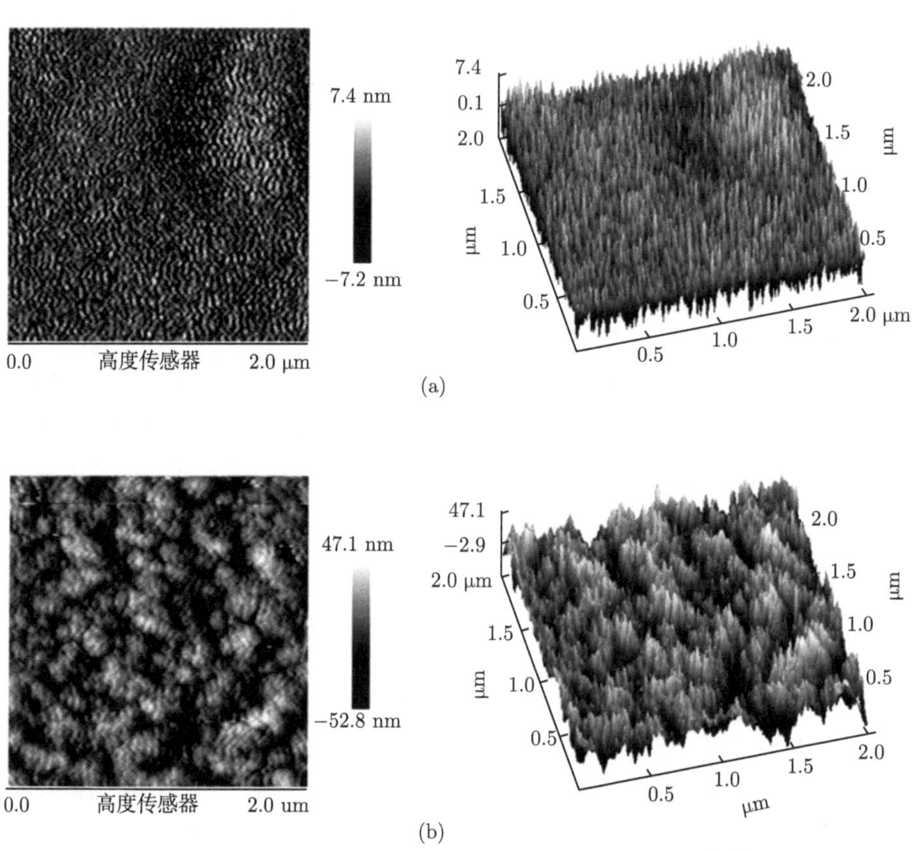

图 4.102　(a) 单晶和 (b) 多晶 AlN 薄膜的 AFM 图 [208]

此外，表面均匀性对于滤波器的制备工艺和集成还有重要作用。一个均匀平整的表面可以提供更好的接触和连接性能。在滤波器的制备过程中，薄膜通常需要与其他组件进行精确的堆叠和集成。如果表面存在明显的不均匀性，将会导致连接间隙和界面偏移，影响滤波器的性能和可靠性。因此，良好的表面均匀性对于高性能体声波滤波器的制备和集成的成功至关重要。

要获得较好的表面均匀性，可以采取如下措施。首先是衬底的选择和处理。合适的衬底可以提供一个平整的支撑平台，减少薄膜生长过程中的表面缺陷和不均匀性。其次是合理的生长条件和晶体生长技术，通过优化生长温度、反应气体的流量等条件，可以控制晶体生长过程中的表面均匀性，如图 4.104 所示。此外，适当的后续处理步骤，如使用修膜技术等，也可以进一步改善表面均匀性，如图 4.105 所示。

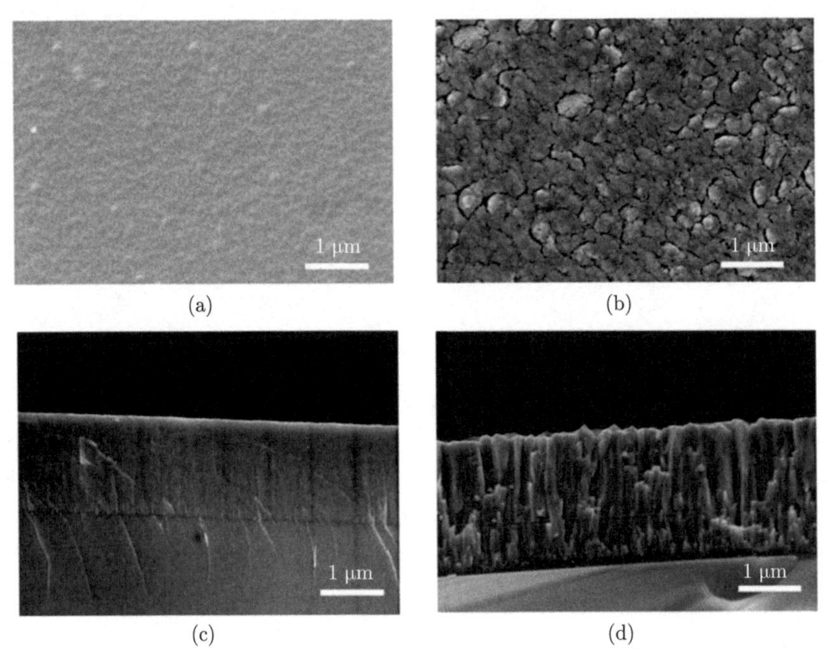

图 4.103 (a) 单晶和 (b) 多晶 AlN 薄膜的 SEM 表面形貌图；(c) 单晶和 (d) 多晶 AlN 薄膜的 SEM 横截面图 [208]

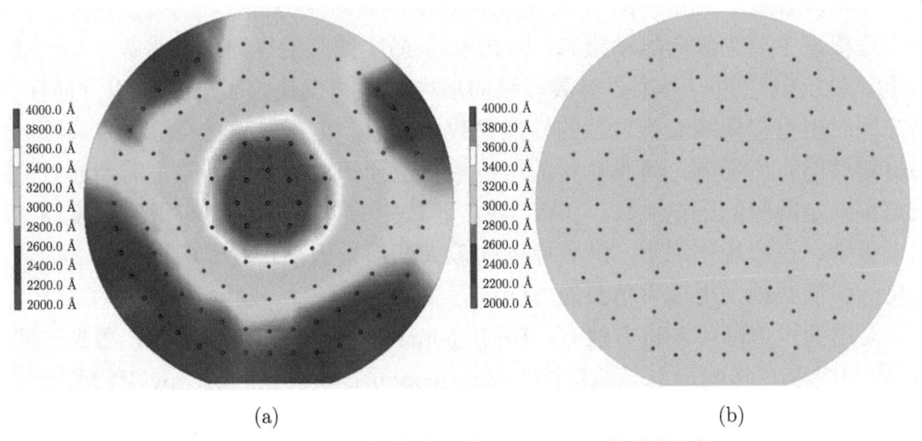

图 4.104 优化气体流量前 (a) 后 (b) 薄膜均匀性

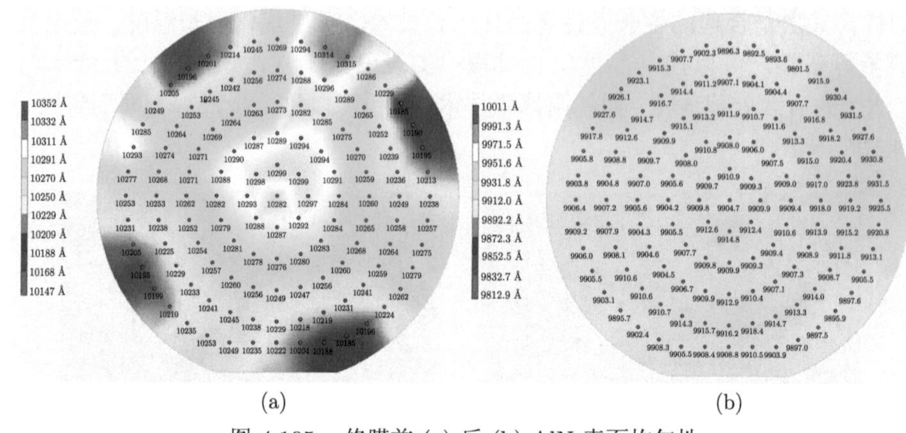

图 4.105　修膜前 (a) 后 (b) AlN 表面均匀性

4.5　体声波滤波器中单晶 AlN 薄膜的表征方法

对于应用在体声波滤波器中的单晶 AlN 薄膜材料而言，重点关注的薄膜物理参数及其测试手段如下：压电参数测量仪测试压电系数，X 射线衍射测量薄膜晶体质量，原子力显微镜表征表面形貌，扫描电子显微镜观察外延结构，膜厚分析压电材料厚度以及应力分析残余应力。

4.5.1　压电系数

单晶 AlN 薄膜的压电性直接制约着 BAW 滤波芯片的性能，所以，单晶 AlN 薄膜压电性强弱一直是单晶 AlN 薄膜质量的一个重要方面。同时，体声波谐振器的工作模态主要为纵向振动模态，因此单晶 AlN 薄膜的纵向压电常数 d_{33} 已成为衡量薄膜压电性的一个重要参数。纵向压电常数不仅决定了单晶 AlN 材料的性能，同时也直接影响着换能器的性能参数。然而，由于薄膜材料沉积方式不同会对材料性能有所影响，薄膜材料的压电系数也会随之改变。因此，需要通过测试来定量确定薄膜的压电系数。BAW 滤波芯片中的单晶 AlN 压电薄膜厚度通常在纳米级别，在电场作用下，薄膜厚度的最大变形量极小，对于这样尺度下的位移变化，我们必须采用极为精密的方法进行测试。

常用的压电薄膜测试方法有：Berlincourt 法 [209]、电容法 [210]、激光干涉仪法 [211−213] 和压电响应力显微镜法 (piezo-response force microscopy, PFM)[212,214] 等。在这些方法中，Berlincourt 法是确定压电性能的标准简便方法，如图 4.106 所示，该方法是在压电材料极化后的一段时间内，对材料施加标准的动态力并记录和比较电荷的结果值来计算测量结果 [209]。但是此方法仅适用于压电系数相当高的材料，例如 PZT，对于 AlN 薄膜却很难实现 [215]。

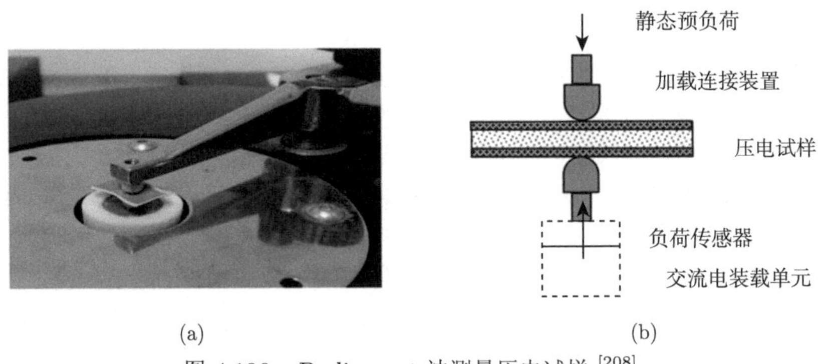

图 4.106 Berlincourt 法测量压电试样 [208]

(a) 实物图片；(b) 原理图

电容测量法确定压电系数是基于施加电压引起薄膜厚度变化来实现的，压电薄膜充当介电层。Jackson 等 [210] 采用电容法测试 AlN 的压电系数，首先在 Si 衬底上使用直流溅射方法依次沉积底部 Ti 电极、压电材料 AlN 和顶部 Al 电极构成电容器件，其中 AlN 作为介电层，如图 4.107 所示。AlN 和 Ti 层均使用湿法蚀刻技术进行图案化，Al 电极的图案小于 AlN，以便 AlN 能有效覆盖 Al 层，用于测试某些特性。d_{33} 值的计算公式为

$$\Delta d = V d_{33} \tag{4.11}$$

$$\Delta d = d \times \frac{(1 - C_{\mathrm{r}})}{(0.5 + C_{\mathrm{r}})} \tag{4.12}$$

$$\varepsilon_{\mathrm{r}} = \frac{m \times d}{\varepsilon_0} \tag{4.13}$$

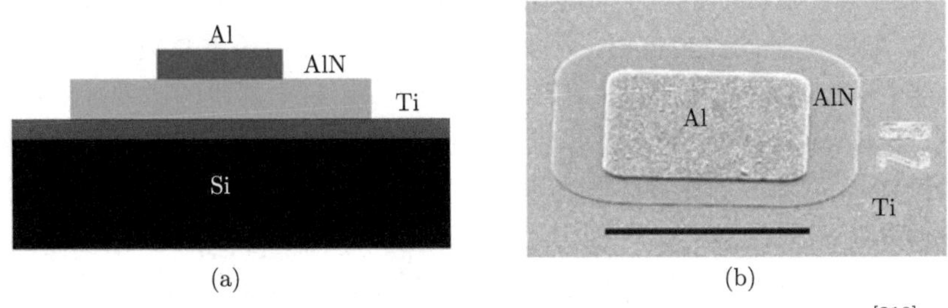

图 4.107 (a) 制造电容器装置原理图和 (b) 电容器装置的 SEM 图像 [210]

其中，m 是电容与面积的关系斜率；d 是 AlN 材料的厚度；ε_0 是真空介电常数。通过电容测量得到不同面积下电容随面积的变化斜率，结合公式便可确定 AlN 的压电系数。

激光干涉仪法测量 AlN 压电系数的基本原理如下。如图 4.108 所示，函数发生器发出一定频率的交变电压信号，一路作为锁相放大器的参考信号，一路作为激励源施加于单晶 AlN 压电薄膜上下电极之间，使薄膜发生同频率的振动。光源发出的激光照在薄膜电极表面上，薄膜的表面振动对电极表面上的光斑有调制作用，被调制的光信号反射后与入射光发生干涉，干涉光被光探测器测得，光探测器将测到的光信号转换成电信号输出，并传给锁相放大器。锁相放大器将光探测器的输出信号与函数发生器的输出信号进行比较，将两路信号中频率相同的部分进行放大输出，输出信息包括信号的幅值与相位。如果事先通过已知压电响应的材料对干涉仪进行定标，就可以利用干涉仪对未知纵向压电常数的单晶 AlN 薄膜进行测试 [211]。

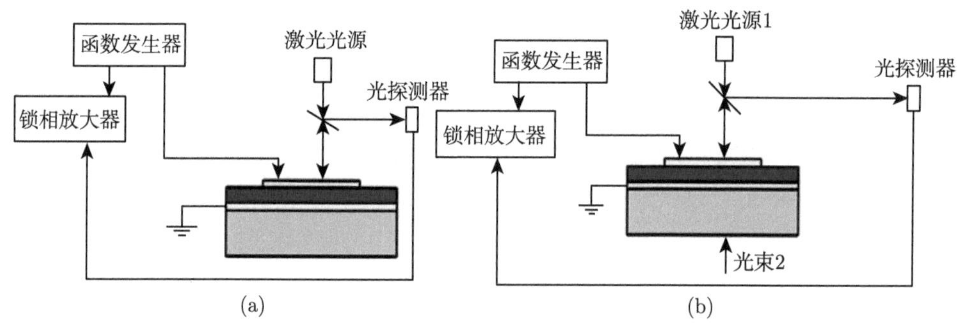

图 4.108　基于激光干涉仪的薄膜压电位移测量示意图 [210]

(a) 单光束结构；(b) 双光束结构

PFM 是一种基于扫描力显微镜测试压电系数的装置，并在近年来被广泛应用于压电系数测试中。如图 4.109 所示，原理是在显微镜导电端部与底部电极之间施加交流信号，同时，通过悬臂梁探针的弯曲变形，测试 AlN 薄膜的压电位移，悬臂梁探针的弯曲变形由原子力显微镜附带的高精度光学干涉仪进行探测，从而得到单晶 AlN 薄膜的压电位移，基于逆压电效应推导出压电系数。由于探针针尖的曲率半径在纳米尺度，所以，PFM 能够对单晶 AlN 薄膜的微观区域压电性进行测试。Soergel 等 [216] 阐述了压电力显微镜的工作原理。利用信号发生器将交流信号施加于尖端，交变信号导致薄膜产生周期性的振动并传递至尖端。通过位置探测器和锁相放大器可读出振动位移的数值。纵向压电系数可通过测得的位移与施加的电压幅值计算得出。利用显微镜测振动位移与激光干涉法相比空间分辨率大大提高，且可通过扫描模式来测得表面位移分布情况。

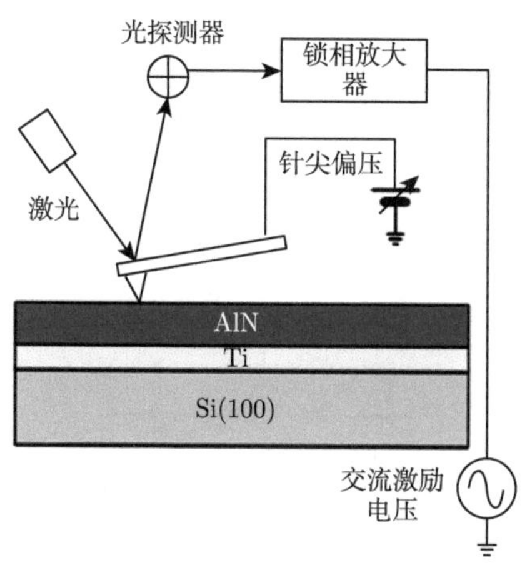

图 4.109 PFM 测试方法示意图 [216]

4.5.2 X 射线衍射

BAW 滤波芯片对 AlN 薄膜的晶体取向有严格要求，高 c 轴取向的 AlN 薄膜有相当好的压电响应，而其他晶向的 AlN 薄膜应用在滤波芯片中时芯片性能则明显降低。因此，研究 AlN 薄膜的晶体结构非常重要。

X 射线衍射是确定 AlN 晶体结构的一种简单而有效的表征手段，尤其是其无破坏性测试更让它成为 AlN 晶体材料测试的最佳工具之一。它的基本工作原理是：当一束单色 X 射线入射到 AlN 晶体时，由于 AlN 晶体是由原子规则排列成的晶胞组成的，这些规则排列的原子间距离与入射 X 射线波长有相同的数量级，故由不同原子散射的 X 射线相互干涉，在某些特殊方向上产生强 X 射线衍射，衍射线在空间分布的方位和强度与 AlN 晶体结构密切相关。衍射峰的空间分布规律与 AlN 晶体结构的关系满足布拉格方程：

$$2d\sin\theta = n\lambda \tag{4.14}$$

其中，λ 表示 X 射线波长 ($10^{-3} \sim 10$ nm)；d 为相邻晶面间距；θ 为布拉格衍射角；n 为衍射级数且必须为整数。AlN 晶体 X 射线衍射的原理如图 4.111 所示，X 射线的波长与原子间距在原子尺寸上相当，当一束 X 射线入射到 AlN 晶体上时会发生衍射。当相邻晶面的反射波的光程差为 X 射线波长的整数倍时，两列波会发生干涉增强，在这个反射方向可以观察到衍射线，如图 4.110 所示 [217]。X 射线衍射峰的位置由样品材料的晶胞大小、形状及相邻晶面之间的间距决定，因此 AlN 薄膜的衍射图谱中会在特定位置出现特征衍射峰。各衍射峰的相对强度取决于对应衍射晶面反射出来的衍射光子数，反射的光子数越多则对应衍射峰强度越大。进行 XRD 测试时，在确定晶向上的晶面间距 d 是不变的，因此衍射角 θ 也不变。XRD 测试能够获得 2θ 值，衍射峰的半高宽越小，AlN 晶体结构越好，具有单一取向的样品的结晶质量也相对比较高。

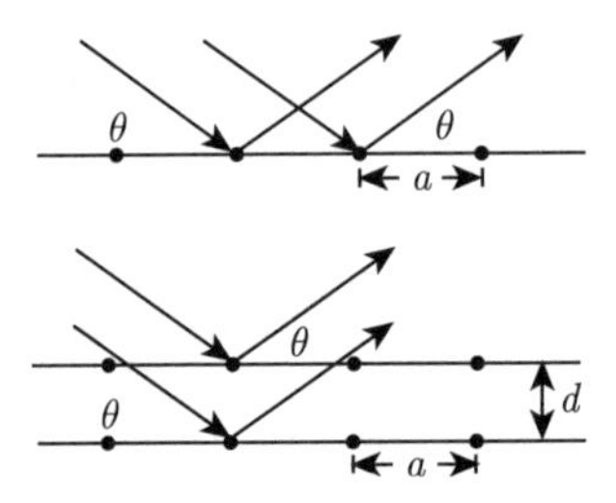

图 4.110　一个晶面和相邻晶面 X 射线衍射示意图 [217]

如图 4.111 为单晶 AlN 与多晶 AlN 的 XRD 分析对比。多晶 AlN(0002) 面的衍射峰 2θ 角位于 37°，半高宽为 1.17°；而单晶 AlN(0002) 面的衍射峰 2θ 角位于 36.09°，没有出现明显的位移，半高宽为 0.37°。这表明，本团队所制备的单晶 AlN 具有极强的 c 轴取向，晶体质量更优，应用在 BAW 滤波器中性能更加优越。

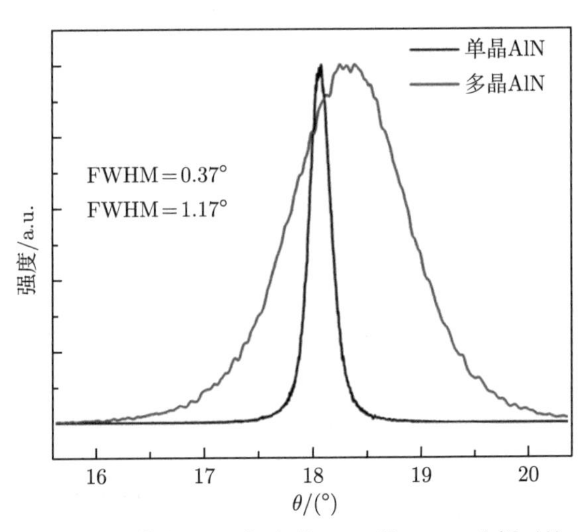

图 4.111　单晶 AlN 与多晶 AlN 的 XRD 分析对比

目前，X 射线衍射技术不断向更宽领域更高分辨率方向发展。高分辨 X 射线衍射技术相比于 X 射线衍射技术具有更高的分辨率，测试方向更加广阔，测试结果更加准确，常用的扫描方式有 φ 扫描、ω 扫描、$\omega/2\theta$ 扫描、掠入射和掠出射 (grazing incidence X-ray diffraction，GIXRD)、RSM 扫描等方式 [218]，检测时根据需要选择合适的扫描分析方法。图 4.112 列举了上述不同扫描方式的分析图谱结果。

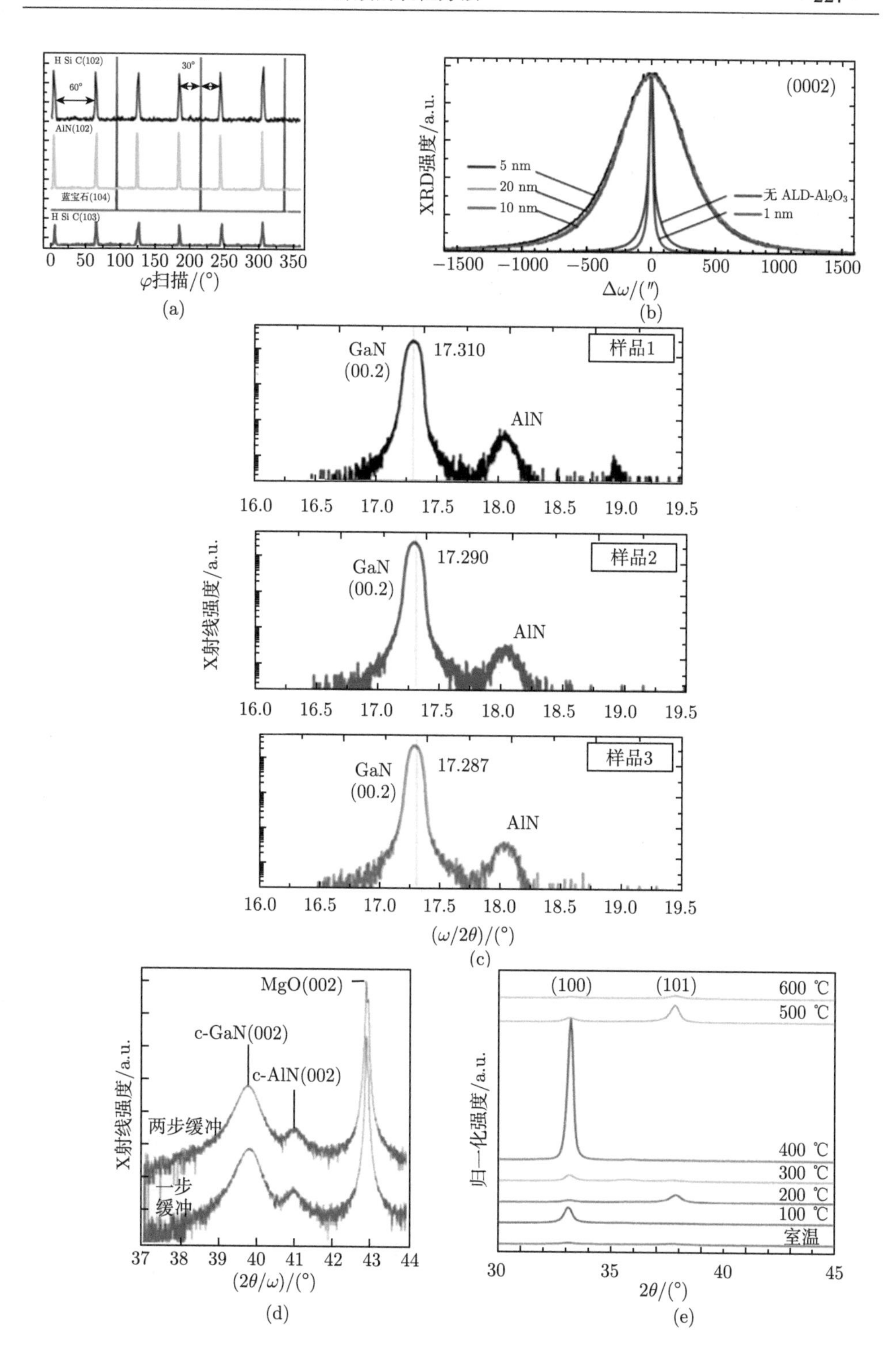
H Si C(102)
60°
30°
AlN(102)
蓝宝石(104)
H Si C(103)
0 50 100 150 200 250 300 350
φ扫描/(°)
(a)
(0002)
XRD强度/a.u.
5 nm
20 nm
10 nm
无 ALD-Al2O3
1 nm
−1500 −1000 −500 0 500 1000 1500
Δω/(″)
(b)
GaN
(00.2)
17.310
样品1
AlN
16.0 16.5 17.0 17.5 18.0 18.5 19.0 19.5
X射线强度/a.u.
17.290
样品2
17.287
样品3
(ω/2θ)/(°)
(c)
MgO(002)
c-GaN(002)
c-AlN(002)
两步缓冲
一步
缓冲
X射线强度/a.u.
37 38 39 40 41 42 43 44
(2θ/ω)/(°)
(d)
(100)
(101)
600 ℃
500 ℃
400 ℃
300 ℃
200 ℃
100 ℃
室温
归一化强度/a.u.
30 35 40 45
2θ/(°)
(e)

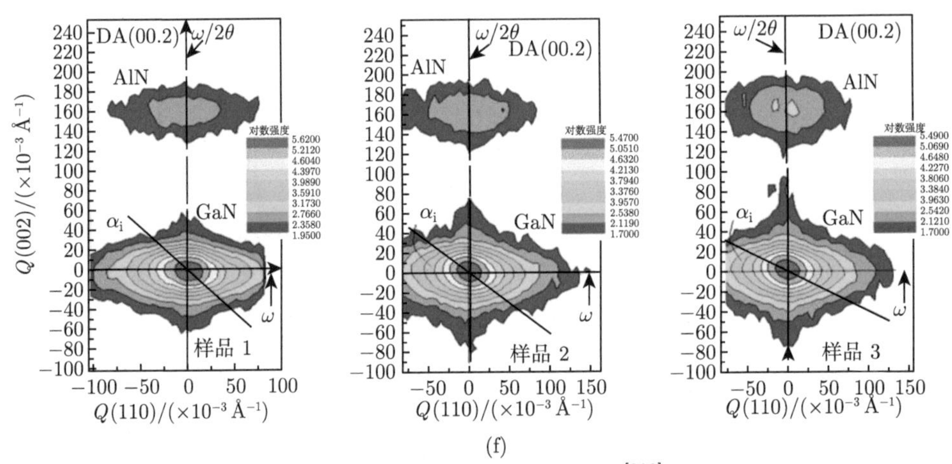

(f)

图 4.112　(a) XRD 的 φ 扫描分析蓝宝石/AlN/碳化硅结构 [219]；(b) ω 扫描分析 Al_2O_3/蓝宝石衬底上生长的 AlN[220]；(c) 使用 $\omega/2\theta$ 扫描对 AlGaN/GaN 异质结构扫描分析 [221]；(d) c-AlN 薄膜的 XRD $2\theta/\omega$ 扫描 [222]；(e) 对于 AlN 薄膜不同温度下的 GIXRD 图谱 [223]；(f) RSM 分析图谱 [221]

4.5.3　原子力显微镜

AlN 薄膜的表面粗糙度对 BAW 滤波芯片的质量具有非常重要的影响。BAW 滤波芯片中的体声波在 AlN 内部纵向传播，在边界处会发生反射和散射，薄膜表面凹凸不平将导致声波在边界处不沿纵向反射，而是产生一定的散射角度，造成能量损失，影响 BAW 滤波芯片的性能。

通常采用 AFM 对 AlN 薄膜表面进行观测分析。AFM 可以直接观察 AlN 薄膜表面的三维空间分布，可直观反映出薄膜表面的粗糙度。此外，AlN 薄膜的生长过程是一个非平衡的动力学过程，通过对其表面进行分析观测可以更加深入地了解在 AlN 薄膜的生长过程中粒子迁移、能量运输和表面相变等因素对于薄膜形貌的影响，促进对于 AlN 薄膜生长机理的认识。同时，能够检验现有的 AlN 薄膜生长理论是否符合单晶 AlN 薄膜的生长，搭建起适用于单晶 AlN 薄膜的生长机理，有助于制备更高质量、表面光滑平整的单晶 AlN 薄膜，为制备高质量单晶 AlN 体声波滤波器 (SABAR®) 芯片打下基础 [224,225]。

AFM 的基本工作原理如图 4.113 所示，AFM 的探针 (直径 <100 nm) 被安装在弹性微悬臂 (100~200 μm 长) 的自由端，AlN 薄膜表面与针尖之间的相互作用力会导致悬臂的弯曲偏转，针尖在样品上方扫描 (或者样品在针尖下做光栅式的运动) 时，光电探测器可以实时监测微悬臂的状态，将样品的表面形貌记录并显示出来 [226]。大多 AFM 都是利用光学技术检测微悬臂的位置，当悬臂发生弯曲时，透射到传感器上的激光光斑的位置会发生移动，其中的位敏光探测器的精

度可以达到 1 nm[227]。这种微位移测量方法的机械放大率为激光从微悬臂到探测器的折射光程与微悬臂长的比值，因此测试系统能够检测到探针针尖小于 0.1 nm 的垂直运动。

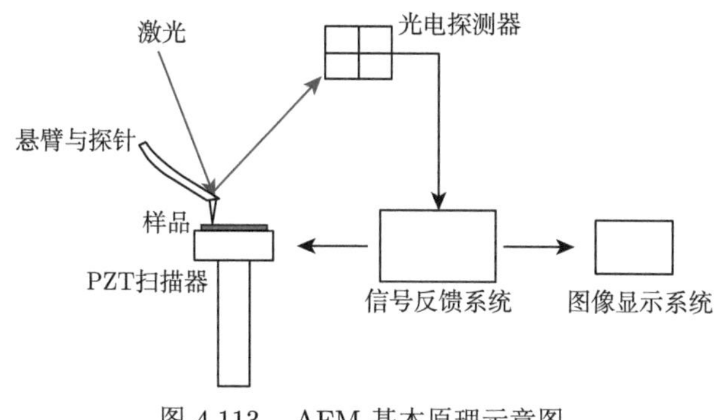

图 4.113 AFM 基本原理示意图

引起 AFM 悬臂发生偏转的力包括范德瓦耳斯力和毛细力，范德瓦耳斯力受 AlN 薄膜和探针针尖的间隙影响，当针尖与 AlN 薄膜表面原子的距离为几纳米到几十纳米时，二者之间存在吸引力 (来自长程范德瓦耳斯作用)；当二者间的距离小于 1 nm 即达到化学键的长度时，彼此的作用力为零；当间距继续减小时，原子相互接触，针尖与样品间存在范德瓦耳斯排斥力，这种排斥力使原子无法再接近。在常规检测环境中，会在样品表面覆上一层水膜。使用探针对样品进行扫描时，针尖与样品表面接触后会被其表面的水膜所吸引，可产生约 10^{-8} N 的毛细力，将针尖牢牢地吸附在样品表面。毛细力的大小与针尖和样品的间距有关。针尖与样品表面相距较近时，中间的水膜间隙将产生极大斥力促使二者不能直接接触。若样品表面的水膜均匀分布，则产生的毛细力也将恒定。这就保证了针尖可以随着样品表面平缓移动但又不直接触碰，从而从针尖的移动轨迹可以推测出薄膜表面的平整度情况。根据上述原理，原子力显微镜可有三种工作模式，根据探针针尖与样品的接触距离分为：接触模式、非接触模式和轻敲模式 [228–230]。

接触模式也称排斥力模式，测试时，探针的针尖始终保持与样品表面轻微的接触，针尖受到范德瓦耳斯力和毛细力的共同作用，二者的合力形成接触力。这种工作模式下，获得的图像的分辨率为原子级分辨率，但是如果施加的作用力超过一定极限，将会打破针尖与样品表面的吸附平衡，测试时针尖直接触碰到样品表面，这不仅会划伤薄膜样品表面，同时也易损坏探针的针尖，使得最终的测试结果不准确，造成样品表面形貌失真。

非接触模式也称引力模式，将探针针尖与 AlN 薄膜样品表面的间距控制在几纳米到几十纳米范围内，二者受到吸引力，一般只有 10^{12} N，适合用于软体和弹性样品的研究。

轻敲模式不同于接触模式和非接触模式，这种模式下探针是间歇性的接触样品表面，通过增加探针的振幅并减小针尖与样品表面的距离便可实现。轻敲模式既具有高的分辨率，又减少了对样品表面和探针的损伤。

相比于其他电镜测试方法，AFM 具有其独特优势。其一，使用 AFM 观测薄膜样品，可同时获得样品表面形貌的二维和三维空间分布图形，使研究人员能够更加直观地观察到样品表面的实际情况，如表面微裂纹、粗糙度等 [231]。其二，AFM 通过控制探针针尖与薄膜样品表面的间距来推测样品表面形貌，无论是导体或是绝缘体都适用，对样品没有特殊要求，无须进行特殊处理，因此测试对样品无损伤。此外，AFM 的分辨率可达到原子级别，可以观察薄膜样品中单个原子层的局部表面结构。

在制备高表面平整度的单晶 AlN 薄膜时，其表面粗糙度与制备时反应气体浓度、反应粒子的扩散能力等都有很大的关系。图 4.114 为单晶 AlN 薄膜表面 AFM 测试图，本团队所制备的单晶 AlN 薄膜表面平整，表面粗糙度均在 1 nm 范围内，极大程度地提升了 BAW 滤波芯片性能。

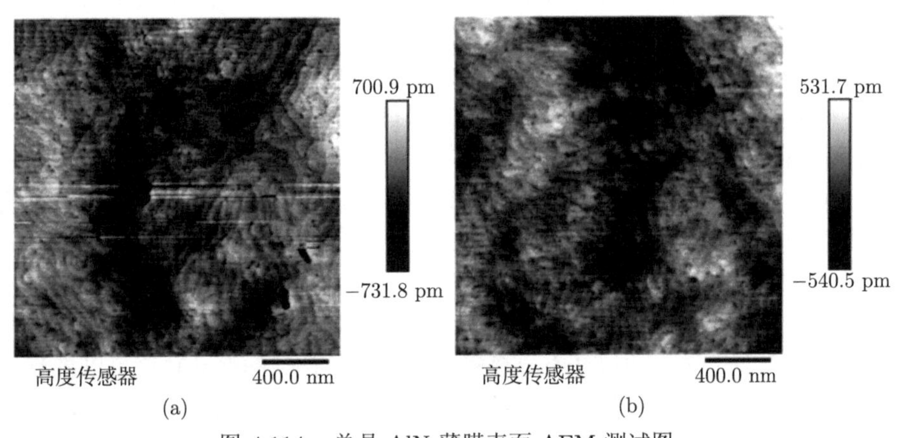

图 4.114　单晶 AlN 薄膜表面 AFM 测试图

4.5.4　膜厚分析

BAW 滤波芯片中每层薄膜厚度都需要精确控制，确保滤波芯片中心频率落在所需要的位置。每层薄膜厚度的变化都可能给滤波芯片性能带来影响，如中心频率偏移、通带内波纹浮动、带外抑制变化等。因此，在生产滤波芯片时确保芯片每层薄膜厚度与芯片设计时的厚度保持一致是一个至关重要的问题。通常采用膜厚仪来对薄膜厚度进行检测和精确测量。

膜厚仪是利用光谱反射技术实现薄膜厚度的精确测量的仪器，可实现如光刻胶、氧化物、有机薄膜、导电透明薄膜、其他半导体膜等膜厚的准确测量，被广泛应用于半导体、微电子、生物医学等领域，可检测纳米级厚度的薄膜样品。

其中，光学测量膜厚是一种综合方法，集成了光学、机械、电子和计算机图像处理技术。该方法利用光波长作为测量基准，具备纳米级别的测量精度。其非接触式的特点使其在精密元件的表面形貌和厚度无损测量中得到广泛应用。光学测量膜厚根据测量原理的不同，可以采用分光光度法、椭圆偏振法和干涉法等多种方法。分光光度法通过测量薄膜对不同波长光的吸收特性来确定厚度信息；椭圆偏振法则利用薄膜对偏振光的旋转和透射率的变化来获取膜厚数据；干涉法则通过薄膜的干涉效应实现测量 [232]。每种测量方法都有自己的适用范围和特点。例如，分光光度法适用于透明薄膜的测量，而椭圆偏振法更适用于金属薄膜的测量。评价这些方法的好坏往往因人而异，取决于其适用范围、测量精度和实际应用的可行性。总之，光学测量膜厚作为一种综合方法，充分利用了光学、机械、电子和计算机图像处理技术，通过光波长作为测量基准，实现了纳米级别的非接触式测量精度。其多种测量方法如分光光度法、椭圆偏振法和干涉法，各自具有适用范围和特点，为精密元件表面形貌和厚度的无损测量提供了有效手段。

分光光度法将测试元件插入测试光路 [233,234]，同时将标准元件插入参考光路，可以计算得到相对反射或透射光谱，也称为反射率谱或透射率谱。同轴小型化系统是一种在科学测量领域中常见的技术架构。在该系统中，通常会预先测量参考元件的数据，并将其保存在系统内存中以供后续调用，从而实现高效的测量过程。与传统的双光路结构布局相比，这种方法能够显著缩小系统体积，提高系统的便携性和灵活性。光度法是该系统中常用的一种测量方法，它利用光电管或光谱仪作为信号接收元件，将测量信号映射到波长象限并进行精细的分析。因此，光度法系统的测量分辨力和准确度在很大程度上取决于光接收器 (光电管或光谱仪) 对光强和波长的分辨能力和准确度，进而影响着整个系统的性能表现。根据测量检测对象及光路设置的不同，分光光度法又可分为反射光度法 [234] 和透射光度法 [235]，如图 4.115 所示，分别接收在待测元件表面反射或穿过待测元件的光束，并由光接收器将光能信号转化为电信号送至上位机进行分析，从而借由待测元件与参考元件间透射或反射的光能量比，测定样品的厚度。

透射率和反射率是科学领域中常用的无量纲百分比参数，用于描述光能量在物体表面透射和反射的比例，取值范围在 0~1。其中，反射率 $R\%$是使用较多的度量指标，在测量原理中，我们将绝对光滑的理想表面定义为 100%的反射率，表示表面能够将光能量完全反射；而完全吸收的绝对黑表面则定义为 0%的反射率。为了方便实际应用测量，我们通常使用 $BaSO_4$ 粉体板或未涂釉、有光泽的陶瓷板作为标准白板，将其在无暗电流噪声下的反射光强度作为理想表面的反射光强参考。相对反射率的计算公式如下所示，其中 S_λ 和 R_λ 分别代表待测膜片样品

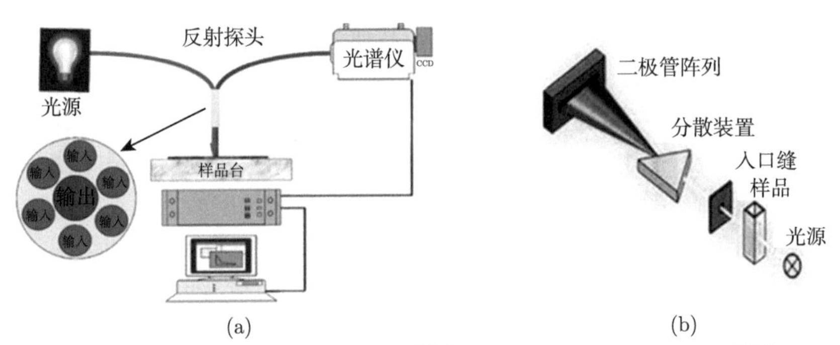

(a)　　　　(b)

图 4.115　(a) 反射光度法原理图 [234] 和 (b) 透射光度法原理图 [235]

和参考膜片在特定波长处的反射光强度 [236]，D_λ 表示特定波长下的光噪声强度。在进行系统精度验证时，薄膜行业通常选择 5~7 个 $\lambda/4$ 薄膜厚度作为光度法测量薄膜厚度的标准参考值。通过光度法和这些关键参数，我们能够准确测量薄膜样品的光学性能，并在实际应用中进行系统精度验证。

$$R\% = \frac{S_\lambda - D_\lambda}{R_\lambda - D_\lambda} \times 100\% \tag{4.15}$$

对于弱吸收薄膜，光能量在材料内部的损耗可忽略不计，只考虑反射和透射，因此可以将反射率 $T\%$和透射率 $R\%$看作是完全或近似互补的，有

$$T\% = 1 - R\% \tag{4.16}$$

因此，对于弱吸收薄膜，我们可以使用透射率和反射率来计算薄膜的参数。然而，在实际应用中，通常选择反射式光路测定薄膜的反射率的形式来计算薄膜参数。

强吸收薄膜与弱吸收薄膜不同，它会部分吸收入射的光能量。这部分能量不能被忽略，其吸光度与吸光物质的浓度及吸收层厚度呈一定的正比关系。反射率 (T) 和透射率 (R) 之间存在如下式中的关系，其中 d 代表膜厚，a 代表吸收系数。

$$T = (1 - R)^2 \exp(a \cdot d) \tag{4.17}$$

在这种情况下，反射率对吸收不敏感，通常通过测量光线在穿过薄膜前后的能量减弱来测量薄膜参数 [242,243]。根据材料的特性和所需测量的精度要求，我们可以选择不同波段的透射式结构测厚仪器。包括 X 射线测厚仪、β 射线测厚仪、红外/近红外测厚仪和紫外-可见光测厚仪等。接收元件也各不相同，如使用光电管、光电倍增管或光二极管，来接收并转换测量光信号。同时，测量光路可采用单波长或双波长分光光路形式，以确保准确测量材料的厚度和特性。这些工具在材

料科学、工程和其他领域中都发挥着重要作用，可以帮助我们理解和控制材料的特性和性能，图 4.116 和图 4.117 所示为国内外光谱测厚仪的实物图。用 F54 膜厚测量仪测试的单晶 AlN 膜厚，膜厚数据如图 4.118 所示。可见所制备的两块单晶

FE-300

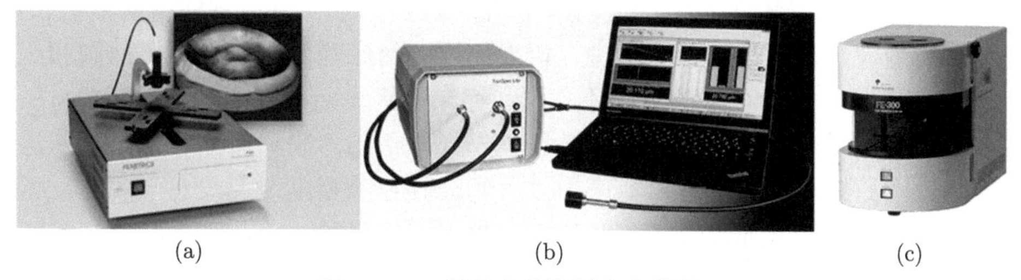

(a) (b) (c)

图 4.116 国外光谱测厚仪实物图

(a) Filmetrics F50 膜厚测量仪 [237]；(b) TranSpec Lite 膜厚计 [238]；(c) FE-300 膜厚量测仪 [239]

ATGX310

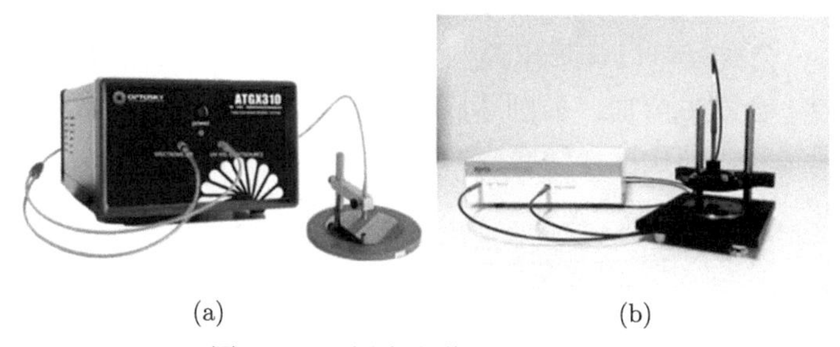

(a) (b)

图 4.117 国内光谱测厚仪实物图

(a) 奥谱天成 ATGX310 测厚仪 [240]；(b) 蓝普 PSD-2000 测厚仪 [241]

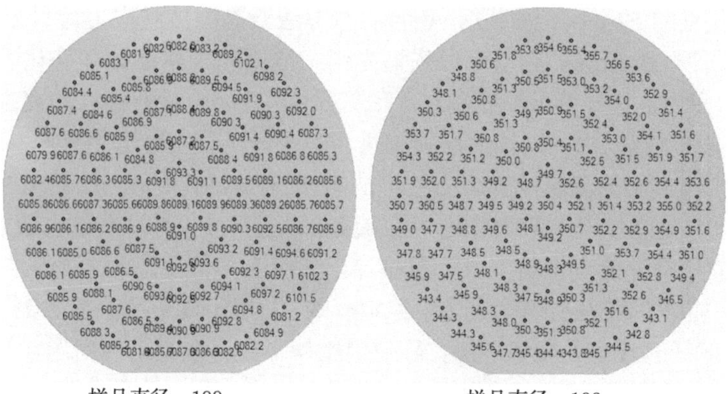

样品直径：100 mm
样品直径：100 mm

图 4.118 单晶 AlN 膜层厚度图

左为薄膜样品 1 和右为薄膜样品 2

AlN 薄膜的厚度均匀性都在 ± 0.1%之间。可以根据所监测的薄膜厚度调整薄膜生长工艺，并指导后续的薄膜修膜操作。

4.5.5 应力分析

应力仪是分析镀膜前后应力变化、测量薄膜应力的一种方便快捷的测量仪器。在 BAW 滤波芯片制造工艺流程中，需要依次在衬底晶圆上沉积电极薄膜和压电单晶 AlN 薄膜，因为各薄膜材质不一样，存在晶格失配问题，以及不同的材料不同温度下特性不一样，以及热膨胀系数不一样，不同薄膜材料间存在热适配进而产生应力。如果衬底上薄膜材料应力太大则会导致薄膜出现裂纹甚至脱落，无法进行器件制备或最终导致组件失效、可靠性不佳的问题。因此需要对衬底晶圆上单晶 AlN 薄膜以及电极薄膜等其他薄膜进行应力测试，将薄膜应力控制在指定范围内，才能制备性能更加优越的 BAW 滤波芯片。

国外有关晶圆薄膜应力测量方法有很多，例如 Stoney 公式的基底曲率法 [242−244]，这种测量方法的原理是通过测量晶圆表面镀膜前后平均曲率半径，然后通过 Stoney 公式就可以计算出晶圆薄膜应力值。镀膜后晶圆基底在表面薄膜残余应力作用下会发生弯曲，晶圆基底的弯曲程度反映了薄膜残余应力，Stoney 公式可以体现基底弯曲程度和薄膜应力的关系 [245,246]：

$$\sigma_{\mathrm{f}}=\frac{E_{\mathrm{s}}t_{\mathrm{s}}^{2}}{6(1-\nu_{\mathrm{s}})t_{\mathrm{f}}}\left(\frac{1}{R}-\frac{1}{R_{0}}\right) \tag{4.18}$$

式中，σ_{f} 为所测量的薄膜残余应力值；t_{f} 为晶圆表面镀的薄膜厚度；t_{s} 为晶圆基板的厚度；R 为晶圆镀膜前平均曲率半径；R_0 为晶圆镀膜后其表面薄膜平均曲率半径；E_{s} 表示晶圆的杨氏弹性模量；ν_{s} 表示泊松比。

除了常见的 Stoney 公式法，还有一些方法给晶圆薄膜应力测量提供了参考，如 Finegan 和 Hoffman 提出可以依据光学干涉原理观察牛顿环变化规律，去测量 Fe 残余应力，其误差可以控制在 4%左右 [247]。因为行业标准的要求是误差范围需要控制在 1%以内，而该方法误差过大，所以没有实际运用到产品制作之中。还有一种比较常用的测量薄膜应力的方法叫 X 射线法，是由 Bragg-Brebtano 提出的。其原理是晶体遇到应力作用，晶格就会发生形变，晶格系数也随之变化，根据测量出晶格畸变的变量就能够计算推导出薄膜应力值 [248]。这种方法比较精确，重复性强，能够在应力小幅度变化中稳定有效，常用于陶瓷残余应力测量 [249]。但是因为 X 射线有较大的辐射，在实际使用过程中会存在安全性问题，并且它的生产和维护成本高，具有较大的局限性，所以并没有应用于实际生产过程中。

对于晶圆薄膜应力的激光测量方式，最简单高效的是利用光杠杆测量 [250,251]。如图 4.119 所示为光杠杆测量法的测量光路：可以选择一定波长的激光直接照射晶圆表面，由于晶圆表面沿晶圆直径方向平均分布的不同点的曲率半径不同，其反射激光与照射激光夹角也不同。所以通过反光镜反射到位置传感器上的反射激光会随着反射夹角不同而沿传感器上下移动。

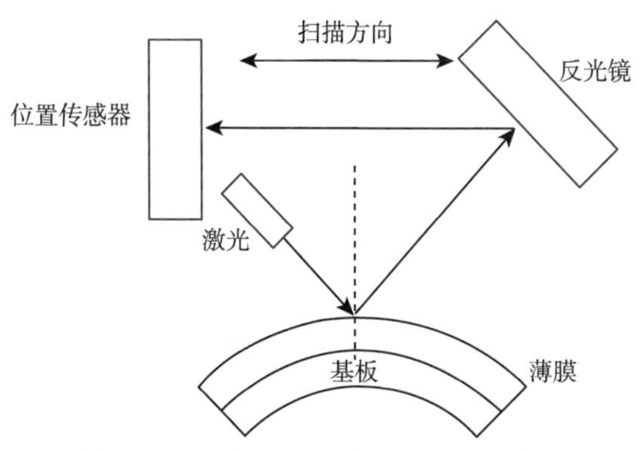

图 4.119 光杠杆测量法的测量光路 [250]

在实际的应用开发过程中，把位置传感器、反光镜和激光部件固定在光学带载平台上，通过调整每个元件上的调节螺丝来确定激光传导和反射路径。通过把光学带载平台固定在丝杆上，调整与丝杆同轴连接的电机带动着光学带载平台平行于晶圆表面沿其直径方向稳定运动。光学带载平台在匀速运动过程中，激光沿晶圆直径方向均匀照射到晶圆表面，激光在晶圆表面的入射光与反射光存在一定的夹角。由于激光的入射角等于反射角，激光反射到反光镜上的位置会一直变化，相应地反射到位置传感器上的激光反射点位置也随着改变，因此最终通过获得位置传感器上激光反射点的位置相对变化量来计算出晶圆曲率半径 [252]。

在推导晶圆曲率半径前需要对测量光路进行简化，图 4.120 为激光测量光路简化图 [250]：在激光测量过程中，激光在电动机带动下沿晶圆直径方向均匀扫描测量，设晶圆的直径为 D，测量点个数为 N，A 和 B 是相邻的两个测量点，则相邻两个测量点间的距离为 $\Delta x = D/N$。因为被测的晶圆的尺寸远小于其曲率半径，所以被测的两点的弧长增量可近似于两点间的距离，即弧长增量为 $\Delta s \approx \Delta x$。根据几何原理进行推导，那么对应的弧切角 $2\Delta\alpha = \angle ACB = \angle EBF$。设位置传感器上相邻两个激光反射点间位移长度为 Δd，整个测量光路的光程长度为 L，因为 Δd 远小于测量光程，所以可视 Δd 为半径 L 的一段弧。从而有 [253]

$$\angle EBF = 2\Delta x = \frac{\Delta d}{L} \tag{4.19}$$

弧长 AB 的增量 $\Delta s \approx \Delta x = D/N$，则可推导出曲率半径为

$$R=\frac{\Delta s}{\Delta\alpha}=\frac{\Delta x}{\Delta\alpha}=2L\frac{\Delta x}{\Delta d}=2L\frac{D}{N\Delta d} \tag{4.20}$$

由公式的结果看出，晶圆曲率半径与晶圆直径、测量光路长度、测量点个数和位置传感器相邻入射点位移长度有关。

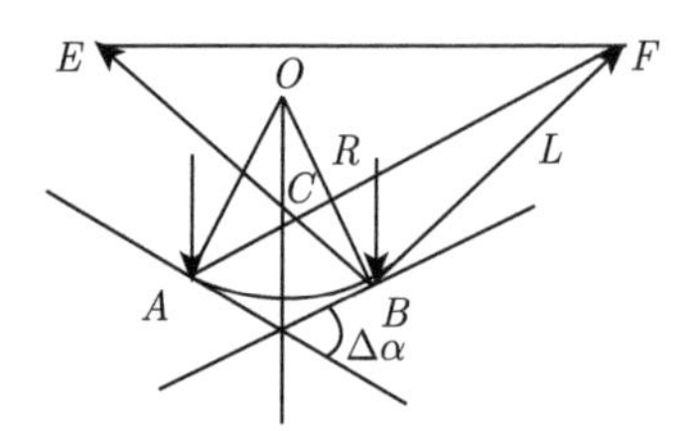

图 4.120　激光测量光路简化图 [253]

本章重点论述了单晶 AlN 压电薄膜的制备与表征方法，阐述了适用于单晶 AlN 薄膜生长的机理，有助于制备更高质量的单晶 AlN 薄膜，为高性能 SABAR® 芯片的开发 [254–259] 奠定了基础。

参 考 文 献

[1] Window B, Savvides N. Unbalanced DC magnetrons as sources of high ion fluxes. Vacuum Science Technology, 1986, 2A: 453-456.

[2] Savvides N, Window B. Unbalanced magnetron ion assisted deposition and property modification of thin films. Vacuum Science Technology, 1986, 4: 504-508.

[3] 闫绍峰, 骆红, 廖国进, 等. 掺杂浓度对中频反应磁控溅射制备 Al_2O_3:Ce^+ 薄膜发光性能的影响. 真空, 2009, 46: 33-37.

[4] 贾芳, 乔学亮, 陈建国, 等. 磁控溅射制备 AZO/Ag/AZO 透明导电膜的性能研究. 光电工程, 2007, 34: 38-41.

[5] 方亮, 彭丽萍, 杨小飞, 等. 磁控溅射制备 In 掺杂 ZnO 薄膜及 NO_2 气敏特性分析. 重庆大学学报, 2009, 32: 1002-1005.

[6] 林东洋, 赵玉涛, 甘俊旗, 等. 合金表面磁控溅射制备 HA/YSZ 梯度涂层. 材料工程, 2008, 5: 34-38.

[7] 戴达煌, 刘敏, 余志明, 等. 薄膜与涂层现代表面技术. 长沙: 中南大学出版社, 2008.

[8] Brauer G, Szyszka B, Vergohl M, et al. Magnetron sputtering-milestones of 30 years. Vacuum, 2010, 12: 1354-1359.

[9] 余平, 任雪勇, 肖清泉, 等. 磁控溅射真空镀膜技术. 贵州大学学报, 2007, 24: 68-70.

[10] 赵嘉学, 童洪辉. 磁控溅射原理的深入探讨. 真空, 2004, 4: 74-79.

[11] 李芬, 朱颖, 李刘合, 等. 磁控溅射技术及其发展. 真空电子技术, 2011, 3: 49-54.

[12] Tay K W, Huang C L, Wu L, et al. Performance characterization of thin AlN films deposited on Mo electrode for thin-film bulk acoustic-wave resonators. Japanese Journal of Applied Physics, 2004, 43: 5510-5515.

[13] Lee M S, Wu S, Jhong S B, et al. Influence of substrate temperature to prepare (103) oriented AlN films. Microelectronics Reliability, 2010, 50: 1984-1987.

[14] Zhao S, Yang Y, Cox M, et al. Early observations between magnet and film properties for AlN deposition by reactive magnetron sputtering. ECS Transactions, 2013, 52: 391-396.

[15] Tang J L, Niu D W, Tai Z W, et al. Deposition of highly *c*-axis-oriented ScAlN thin films at different sputtering power. Journal of Materials Science-Materials in Electronics, 2017, 28: 5512-5517.

[16] Liu H, Xu Y, Zhang X, et al. Orientation of AlN grains nucleated on different diamond substrates by magnetron sputtering. Physica Status Solidi (a), 2018, 215: 1800447.

[17] Lan Y, Shi Y, Qi K, et al. Fabrication and characterization of single-phase *a*-axis AlN ceramic films. Ceramics International, 2018, 44: 8257-8262.

[18] Han J, Cui B, Xing Y, et al. Influence of nitrogen flow ratio on the optical property of AlN deposited by DC magnetron sputtering on Si (100) substrate. Micro & Nano Letters, 2020, 15: 556-560.

[19] Wang M, Bo H T, Wang A B, et al. High-quality *c*-axis oriented Al(Sc)N thin films prepared by magnetron sputtering. Thin Solid Films, 2023, 781: 140000.

[20] Smith H, Turner A. Vacuum deposited thin films using a ruby laser. Applied Optics, 1965, 4: 147-148.

[21] 雷婷. 脉冲激光沉积法制备取向性钇钡铜氧薄膜的研究. 西安: 西安理工大学, 2017.

[22] 李俊丽. 脉冲激光沉积多晶锗薄膜的研究. 武汉: 武汉理工大学, 2017.

[23] Dijkkamp D, Venkatesan T, Wu X D, et al. Preparation of Y-Ba Cu oxide superconductor thin films using pulsed laser evaporation from high-T_c bulk material. Applied Physics Letters, 1987, 51: 619-621.

[24] Kuppusami P, Raghunathan V S. Status of pulsed laser deposition: challenges and opportunities. Surface Engineering, 2006, 22: 81-83.

[25] Rajiv K, Singh D. Pulsed laser deposition and characterization of high-T_c $YBa_2Cu_3O_{7-x}$ superconducting thin films. Materials Science and Engineering, 1998, 22: 113-185.

[26] Watanabe T, Kuriki R, Iwai H, et al. High-rate deposition by PLD of YBCO films for coated conductors. IEEE Transactions on Applied Superconductivity, 2005, 15: 2566-2569.

[27] 李树峰. 脉冲激光沉积制备掺钴硫系复合材料薄膜及其特性研究. 北京: 北京工业大学, 2019.

[28] 张以忱. 真空镀膜技术. 北京: 冶金工业出版社, 2009.

[29] 王增福, 关秉羽, 杨太平. 实用镀膜技术. 北京: 电子工业出版社, 2008.

[30] 顾培夫. 薄膜技术. 杭州: 浙江大学出版社, 1990.

[31] 郑伟涛. 薄膜材料与薄膜技术. 北京: 化学工业出版社, 2008.

[32] 卢进军, 刘卫国. 光学薄膜技术. 西安: 西北工业大学出版社, 2005.

[33] Garrison B J, Itina T E, Zhigilei L V. Limit of overheating and the threshold behavior in laser ablation. Physical Review E, 2003, 68: 041501.

[34] 张端明, 赵修建, 李智华, 等. 脉冲激光沉积动力学与玻璃基薄膜. 武汉: 湖北科学技术出版社, 2006.

[35] Singh R, Narayan J. Pulsed-laser evaporation technique for deposition of thin films: physics and theoretical model. Physical Review B, 1990, 41: 8843-8859.

[36] 曹玲. 脉冲激光沉积法生长掺杂 ZnO 基薄膜及其相关器件研究. 杭州: 浙江大学, 2012.

[37] Marcu A, Stokker F, Zamani R, et al. High repetition rate laser ablation for vapor-liquid-solid nanowire growth. Current Applied Physics, 2014, 14: 614-620.

[38] Bonisa A, Santagata A, Sansone M, et al. Femtosecond pulsed laser ablation of molybdenum carbide: nanoparticles and thin film characteristics. Applied Surface Science, 2013, 278: 321-324.

[39] Usmana A, Rafiquea M, Rahmana M, et al. Growth and characterization of Ni: DLC composite films using pulsed laser deposition technique. Materials Chemistry and Physics, 2011, 126(6): 649-654.

[40] Zhang K. Formation of complex bis (b-mercaptobenzothiazole)-zinc (Ⅱ) films by pulsed laser deposition. Applied Surface Science, 2013, 273: 836-840.

[41] Hyodo J, Ida S, Kilner J, et al. Electronic and oxide ion conductivity in $Pr_2Ni_{0.71}Cu_{0.24}Ga_{0.05}O_4/Ce_{0.8}Sm_{0.2}O_2$ laminated film. Solid State Ionics, 2013, 230: 16-20.

[42] Kim J, Hiramatsu H, Hosono H, et al. Fabrication and characterization of ZnS: (Cu, Al) thin film phosphors on glass substrates by pulsed laser deposition. Thin Solid Films, 2014, 559: 18-22.

[43] Jing C, Yang Y, Wang X, et al. Epitaxial growth of single-crystalline $Ni_{46}Co_4Mn_{37}In_{13}$ thin film and investigation of its magnetoresistance. Progressin Natural Science: Materials International, 2014, 24: 19-23.

[44] Han S, Shao Y, Lu Y, et al. Effect of oxygen pressure on preferred deposition orientations and optical properties of cubic MgZnO thin films on amorphous quartz substrate. Journal of Alloys and Compounds, 2013, 559: 209-213.

[45] Yang N, Tebano A, Dicastro D, et al. Deposition and electrochemical characterization of yttrium doped barium cerate and zirconate hetero structures. Thin Solid Films, 2014, 562: 264-268.

[46] Serbezov V, Sotirov S, Benkhouj K. Investigation of superfast deposition of metal oxide and diamond-like carbon thin films by nanosecond ytterbium (Yb^+) fiber laser. Optical Materials, 2014, 36: 53-59.

[47] Marcu A, Stokker F, Zamani R, et al. High repetition rate laser ablation for vapor-liquid-solid nanowire growth. Current Applied Physics, 2014, 14: 614-620.

[48] 薛群基, 王立平. 类金刚石碳基薄膜材料. 北京: 科学出版社, 2012.

[49] Gamaly E, Rode A, Davies B. Ultrafast ablation with high-pulse-rate lasers. Part I: Theoretical considerations. Journal of Applied Physics, 1999, 85: 4213-4221.

[50] Zhu J, Zhao D, Luo B, et al. Epitaxial growth of cubic AlN films on $SrTiO_3(100)$ substrates by pulsed laser deposition. Journal of Crystal Growth, 2008, 310: 731-737.

[51] Yang H, Wang W L, Liu Z L, et al. Epitaxial growth of 2 inch diameter homogeneous

AlN single-crystalline films by pulsed laser deposition. Journal of Physics D: Applied Physics, 2013, 46: 15101.

[52] Yang H, Wang W L, Liu Z L, et al. Epitaxial growth mechanism of pulsed laser deposited AlN films on Si (111) substrates. CrystEngComm, 2014, 16: 3148-3154.

[53] Wang W L, Yang W J, Liu Z L, et al. Epitaxial growth of homogeneous single-crystalline AlN films on single-crystalline Cu(111) substrates. Applied Surface Science, 2014, 294: 1-8.

[54] Wang H Y, Wang W L, Yang W J, et al. Growth evolution of AlN films on silicon (111) substrates by pulsed laser deposition. Journal of Applied Physics, 2015, 117: 185303.

[55] Wang W L, Yang W J, Liu Z L, et al. Synthesis of high-quality AlN films on (La, Sr) (Al,Ta)O_3 substrates by pulsed laser deposition. Materials Letters, 2015, 139: 483-486.

[56] Arthur J. Molecular beam epitaxy. AT & T Technical Journal, 1980, 10: 157-191.

[57] Cho A, Arthur J. Molecular beam epitaxy. Progress in Solid State Chemistry, 1975, 10: 157-91.

[58] Jernigan G, Thompson P. Scanning tunneling microscopy of SiGe alloy surfaces grown on Si(100) by molecular beam epitaxy. Surface Science, 2002, 516: 207-215.

[59] 梁康. 分子束外延炉关键技术研究. 武汉: 武汉大学, 2021.

[60] Henini M. Molecular beam epitaxy: applications to key materials// Farrow R F C. Noyes, ISBN: 0-8155-1371-2. Microelectronics Journal, 2000, 31: 218-219.

[61] 李炫璋. 基于 III-V 族化合物半导体的红外探测器研究. 北京: 中国科学院大学, 2022.

[62] 陈启明. In(Ga)N 基纳米线结构的分子束外延生长及物性分析. 长春: 长春理工大学, 2018.

[63] Herman M, Richter W, Sitter H, et al. Molecular beam epitaxy. Encyclopedia of Inorganic and Bioinorganic Chemistry, 2011, 1: 1.

[64] Umansky V, Heiblum M, Levinson Y, et al. MBE growth of ultra-low disorder 2DEG with mobility exceeding 35×10^6 $cm^2/(V{\cdot}s)$. Journal of Crystal Growth, 2009, 311: 1658-1661.

[65] MacKenzie J D, Abernathy C R, Pearton S J, et al. Growth of AlN by metalorganic molecular beam epitaxy. Applied Physics Letters, 1995, 67: 253-255.

[66] Kulandaivel J, Toshio K, Mitsuaki S, et al. High-quality growth of AlN epitaxial layer by plasma-assisted molecular-beam epitaxy. Japanese Journal of Applied Physics, 2002, 41: 28-30.

[67] Luo M C, Wang X L, Li J M, et al. Structural properties and Raman measurement of AlN films grown on Si(111) by NH_3-GSMBE. Journal of Crystal Growth, 2002, 244: 229-235.

[68] Shen X Q, Tanizu Y, Ide T, et al. Ultra-flat and high-quality AlN thin films on sapphire (0001) substrates grown by rf-MBE. Physica Status Solidi I, 2003, 7: 2511-2514.

[69] Kehagias T, Lahourcade L, Lotsari A, et al. Interfacial structure of semipolar AlN grown on m-plane sapphire by MBE. Physica Status Solidi (b), 2010, 247: 1637-1640.

[70] Nechaev D, Aseev P, Jmerik V, et al. Control of threading dislocation density at the initial growth stage of AlN on *c*-sapphire in plasma-assisted MBE. Journal of Crystal Growth, 2013, 378: 319-322.

[71] Makimoto T, Kumakura K, Maeda M, et al. A new AlON buffer layer for RF-MBE growth of AlN on a sapphire substrate. Journal of Crystal Growth, 2015, 425: 138-140.

[72] 秦维泉. InAlN 三元合金材料的 MOCVD 生长研究. 长春: 吉林大学, 2021.

[73] 王小丽. 具有应力调制结构的 InGaN/GaN 多量子阱发光特性的研究. 北京: 中国科学院物理研究所, 2011.

[74] Stringfellow G. MOVPE growth of $Al_xGa_{1-x}As$. Journal of Crystal Growth, 1981, 55: 42-52.

[75] Shaw D. Kinetic aspects in the vapour phase epitaxy of Ⅲ-V compounds. Journal of Crystal Growth, 1975, 31: 130-141.

[76] 黄振. SiC 衬底上高质量 GaN 薄膜的外延生长及其发光器件制备研究. 长春: 吉林大学, 2017.

[77] Thompson A. MOCVD technology for semiconductors. Materials Letters, 1997, 30: 255-263.

[78] Coleman J. Metalorganic chemical vapor deposition for optoelectronic devices. Proceedings of the IEEE, 1997, 85: 1715-1729.

[79] Chen Z, Newman S, Brown D, et al. High quality AlN grown on SiC by metal organic chemical vapor deposition. Applied Physics Letters, 2008, 93: 191906.

[80] Imura M, Nakajima K, Liao M, et al. Growth mechanism of *c*-axis-oriented AlN on (111) diamond substrates by metal-organic vapor phase epitaxy. Journal of Crystal Growth, 2010, 312: 368-372.

[81] Tian W, Yan W, Dai J, et al. Effect of growth temperature of an AlN intermediate layer on the growth mode of AlN grown by MOCVD. Journal of Physics D: Applied Physics, 2013, 46: 065303.

[82] Lee K, Kim J, Eom D, et al. Polarity of aluminum nitride layers grown by high-temperature metal organic chemical vapor deposition. Nanoscience and Nanotechnology, 2016, 16: 11807-11810.

[83] Tran B T, Hirayama H, Jo M, et al. High-quality AlN template grown on a patterned Si(111) substrate. Journal of Crystal Growth, 2017, 468: 225-229.

[84] He C, Zhao W, Wu H, et al. High-quality AlN film grown on sputtered AlN/sapphire *via* growth-mode modification. Crystal Growth & Design, 2018, 18: 6816-6823.

[85] Jo M, Hirayama H. Effects of Ga supply on the growth of $(11\bar{2}2)$ AlN on *m*-plane $(10\bar{1}0)$ sapphire substrates. Physica Status Solidi B, 2018, 255: 1700418.

[86] Yuan L, Wen W, Xiao L, et al. Nucleation layer design for growth of a high-quality AlN epitaxial film on a Si(111) substrate. CrystEngComm, 2018, 20: 1483-1490.

[87] Leone S, Ligl J, Manz C, et al. Metal-organic chemical vapor deposition of aluminum scandium nitride. Physica Status Solidi-Rapid Research Letters, 2020, 14: 1900535.

[88] Li Z, Jun L, Xu D, et al. Effect of V-Ⅲ ratio-based growth mode on the surface

morphology, strain relaxation, and dislocation density of AlN films grown by metal-organic chemical vapor deposition. Physica Status Solidi (b), 2023, 260: 2200279.
[89] Yi X, Zhao L, Ouyang P, et al. High-quality film bulk acoustic resonators fabricated on AlN films grown by a new two-step method. IEEE Electron Device Letters, 2022, 43: 942-945.
[90] Wang W, Yang W, Lin Y, et al. Microstructures and growth mechanisms of GaN films epitaxially grown on AlN/Si hetero-structures by pulsed laser deposition at different temperatures. Scientific Reports, 2015, 5: 16453.
[91] Siang-Chung L. Phase stability of the Al-N system. Journal of Materials Science Letters, 1997, 16: 759-760.
[92] 王琦琨. PVT 法氮化铝晶体生长动力学及热应力建模与数值模拟研究. 上海: 上海交通大学, 2022.
[93] Bickermann M, Filip O, Epelbaum BM, et al. Growth of AlN bulk crystals on SiC seeds: chemical analysis and crystal properties. Journal of Crystal Growth, 2012, 339: 13-21.
[94] Miyazaki N, Uchida H, Munakata T, et al. Thermal stress analysis of silicon bulk single crystal during Czochralski growth. Journal of Crystal Growth, 1992, 125: 102-111.
[95] Alexander H, Haasen P. Dislocations and plastic flow in the diamond structure. Physics Review B Solid State, 1969, 22: 27-158.
[96] Böttcher K, Cliffe K. Three-dimensional thermal stresses in on-axis grown SiC crystals. Journal of Crystal Growth, 2005, 284: 425-433.
[97] Böttcher K, Cliffe K. Three-dimensional resolved shear stresses in off-axis grown SiC single crystals. Journal of Crystal Growth, 2007, 303: 310-313.
[98] Reeber R, Wang K. Lattice parameters and thermal expansion of important semiconductors and their substrates. MRS Online Proceedings Library, 2000, 622: 6351.
[99] Levinshtein M, Rumyantsev S, Shur M. Properties of Advanced Semiconductor Materials GaN, AlN, InN, BN, SiC, SiGe. New York: John Wiley & Sons, Inc., 2001, 1: 31-47.
[100] Hartmann C, Wollweber J, Dittmar A, et al. Preparation of bulk AlN seeds by spontaneous nucleation of freestanding crystals. Japanese Journal of Applied Physics, 2013, 52: 08JA06.
[101] Wu B, Ma R, Zhang H, et al. Modeling and simulation of AlN bulk sublimation growth systems. Journal of Crystal Growth, 2004, 266: 303-312.
[102] Seifert A, Berger A, Müller W F. TEM of dislocations in AlN. Journal of the American Ceramic Society, 1992, 75: 873-877.
[103] Raghothamachar B, Dudley M, Rojo J, et al. X-ray characterization of bulk AlN single crystals grown by the sublimation technique. Journal of Crystal Growth, 2003, 250: 244-250.
[104] Semennikov A, Karpov S, Ramm M, et al. Analysis of threading dislocations in wide-bandgap hexagonal semiconductors by energetic approach. Materials Science Forum,

2004, 457: 383-386.
[105] Guo W, Kundin J, Bickermann M, et al. A study of the step-flow growth of the PVT-grown AlN crystals by a multi-scale modeling method. CrystEngComm, 2014, 16: 6564-6577.
[106] Bogdanov M, Demina S, Karpov S, et al. Advances in modeling of wide-bandgap bulk crystal growth. Crystal Research and Technology: Journal of Experimental and Industrial Crystallography, 2003, 38: 237-249.
[107] Schujman S, Schowalter L, Bondokov R, et al. Structural and surface characterization of large diameter, crystalline AlN substrates for device fabrication. Journal of Crystal Growth, 2008, 310: 887-890.
[108] Bickermann M, Epelbaum M, Winnacker A. Structural, optical, and electrical properties of bulk AlN crystals grown by PVT. Materials Science Forum, 2004, 457: 1541-1544.
[109] Epelbaum M, Bickermann M, Winnacker A. Approaches to seeded PVT growth of AlN crystals. Journal of Crystal Growth, 2005, 275: 479-484.
[110] Wang W, Zuo S, Bao H, et al. Effect of the seed crystallographic orientation on AlN bulk crystal growth by PVT method. Crystal Research and Technology, 2011, 46: 455-458.
[111] Wu H, Zheng R, Guo Y, et al. PVT growth of AlN single crystals with the diameter from nano- to centi-meter level. 33rd International Conference on the Physics of Semiconductors, 2017, 864: 012015.
[112] Chen W H, Qin Z, Tian X Y, et al. The physical vapor transport method for bulk AlN crystal growth. Molecules, 2019, 24: 1562-1573.
[113] Zhao Q Y, Zhu X Y, Han T, et al. Realizing overgrowth in the homo-PVT process for 2 inch AlN single crystals. CrystEngComm, 2022, 24: 1719-1724.
[114] Yoshikawa A, Ohshima E, Fukuda T, et al. GaN and Related Materials Ⅱ. Philadephia: Gordon and Breach Sci. Publ., 2001, 143: 234-236.
[115] Jacob K, Rajitha G. Discussion of enthalpy, entropy and free energy of formation of GaN. Journal of Crystal Growth, 2009, 311: 3806-3810.
[116] Dwikusuma F, Mayer J, Kuech T. Nucleation and initial growth kinetics of GaN on sapphire substrate by hydride vapor phase epitaxy. Journal of Crystal Growth, 2003, 258: 65-74.
[117] Gu S, Zhang R, Shi Y, et al. The impact of initial growth and substrate nitridation on thick GaN growth on sapphire by hydride vapor phase epitaxy. Journal of Crystal Growth, 2001, 231: 342-351.
[118] Liu H, Tsay J, Liu W, et al. The growth mechanism of GaN grown by hydride vapor phase epitaxy in N_2 and H_2 carrier gas. Journal of Crystal Growth, 2004, 260: 79-84.
[119] Nagashima T, Harada M, Yanagi H, et al. High-speed epitaxial growth of AlN above 1200 ℃ by hydride vapor phase epitaxy. Journal of Crystal Growth, 2007, 300: 42-44.
[120] Huang J, Niu M, Zhang J C, et al. Reduction of threading dislocation density for AlN

epilayer *via* a highly compressive-stressed buffer layer. Journal of Crystal Growth, 2017, 459: 159-162.

[121] Xiao S Y, Jiang N, Shojiki K, et al. Preparation of high-quality thick AlN layer on nanopatterned sapphire substrates with sputter-deposited annealed AlN film by hydride vapor-phase epitaxy. Japanese Journal of Applied Physics, 2019, 58: SC2013.

[122] Parsons G, Elam J, George S, et al. History of atomic layer deposition and its relationship with the American Vacuum Society. Journal of Vacuum Science & Technology A, 2013, 31: 050818.

[123] Suntola T, Pakkala A, Lindfors S. Apparatus for performing growth of compound thin films: US04389973A. 1983-6-28.

[124] 李爱东. 原子层沉积技术原理及其应用. 北京: 科学出版社, 2016.

[125] Xiong Y, Sang L, Chen Q, et al. Electron cyclotron resonance plasma-assisted atomic layer deposition of amorphous Al_2O_3 thin films. Plasma Science and Technology, 2013, 15: 52-55.

[126] Ali K, Choi K, Jo J, et al. High rate roll-to-roll atmospheric atomic layer deposition of Al_2O_3 thin films towards gas diffusion barriers on polymers. Materials Letters, 2014, 136: 90-94.

[127] Delabie A, Sioncke S, Rip J, et al. Aluminium oxide atomic layer deposition on semiconductor substrates. ECS Transactions, 2011, 41: 149-160.

[128] Nigro R, Schilirò E, Fiorenza P, et al. Nanolaminated Al_2O_3/HfO_2 dielectrics for silicon carbide based devices. Journal of Vacuum Science & Technology A, 2020, 38: 032410.

[129] Zhu H, Addou R, Wang Q, et al. Surface and interfacial study of atomic layer deposited Al_2O_3 on $MoTe_2$ and WTe_2. Nanotechnology, 2020, 31: 055704.

[130] 周静, 田雪迎, 王斌凯, 等. 低温原子层沉积封装技术在 OLED 上的应用及对有机、钙钛矿太阳能电池封装的启示. 化学学报, 2022, 80: 395-422.

[131] 段珊珊, 施昌勇, 杨丽珍, 等. 原子层沉积法制备 Al_2O_3 薄膜研究近况和发展趋势. 真空, 2021, 58: 13-20.

[132] Miikkulainen V, Leskelä M, Ritala M, et al. Crystallinity of inorganic films grown by atomic layer deposition: overview and general trends. Journal of Applied Physics, 2013, 113: 021301.

[133] Xing Y, Sun C, Yip H, et al. New fullerene design enables efficient passivation of surface traps in high performance p-i-n heterojunction perovskite solar cells. Nano Energy, 2016, 26: 7-15.

[134] 何冬梅. 热原子层沉积制备过渡金属碳化物及性能研究. 无锡: 江南大学, 2022.

[135] Johnson R, Hultqvist A, Bent S F. A brief review of atomic layer deposition: from fundamentals to applications. Materials Today, 2014, 17: 236-246.

[136] Jones A, Hitchman M. Chemical vapour deposition precursors, processes and applications. Cambridge: Royal Society of Chemistry, 2009.

[137] 方国勇. 原子层沉积技术——原理及其应用. 北京: 科学出版社, 2016.

[138] Hatanpa T, Ritala M, Leskela M. Precursors as enablers of ALD technology: contributions from University of Helsinki. Coordination Chemical Review, 2013, 257: 3297-3322.

[139] 夏少武, 夏树. 量子化学基础. 北京: 科学出版社，2010.

[140] Heli S, Iurii K, Jarkko E, et al. Aluminum nitride transition layer for power electronics applications grown by plasma-enhanced atomic layer deposition. Materials, 2019, 12: 406-413.

[141] Chen J, Lv B W, Zhang F, et al. The composition and interfacial properties of annealed AlN films deposited on 4H-SiC by atomic layer deposition. Materials Science in Semiconductor Processing, 2019, 94: 107-115.

[142] Beshkova M, Blagoev B, Mehandzhiev V, et al. Optimization of AlN films grown by atomic layer deposition. 21st International School on Condensed Matter Physics 2021, 1762: 012035.

[143] Bruel M, Aspar B, Charlet B, et al. "Smart cut": a promising new SOI material technology//1995 IEEE International SO Conference Proceedings, 1995: 178-179.

[144] Liu S, Jenkins W. Effect of total dose radiation on FETs fabricated in UNIBOND/supTM/SOI material//1996 EEE International SOI Conference Proceedings, 1996: 94-95.

[145] Tong Q, Gosele U. Wafer bonding and layer splitting for microsystems. Advanced Materials, 1999, 11: 1409-1425.

[146] Bruel M. Silicon on insulator material technology. Electronics Letters, 1995, 31: 1201-1202.

[147] 曹磊. 新型纳米 SOI MOS 器件结构分析与可靠性研究. 西安: 西安电子科技大学, 2013.

[148] Chu T, Ing D, Noreika A. Epitaxial growth of aluminum nitride. Solid-State Electronic, 1967, 10: 1023-1026.

[149] Yoshida S, Misawa S, Fujii Y, et al. Reactive molecular beam epitaxy of aluminum nitride. Journal of Vacuum Science & Technology A, 1979, 16: 990-993.

[150] Morita M, Uesugi N, Isogai S, et al. Epitaxial growth of aluminum nitride on sapphire using metalorganic chemical vapor deposition. Japanese Journal Applied Physics, 1981, 20: 17-23.

[151] 王虎. 蓝宝石衬底上 AlN 薄膜和 GaN、InGaN 量子点的 MOCVD 生长研究. 武汉: 华中科技大学, 2013.

[152] 杨美娟. Si 衬底上高质量 AlN 外延薄膜的 MOCVD 生长研究. 广州: 华南理工大学, 2017.

[153] Chen Z, Lu D, Yuan H, et al. A new method to fabricate InGaN quantum dots by metalorganic chemical vapor deposition. Journal of Crystal Growth, 2002, 235: 188-194.

[154] Balaji M, Ramesh R, Arivazhagan P, et al. Influence of initial growth stages on AlN epilayers grown by metal organic chemical vapor deposition. Journal of Crystal Growth, 2015, 414: 69-75.

[155] Imura M, Nakano K, Kitano T, et al. Microstructure of epitaxial lateral overgrown AlN on trench-patterned AlN template by high-temperature metal-organic vapor phase epitaxy. Applied Physics Letters, 2006, 89: 221901.

[156] Imura M, Nakano K, Kitano T, et al. Microstructure of thick AlN grown on sapphire by high-temperature MOVPE. Physica Status Solidi (a), 2006, 203: 1626-1631.

[157] Imura M, Sugimura H, Okada N, et al. Impact of high-temperature growth by metal-organic vapor phase epitaxy on microstructure of AlN on 6H-SiC substrates. Journal of Crystal Growth, 2008, 310: 2308-2313.

[158] Wang M, Xu F, Xie N, et al. High-temperature annealing induced evolution of strain in AlN epitaxial films grown on sapphire substrates. Applied Physics Letters, 2019, 114: 112105.

[159] Sahar M, Hassan Z, Ng S, et al. An insight into growth transition in AlN epitaxial films produced by metal-organic chemical vapour deposition at different growth temperatures. Superlattices and Microstructures, 2022, 161: 107095.

[160] Li X, Wang S, Xie H, et al. Growth of high-quality AlN layers on sapphire substrates at relatively low temperatures by metalorganic chemical vapor deposition. Physica Status Solidi (b), 2015, 252: 1089-1095.

[161] Kakanakov A, Ciechonski R, Forsberg U, et al. Hot-wall MOCVD for highly efficient and uniform growth of AlN. Crystal Growth and Design, 2008, 9: 880-884.

[162] Lorenz K, Gonsalves M, Kim W, et al. Comparative study of GaN and AlN nucleation layers and their role in growth of GaN on sapphire by metalorganic chemical vapor deposition. Applied Physics Letters, 2000, 77: 3391-3393.

[163] Ohba Y, Yoshida H, Sato R. Growth of high-quality AlN, GaN and AlGaN with atomically smooth surfaces on sapphire substrates. Japanese Journal of Applied Physics, 1997, 36: L1565.

[164] Sun X, Li D, Chen Y, et al. *In situ* observation of two-step growth of AlN on sapphire using high-temperature metal-organic chemical vapour deposition. CrystEngComm, 2013, 15: 6066-6073.

[165] Chen Y, Song H, Li D, et al. Influence of the growth temperature of AlN nucleation layer on AlN template grown by high-temperature MOCVD. Materials Letters, 2014, 114: 26-28.

[166] Al Tahtamouni T M, Lin J, Jiang H. High quality AlN grown on double layer AlN buffers on SiC substrate for deep ultraviolet photodetectors. Applied Physics Letters, 2012, 101: 192106.

[167] Ohba Y, Sato R. Growth of AlN on sapphire substrates by using a thin AlN buffer layer grown two-dimensionally at a very low V/Ⅲ ratio. Journal of Crystal Growth, 2000, 221: 258-261.

[168] Bai J, Dudley M, Sun W, et al. Reduction of threading dislocation densities in AlN/sapphire epilayers driven by growth mode modification. Applied Physics Letters, 2006, 88: 051903.

[169] Lin Y, Yang M, Wang W, et al. High-quality crack-free GaN epitaxial films grown on Si substrates by a two-step growth of AlN buffer layer. CrystEngComm, 2016, 18: 2446-2454.

[170] Li D, Diao J, Zhuo X, et al. High quality crack-free GaN film grown on Si(111) substrate without AlN interlayer. Journal of Crystal Growth, 2014, 407: 58-62.

[171] Xi Y, Chen K, Mont F, et al. Very high quality AlN grown on (0001) sapphire by metal-organic vapor phase epitaxy. Applied Physics Letters, 2006, 89: 103106.

[172] Okada N, Kato N, Sato S, et al. Growth of high-quality and crack free AlN layers on sapphire substrate by multi-growth mode modification. Journal of Crystal Growth, 2007, 298: 349-353.

[173] Chen P, Zhang R, Zhao Z, et al. Growth of high quality GaN layers with AlN buffer on Si (111) substrates. Journal of Crystal Growth, 2001, 225: 150-154.

[174] Zang K, Wang L, Chua S, et al. Structural analysis of metalorganic chemical vapor deposited AlN nucleation layers on Si(111). Journal of Crystal Growth, 2004, 268: 515-520.

[175] Bao Q, Luo J, Zhao C. Mechanism of TMAl pre-seeding in AlN epitaxy on Si(111) substrate. Vacuum, 2014, 101: 184-188.

[176] Cao J, Li S, Fan G, et al. The influence of the Al pre-deposition on the properties of AlN buffer layer and GaN layer grown on Si(111) substrate. Journal of Crystal Growth, 2010, 312: 2044-2048.

[177] Bak S, Mun D, Jung K, et al. Effect of Al pre-deposition on AlN buffer layer and GaN film grown on Si(111) substrate by MOCVD. Electronic Materials Letters, 2013, 9: 367-370.

[178] Lee S, Park B, Kim M, et al. Control of polarity and defects in the growth of AlN films on Si(111) surfaces by inserting an Al interlayer. Current Applied Physics, 2012, 12: 385-388.

[179] Wang X, Li H, Wang J, et al. The effect of Al interlayers on the growth of AlN on Si substrates by metal organic chemical vapor deposition. Electronic Materials Letters, 2014, 10: 1069-1073.

[180] Zhang Y, Yang J, Zhao D, et al. High-quality AlN growth on flat sapphire at relatively low temperature by crystal island shape control method. Applied Surface Science, 2022, 606: 154919.

[181] Asif M, Skogman R, Van Hove J, et al. Atomic layer epitaxy of GaN over sapphire using switched metalorganic chemical vapor deposition. Applied Physics Letters, 1992, 60: 1366-1368.

[182] Zhang J, Wang H, Sun W, et al. High-quality AlGaN layers over pulsed atomic-layer epitaxially grown AlN templates for deep ultraviolet light-emitting diodes. Journal of Electronic Materials, 2003, 32: 364-370.

[183] Zhang J, Kuokstis E, Fareed Q, et al. Pulsed atomic layer epitaxy of quaternary AlInGaN layers. Applied Physics Letters, 2001, 79: 925-927.

[184] Kröncke H, Figge S, Aschenbrenner T, et al. Growth of AlN by pulsed and conventional MOVPE. Journal of Crystal Growth, 2013, 381: 100-106.

[185] Sang L, Qin Z, Fang H, et al. Reduction in threading dislocation densities in AlN epilayer by introducing a pulsed atomic-layer epitaxial buffer layer. Applied Physics Letters, 2008, 93: 122104.

[186] Hirayama H, Yatabe T, Noguchi N, et al. 231~261 nm AlGaN deep-ultraviolet light-emitting diodes fabricated on AlN multilayer buffers grown by ammonia pulse-flow method on sapphire. Applied Physics Letters, 2007, 91: 071901.

[187] Takeuchi M, Ooishi S, Ohtsuka T, et al. Improvement of Al-polar AlN layer quality by three-stage flow-modulation metalorganic chemical vapor deposition. Applied Physics Express, 2008, 1: 021102.

[188] Banal R, Funato M, Kawakami Y. Initial nucleation of AlN grown directly on sapphire substrates by metal-organic vapor phase epitaxy. Applied Physics Letters, 2008, 92: 241905.

[189] Soomro A, Wu C, Lin N, et al. Modified pulse growth and misfit strain release of an AlN heteroepilayer with a Mg—Si codoping pair by MOCVD. Journal of Physics D: Applied Physics, 2016, 49: 115110.

[190] Imura M, Nakano K, Gou N, et al. Epitaxial lateral overgrowth of AlN on trench-patterned AlN layers. Journal of Crystal Growth, 2007, 298: 257-260.

[191] Hideki H, Jun N, Norimichi N, et al. Milliwatt power 270 nm-band AlGaN deep-UV LEDs fabricated on ELO-AlN templates. Physics Status Solidi C, 2009, 6: 474-477.

[192] Zeimer U, Kueller V, Knauer A, et al. High quality AlGaN grown on ELO AlN/sapphire templates. Journal of Crystal Growth, 2013, 377: 32-36.

[193] Holmes J D, Conroy M, Zubialevich V, et al. Epitaxial lateral overgrowth of AlN on self-assembled patterned nanorods. Journal of Materials Chemistry C, 2015, 3: 431-437.

[194] Long H, Dai J, Zhang Y, et al. High quality 10.6 μm AlN grown on pyramidal patterned sapphire substrate by MOCVD. Applied Physics Letters, 2019, 114: 042101.

[195] Wang J, Xie N, Xu F, et al. Group-Ⅲ nitride heteroepitaxial films approaching bulk-class quality. Nature Materials, 2023, 22: 853-859.

[196] Ohashi Y, Arakawa M, Kushibiki J, et al. Ultrasonic Micro-spectroscopy Characterization of AlN Single Crystals. Applied Physics Express, 2008, 1: 077004.

[197] Shealy J, Jeffrey B, Pinal P, et al. Single crystal aluminum nitride film bulk acoustic resonators. IEEE Radio and Wireless Symposium (RWS), 2016, 1: 16-19.

[198] Guo L, Tae K, Shigeru I, et al. Epitaxial growth of single-crystalline AlN films on tungsten substrates. Applied Physics Letters, 2006, 89: 241905.

[199] Guo L, Jitsuo O, Koichiro O, et al. Room-temperature epitaxial growth of GaN on atomically flat $MgAl_2O_4$ substrates by pulsed-laser deposition. Japanese Journal of Applied Physics, 2006, 45: 457-459.

[200] Aota Y, Sakyu Y, Tanifuji S, et al. Fabrication of BAW for GHz band pass filter with

AlN film grown using MOCVD. IEEE Ultrasonics Symposium, 2006, 1-5: 337-340.

[201] Hodge D, Vetury R, Shawn R, et al. High rejection UNII 5.2 GHz wideband bulk acoustic wave filters using undoped single crystal AlN-on-SiC resonators. 2017 IEEE International Electron Devices Meeting (IEDM), 2017: 2156-017X.

[202] Shealy J, Vetary R, Gibb S, et al. Low loss, 3.7 GHz wideband baw filters, using high power single crystal AlN-on-SiC resonators. 2017 IEEE MTT-S International Microwave Symposium (IMS), 2017.

[203] Shen Y, Zhang R, Vetury R, et al. 40.6 Watt, high power 3.55 GHz single crystal XBAW RF filters for 5G infrastructure applications. 2020 IEEE International Ultrasonics Symposium (IUS), 2020.

[204] Ding R, Xuan W, Dong S, et al. The 3.4 GHz BAW RF filter based on single crystal AlN resonator for 5G application. Nanomaterials, 2022, 12: 3082-3090.

[205] Satoh Y, Nishihara T, Yokoyama T, et al. Development of piezoelectric thin film resonator and its impact on future wireless communication systems. Japanese Journal of Applied Physics, 2005, 44(5A): 2883-2894.

[206] Aota Y, Sakyu Y, Tanifuji S, et al. 4D-4 fabrication of FBAR for GHz band pass filter with AlN film grown using MOCVD. 2006 IEEE Ultrasonics Symposium. Vancouver, BC, Canada. IEEE 2006: 337-340.

[207] Mishin S. Improving manufacturability of bulk acoustic wave and surface acoustic wave devices. Symposium on Piezoelectricity, Acoustic Waves and Device Applications, Shenzhen, 2011, 1: 110-112.

[208] 刘国荣. 基于单晶 AlN 薄膜的 FBAR 制备研究. 广州: 华南理工大学, 2017.

[209] Kok L, Lau T, Qumrul A. Substrate-free thick-film lead zirconate titanate (PZT) performance measurement using Berlincourt method. Advanced Mater Research (Switzerland), 2014, 895: 204-210.

[210] Jackson N, Olszewski O, Keeney L, et al. A capacitive based piezoelectric AlN film quality test structure. Proceedings of the 2015 International Conference on Microelectronic Test Structures, F, 2015.

[211] 毕晓猛. AlN 压电薄膜的反应磁控溅射制备与性能表征. 北京: 中国科学院大学, 2014.

[212] Ababneh A, Schmid U, Hernando J, et al. The influence of sputter deposition parameters on piezoelectric and mechanical properties of AlN thin films. Materials Science and Engineering: B, 2010, 172: 253-258.

[213] Hernando J, Sanchez R, Gonzalez S, et al. Simulation and laser vibrometry characterization of piezoelectric AlN thin films. Journal of Applied Physics, 2008, 104: 053502.

[214] Denning D, Guyonnet J, Rodriguez B. Applications of piezoresponse force microscopy in materials research: from inorganic ferroelectrics to biopiezoelectrics and beyond. International Materials Reviews, 2016, 61: 46-70.

[215] Meng Z, Jian Y, Chao S, et al. Research on the piezoelectric properties of AlN thin films for MEMS applications. Micromachines, 2015, 6: 1236-1248.

[216] Soergel E. Piezo response force microscopy (PFM). Journal of Physics D: Applied Physics, 2011, 44: 1-17.

[217] 宋祎萌. PEALD 与 MOCVD 生长 GaN 薄膜的表面物理过程与结晶品质研究. 北京: 北京科技大学, 2022.

[218] 吴亭. 高分辨 X 射线衍射技术在 GaN-LED 生产中的应用. 西安: 西安电子科技大学, 2013.

[219] Tien L, Binh T, Yen H, et al. 2H-silicon carbide epitaxial growth on *c*-plane sapphire substrate using an AlN buffer layer and effects of surface pre-treatments. Electronic Materials Letters, 2015, 11: 352-359.

[220] Ryan G, Masataka I, Daiju T, et al. Nanometer-thin ALD-Al_2O_3 for the improvement of the structural quality of AlN grown on sapphire substrate by MOVPE. Physica Status Solidi (a), 2017, 214: 1600727.

[221] Subhra C, Boris B, Peter C, et al. Comparative structural characterization of thin $Al_{0.2}Ga_{0.8}N$/GaN and $In_{0.17}Al_{0.83}N$/GaN heterostructures Grown on Si (111), by MBE, with variation of buffer thickness. Journal of Electronic Materials, 2015, 44: 4144-4153.

[222] Kakuda M, Morikawa S, Kuboya S, et al. RF-MBE growth of cubic AlN on MgO (001) substrates via 2-step c-GaN buffer layer. Journal of Crystal Growth, 2013, 378: 307-309.

[223] Padmalochan P, Bulusu S, Ramaseshan R, et al. Growth and characterization of highly oriented AlN films by DC reactive sputtering. AIP Conference Proceedings, 2015, 1665: 080064.

[224] Demir I, Yakovenko N, Roux C, et al. The role of microplastics in microalgae cells aggregation: a study at the molecular scale using atomic force microscopy. Science of the Total Environment, 2022, 832: 155036.

[225] Yacoot A, Koenders L. Recent developments in dimensional nanometrology using AFMs. Measurement Science & Technology, 2011, 22: 122001.

[226] Garcia R, Knoll A, Riedo E. Advanced scanning probe lithography. Nature Nanotechnology, 2014, 9: 577-587.

[227] Fotiadis D, Scheuring S, Shirley A, et al. Imaging and manipulation of biological structures with the AFM. Micron, 2002, 33: 385-397.

[228] Kulkarni T, Mukhopadhyay D, Bhattacharya S. Influence of surface moieties on nanomechanical properties of gold nanoparticles using atomic force microscopy. Applied Surface Science, 2022, 591: 153175.

[229] Benech J, Romanelli G. Atomic force microscopy indentation for nanomechanical characterization of live pathological cardiovascular/heart tissue and cells. Micron, 2022, 158: 103287.

[230] Wang Z, Qian J, Li Y, et al. Wavelet analysis of higher harmonics in tapping mode atomic force microscopy. Micron, 2019, 118: 58-64.

[231] 李树锋. 脉冲激光沉积制备掺钴硫系复合材料薄膜及其特性研究. 北京: 北京工业大学,

2019.

[232] 郝然. 基于光谱非均匀傅里叶变换的薄膜厚度测量技术研究. 天津: 天津大学, 2020.

[233] Necas D, Vodak J, Ohlidal I, et al. Simultaneous determination of dispersion model parameters and local thickness of thin films by imaging spectrophotometry. Applied Surface Science, 2015, 350: 149-155.

[234] Spectroscopic reflectometer SR series. [2024-3-11]. https://www.angstec.com/ products /Spectroscopic-Reflectometer-SR-Series.

[235] PerkinElmer. 紫外•可见分光光度法. [2024-3-11]. https://img65.chem17.com/5/20200327/637209033652559431711.pdf.

[236] 陈恭敬. 光学薄膜常数计算方法与测量系统的研究. 西安: 电子科技大学, 2005.

[237] FILMETRICS. [2024-3-11]. https://www.filmetrics.com/.

[238] TranSpec Lite. [2024-3-11]. http://www.applied-spectroscopy.info/filmthickness.htm.

[239] 大塚电子 [2024-3-11]. https://www.otsukael.com.cn/538.html.

[240] 奥谱天成. ATGX310. [2024-3-11]. http://www.optosky.com/h-pd-222.html.

[241] 杭州蓝普. [2024-3-11]. http://lampol.net/ProductDetail/1665060.html.

[242] Liu J, Xu B, Wang H, Cui X, et al. Effects of film thickness and microstructures on residual stress. Surface Engineering, 2016, 32: 177-180.

[243] Flinn P, Gardner D, Nix W. Measurement and interpretation of stress in aluminum-based metallization as a function of thermal history. Electron Devices, IEEE Transactions on, 1987, 34: 689-699.

[244] Jun X, Kyriakos K. Friction, nanostructure, and residual stress of single-layer and multi-layer amorphous carbon films deposited by radio-frequency sputtering. Journal of Materials Research, 2016, 31: 1857-1864.

[245] Stoney G. The tension of metallic films deposited by electrolysis. Proceedings of the Royal Society A Mathematical Physical and Engineering Sciences, 1909, 82: 172-175.

[246] 方小坤, 安毓英, 林晓春. 薄膜应力激光测量的新装置. 红外与激光工程, 2007, 5: 693-695.

[247] Finegan J, Hoffman R. Stress anisotropy in evaporated iron films. Journal of Applied Physics, 1959, 30: 597-598.

[248] Hauk V, Macherauch E. A useful guide for X-ray stress evaluation (XSE). Advances in X-Ray Analysis, 1984, 27: 81-99.

[249] 刘倩倩, 刘兆山, 宋森, 等. 残余应力测量研究现状综述. 机床与液压, 2011, 39: 135-138, 124.

[250] 黄菊, 梁小冲. 拉伸法测钢丝杨氏模量实验仪器的改进. 实验科学与技术, 2018, 16(5): 178-180, 184.

[251] 谢杨莹, 秦玉霞, 杨旭昕, 等. 拉伸法测头发丝杨氏模量实验装置的改装. 物理实验, 2018, 38: 51-54.

[252] 林晓坤. 晶圆薄膜应力测量系统设计与实现. 上海: 华东师范大学, 2022.

[253] 王成, 马莹, 张贵彦, 等. 薄膜应力激光测量方法分析. 激光技术, 2005, 1: 98-100.

[254] Ouyang P, Yi X, Li G. Single-crystalline bulk acoustic wave resonators fabricated with AlN Film grown by a combination of PLD and MOCVD methods. IEEE Electron Device Letters, 2024, 45:538.

[255] Zhao L, Ouyang P, Yi X, et al. High figure-of-merit film bulk acoustic wave resonator based on $Al_{0.87}Sc_{0.13}N$ film prepared using a novel dual-stage method. IEEE Electron Device Letters, 2024. doi: 10.1109/LED.2024.3381172.

[256] Zhao L, Ouyang P, Yi X, et al. Highly improved quality factor of the film bulk acoustic wave resonator by introducing a high quality ZnO buffer layer. Applied Surface Science, 2024, 660: 160025.

[257] Zhao L, Ouyang P, Yi X, et al. Effects of halogen elements on a humidity sensor based on a thin film bulk acoustic wave resonator incorporated with $Cs_3Bi_2X_9$ (X = Cl, Br, I) perovskites. Journal of Materials Chemistry C, 2023, 12: 1988.

[258] Zhao L, Ouyang P, Yi X, et al. Fast-response humidity sensors based on all-inorganic lead-free Cs_2PdBr_6 perovskite integrated with bulk acoustic wave resonators for motions monitoring. Applied Surface Science, 2024, 649:159110.

[259] 朱宇涵, 段兰燕, 陈志鹏, 等. 边缘空气层薄膜体声波谐振器的设计与制备. 压电与声光, 2024, 46: 11.

第 5 章　体声波滤波器的关键制备工艺

BAW 滤波器芯片的制备工艺具有相当高的复杂性和难度。这是由 BAW 滤波器的结构尺寸以及制备过程中所需的精确控制和高度精细化的操作决定的。

图 5.1(a) 为 BAW 滤波器的晶圆图，一块晶圆上包含着上万颗滤波器芯片，所以每颗 BAW 滤波器芯片的尺寸非常小，基本在纳米级。而且在制备过程中，需要确保每一层薄膜的尺寸和形状与设计要求完全吻合，所以需要精确控制工艺参数，在纳米尺度上进行复杂的操作。同时任何一步工艺参数的误差或操作的不准确性都可能导致芯片的失效或性能下降，所以 BAW 滤波器的制备工艺难度极高。

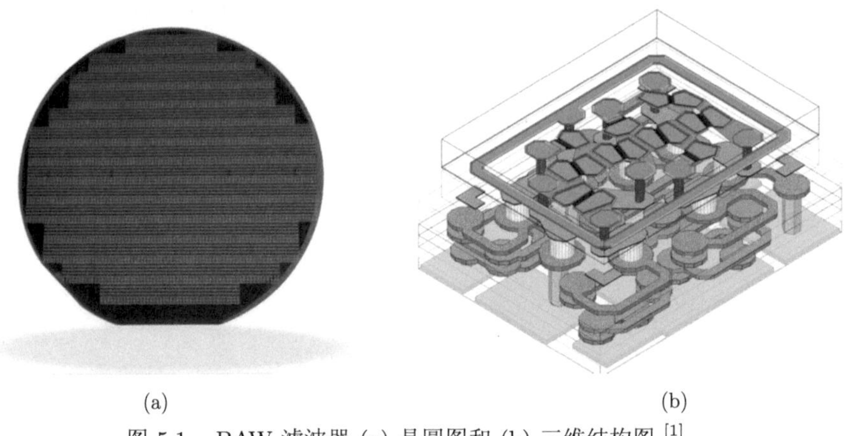

(a)　　(b)

图 5.1　BAW 滤波器 (a) 晶圆图和 (b) 三维结构图 [1]

图 5.2 为一般的制备流程工单，一个器件的制备流程要四百多步的工序，步骤繁多，这主要是因为 BAW 滤波器芯片通常由多层薄膜而组成。从图 5.1(b) 所示的 BAW 滤波器的三维结构图可以看到，该器件是一个多层且复杂的结构，而在制备过程中，每一层的薄膜都要经过沉积、光刻、刻蚀等工艺步骤，所以 BAW 滤波器的制备工艺极其复杂。

总而言之，BAW 滤波器芯片制备工艺的复杂性和高难度源于纳米级的结构尺寸、精细化操作的要求以及连续多步骤过程中的相互依赖关系。只有通过严格的工艺控制和创新的工艺方法，才能有效克服这些挑战，实现高性能和高良率的 BAW 滤波器芯片的制备。

图 5.2 BAW 滤波器制备工艺流程单

为保密需要，此图模糊处理了，主要为体现制备的工艺步骤很多

5.1 滤波器工艺流程概述

BAW 滤波器是通过将激励信号转变为在材料体内传播的声波并利用驻波振荡进行滤波的一款声学滤波器，与 SAW 滤波器相比，其具有对温度变化不敏感、插入损耗小、带外衰减大、滚降系数大、功率容量高以及高频等优点。BAW 谐振器的最基本结构为金属材料–压电薄膜–金属材料的“三明治”结构，交变激励电信号加载到上下电极，通过上下电极之间的压电薄膜产生的压电效应实现电信号与机械振动的相互转换而形成声波，当声波传播到异质界面时，将导致反射与透射现象，而异质界面两侧声阻抗差值的大小决定了反射与透射的程度。式 (5.1) 表示声波经过界面时的反射系数 r[2]：

$$r = \frac{Z_2 - Z_1}{Z_2 + Z_1} \tag{5.1}$$

其中，Z_1 代表介质 1 的声阻抗；Z_2 代表介质 2 的声阻抗。从式 (5.1) 易知，当电极材料的声阻抗远大于压电薄膜层外的介质声阻抗时，其中的声波将于电极与电极外介质的界面处产生全反射现象，故该“三明治”结构能够将声波限制于压电薄膜之内并形成谐振。

实现以上效果共有两条路径。① 基于空气的声阻抗近乎为零，其为一种良好的反射介质，故可在金属电极材料/空气的界面处形成优良的声学全反射边界，进而可将声波限制于压电薄膜层之内。② 参考光学工程中应用的布拉格反射层，可将不同高低声阻抗的薄膜材料进行重复性的交替堆叠，进而使声波在多层异质界面中传输时不断产生反射/透射现象且产生相位的变化，其中满足关系的反射波将会间歇性干涉，相互叠加，最后也将到达近似“全反射”的效果，故而可将声波限制在交替堆叠的薄膜材料的有效区域之内。在传统的制备工艺中，研究人员在衬底上通过一层又一层的制备而得到压电薄膜复合层，最后该膜层的上表面将直接与空气进行密接，以至于在膜层的上表面能天然形成优良的声波限制边界，不过因为整体膜层的下表面需要衬底的支撑，所以在整体膜层的下表面通常需由研究人员专门设计相应的声学反射边界。根据上述两种声学反射边界的设计策略，学术界提出了 BAW 谐振器的三大结构类型：空气隙型、背硅刻蚀型和固态装配型。下面将分别介绍这三大结构类型以及各自的优缺点。

(1) 空气隙型 BAW 滤波器。空气隙型 BAW 滤波器是目前市场上最常用的 BAW 滤波器，其中美国企业 Broadcom 的该款器件销量最好，目前占据全球 87% 的 BAW 滤波器市场。空气隙型 BAW 谐振器上下均通过空气/金属电极界面来实现声波的全反射，其中一种典型结构如图 5.3 所示，包括衬底、空气腔、底电极、压电薄膜、顶电极等结构。对于空气隙型 BAW 滤波器而言，其具有以下特点：

① 压电振荡堆的上下界面均为空气反射界面，能量限制效果更佳，插入损耗更小，Q 值更高，效率更高；

② 上下界面均为空气反射界面，对所有频率反射效果一致，更容易进行仿真设计，拥有更大的设计灵活性；

③ 功能层薄膜仅边缘部分与硅腔边缘搭边，在工作时产生谐振振动，薄膜相对脆弱，可靠性表现一般；

④ 压电振荡堆工作区域下部为空气腔，散热效果变差。

图 5.3 空气隙型 BAW 谐振器结构图

(2) 背硅刻蚀型 BAW 滤波器。背硅刻蚀型 BAW 谐振器的工作原理与空气隙型 BAW 谐振器一样，上下均通过空气/金属电极界面来实现声波的全反射，只是下空气界面的实现方式与空气隙型谐振器不同，从 Si 基底的背后直接贯穿，其具体结构如图 5.4 所示，包括衬底、背腔、底电极、压电薄膜、顶电极等结构。对于背硅刻蚀型谐振器其优缺点如下：

① 压电振荡堆上下均为电极与空气界面，与空气隙型谐振器一样，因此具有同样的谐振性能，高 Q(品质因数) 值；

② 制备工艺对设备要求较低，无须使用牺牲层释放与 CMP 工艺，同时也无须精确控制布拉格反射层的厚度，仅需要器件加工到最后采用干法刻硅技术将工作区下方衬底刻蚀掉；

③ 因工作区下方体硅被刻蚀掉，器件整体机械强度大幅下降，导致器件功率容量偏低，可靠性差，因此该结构并没有实现大规模商用，多被高校用来进行 BAW 谐振器的性能研究。

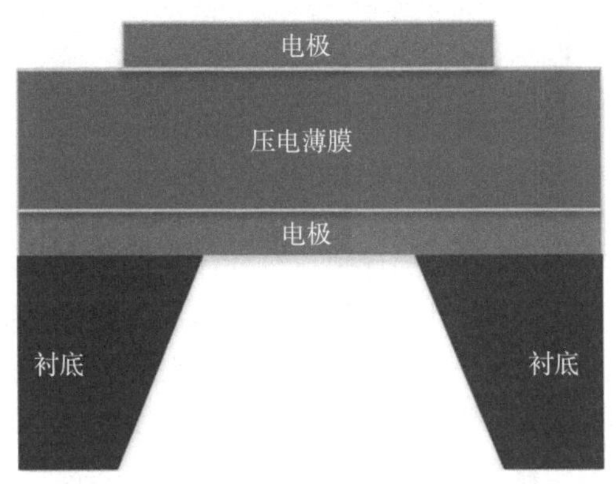

图 5.4 背硅刻蚀型 BAW 谐振器结构图

(3) 固态装配型 BAW 滤波器。固态装配型 BAW 谐振器则是利用了前述的第二条途径，其为一款将两种声阻抗高低差异不同的材料通过交替堆叠而组成布拉格反射层来构造的声波谐振器。其具体结构如图 5.5 所示，包括衬底、布拉格反射层 (高声阻抗材料与低声阻抗材料交替堆叠)、底电极、压电薄膜、顶电极等结构。对于固态装配型 BAW 谐振器其特点如下：

① 压电振荡堆下方没有悬空结构，为实体布拉格反射层，器件整体机械强度抗振能力高，可靠性好，承载功率高。

② 免去了刻蚀和制备空气腔的特殊工艺，表面上看一定程度上简化了制备工艺，减少了器件的制造成本。

③ 布拉格反射层必须经过精心的设计和精确的厚度控制 (在布拉格反射层中，各层厚度等于 1/4 目标声波波长)，对设备镀膜均匀性要求高，通常需采用聚焦离子束修膜技术来精确控制膜厚，对设备要求高，布拉格反射层各膜层厚度控制不好会使反射效率大大降低，甚至当薄膜厚度控制得非常精准时，也无法达到完美反射。因此，有部分声波能量在布拉格反射层传输过程中向下泄漏，使谐振效果变差，即 Q 值变低。

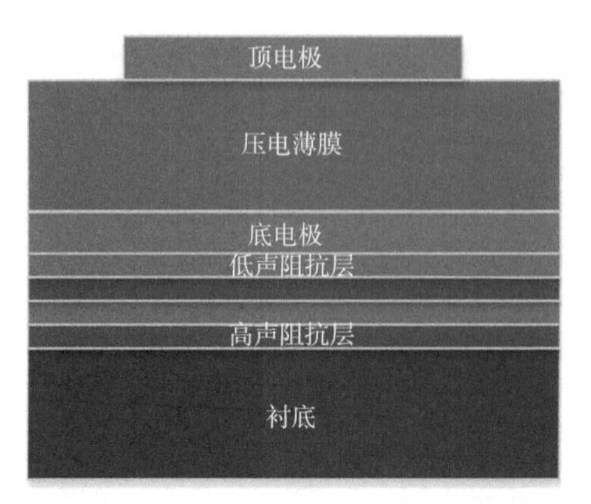

图 5.5　固态装配型 BAW 谐振器结构图

从性能上对比以上三种结构的优缺点可知：虽然空气隙型结构也会对衬底形成某种程度的破坏，但该结构对衬底的损伤较弱，因此该结构的机械稳定度并未明显变差，此特点减少了在量产该结构过程中出现的纰漏，此外，该结构也避免了如固态装配型结构中存在的声波泄漏现象，其品质因数优良且工艺难度不大，并与传统的 CMOS 工艺相兼容；对于背硅刻蚀型结构，其特有的贯穿衬底的通孔破坏了衬底结构的稳定性，故该结构的机械稳定度非常差；固态装配型结构则相对复杂，且布拉格反射层中会存在着一定的声波泄漏，这导致该结构不具备理想的 Q 值，而且在器件制备过程中还需精确地控制构成布拉格反射层中的各高低声阻抗层的厚度值，工艺难度十分巨大。综合上述可知，空气隙型 BAW 滤波器的性能最优，其在工业生产应用中也更为广泛。

5.1.1　空气隙型体声波滤波器工艺流程

在器件的制备方面，空气隙型 BAW 滤波器的制备采用了表面微加工工艺且避免了对支撑衬底的大量去除，且该结构在衬底表面与底部金属电极间插入了一层体积较小的空气隙，而该空气隙存在着下凹型和上凸型两种形式，分别对应着下凹型 BAW 滤波器和上凸型 BAW 滤波器。

在下凹型 BAW 滤波器中，首先在衬底表面部分区域进行刻蚀，并形成凹槽，其次将与主要功能材料有较高腐蚀选择比且易去除的牺牲层材料 (如 PSG) 填入该凹槽，之后在工艺上采取 CMP 技术对牺牲层材料和原始衬底开展研磨，待研磨至同一平面后，在平整化的衬底表面制备出压电振荡堆结构，最后采用贯穿结构的释放孔将凹槽中的牺牲层材料进行释放，则可成功制备得到图 5.6(a) 所示的器件结构。

上凸型 BAW 滤波器一般直接在衬底上沉积牺牲层材料并图形化，然后在其上依次沉积出各功能膜层并图形化，最后将牺牲层材料通过湿法腐蚀或干法刻蚀的方式释放掉，获得图 5.6(b) 的结构，但是由于空腔之上的压电复合膜层只能通过空腔边缘部分进行支撑，所以为了防止压电复合膜层的断裂，通常在空腔之上，压电复合膜层之下增加一层杨氏模量大、硬度高的支撑层材料 [3]。

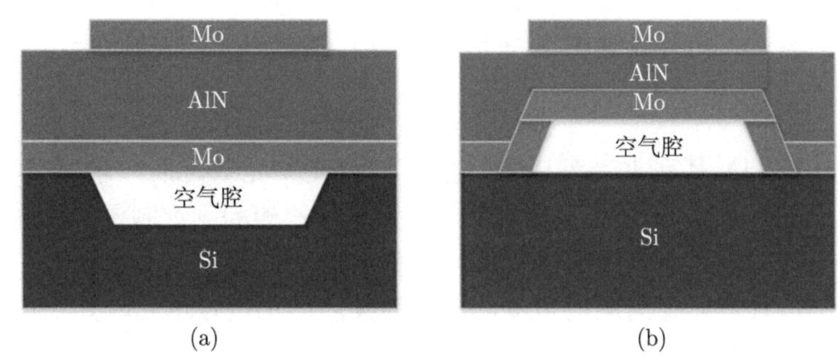

图 5.6　空气隙型 BAW 谐振器结构图

(a) 下凹型；(b) 上凸型

制备该器件的标准化工艺流程如图 5.7 所示，工艺过程中采用自下而上的方式在硅衬底上顺次开展空腔、底电极、压电薄膜以及顶电极的制备，第一步，在硅衬底上刻蚀形成一定深度的刻蚀坑；第二步，在上一步的基础上开展氧化硅的均匀沉积，并使其高度超出刻蚀坑坑面一部分；第三步，基于 CMP 等技术对超过坑面的氧化硅材料进行研磨减薄，使其与刻蚀坑平齐；第四步，通过光刻、溅

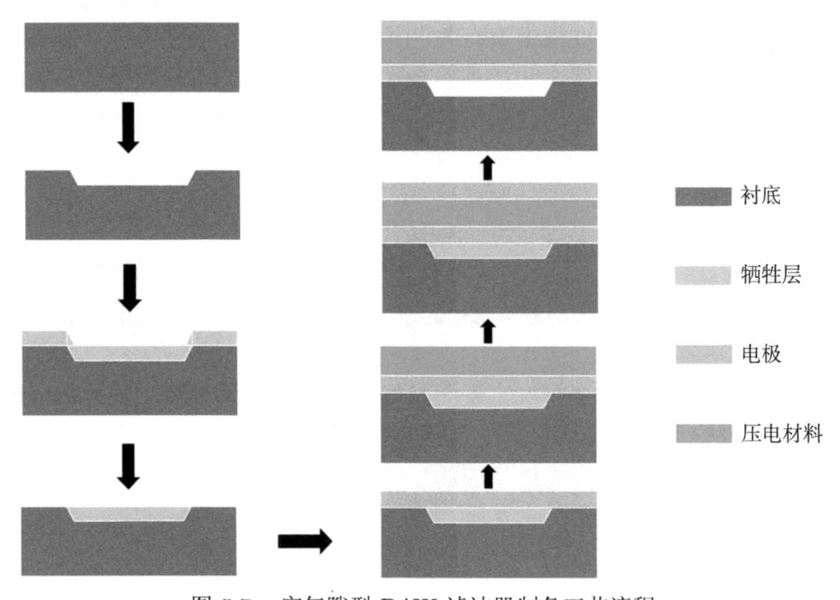

图 5.7　空气隙型 BAW 滤波器制备工艺流程

射工艺等制备底电极，且在剥离后将获得掩模形状的底电极；第五步，溅射生长形成压电薄膜层；第六步，继续采用光刻、溅射等技术制备顶电极，同样地，在剥离后将可获得掩模形状的顶电极，并以顶电极作为掩模进行压电层的自对准刻蚀；第七步，对牺牲层采用腐蚀液进行释放；第八步，去除腐蚀液，以利于器件的后续性能测试。更为具体的详细步骤如下所述。

1. 硅槽刻蚀

先在 Si(111) 基底上光刻出牺牲层窗口，光刻完成之后，采用 DRIE(deep reactive ion etching，深反应离子刻蚀) 设备进行凹槽的刻蚀制备，在后续的工艺中，可利用有关技术对该凹槽进行填充与释放，最终将在该凹槽获得空气腔。该凹槽的底部需具有一定的倾斜角度，以免后续对凹槽进行填充时其周边可能遗留缝隙而影响器件结构的稳定性。

2. 牺牲层生长

在衬底表面和刻蚀坑内使用化学气相沉积法均匀沉积一层厚的 SiO_2，并使其高出刻蚀坑坑面，以利于后续的研磨抛光处理，该 SiO_2 牺牲层材料将作为底电极的生长支撑，在器件的后期制备过程中，其将会被腐蚀液通过预留的通孔而腐蚀掉，进而在此处形成独有的空气腔。

3. 化学机械抛光

采用 CMP 技术对牺牲层材料进行研磨抛光，此工艺过程的最后仅保留凹槽内的牺牲层材料。若在此过程中没有将凹槽外牺牲层材料处理干净，则在后期对牺牲层材料进行释放处理后，凹槽外残余的牺牲层材料也将被腐蚀从而在压电薄膜下方形成若干额外的空腔，这些空腔极有可能造成压电薄膜的塌陷，其严重影响了器件的结构稳定性。

4. 底电极的制备

当完成 CMP 与清洗工作之后，将展开底电极的生长制备。在制备过程中，底电极采用正版，先光刻、再蒸镀、后剥离，其中最为关键和复杂的步骤当数光刻工艺。

首先将一层光刻胶旋涂在衬底表面；然后利用掩模版对准实验片相应的工艺区域，通过特殊光源照射掩模版，在光照之后，掩模版图形区域的光刻胶因为感光而导致性质发生变化；最后通过相应的显影溶液使感光的光刻胶溶解，至此，在衬底表面完成了图形化转移。

5. 压电层的制备

在体声波滤波器的整个制备过程中，压电层的制备是其中最为关键的一环，所制备的压电薄膜材料的质量决定着压电薄膜整体复合结构的性能进而影响了器件的整体性能参数。为使最终所获得的 BAW 滤波器在高频下有优良的电学响应，在器件制备过程中就非常有必要获得高 c 轴择优取向的压电薄膜。

目前常采用可控性较强的磁控溅射沉积，其工艺成熟稳定，溅射出来的膜层与基体保持着较强的附着力，便于大面积连续薄膜的形成和多层薄膜结构器件的制备，以及实现自动化和连续化的工业生产 [4]。

6. 顶电极的制备

类似于底电极的生长制备，在顶电极制备中，需要在压电层薄膜上依次做好光刻、等离子体去胶机处理表面等工艺，之后采取 DC sputtering(direct current sputtering，直流溅射) 开展电极的溅射沉积。

7. 牺牲层释放

在空气隙型薄膜体声波谐振器件中，牺牲层作为辅助层对器件材料的生长提供了承托与支撑的作用，其对器件结构的稳定性具有巨大作用。作为一个临时的分离层，在工艺流程的最后需要将其彻底腐蚀掉而释放出空气腔 [5]。

在工艺上可将释放气体由凹槽四周预留的释放孔通入，其间衬底、底电极材料与释放气体皆不产生化学反应，而凹槽的牺牲层材料与释放气体发生化学反应而被消除，进而可获得空气腔结构。

5.1.2 背硅刻蚀型体声波滤波器工艺流程

该滤波器的制备采取了 MEMS 工艺中的本体微细加工技术，在制备过程中，其从硅衬底的背部刻蚀起步，直至压电薄膜复合层露出才停止刻蚀，其可在压电薄膜复合层与空气交界面获得优良的声波限制边界，最终能够将声波进行限制而形成谐振。安捷伦公司对于 BAW 滤波器早期的研究就是基于此结构而开展的 [6]，除此之外，韩国的 LG 公司 [7]、我国台湾的成功大学 [8] 都开展了体硅刻蚀型 BAW 滤波器的相应研究。体硅材料的刻蚀多采用湿法腐蚀进行，但是该技术中对硅进行的腐蚀属于各向异性腐蚀，最后在刻蚀 (100) 面的硅衬底时会留下一个刻蚀角，如图 5.8(a) 所示。该刻蚀角的存在致使工艺过程中的刻蚀窗口必须很大，此举导致了在一片 Si 片上可制备的器件数量大为减少，且被去除了大部分材料的衬底又严重影响了器件的机械稳定性与牢固性。虽然后续的研究人员采用在压电薄膜复合层下加入一层硬度高的低应力层作为支撑层来处理该问题，但不管怎么样，该工艺都难以使背硅刻蚀型体声波滤波器在芯片上进行集成。后来研究人员采用 DRIE 技术对 Si 进行体硅刻蚀 [9]，如图 5.8(b) 所示，该技术不会形成刻蚀角，因此可对 Si 进行垂直刻蚀，从而有效减小了刻蚀窗口的大小，提高了刻蚀速度。

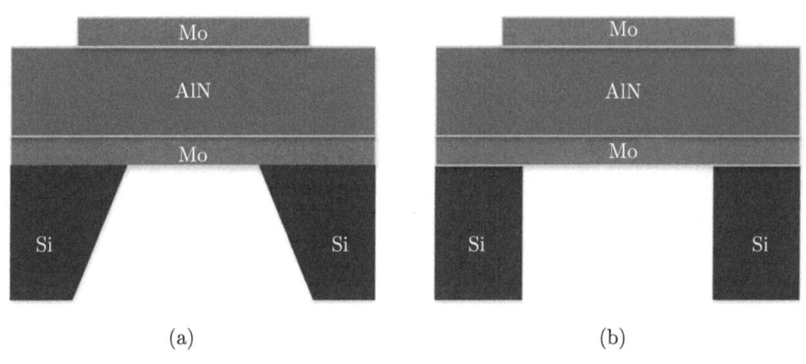

图 5.8　背硅刻蚀型 BAW 谐振器结构图

背硅刻蚀型 BAW 滤波器的制备与空腔型 BAW 滤波器有相似之处，也是依次在衬底上沉积底电极和压电层以及顶电极，最后从衬底下方刻蚀出空气反射层。具体的制备工艺流程如图 5.9 所示，包括首先直接在硅衬底上沉积一层支撑层材料，用来增强器件的机械强度，然后依次光刻制备下电极、压电层、上电极等，而后基于体硅工艺对硅背面大部分硅材进行刻蚀，进而压电振荡堆两侧与空气直接接触而形成空气反射层。下面进行详细介绍。

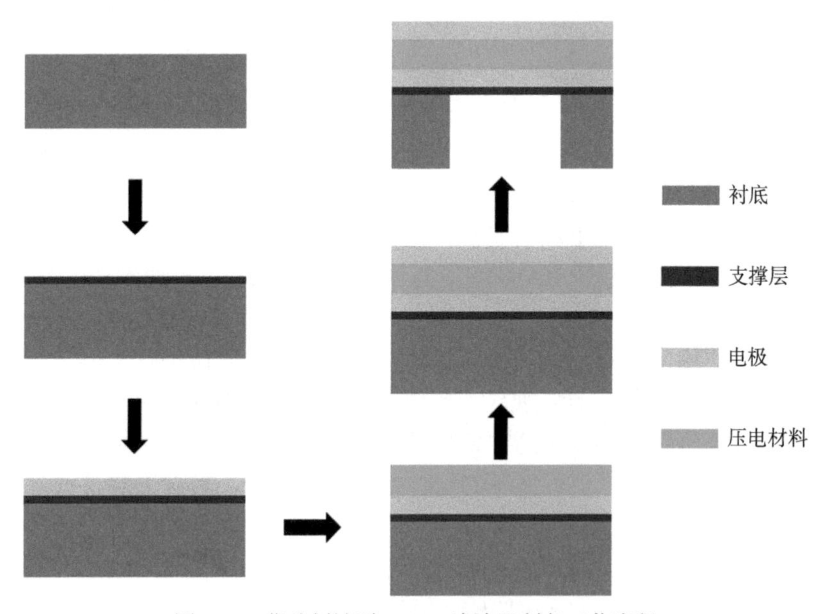

图 5.9　背硅刻蚀型 BAW 滤波器制备工艺流程

1. 清洗和制备支撑层

首先是清洗衬底，将用于制备器件的硅片顺次通过丙酮、无水乙醇/异丙醇、去离子水，在各清洗液中分别开展三分钟的超声清洗处理。其次采用 N_2 吹干硅片表面的水分，接下来通过在热板上进行加热而开展烘干处理，最后在硅片表面沉积一层 Si_3N_4 或 SiO_2 薄膜作为支撑层。

其中支撑层的添加不但提高了器件的机械牢固性，还在一定程度上提高了器件的成品率；此外，一般情况下谐振器具有负温度频率系数，恰当地选择支撑层材料，可以补偿器件的温度频率系数。同时支撑层的厚度算入了压电振荡堆的有效厚度中，材料不具有压电效应，会降低器件的有效机电耦合系数，所以需要谨慎地选择支撑层的材料和厚度。

2. 底电极的制备

在 BAW 滤波器中，压电层两侧电极或电极与绝缘材料组成的复合薄膜的声阻抗会极大地影响声波在界面处的反射率，界面处声阻抗差值越大，反射效率越高，电极的阻抗越大，反射系数越高，声波泄漏导致的能量损失越小，器件的品质因数越高。其制备过程中是首先通过光刻将下电极图形转移至已洁净的双面抛光氧化硅上面，其次采用沉积的方式生长下电极材料，而后将样品置于丙酮溶液中，利用剥离工艺以实现底电极的图形化。

3. 压电层的制备

压电薄膜是压电振荡堆的核心，决定着器件的谐振性能。目前使用最多的压电材料包括氮化铝 (AlN)、氧化锌 (ZnO)、锆钛酸铅陶瓷 (PZT)[10]，但是在综合考虑材料的压电性能、纵波声速、介电常数、材料的制备难易程度以及是否能与 CMOS 工艺兼容等因素之后，研究人员发现 AlN 是制备 BAW 滤波器的最优压电材料。

而在 BAW 滤波器中，若以 AlN 作为其压电层薄膜，则该压电层薄膜多是采用磁控溅射的方法而制备的。为获得优异的器件性能，该压电层薄膜一般需要具有良好的 c 轴垂直取向度、较高的质量以及较精确的厚度，故在过程中必须对相关制备工艺条件进行精准把控，例如溅射气压与功率、衬底偏压与温度、Ar/O_2 的流量比等。

4. 顶电极的制备

该结构顶电极的制备是在完成其压电薄膜的制备后进行的，其制备方法类同于其底电极的制备方法，同样是采用光刻、剥离技术等而实现顶电极的图形化。在制备电极的材料当中，最常用的电极材料包括 Al、Mo、Au、W 和 Pt，但是 Al 的声阻抗较小，而 Au、Pt、W 的密度过大，均不太适合滤波器器件的制备。Mo

金属的声阻抗与密度适中，在制备中使用与制备 AlN 压电薄膜相同的 PVD 沉积方法，无须引入额外生长设备，因此，金属 Mo 作为 BAW 滤波器的电极材料是较优选择 [11]。

5. 背腔刻蚀

衬底的刻蚀有湿法刻蚀和干法刻蚀两种，其中湿法刻蚀设备简单、速度较快，但是该工艺钻蚀严重，对图形精确度的控制能力较差，会在衬底背部形成斜锥状的剖面，影响器件的机械稳定性并且会降低成品率，所以一般选用干法刻蚀。

第一步，采用厚胶作掩模，基于双面对准工艺对背刻蚀面进行图形化处理；第二步，基于深反应离子刻蚀的 Bosch 工艺在硅衬底背面进行刻蚀而获得背腔，进而完成该器件基本结构的工艺制备。

5.1.3 固态装配型体声波滤波器工艺流程

如前所述，实现声波反射的方法除了引入空气界面，还能通过布拉格反射层将声波限制在压电复合膜层中，而固态装配型 BAW 滤波器正是利用这种原理实现声波的谐振 [12]。布拉格反射层能够反射声波是因为其利用了波的干涉原理。

当声波发生干涉相长时，其波程差等于半波长的偶数倍，即

$$\Delta d = 2j\frac{\lambda}{2} \quad (j = 0, \pm 1, \pm 2, \cdots) \tag{5.2}$$

当声波发生干涉相消时，其波程差等于半波长的奇数倍，即

$$\Delta d = (2j+1)\frac{\lambda}{2} \quad (j = 0, \pm 1, \pm 2, \cdots) \tag{5.3}$$

如图 5.10 所示，当声波从低声阻抗材料进入高声阻抗材料时，只有反射波 a、b 发生干涉相长，即反射加强，声波才会尽可能地全反射，其间声波在低声阻抗与高声阻抗材料界面处发生反射时将会导致半波损失，当计算波程差时，需要将此进行考虑与计算。故假设声波垂直射入，且令高声阻的材料膜层厚度为 $\mathrm{d}H$，那么要满足干涉相长的条件，则有

$$\Delta d = 2\mathrm{d}H - \frac{\lambda H}{2} = j\lambda H \quad (j = 0, \pm 1, \pm 2, \cdots) \tag{5.4}$$

取 $j = 0$，则 $\mathrm{d}H = \dfrac{\lambda H}{4}$，其中 λH 为高声阻抗材料中的波长。

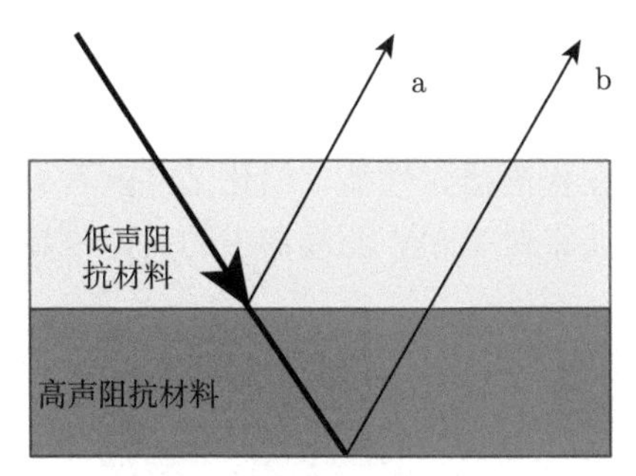

图 5.10 布拉格反射层中声波干涉相长示意图

如图 5.11 所示，当声波从高声阻抗材料进入低声阻抗材料时，只有反射波发生干涉相消，声波才能尽可能透射出去，此时的反射为发生半波损失，故假设声波垂直射入，且令低声阻抗材料膜层的厚度为 $\mathrm{d}L$，那么要满足干涉相消，则有

$$\Delta d = 2\mathrm{d}L = (2j+1)\frac{\lambda L}{2} \quad (j = 0, \pm 1, \pm 2, \cdots) \tag{5.5}$$

取 $j = 0$，则 $\mathrm{d}L = \dfrac{\lambda L}{4}$，其中 λL 为低声阻抗材料中的波长。

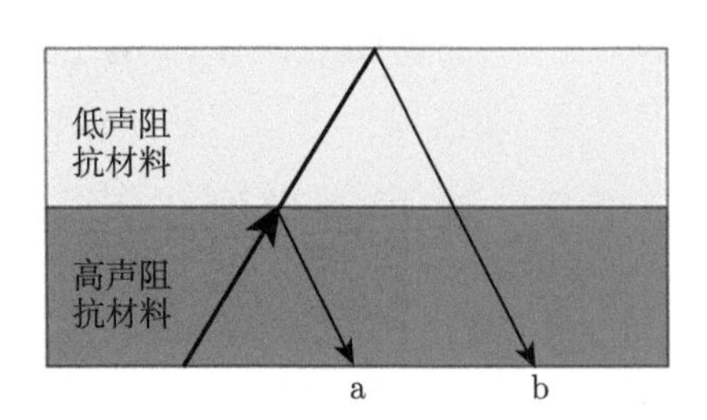

图 5.11 布拉格反射层中声波干涉相消示意图

因此，在声波垂直于界面进行传播的条件下，在衬底上设计了厚度皆为 1/4 波长的低声阻抗材料与高声阻抗材料的交叠构造而成的布拉格反射层，并基于此制备了一款固态装配型滤波器。一般低声阻抗层选用 SiO_2，其声阻抗为 1.25×10^7 kg/(m^2·s)，高声阻抗层选用 W，其声阻抗为 1.056×10^8 kg/(m^2·s)，这两种材料都是标准的 CMOS 工艺材料 [13]。

在应用晶向为 (100) 的硅衬底进行制备固态装配型谐振器的过程中，最为关键的环节分别为：布拉格反射层 (SiO_2 与 W 交替沉积) 以及压电振荡堆 (Mo 底电极-AlN 压电层-Mo 顶电极) 的制造。器件具体制备工艺流程如图 5.12 所示。

在整个 BAW 滤波器的制备过程中，光刻、刻蚀等关键单步工艺在 BAW 滤波器的性能和结构形成中发挥着重要作用，例如光刻工艺的精确性和准确性直接影响着 BAW 滤波器的尺寸和形状，干法刻蚀可以实现对 BAW 滤波器的细微结构进行精确控制等。这些关键单步工艺的精细化处理和优化，对于 BAW 滤波器的制备至关重要，可以在提高器件性能、简化工艺流程、提高制备良率等方面发挥关键作用。因此，下面将对 BAW 滤波器中的关键单步工艺进行详细介绍。

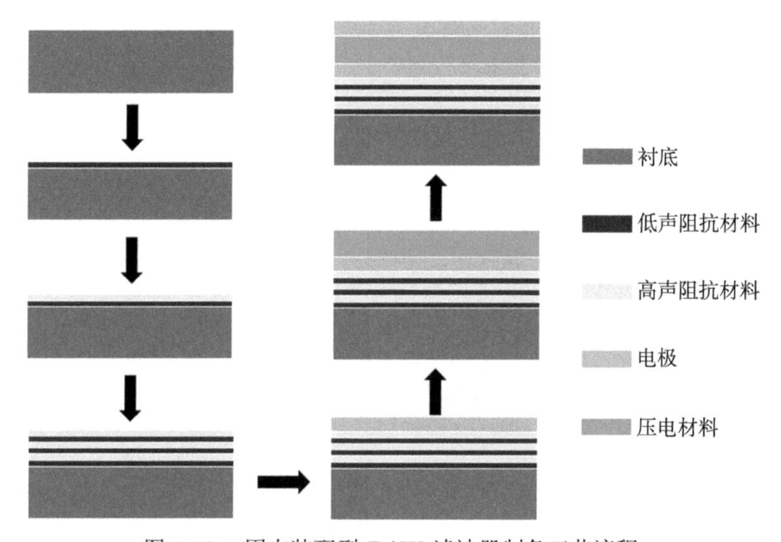

图 5.12　固态装配型 BAW 滤波器制备工艺流程

5.2　滤波器光刻工艺

5.2.1　光刻工艺概述

光刻作为集成电路生产制造过程中最为重要的工艺，其地位类同金工车间中的车床。在半导体芯片制程的整体工艺链条中，每个工艺步骤的实施大都无法离开光刻技术。光刻也是半导体芯片制程中最为关键的技术，在芯片制造的成本中，其占 35%以上。伴随着现今科技的发展，光刻技术直接影响到大型先进计算机等高科技领域的未来发展。

光刻工艺的原理主要是利用光刻机光源发出的光线结合具有图形的掩模版，去对涂有光刻胶的薄片进行曝光，而薄片上的光刻胶在见光后性质将会发生变化，进而将掩模版上的图形转移到薄片上，如图 5.13 所示。通过光刻的作用，可将设计人员所设计的电路图或电子元器件印制在薄片上，宛如照相机的拍照，但照相机所拍照片是印于底片上，而光刻所拍并非照片，而是电路图或电子元器件。

光刻技术属于一种非常精密的微细加工技术。在常规的光刻技术中，以波长为 200~450 nm 的紫外线作为图像信息载体，以光刻胶作为媒介来实现图形的变换、转移以及处理，是一种可将图像信息传递到晶圆片或介质层上的有效工艺技术。光刻工艺机器实物图如图 5.14 所示。

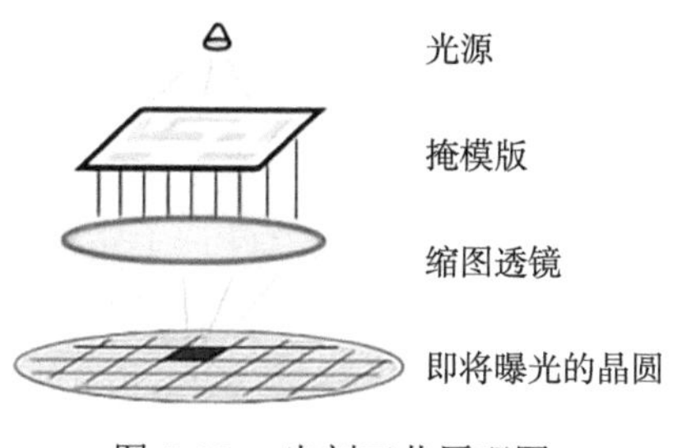

图 5.13 光刻工艺原理图

图 5.14 光刻工艺机器实物图

广义上而言，光刻主要包含光复印以及刻蚀工艺两部分内容。

1. 光复印工艺

通过曝光系统，将设计在掩模版上的电路图或电子元器件根据设计要求的位置精确地转移到晶圆片表面或介质层表面所预涂的光刻胶薄层上。

2. 刻蚀工艺

通过化学或物理手段，将没有涂敷光刻胶的晶圆片表面或介质层去除，进而在晶圆片表面或介质层上获得与光刻胶图形完全一致的图案。由于集成电路中各功能层是立体重叠的，故在制备集成电路的过程中需要多次反复开展光刻，例如在大规模集成电路的制程中，要经过约 10 次的光刻步骤才能完成各层图形的全部转移。

狭义上而言，光刻单指光复印工艺。

5.2.2 光刻工艺的发展历程

接触式或接近式曝光大量应用于早期的光刻技术中。对于接触式曝光而言，其缺点较明显：由于在曝光过程中掩模版与硅片的接触，每次工艺结束后都要对掩模版进行清洗以及缺陷检测。由此极大地降低了曝光系统的产能且缩短了掩模版的使用寿命，另外掩模版与硅片的接触会给硅片上所涂敷的光刻胶带来缺陷，并导致产品良率过低的问题。对于接近式曝光而言，其最小分辨尺寸正比于掩模版和硅片之间的间隙，此间隙愈小则最小分辨尺寸愈小，即分辨率愈高。一般来说，硅片的平整度在 1~2 μm，要使掩模版悬空在硅片上方而不碰到硅片，则掩模版与硅片的最小间隙需控制在 2~3 μm，这使得接近式曝光机的空间分辨率极限约为 2 μm[14]。若期待获得更小的线宽，则接近式曝光机难以满足需求，为解决此问题，投影式曝光机随着科技的进展而成为业界新的选择。

美国珀金–埃尔默 (Perkin-Elmer) 公司于 1973 年推出了最早的投影式扫描曝光机，该款曝光机中，其数值孔径 (NA) 为 0.167[15,16]。美国 GCA 公司则于 1978 年推出了 NA 为 0.28 的 g 线步进曝光机。而在 1980~1985 年，尼康、珀金–埃尔默、佳能以及阿斯麦 (ASML) 等公司陆续推出了各自的步进曝光机。由于大视场成像的局限性，且市场对高分辨率、低像差、低畸变的需求，扫描式光刻机逐步取代了步进曝光机。1990 年，SVG 公司对珀金–埃尔默进行了收购，且推出了全世界第一台分辨率为 0.5 μm 的扫描式光刻机。尼康公司于 1995 年研制了 248 mm 准分子激光照明的扫描式光刻机，该扫描式光刻机的分辨率可达 0.25 μm。随着技术的发展与市场需求的推动，SVG 公司于 1998 年开发出了波长为 193 nm 的光刻机，而 ASML 公司于 2004 年成功研制了 193 nm 的水浸没式光刻机。193 nm 水浸没式光刻的 NA 最大为 1.35，其分辨率极限为 36 nm 半周期 (half pitch，$(0.5\times0.5)\lambda/\text{NA}$，这里 λ 为波长)，实际曝光中应用偶极照明可达到的最小分辨率为 38 mm 半周期 [17]。从分辨率公式 $R = D/1.22\lambda f$(R 为分辨率，D 为通光孔径，λ 为入射光线的波长，f 为焦距) 中进行分析容易看到，只有进一步缩短光刻机曝光系统所使用光源的波长才有可能获得更高的分辨率，当前，极紫外 (EUV) 光刻机是业内最先进的光刻机之一，其使用波长为 13.5 nm 的极紫外光源进行曝光，NA 为 0.33、分辨率为 13 nm，相比传统的 193 nm 光刻机，它具有更短的波长，可以实现更高的分辨率和更小的线宽。

从上述光刻机的发展历程可知，为了获得更高的分辨率，光刻机的发展曲折而漫长。而在光刻机不断进步的同时，光刻工艺中所使用的光刻胶也在持续发展，20 世纪 60 年代起，逐渐开发出了带有光敏剂的聚乙烯醇肉桂酸酶的负性光刻胶以及重氮萘醌–酚醛树脂型的 i 线 (365 nm) 正性光刻胶，这些光刻胶的成功开发进一步助力了集成电路产业的发展。而业界对更高分辨率的渴求也在不断推动研究人员对光刻胶的研发，到了 20 世纪 90 年代中期，在 0.25 μm 工艺节点的时候，化学放大型光刻胶 (chemically amplifed Resist，CAR) 被成功开发和应用，之后该类型光刻胶持续地被应用到 7 nm、5 nm，甚至 3 nm 的工艺节点中，化学放大型光刻胶能持续应用到这些不同的工艺代是因为其曝光灵敏度非常高，这不仅能够降低对难以获取的氟化氪 (KrF) 与氟化氩 (ArF) 等短波长光源输出能量的依赖，而且还能令光化学反应更加精密可控，例如能通过管控曝光后烘焙 (post exposure bake，PEB) 的温度以及时间来进一步精确地调整对比度、焦深、侧壁轮廓的垂直度等，而这些调控可促进更优的图形成像质量的获取。

此外，光刻工艺中还在不断地引进其他新技术，以支持光刻技术的持续发展，实现更高的分辨率，如抗反射层 (anti-reflection coating，ARC)[18−20]、离轴照明 (off-axis illumination，OAI)[21]、相移模版 (phase shifting mask，PSM)[22]、亚分辨率辅助图形 (sub-resolution assist feature，SRAF)[23]、光学近效应修正 (optical proximity correction，OPC)[24,25]、偏振成像 (polarized imaging)[26]、193 mm 水浸没式光刻机 [27,28]、光源–模协同优化 (source-mask co-optimization，SMO)[29,30]、光可分解碱 (photo-decomposable base，PDB)[31,32]、负显影 (negative toned developing，NTD)[33]、聚物键合的光致产酸剂 (polymer bound photo acid generator，PBPAG)[34,35] 等技术。

5.2.3 光刻工艺的基本流程

光刻工艺的核心主要为涂胶、对准和曝光、显影这三个步骤。其具体的光刻工艺流程如图 5.15 所示。

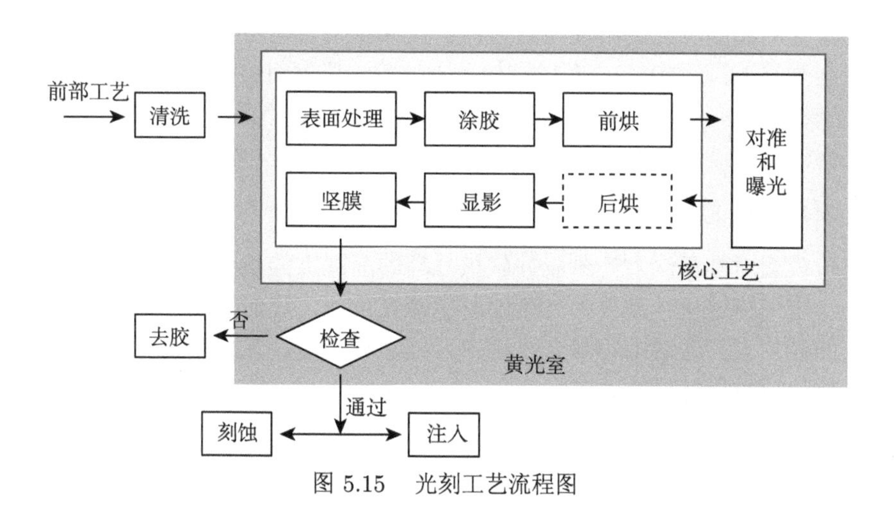

图 5.15 光刻工艺流程图

1. 清洗基片

为保障光刻胶能与晶圆表面之间较好的粘贴效果，并促使光刻胶能够在晶圆表面形成平滑且结合成紧密的膜层，在工艺的早期需要对硅片进行清洗和烘焙等步骤，以此去除加工表面的颗粒、有机物、工艺残余物、可动离子等污染物与水蒸气等，以确保加工表面的洁净与干燥。

2. 表面处理

在完成晶圆的清洗、烘焙之后，需要采取浸泡、喷雾或 CVD 等工艺用六甲基二胺烷形成底膜，该底膜将促使晶圆表面能够疏离水分子，此外，还能提高对光刻胶的结合力，以免在后续的显影工艺中光刻胶被液态显影液渗透。底膜的实际作用是作为晶圆与光刻胶的连接剂，其与这些材料具有化学相容性。

3. 旋涂光刻胶

完成上一步工艺之后，则需在晶圆表面进行光刻胶的均匀涂敷。在此步工艺制程中，晶圆被置于真空吸盘之上，而吸盘底部与转动电机相连并可随之旋转。在晶圆处于静止或缓慢旋转状态时，将光刻胶滴在晶圆中心，随后真空吸盘带动晶圆加速旋转到一定的速度，此间通过离心力的作用将光刻胶伸展到整个晶圆表面，并通过持续旋转将多余的光刻胶甩开，则晶圆上将被均匀地涂敷上一层光刻胶胶膜覆盖层，真空吸盘带动晶圆持续旋转以使溶剂挥发，待光刻胶膜几乎干燥后停止。

4. 前烘 (软烘)

在光刻胶的涂敷之后，则需对整个晶圆进行软烘操作，以除去光刻胶中的残余溶剂并提高光刻胶的黏附性与均匀性。在此步工艺制程中，光刻胶内的溶剂几乎被完全蒸发 (小于 10%)，在通常情况下，胶的厚度将会减薄。若未进行软烘处理，则光刻胶将易发黏并受颗粒污染，进而导致黏附力不足，且其内部过高的溶剂含量还会致使后续的显影存在溶解差异，以至于难以区分曝光和未曝光的光刻胶。

5. 对准和曝光

将掩模版对准已涂敷光刻胶并软烘处理的晶圆上的正确位置。将掩模版和晶圆曝光，未受掩模遮挡部分的光刻胶发生曝光反应，进而实现把掩模版图形转移到涂胶的硅片上。在对准与曝光过程中，线宽分辨率、光刻精度、颗粒和缺陷是极其重要的质量指标。

6. 显影

通过曝光工艺后的晶圆，其上面的光刻胶可溶解区域将能利用化学显影液进行溶解，溶解之后，所设计的图形将出现在晶圆上，主要可分为两个区域：需要刻蚀的区域与受光刻胶保护的区域。完成显影之后，可利用旋转甩除多余的显影液，并对晶圆用高纯水清洗后再甩干。该工艺主要是把掩模版的图形准确复印到光刻胶中。

7. 坚膜

显影后需要对晶圆进行热烘，此过程称为坚膜，其所使用的温度比软烘更高，主要是为了蒸发掉剩余溶剂并使光刻胶变硬，以提高光刻胶对晶圆表面的黏附性，且增加胶层的抗刻蚀能力。该过程对光刻胶的稳固以及后续的刻蚀等工艺过程非常关键。

8. 图形检查

当光刻胶在晶圆上形成图形之后，亟须开展图形检查以确定光刻胶图形的质量。此检查的目的在于：检查前述工艺效果，挑选出光刻胶质量有问题的晶圆，若确定胶有缺陷，则采用去胶工艺将光刻胶除去，并进行返工处理，而合格的产品则直接进入后续的刻蚀等流程；总结以提升技术能力与规范相关工艺要求。

5.2.4 双面图形对准技术

BAW 滤波器的制程工艺线宽尺寸多在 0.5~1 μm。如此小的图形线宽，必须采用光刻工艺来实现晶圆上的图形化，即 BAW 滤波器芯片是由一层层不同的图层经光刻工艺堆叠而来，所以层与层之间的对准就尤为重要，常见的光刻对准分为单面对准，图 5.16 为单面对准工艺示意图，即在晶圆片上设计对准标记点，在光刻板上设计与之相对应的标记点，在显微镜下将两标记点对准重合，来达到层与层之间的图形对准。

但在 BAW 滤波器的制备工艺中，WLP 工艺是把两片有图形的晶圆面对面进行对准键合，因硅片不透明，所以无法使用常规的单面对准工艺将两面要对准的图形直接对准。这就需要采用双面对准功能来实现，即先利用下镜头对已固定好的一个晶圆片进行对准标记抓取拍照，随后将另一背面刻有标记点的晶圆片插入镜头与第一片晶圆中间，利用镜头找到第二片晶圆背面的对准标记，移动晶圆将标记点与抓拍的第一片晶圆片的标记点对准，即可实现双面对准功能，原理如图 5.17 所示。

但是在滤波器的制备中，这种通过上下相机的交替使用完成晶圆对准的工艺操作难度较大，同时对准操作较复杂，耗时较长，而本书作者带领团队发明了一种更加简便且精准的双面对准键合方法。

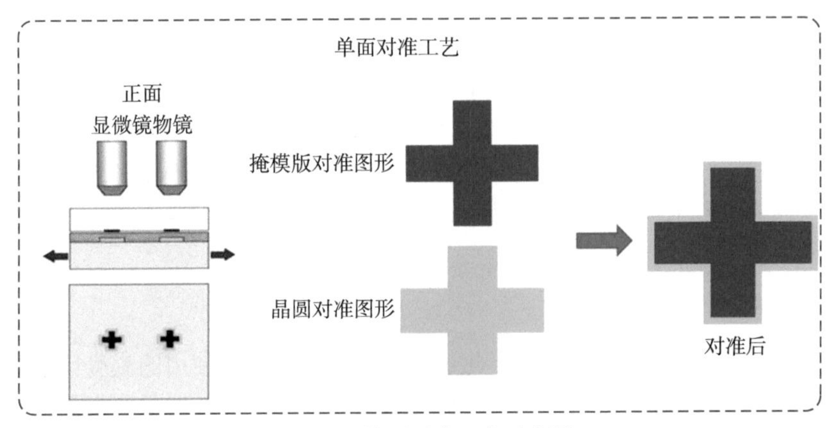

图 5.16　单面对准工艺示意图

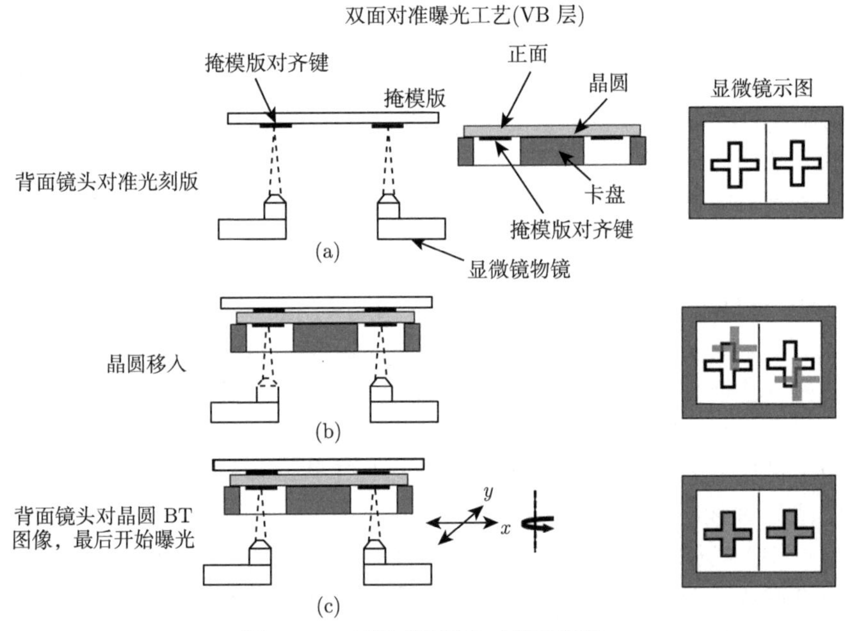

图 5.17　双面对准曝光工艺示意图

原理如图 5.18 所示，首先通过设置的上识别装置与下识别装置配合，以识别第一标识与第二标识，通过控制驱动机构按照预设方式带动顶部卡盘与底部卡盘运动，以使第一标识与第二标识匹配，顶部卡盘与底部卡盘对齐；然后上识别装置与下识别装置识别第三标识与第四标识，通过控制驱动机构按照预设方式带动顶部卡盘与底部卡盘运动，使第三标识与第四标识匹配，上晶圆与下晶圆对齐。

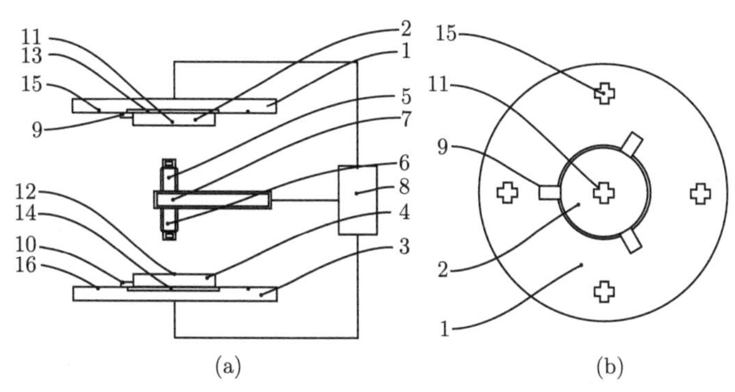

图 5.18 本书作者带领团队双面对准曝光工艺示意图

(a) 结构示意图；(b) 顶部卡盘的俯视图。1. 顶部卡盘；2. 上晶圆；3. 底部卡盘；4. 下晶圆；5. 上识别装置；6. 下识别装置；7. 机械臂；8. 控制器；9. 顶部卡盘定位块；10. 底部卡盘定位块；11. 第三标识；12. 第四标识；13. 第一真空吸盘；14. 第二真空吸盘；15. 第一标识；16. 第二标识

该晶圆双面对准技术操作简单、进行对齐操作时消耗时间短，通过设置机械臂用于携带上识别装置与下识别装置横向运动，而非将上识别装置与下识别装置安装于顶部卡盘以及底部卡盘，设计简单，且无须对原有的顶部卡盘与底部卡盘进行改造，成本低。

5.2.5 金属电极的图形化技术

在衬底上制备金属图形的常规步骤是：先淀积金属薄膜，其次采用光刻技术，以光刻胶为掩蔽层，对所淀积的金属薄膜进行湿法或干法刻蚀。不过，存在着两种情况：一是部分金属较难通过光刻进行刻蚀处理；二是刻蚀液或气体对部分金属/衬底的选择性较差。为解决此问题，剥离工艺应运而生，该工艺中先是在衬底上旋涂光刻胶并进行光刻，其次再制备金属薄膜，对于有光刻胶的部分，金属薄膜直接覆盖在光刻胶上，而对于没有光刻胶的部分，金属薄膜就直接长在衬底上。在后续使用溶剂去除衬底上的光刻胶的过程中，覆盖在光刻胶上的金属随着其下面的光刻胶的溶解而脱落于溶剂之中，而直接长在衬底上的金属部分则被保留下来形成图形。

为了获得不错的金属剥离效果，工艺上要求金属与衬底之间应具有良好的黏附性，工艺上可采用磁控溅射淀积来形成金属电极，与蒸镀法对比，通过磁控溅射淀积得到的金属薄膜将具备着更好的黏附性，而且所获的薄膜平整且更致密。另外，所淀积的金属膜厚不可大于胶厚的 2/3，且通过显影后的胶呈倒梯形，如此才可获得光滑的边缘；而由于在曝光精度方面，正性光刻胶优异于负性光刻胶，且其具有环境友好等特点，所以在工艺中多采用正性光刻胶，但是，却存在其显影后侧壁角小于 90° 的问题。再就是，由于磁控溅射淀积所得的金属台阶覆盖性较好，这使得在光刻胶侧壁能够较容易地形成金属层，由此使得衬底上金属与光刻胶上的金属形成连接，进而带来了光刻胶释放过程中金属无法完全剥离、形成毛刺边缘的问题，如图 5.19 所示。

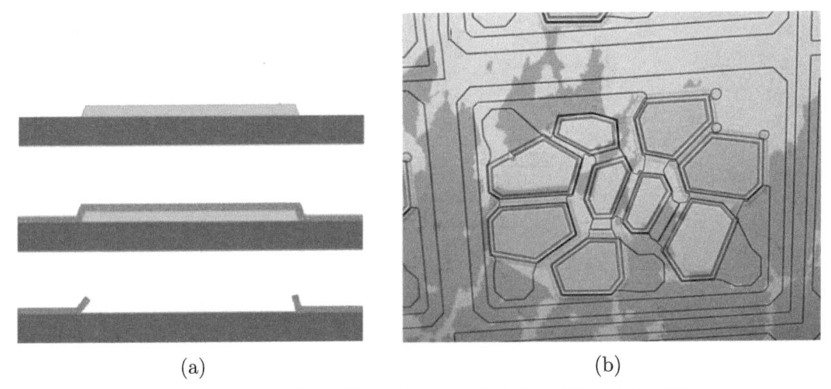

图 5.19　(a) 正胶剥离工艺；(b) 上电极正胶剥离效果图

为解决上述问题，双层胶工艺得到了研究人员的开发与应用，其工艺步骤为：首先在衬底上旋涂一层对紫外线不光敏但却可以被碱性溶液腐蚀的聚合物薄膜，而后进行烘干处理；其次，再在烘干后的聚合物薄膜之上涂敷一层光刻胶。由于该聚合物薄膜自身不具备光敏特性，且其在显影液中的溶解速度远大于光刻胶，所以，当完成显影后，光刻胶的根部将导致底切而形成 T 形侧壁，而这避免了金属离子的抵达，通过丙酮释放后可获得边缘光滑的金属层，如图 5.20 所示。

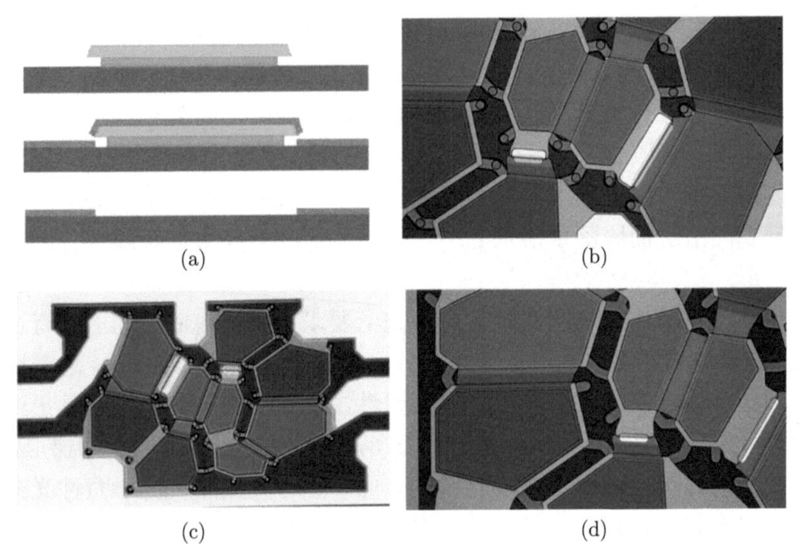

图 5.20　(a) 双层胶剥离工艺；(b) 下电极胶剥离效果图；(c) 键合层剥离效果图；(d) 上电极剥离效果图

5.3 滤波器刻蚀工艺

5.3.1 刻蚀工艺概述

在现代科技的发展中，刻蚀工艺是一项非常重要的微纳加工技术，它被广泛应用于微电子、光学和纳米加工等领域。刻蚀实质上是一个基于化学或物理方法而从硅片表面选择性地剔除不需要的材料的过程。

在集成电路工艺制程中，紧跟光刻工艺之后的就是刻蚀工艺，利用刻蚀可以在涂胶 (或有掩模) 的硅片上无误地复制出掩模图形，故可称刻蚀为最终与最主要的图形转移工艺步骤。在刻蚀过程中，那些无光刻胶覆盖保护的区域被选择性地刻蚀掉；而那些有图形光刻胶层 (或掩模层) 的部分则可作为掩蔽膜，保护其所遮挡的特殊区域，使该区域不受腐蚀源明显的侵蚀或刻蚀。

刻蚀工艺一般分为湿法刻蚀和干法刻蚀两种形式。

湿法刻蚀是指材料与化学溶液接触发生化学反应，在规定好的时间内，在材料表面形成所需的图案结构。在湿法刻蚀过程中，将被加工的材料浸入预先配制好的化学溶液中，通常这种溶液是一种酸或碱性氧化剂。当化学溶液与材料表面接触时，会发生一系列化学反应，导致被加工材料的表面被部分或全部去除。对于硅材料而言，通常采用的湿式刻蚀方法包括湿氟酸刻蚀、浓酸刻蚀和电解刻蚀等。

干法刻蚀则是通过将材料暴露于某种气体等离子体中，使得化学反应在表面发生，从而形成所需图案和结构。干法刻蚀通常使用一种被称为等离子体的气体。在这种气体中，电子被加速并与气体分子碰撞，从而产生高能量等离子体。材料表面上的原子或分子会通过这些等离子体与气体发生反应，从而被去除或转移。干法刻蚀比湿式刻蚀更加适合进行深度刻蚀。常见的干法刻蚀方法包括物理吸附、反应物理吸附和离子束刻蚀等。

刻蚀工艺所使用的设备通常分为湿法刻蚀设备和干法刻蚀设备两种。

湿法刻蚀设备主要由反应槽、泵送系统和控制系统等组成。在湿法刻蚀过程中，将被加工的材料置于反应槽中，注入预先配制好的化学溶液。控制系统可以精确地控制湿法刻蚀过程中的温度、时间和压力等参数，以实现所需的加工结果。

干法刻蚀设备则主要由等离子体反应室、真空泵和电源等组成，如图 5.21 所示。在干法刻蚀过程中，被加工的材料首先通过真空抽取装置进行抽取，从而达到真空状态；然后进入等离子体反应室，在高能等离子体的作用下，完成所需的刻蚀过程。

目前干法刻蚀市场占比 90%，湿法刻蚀占比 10%，湿法刻蚀多应用于尺寸较大的情况 (大于 3 μm) 下的腐蚀或对硅片上某些层的腐蚀或对干法刻蚀后所留残留物的去除。生产中大部分采用干法刻蚀。

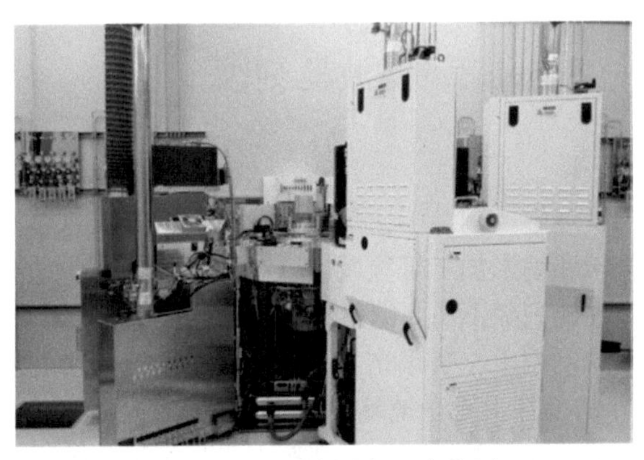

图 5.21　干法刻蚀机器实物图

5.3.2　干法刻蚀工艺

干法刻蚀主要为等离子体刻蚀，即等离子体中含有的高活性自由基和具有一定动能的离子，对经过光刻胶或硬掩模局部未保护住的体材料进行氧化轰击造成体材料原子脱离去除的过程，干法刻蚀原理示意图如图 5.22 所示。根据刻蚀的方式不同，主要分为纯化学刻蚀 (PE)、纯物理刻蚀、化学与物理相结合刻蚀 (RIE)，目前最常用的刻蚀方式即为 RIE 刻蚀。

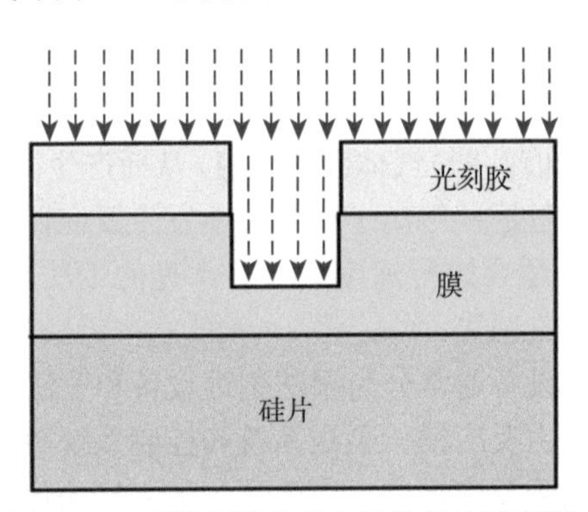

图 5.22　干法刻蚀及各向异性刻蚀示意图

纯化学反应刻蚀的特点是反应产物为气体，高选择比，各向同性的形貌，比如干法去胶工艺，LOCOS(local oxidation of silicon，硅局部氧化隔离) 和 STI(shallow trench isolation，浅槽隔离) 的氮化硅去除；纯物理刻蚀即从表面轰击出体材料，多采用惰性离子 Ar^+ 轰击表面进行溅射，因离子具有方向性，故为各向异性刻蚀，选择比低；物理与化学结合刻蚀 RIE 工艺，即离子轰击与自由基反应相结合，具有高速可控的刻蚀速率、各向异性的可控形貌、可控选择比等优势，是目前最为常用的刻蚀方式。侧壁保护刻蚀机理示意图如图 5.23 所示，即在刻蚀过程中溅射出光刻胶或有反应气体反应生成副产物附着在体材料表面，离子轰击为垂直方向，故底部沉积物会被直接刻蚀掉而不会发生沉积，侧壁则会淀积保护层防止自由基与侧壁反应，造成侧壁刻蚀，由此获得好的各向异性刻蚀特性。

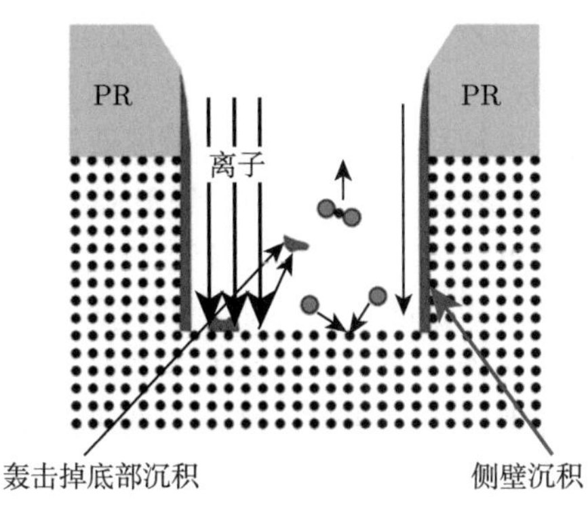

图 5.23 各向异性刻蚀示意图

BAW 滤波器制备工艺中常见的被刻蚀材料及刻蚀气体如表 5.1 所示。在

表 5.1 BAW 滤波器制备工艺典型薄膜材料及对应的刻蚀剂

材料	刻蚀剂	简介
多晶硅	SF_6,CF_4	各向同性或近各向同性 (有严重钻蚀)；对 SiO_2 很少或没有选择性
	CF_4/H_2,CHF_3	非常各向异性；对 SiO_2 没有选择性
	CF_4/O_2	各向同性或接近各向同性；对 SiO_2 有选择性
	HBr,$Cl_2/HBr/O_2$	非常各向异性；对 SiO_2 选择性很高
单晶硅	与多晶硅的刻蚀剂相同	同上
SiO_2	SF_6,NF_3,CF_4/O_2,CF_4	接近各向同性 (有严重钻蚀)；增大离子能量或降低气压能够改进各向同性程度；对 Si 很少或没有选择性
	CF_4/H_2,CHF_3/O_2,C_2F_6,C_3F_8	非常各向同性；对 Si 有选择性
	CHF_3/C_4F_8,CO	各向同性；对 Si_3N_4 有选择性
Si_3N_4	CF_4/O_2	各向同性；对 SiO_2 有选择性，但对 Si 没有选择性非常各向异性
	CH_4/H_2	对 Si 有选择性，但对 SiO_2 没有选择性
	CHF_3/O_2,CH_2F_2	非常各向异性；对 Si 和 SiO_2 都有选择性
Al	Cl_2	接近各向同性 (有严重钻蚀)
	$Cl_2/CHCl_3$,Cl_2/N_2	非常各向异性；经常加入 BCl_3 以置换 O_2
W	CH_4,SF_6	高刻蚀速率；对 SiO_2 没有选择性
	Cl_2	对 SiO_2 有选择性
光刻胶	O_2	对其他薄膜选择性极高
TiN	Cl_2,$Cl_2/CHCl_3$,CF_4	
Ti	同上	
AlN	Cl_2,$Cl_2/CHCl_3$, Cl_2/BCl_3	

BAW 滤波器的制备过程中，主要用到硅腔的干法刻蚀，金属电极材料的小角度刻蚀，氮化铝通孔的干法刻蚀，不同结构要求的形貌不同，刻蚀方式不同。

5.3.3　空腔刻蚀工艺

对于空腔型 BAW 滤波器，在工艺中所刻蚀的凹槽的关键作用是在底电极下方形成一个空气反射截面，以期将声波限制在压电振荡堆结构内传播。为了兼顾薄膜结构的形变和器件的机械稳定性，凹槽的深度通常在 2~3 μm 范围内。在刻蚀凹槽之后，将填入牺牲层材料 PSG，而为确保 PSG 能够充分填充其中，则应将衬底上的凹槽刻蚀成倒梯形结构。另外，由于凹槽处于空腔结构中，故其底部表面的情况也需要考虑，因为粗糙的表面可能会对形变时的薄膜结构造成破坏。一种常用的方法是采用氢氧化钾、异丙醇和水的混合溶液对单晶硅衬底进行湿法腐蚀，该反应过程是各向异性腐蚀，其中，刻蚀速率比方面，Si(100) 晶面与 (111) 晶面相比可达 400:1。湿法腐蚀工艺具备操作简单、成本低、效率高等优点，不过其工艺过程中的腐蚀速率较慢，并且在反应过程中会产生氢气，可能导致“伪掩模”的生成，使得腐蚀表面不平整，凹槽底部较为粗糙。综合考虑后，一般多采用干法刻蚀加工方法来刻蚀硅腔。

而 O_2 流量在硅腔刻蚀中是一个重要影响因素，主要是影响对光刻胶的刻蚀，增大 O_2 即可增大对光刻胶的刻蚀速度。通常光刻胶的形貌不会是直角，在其他刻蚀条件一定的情况下，当 O_2 流量较低时，对光刻胶的刻蚀速度慢，而刻硅的速度较快，故在光刻胶边缘锐角区域还未被刻蚀完时，硅体已被刻蚀一定深度，且在横向也有一定的侧刻，这就会导致图 5.24(a) 形貌的出现，当 O_2 流量增大，吃胶速度相对较快时，光刻胶刻蚀完后，会露出被光刻胶覆盖的硅，使得露出的硅被刻蚀。因为被光刻胶覆盖的硅后续露出，所以刻蚀时间小于没有被光刻胶覆盖的一开始就被刻蚀的硅，这样就会使刻蚀出来的硅腔底部角度变大。因此，在干法刻蚀过程中通常采用调节 O_2 流量来控制侧壁角度。

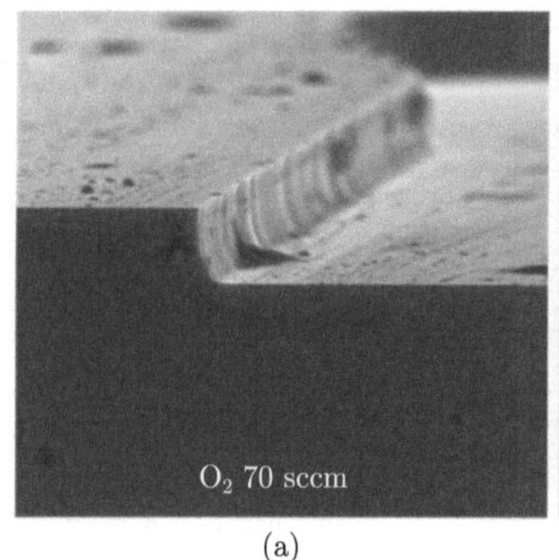

(a)

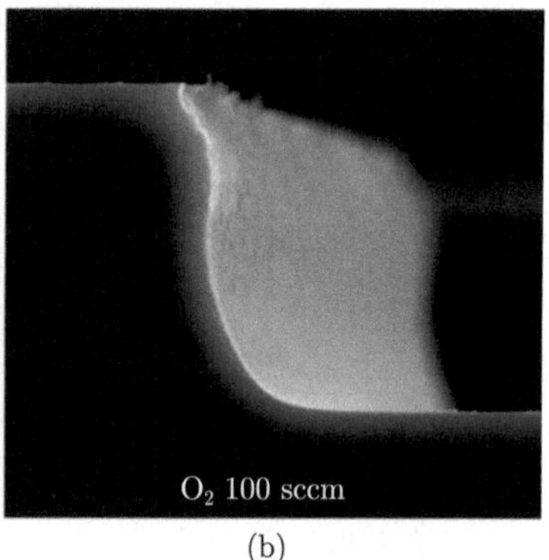

(b)

(c) (d)

图 5.24 不同氧气流量下硅腔刻蚀形貌

5.3.4 深硅刻蚀工艺

在 BAW 滤波器中，用于引出底电极的通孔的制备需要使用到深硅刻蚀技术，同时要求其制备的柱状形貌具有良好的垂直度、粗糙度以及侧壁形貌等，否则会出现引出电极的断层裂缝等，进而引起整个器件的失效。

对于深硅刻蚀，基于 Bosch 开发的刻蚀–钝化气体交替技术的工艺在当前得到大量应用，Bosch 于 1993 年提出了该工艺流程，即在刻蚀物质侧壁先生成一层钝化层，而后刻蚀气体将对 Si 和钝化层同时进行刻蚀，如此能够保护侧壁 Si 而避免其被横向刻蚀。整个工艺即为一个“刻蚀 → 钝化”交替的循环过程，以达到对硅材料进行高深宽比、各向异性刻蚀的目的。

此工作原理是在反应腔室中轮流通入钝化气体 C_4F_8 和刻蚀气体 SF_6，使两气体与样品进行反应，整个工艺过程是一个“沉积钝化层步骤”和“刻蚀步骤”反复交替的过程。

沉积聚合物钝化层的过程如反应式 (1)、(2) 所示，保护气体 C_4F_8 在高密度等离子体的作用下分解为 CF_2 活性基和 F 离子，其中 CF_2 活性基进一步反应，得到 $(CF_2)_n$ 聚合物作为钝化层，沉积在已经刻好图形的样品表面；刻蚀过程则如反应式 (3)~(5) 所示，是通过刻蚀气体 SF_6 在等离子体的作用下分解，提供刻蚀所需的中性氟基团与加速离子，实现硅以及聚合物的各向异性刻蚀 [36]。

$$C_4F_8 + e^- \longrightarrow CF_x^+ + CF_x^- + F^- + e^- \tag{1}$$

$$CF_x^- \longrightarrow nCF_2 \tag{2}$$

$$nCF_2^+ + F^- \longrightarrow CF_x^- \longrightarrow CF_2 \uparrow \tag{3}$$

$$SF_6 + e^- \longrightarrow S_xF_y^+ + S_xF_y^- + F^- + e^- \tag{4}$$

$$Si + F^- \longrightarrow SiF_x \tag{5}$$

在刻蚀过程中，被刻蚀部分的聚合物保护层会被彻底清除。在消除底部保护层后，将对保护层之下的硅材料进行刻蚀，而由于离子刻蚀的方向性，侧壁的保护层刻蚀速度较慢，故其不会被完全刻蚀。随后重复进行钝化步骤，由此使得刻蚀持续向垂直方向进行，如图 5.25 所示。

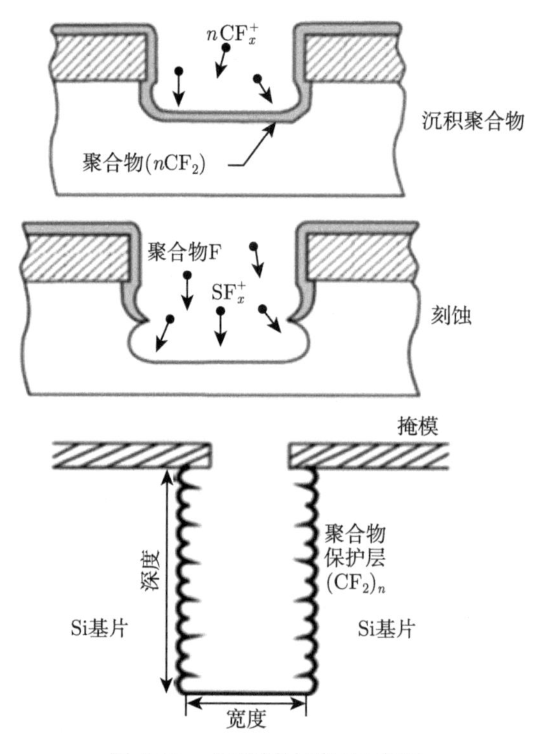

图 5.25 深硅刻蚀原理示意图

同时刻蚀过程中的多种气体比例、刻蚀速率、加工温度也会对刻蚀形貌和纵宽比有影响。此外，多段式刻蚀方法的刻蚀时间和暂停时间也对高质量的通孔有着严重影响。通过对保护气体作用时间、刻蚀气体作用时间进行调整，得到结果如图 5.26 所示。从图中可以看到，深孔刻蚀形貌与刻蚀/保护时间比有较强的相关性，当刻蚀/保护时间较大时，进行刻蚀的时间相对而言更多，这导致深孔底部被刻蚀得更多，进而使所获得的深孔侧壁展示出正梯形的形貌；而当刻蚀/保护比较小时，深孔底部的刻蚀趋于减弱，致使最后所获得的深孔侧壁形貌趋近于垂直状态。

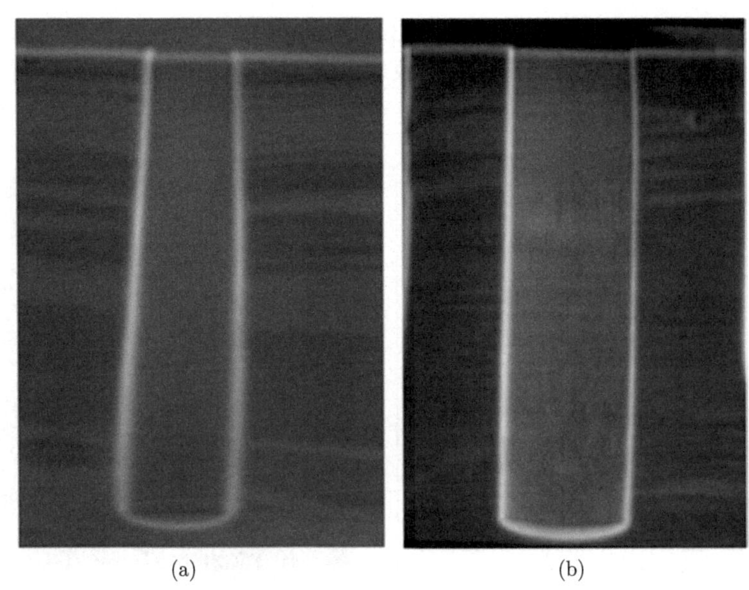

(a) (b)

图 5.26 保护/刻蚀时间比对侧壁粗糙程度、深孔刻蚀形貌的影响

(a) 刻蚀/保护比 = 0.96；(b) 刻蚀/保护比 = 0.74

5.3.5 薄膜修整工艺

薄膜修整工艺以离子束刻蚀 (ion beam etching, IBE)，也叫聚焦离子束为基础，其属于一种干法刻蚀工艺，有时也被称为离子束刻蚀，或修频 (trim)。该工艺过程中通过将加速的氩离子聚集后轰击目标材料，进而使目标材料被精确刻蚀，因为此过程为纯物理过程，故任何导电和非导电薄膜都可以被修饰，基于此特性，薄膜修整工艺成为 BAW 滤波器制备过程中的必备工艺。图 5.27 为某修膜设备的聚焦离子束实拍图，离子束半高宽约 8 mm。

BAW 滤波器的频率跟压电层以及电极层的厚度密切相关，压电层厚度变化 1 nm，频率可变化几个 MHz，而目前的镀膜设备很难保证一个晶圆片上不同位置的薄膜厚度差异在一个纳米范围内，通常的镀膜设备生长的薄膜片内厚度均匀性在 1%左右。因此制备出来的滤波器晶圆的频率均一性会很差，只有少部分芯片会落入我们的目标频率范围内，芯片良品率极低，无法满足正常生产。因此，修频设备应运而生，将滤波器频率控制在目标频率之下，最后通过修频设备根据整个晶圆上滤波器芯片的频率分布进行精细修整，使整个晶圆上的芯片频率全部落入目标频率中。

离子束刻蚀修膜的机理是通过高频电磁波振荡或辉光放电将氩气电离，在放电室生成等离子体，并通过多孔栅极产生的加速电场引出具有能量的离子束。当离子束轰击基板表面时，将动能传递给被碰撞的原子，引发原子之间的连锁碰撞。

在一次或多次碰撞过程中，若基板表面的原子获得更多能量，且该能量大于结合能，则会从基板表面脱落，实现对基板表面膜层的修膜作用，达到修复膜层或调整频率的效果。

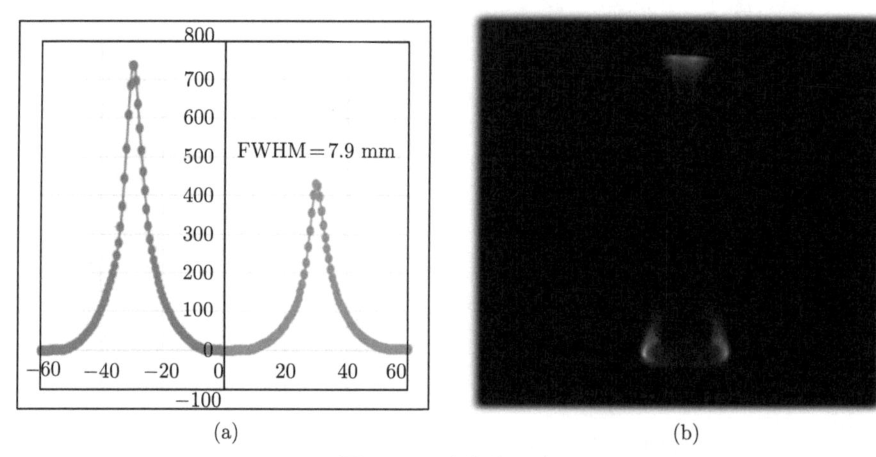

图 5.27　聚焦离子束

(a) 材料半高宽曲线图；(b) 聚焦离子束实拍图

设备工作原理如图 5.28 所示，由射频电源、高真空腔体、可沿 x 和 y 方向移动的载片台、功率控制器等组成，通入氩气在射频电源的作用下产生等离子体，Ar^+ 聚焦成离子束在电场作用下轰击晶圆，载片台带动晶圆片匀速移动，计算机根

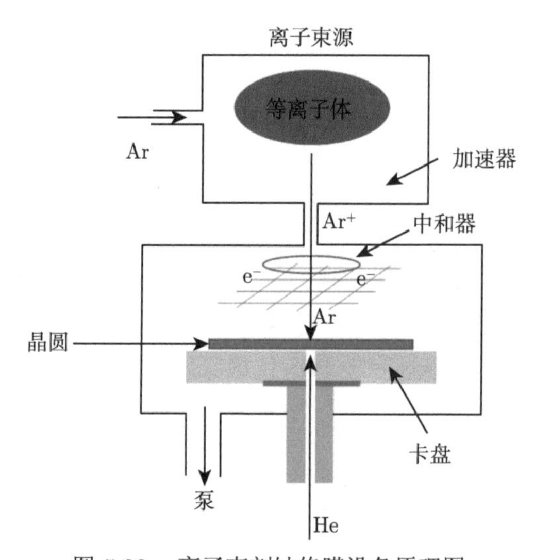

图 5.28　离子束刻蚀修膜设备原理图

据提前导入机台中的膜层厚度或芯片频率图控制离子束强弱，图 5.29 是采用聚焦离子束刻蚀修膜技术对 AlN 薄膜进行修膜后的结果图。可以看出修膜前 AlN 的厚度大概为 1022 nm，片内均匀性为 ± 0.3% ，修膜后 AlN 厚度约为 9920 Å，片内均匀性为 ± 0.1%，片内最大厚度与最小厚度之差由 13.94 nm 降低到 3.9 nm，均匀性明显改善。

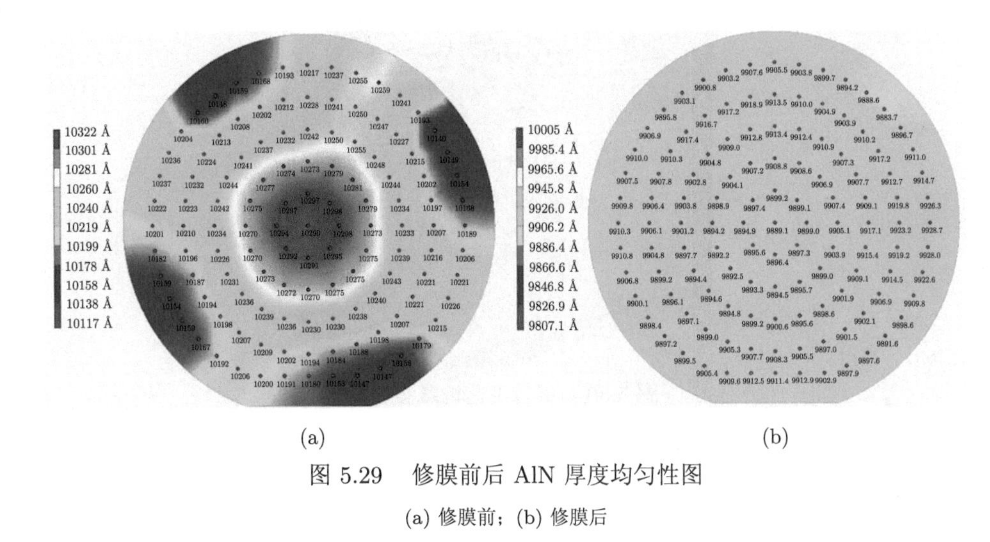

(a)　　　　　　　　　　　　(b)

图 5.29　修膜前后 AlN 厚度均匀性图

(a) 修膜前；(b) 修膜后

5.4　滤波器键合工艺

5.4.1　键合工艺概述

滤波器工艺制程所应用的键合技术亦属于一种晶圆键合技术。在晶圆键合技术中，其采用化学与物理的作用将两块通过镜面抛光的同质或异质晶片牢固地结合在一起，当晶片接合之后，界面的原子会因外力作用而发生反应并形成共价键结合为一体，从而使接合界面达到特定的键合强度。具体到滤波器的制备中，在制备谐振器时键合技术主要是实现功能层的转移，从而达到可以不需要牺牲层来制备空腔结构，减少对器件结构的破坏、简化工艺的效果；而在最后滤波器件的封装键合中，其目的是为器件提供机械支撑、电气连接和热管理，便于器件在电路中的使用和焊接，并确保芯片的长期可靠性和性能稳定性。键合工艺机器实物图如图 5.30 所示。

晶圆键合工艺过程如图 5.31 所示：先将晶圆装载到前开放的腔体中，并由中央机械手臂对晶圆逐片检测，然后进行晶圆表面预处理，接着待键合晶圆精密对准并放置于后续键合所需的固定传输夹具中，然后在键合腔体中对准后通过不同方法实现晶圆的键合，键合室实时监测温度、键合压力及气氛，最后对键合后的晶圆进行冷却，进行键合后质量检测。

图 5.30　键合工艺机器实物图

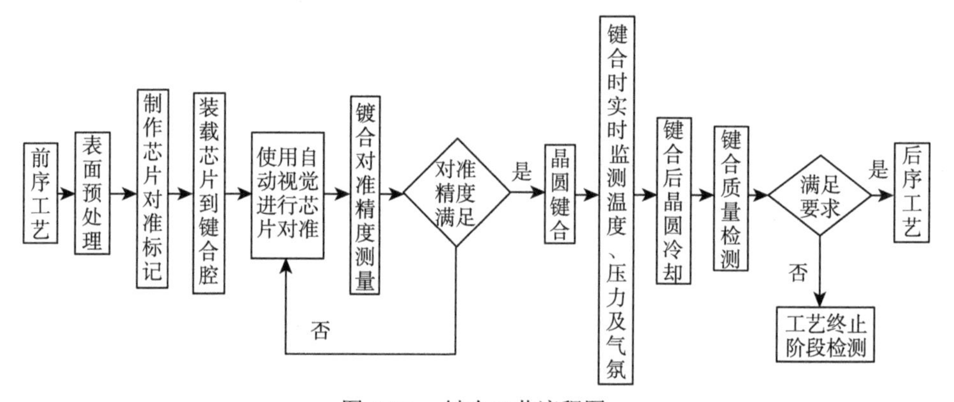

图 5.31　键合工艺流程图

晶圆键合后，界面原子因外力作用而产生反应形成共价键结合成一体，且在接合界面达到了特定的键合强度，称之为永久性键合。若借助黏结剂将晶片接合，也可作为临时键合，通过将器件晶圆固定在承载晶圆上，可为超薄器件晶圆提供足够的机械支撑，保证器件晶圆能够顺利安全地完成后续工艺制程，如光刻、刻蚀、钝化、溅射、电镀和回流焊。

具体的晶圆键合工艺可按照键合材料、键合手段、应用场景等来分类，方法不尽相同，一种按照键合工艺对晶圆键合进行分类的方法如图 5.32 所示。晶圆级键合是半导体器件物理、材料物理化学、精密机械设计、高精度自动控制等多学科交叉的科学技术领域。晶圆键合工艺中晶圆尺寸的扩大、芯片特征尺寸的缩小、异质材料之间的热失配及晶格失配等重要技术问题还有待解决。

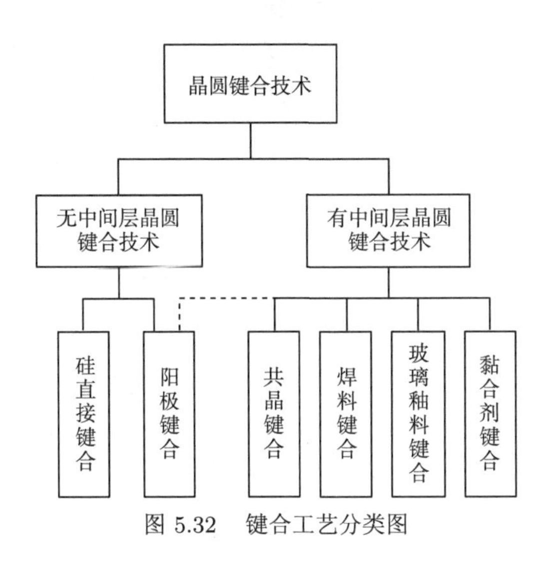

图 5.32　键合工艺分类图

5.4.2　金硅共晶键合工艺

键合工艺在 BAW 滤波器制备中的作用是将底电极层与压电层通过倒装键合的方式转移到衬底，并构成硅空腔结构。因为需键合的两面分别为硅材料与制备底电极的金属 Mo 材料，故可利用共晶键合实现键合。共晶键合基于某些共晶合金熔点温度低的特点，通过共晶合金作为中间介质层，在较低温度下利用加热加压而实现键合。锡系的合金熔点普遍偏低，易加工，是常用的键合材料。然而对于镍锡键合的工艺，由于 Ni 应力较大，以至于在图形化的过程中金属镍会将光刻胶顶开而导致图形失真。

而在金锡键合工艺中，在完成键合之后，会将其中一块硅晶圆的硅去除以露出键合层，并使用蓝膜覆盖其表面，然后通过撕除蓝膜的方式来测试键合层的强度。研究发现金锡键合的键合层强度不符合要求，表面部分键合层的金属会被蓝膜撕除，如图 5.33 所示。该结果的可能原因是所形成的键合层疏松多孔以及键合层与衬底之间的黏附力不足。由金锡合金相图进行分析易知，若在温度、金/锡层体积比、键合压力等方面没有进行有效的管控，则易产生 η($AuSn_4$) 或 ε($AuSn_2$) 这两个强度较差的相，由此而导致键合的可靠性降低。另外，工艺上一般要求获得大于 5 μm 的键合层厚度，这带来了成本过高的问题，而因为锡的熔点较低，当其处于融化状态时因加压而极易被挤出，这又极易造成单元与单元之间产生锡连接的问题。

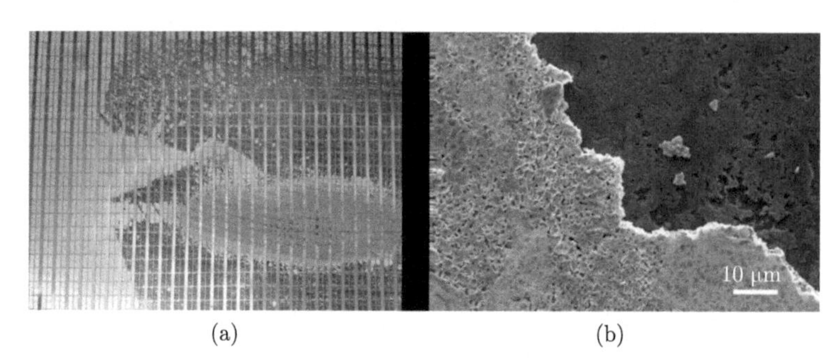

(a)　　(b)

图 5.33　蓝膜撕除 Au-Sn 键合层后的效果

(a) 光学显微镜效果图；(b) SEM 效果图

为解决以上困扰，研究人员开发了一种金硅键合工艺以完成压电层的转移并形成空腔。鉴于金硅二相系的熔点仅为 363 ℃，当加热样品的温度略高于金硅共晶点的温度时，金硅混合物通过从被键合的硅衬底中掠夺硅原子以达到硅于金硅二相系中所示的饱和状态，并在界面合成共晶硅化物，在冷却后即获得不错的键合效果。

在该工艺中，先是在光学对准系统中通过晶圆 A 正面的对准标记与晶圆 B 反面的对准标记将两片晶圆进行对准，并用机械夹具完成固定；其次，将固定且对准好的两片晶圆转移到能够进行温压调控的键合机腔室内，放松夹具且对腔室进行抽真空，略施一定压力，并将温度控制在高于金硅共晶温度 20 ℃ 以上一段时间后，待两片晶圆自然冷却至室温，即可取出。最后将其中一面的硅去除以露出金键合层，用蓝膜测试其强度，结果显示键合效果良好，无空鼓等现象，如图 5.34 所示。

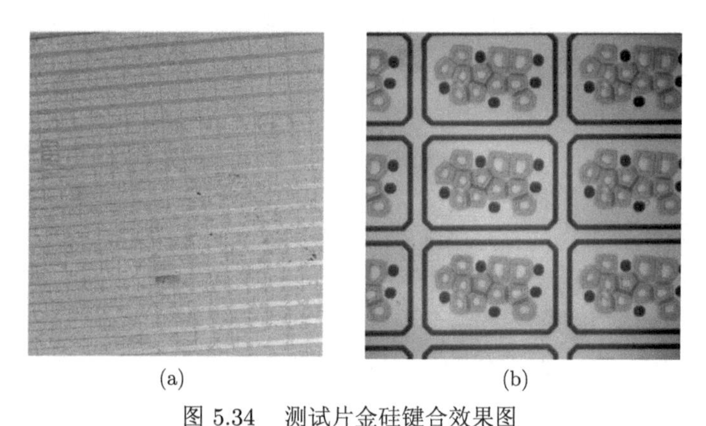

(a)　　(b)

图 5.34　测试片金硅键合效果图

(a) 经过蓝膜撕除测试的键合层；(b) 红外显微镜成像图

5.4.3 低温富锡金键合工艺

在锡系的合金中，由于金锡合金焊料具有结合强度高、不易断裂、浸润性好、其他电热性能出色等特点，故其在 MEMS 器件的封装中得到了大量的应用，该工艺中所采用的加工温度相对不高，由此可为器件提供良好的密封环境。在富金 (Au 重量比大于 50%) 金锡焊料的使用中，由于共熔点的温度低于其焊接温度，故富金金锡焊料相对而言较硬，在使用过程中存在不易释放结构应力、键合强度不高等问题；而对于富锡 (Au 重量比小于 50%) 金锡焊料，其存在质地偏软、较易被氧化等问题，在使用过程中，需同 Au 层在室温下的固溶来遏制 Sn 的氧化。故针对金锡合金焊料，需寻找其他在低温下可靠的富锡金锡键合工艺来实现 AlN 薄膜的转移。

2013 年，中国科学院半导体研究所的方志强等 [37] 提出了 $Au_{46}Sn_{54}$ 配比的双面金锡键合条件，并研究了不同键合金属的厚度和键合温度对键合效果的影响。该研究发现，利用叠层结构可以促进 Sn 的扩散和充分合金化，以形成共熔物 AuSn，从而确保键合的强度。同时，该研究中通过在表面添加 Au 层而遏制了 Sn 的氧化，其可明显地避免键合中空洞的出现。相比于电镀方法，电子束蒸发能够减少 Sn 氧化层的形成，更利于固相反应和扩散，便于形成合金化合物。此外，选择合适厚度的黏附层金属和阻挡层金属也非常重要，这些研究结果为金锡键合工艺的优化和改进提供了指导，能够提高键合层的质量和稳定性，增强键合的强度和可靠性。

通过对 AuSn 合金二元相图进行分析可知，其存在着两个共晶点 (278 ℃ 和 217 ℃)，并拥有四种金属间化合物，分别为 $Au_5Sn(\zeta)$、$AuSn(\delta)$、$AuSn_2(\varepsilon)$ 和 $AuSn_4(\eta)$，其中各化合物中 Sn 的含量依次为 11%、37.6%、54.7%和 70.7%，四种金属间化合物中硬度最高的当数 $AuSn_2$，若键合层中的 Au 的含量徐徐减小，则 $AuSn_4$ 的含量将会增长，由此将导致剪切强度的减弱。在 Au 与 Sn 接触之时，接触界面的 Au 将快速地渗入锡的晶格，并在接触界面生成 AuSn，在晶格内部生成 $AuSn_4$，最终形成 AuSn 与 $AuSn_4$ 的混合相。

香港城市大学的 Tjong 等研究过 Ti/W 合金作为阻挡层对 AuSn 键合层阻挡的机理 [38]。类同于 W，在 Ti 晶格中，Sn 的溶解度 (小于 0.001%(原子分数)) 与扩散速率都比较低，故利用其作为阻挡层金属。在常规的阻挡金属方面，Pt 与 Ni 相类似，其主要是通过生成合金来消耗 Sn 进而阻挡了 Sn 向 Si 衬底的扩散。所以选用 Cr 作为黏附层，用 Ti 作为遮挡层，键合温度为 400 ℃，键合压力 8500 mbar，键合时间 10 min。对键合后的滤波器晶圆进行切片观察，结果如图 5.35 所示，可以看到该键合效果良好且无缝隙。

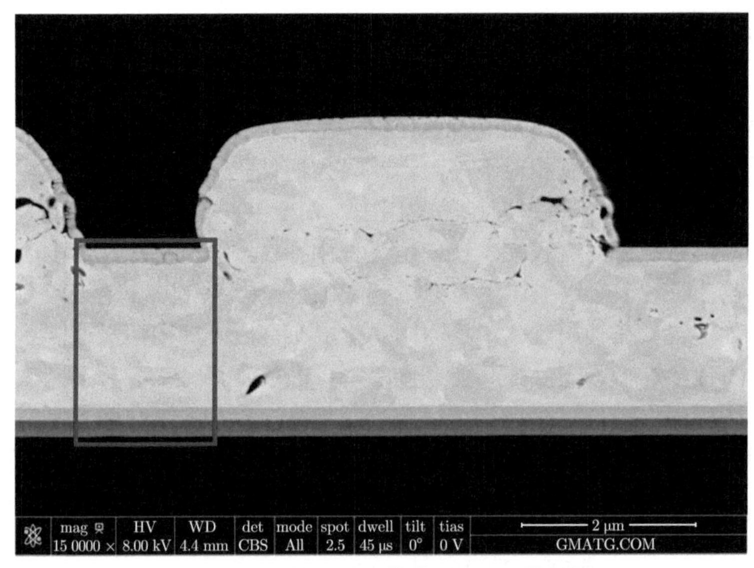

图 5.35　键合后晶圆横截面 SEM 效果图

参 考 文 献

[1] Yang Q, Xu Y, Wu Y, et al. A 3.4~3.6 GHz high-selectivity filter chip based on film bulk acoustic resonator technology. Electronics, 2023, 12(4): 1056.

[2] Newell W E. Face-mounted piezoelectric resonators. Proceedings of the IEEE, 1965, 53(6): 575-581.

[3] Hara M, Kuypers J, Abe T, et al. MEMS based thin film 2 GHz resonator for CMOS integration. Microwave Symposium Digest, 2003 IEEE MTT-S International. IEEE, 2003, 3: 1797-1800.

[4] 张亚非, 陈达. 薄膜体声波谐振器的原理、设计与应用. 上海: 上海交通大学出版社, 2011, 46-48.

[5] 郝一龙, 李志宏, 张大成, 等. 硅表面牺牲层技术. 电子科技导报, 1999, 12: 16-19.

[6] Ruby R, Merchant P. Micromachined thin film bulk acoustic resonators. Frequency Control Symposium, 48th, Proceedings of the 1994 IEEE International, 1994: 135-138.

[7] Park J Y, Lee H C, Lee K H, et al. Silicon bulk micromachined filters for W-CDMA applications. Microwave Conference, 33rd European, 2003, 3: 907-910.

[8] Huang C L, Tay K W, Wu L. Fabrication and performance analysis of film bulk acoustic wave resonators. Materials Letters, 2005, 59(8): 1012-1016.

[9] Satoh Y, Nishihara T, Yokoyama T, et al. Development of piezoelectric thin film resonator and its impact on future wireless communication systems. Japanese Journal of Applied Physics, 2005, 44(5R): 2883.

[10] Qi B, Lu Y, Hua D, et al. Resonate frequency research on material characteristics of bulk acoustic wave resonator temperature sensor. 2017 IEEE 9th International Conference

on Communication Software and Networks (ICCSN), 2017: 344-348.

[11] García-Gancedo L, Zhu Z, Iborra E, et al. AlN-based BAW resonators with CNT electrodes for gravimetric biosensing. Sensors and Actuators B: Chemical, 2011, 160(1): 1386-1393.

[12] Ruby R. Review and comparison of bulk acoustic wave, SMR technology. Proceedings of the IEEE Ultrasonics Symposium, 2007, 102:1029-1040.

[13] Yim M, Kim D H, Chai D, et al. Optimization of film bulk acoustic wave resonator for RF filter applications. Radio and Wireless Conference, RAWCON'03, Proceedings, 2003: 389-392.

[14] 伍强, 胡华勇, 何伟明, 等. 衍射极限附近的光刻工艺. 北京：清华大学出版社, 2020,1.

[15] Markle D. A new projection printer. Solid State Technology, 1974, 17(6): 50-53.

[16] Offner A. New concepts in projection mask aligners. Optical Engineering, 1975, 14(2): 130-132.

[17] ASML Official website. [2024-5-23]. https://www.asml.com/en/products/duvlithography-systems/twinscan-nxt1970ci.

[18] Teruyoshi Y, Eiichi K. Novel optimization method for antireflection coating. Proceedings of SPIE,1996, 2726: 564-572.

[19] Lucas K D, Cook C, Lee K, et al. Antireflective coating optimization techniques for sub-0.2-μm geometries. Proceedings of SPIE, 1999, 3677: 457-467.

[20] Sakaguchi T, Enomoto T, Nakajima Y. Bottom antireflective coatings for 193-nm bilayer system. Proceedings of SPIE, 2005, 5753: 619-626.

[21] Lin B J. Off-axis illumination: working principles and comparison with alternating phase-shifting masks. Proceedings of SPIE, 1993, 1927: 89-100.

[22] Kim B, Park C H, Ryoo M, et al. Application of phase-edge PSM for narrow logic gate. Proceedings of SPIE, 1999, 3873: 943-952.

[23] Gabor A H, Bruce J A, Chu W, et al. Subresolution assist feature implementation for high-performance logic gate-level lithography. Proceedings of SPIE, 2002, 4691: 418-425.

[24] Chen J F, Laidig T L, Wampler K E, et al. Practical method for full-chip optical proximity correction. Proceedings of SPIE, 1997, 3051: 790-803.

[25] Kling M E, Lucas K D, Reich A J, et al. 0.25 μm logic manufacturability using practical 2D optical proximity correction. Proceedings of SPIE, 1998, 3334: 204-214.

[26] Ozawa K, Thunnakart B, Kaneguchi T, et al. Effect of azimuthally polarized illumination imaging on device patterns beyond 45 nm node. Proceedings of SPIE, 2006, 6154: 61540C.

[27] Burnett J H, Kaplan S G, Shirley E L, et al. Highindex materials for 193 nm immersion lithography. Proceedings of SPIE, 2005, 5754: 611-621.

[28] Benndorf M, Warrick S, Conley W, et al. Integrating immersion lithography in 45-nm logic manufacturing. Proceedings of SPIE, 2007, 6520: 652007.

[29] Hsu S, Chen L Q, Li Z P, et al. An innovative source-mask co-optimization (SMO) method for extending low k_1 imaging. Proceedings of SPIE, 2008, 7140: 714010.

[30] Yoshimochi K, Nagahara S, Takeda K, et al. Challenges for low-k_1 lithography in logic devices by source mask co-optimization. Proceedings of SPIE, 2010, 7640: 76401K.

[31] Funato S, Kawasaki N, Kinoshita Y, et al. Application of photodecomposable base concept to two-component deep-UV chemically amplified resists. Proceedings of SPIE, 1996, 2724: 186-195.

[32] Padmanaban M, Bae J B, Cook M M, et al. Application of photodecomposable base concept to 193 nm resists. Proceedings of SPIE, 2000, 3999: 1136-1146.

[33] Robertson S A, Reilly M, Biafore J J, et al. Negative tone development: gaining insight through physical simulation. Proceedings of SPIE, 2011, 7972: 79720Y.

[34] Gonsalves K E, Thiyagarajan M, Dean K. Newly developed polymer bound photoacid generator resist for sub-100 nm pattern by EUV lithography. Proceedings of SPIE, 2005, 5753: 771-777.

[35] Cho Y, Gu X Y, Hagiwara Y, et al. Polymer-bound photobase generators and photoacid generators for pitch division lithography. Proceedings of SPIE, 2011, 7972: 797221.

[36] 许高斌, 皇华, 展明浩, 等. ICP 深硅刻蚀工艺研究. 真空科学与技术学报, 2013, (8): 4.

[37] Fang Z, Mao X, Yang J, et al. Low temperature Sn-rich Au-Sn wafer-level bonding. Journal of Semiconductors, 2013, 34(10):161-164.

[38] Tjong S C, Ho H P, Lee S T. The interdiffusion of Sn from AuSn solder with the barrier metal deposited on diamond. Materials Research Bulletin, 2001, 36(1):153-160.

第 6 章 体声波滤波器的封装技术

BAW 滤波器封装技术是指将分切好的载有滤波器的晶圆贴装到衬底 (substrate) 上，利用金属导线或者导电性树脂将晶圆的接合焊盘连接到衬底的引脚上，使滤波器与外部电路相连，构成特定规格的集成电路芯片 (bin)；最后对独立的芯片用塑料外壳加以封装保护，以保护芯片元件免受外力损坏。塑封之后，还要进行一系列操作，如后固化 (post mold cure)、切筋 (trim)、成型 (form) 和电镀 (plating) 等工艺。封装的主要目标是为滤波芯片提供机械支撑、电气连接和功率热量管理。

6.1 CSP 封装技术

单芯片级的封装工艺 (chip size package，CSP) 属于表面贴装集成电路封装。CSP 的优势是缩小封装体积，其封装基板尺寸不超过滤波芯片尺寸的 120%。芯片使用导电环氧树脂安装在电介质层上，通过金线或铜线将芯片引线键合至基板焊盘。这些引线接合轮廓尽可能贴近芯片，以最小化封装尺寸。

6.1.1 CSP 封装概述

CSP 的常见形式包括引线键合、倒装键合、球栅阵列。引线键合 CSP 是使用键合线在滤波芯片和硅衬底之间建立电气互连，键合线是由金和铝等材料制成的导线，通过键合线将滤波芯片连接到集成电路的其他电子设备或印刷电路板上。倒装键合 CSP 是指将滤波芯片翻转过来并将其固定到基板或引线框架上。与一般 CSP 相比，不同之处在于它采用焊料或铜柱等凸块进行互连，而不是传统的引线键合。信号输入/输出 (I/O) 焊盘可以分布在芯片的整个表面上，从而可以通过优化电路路径来减小芯片尺寸，无需键合线也有助于减少传输信号电感。倒装芯片提供大约 200 个 I/O 或更少的芯片级容量。与直接连接或板载连接相比，倒装 CSP 可以提供更好的芯片保护和更好的焊点可靠性。倒装芯片具有薄型、小尺寸和可轻量级封装的特点。倒装 CSP 的包覆成型有两种方式：一种是采用毛细管底部填充，另一种是采用环氧模塑料代替底部填充以降低成本，提高热性能和二次可靠性。球栅阵列 CSP 可以提供比双列直插或扁平封装更多的互连引脚，封装的连接引线及芯片到封装焊球的走线的平均长度更短，从而能够在高速下实现更好的连接性能 [1]。

6.1.2　CSP 封装工艺流程

CSP 封装的第一步为晶圆来料检验 (wafer IQC)(图 6.1)，在实际封装工艺开始之前需要对半导体晶圆进行检查、清洁和准备，需要清除晶圆表面的污染物，例如颗粒、灰尘和化学残留物。

整个传入清洁过程应在高度控制的洁净室环境中进行，通常使用丙酮清洗晶圆，丙酮可以有效溶解并去除光刻胶残留物，还可用于去除晶圆表面上可能存在的黏合剂和其他有机污染物。虽然丙酮是一种常见的清洁剂，但它是一种挥发性易燃溶剂，在清洗过程中需要通过热电偶实时监测温度以防止丙酮挥发。完成晶圆清洗后，通过 50 ~ 500 倍显微镜检查晶圆表面无水渍残留。使用激光束投射到旋转的晶片上并沿径向方向移动扫描晶圆上可能存在的缺陷。通过测厚仪测量晶圆的厚度，晶圆来料检验如图 6.1 所示。

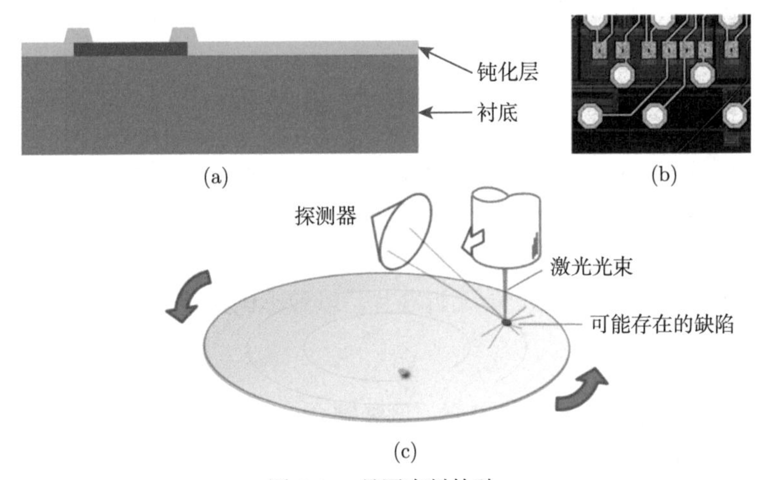

图 6.1　晶圆来料检验
(a) 来料晶圆示意图；(b) 清洗后的晶圆表面；(c) 激光扫描晶圆表面缺陷

完成晶圆检测后，需要对整个晶圆涂覆聚酰亚胺 (PI)(图 6.2)，PI 具有良好的黏结性能，玻璃化转变温度高于焊接温度 260 ℃，吸水率低，是理想的防止器件崩裂的内涂材料。PI 涂层作为缓冲保护层可有效阻滞电子迁移，遮挡潮湿气体、防止酸洗腐蚀，保护的元器件具有很低的漏电流。PI 薄膜具有很高的柔性，可防止在焊接过程中塑封料和芯片或引线接触表面上残留水分的突然挥发所引起的应力突变而造成封装崩裂。涂覆 PI 涂层后的晶圆如图 6.2 所示。

之后将光刻胶旋涂到 PI 涂层上，控制旋涂的速度和持续时间，利用光探针监测晶圆上各处的光强，确保光刻胶层厚度薄且均匀。将涂层晶圆进行软烘烤，去除光刻胶中的溶剂，减少被困在光刻胶溶液中的气泡，在 50~500 倍显微镜下观察，确保气泡完全去除。将涂有光刻胶的 PI 涂层保护的晶圆与包含所需图案的掩模对准，利用紫外线 (UV) 曝光，如图 6.3 所示。

(a) (b)

图 6.2 涂覆 PI 涂层

(a) PI 涂层示意图；(b) PI 涂层保护的晶圆样品

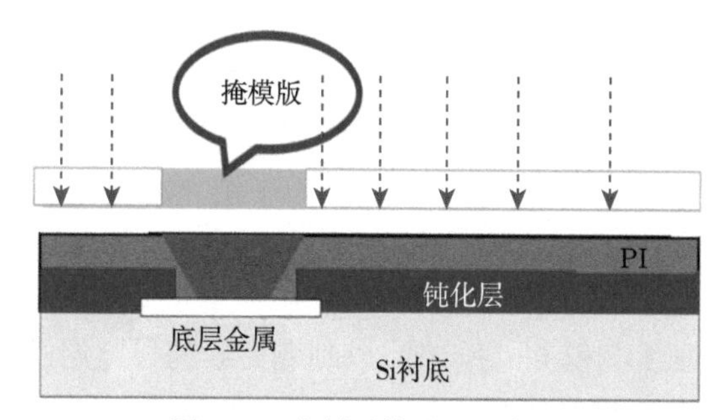

图 6.3 光刻后的晶圆示意图

去除未曝光的 PI 涂层，将几何形状图案转移到 PI 涂层晶圆上。对 PI 涂层进行固化，采用分段控制温度的方法使 PI 膜内的水分、溶剂等充分挥发：将旋涂有 PI 的晶圆所在环境温度升高至 100~140 ℃，保温 0.5~1 小时；将环境温度升高至 190~210 ℃，保温 1~2 小时；将环境温度升高至 295~305 ℃，保温 1.8~2.5 小时；将旋涂有 PI 的产品所在环境温度冷却至常温。这样固化后的 PI 涂层在经过后续的光刻、腐蚀等工艺处理后就不会出现鼓泡或者膜脱落现象，处理后的晶圆如图 6.4 所示。

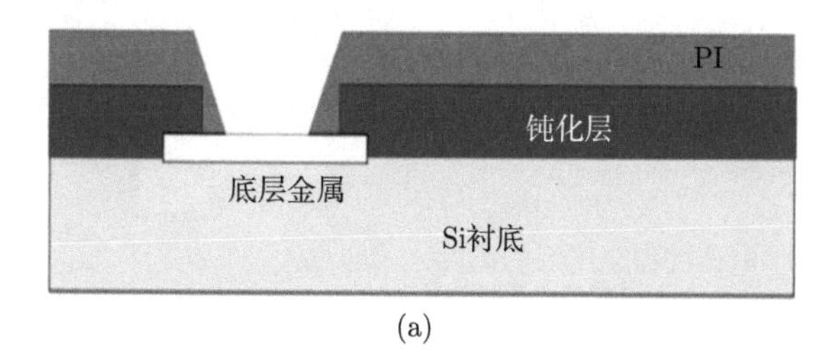

(a)

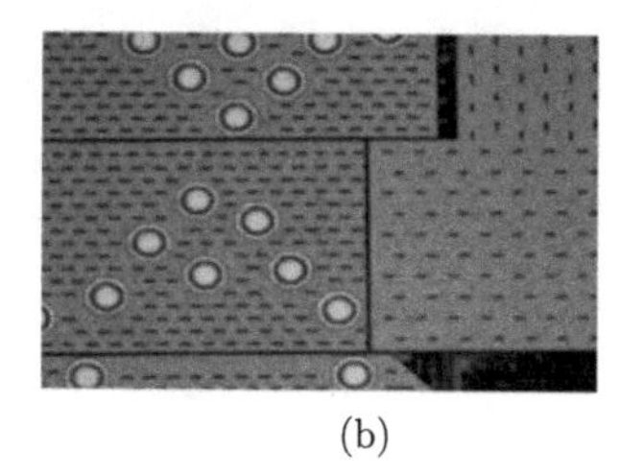

(b)

图 6.4 图形化 PI 涂层

(a) 晶圆示意图；(b) 图形化晶圆

利用等离子体清洗机清洁晶圆表面 (图 6.5)，氮气作为清洗气体，氧气、氟气、氯气作为反应气体。清洗气体在处理室内通过等离子体源激发，激发的等离子体与晶圆表面上的污染物和残留物反应，去除光刻后表面残余的 PI 颗粒，如图 6.5 所示。

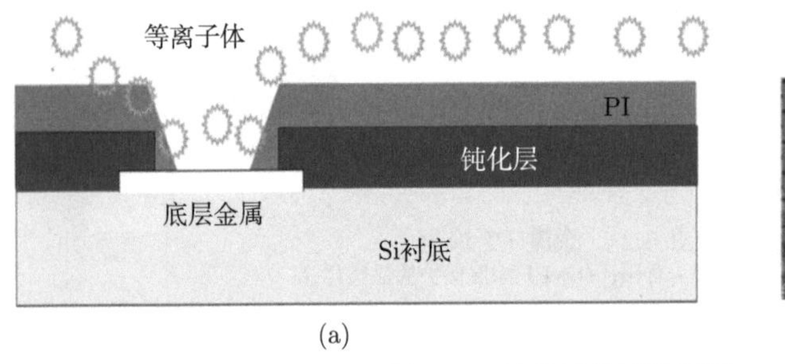

(a)

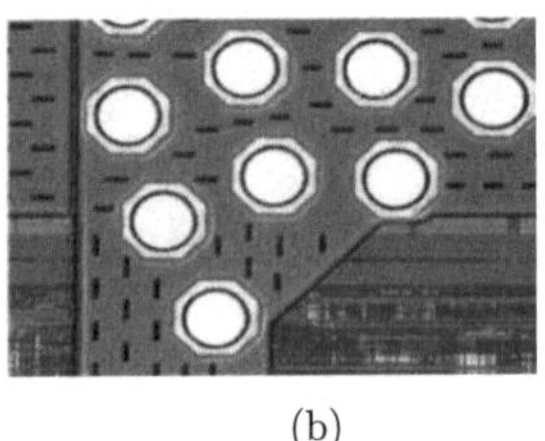

(b)

图 6.5　等离子体清洗晶圆
(a) 晶圆示意图；(b) 清洗后的晶圆表面

利用 PVD 于晶圆表面沉积金属 Cu，用于填充刻蚀出的微细孔和沟槽，以形成导电路径。这些通孔和线路用于连接滤波芯片中的不同元件组，如顶底电极、匹配电阻及电容。

在上述晶圆上继续沉积 Cu 和 Ti，以制备后续的导电层及阻挡层。沉积金属后的晶圆样品通过电感耦合等离子体 (ICP) 光源检测沉积过程中金属的氧化损失。在检测合格的晶圆整个表面上涂覆光阻挡层，将掩模图像转移到涂有光阻涂层的晶圆上并通过光源激活感光光刻胶，光阻涂层中的可溶区域被显影剂化学物质溶解，将图案转移至晶圆上。对晶圆表面进行等离子体处理，利用电镀再次沉积 Cu 并去除光刻胶掩模版和多余的 Cu 和 Ti，对晶圆表面进行等离子体处理，去除 Ti 残留物，使表面更具疏水性，如图 6.6 所示。

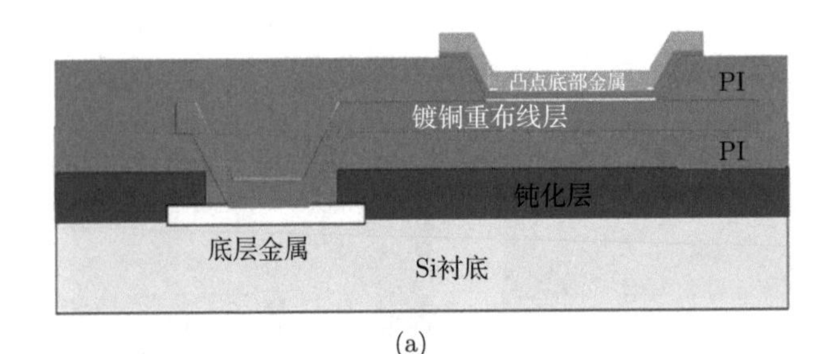

(a)

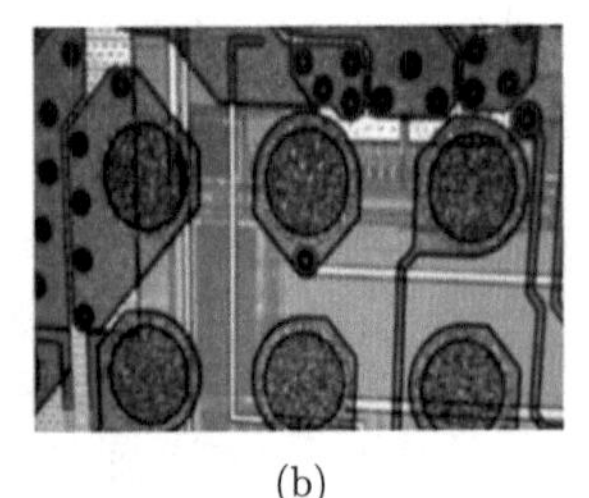

(b)

图 6.6　电镀沉积金属后的晶圆
(a) 晶圆示意图；(b) 沉积后的晶圆表面

用与锡球焊盘相应的治具蘸取助焊剂 (flux dip)，要根据锡球的直径选择合适厚度的助焊剂刮刀，并来回运行设备助焊剂刮刀 8~10 次，以搅拌刮平模板上的助焊剂。助焊剂治具的针头在水平的助焊剂模板上均匀地蘸取助焊剂并点涂到锡球焊盘上，要确保点涂后助焊剂能完全润湿覆盖焊盘，否则会导致植球后锡球偏移或炉后锡球润湿焊接不良的问题。通过置球治具 (ball attach tool) 真空吸取锡球，并转移至沾有助焊剂的焊盘上。松开真空开关，锡球在助焊剂的黏性作用下，粘贴在基板焊盘上。植好锡球的基板通过热风回流焊，加入助焊剂帮助锡球在高温下熔化并与基板焊盘浸润。熔化的锡通过扩散、溶解、冶金结合形成结合层，冷却后锡球与底部金属焊盘焊接在一起。为了减少锡球高温氧化，在氮气保护的氛围下焊接。焊接了锡球的基板需要将基板上多余的助焊剂和脏污清洗掉，最后烘干，如图 6.7 所示。

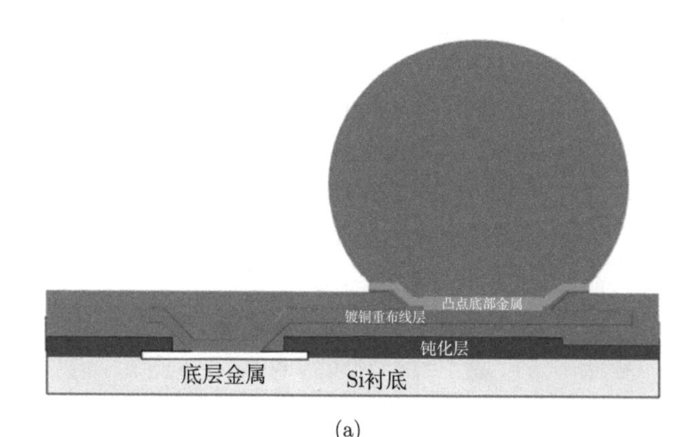

(a)

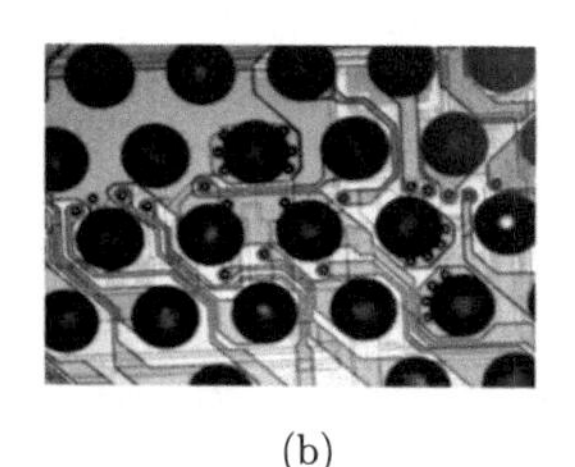

(b)

图 6.7 植球后的晶圆
(a) 晶圆示意图；(b) 植球后的晶圆表面

6.2 晶圆级封装技术

6.1 节介绍了 CSP 封装技术，其主要针对单个滤波芯片进行封装。随着目前器件模组集成和单片晶圆上一体成型技术的应用，CSP 可以由半导体制造商以晶圆级 CSP 封装进行批量生产，在 CSP 技术的基础上发展出了晶圆级封装 (WLP) 技术，从而降低成本并提高了产量。在其生产过程中，I/O 焊盘通过重新分布以促进焊接金属凸块形成，然后对形成了焊接凸块的芯片进行封装和分割。晶圆级封装迅速成为目前各大厂商的主流封装技术。

6.2.1 晶圆级封装概述

传统上，IC 芯片与外部的电气连接是用金属引线以键合的方式把芯片上的 I/O 连至封装载体，并经封装引脚上的导线连接其他器件。随着 IC 芯片特征尺寸的缩小和集成规模的扩大，I/O 的间距不断减小，数量不断增多。当 I/O 间距缩小到 70 μm 以下时，引线键合技术就不再适用，必须寻求新的技术途径。晶圆级封装技术利用薄膜再分布工艺，使 I/O 可以分布在 IC 芯片的整个表面上而不再仅仅局限于窄小的 IC 芯片的周边区域，从而解决了高密度、细间距 I/O 芯片的电气连接问题 [2]。

晶圆级封装方式的最大特点便是有效地缩减封装体积，符合可携带设备轻薄短小的设计要求，因此可适用于移动终端集成电路的封装。传统晶圆封装是将成品晶圆切割成单个芯片，然后再进行黏合封装。不同于传统封装工艺，晶圆级封装是芯片还在晶圆上的时候就对芯片进行封装，保护层可以粘接在晶圆的顶部或底部并连接电路，再将晶圆切成单个芯片。晶圆级封装以球栅阵列 (ball grid array, BGA) 技术为基础，是一种经过改进和提高的 CSP，充分体现了 BGA、CSP 的技术优势。其优势在于它是一种适用于更小型集成电路的芯片级封装技术，由于在晶圆级采用并行封装和电子测试技术，在提高产量的同时能显著减少芯片面积，因此可以大大降低每个 I/O 的成本。此外，采用简化的晶圆级测试程序将会进一步降低成本。利用晶圆级封装可以在晶圆级实现芯片的封装与测试。相比于传统封装，晶圆级封装加工效率高，它以晶圆的形式进行批量制造。封装的成本与每个晶圆上的芯片数量密切相关，晶圆上的芯片数越多，封装的成本也越低。晶圆级封装从芯片制造、封装到成品的整个过程中，中间环节大大减少，生产效率提高，周期缩短很多，这有效地降低了生产成本。晶圆级封装具有倒装芯片封装的优点，即轻、薄、短、小，由于没有引线、键合和塑胶工艺，封装无须向芯片外扩展，这使得晶圆级封装尺寸几乎等于芯片尺寸，因此晶圆级封装是尺寸最小的低成本封装。由于晶圆级封装少了传统密封的塑料或陶瓷包装，滤波芯片在高功率下产生的热能便能有效地发散，而避免增加芯片的温度。与传统金属引线封装产品相比，晶圆级封装一般有较短的连接线路，在高频下，会有较好的表现。由于电路传输导线短且厚，故可有效增加数据传输的频宽，减少电流耗损，提升数据传输的稳定性 [3–6]。

6.2.2 晶圆级封装工艺流程

滤波芯片分布在晶圆表面上的管芯内，覆盖部分采用的材料是硅，通过在覆盖衬底的晶圆上蚀刻通孔并填充金属 Cu 实现滤波芯片电信号的引出。在封装的底部蚀刻凹槽以装载滤波芯片，晶圆间键合 (即封盖晶圆和芯片晶圆键合) 可以通过焊料凸点的回流或通过使用导电黏合剂 (ECA) 黏结。滤波芯片和封盖晶圆的示意图如图 6.8 所示。

在晶圆级封装中，需要制备一个封盖晶圆，通过填充于垂直贯通封盖晶圆通孔的金属与滤波芯片晶圆上的电信号焊盘连接实现信号的连通，如图 6.9 所示。

在封盖部分与滤波芯片晶圆对齐后，进行晶圆间键合。在随后的分离过程中，封装好的滤波芯片可用于标准的表面贴装技术。

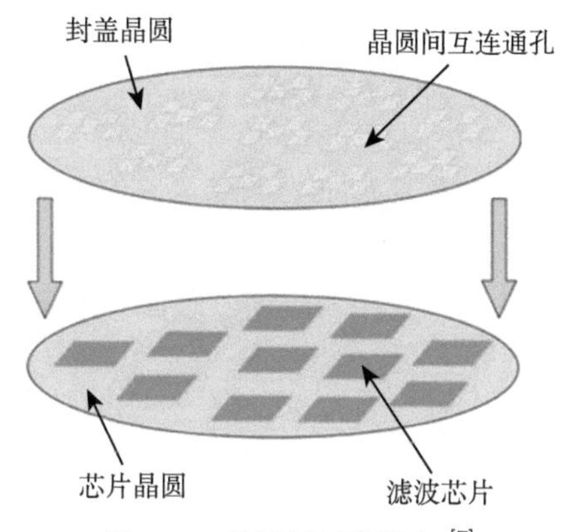

图 6.8 晶圆间对准键合 [7]

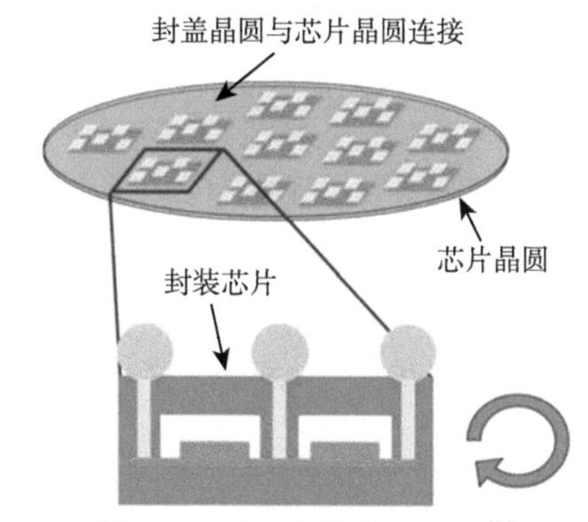

图 6.9 晶圆上的滤波芯片 [7]

最后一步是将封装好的滤波芯片翻转到电路板上，并通过回流焊球进行键合，如图 6.10 所示。

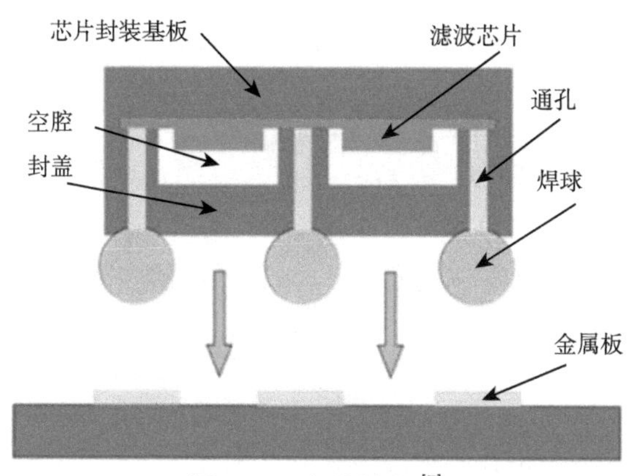

图 6.10 倒装键合 [7]

完成晶圆与晶圆之间的键合后，加盖的滤波芯片晶圆就可以进行后续的分割(即分离或切割成裸片/芯片)，加盖后的滤波芯片通过回流焊球的方式进行倒装芯片的板上安装。

在进行晶圆间键合前，晶圆需要通过封装的预备流程进行刻蚀、凸点沉积及图形化处理。

步骤 1：首先对硅片进行抛光，为后续步骤做好准备 (图 6.11)。其初始厚度约为 500 μm。

图 6.11　抛光硅衬底 [7]

步骤 2：通过深层活性离子蚀刻工艺从晶圆的底面开始蚀刻形成凹槽 (图 6.12)。凹槽的深度通常从几十微米到 120 ~ 150 μm 不等。

图 6.12　刻蚀硅衬底 [7]

步骤 3：如图 6.13 所示，再利用深层活性离子蚀刻工艺从晶圆的顶面蚀刻垂直通孔。通孔的直径范围为 10 ~ 15 μm 到 100 ~ 120 μm 不等。蚀刻通孔的深度要适当控制，因为晶圆随后会经由底部研磨减薄。

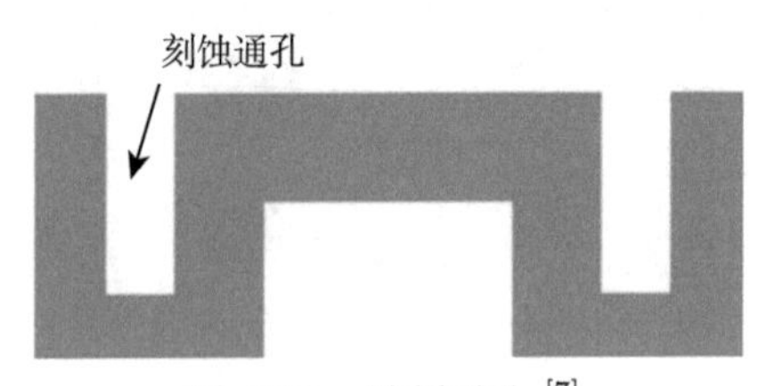

图 6.13　蚀刻通孔 [7]

步骤 4：通过研磨机将带有刻蚀凹槽和垂直通孔的晶圆的底部减薄 (图 6.14)。

步骤 5：种子层被溅射在晶圆的顶面上方和通孔的侧壁上，之后在晶圆的两侧和通孔的侧壁生长绝缘氧化硅层 (图 6.15)。种子层为后续钼电极沉积提供基底。

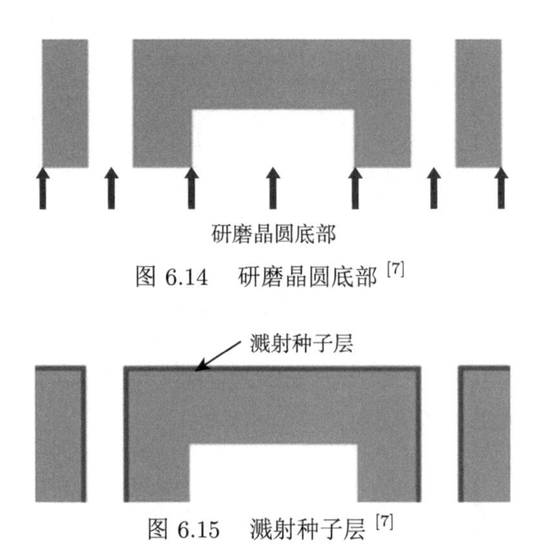

图 6.14 研磨晶圆底部 [7]

图 6.15 溅射种子层 [7]

步骤 6：通过光刻胶掩模将晶圆的顶面图形化以定位将要电沉积的铜焊盘的位置，并在底面图形化以定位凸点沉积的位置 (图 6.16)。

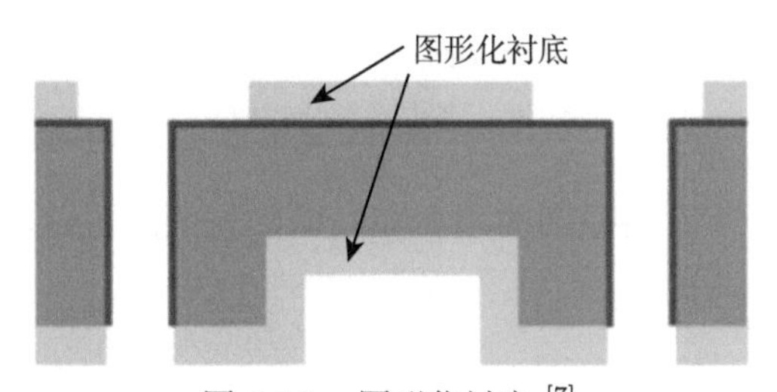

图 6.16 图形化衬底 [7]

步骤 7：将顶部铜焊盘电沉积在硅晶圆上 (图 6.17)。通孔使用金属 Cu 进行填充 (图 6.18)，并与滤波芯片晶圆上的焊盘相接形成电气互连。顶部焊盘既可用于直接测量加盖的滤波芯片 (可将探针放置在其上)，也可用于承载最终板上安装的电沉积焊球。

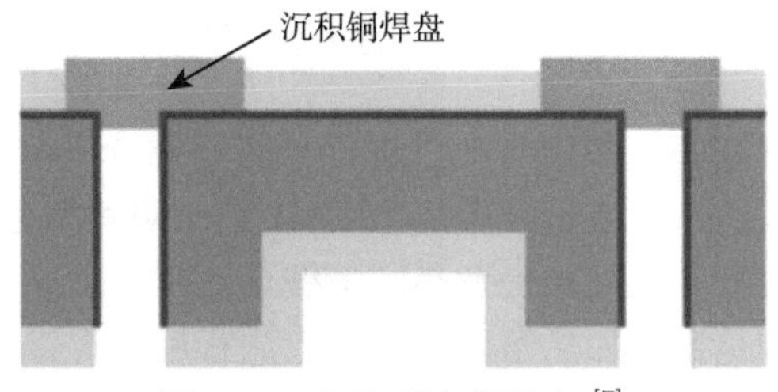

图 6.17 沉积顶部铜焊盘 [7]

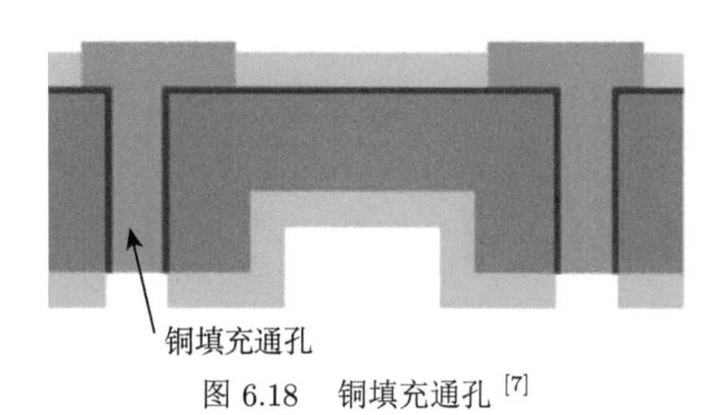

图 6.18　铜填充通孔 [7]

步骤 8：将凸点电沉积在通孔的底部封盖侧。根据晶圆间键合的需求，使用 Sn 或特殊合金制成凸点 (图 6.19)。

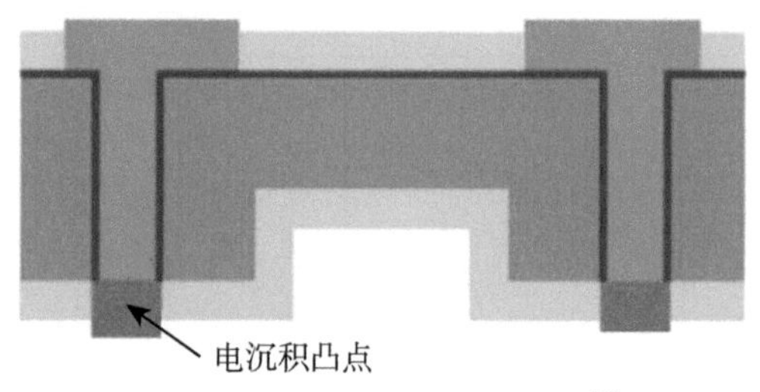

图 6.19　通孔底部凸点沉积 [7]

步骤 9：最后一步，将晶圆的顶面和底面的光刻胶去除，位于其下方的种子层也需要去除 (图 6.20)。

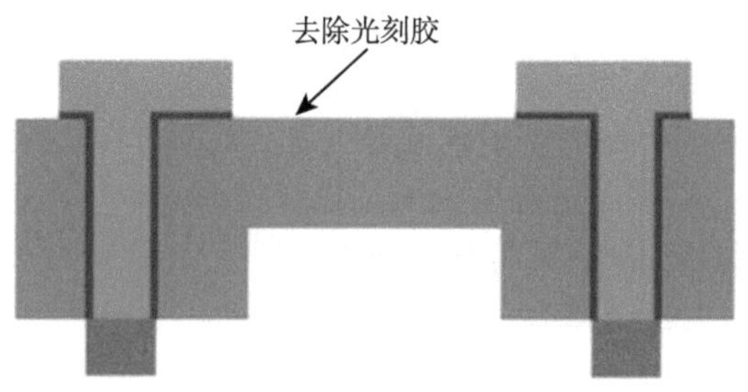

图 6.20　去除光刻胶 [7]

将封盖晶圆与滤波芯片晶圆对准以进行晶圆间键合，示意图如图 6.21 所示。测试封盖晶圆横截面的扫描电子显微镜 (SEM) 显微照片如图 6.22 所示。

上述封装工艺流程中已简要提及晶圆级键合流程，后续进行晶圆间键合一般有两种方法。第一种是通过加热熔化焊料凸点进行回流焊接；第二种是使用导电胶黏合剂。下面将以详细的案例来说明两种方法的工艺流程。

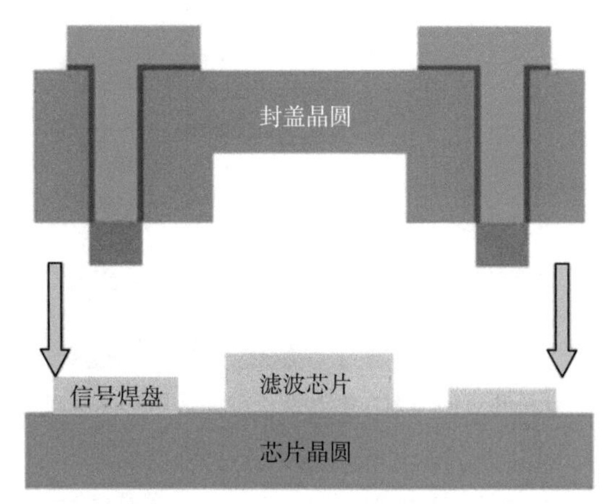

图 6.21 晶圆对准键合 [7]

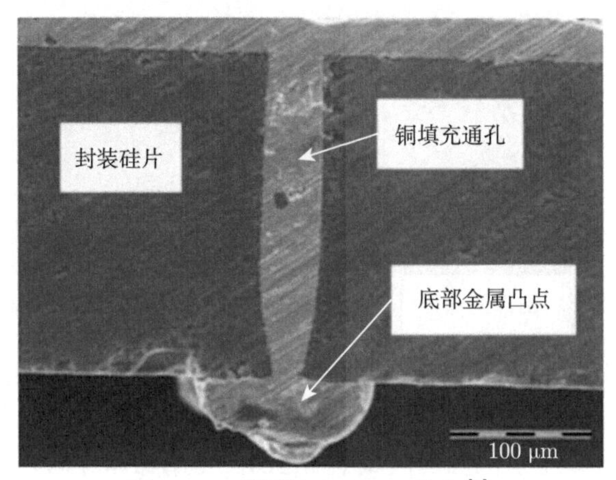

图 6.22 晶圆键合 SEM 照片 [7]

1. 焊料凸点回流

在第一种方法的工艺流程中，沉积在底部封盖面上的凸块与滤波芯片晶圆上的焊盘接触并回流进行焊接 (即焊料回流)，回流是通过加热熔化焊料凸点进行焊接，凸块熔化后，封装到器件晶圆的接触面增加了，如图 6.23 所示。随后对凸块进行冷却可确保封装与器件晶圆的黏合和电气互连。由于更常用的金属 (如铜、金) 的熔化温度通常太高，封装和器件晶圆都无法承受，因此，必须选择合适的凸点材料以减少回流焊所需的热预算。通过选用合适的合金，可以让凸块的熔化温度显著降低，这种方法被称为共晶键合。在此示例的讨论过程中，合金由 Au 和 Sn 制成，它们的体积分数分别为 80%和 20%，这使得其可以在大约 300 ℃ 的温度下进行凸点回流，如图 6.24 所示。

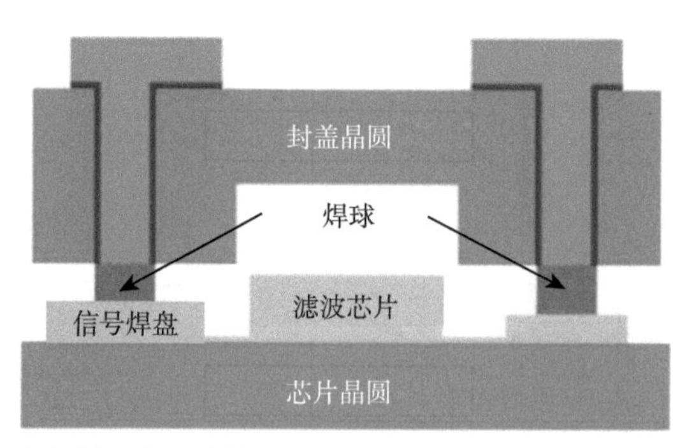

图 6.23　在焊料凸点回流前，封装基板与滤波芯片晶圆对齐并接触 [7]

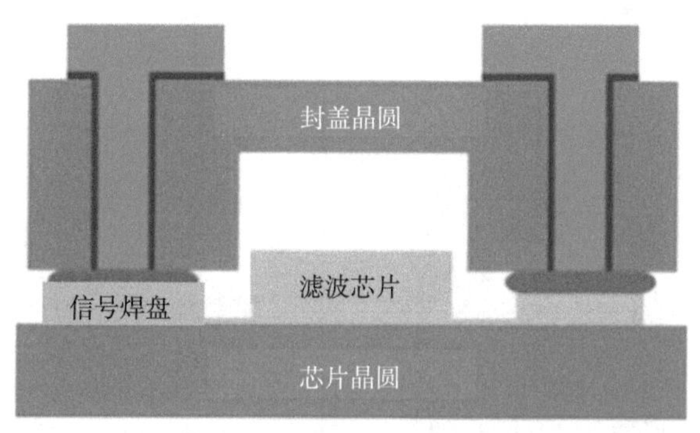

图 6.24　焊料凸点回流后，封装基板与滤波芯片晶圆对齐处焊料熔化 [7]

图 6.25 和图 6.26 分别显示了在晶圆上进行凸点回流之前和之后拍摄的 SEM 照片。凸点的初始形状像半个球体 (图 6.25)，而在回流和冷却后，它们的上部向四周扩散，形成一个平坦的圆形区域 (图 6.26)，显著改善了接触面间的黏结情况。

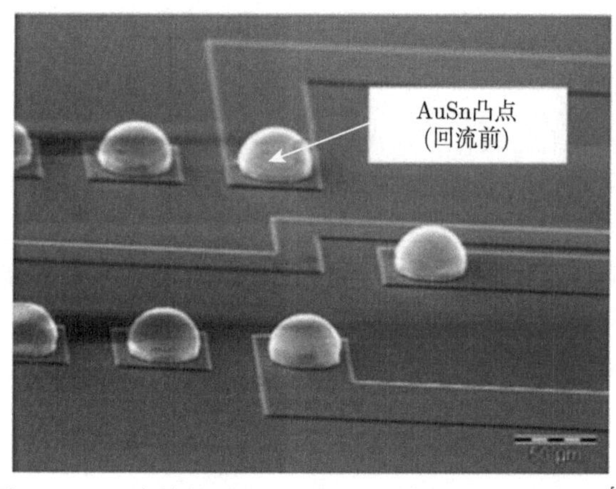

图 6.25　回流前晶圆上 AuSn 凸点的 SEM 显微照片 [7]

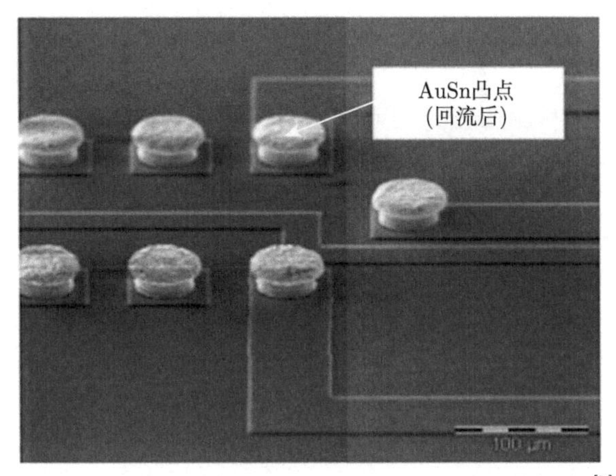

图 6.26 回流后晶圆上 AuSn 凸点的 SEM 显微照片 [7]

2. 导电胶黏合剂

另一种晶圆间键合的方法需要使用特殊的黏合剂材料，通常称为导电胶黏合剂 (ECA)，ECA 由基于聚合物的基质构成，以糊状物或薄膜的形式存在，可以充当电绝缘胶。在基质内分布有一定量的导电颗粒。导电颗粒由各种金属颗粒组成，如金、铜或铝。这些颗粒可以是小球体 (直径几微米)、薄片，也可以是绝缘材料涂覆导电材料制成的更大球体 (直径 13 ~ 15 μm)。

根据导电颗粒的尺寸及其分布在绝缘胶中的体积分数，通常将 ECA 分为两类，即各向异性导电胶 (ACA) 和各向同性导电胶 (ICA)。在 ACA 中，导电颗粒的体积约为整个 ECA 体积的 5%~10%，当内部含有颗粒的聚合物未被压缩时，它是一种介电材料；而当 ACA 被压缩时，导电颗粒彼此靠得更近，形成穿过聚合物的电通路 (图 6.27)。

当导电颗粒的体积分数较高 (25%~35%) 时，则为 ICA。颗粒的体积分数足够大而使得电导率独立于聚合物基质的压缩或非压缩条件。使用 ACA 进行键合时，由于其各向异性导电特性，它可以在封装的整个底部进行图形化。晶圆间键合时，ACA 仅在滤波芯片焊盘上有铜凸点的地方被压缩。而 ICA 材料应仅在铜凸点上图案化 (使用针点涂分布或丝网印刷)，否则会导致所有电信号短路。与凸点回流键合相比，ACA/ICA 材料可以在较低的温度条件下 (180~200 ℃) 进行固化，并且具有良好的键合强度。

ECA 材料与焊球回流相比各有利弊。与凸点回流键合相比，ACA/ICA 材料可以在较低的温度条件下 (180~200 ℃) 进行固化，并且还表现出良好的黏合强度。ECA 更容易图案化并且需要更低的热预算来固化。但是导电胶通常会引入较大的接触电阻，并且不能确保密封腔的气密性 [8]。

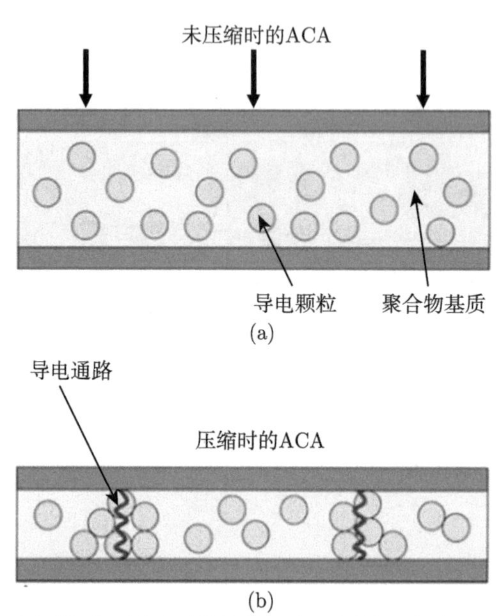

图 6.27　(a) 当 ACA 未压缩时，导电颗粒彼此远离，材料是电绝缘的；(b) 当 ACA 被压缩时，导电颗粒相互靠近并形成导电路径 [7]

6.2.3　晶圆级封装的细分技术

1. 薄膜再分布技术

迄今为止，大部分晶圆级封装工艺都采用再分布类型，此类型和倒装芯片有很多共同点。再分布是指利用二级钝化层 (薄膜聚合物) 和金属层将芯片的周边布局的焊盘重新分布成面阵列布局。常用的介质层材料是苯并环丁烯 (BCB) 和聚酰亚胺，常用的再分布金属连线材料为铝或铜，最终形成的焊料凸点呈面阵列布局。该工艺中，采用 BCB 作为再分布的介质层，Cu 作为再分布连线金属。采用溅射法淀积凸点底部金属层 (UBM)，丝网印刷法淀积焊膏并回流，其中底部金属层工艺对于减少金属间化合反应和提高互连可靠性来说十分关键。倒装芯片、晶圆级封装和 BGA 封装都使用焊料凸点 (焊球) 进行互连，这几种封装概念所指的范围有相互重叠的部分。倒装芯片的焊球采用传统的蒸发或电镀法制备，晶圆级封装和 BGA 的焊球则通常采用丝网印刷法或预成型法制备。目前实际应用的再分布晶圆级封装工艺中，采用聚合物介质涂层对 IC 进行钝化保护和机械保护 [9]。

2. 焊球凸点形成技术

焊球凸点关键技术的发展来自于器件尺寸不断紧缩带来的空间利用率提高的要求。在 130 nm 技术标准下，约有 30%的集成电路芯片需要凸点技术。但在 90

nm 技术标准下，这一数据跃升到 60%；当发展到 65 nm 器件量产制造时，金凸点技术的需求则攀升至 80%以上。在倒装芯片互连方式中，UBM 层是 IC 上金属焊盘和金凸点或焊料凸点之间的关键界面层，该层是倒装芯片封装技术的关键因素之一，并为芯片的电路和焊料凸点两方面提供高可靠性的电学和机械连接。凸点和 I/O 焊盘之间的 UBM 层需要与金属焊盘和晶圆钝化层具有足够好的黏结性以便于在后续工艺步骤中保护金属焊盘。UBM 层的作用包括以下几点：使金属焊盘和凸点之间保持低接触电阻; 作为金属焊盘和凸点之间有效的扩散阻挡层; 作为焊料凸点或者金凸点沉积的种子层。UBM 层通常是通过在整个晶圆表面沉积多层金属来实现。用于沉积 UBM 层的技术包括蒸发、化学镀和溅射沉积。在高级封装中，无论从成本还是技术角度考虑，晶圆凸点制作都非常关键。晶圆凸点制作中最为常见的金属沉积步骤是 UBM 的沉积和凸点本身的沉积，一般通过电镀工艺实现 [10]。

3. 扇入型及扇出型晶圆级封装技术

从技术特点上看，晶圆级封装主要分为扇入 (fan-in) 型和扇出 (fan-out) 型两种。传统的晶圆级封装多采用扇入型态，应用于低引脚数的 IC。但伴随 IC 信号输出引脚数目的增加，对锡球间距的要求趋于严格，加上印刷电路板 (PCB) 构装对于 IC 封装后尺寸以及信号输出引脚位置的调整需求，因此变化衍生出扇出型等各式新型晶圆级封装型态。

扇出型封装技术采取在芯片尺寸以外的区域做 I/O 接点的布线设计，以提高 I/O 接点数量。采用重布线层 (re-distributed layer，RDL) 工艺让芯片可以使用的布线区域增加，充分利用到芯片的有效面积，达到降低成本的目的。扇出型封装技术完成芯片锡球连接后，不需要使用封装载板便可直接焊接在印刷电路板上，这样可以缩短信号传输距离，提高电学性能。扇出型晶圆级封装技术的优势在于能够利用高密度布线制造工艺，形成功率损耗更低、功能性更强的芯片封装结构。因此 SiP 和 3D 芯片封装更愿意采用扇出型晶圆级封装工艺 [11]。

第一代扇出型封装 (FOWLP) 技术是由德国英飞凌 (Infineon) 公司开发的嵌入式晶圆级球栅阵列 (embedded wafer level ball grid array, EWLBGA) 技术，随后出现了台积电 (TSMC) 公司的整合式扇出型晶圆级封装 (integrated fan-out package, IFOP) 技术和飞思卡尔 (Freescale) 公司的重分布芯片封装 (redistributed chip package, RCP) 技术等。由于其成本相对较低，功能性强大，逐步被市场接受，例如苹果 (Apple) 公司已经在其 A12 处理器上采用扇出型封装进行量产。同时其不仅在无线领域发展迅速，现在也正渗透进汽车和医疗应用，相信未来我们生活中的大部分设备都会采用扇出型晶圆级封装工艺。

传统的封装技术如倒装封装、引线键合等，其信号互连线的形式包括引线、通孔、锡球等复杂的互连结构。这些复杂的互连结构会影响芯片信号传输的性能。在扇出型封装中，根据重布线的工序顺序，主要分为先芯片 (chip first) 和后芯片 (chip last) 两种工艺；根据芯片的放置方式，主要分为面朝上 (face up) 和面朝下 (face down) 两种工艺。综合上述四种工艺，封装厂根据操作的便利性，综合出以下三种组合工艺，分别是面朝上的先芯片处理 (chip first-face up)、面朝下的先芯片处理 (chip first-face down) 和面朝下的后芯片处理 (chip last-face down)。面朝上的先芯片处理是让芯片的线路面朝上，采用 RDL 工艺的方式构建凸块，让 I/O 接触点连接，最后切割单元芯片。面朝下的后芯片处理是先在临时胶带表面进行 RDL 工艺，然后通过面朝下的方式将芯片与 RDL 互连，在注塑机中进行塑封、植锡球后完成切割。其与先芯片的主要区别在于 RDL 的先后顺序。

面朝上的先芯片处理工艺由于需要利用 CMP 将塑封层减薄，所以此工艺成本较高，一般封装厂较少采用。面朝下的先芯片处理工艺在移除载板并添加 RDL 制程时易造成翘曲，所以工艺操作时需要提前防范，但是此工艺封装厂应用较多，例如苹果公司的 A10 处理器。面朝下的后芯片处理工艺先采用 RDL 工艺，这样可以降低芯片封装制程产生的不合格率，目前封装厂应用也较多。

在 FOWLP 工艺中，重布线层作为工艺中必不可少的一个环节，它是在晶圆表面沉积金属层和绝缘层形成相应的金属布线图案，采用高分子薄膜材料和 Al/Cu 金属化布线对芯片的 I/O 焊盘重新布局成面阵分布形式，将其延伸到更为宽松的区域来焊植锡球。

在扇出型晶圆级封装中主要有两种 RDL 工艺，分别是“感光高分子聚合物 + 电镀铜 + 蚀刻”以及“PECVD+Cu-damascene+CMP”[12]。市场上第一种工艺应用更为广泛。接下来分别对这两种 RDL 工艺进行详细解读。

1)“感光高分子聚合物 + 电镀铜 + 蚀刻”

在整个晶圆表面涂覆一层感光绝缘的 PI 材料，然后使用光刻机对感光绝缘层进行曝光显影；感光绝缘层在 200 ℃ 的环境下烘烤一小时后形成大约 5 μm 厚的绝缘层；在 175 ℃ 的环境下通过 PVD 设备在整个晶圆表面溅射 Ti 作为阻挡层 (barrier layer) 和 Cu 作为导电的种子层 (seed layer)；再通过涂覆光刻胶曝光显影；接着在暴露出来的 Ti/Cu 层上电镀铜，用于增加铜层厚度，确保芯片线路的导电性；剥离光刻胶并蚀刻 Ti/Cu 种子层，此时第一层的 RDL 制作完成。重复上述步骤便可形成更多层的 RDL 线路。此工艺在扇出型封装工艺中应用较为广泛。

2)“PECVD+Cu-damascene+CMP”

该工艺使用 SiO_2 或 Si_3N_4 作为绝缘层，并使用电镀工艺在整个晶圆上沉积一层铜，然后使用 CMP 去除凹槽外多余的铜和种子层以制备 RDL 的铜导电层。使用等离子体增强型化学气相沉积 (PECVD) 在晶圆表面形成一层薄的 SiO_2(或

Si_3N_4) 层，然后在 SiO_2 表面涂覆一层光刻胶，随后使用光刻机对感光绝缘层进行曝光显影，并使用反应式离子蚀刻法 (reactive ion etching, RIE) 除去 SiO_2，接下来剥离剩余的光刻胶。再重新涂覆光刻胶后，进行曝光显影形成图案，然后再用 RIE 除去开口处一定厚度的 SiO_2。接着在表面溅镀 Ti/Cu 种子层，并在整个晶圆上使用电镀工艺镀上一层铜，接下来采用 CMP 去除多余的电镀铜和 Ti/Cu 种子层，最后得到第一层的 RDL 线路。

6.2.4 小结

当前，晶圆级封装 (WLP) 技术已经成为集成电路封装领域的一个热点，许多企业和研究机构都在进行相关的研究。WLP 技术主要面临着以下几个方面的挑战。

(1) 工艺技术挑战：WLP 技术的工艺非常复杂，需要进行多道工序的加工，包括蚀刻、电镀、成型、烧结等。并且其涉及将不同的组件集成到同一晶圆上，如射频前端包括微处理器、存储器和其他外围设备。研究人员不断探索改进集成过程的新方法，这有助于降低成本和提高性能。

(2) 可靠性挑战：WLP 技术在使用过程中需要承受各种环境的影响，如温度、湿度、振动、电磁辐射、热管理、材料翘曲度和应力控制等，随着芯片变得更小，功率变得更高，WLP 技术需要具备更高的机械稳定性和热稳定性。

(3) 设计挑战：高端的电路设计可以改进 WLP 的工艺流程，制造更小、更高效、功耗更低的芯片。进一步小型化的芯片有助于提高性能并减小电子设备的整体尺寸，这需要考虑多个因素，如电路电线布局、电气连接等，同时还需要满足微型化和多功能化的要求。新的设计方法和仿真工具也需要完善，设计人员需要更准确的 EDA 工具以应对芯片的微型化、多功能性、高功率、热稳定性等性能挑战。

目前，WLP 技术在工艺技术、可靠性和设计等方面都取得了不少进展。例如，一些企业已经开发出了高精度的微型化工艺技术和高可靠性的封装材料，进一步提高了 WLP 技术的性能和可靠性。此外，一些新的设计方法和仿真工具也逐渐成熟，可以帮助设计人员更好地应对各种挑战。WLP 技术在未来的电子产品中将发挥越来越重要的作用。随着科技的不断进步，WLP 技术也将不断创新和发展，为人类创造更多的科技价值。

参 考 文 献

[1] Yang H, Elenius P, Barrett S. Ultra CSPTM bump on polymer structure. International Symposium on Advanced Packaging Materials: Processes. IEEE, 2000:211-215.

[2] Zoschke K, Manier C A, Wilke M, et al. Hermetic wafer level packaging of MEMS components using through silicon via and wafer to wafer bonding technologies. IEEE

63rd Electronic Components and Technology Conference, 2013: 1500-1507.

[3] Horowitz, M. 1.1 Computing's energy problem (and what we can do about it). 2014 IEEE International Solid-State Circuits Conference(ISSCC), 2014:10-14.

[4] Bowman K, Duvall S, Meindl J. Impact of die-to-die and within-die parameter variations on the clock frequency and throughput of multi-core processors. IEEE Transactions on Very Large Scale Integration (VLSI) Systems, 2009, 17(12): 1679-1690.

[5] Bennett H S. International Technology Roadmap for Semiconductors Radio Frequency and Analog/Mixed-Signal Technologies, 2014.

[6] Knickerbocker J U, Andry P S, Buchwalter L P, et al. System-on-package (SOP) technology, characterization and applications. Electronic Components and Technology Conference, 2006: 7.

[7] Iannacci J. Practical Guide to RF-MEMS. Hoboken: John Wiley & Sons, Inc., 2013.

[8] Yim M J, Li Y, Moon K S, et al. Review of recent advances in electrically conductive adhesive materials and technologies in electronic packaging. Journal of Adhesion Science & Technology, 2008, 22(14): 1593-1630.

[9] Gain A K, Chan Y C, Yung W K C. Effect of nano Ni additions on the structure and properties of Sn-9Zn and Sn-Zn-3Bi solders in Au/Ni/Cu ball grid array packages. Materials Science and Engineering: B, 2009, 162(2): 92-98.

[10] Zahn B A. Finite element based solder joint fatigue life predictions for a same die size-stacked-chip scale-ball grid array package. 27th Annual IEEE/SEMI International Electronics Manufacturing Technology Symposium, 2002: 274-284.

[11] Kuisma H, Cardoso A, Braun T. Handbook of Silicon Based MEMS Materials and Technologies. Amsterdam: Elsevier, 2020.

[12] Ingerly D, Agraharam S, Becher D, et al. Low-k interconnect stack with thick metal 9 redistribution layer and Cu die bump for 45 nm high volume manufacturing. IEEE International Interconnect Technology Conference, 2008: 216-218.

第 7 章　体声波滤波器的应用

4G 和 5G 分别是第四代和第五代移动通信技术的简称，它代表了新一轮通信技术的革命。与前几代移动通信技术相比，4G/5G 技术具有更高的工作频率、更高的速度、更低的延迟和更大的连接密度。它基于新的无线频谱和网络架构，支持更多的设备连接、更高的数据传输速度和更广泛的应用场景。2020 中国 5G+工业互联网大会于 2020 年 11 月 20 日在湖北省武汉市开幕。中共中央总书记、国家主席、中央军委主席习近平发来贺信，向大会的召开表示热烈祝贺。[①]同时信息通信发展司也发表了《工业和信息化部关于推动 5G 加快发展的通知》来推动 5G 技术的高速发展和应用，因此 4G 和 5G 技术将成为未来主要的通信技术。4G 和 5G 技术也在朝着高频化、宽带化和微型化的方向发展，射频滤波器作为射频前端的重要组件，也必须要满足高频和微型化的要求。薄膜 BAW 滤波器恰好满足了上述要求，非常适合应用于 4G 和 5G 高频通信。

7.1　4G 通信频段

与 3G 移动通信相比，4G 移动通信技术工作频率更高。对无线频率的使用效率比第二代和第三代系统都高得多，4G 频段主要包括 1880~1900 MHz、2320~2370 MHz、2575~2635 MHz。对于 4G 通信而言，射频滤波器需要工作在多个频段，传输更多的数据。如图 7.1 所示，2.4~2.48 GHz 为蓝牙和 WiFi 频段，该频段和相邻的 B40 频段仅仅相距 1 MHz，和 B7 频段相距 17 MHz，因此也就需要滤波器具有极高的带外抑制能力。

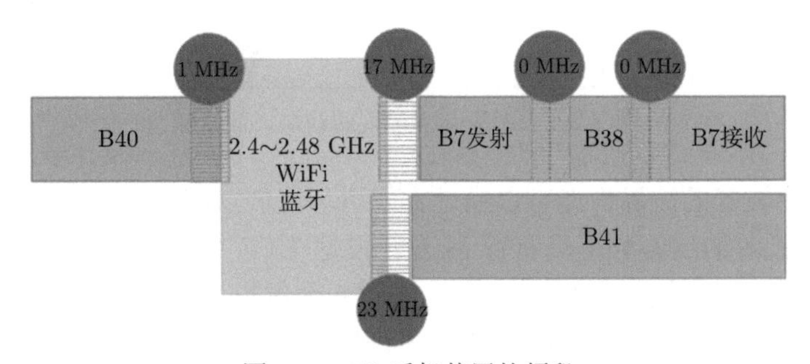

图 7.1　4G 手机使用的频段

① 来源：新华社。

与 2G 或者 3G 通信技术不同，由于 4G 通信工作频率更高，频段更加拥挤，4G 技术对射频滤波器提出了更加严格的要求。

1. 微型化

智能化终端设备必须满足多频段工作的要求，同时保持较小的尺寸。滤波器的数量随着频带的增加而逐渐增多，为了保持较小的尺寸，滤波器尺寸必须较小。而微帽封装技术使得 BAW 滤波器具有微型化的优点，非常适合应用于小型化设备。另外，随着工作频率的增加，BAW 滤波器的尺寸也会逐渐降低，因此 BAW 器件非常适合应用于 4G、5G 以及更高频段。

2. 高带外抑制和良好的滚降性能

对于 4G 频段而言，上行频率和下行频率之间的间距非常小，4G LTE 发射和接收频率的间距更窄。同时 4G 频段紧邻 2G 和 3G 的众多频段，智能终端必须在拥挤的频段内进行工作，同时还要避免影响数据传输，而频段之间的间距一般在数 MHz，而 BAW 滤波器具有陡峭的滤波曲线以及卓越的带外抑制 (图 7.2)，因此 BAW 滤波器恰好可以满足 4G 通信的要求。

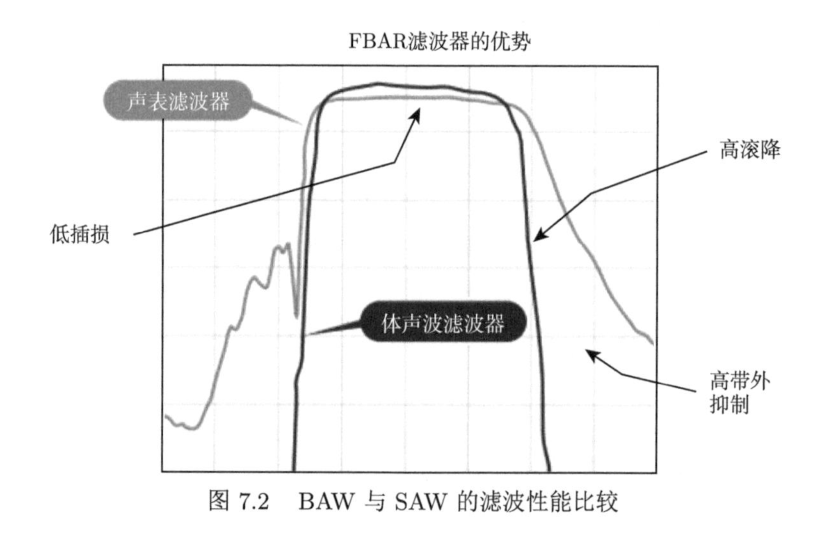

图 7.2 BAW 与 SAW 的滤波性能比较

BAW 滤波器的滚降性能可以通过其应用环境加以证明。比如 Band 13 频段和公共安全频段的过渡频率只有 2 MHz。根据 LTE 标准的要求，工作在 Band 13 的智能手机需要减少发射功率，防止干扰其他频段，但是较低的功率会降低其网络效率，大幅度削弱了终端设备的收发速率。通过将温度补偿 BAW 双工器和功率放大器进行集成，智能手机可以在 Band 13 全负荷运行，而不会影响其他频段，因此 BAW 滤波器卓越的带外抑制能力充分满足了窄间距的条件。

3. 运行于更高数据率

与 3G 通信相比，4G LTE 的数据传输速率可以提高十倍。4G LTE 会通过信号的强度选择不同的调制方式。传输速率随着信噪比的提高而提高。而使用分频多工调制的 4G 手机信号强度更低，双工器同时进行信号的发射和接收，过高的发射信号强度会严重干扰接收端口，而 BAW 滤波器的低插损可以提高检测到的信号强度，同时卓越的带外抑制能力可以降低发射端的干扰。

4. 低插入损耗

5G 技术具有更高的数据传输速率，但是同时也工作在更高的功率，但是手机的电池容量基本不变，所以手机的待机时长会极大降低，严重影响了使用体验。而 BAW 滤波器具有更低的插入损耗，因此手机可以检测到更加微弱的信号，进而降低发射端的发射功率，与其他滤波器相比，BAW 滤波器的插入损耗更低，因此可以延长手机的待机时间和电池寿命。

综上所述，BAW 滤波器具有低插损、高带外抑制、高滚降系数和微型化的优点，得益于上述优势，BAW 器件已经广泛应用于多个频段以及众多国家地区。

7.2 5G 通信频段

与 4G 通信相比，5G 通信技术具有更高的频率和更大的带宽，以及更高的数据传输速率，因此增加了射频前端器件的复杂性。5G 频段可以分为 FR1(frequency range 1) 和 FR2(frequency range 2) 两个范围。其中 FR1 频率位于 450~6000 MHz，而 FR2 在 24250~52600 MHz。具体的频段分布见表 7.1 和表 7.2。

表 7.1 5G FR1 频段列

频段号	上行频段/MHz	下行频段/MHz
N1	1920~1980	2110~2170
N2	1850~1910	1930~1990
N3	1710~1785	1805~1880
N5	824~849	869~894
N7	2500~2570	2620~2690
N8	880~915	925~960
N20	832~862	791~821
N28	703~748	758~803
N38	2570~2620	2570~2620
N41	2496~2690	2496~2690
N50	1432~1517	1432~1517
N51	1427~1432	1427~1432

续表

频段号	上行频段/MHz	下行频段/MHz
N66	1710～1780	2110～2200
N70	1695～1710	1995～2020
N71	663～698	617～652
N74	1427～1470	1475～1518
N75	N/A	1432～1517
N76	N/A	1427～1432
N77	3300～4200	3300～4200
N78	3300～3800	3300～3800
N79	4400～5000	4400～5000
N80	1710～1785	N/A
N81	880～915	N/A
N82	832～862	N/A
N83	703～748	N/A
N84	1920～1980	N/A

表 7.2　5G FR2 频段范围

频段代号	频率范围/MHz
N257	26500～29500
N258	24250～27500
N260	37000～40000

5G 时代滤波器必须支持更多的信号通道、更高的功率容量、更大的带宽，同时占据更小的空间。系统越往高频走，对滤波器控制精度要求就越高，对带宽、时延、线性化的要求也更高，大大提升了设计难度。首先是工作频率复杂，滤波器如何实现低温漂问题；其次是应用环境复杂，滤波器需要在有限面积内应对更多的信号干扰；最后是信号共存，滤波器如何让不同类型的信号和谐共存。

与 4G 通信相比，5G 通信要求射频滤波器具有更高的功率容量、更低的插入损耗和更好的带外衰减能力。

(1) 更高的功率容量和更好的散热技术。与 4G 技术相比，5G 设备具有更多的收发设备，因此具有更高的热量。为了保持设备的稳定性和可靠性，滤波器必须具备更好的散热能力。为了提高 5G 的传输容量，5G 技术引入功率等级 2，与功率等级 3 相比，天线的输出功率增加了 3 dB (图 7.3)。同时由于 5G 设备射频系统更加复杂，功耗更高，因此滤波器需要具有更高的功率容量和更好的散热能力。

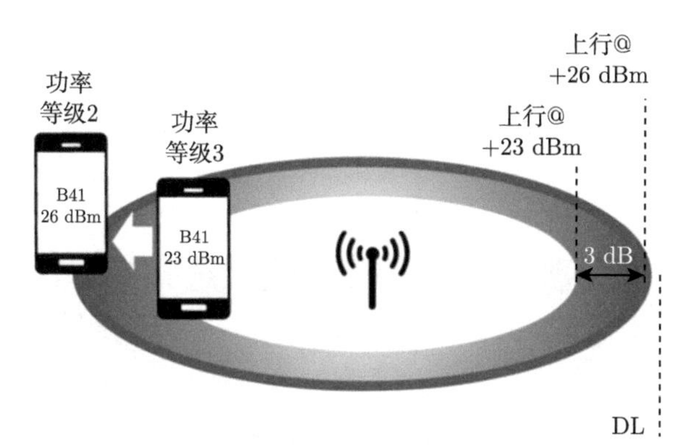

图 7.3 功率等级 2 和 3 的输出功率对比

(2) 更低的插入损耗。5G 智能手机的射频和滤波通道急剧增加，更多的信号通道增加了信号的损耗。对于 5G FR1 频段而言，任何的信号衰减都将降低输出信号的覆盖范围，功率放大器可以增加输出功率，但是设备所需要的功耗将增加。因此为了降低功率，系统需要使用更低插损的开关和滤波器，将独立器件整合到单一的模块中。与陶瓷滤波器和 SAW 滤波器相比，BAW 滤波器恰恰具有低插入损耗的特性，同时带外抑制较高 (表 7.3)。

表 7.3 射频滤波器性能对比

	BAW	SAW	陶瓷滤波器
频率	0.4～10 GHz	0.001～2 GHz	0.001～10 GHz
大小	0.1 cm	0.1 cm	厘米量级
品质因数	2000	几百	几百
功率容量	>1 W	<1 W	$\geqslant 1$W
插损	1 dB	2 dB	2 dB

(3) 小型化。5G 手机厂商极大地增加了电池尺寸，以满足 5G 手机的高功耗特性。为了支持更高的频率范围，例如 WiFi、低频、中频、高频、超高频以及毫米波，手机需要使用更多的天线，射频前端占用的空间更少。因此 5G 手机需要使用小型化的射频滤波器芯片。微型 BAW 技术有助于解决上述问题，微型 BAW 使用晶圆级键合技术 (图 7.4)，通过将输入输出端口放置在顶部来降低周围尺寸。另外，随着射频前端模块集成度提升，现阶段射频模组化趋势包括 FEM(front-end modules，“射频开关 + 滤波器”)、FeMid(front-end module integrated with duplexer，“射频滤波器 + 开关 + 双工器”)、DiFEM(diversity FEM，“射频开关 + 滤波器 + 低噪声放大器”)、PaMid(power amplifier module integrated with duplexer，“前端集成双工器 + 放大器”) 等多种产品形态，解决了多频段带来的

射频复杂性挑战、缩小射频元件的体积、提供全球载波聚合模块化平台等多方面的优势。而滤波器在射频前端应用时还能整合为双工器、四工器甚至六工器等多路复用器，能够在满足性能要求的同时节省空间、简化设计，同时还能避免频段间的相互干扰。

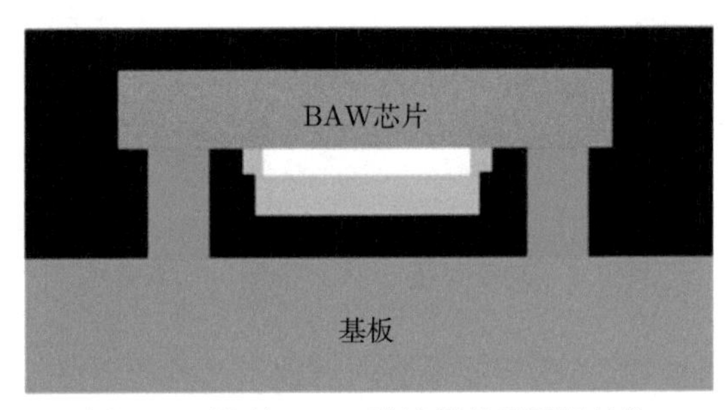

图 7.4　微型 BAW 滤波器的晶圆级封装

(4) 极强的带外衰减。4G 通信利用的频带较少，随着 5G 技术的兴起，移动通信设备将使用更多的频带，因此各信号之间将形成强烈的干扰。同时 5G 比 LTE 允许更多的载波组合，这增加了带外衰减的挑战。启用 CA 需要在多个载波上同时通信，这些载波可能是不同的频带。通信系统必须实现这些射频路径之间的隔离。BAW 多路复用器实现所需的聚合射频路径之间的交叉隔离，允许在所有射频路径上同时进行通信载波的交换，同时衰减每个通路带外信号。由于具有陡峭的带外衰减性能，BAW 滤波器非常适合衰减带外信号。

7.2.1　N41 频段

N41 频段是 5G 通信的主力频段，具有频谱宽、覆盖广等优点，被产业人士称之为“黄金频段”。N41 具备频率较低的特点，从而可获得更好的小区覆盖；同时 N41 又与当前 4G 的 B41 频段频率相同或接近，意味着基站侧可通过升级的方式快速支持 5G N41 布网，而不用新建基站，从而加速 5G 产业进程。随着 5G 网络的逐渐普及，5G 智能手机的设计将标配 N41/N77/N79 等 5G 频段。滤波一直是拥挤频谱中射频设计的关键要素，但由于 Band 41 带宽较宽、与 2.4 GHz WiFi 频段邻接，N41 频段的滤波设计尤其具有挑战性，因而需要采用低插损且具备陡峭带缘的高性能滤波器，以允许 5G 和 WiFi 蜂窝工作频段的共存。BAW 滤波器体积小，频率覆盖范围高达 20 GHz，并具有大于 45 dB 的带外衰减，可满足苛刻的 WiFi 共存要求，这些出色的性能充分满足了 N41 频段滤波器的苛刻要求。今年来，国内众多企业和科研院所针对 N41 频段相继推出了一系列的 BAW 滤波器以及集成模组。

国内某些厂家率先推出了这款支持 5G N41 频段的射频模组 (图 7.5)，模块中内置功率放大器、收发开关、CMOS 控制器及高性能 BAW 滤波器。BAW 滤波器采用倒装技术可以起到改善插损、减少尺寸、增强散热以及改善可靠性等作用。

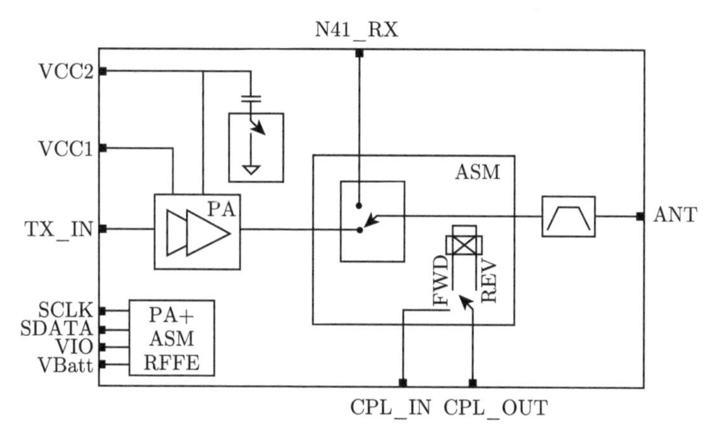

图 7.5　集成 N41 频段的射频模组

此外为了应对 N41 频段高数据传输速率的要求，国内知名滤波器厂家推出了全球首款高功率容量 BAW 滤波器 RSHP2591M (图 7.6)，该器件工作在 5G N41 的子频段，支持 8 W 的平均输入功率，封装采用通用的连接盘网格阵列 (land grid array，LGA) 塑封形式，而尺寸仅为 6 mm × 6 mm × 0.65 mm，具有低带内插损 (1.5 dB) 和高带外抑制 (B1/B3/2.4G/5G WiFi 频段/5G LTE 频段 60 dB) 等特点，满足基站产品 (−40 ~ 95 ℃，长期功率 8 W，10 年) 的应用场景需求，有助于解决 5G 小尺寸、高性能和高功率的业界痛点问题。

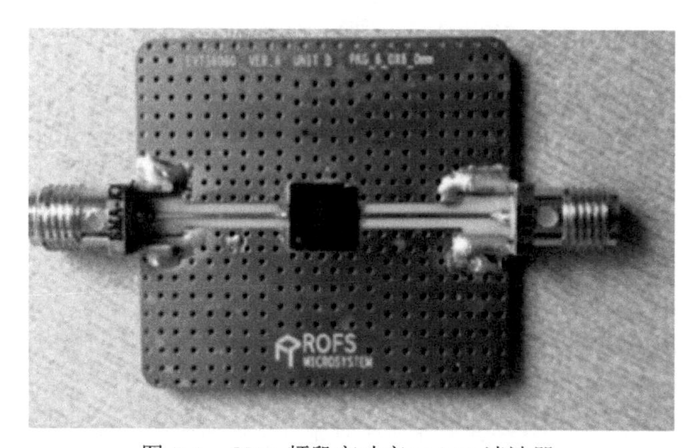

图 7.6　N41 频段高功率 BAW 滤波器

7.2.2 N77、N78、N79(3300~5000 MHz) 频段

N77 频段的频率范围为 3300~4200 MHz，N77 频段是欧洲、日本等国家和地区的主流 5G 频段。在许多国家，N77 通常称为 3.7 GHz 5G 频段或 C 频段 5G，是最常被测试和部署的 5G 频段。与已经广泛使用的 3G、4G 网络的较低蜂窝频谱 (低于 2.7 GHz) 相比，N77 频段已经成为很多国家的主流频段。与 4G 频段相比，N77 频段具有更高的工作频率，因此 N77 的覆盖范围更低。但这种影响在某些方面已通过大规模多输入多输出 (MIMO)、波束形成和波束跟踪等先进处理技术而得到缓解。据报道，传播距离与早期 B3 频段 (1800 MHz)4G 网络相似。较短的波长确实具有使 5G 中使用的复杂天线技术更紧凑的优势，因此更易于部署。

与 N77 频段相似，N78 频段的频率范围为 3300~3800 MHz，N78 频段是 5G NR(new radio) 的频段，属于中频段。相比于高频段，中频段的覆盖范围要广，穿透力更强，能够提供更加稳定的网络连接和更高的传输速率。N78 频段的应用范围非常广泛，可以用于室内和室外的覆盖，也可以用于城市和农村的网络建设。在城市中，N78 频段可以提供高速的移动网络连接，支持高清视频、云游戏等应用；在农村中，N78 频段可以提供更加稳定的网络连接，支持远程医疗、智慧农业等应用。此外，N78 频段还可以用于工业互联网、车联网等领域，为各行各业的数字化转型提供支持。

N79 频段的频率范围包括 4400~5000 MHz，带宽约为 600 MHz。N79 频段具有大吞吐量、高传输速率的优点，但是绕射能力较差。N79 频段适用于购物中心、轨道交通以及大型聚合等人群密集场所，比如地铁里看视频或者打游戏。但是目前只有少数手机支持 N79 频段，大多数 5G 手机并不支持该频段。另外，欧洲和美国将 N79 应用于航天航空行业，并未纳入 5G 通信，因此 N77 和 N78 是 5G 的主流频段。

BAW 滤波器确实可以为这些新的更高频段提供服务。可以使用单个声学滤波器支持 N78 或 N79，还可以通过包含 LC 结构和 BAW 谐振器的混合结构来支持 N77。这种基于 BAW 的滤波器可以解决 WiFi 6E 频谱的共存问题，在 N78 和 N79 上实现异步操作，并为 N78 操作提供更受保护的环境。

国内已有公司研发相关频段的滤波器。武汉敏声新技术有限公司首次流片的 N77 (3400~3600 MHz)BAW 滤波器，具有带内插损小于 2 dB、带宽 200 MHz、带外抑制超过 30 dB 的出色性能。插损值越小意味着信号的损耗越小，可以减小设备的能量消耗，同时提高信号的接收灵敏度并增加设备通信距离；带外抑制越大则意味着对干扰信号的过滤能力越强，过滤后的信号越纯净，产品的用户体验越好。

N77、N78、N79 频段带宽较大，基于 LTCC 技术的滤波器恰好满足该要求，但

LTCC 是基于传统的印刷层压生产工艺，其精度和一致性无法与半导体技术中的光刻镀膜工艺相比，而且受制于相对较低的电容密度，LTCC 技术在 3 GHz 以上的高频应用中愈发凸显出性能不足的瓶颈。国内公司已经率先研发出高频高宽带 BAW 滤波器。工作频率为 3.3~4.2 GHz，其带宽高达 900 MHz，远超传统声波滤波器技术的适用范围。

7.2.3 更高频段

5G 的高频频段包括 24250~52600 MHz，为 5G 的扩展频段，频谱资源丰富。当前版本毫米波定义的频段只有四个，全部为时分双工模式，优点是超大带宽，频谱干净，干扰较小，作为 5G 后续的扩展频率。因此，在 5G 网络中广泛采用。在毫米波频段中，频带资源较为丰富，目前 5G 毫米波频段主要可以分为四个频段，见表 7.4。相比于 Sub-6G 频段分配资源时只有 5 MHz、10 MHz、20 MHz，毫米波可以轻松分配 100 MHz 以上的带宽资源，甚至达到 400 MHz 或 800 MHz，同时传输速率很高，但信号传输距离较短，覆盖范围较窄，适用于户外的高速移动通信场景。基于如此充沛的频率带宽资源，毫米波 5G 的无线传输速度可以轻松超过 Sub-6G 数倍。除了高速率之外，毫米波的大带宽还能带来更低的空口时延，有利于高可靠、低时延业务的部署。毫米波频率高、波长短，因此，天线的尺寸更小 (天线尺寸和波长成正比)。相同体积下，可以集成更多的天线，形成更窄的波束，拥有非常高的空间分辨率。毫米波还支持厘米级的定位，尤其是在室内环境中非常好用。毫米波的覆盖能力非常差。工作频段高，绕射能力差。相同条件下，穿透损耗也高，信号极容易受到遮挡阻断。

表 7.4 5G FR2 频段

频段号	上行/MHz	上行/MHz	双工
N257	26500~29500	26500~29500	TDD
N258	24250~27500	24250~27500	TDD
N260	37000~40000	37000~40000	TDD
N261	27500~28350	27500~28350	TDD

但是 BAW 或者 SAW 滤波器的工作频率很难超过 10 GHz，当下手持设备行业中，SAW 和 BAW 滤波器占据主导地位。虽然它们可能随着进一步改进而扩展到 6 GHz 范围之外，但距离毫米波设计需要运行的 28~70 GHz 范围，还有很长的路要走。其实，对于体积无限制的设备，目前存在一些解决方案——但这些方案并不适用于手机，这就是目前需要发展的地方。虽然 SAW 和 BAW 已经不被纳入考虑范围，但 Resonant 公司拥有所谓的 XBAR 技术，并声称该技术可以扩展声学技术的频率范围，可以满足 5G 所需的能量、带宽和功率要求，工作频率高达 38 GHz。

7.3　体声波滤波器在国防领域的应用

BAW 滤波器广泛应用于卫星、相控雷达、宇宙飞船等军事和国防领域。军用 BAW 滤波器在保障军事通信安全方面起着如下的重要作用。

(1) 抗干扰能力：军用滤波器可以过滤掉来自外部的无线电干扰信号、电磁噪声以及其他有害信号，保证通信系统正常工作。通过选择合适的截止频率和带宽，军用滤波器可以有效降低外部干扰对通信系统的影响，提高通信质量和可靠性。

(2) 防御敌方监听和拦截：军用滤波器可以起到抑制无线电频率外泄的作用，使通信信号更加难以被敌方监听和拦截。通过对通信信号进行频谱的调整和优化，军用滤波器可以提高通信系统的抗截获性，保障通信内容的安全性和机密性。

(3) 隔离保密信息：军用滤波器可以正确设置频段和带宽以及选择合适的信号传输路径，使保密信息能够有效地隔离和封锁，避免信息泄漏。这样可以确保敏感信息的保密性，防止其被未经授权的人员或设备获取。

(4) 防护电磁脉冲 (EMP)：军用滤波器可以提供对电磁脉冲的防护，阻止 EMP 进入通信系统，减少对通信设备的破坏。这对于维持通信的连续性和可靠性至关重要，尤其在遭受来自核爆炸等 EMP 源的电磁辐射时。

(5) 信号加密和解密：军用滤波器可以与其他加密设备结合使用，用于在通信系统中实现信号的加密和解密。这使得敌方无法轻易获取、理解和干扰通信中的敏感信息，从而保证通信的机密性和安全性。

7.3.1　体声波滤波器在卫星中的应用

人造卫星 (artificial satellite) 是指环绕地球在空间轨道上运行的无人航天器。人造卫星是发射数量最多、用途最广、发展最快的航天器。人造卫星发射数量约占航天器发射总数的 90%以上。按照用途可以分为气象卫星、地球观测卫星、广播卫星、通信卫星、导航卫星等。卫星的信息传输是通过卫星的接收机和发射机完成的，主要作用是把卫星上发射的信号接收到地面，也可以用来把地面的信号发射到卫星上。通过卫星接收的信息在卫星内部被编码，然后经过发射器和天线辐射到地球表面，最后由接收机接收。这样就可以实现信号的远距离传输，实现世界各地不同点之间的通信。

如图 7.7 所示，卫星接收机一般由天线单元 (BAW 滤波器、低噪声放大器、天线)、射频单元、通道单元以及解算单元组成。

随着 5G 技术的飞速发展，卫星通信对射频滤波器提出了越来越严格的要求，目前只有 BAW 滤波器才能满足卫星通信高带外抑制、低插入损耗和良好滚降的要求。卫星通信对滤波器的要求具有以下几个方面。

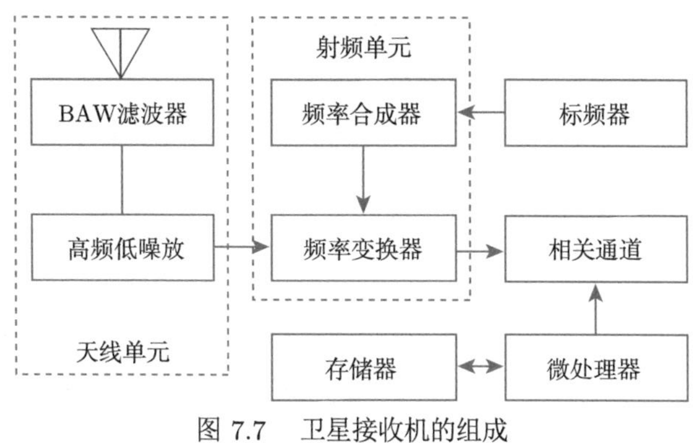

图 7.7 卫星接收机的组成

1. 微型化

空间中会存在更多不同频率窄间隔的通信信号，为了减少这些信号的影响，接收机在天线后面引入带通滤波器。为适应野战的要求，军事通信设备对体积提出了严格的要求，滤波器组建必须小型化。然而传统的介质滤波器和腔体滤波器体积较大，无法满足微型化的要求，而 BAW 滤波器的大小只有几毫米，同时插入损耗极低，完全满足军用卫星通信的要求。

2. 窄带宽

卫星通信工作在微波频段，其频率范围为 1~40 GHz。按照频段，可划分：L、S、C、X、Ku、K、Ka。不同的频段对应的用途也不同，其中 K 频段由于处于大气吸收损耗影响最大的频率窗口，不适合于卫星通信。因此，常用的卫星通信频段为：L、S、C、X、Ku、Ka，对应的频率范围见表 7.5。

表 7.5 卫星的工作频率

频段	范围/GHz	用途
L	1~2	移动通信、卫星测定、通信链路
S	2~4	移动通信、卫星测定、通信链路
C	4~7	固定业务通信，接近饱和
X	7~12	主要用于卫星固定业务通信，经常被政府和军方占用
Ku	12~18	正在被大量投入使用
Ka	27~40	移动通信、卫星测定、通信链路

根据表 7.5 可以发现，卫星的工作频率非常高，而小型 SAW 滤波器工作频率在 2 GHz 以下，无法工作在更高的频率，因此只有 BAW 滤波器同时兼顾体积、插损以及频率的要求，所以 BAW 滤波器被越来越多地用在军事卫星上面。为了满足卫星通信低插损和高滚降能力的特殊要求，研究人员也进行了大量研究。

柴琰等以 AlN 为压电材料设计了一种窄带 BAW 滤波器，中心频率为 1525～1559 MHz[1]。BAW 滤波器由多个谐振器构成，按照拓扑结构可以分为梯形滤波器以及网格型滤波器。梯形滤波器滚降性能较好，但是带外抑制较差，而网格型滤波器与之相反。为了降低电磁波的干扰，研究人员探究了滤波器阶数对性能的影响。结果发现增加阶数可以极大地增强带外抑制能力，带外抑制高达 42 dB，通带插损为 2 dB[1]。

3. 高带外抑制

北斗导航卫星是我国自主研发的第一颗定位用卫星，北斗还使用了 RDSS 双向通信系统，导航卫星的工作频率主要位于 1～4 GHz。随着手机直连卫星技术的出现，频率竞争局面进一步加剧，通信频谱日益拥挤。较小的频率过渡区要求滤波器具有更低的温度漂移系数以及更好的滚降能力。同时消费电子产品也朝着微型化、集成化的方向发展，传统的介质滤波器无法满足体积的要求。而 SAW 滤波器只能工作在较低频率，同时无法与 CMOS 工艺兼容，限制了电子器件微型化的进程。与上述滤波器相反，BAW 滤波器兼具高功率容量、高频率、微型化的优点，逐渐受到人们的广泛关注。北斗卫星的 B1 频点和 GPS 的 L1 频点相距仅仅 14.4 MHz，为了正常运行，滤波器必须要有优异的滚降系数。针对北斗卫星导航系统，王帅和徐凌伟采用 AlN 薄膜为压电材料，利用 ADS 软件建立电极、压电材料以及衬底的等效电路模型，顺利设计出 B1 频段的 BAW 滤波器，通带为 1550～1570 MHz，带外抑制高达 −60 dB，带内插入损耗 −4.3 dB，完全满足设计指标 [2]。

7.3.2　体声波滤波器在相控雷达中的应用

雷达是利用电磁波探测目标的电子设备，目前可以联合其他光学探测器进行协同作战。雷达可以发射并接收返回的电磁波，利用回波判断目标的距离、方位以及径向速度等信息。按照天线扫描方式可以分为机械扫描雷达和相控阵雷达，可以迅速而准确无误地完成全空间的扫描。在工作时，天线单元可以定向发射能量波，这些波束在空间进行合成，为了降低损耗，接收端口必须具有较低的插入损耗，这对滤波器的性能提出了严格的要求。

传统有源相控阵雷达原理如图 7.8 所示，发射信号 $X_1(t)$ 在左端的发射信号与传输单元上产生，经过上变频得到射频频率 (如 S 波段，3 GHz) 信号 $X_2(t)$，经过功放后得到信号 $X_3(t)$，信号 $X_3(t)$ 经过功分器，被分配到各个 T/R 组件中，T/R 组件包括 BAW 滤波器和放大器，接收端口也具有相似的配置。发射信号在空间经目标反射后，形成回波，经各个天线接收，在 T/R 组件中经过低噪放、移相、BAW 滤波器滤波后，得到回波射频信号 (频率与发射时相同，例如 S 波段频率 3 GHz)。

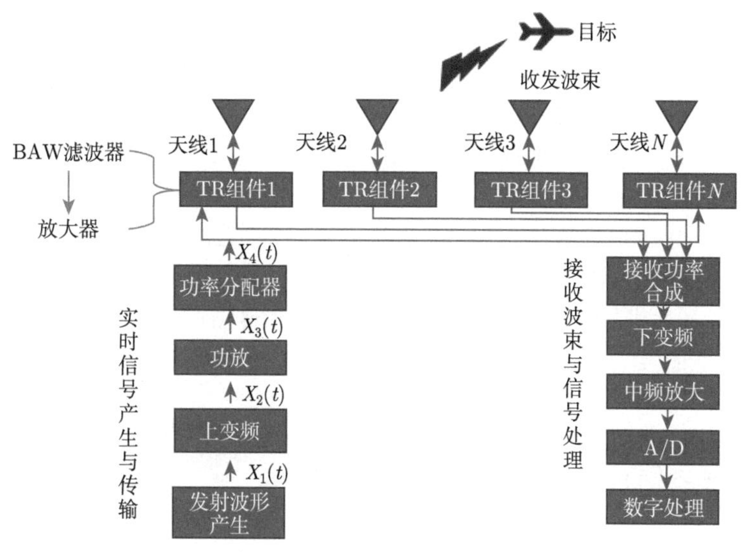

图 7.8 相控阵雷达的组成

随着 5G 技术的高速发展,军用相控雷达对射频滤波器的性能提出了极高的要求。

1. 小型化

军用雷达的 T/R 组件数目大幅上涨，每个辐射器都配备一个 T/R 组件，每一个组件都能自己产生、接收电磁波。整个有源相控天线阵分为 m 个子阵，每个子阵有 n 个天线单元通道，每个天线单元上接有一个 T/R 组件，因此雷达的体积将急剧增加。为了满足小型化的要求，需要滤波器具有较小的尺寸，与传统的介质或者腔体滤波器相比，体积更小，因此 BAW 滤波器广泛应用于车载雷达等轻型化雷达。

2. 高带外抑制

随着雷达越来越广泛的应用，射频频谱将越来越拥挤。雷达将面临无意或有意的干扰，因此，雷达设计人员必须采用抗干扰技术。雷达面临的干扰主要来自邻近频段的电磁波，杂波干扰会导致雷达“失明”，这种干扰会降低雷达的信噪比，从而降低目标检测的概率。同时在实际的军事战争中，敌人通常会向雷达发射高功率的电磁波。为了保证雷达的正常使用，必须使用具有极高带外衰减的滤波器来抑制干扰电磁波。同时为了满足微型化的要求，只有 BAW 滤波器才能同时满足微型化和高带外抑制的要求。

7.3.3 体声波滤波器在宇宙飞船中的应用

宇宙飞船是人类探索宇宙的重要工具，它的组成非常复杂，需要由各种不同的部件和技术来实现。宇宙飞船与返回式卫星有很多相同之处，为了载人而配备了很多特设系统，用来满足宇航员在宇宙工作和生活的需求。比如，环境监控系统、生命保护系统、通信系统，以及载人系统等。遥测、跟踪和指挥系统 (telemetry, tracking and command，TTC) 是宇宙飞船的重要系统之一。它们允许数据在地面和飞船之间进行通信，用于飞船的控制和指挥。通信是通过地面控制站和飞船之间建立的电信链路进行的。航天器上的 TTC 应答器起着与地面射频接口的作用。典型的应答器的组成如图 7.9 所示，该 TTC 应答器包含一个接收链，对于传输链而言，信号首先通过放大器，然后通过 BAW 滤波器，之后进入数据处理单元。它还解调测距信号 (RNG)，然后将其馈送到发射机的输入端，重新传输到地面，而传输链将遥测数据 (TM) 和测距信号调制到下行链路上。

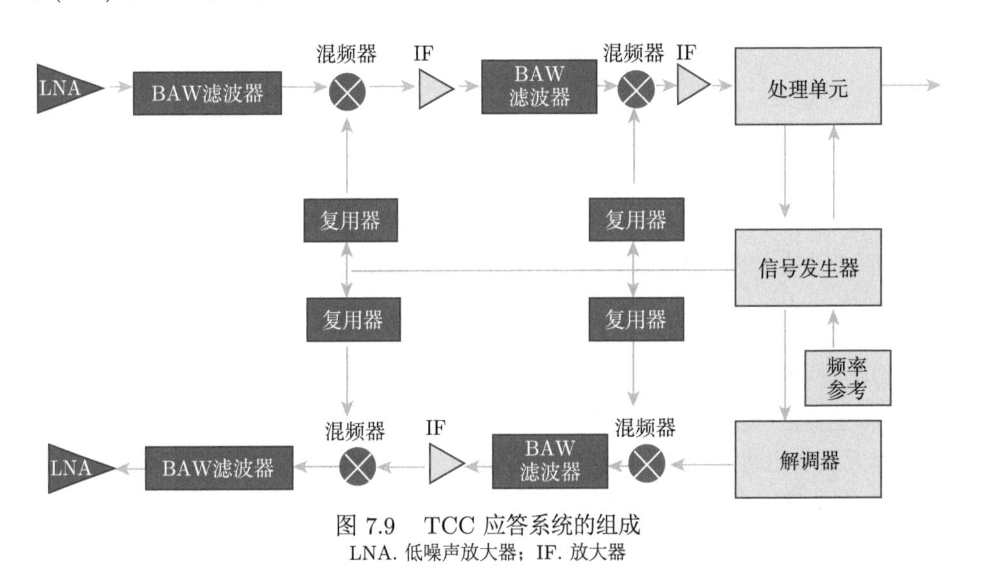

图 7.9 TCC 应答系统的组成
LNA. 低噪声放大器；IF. 放大器

由于宇宙飞船体积庞大，器件众多，为了减轻发射的压力，其对零部件的体积提出了严格的要求。接收端和发射端的滤波器的体积和质量须较小。

BAW 滤波器在空间应用中具有真正的优势,因为它们具有更小的占地面积和质量,它们与表面贴装技术兼容,并且具有锐利的通带边缘、良好的带外抑制性能。它们的主要缺点是该技术处理高功率的能力较差，并且与通常用于空间应用的腔体滤波器相比,它们的插入损耗相对较高。然而,它们适用于插入损耗和功率处理不重要的滤波阶段。例如，它们有可能取代输入多路复用器 (inverse multiplexer, IMUX) 通道滤波器，后者通常采用大体积的腔体滤波器。实际上，BAW 滤波器的功率处理与 IMUX 滤波器所需的功率级兼容，其插入损耗可以通过功率放大器补偿。

为了解决飞船对滤波器的需求难题，研究人员设计了小型化的 BAW 滤波器。研究人员开发了 4.2 GHz IMUX 信道滤波器，带宽为 72 MHz。该系统采用基于 AlN

压电层的技术，其机电耦合系数与目标带宽相匹配，如图 7.10 所示。测试结果表明，采用 BAW 技术可以实现中心频率 (4.2 GHz) 和带宽 (83 MHz)。此外，过滤器的尺寸小于 1 mm^3，BAW 滤波器的质量远小于空腔滤波器。对于未来的宇宙飞船来说，这是一个巨大的潜在改进，因为尺寸、质量和集成度是最重要的 [3]。

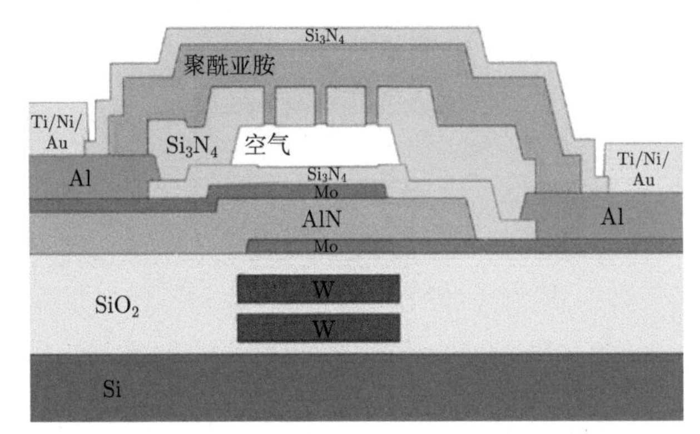

图 7.10 C 波段 IMUX 信道体声波滤波器的结构图

7.4 体声波滤波器在其他领域的应用

除了国防军事领域外，得益于体声波滤波器，其还广泛应用于传感、医学以及消费电子领域。目前很多科研人员正在积极探索 BAW 滤波器在湿度、温度、紫外线等领域的应用，力求将这些传感器真正应用于实际生活中。

7.4.1 体声波滤波器在传感领域的应用

1. 体声波滤波器传感的基本原理

BAW 谐振器是一种利用体声波谐振进行工作的压电器件，如图 7.11 所示，BAW 通常包括上下电极、压电层。当交变电压施加在谐振器上面时，压电材料通过逆压电效应产生机械变形，即声波。随着电场方向的改变，压电材料可以发生收缩或者膨胀，如果压电材料的厚度等于半波长的整数倍，声波可以在压电层中形成谐振。根据声波的振动和位移方向，可以分为纵波和剪切波。滤波器通常利用纵波，而传感器则利用剪切波，因为剪切波在溶液中衰减较低。

图 7.11 为 BAW 传感器的基本结构。BAW 传感器包括 BAW 谐振器以及顶电极上部的敏感层。当待测物质吸附在敏感层时，BAW 谐振器的频率会发生偏移，利用偏移的大小可以实现对目标的精确检测。BAW 传感器广泛应用于检测气体、液体以及医学检测等多个领域，在医学化验、环境检测以及食药监督等方面有着广泛的应用前景。因此，BAW 传感器的研究与应用价值很大。

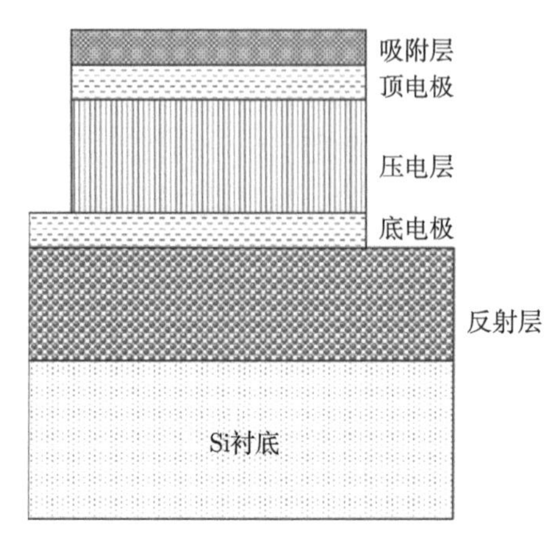

图 7.11 BAW 传感器的结构示意图

2. 体声波滤波器传感器的分类

1) BAW 温度/压力传感器

BAW 谐振器具有较高的温度漂移系数，因此有望应用于温度传感领域。Ashley 等对此进行了实验验证 [4]。图 7.12 为 701 MHz BAW 谐振器在 50 ks 内的频率漂移。利用热电偶监控温度的变化，其分辨率为 0.1 ℃。如图 7.12 所示，当温度变化 1 ℃ 时，谐振频率偏移 6.6 kHz，而检测仪器可以检测到几赫兹的频率漂移，因此 BAW 谐振器的温度分辨率可以做到 0.01 ℃。

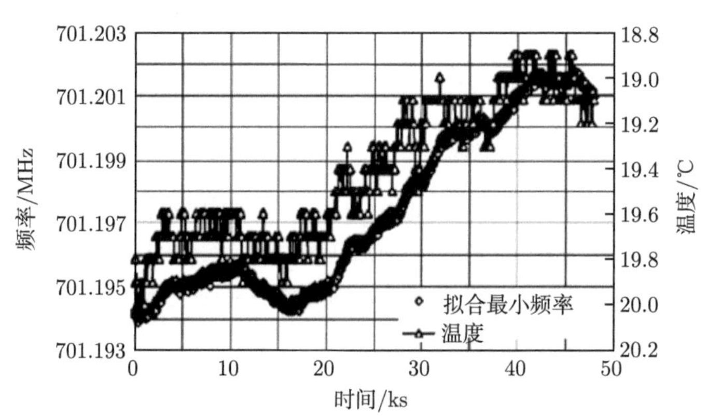

图 7.12 在超过 13.5 h 的时间范围内 BAW 对 1 ℃ 的温度波动的频率响应 [4]

外界压力同样可以造成 BAW 谐振器的频率的偏移，因此 BAW 谐振器也可以用作压力传感器。横膈膜型谐振器可以用于检测较低的压力，而固态装配型 BAW 谐振器只能用于高压力场景，因为只有较高的压力才能引起压电薄膜变形。

2007 年，我国台湾高校研究人员 Chiu 等证明了基于 BAW 谐振器的温度和压力传感器 [5]。该传感器温度灵敏度为 2.502×10^{-5} °C^{-1}，检测范围为 10~80 °C，非线性度低于 ± 0.005%；压力灵敏度为 3.362×10^{-6} kPa^{-1}，检测范围为 0~207 kPa，非线性度低于 ±0.004% 。

目前很多研究着重研究了 BAW 温度传感器的线性范围以及灵敏度。比如，在背硅刻蚀型谐振器下面制备密封的空气腔，该谐振器由 100 nm 的金作为电极，2 μm ZnO 作为压电层，2 μm 的 SiO_2 作为结构层，详细研究了其温度传感特性 [6]。研究结果表明，普通 BAW 谐振器的温度灵敏度为 13 kHz/°C，密封谐振器的温度灵敏度为 25 kHz/°C。相比于普通 BAW 谐振器，密封结构显著提高了 BAW 的温度灵敏度，并且该结构具备较高的机械稳定性；但是氧化硅的引入会降低其有效机电耦合系数。

2) 辐射探测器

光学探测广泛应用于科技研究、军用以及民用领域。比如利用红外线可以进行医学检测，利用 BAW 谐振器的温度敏感特性可以实现高性能的红外传感器。2010 年，Wang 等制备了一种基于 BAW 谐振器的红外探测器 [7]。图 7.13 为传感器的剖面图和俯视图。该谐振器由上下电极以及氧化锌压电材料组成，工作频率为 2.2 GHz，该探测器的检测限为 19 μW/mm^2，因此具有较好的敏感度。

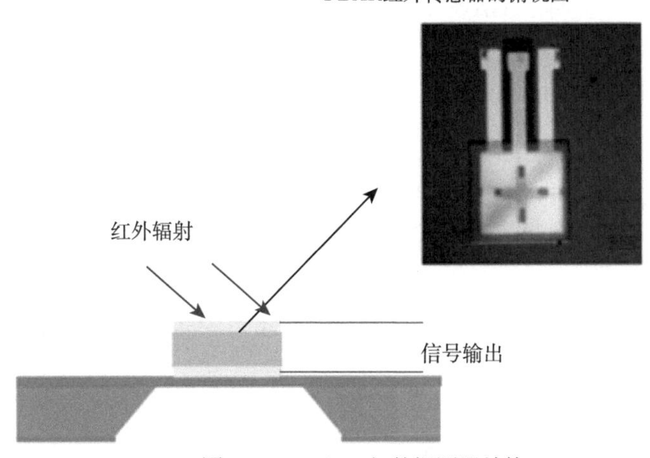

图 7.13 BAW 红外探测器结构

紫外探测广泛应用于军事探测、天文研究以及环境监测等领域。氧化锌的带隙约为 3.3 eV，适合制备二极管以及紫外探测器。2009 年，美国科学家 Qiu 等从实验上验证了紫外传感的可行性 [8]。对于强度为 600 μW/cm^2 的紫外光源，BAW 谐振器的频率偏移 9.8 kHz，检测限为 6.5 nW/mm^2。图 7.14 为该传感器结构的剖视图 [5]。

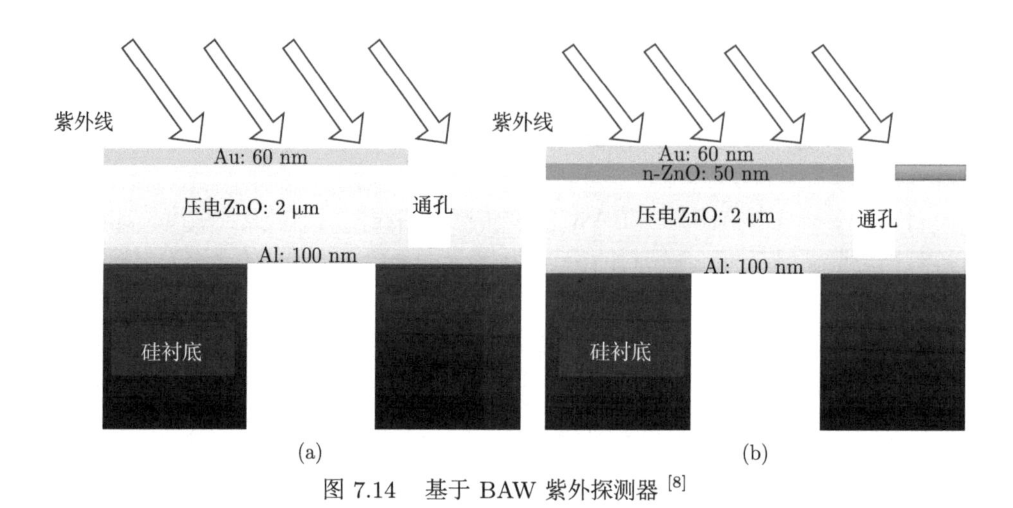

图 7.14　基于 BAW 紫外探测器 [8]

3) BAW 湿度传感器

由于氧化锌对空气中的水分具有较高的吸附能力，因此氧化锌基 BAW 谐振器可以用作湿度传感器。美国科学家 Qiu 等研究了 ZnO 基 BAW 谐振器的湿度传感性能。图 7.15 为该传感器的剖视图。结果表明，随着湿度增加，谐振器的频率呈现线性降低。当相对湿度低于 50%时，灵敏度为 −2.2 kHz/1% RH；当湿度高于 50%时，灵敏度为 8.5 kHz/1% RH [9]，这是由于水分子与锌离子发生化学结合导致频率降低。该研究充分证明了 BAW 谐振器湿度传感的可行性。

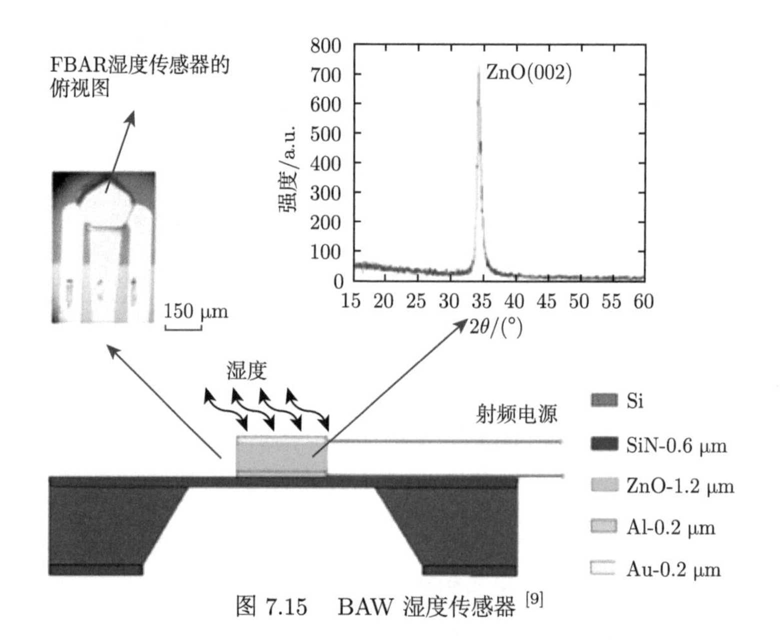

图 7.15　BAW 湿度传感器 [9]

7.4.2 体声波滤波器在医学领域的应用

1. 蛋白质检测

免疫传感器是一种重要的蛋白质生物传感器。免疫测定法是利用抗体–抗原相互作用测定生物溶液 (如血清、尿液) 中分析物 (通常是抗原) 的存在或浓度的生化试验。它们可以对分析物进行定性和定量检测，从而提供可靠和高效的分析。因此，免疫传感器越来越多地应用于医学诊断、药物开发、犯罪侦查等领域。经典的检测模型是使用固定化抗体捕获抗原。例如，前列腺癌患者血液中前列腺特异性抗原 (prostate specific antigen，PSA) 水平通常较高，因此，通过定量检测血液中的 PSA 水平，可以实现前列腺癌的早期诊断，这对后续治疗具有重要意义。

传感器的性能是通过固定抗体捕获抗原的数量来反映的。因此，固定抗体的表面密度和分子取向决定了最终的抗原捕获效率和传感器性能。图 7.16 显示了免疫球蛋白 G(IgG) 分子在底物表面的可能取向的示意图，IgG 分子在底物表面具有四种可能的抗体取向。抗原结合位点 (片段可变结构域，Fv) 位于两个片段抗原结合 (Fab) 的末端。理想情况下，抗体应该固定在底物表面 (端上) 的片段结晶区 (Fc)，以使 Fab 可用于抗原捕获。然而，在现实中，其他方向，如正面 (晶圆片固定在衬底表面)、平面 (晶圆片和 Fc 都在衬底表面) 和侧面 (一个 Fab 和一个 Fc 在衬底表面) 也有可能，平面是衬底表面的主导方向。因此，一种能够稳定地将适当数量的抗体以优化的分子取向固定在传感器电极表面的策略，对于确保免疫传感器的有效分析性能至关重要。不同的抗体固定策略包括物理吸附、共价结合和抗体结合蛋白。

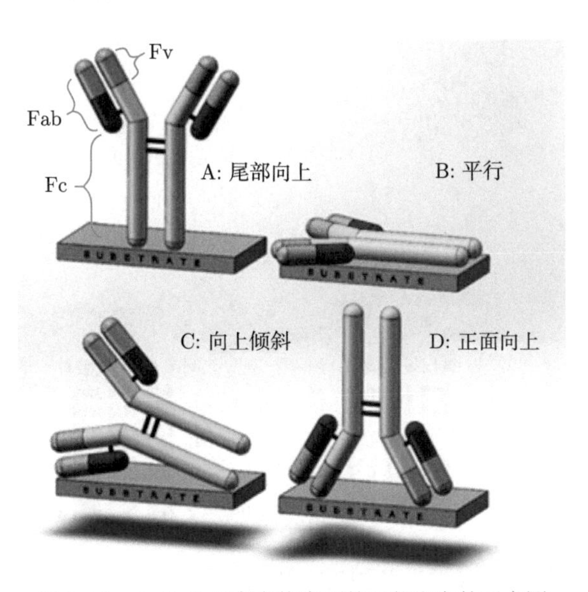

图 7.16 IgG 分子在底物表面的可能取向的示意图

在过去十年中，不同的研究小组已经研究了利用 BAW 实时和无标签检测 PSA。Lin 等报道了第一个能够检测几百 ng/mL 范围内 PSA 浓度的 BAW 传感器原型，他们使用蛋白 A 将定向抗体 (即 IgG) 固定在电极表面，如图 7.17(a) 所示 [10]。有报道称，与随机固定的抗体相比，使用蛋白 A 或 G 的特异性定向固定抗体具有更高的结合活性。例如，Jeong 等表明，与传统的环氧基载玻片相比，蛋白 G 端修饰玻璃载玻片显著改善了抗体的抗原结合取向，并显示出增强的荧光强度 (图 7.17(b))[11]。当传感器暴露于 PSA 时，观察到明显的强度变化，表明固定化抗体成功捕获了 PSA。Zhao 等通过验证 BAW 频移结果，进一步验证了此结果 [12]。将小鼠单克隆抗体抗 HPSA 固定在 BAW 电极表面结合 PSA。利用椭偏仪进行平行实验。通过将 BAW 频移与椭偏测量得到的数据进行映射，得到了金电极表面生物分子的真实质量变化 (图 7.18(a))。结果发现，金电极表面抗原结合的最佳抗体量约为 1 mg/m^2，用 5 mg/L 抗体溶液吸附 15 min 即可实现，用 20 mg/L 抗体溶液吸附 2 min 即可达到 (图 7.18(b))。随后进行牛血清白蛋白阻断抗原的非特异性吸附，并导致 70 kHz 频率向下移动。与 PSA 抗原结合导致频率进一步下降 46 kHz。这些结果表明，BAW 可以作为定量检测 PSA 浓度的生物传感器，PSA 浓度升高提示前列腺癌的可能性。

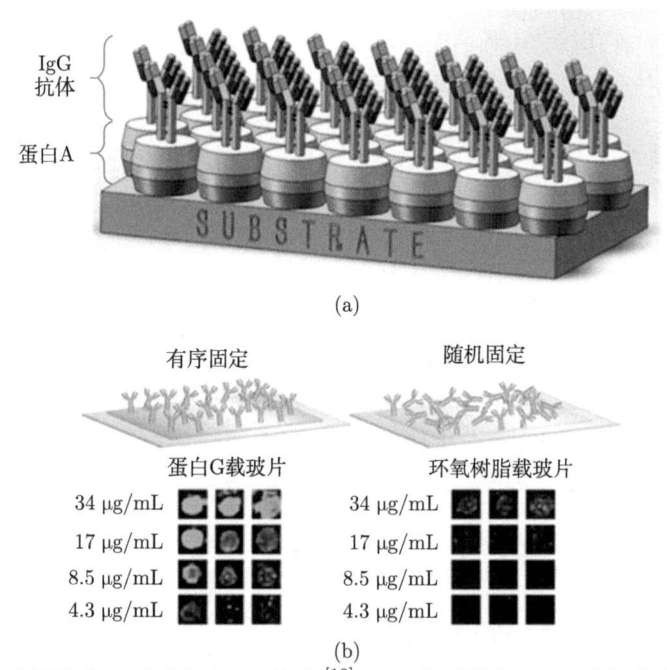

图 7.17　(a) 使用蛋白 A 在底物上固定抗体 [10]；(b) 使用蛋白 G 定向固定抗体 (左) 和随机固定 (右) 以及 IgG 与捕获抗体结合后的荧光强度图 [11]

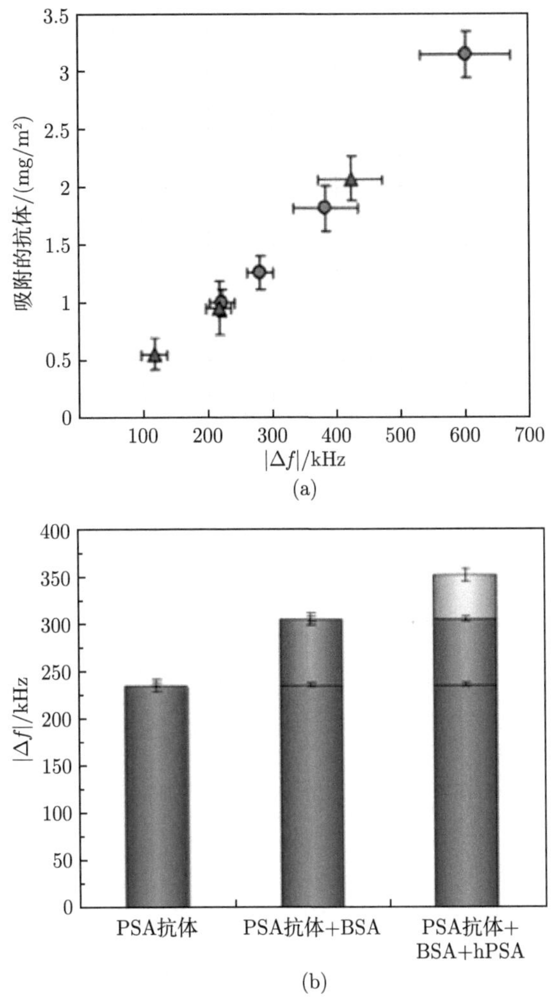

图 7.18 (a) 椭圆偏振法测得的抗体表面吸附量与 BAW 频率下移关系图；(b) 不同处理方法引起的 BAW 频率偏移 [12]

2. DNA 检测

除蛋白质之外，自 2004 年以来，BAW 越来越多地应用于 DNA 的检测。临床诊断、环境监测和食品安全对 DNA 序列检测的需求日益增加。例如，实时、无标记的 DNA 分子检测或 DNA 杂交对于基因序列分析非常重要，这使得检测基因突变用于早期疾病诊断成为可能。Gabl 报道了一种无标记 ZnO 基 BAW 生物传感器的制备，并成功应用于 DNA 和蛋白质分子的检测，工作频率为 2 GHz[13]。然后计算灵敏度为 2400 Hz·cm^2/ng，比频率为 20 MHz 的石英晶体微天平 (quartz crystal microbalance，QCM) 高约 2500 倍。Zhang 等制造了一种顶部电极为金的 BAW，通过监测 DNA 杂交发生时的频移，成功地检测了 DNA 序列 (无需标记)[14]。图 7.19(a) 显示了 DNA 传感器的原理图。15-mer 探针核苷酸被 HS-$(CH_2)_6$ 基团功能化，然后固定在 Au 电极上。通过巯基己醇 (MCH) 对 DNA 进行处理，以将其固定在 Au 电极表面，并减少非特异性吸附。该传感器能够区分与探针序列有单碱基不匹配的序列。互补 DNA 的结合导致 70 kHz 的位移，而与一个碱基错配 DNA 的结合仅导致 25 kHz 的位移，证明该传感器能够检测单核苷酸错配 DNA 序列 (图 7.19(b))。

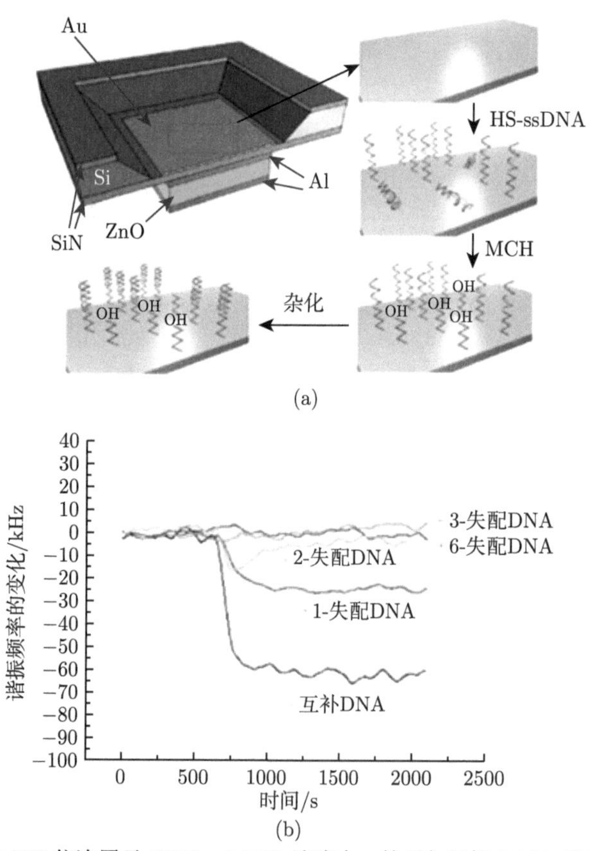

图 7.19　(a) 将 BAW 依次置于 DNA、MCH 溶液中，然后与目标 DNA 序列杂交；(b)BAW 传感器对 DNA 的频率响应 [14]

7.4.3　体声波滤波器在消费电子领域的应用

除了传感和医疗检测外，随着 5G 技术的飞速发展，5G 手机和基站也越来越多地出现在人们生活中。由于 BAW 滤波器的体积小、频率高，因此 BAW 滤波器广泛应用于 5G 手机、平板电脑等消费电子产品中。按照其应用模块不同，可以分为以下几种。

1. 双工器

双工器在通信系统中具有关键作用，通过组合发射 (T_x) 滤波器和接收 (R_x) 滤波器可以构成双工器。FBAR 双工器的优点为尺寸小，接收灵敏度高，Q 值高，功率控制能力强。图 7.20 为 BAW 双工器的原理图，其中 T_x 代表发射端，R_x 代表接收端，在接收滤波器和发射滤波器、天线之间有一根传输线，长度为四分之一波长，用来隔离发射信号和接收信号，实现双工通信的功能。

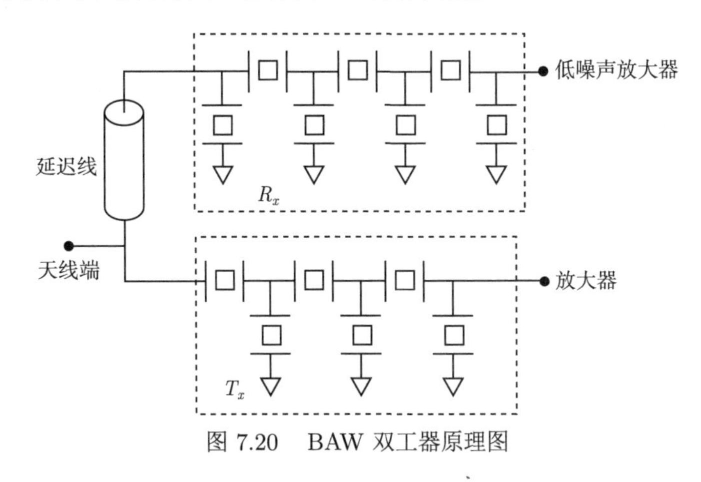

图 7.20 BAW 双工器原理图

双工器的发射滤波器和接收滤波器都是由多个串联和并联 BAW 组成的。对不同拓扑结构的双工器性能分析可知，对于发射滤波器，要想在接收频段达到 40 dB 的衰减则宜采用 4 串 2 并结构；对于接收滤波器，要想在发射频段达到 45 dB 的衰减则宜采用 3 串 4 并结构。图 7.21 为 Broadcom 公司制备的多工器，尺寸为 2.5 mm × 2 mm × 0.8 mm，特征阻抗为 50 Ω，可以工作在 B70、B66、B25 频段，功率容量高达 31 dBm。

图 7.21 Broadcom 公司制备的多工器

2. 射频前端模块

BAW 滤波器广泛应用于各种设备的射频前端模块。射频前端是各类通信系统的重要组成部分，其核心作用是实现基带信号的射频收发转换，要求高效，低噪声，滤除干扰信号和低功耗 (移动设备)。其中移动终端的射频前端功能器件主要包括功率放大器、低噪放大器，射频开关、滤波器、双工器及天线调谐器，参见图 7.22。

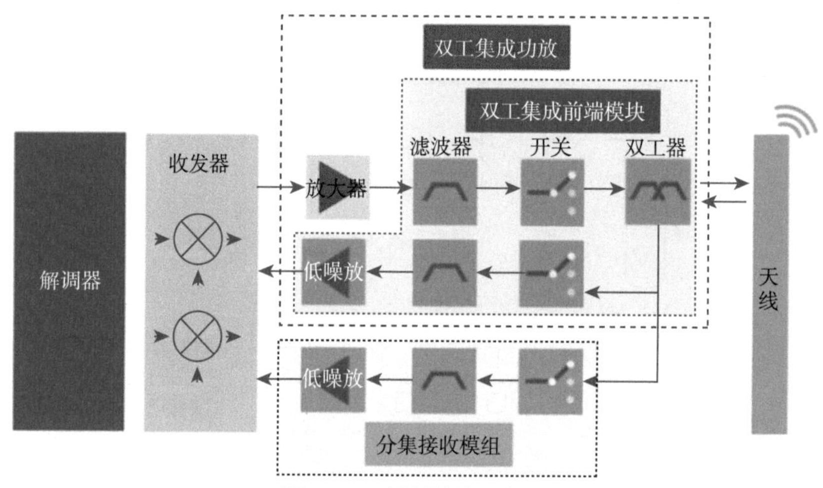

图 7.22　射频前端示意图

其中，

(1) 功率放大器——负责发射通道的射频信号放大；

(2) 滤波器——用于保留特定频段内的信号，滤除干扰不需要的信号；

(3) 双工器——由两组不同频率的带阻滤波器组成，用于发射和接收信号的隔离；

(4) 射频开关——实现发射和接收通道的切换；

(5) 低噪声放大器——主要用于接收通道中小信号的放大；

(6) 天线调谐器——使发射机和天线之间阻抗匹配，以改善天线在特定频段上的效率。

由于 5G 通信设备具有更大的通信传输容量和支持更多的频段，因此移动通信设备具有更多的天线和滤波器数量。而为了适应小型化和便携化的方向，就要求滤波器具有更小的尺寸。SAW 滤波器工作在 2 GHz 以下，介质和金属滤波器尺寸过大，无法满足微型化的要求。而 BAW 滤波器同时兼具高频和微型化的特点，可以很好地满足 5G 设备的要求。BAW 滤波器的尺寸与其支持的频率成反比，频率越高，尺寸越小。相反，频率较低的频段反而是 SAW 适合。然而随着 5G 的到来，大量超 2 GHz 的频段被启用，频谱逐渐拥挤，相邻频段的过渡区域更窄，因此对于高矩形系数滤波器的需求显著增加。BAW 技术使人们有可能设计出具有非常陡峭滤波器裙边、高抑制性能以及温漂很小的窄带滤波器，它非常适合处理相邻频段之间非常棘手的干扰抑制问题。射频前端模块可以分为以下几种。

1) FEMiD

如图 7.23 所示，将滤波器、开关以及双工器集成在一个模块中，该模块称为 FEMiD(双工集成前端模块)。FEMiD 起源于 3G 通信，无源器件厂家将开关和多频段滤波器集成到一个芯片中，可以减轻设计厂家的压力，同时获得高额利润。目前射频前端的研究仍然围绕多模多频段展开，但是其技术难度并不高。

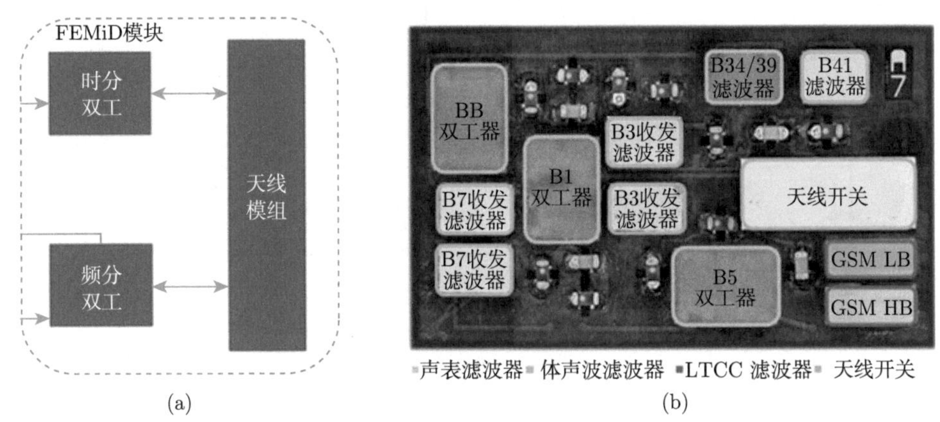

图 7.23 (a)FEMiD 示意图；(b)FEMiD 芯片内部结构图

2) PAMiD

图 7.24 是 PAMiD(双工集成功放) 的一个示意图。与 FEMiD 相比，PAMiD 增加了一个放大器，PAMiD 的出现再次提高了 RF 前端的集成度。与 FEMiD 相比，PAMiD 具有更大的优势：一方面 PAMiD 的集总元件尺寸更小，另一方面 PAMiD 的出现极大地减轻了设计厂家的工作，设计厂家只需要简单地拼搭即可完成系统设计，极大地减轻了设计端的压力。

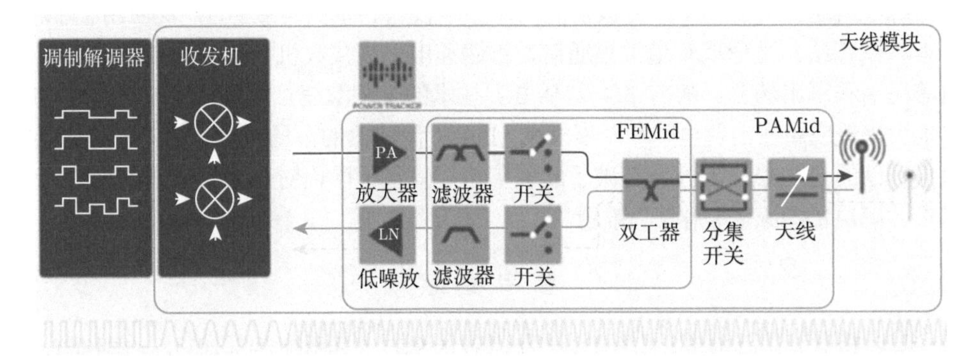

(a)

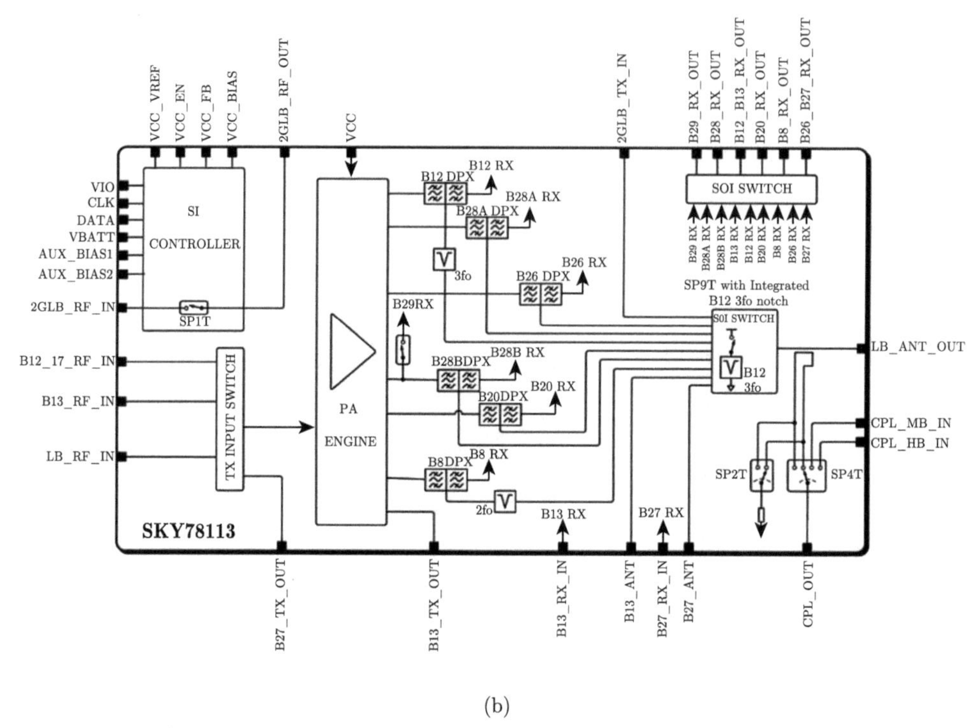

(b)

图 7.24　(a) PAMiD 示意图；(b) Skyworks 设计的 PAMiD 芯片

自关税方案宣布以来，中美贸易战愈演愈烈，而中美贸易战的本质是科技领域的竞争。而 FBAR 滤波器正是其中的关键一环，国内尚无公司可以大批量出货。华为公司最近推出的 5G 手机 Mate 60 Pro 也使用了 5G FBAR 滤波器。据分析，华为 5G 手机遇到的主要难题之一就是在 BAW 滤波器方面，因为国内相关射频前端企业在 MEMS 技术的设计和制备方面与国际大厂存在显著差异，这个差距可能会影响到 5G 网络性能和稳定性。

综上所述，由于 BAW 滤波器的工作频率较高、体积非常小，广泛应用于手机、平板、微基站、地球低轨道卫星通信、雷达和电子战接收机、信标和敌我识别应答机等民用和军用场合。随着 5G 乃至 6G 技术的继续演变，BAW 滤波器会越来越多地大规模应用在消费电子和军事领域，BAW 滤波器的市场前景广阔，而本课题组自主开创的 SABAR® 技术打破了欧美垄断，满足了国内对该射频滤波芯片的大量需求，解决了国家“卡脖子”难题。

参 考 文 献

[1] 柴琰, 杨华. 适用于海事卫星终端的体声波滤波器设计. 中国科技信息, 2014, 7: 224-226.
[2] 王帅, 徐凌伟. 北斗卫星导航系统体声波滤波器设计. 中国新技术新产品, 2014, 4: 5-6.

[3] Mercier D, Claret T, Sansa M, et al. BAW Filter for space applications at 4.2 GHz. 2022 52nd European Microwave Conference (EuMC), IEEE: 2022: 416-419.
[4] Ashley G, Luo J, Kirby P, et al. Thin film bulk acoustic wave resonators for continuous monitoring in the physical, chemical and biological realms. MRS Online Proceedings Library (OPL), 2009, 1222: 1222-DD02-18.
[5] Chiu K H, Chen H R, Huang S R, et al. High-performance film bulk acoustic wave pressure and temperature sensors. Japanese Journal of Applied Physics, 2007, 46 (4R): 1392.
[6] 丁扣宝, 刘世洁, 何兴理. 密封空气型 BAW 温度传感器. 压电与声光, 2012, 34(5): 649-651.
[7] Wang Z Q, Oiler J, Zhu J, et al. Film bulk acoustic-wave resonator (BAW) based infrared sensor. IEEE 5th International Conference on Nano/Micro Engineered and Molecular Systems, 2010: 824-827.
[8] Qiu X, Zhu J, Oiler J, et al. Film bulk acoustic-wave resonator based ultraviolet sensor. Applied Physics Letters, 2009, 94(15): 151917.
[9] Qiu X, Tang R, Zhu J, et al. Experiment and theoretical analysis of relative humidity sensor based on film bulk acoustic-wave resonator. Sensors and Actuators B: Chemical, 2010, 147(2): 381-384.
[10] Lin A, Li Y J, Wang L, et al. Label-free detection of prostate-specific antigen with FBAR-based sensor with oriented antibody immobilization. IEEE International Ultrasonics Symposium, 2011: 797-800.
[11] Jeong Y, Lee K, Park H, et al. Enhanced detection of single-cell-secreted proteins using a fluorescent immunoassay on the protein-G-terminated glass substrate. International Journal of Nanomedicine, 2016, 11: 1985-1986.
[12] Zhao X, Pan F, Ashley G. M, et al. Label-free detection of human prostate-specific antigen (hPSA) using film bulk acoustic resonators (BAWs). Sensors and Actuators B: Chemical, 2014, 190: 946-953.
[13] Gabl R, Feucht H D, Zeininger H, et al. First results on label-free detection of DNA and protein molecules using a novel integrated sensor technology based on gravimetric detection principles. Biosensors and Bioelectronics, 2004, 19(6): 615-620.
[14] Zhang H, Marma M, Bahl S, et al. Sequence specific label-free DNA sensing using film-bulk-acoustic-resonators. IEEE Sensors Journal 2007, 7(12): 1587-1588.

第 8 章　体声波滤波器的前沿技术

过去十多年来，移动通信发生了翻天覆地的变化。一方面，通信制式由针对地区和运营商的特定设计向“全球通”设计转变，另一方面，通信技术从 2G 向 5G 演进，得以实现这一巨大变革的原因正是功率放大器 (power amplifier，PA)、滤波器、天线、开关和低噪声放大器 (low noise amplifier，LNA) 等支撑通信功能的射频器件的不断升级换代。随着手机智能化提升，需要支持的通信频段、交互通道增多、带宽变大，对射频前端器件的数量和功能要求大幅提升，手机中的射频前端方案日益集成化、小型化、模组化，高集成度射频前端模组已是大势所趋。

受 5G 渗透率提升的驱动，Yole 数据显示，射频前端市场规模在 2021 年达到了 190 亿美元，预计到 2028 年将增长至 269 亿美元；进入 2022 年后，全球电子市场消费持续低迷，射频前端市场基本与 2021 年持平，但从中长期来看，这一市场仍然充满前景。

近几年在国内庞大的终端市场需求、国产替代浪潮及资本加持下，中国射频前端产业发展步入快轨，一批具有代表性的射频前端企业不断涌现。不过，虽然 5G 技术的应用进一步拉升了射频前端器件市场空间，但国内厂商短时间内难以攻破由 Skyworks、Qorvo、Broadcom、Qualcomm 与村田等国际射频巨头建立的市场壁垒，在行业进入下一个高速增长周期前，本土射频前端产业链从设计、制造到封测，向模组化、高端化市场进阶的需求日益迫切。

无线通信正在向高频方向发展，在 Sub-6G 直至毫米波频段均需要满足高频宽带通信需求。因此，基于 AlN 的 BAW 滤波器以及各种类 MEMS 滤波器成为新一代移动通信的重要解决方案。在 2021 年发布的《中华人民共和国国民经济和社会发展第十四个五年规划和 2035 年远景目标纲要》中明确指出，需要提升通信设备、核心电子元器件、关键软件等产业水平。目前国内已经出现了一批重要的研究成果，但国产 BAW 滤波芯片在材料生长和器件制造全过程中面临瓶颈。具体表现为以下三个方面。①磁控溅射的 AlN 薄膜质量较差。目前商用磁控溅射制备的 AlN 薄膜为多晶薄膜，多晶 AlN 薄膜中存在大量的晶界和缺陷，压电效应较差，对声波损耗大，能量转换效率较低。②主流空腔型体声波滤波芯片制备工艺复杂。国外主流的商用空腔型 BAW 滤波芯片使用化学机械抛光 (CMP) 和牺牲层释放工艺来形成空腔，工艺十分复杂，对器件损伤大，良率较低，器件性能差。③现有商用装备无法满足新工艺的需求。目前国外技术路线所使用的商用 BAW 滤波芯片制备设备精度较差、易损伤晶圆，且缺乏满足新工艺需求的功能，导致芯片良率低、生产效率低。因此，现在仍需全面突破滤波芯片的材料生长、电路设计及仿真、制备工艺、量产集成、终端应用等一系列关键科学与技术问题，发展滤波器各类前沿技术，研制高频宽带滤波器的关键材料，为我国引领和推进高频宽带滤波器芯片及其产业化奠定了坚实的科学技术基础，在解决被国外“卡脖子”问题的同时，满足高频宽带通信需求。

8.1 单晶 AlN 体声波滤波器

8.1.1 体声波滤波器的性能瓶颈

目前 BAW 滤波器在性能上主要面临插损难以进一步降低、带外抑制偏低、功率容量不足以及生产良率低所造成的成本较高的瓶颈，可总结为以下几个主要问题。

1. 问题 1：压电材料生长质量

业界常用的 PVD 法生长得到的 AlN 薄膜晶体质量较差，而当采用 MOCVD 外延法生长 AlN 薄膜以期提高晶体质量时，所制备的薄膜应力大，致使器件制备时容易发生破碎等问题，降低了生产良率，同时 AlN 材料较低的本征机电耦合系数也使得器件带宽难以提升。

2. 问题 2：滤波器电路设计及仿真

现有的滤波器模型仿真拟合程度较差，谐振器的几何形状会导致热量聚集，而物理结构也会影响声波传输，进而影响器件性能，材料结构存在的瓶颈也使器件性能难以进一步提升。

3. 问题 3：滤波器制备

制备工艺对器件存在较大影响，包括：传统湿法腐蚀工艺精度不高，难以制备复杂高精度的 MEMS 结构，膜层厚度控制不够精确造成晶圆范围内频率不准确，薄膜的残余应力影响器件可靠性，光刻工艺过程中的每一步都可能出现变量并带来缺陷，同时封装工艺也会影响芯片性能。

滤波器是移动通信中的核心器件，材料生长、仿真设计与器件制备是滤波器生产的重要部分。高质量的材料能明显提高滤波器的性能，高拟合度的仿真模型能较为精确地模拟器件性能，高可靠性的制备工艺能有效地影响器件的实际性能与良率。因此，材料生长、仿真设计、器件制备等方面的科学与技术问题需要得到解决。

8.1.2 压电材料质量与体声波滤波器性能

目前，多晶 AlN 薄膜普遍存在大量位错和晶界等缺陷，导致声波能量损耗上升。因此，基于 AlN 多晶薄膜的 BAW 器件的性能上存在高损耗、低能量转换效率的缺点，且难以克服功率容量的限制。因此，提升滤波器压电材料的质量与滤波器性能成为科研人员的研究热点。

以提升滤波器压电材料质量为例，科研工作者做了大量的工作。2017 年，在碳化硅 (SiC) 衬底上外延生长的单晶 AlN 作为压电薄膜的 BAW 器件，相对于采用传统多晶 AlN 材料制备的 BAW 滤波器，性能得到了显著提升。谐振器的最大 Q 值提升至 1523，滤波器的中心频率为 5.24 GHz，带宽最高达到 151 MHz，最小插入损耗为 2.82 dB，带外抑制大于 38 dB。除了晶体质量外，BAW 谐振器的 Q 值还与器件结构以及传输线路的损耗相关。器件结构的设计和制备流程中把控的品质对谐振器性能产生了显著影响。采用国外的多晶 BAW 技术路线制备器件时，引入的 CMP 与牺牲层释放工艺不可避免地对器件造成一定损伤。因此，谐振器和滤波器的性能会受工艺波动而下降。并且对于滤波器行业的从业人员而言，特别是国内的研究团队而言，更为致命的是 BAW 器件制备的核心专利被少数几家国外公司所垄断。在国际竞争日益激烈的大环境下，国外的专利壁垒将封锁我国滤波器件的产业化道路。

基于上述几项原因，本书作者带领团队另辟蹊径，通过创新性的研究，成功发明了两步生长技术用于制备单晶结构的 AlN 薄膜。同时，团队还独创了具有独立自主知识产权的 SABAR® 技术路线，可规避国外的专利封锁。在 BAW 器件制备方面，团队采用了倒装键合技术形成谐振器的空腔结构，这一创新性的方法成功地减小了谐振器的损伤 [1]。在压电材料上，高品质的 AlN 薄膜具有较低的位错和晶界密度，从而有效减少了声波的散射和吸收，减少了声波能量损失。这种特性使得基于 AlN 的 BAW 滤波器具有更高的 Q 值。团队采用单晶 AlN 薄膜制备的 SABAR® 显示出卓越性能，其串联谐振点的 Q 值超过 4000。此外，单晶 AlN 薄膜的纵向声速可以达到 11350 m/s，高于多晶 AlN 薄膜的 11150 m/s。这使得在相同厚度的 AlN 薄膜下，SABAR® 拥有更高的谐振频率；另一方面，创新的 SABAR® 制备工艺成功降低了由 CMP 和牺牲层释放而导致的器件损伤，从而进一步提升了谐振器的性能。

8.1.3 单晶 AlN 压电材料发展历程

多晶 AlN 材料存在大量的位错和晶界等缺陷，导致声波在压电薄膜中传播时被这些缺陷吸收和散射，进而引起能量损失，降低了纵波声速，使器件的损耗增加。同时，由于薄膜厚度难以精确控制，从而影响了器件成品的一致性；并且反向极性的 c 轴取向晶粒在压电效应中产生电波动，形成杂波。因此，开发缺陷更少、质量更高的单晶 AlN 薄膜对于提高谐振器的机电耦合系数、降低器件损耗以及精确控制器件的谐振频率至关重要。因此，单晶 AlN 的生长研究受到越来越多的重视。

20 世纪 60 年代前，科学家主要采用 AlN 粉末升华或 Al 金属在氮气中气化的方法制备单晶 AlN[2−7]。然而，将原料放置在碳装置中进行晶体生长时存在内部污染的问题。到了 1976 年，通过升华法的自发形核生长技术成功制备了高纯度的块状毫米级 AlN 单晶，但晶格内的氮原子空位缺陷导致晶体呈琥珀色，而且在制备多份样品时，反应温度都需要高于 2000 ℃[8−10]。随后的研究中提出了 AlN 单晶生长模型，揭示了生长速率与温度的关系，并强调了晶体表面氮吸附效率低导致生长速率受限的机制 [11]；2002 年，升华法制备 AlN 的温度–晶体质量模型表明随着生长温度的增加，AlN 的晶体质量提升。在氮气环境下，针状沿 c 轴生长的 AlN 在生长速率方面达到最高值，可达 10 mm/h。在 2006~2009 年，研究人员利用物理气相传输法成功生长了高质量的 AlN 体单晶，其晶体质量随着 AlN 籽晶的外延生长而逐步改善。

20 世纪 90 年代到 21 世纪初，由于薄膜器件对于高质量 AlN 薄膜的需求，研究者们从 SiC 籽晶外延生长技术获得灵感 [12−18]，逐步开始有关外延技术生长 AlN 单晶薄膜的研究。2000 年前后，使用化学机械抛光工艺改善衬底平坦度后，研究人员采用金属有机气相外延法在单晶 AlN 衬底上生长出直径为 1 cm、厚度 0.7 μm 的单晶 AlN 薄膜，$\chi_{\min}$(在近表面小区域内，沿轴入射的产额与随机入射的散射产额之比) 为 1.5%[19,20]。但该衬底尺寸较小，生长 AlN 薄膜的成本过于高昂，不能满足商业化的需求，因此提高衬底尺寸成为高质量单晶 AlN 薄膜生长的一个重要研究方向。

目前单晶 AlN 外延薄膜主要通过 MOCVD 技术、MBE 技术或 PLD 技术制备。2007 年，科研人员采用 PLD 技术在单晶 Ta 衬底上低温 (450 ℃) 外延制备了单晶 AlN 薄膜 [21]，该薄膜的 (0002) 半高宽达到了仅有 0.37°，同时在 AlN/Ta 表面形成了显著的异质界面。然而，不足之处在于这种方法制备的 AlN 薄膜沉积速率仅为 8 nm/min，无法满足器件中数百纳米的薄膜厚度需求。2009 年，科研人员又通过 MOCVD 技术在 2 英寸的晶圆上成功制备了均匀性为 1.3%的单晶 AlN 薄膜 [22]。在制备温度为 1200 ℃ 的条件下，薄膜的沉积速率达到了 1 μm/h，与 PLD 技术相比，制备速率显著提高。2014 年，由本书作者领导的团队采用 PLD 技术成功在 2 英寸 Cu(111) 衬底上制备了厚度为 321 nm 的单晶 AlN 薄膜 [23]，沉积速率为 65 nm/h，薄膜表面粗糙度为 2.3 nm。然而，由于 Cu(111) 衬底晶体质量较差，制备的 AlN 薄膜 (0002) 半高宽达到 2.0°。在 2017 年，本书作者领导的团队采用相同的方法在 2 英寸蓝宝石衬底上成功制备了厚度为 300 nm 的单晶 AlN 薄膜，其 AlN(0002) 半高宽降至 0.59°，而薄膜表面粗糙度降低至 1.5 nm。2018 年，Wang 等 [24] 采用 MOCVD 技术，降低反应温度至 1130 ℃，在 2 英寸的纳米图案化蓝宝石衬底上成功制备了厚度为 2.55 μm 的单晶 AlN 薄膜，其 AlN($10\bar{1}2$) 半高宽降至 714″(约 0.198°)。2017 年，本书作者领导的团队利用 MOCVD 技术，在经过适当氮化处理的蓝宝石衬底上，以 950℃ 的温度条件成功制备了厚度为 20 nm 的单晶 AlN 薄膜，其 (0002) 半高宽最低可达 55″(相当于 0.015°)[25]。

对于制备单晶 AlN 薄膜，这里对比三种常用方法 (即 MOCVD 技术、MBE 技术、PLD 技术)。其中，MOCVD 技术存在生长温度高、AlN 前驱体反应剧烈、生长速率慢等问题，导致外延薄膜应力大且难以控制 [22,26]。同时某些衬底的物理化学性质不够稳定，容易与薄膜发生剧烈的界面反应 [22]。MBE 技术外延制备单晶 AlN 薄膜对真空度的要求很高，沉积速率较低 [27,28]，不适合企业大规模生产。而 PLD 技术在制备过程中气化膨胀引起的反冲力导致液滴溅射沉积于基底，损害了薄膜质量，表现为均匀性差、缺陷密度高，同时沉积速率也较低 [29]，因此，三种方法各自存在局限性，选择适用的方法时需要考虑生产规模、真空度需求以及对薄膜质量的要求。

2005 年，本书作者领导的团队深入研究了 PLD 技术生长机理 [23,29−31]，并利用该技术在 $MgAl_2O_4$(111) 衬底上成功外延生长了 GaN 薄膜 [31]。研究结果表明，随着生长温度的降低，GaN 与 $MgAl_2O_4$ 之间的界面层厚度减小，且在室温条件下成功抑制了界面反应，使得采用 PLD 方法在室温下生长的 GaN(0002) 的半高宽降至 0.21°。本书作者带领团队 [32−34] 将 PLD 低温生长技术扩展到 Ⅲ 族氮化物的薄膜生长，并针对 PLD 生长薄膜均匀性差的问题，创新性地开发了激光光栅扫描控制技术。通过程序控制脉冲激光，成功地改善了等离子体羽辉的空间分布，显著提高了 Ⅲ 族氮化物薄膜的均匀性并降低了薄膜应力。该技术在 2 英寸衬底上生长的 AlN 薄膜中取得了显著成果，表面 RMS 粗糙度小于 1.53 nm，界面层厚度小于 1.5 nm，同时面内压缩应变仅为 0.26% [32]。2016 年，在前述采用 PLD 技术生长高均匀性、低应力的 AlN 薄膜基础上，本书作者带领研究团队开发了一种创新的 PLD 结合 MOCVD 的两步生长技术 [35−37]，以满足对薄膜厚度精确控制和沉积速率提升的需求。该方法利用激光光栅扫描辅助 PLD 技术首先生长 AlN 低温缓冲层，随后将其转移至 MOCVD 进行中高温外延生长，实现了位错的湮灭和缺陷控制，同时精准调控 AlN 薄膜厚度。这种技术结合了 PLD 和 MOCVD 的优势，提供同质衬底支持外延生长。在 6 英寸 Si 衬底上，成功实现了高质量 AlN 薄膜的生长，且具有高均匀性、低应力和低缺陷密度等特点，实测厚度为 140 nm 的 AlN 薄膜表面粗糙度仅为 0.82 nm，AlN(0002) 半高宽达到 0.57°。

8.1.4　SABAR® 全新结构的实现

早在 2005 年，本书作者在东京大学开展单晶 AlN 的 BAW 滤波器研究。其后，该团队将步进扫描激光光栅 (laser-rastering-PLD，laser-PLD)、MOCVD 和 PVD 技术结合，发明了两步生长法，以在 Si 衬底上生长 AlN 薄膜，之后再将具有电极层的单晶 AlN 膜转移到另一片衬底上，形成空气隙型 BAW 滤波器。

随着 5G 等高频通信技术的全面铺开，目前国外主流 BAW 滤波芯片采用多晶 AlN 作为压电层，其结构复杂、生产效率低。因此本书作者带领团队设计了全新的、基于 SABAR® 新型结构，简化了芯片结构的同时应用了迥异于传统 BAW 形成空腔方法的键合工艺进行空腔制备，具体如下所述。

第一步，采用低温结合高温两步生长法，在硅衬底上外延生长出满足要求厚度的单晶 AlN 薄膜 (A 片)。第二步，在单晶 AlN 薄膜上通过磁控溅射方式生长 Mo 底电极；采用干法刻蚀方式，刻蚀空腔 (C 片)；接下来，A 片翻转方向，在 C 片上方与 A 片进行键合，其间采用双面对准曝光机、自对准键合机实现 A 片与 C 片的对位对准。第三步，通过可以监测成分的自动晶圆减薄机，去除倒装键合在上方的原 A 片的硅衬底，采用键合及衬底剥离后得到 B 片。第四步，在单晶 AlN 薄膜上通过磁控溅射方式生长 Mo 顶电极，并通过刻蚀实现图形化刻蚀，制备其他特殊结构最终实现器件的工艺制备。

在材料端，为了克服高温生长带来的问题，本团队发明了 laser-PLD 低温外延生长装备 (图 8.1(a))。该装备利用脉冲激光烧蚀靶材产生的等离子体羽辉动能和迁移活性较高，可以在相对较低温度 (小于 500 ℃) 下生长，低温环境也可以有效抑制衬底表面原子向外延材料晶格的扩散。同时，针对该装备专门开发的计算机程序可以精确控制光栅镜的空间角度以及靶材的旋转速度，从而改变脉冲激光烧蚀靶材的位置和扫描速度 (图 8.1(b))，改善等离子体羽辉的空间分布，改变粒子到达衬底的位置和入射方向，从而解决传统 PLD 由脉冲激光烧蚀靶材产生的等离子体羽辉取向性而造成薄膜均匀性差的问题。

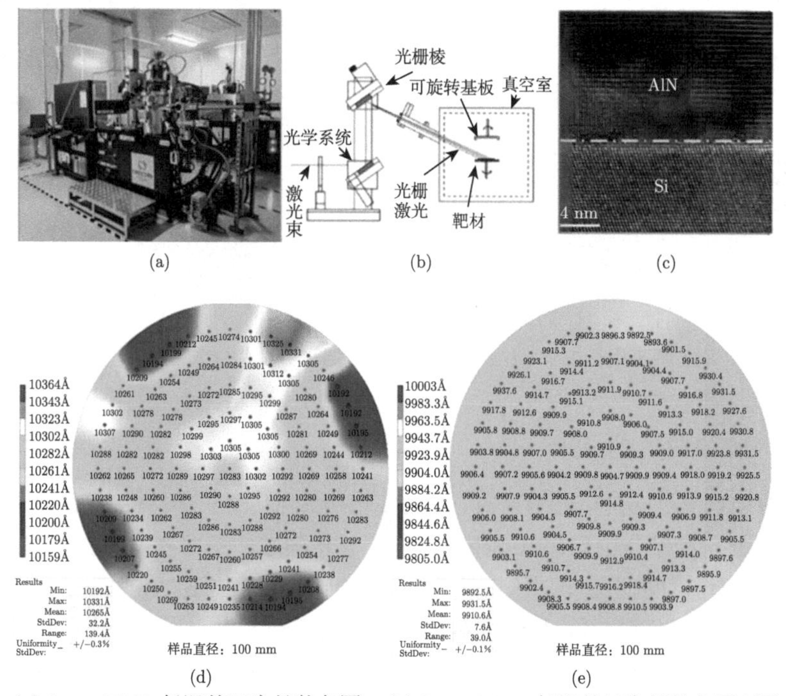

图 8.1 (a) laser-PLD 低温外延生长装备图；(b) laser-PLD 低温外延生长装备原理图；(c) 低温 (小于 500 ℃) 外延生长 AlN 界面 TEM 图；(d) 传统 PLD 生长 Ⅲ 族氮化物薄膜的均匀性；(e) laser-PLD 生长 Ⅲ 族氮化物薄膜的均匀性

本团队利用上述 laser-PLD 低温外延生长装备在多种衬底上生长 Ⅲ 族氮化物，一方面，在低温生长环境 (小于 500 ℃) 下抑制了衬底原子向外延材料晶格的扩散，使得界面层厚度大幅度降低 (图 8.1(c))；另一方面，应用装备的步进扫描 laser-rastering 功能改变等离子体羽辉的入射角、薄膜的沉积速率等，获得高厚度均匀性薄膜，将薄膜厚度不均匀性从 11%降低到 1%以内 (图 8.1(d)、(e))。在抑制衬底与 Ⅲ 族氮化物薄膜之间的原子扩散，以及在多种衬底上获得具有突变异质界面的缓冲层后，再采用 MOCVD 高温外延，通过高温促进横向过生长，进一步降低缺陷密度 (图 8.1(b))，有效解决了低温外延的局限性，大幅度提高了外延材料的晶体质量，最终在 8 英寸的硅、蓝宝石、玻璃等多种衬底上实现了具有突变异质界面、厚度不均匀性在 1%以内的 Ⅲ 族氮化物外延薄膜生长。

本团队采用两步生长法实现了 SABAR® 芯片的 “低温单晶 AlN 缓冲层 + 高温单晶 AlN 功能层” 外延结构，如图 8.2 所示。其中，单晶 AlN 薄膜可以大幅度减少晶界和缺陷带来的能量损失，使芯片插入损耗降低至 1.3 dB，带外抑制大于 42 dB，功率容量达到 +33 dBm。

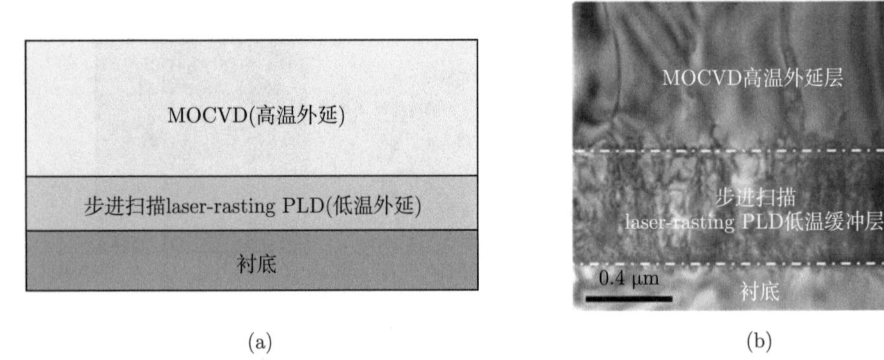

(a)　　(b)

图 8.2　(a) 两步生长法外延结构示意图；(b) 通过该两步生长法生长材料 TEM 图

8.1.5　SABAR® 的设计

在 BAW 滤波芯片电路设计时，经常使用传统 Mason 模型和 MBVD 模型进行研究。Mason 模型是由理想状态下的由各层材料膜厚、基本物理属性、有源区面积等得到的，由于忽略了压电层压电效应换能和电极层、支撑层、衬底等普通声学层中声波反射引起的机械损耗，以及非电极膜层介质损耗和电极阻抗损耗，所以 Mason 模型与真实值有所偏差；MBVD 电学仿真模型则是忽略剪切波对 BAW 谐振器的作用。所以无论是 Mason 等效模型还是 MBVD 等效模型，获得的 BAW 谐振器的仿真曲线都是平滑的，没有寄生谐振峰的影响。而在实际的 BAW 谐振器工作过程中，压电振荡堆中存在横向传递的波，虽然其不是 BAW 谐振器的主要工作模式，但从实际器件的测试结果观察，其影响较大，严重干扰了纵波振动工作模式下的 BAW 谐振器器件性能，且模型参数过于理想化，模拟结果通常与实际芯片测试性能相差较大。

因此，本团队首创两步生长法制备出高质量的单晶 AlN 薄膜并应用于 SABAR® 滤波芯片中，单晶 AlN 晶体质量更高，使得材料的机电转化效率、声速、声阻抗等得到相应提升，材料性能发生变化，接近材料的理想值，如表 8.1 所示。

表 8.1 SABAR® 与 BAW 仿真参数性能

材料	密度 ρ/(kg/m^3)	夹持介电常数 $\varepsilon_{zz}^{\mathrm{S}}$/(F/m)	声阻抗 Z_{mech} /[kg/(m^2·s)]	纵波声速 v_{a}/(m/s)	机电耦合系数 k_{t}^2	衰减因子 α/(dB/m)
AlN (SABAR®)	**3260**	**1.05×10^{-10}**	**3.70×10^{7}**	**11350**	**0.065**	**600**
AlN(BAW)	3260	9.50×10^{-11}	3.63×10^{7}	11150	0.06	800
Mo	10280		6.39×10^{7}	6213		500
Si	2332		1.97×10^{7}	8429		

此外，本团队针对现有的 SABAR® 滤波芯片，提出并验证了单晶 AlN 的材料参数，用于代入 Mason 模型中，使用 MBVD 模型中提取出的 R_0、R_{s}、R_{m} 参数对 Mason 模型进行修正优化，拟合器件中的损耗，得到与 SABAR® 拟合度极高的修正 Mason 模型。进一步引入保护层、负载层、空气桥、缓冲层等结构，对谐振器结构进行设计，优化器件性能，这些在 Mason 模型中均有体现，如图 8.3 所示。相比于传统的 Mason 模型，如图 8.4 所示，有明显的优化，使得拟合结果更加契合 SABAR® 实测数据，对 SABAR® 生产具有重要的指导意义。

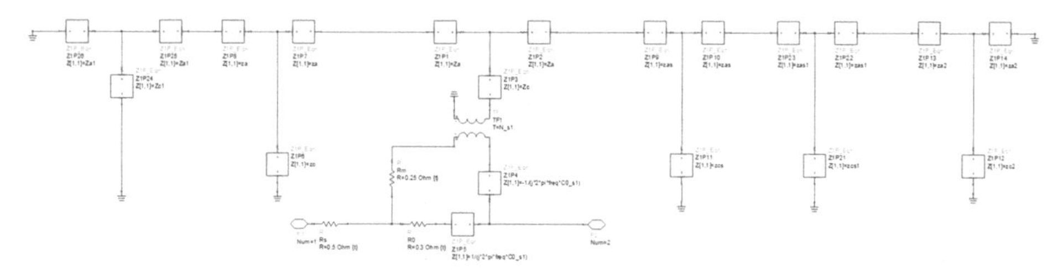

图 8.3 SABAR®Mason 电路

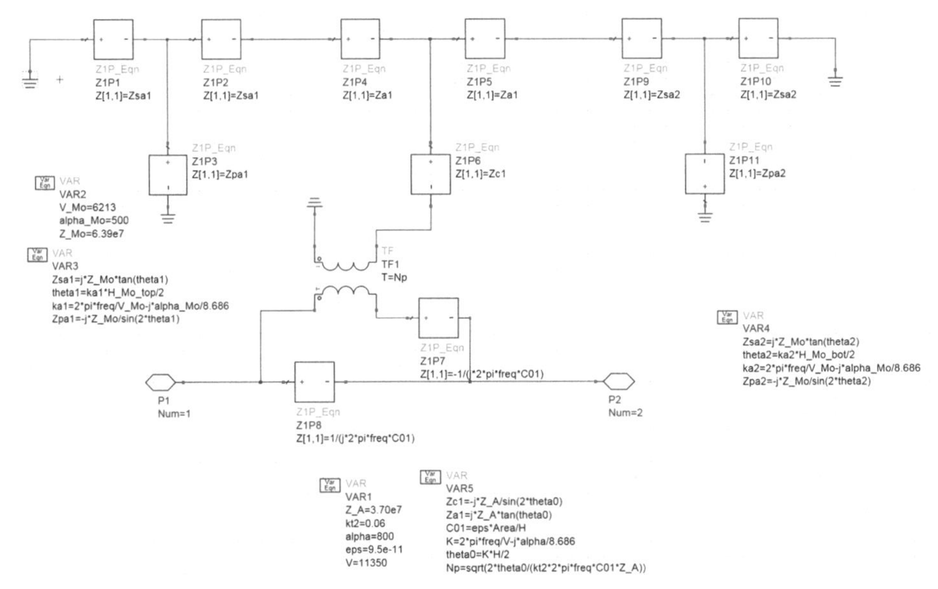

图 8.4　BAW 的 Mason 等效模型

8.1.6　SABAR® 的材料生长

在制备单晶 AlN 薄膜的传统方法中，MOCVD 技术生长温度高，AlN 前驱体的寄生预反应剧烈，研究发现，特定衬底的物理化学性质不够稳定，易与薄膜发生剧烈的界面反应，导致外延薄膜受到难以控制的较大应力的影响。采用 MBE 技术制备单晶 AlN 薄膜对真空度要求极高，沉积速率较低，不适合大规模生产。另一方面，PLD 技术制备的单晶 AlN 薄膜中，气化膨胀引发的反冲力对熔融靶材产生冲击，导致液滴溅射飞行并沉积于基底，损害了薄膜质量，使得均匀性差、缺陷密度高，并伴随较低的沉积速率。这些问题限制了当前方法在高质量 AlN 薄膜大规模制备方面的适用性。在此基础上，本团队通过结合不同的生长法，利用各生长法的优点，开发了 MOCVD 结合 PVD 两步生长法、PLD 结合 MOCVD 两步生长法等。

1. MOCVD 结合 PVD 两步生长法

传统的 MOCVD 技术生长的单晶 AlN 薄膜存在应力大、薄膜翘曲大等问题，如图 8.5 所示，限制了 AlN 材料的应用。PVD 法溅射到衬底上的原子没有足够的能量进行横向迁移，导致 AlN 薄膜的成核层质量较差，易产生较多的缺陷。在后续的生长过程中，成核层产生的缺陷易传递至后续薄膜中，进而影响 AlN 薄膜的晶体质量，如图 8.6 所示。MOCVD 结合 PVD 两步生长法，通过 MOCVD 在 Si 衬底上沉积单晶 AlN 缓冲层，在高温条件下为 Al 原子提供充足的迁移能，促进 Al 原子在衬底表面的横向迁移，促进 AlN 缓冲层的生长。同时，高质量的单晶 AlN 缓冲层平坦的表面可以有效提高衬底表面的后续膜层成核层的横向生长以及岛状愈合，从而降低晶界及缺陷数量，因此可以有效改善后续薄膜的晶体质量以及表面粗糙度。其后，在单晶 AlN 缓冲层之上使用 PVD 法溅射 AlN，通过对 AlN 薄膜生长过程中温场、气流场、退火条件等的优化，增加薄膜厚度的同时调控了薄膜应力，从而降低了 AlN 外延薄膜的位错密度和裂纹的产生，如图 8.7 所示。

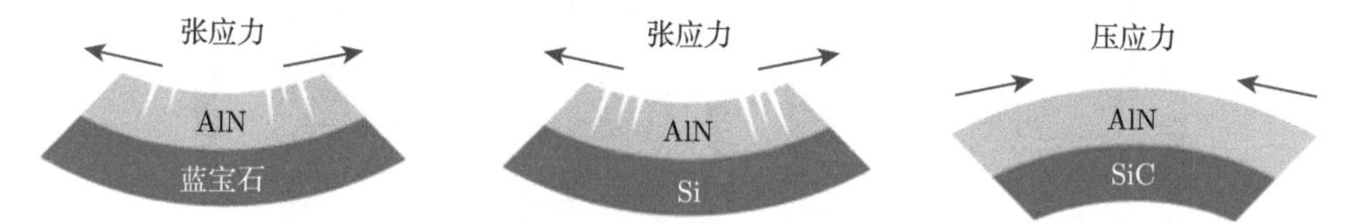

图 8.5 在蓝宝石、Si、SiC 衬底上用 MOCVD 技术制备 AlN 薄膜的应力情况

图 8.6 Si 衬底上用 PVD 法制备 AlN 薄膜的成膜情况

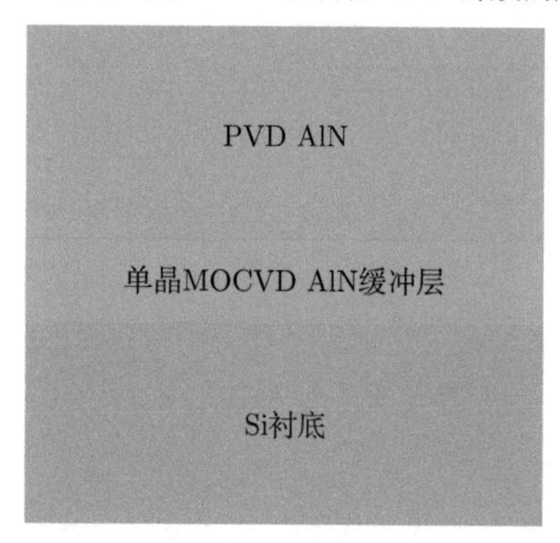

图 8.7 MOCVD 结合 PVD 两步生长法示意图

2022 年，本书作者带领团队采用 MOCVD 结合 PVD 两步生长法，在 4 英寸的 Si 衬底上实现了高均匀性、低应力的高质量 AlN 薄膜，制备了 900 nm 厚的 AlN 薄膜，与常规磁控溅射沉积法制备的 AlN 薄膜相比，两步生长法制备的 AlN 薄膜 RMS 表面粗糙度由 1.57 nm 降低至 0.71 nm(图 8.8)，AlN(0002) 的半高宽由 1.48° 降低至 0.68°，如图 8.9 所示。此外，通过对两个样品进行膜厚分析 (图 8.10)，基于两步生长法制备的 AlN 薄膜具有更好的厚度均匀性 (±0.1%)，相比于磁控溅射

AlN 薄膜有着显著提升 (0.2%)，应力成功控制在 ±50 MPa，如图 8.11 所示，有效地克服了传统 MOCVD 制备 AlN 薄膜应力较大的缺点。

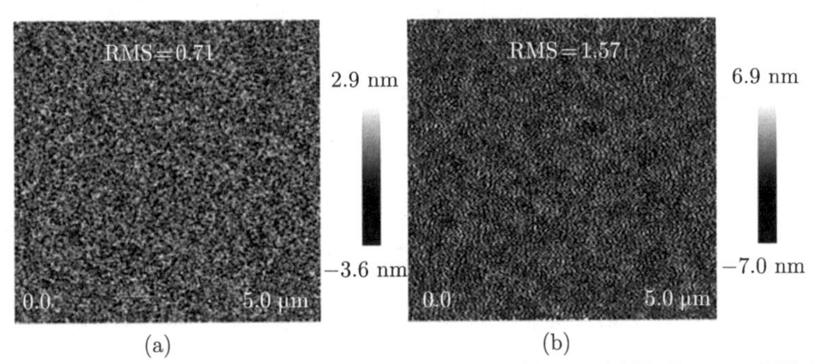

图 8.8　(a) MOCVD 结合 PVD 两步生长法；(b) 磁控溅射沉积法制备的 AlN 薄膜表面粗糙度

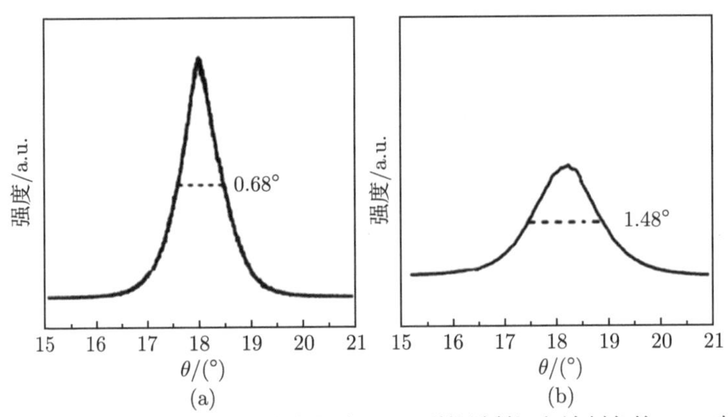

图 8.9　(a)MOCVD 结合 PVD 两步生长法；(b) 磁控溅射沉积法制备的 AlN 薄膜 (0002) 半高宽

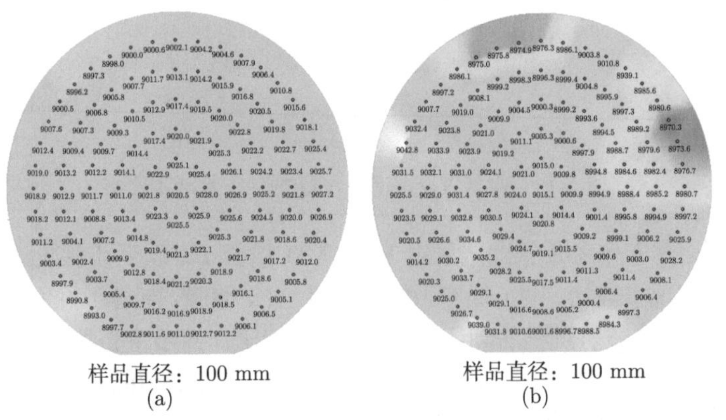

图 8.10　(a)MOCVD 结合 PVD 两步生长法；(b) 磁控溅射沉积法制备的 AlN 薄膜膜厚图

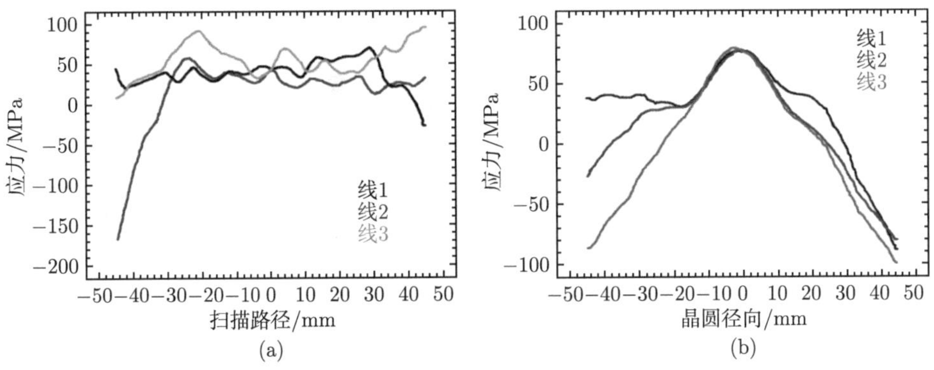

图 8.11 (a)MOCVD 结合 PVD 两步生长法；(b) 磁控溅射沉积法制备的 AlN 薄膜应力图
三条线代表不同的扫描路径，以表征晶面整个面的应力

2. PLD 结合 MOCVD 两步生长法

PLD 技术制备的薄膜表面易存在熔融小颗粒或分子碎片，不易进行大面积薄膜制备，同时降低了薄膜的晶体质量，且等离子体羽辉的方向性很强，在各个方向的速度不一致，在衬底的不同区域，所吸附的粒子数量和活性有很大的差别，薄膜均匀性较差。MOCVD 技术在制备单晶 AlN 薄膜方面存在限制，其生长温度较高导致 AlN 前驱体的寄生预反应剧烈，进而影响生长速率。同时，特定衬底的物理化学性质不够稳定，容易与薄膜发生剧烈的界面反应。这些问题共同制约了 MOCVD 技术在高效制备高质量 AlN 薄膜方面的适用性，如图 8.12 所示。通过 PLD 结合 MOCVD 的两步生长技术 (图 8.13)，首先采用激光光栅扫描辅助 PLD 技术，成功实现了 AlN 低温缓冲层的高均匀性和低应力，同时抑制了界面反应。随后，在将衬底及缓冲层转移到 MOCVD 中进行高温外延生长的过程中，有效促进了位错的湮灭，精确控制了 AlN 薄膜的缺陷，并在提高沉积速率的同时精准控制了薄膜厚度。这一方法中，高质量的 AlN 缓冲层不仅在外延生长过程中充当同质衬底，提升了后续 MOCVD 生长的 AlN 薄膜质量，同时也实现了薄膜的高效制备。

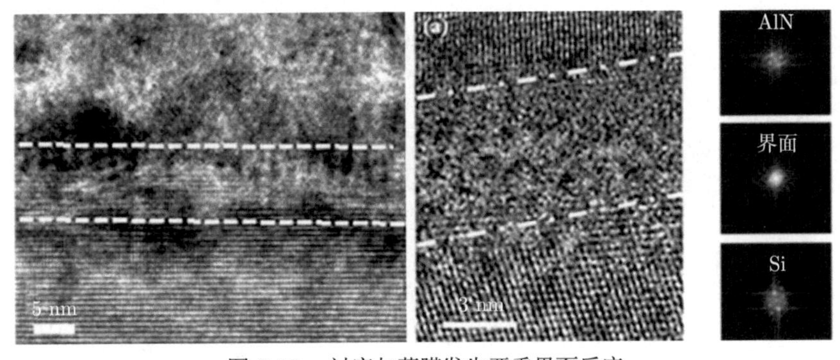

图 8.12 衬底与薄膜发生严重界面反应

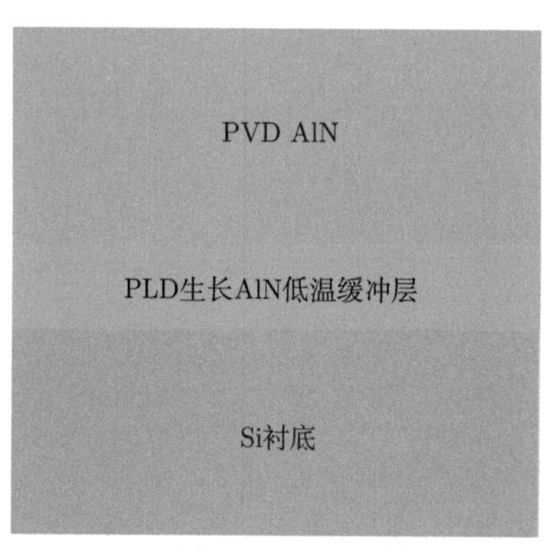

图 8.13　PLD 结合 MOCVD 两步生长法示意图

2016 年，本书作者带领团队采用 PLD 结合 MOCVD 两步生长法，在 6 英寸的 Si 衬底上成功实现了高均匀性、低应力、低缺陷密度，厚度为 140 nm 的高质量 AlN 薄膜生长。研究发现，首先以高 V-Ⅲ 比为 2000 生长 AlN 缓冲层，获得 3D 生长模式，然后将 V-Ⅲ 比降低至 800，加速 AlN 晶粒的聚并，实现 AlN 的横向愈合。与固定 V-Ⅲ 比为 800 的单步生长 AlN 缓冲层相比，两步生长 AlN 缓冲层的表面形貌更好地聚结，表面粗糙度降低至 0.82 nm(图 8.14)，XRD(0002) 取向半高宽降低至 0.57°，如图 8.15 所示。

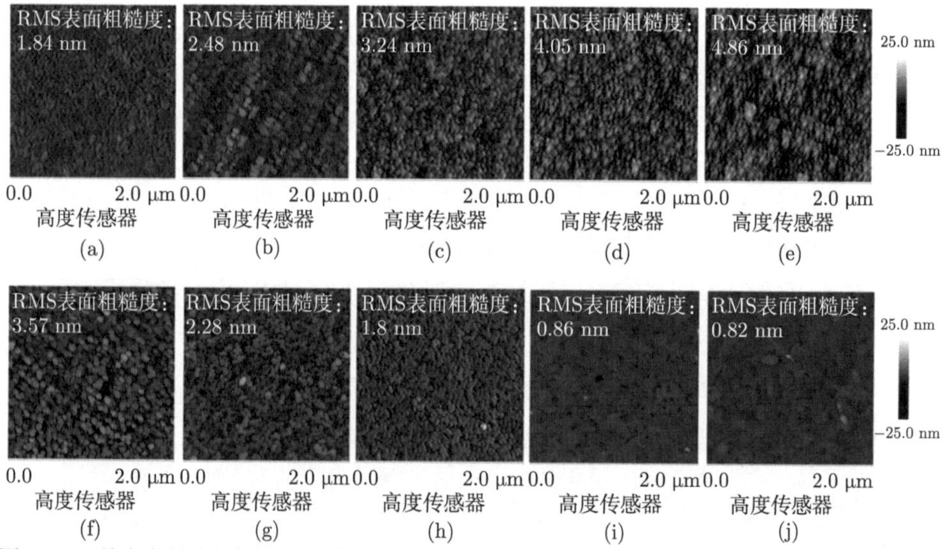

图 8.14　单步生长法制备的 AlN 薄膜在厚度为 (a)60 nm、(b)80 nm、(c)100 nm、(d)120 nm 和 (e)140 nm 与两步生长法制备的 AlN 薄膜在厚度为 (f)60 nm、(g)80 nm、(h)100 nm、(i)120 nm 和 (j)140 nm 的 AFM 图像

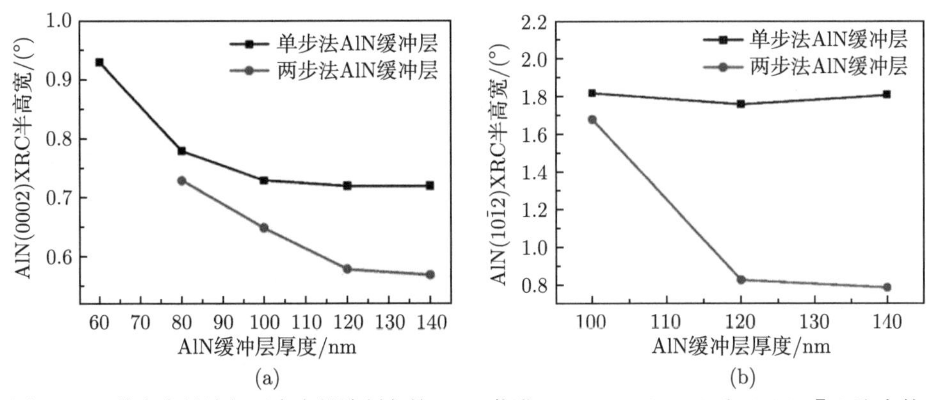

图 8.15 单步生长法与两步生长法制备的 AlN 薄膜 XRD (a) (0002) 和 (b)(10$\bar{1}$2) 取向的半高宽

8.2 温度补偿型体声波滤波器

体声波谐振器的关键特性是随温度变化而变化，包括压电层、金属或介电层的厚度以及层内声速 [38,39]。尽管各层的厚度变化会影响谐振频率，但主要影响谐振频率的因素是各层内声波传播速度随温度的变化。一般用频率温度系数 (TCF) 来度量谐振频率随温度变化的情况，TCF 表示谐振器在温度变化时谐振频率的改变量，用式 (8.1) 表示 TCF：

$$\mathrm{TCF}=\frac{1}{\omega}\cdot\frac{\partial\omega}{\partial T}=\frac{1}{2}\left(\frac{1}{c}\cdot\frac{\partial c}{\partial T}+\frac{1}{V}\cdot\frac{\partial V}{\partial T}\right)-\frac{1}{d}\cdot\frac{\partial d}{\partial T} \tag{8.1}$$

其中，T 是温度；ω 是谐振角频率；V 是 BAW 谐振器中薄膜的体积；c 是薄膜的弹性系数。表达式中 $\frac{1}{d}\cdot\frac{\partial d}{\partial T}$ 为热膨胀系数，$\frac{1}{V}\cdot\frac{\partial V}{\partial T}$ 为体积热膨胀系数，一般这两项可以抵消。第一项表示弹性系数 c 随温度的变化，它决定谐振器的 TCF 是正还是负。目前应用在 BAW 谐振器中的大部分材料都呈现出负的温度系数，即随温度的升高声速会变小。因为材料的跨原子力的减小会导致材料弹性常数的减小，从而减小声速。

BAW 谐振器的 TCF 最直接的模拟方法是使用声波波速温度系数 (TCV)。谐振频率由各层薄膜的厚度和每层薄膜中声波的波速共同决定，其中薄膜厚度是固定的。声速对温度的偏导数可用来描述谐振频率随温度变化的一阶情况。举例来说，AlN 的声速温度系数为 −25 ppm/℃，而 Mo 的声速温度系数为 −60 ppm/℃。

BAW 谐振器的 TCF 受各层的厚度和它们在谐振腔内的相对位置与作用的共同影响。以 AlN 层和两个 Mo 电极组成的谐振器为例，若两个 Mo 电极的厚度相对较小，则谐振器的 TCF 趋近于 −25 ppm/℃。当 Mo 电极的厚度与 AlN 相近时，Mo 的温度系数将显著贡献到 TCF，使其在 −30 ppm/℃ 到 −40 ppm/℃ 之间变化。谐振器中 Mo 与 AlN 的层间厚度比例越大，其 TCF 负值越显著，表明在 BAW 谐振器设计中，层间厚度的合理比例对于确保温度稳定性具有重要影响。

由 BAW 谐振器构成的 RF 滤波器展现了通带频率响应，然而，BAW 谐振器的 TCF 对 RF 滤波器的制造良率有直接影响。设备或元件只在一定温度范围内满足通带带宽的要求，这对制造良率提出了挑战。在双工器应用中，低的 TCF 对于在广泛温度范围内保持性能至关重要。特别是高稳定振荡器，其要求 BAW 谐振器的 TCF 极低或接近零。这是因为振荡器通常用于提供参考或定时信号，要求温度变化对这些信号产生极小的影响，对 TCF 提出更为严格的要求。因此，设计中需要考虑 BAW 谐振器的 TCF，以确保在各种温度条件下都具有良好的稳定性。

SiO_2 的硅–氧链随着温度升高而拉伸，这一效应导致在应用温度范围内，材料的刚度随着温度上升而增加。因此，在 SiO_2 中传播的声波显示出正的温度系数。因此，SiO_2 常被用作补偿体声波谐振器由温度变化引起的频率偏移。

一般而言，SiO_2 沉积在 BAW 谐振器的膜层中间，起到温度补偿的作用。为了获得比较低的 TCF 或者使 BAW 谐振器的 TCF=0，需要在 BAW 谐振器的电极上方沉积一层 SiO_2 来补偿谐振器的谐振频率随温度改变的漂移量，如图 8.16 所示。

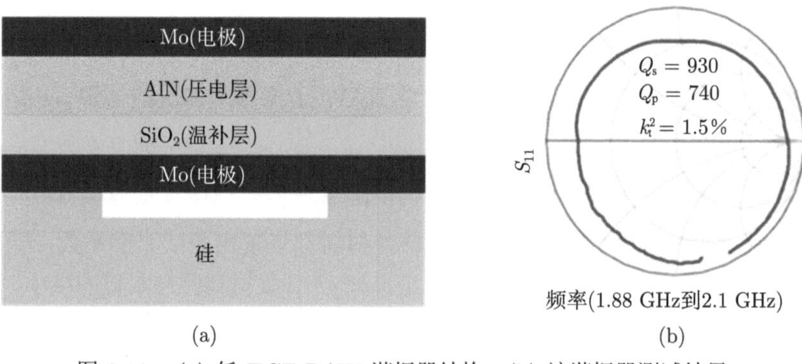

图 8.16 (a) 低 TCF BAW 谐振器结构；(b) 该谐振器测试结果

对基于该结构的滤波器升温后，分别测量带通滤波器和带阻滤波器的 TCF 数值，测量结果如图 8.17 所示：从 25 ℃ 升高至 85 ℃ 时，带通滤波器和带阻滤波器的频率向左挪动了 1 MHz。通过这种方法得到的滤波器 TCF 为 $-4 \sim -5$ ppm/℃，提高滤波器的温度稳定性可以增强滤波器在滚降区的性能指标。

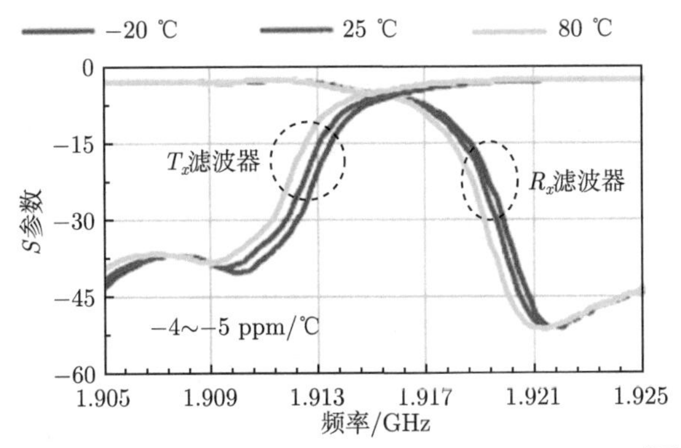

图 8.17 带通滤波器和带阻滤波器的 TCF 测试结果 [38]

同时在另一项研究中，研究人员使用 SiO_2 和 SiOF 薄膜，钌 (Ru) 用作顶电极和底电极的材料，将 SiO_2 或 SiOF 薄膜插入 AlN 薄膜的中心位置，设定谐振频率约为 1900 MHz[39]。图 8.18(a)、(b) 分别显示了使用 SiO_2 和 SiOF 薄膜的谐振器 TEM 图像。

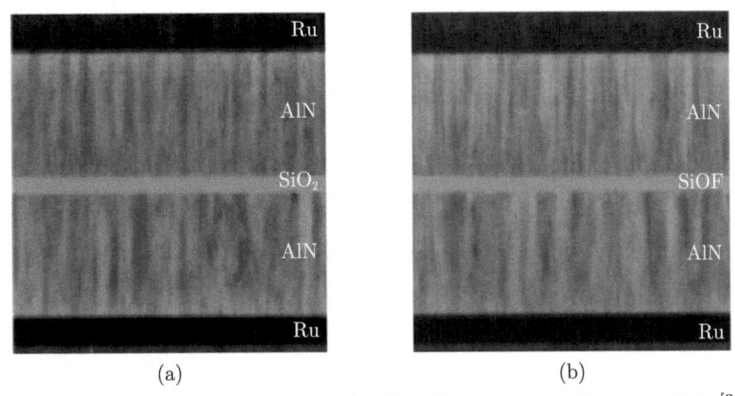

图 8.18 以 SiO_2(a) 及 SiOF(b) 为温补层的 TC-BAW 的 TEM 图像 [39]

比较实验结果，SiO_2 和 SiOF 膜 (8.8at%①的 F) 的 TCV 分别为 50 ppm/℃及 93 ppm/℃，使用 SiOF 膜的 TC-BAW 的 TCF 为 12.1 ppm/℃，显著大于使用 SiO_2 膜 TC-BAW 的 −7.6 ppm/℃。这是由于与 SiO_2 膜相比，SiOF 膜具有更大的正 TCV 的效果。使用 SiO_2 和 SiOF 薄膜的 k_{eff}^2 如下计算 [39]：

$$k_{\mathrm{eff}}^2 = \frac{\pi^2}{4}\frac{f_{\mathrm{r}}}{f_{\mathrm{a}}}\frac{f_{\mathrm{a}} - f_{\mathrm{r}}}{f_{\mathrm{a}}} \tag{8.2}$$

为通过 Mason 模型模拟研究“三明治”结构，以进一步提高使用 SiOF 薄膜的 TC-

① at%表示原子百分。

BAW 的 k_{eff}^2，以图 8.19 所示的三种结构进行了模拟。谐振器的谐振频率约为 1900 MHz，并且 TCF 约为 ppm/℃[39]。在结构 1 中，将 SiOF 膜插入 AlN 膜的中心位置，然而，SiOF 膜的电容降低了该结构中的 k_{eff}^2；在结构 2 中，Ru 膜设置在 SiOF 膜的两侧并且被短路；在结构 3 中，SiOF 膜插入在底部电极侧的两个电极间。表 8.2 显示了这些 TC-BAW 的 TCF 和 k_{eff}^2。通过对比，结构 3 最适合增强 k_{eff}^2。

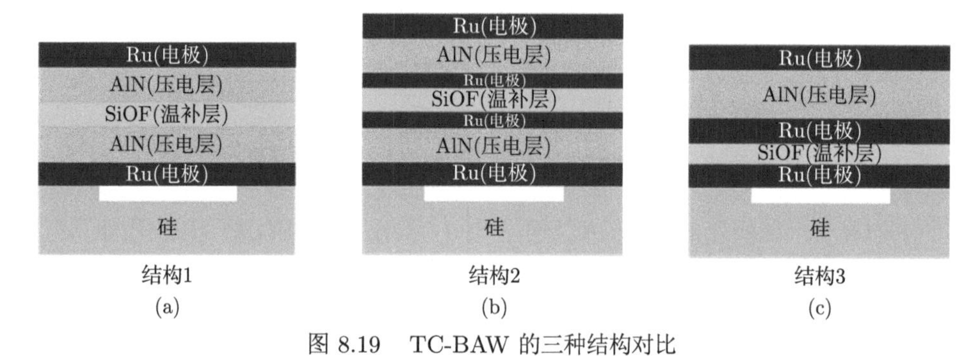

图 8.19　TC-BAW 的三种结构对比

表 8.2　三种结构的 TCF 和 k_{eff}^2 对比

结构	TCF/(ppm/℃)	k_{eff}^2/%
结构 1	−9.3	5.73
结构 2	−10.6	5.86
结构 3	−11.0	6.28

以结构 3 制作的 TC-BAW 结果表明 (图 8.20)，TCF 为 −11.1 ppm/℃，k_{eff}^2 为 6.26%。比传统的 3.7%~5.6%有较大提升。

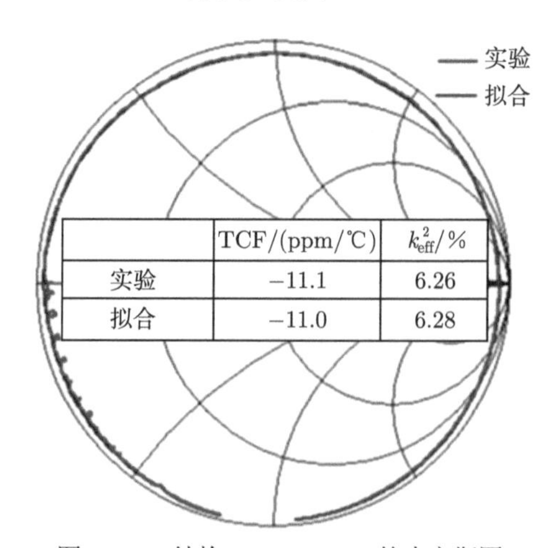

	TCF/(ppm/℃)	k_{eff}^2/%
实验	−11.1	6.26
拟合	−11.0	6.28

图 8.20　结构 3 TC-BAW 的史密斯图

对于 BAW 滤波器，自热和环境温度的变化都会导致滤波器频率的偏移，因此传统 BAW 滤波器参数会依赖于环境温度和输入功率。而在 BAW 滤波器的底电极和压电层之间引入温度补偿层可以很好地解决这一问题，这种设计有效提高了 BAW 滤波器的温度补偿性能和有效机电耦合系数。

8.3 具有叉指换能器的体声波滤波器

8.3.1 反对称型兰姆波

近年来，随着 BAW 技术和 SAW 技术在无线通信等领域的不断发展，它们之间也出现了互相借鉴融合的趋势。研究人员发现，通过借鉴 SAW 谐振器的横向激励和叉指电极结构等技术来构建 BAW 谐振器，使用反对称模式的兰姆波作为 BAW 谐振器的主模态，可以使得构建的谐振器同时具备 BAW 和 SAW 的优势，这种基于兰姆波的 BAW 谐振器称为横向激发 BAW 谐振器 (XBAR)。兰姆波属于固体表面声波，本节将对固体声表面波进行简介。

兰姆波是一种在平行表面传播的应力波，其特点在于包括了纵波和剪切波 (横波) 的相互耦合。兰姆波影响的质点沿波的传播方向和垂直于波的传播方向发生位移，形成椭圆形运动轨迹 [40−42]。

兰姆波表现出速度分散现象；也就是说，它们的传播速度 c 取决于频率 (或波长)，以及材料的弹性常数和密度。这一现象对于研究和理解波耦合行为至关重要。物理上，关键参数是平行表面厚度 d 与波长 λ 的比值。这个比值决定了平行表面的有效刚度，从而影响波的速度。在技术应用中，从中方便导出的更实际的参数是厚度和频率的乘积：

$$f \cdot d = \frac{d \cdot c}{\lambda} \tag{8.3}$$

兰姆波的基态有两种基本类型，分别为对称型和反对称型，如图 8.21 所示。它们的区别在于质点相对于平行表面的中心线是呈对称型运动还是反对称型运动。这两种基态模式最为重要，它们不仅适用于所有频率，并且在大多数实际情况下携带的能量比高阶模式更多。

兰姆波和瑞利波满足瑞利–兰姆关系式，对于兰姆波的对称基态，有

$$\frac{\tan(k_{\mathrm{ts}}b/2)}{\tan(k_{\mathrm{tl}}b/2)} = -\frac{4\beta^2 k_{\mathrm{tl}} k_{\mathrm{ts}}}{\left(k_{\mathrm{ts}}^2 - \beta^2\right)^2} \tag{8.4}$$

对于兰姆波的反对称基态，有

$$\frac{\tan(k_{\mathrm{ts}}b/2)}{\tan(k_{\mathrm{tl}}b/2)} = -\frac{\left(k_{\mathrm{ts}}^2 - \beta^2\right)^2}{4\beta^2 k_{\mathrm{tl}} k_{\mathrm{ts}}} \tag{8.5}$$

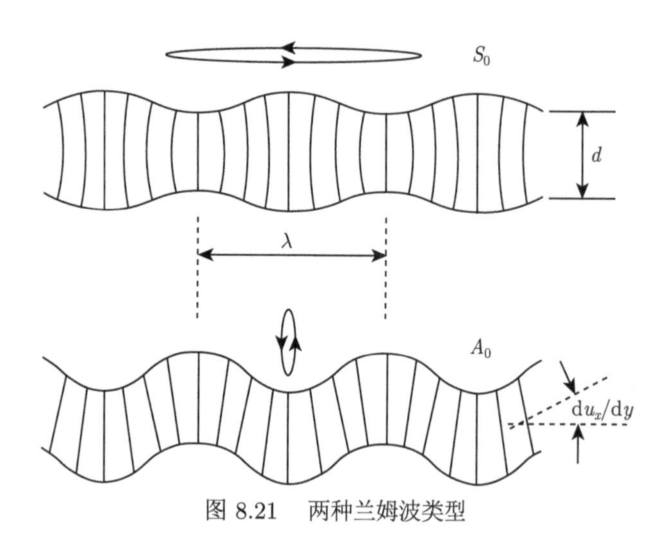

图 8.21　两种兰姆波类型

因此兰姆波也可以看作在固体薄膜上传输的瑞利波。

随着频率的提高，除了零阶模式之外，高阶波模式也开始出现。每个高阶模式都在平行表面的谐振频率下产生，并且仅在该频率以上存在。例如，在频率为 200 kHz 的 20 mm 厚的钢平行表面上，存在前四个兰姆波模式，在 350 kHz 时存在前七个模式。在有利的实验条件下，最初的几个高阶模式可以清晰地观察到。在不太理想的条件下，它们会重叠在一起，无法区分。这些高阶模式中的每一个仅在某个频率以上存在，这个频率可以被称为“新生频率”。任何模式都没有上限频率。新生频率可以被看作纵波或横波沿平行表面传播的谐振频率，即与平行表面垂直传播。图 8.22 显示了 1~7 阶的反对称型兰姆波。

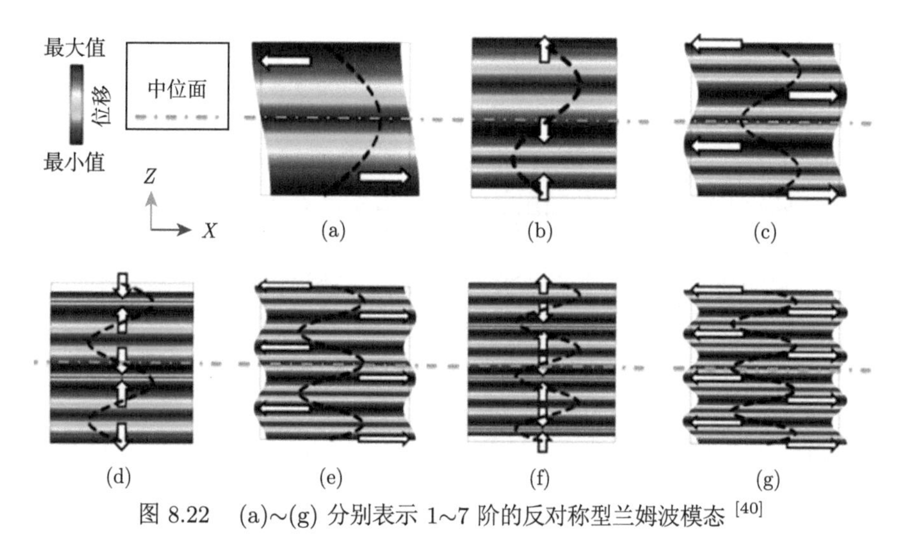

图 8.22　(a)~(g) 分别表示 1~7 阶的反对称型兰姆波模态 [40]

8.3.2 XBAR

1986 年，Mizutaui 进行了对 $LiNbO_3$ 中的 1 阶模式的理论研究。在这项研究中，指出 Z 和 Y-128 切向是较好的用于 1 阶兰姆波模式的切向。1994 年，Jin 的研究展示了基于 Y-128 切向的 $LiNbO_3$ 体结构材料沿 X 轴方向传播的 1 阶模式的 XBAR 谐振器，在此项研究中，1 阶模式传播速度取决于平行表面厚度与波长的比值，其比值越小，传播速度越高，并且当比值很小时，高阶模式的主要形式转变为沿平行表面厚度方向的剪切波运动，也称为准厚度剪切波。

图 8.23(a) 显示了 Z 切薄膜 1~7 阶模式的频率 f 与厚度 t 乘积和厚度波长比 (t/λ_L) 的关系。可以看到，当 t/λ_L 较小时，任意高阶模式的 $f\cdot t$ 几乎不变。这意味着当 t/λ_L 较小时，频率与横向的波长 λ_L 几乎无关，即第 n 阶模式的 $f\cdot t$ 约为 1 阶的 n 倍。在图 8.23(b) 中可以看到，对 1 阶模式而言，t/λ_L 越小，纵波和剪切波的耦合程度越高，而高阶模式下则几乎不随 t/λ_L 变化 [43]。

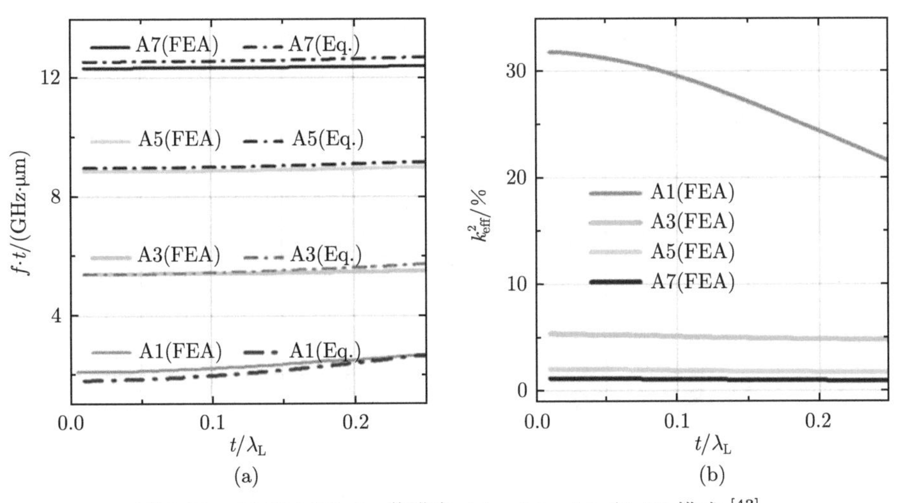

图 8.23 Z 切 $LiNbO_3$ 薄膜中 A1、A3、A5 和 A7 模式 [43]

得益于 $LiNbO_3$ 薄膜转移技术的出现和微纳加工工艺的进步，工作在射频频段的 1 阶模式谐振器即 XBAR 成为现实。图 8.24 展示了典型 XBAR 的器件结构 [44]。

图 8.25(a) 显示了典型的 XBAR 1~7 阶模式的频率响应。图 8.25(b) 则显示只有 2 个电极，两侧加周期边界条件时，薄膜在 X 方向的位移。与图 8.23 类似，在厚度 1~7 阶的位移分别形成了 1、3、5 和 7 个半周期。An 模式的耦合系数随 n 的增加依次减弱。只是在电极下方横向电场变弱，因此位移看起来被电极隔断了。事实上，第 n 阶模式耦合系数大约是 1 阶模式的 $1/n^2$ 倍，即耦合系数与阶次 n 的平方成反比。$LiNbO_3$ 晶体具有高度各向异性，当晶体切向变化时，其材料参数也会变化，其中最为关键的是与压电效应相关的压电应力常数，如表 8.3 所示 [45]。

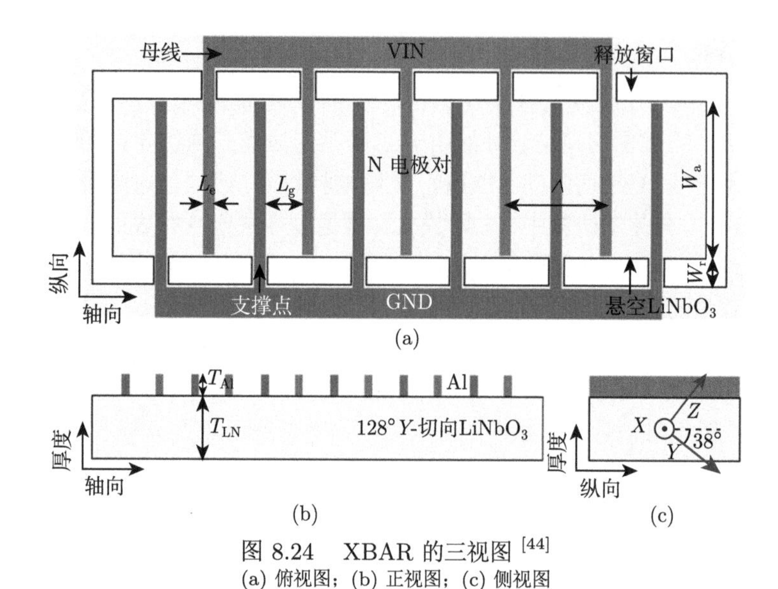

图 8.24　XBAR 的三视图 [44]

(a) 俯视图；(b) 正视图；(c) 侧视图

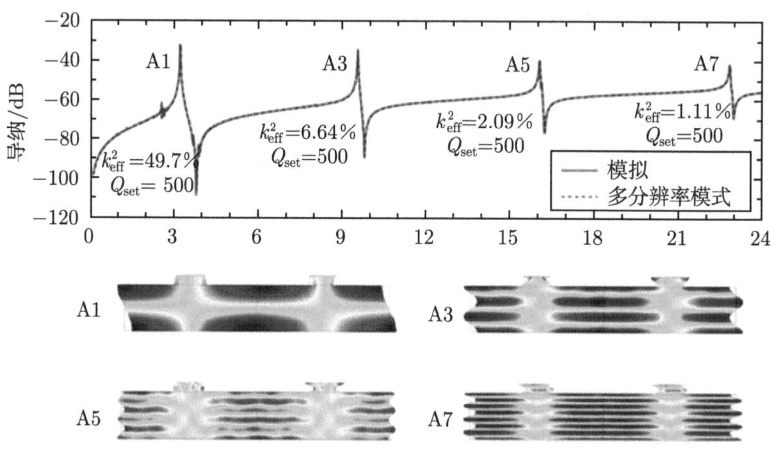

图 8.25　基于 XBAR 的非对称模式 (1~7 阶)[44]

表 8.3　几种常见切向的 $LiNbO_3$ 的压电应力常数 [45]

切向	e_{33}/cm^{-2}	e_{15}/cm^{-2}	e_{16}/cm^{-2}
X	~ 0	~ 0	−3.7
Y	2.53	−2.53	−3.69
Z	1.31	3.7	−2.53
Y-128	2.31	4.47	0.28
Y-36	4.53	0.12	−4.48

表 8.4 总结了部分 XBAR 的工作，其中应用的最主要模态是 1 阶模态，也有少量基于 A3、A5 模态的工作 [40]。如前所述，Z 和 Y-128 切向是厚度剪切波较为理想的切型，因此多数设计都基于这两个切向。另外，Y-128 切向的 $LiNbO_3$ 拥有最大的 e_{15} 数值，从表 8.4 中可知，大部分的设计使用的厚度波长比都远小于 1，以实现较高的耦合系数。并且一些高阶的 XBAR 非对称模态已经接近或达到了 5G 毫米波对应的频段。

表 8.4 基于 $LiNbO_3$ 薄膜的 XBAR 性能 [40]

切向	模式	h/μm	h/λ	f/GHz	k_t^2/%	Q
Z	A1	0.5	0.125	4.5	28.0	420
Z	A1	0.4	0.04	4.8	25.0	300
Z	A1	0.4	0.025	5.25	26.4	112
Y-128	A1	0.55	0.023	3.2	46.4	314
Y	A1	1.2	0.03	1.65	14.0	3112
Y	A1	1.2	0.05	1.7	6.3	5341
Z	A3	0.4	0.02	13	3.8	372
Y-128	A3	0.55	0.023	9.56	6.6	191
Z	A5	0.4	0.02	21.6	1.2	566
Z	A7	0.4	0.02	30.2	0.74	715
Z	A9	0.4	0.02	38.8	0.45	539

8.3.3 基于 XBAR 的 5G 滤波器

至此已经较为完整地讨论了基于 $LiNbO_3$ 薄膜 XBAR 的优选切向、声学模式、器件结构和不同切向下的性能，下面将展示 XBAR 在 5G 滤波器中的应用 [46]。

在压电滤波器拓扑中，至少需要两种频率的谐振器构成滤波器。为了实现较高的耦合系数，大多情况下厚度波长比很小，使得 XBAR 频率几乎只与厚度相关，很难通过叉指实现较大范围的频率调整 (大约是数百 MHz)。为此，研究人员提出了类似 AlN BAW 上的解决方案。一种方案是采取局部减薄的工艺，通过刻蚀使一部分压电薄膜减薄，实现较高的频率谐振器。另一种方案则在相对较低频率的谐振器上额外覆盖一层材料，例如 SiO_2。这样可以得到可用于构建滤波器的 2 种谐振器。

图 8.26 中显示了一种采用局部减薄工艺的 XBAR 滤波器制造。其流程为：①转移 $LiNbO_3$ 薄膜衬底；②使用 ICP-RIE 工艺刻蚀释放孔；③对部分区域的 $LiNbO_3$ 薄膜进行减薄；④沉积顶电极和电感等；⑤～⑦为沉积和布线，从而减少互连线使用；⑧气相刻蚀释放器件。此工艺通过控制 $LiNbO_3$ 薄膜不同区域的厚度实现了不同器件的工作频率，进而实现了同一衬底上构建滤波器的目的。

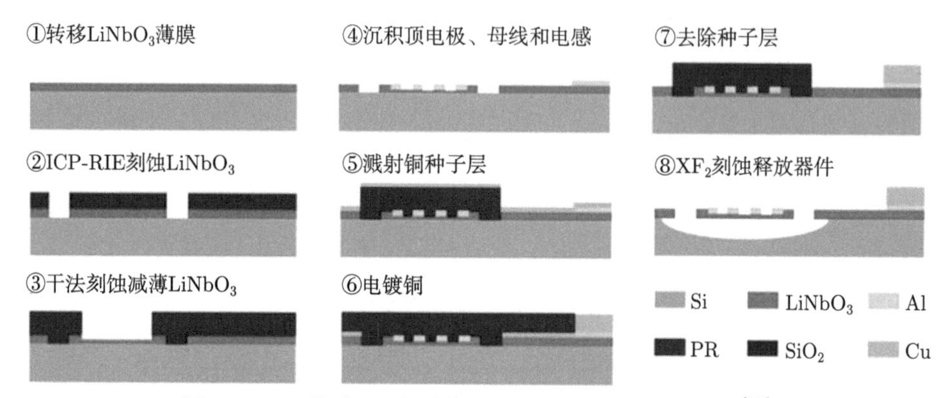

图 8.26　一种采用局部减薄的 XBAR 滤波器工艺流程 [40]

图 8.27 展示了局部减薄工艺中所实现的 XBAR 滤波器实例，包括其在电磁仿真软件中的三维设计图，加工后器件的 SEM 图和滤波器的传输特性测量结果。所展示的基于 7 阶反对称兰姆波模式 (A7) 的谐振器具有 0.7%的机电耦合，在 19 GHz 时具有 2.4%的 3 dB 带宽和 1.4 mm^2 的面积。

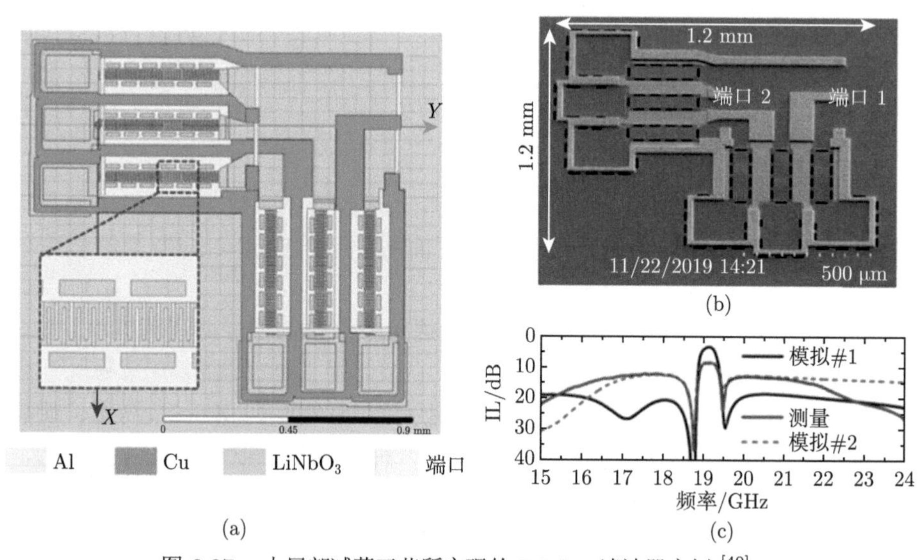

图 8.27　由局部减薄工艺所实现的 XBAR 滤波器实例 [40]

(a) 三维设计草图；(b) 实测器件的 SEM 照片；(c) 滤波器的传输特性

图 8.28 展示了一个实际的 XBAR 滤波器的电路拓扑、光学显微镜图像和实测图 [40]。该滤波器采用了在部分区域沉积额外的 SiO_2 来降低图 8.28(a) 中 Sh1 和 Sh2 谐振器的谐振频率。该滤波器实现了约 2 dB 的插损和 600 MHz 的带宽，可满足 5G N79 频段的要求。

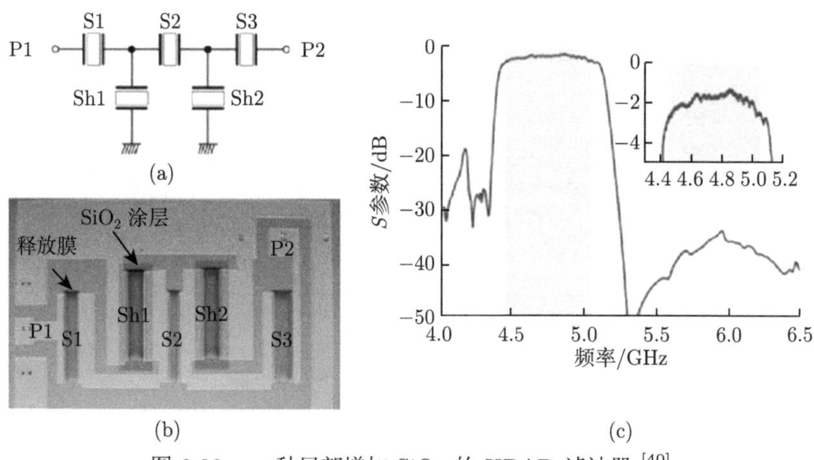

图 8.28 一种局部增加 SiO_2 的 XBAR 滤波器 [40]

(a) 电路拓扑；(b) 光学图像；(c) 测量的频率响应

滤波器所关注的技术指标包括中心频率、带宽与插损等，表 8.5 总结了一些突出 XBAR 滤波器的工作。部分工作已经可以满足 5G NR 某些频段的需求。

表 8.5 XBAR 滤波器的性能

切向 (厚度)	频率/GHz	带宽/MHz	带外抑制/dB	插入损耗/dB
Z(500 nm)	10.8	70	−20	3.7
Z(500 nm)	4.5	750	< -13	1.7
Z(500 nm)	4.5	750	< -25	2.7
Z(650 nm)	8.4	290	−15	2.7
Z(400 nm)	4.7	> 750	< -20	< 2

基于 $LiNbO_3$ 的体声波谐振器/滤波器，其频率和带宽都与 5G NR 完美契合。基于 $LiNbO_3$ 薄膜的 XBAR 器件可实现现有的 SAW 和 AlN BAW 无法企及的高频率和高耦合系数，同时实现相对较高的 Q 值。这些特性使得这一技术有望在未来广泛应用于高性能的 5G 频段的谐振器/滤波器。XBAR 具有低损耗和出色的机电耦合系数 (谐振器 k_{eff}^2 高达 28%)，是宽带 5G 和下一代 WiFi 滤波器设计的理想技术，可以实现单独芯片的大带宽。

通过使用标准的光刻和蚀刻方法可以制作中心频率 3~7 GHz 的各种高带宽 XBAR 滤波器。图 8.29(a) 显示了 5 GHz (600 MHz 带宽) 和 6 GHz (1200 MHz 带宽) WiFi 滤波器的测量结果，相邻频段带外抑制大于 40 dB，同时保持了至少 2 dB 的通带插入损耗。但若要同时实现少杂散、低损耗和高功率容量，则需要仔细选择器件的物理尺寸。特别是对于电极金属厚度，在热导率和杂散波含量之间存在权衡：金属电极越厚，导热性越好，金属电极越薄，杂散波越少 [47]。

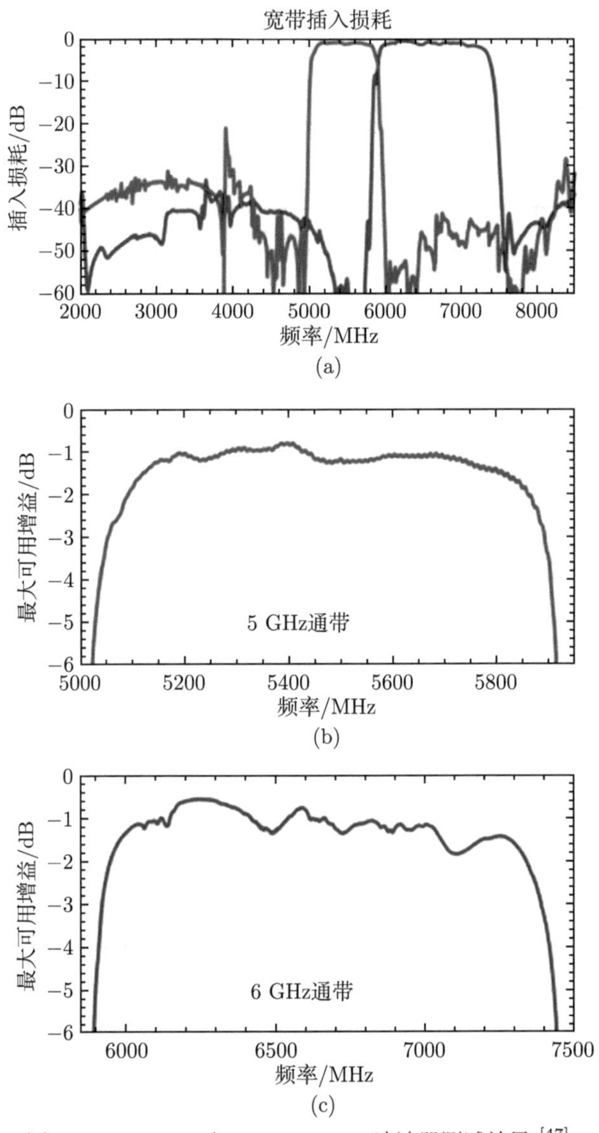

图 8.29　5 GHz 和 6 GHz WiFi 滤波器测试结果 [47]

XBAR 共振通常以两种共存的方式描述：BAW 共振以及兰姆波共振。就 BAW 模式而言，XBAR 可以看作是垂直传播的横波，并在薄膜厚度方向形成驻波。对于兰姆波模式，XBAR 与反对称兰姆波 A1 有关，但是，A1 模式的描述是不完整的。具有金属电极的 XBAR 谐振器必须考虑金属电极厚度带来的声学特性，并且金属中产生的位移不能用 A1 模式来描述。XBAR 模式是一种复合模式，它将电极之间的 A1 模式与铌酸锂薄膜和金属堆叠中的不同兰姆模式相匹配。对于一类特殊的 XBAR 器件，谐振模式的一个很好的描述是在电极之间的铌酸锂薄膜中为 A1 模式，在铌酸锂薄膜和电极区域的金属中为 A3 模式。

图 8.30 为在有限元仿真中铌酸锂薄膜 380 nm，5 μm 叉指间距，1 μm 标记，铝电极厚度从 10~700 nm 不同情况下模拟的谐振器导纳曲线。这些曲线的比较表明，杂散含量随电极厚度的变化而有较大变化。极薄金属 (小于 50 nm) 的杂散含量很低，但较厚的金属是导热所需要的。而在某些范围内，例如中间厚度为 400~450 nm 的非阴影区域，对热导与杂散均有好处。事实上，上层“少数杂散”范围的金属厚度是下层的 10 倍，导热系数成比例增加 [47]。

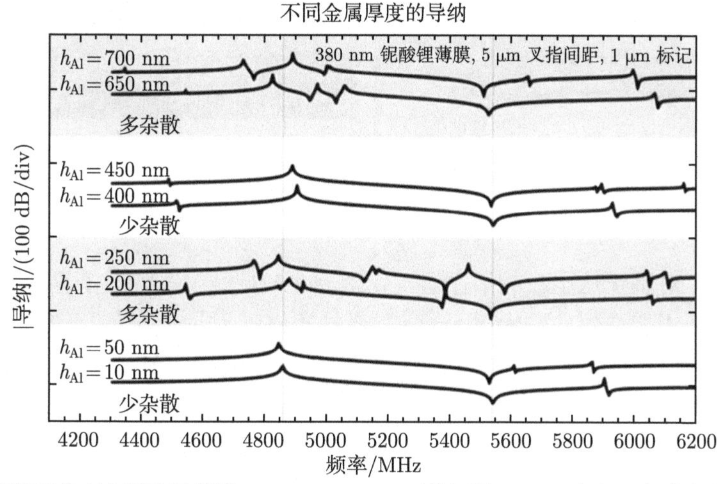

图 8.30 有限元仿真中铌酸锂薄膜 380 nm，5 μm 叉指间距，1 μm 标记，铝电极厚度 10~700 nm 不同情况下模拟的谐振器导纳曲线 [47]

8.3.4 YBAR

与 XBAR 类似，YBAR(a longitudinally excited shear-wave resonator) 于 2020 年提出，其中纵向激发的剪切波在 $LiNbO_3$ 膜中共振。本书提供的 YBAR 数据基于当前学术界对其进行的研究 [48]。

就器件配置而言，XBAR 由压电薄膜 (一般是 $LiNbO_3$) 和在其顶表面上的叉指换能器 (IDT) 组成，而 YBAR 在压电膜的底部比 XBAR 多一个电极。图 8.31(a)、(b) 显示了 XBAR 和 YBAR 在器件配置和声学共振原理方面的差异。不管是 XBAR 还是 YBAR，它们的谐振频率主要取决于压电膜的厚度。由于底部电极的存在，在相同的压电膜上，YBAR 的谐振频率略低于 XBAR(具有相同厚度)，YBAR 的优点是底部电极的出现更有效地利用了电场，从而进一步提高了谐振器的机电耦合系数。

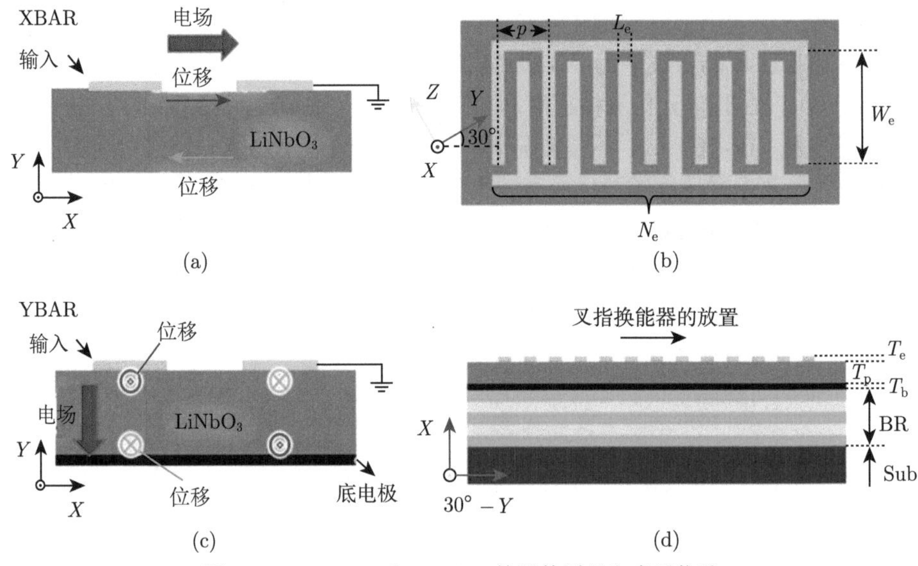

图 8.31 XBAR 和 YBAR 的器件原理和声子位移

原则上，对基于压电膜的谐振器，包括 XBAR 和 YBAR，有两种方法可以抑制 BAW 从压电膜向衬底的辐射。一种是悬挂压电膜 (即与空气或真空的声学隔离)，另一种是声学布拉格反射层。布拉格反射层是由交替的高低声阻抗层组成的，可以有效地反射压电薄膜中向下辐射的声波。

由于单一 $LiNbO_3$ 的各向异性，不同的晶体切割将对 BAW 的性能产生决定性的影响。对基于 $LiNbO_3$ 的 BAW(包括 YABR)，X 切割的 $LiNbO_3$ 比其他晶体切割具有更高的压电系数。

具体地，对于 YBAR，$LiNbO_3$ 薄膜的晶体切割不仅决定了压电系数，而且还决定了叉指换能器放置在 $LiNbO_3$ 薄膜的顶表面上的方向。我们将叉指换能器的放置方向表示为其电极的垂直方向，如图 8.31(d) 所示，并研究了该方向如何影响 X 切割 $LiNbO_3$ 膜的耦合系数，放置按顺时针方向从 Y 旋转到 $-Y$。机电耦合系数由以下公式确定：

$$k_{ij}^2 = \frac{e_{ij}^2}{\varepsilon_{ij} c_{ij}} \tag{8.6}$$

其中，e_{ij} 是压电系数，它是决定 k_{ij} 的主要因素；ε_{ij} 是相对介电常数；c_{ij} 是弹性模量。在图 8.32 中，模式 1 是 YBAR 的主激励模式，具有相应的压电系数 e_{34}，而模式 2 和模式 3 都是杂散模式，分别具有相应的压电系数 e_{16} 和 e_{35}。当叉指换能器放置在 $30° - Y$ 方向时，机电耦合系数达到最大值，而其他一些杂散模式相对较弱。因此，可选择沿 $30° - Y$ 方向在 X 切割的 $LiNbO_3$ 表面上放置叉指换能器。

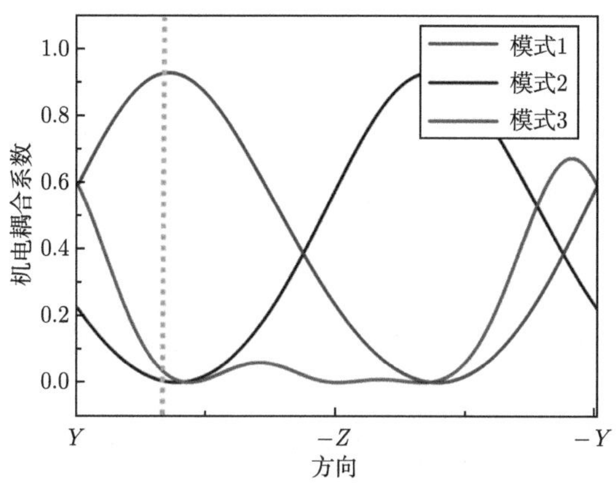

图 8.32 X 切割-$LiNbO_3$ 薄膜的机电耦合系数与放置在其顶表面上的叉指电极的取向之间的关系

在 YBAR 中，由于激发的剪切波将垂直于压电 $LiNbO_3$ 薄膜传播，因此决定 YBAR 谐振频率的主要因素是 $LiNbO_3$ 薄膜的厚度，而不是叉指换能器的周期。同时，$LiNbO_3$ 薄膜上方和下方的金属电极层也会对纵向激发的剪切波产生影响。为了减少这种影响，金属电极的厚度应该尽可能地减小。如图 8.33 中的结果所示，在不考虑金属电极的情况下，YBAR 的谐振频率将随着 X 切割-$LiNbO_3$ 薄膜厚度的减小而增加。当薄膜厚度为 200 nm 时，谐振频率超过 8 GHz。考虑到金属电极的影响，YBAR 的谐振频率会更低，但仍高于 4 GHz。此外，当 $LiNbO_3$ 薄膜被减薄到一定厚度 (200~300 nm) 时，机电耦合系数将随着薄膜厚度的减小而迅速减小。当 $LiNbO_3$ 薄膜厚度为 200 nm 时，使用 Pt 作为底部电极将具有更大的机电耦合系数。

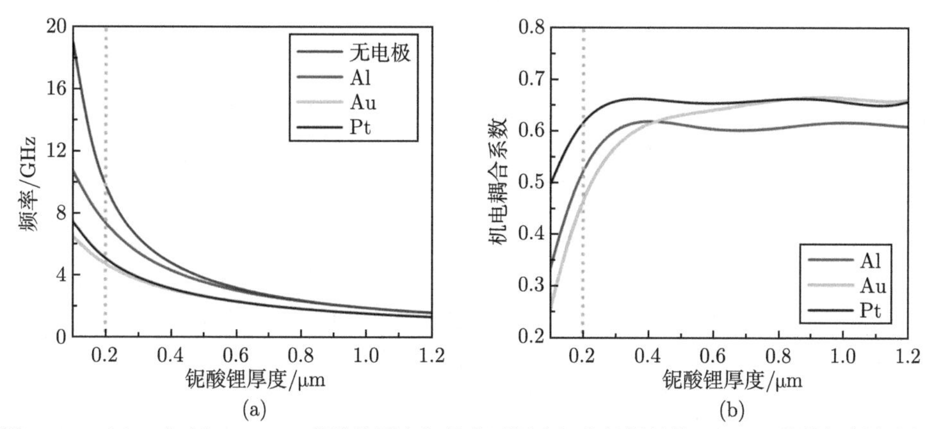

图 8.33 (a)X 切割-$LiNbO_3$ 薄膜的厚度与具有不同底部电极材料的 YBAR 的谐振频率之间的关系；(b)X 切割- $LiNbO_3$ 薄膜的厚度与具有不同底部电极材料的 YBAR 的机电耦合系数之间的关系

在对 SM-YBAR 进行的全三维仿真中，同时考虑了叉指换能器的孔径 (设置为 36 μm) 及其母线电极。图 8.34(a) 显示了 SM-YBAR 的三维模型。模型的 X 和 Y 方向上的边界分别设置为周期性边界和低反射边界。图 8.34(b) 显示了三维模型的有限元网格。根据网格细化研究，每个网格的最大尺寸小于叉指换能器周期的八分之一，确保足够小。图 8.34(c)、(d) 显示了其谐振频率下计算的导纳和 BAW 场分布。

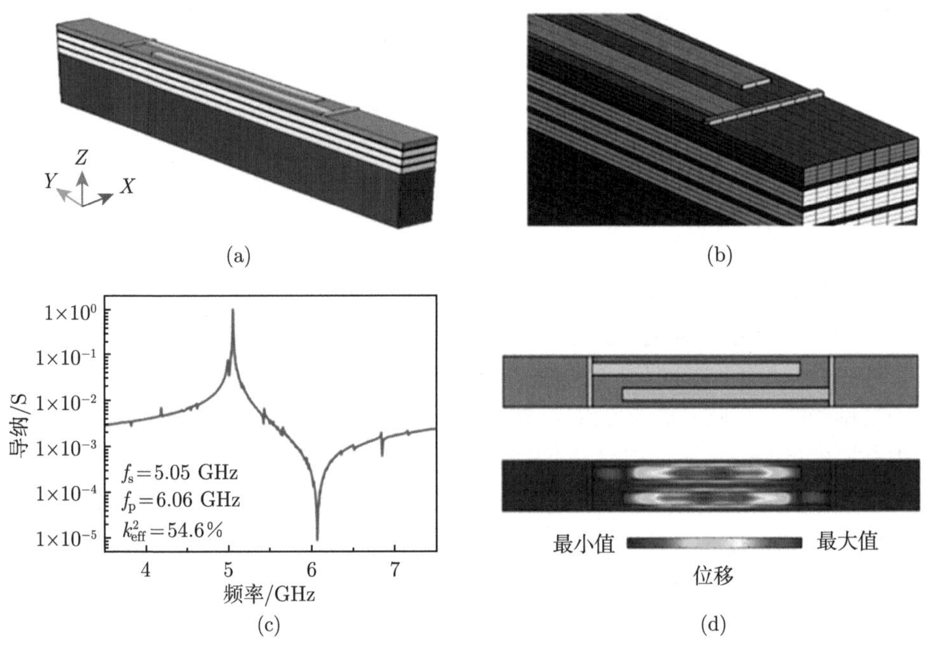

图 8.34 SM-YBAR 的三维模型及其有限元网格划分、导纳计算及 BAW 场分布

可以看出，谐振时的 BAW 主要集中在叉指换能器区域。这有利于实现谐振器的高质量因数 Q。在本章中，模拟的 SM-YBAR 的理论 Q 达到 104。在实践中，受器件的有限尺寸及其所有损耗的限制，Q 值将低于模拟结果。通过 3D 仿真获得的器件的机电耦合系数超过 50%。导纳谱中存在一些杂散模式的峰值，但与主峰 (纵向激发的剪切波) 相比，这些峰值可以忽略不计，因此几乎不会影响器件的性能。

在上述内容中，我们已经从以下几个方面阐明了 SM-YBAR 的设计：①$LiNbO_3$ 薄膜的晶体切割和取向，②$LiNbO_3$ 薄膜的厚度，③顶部和底部电极的厚度和材料，以及④多层布拉格反射器的厚度和材料。而由于 SM-YBAR 具有相对简单的结构，除了叉指换能器的周期和电极宽度之外，没有太多的空间进行进一步设计。尽管电极周期并不直接决定 YBAR 的工作频率，但如在 SAW 器件中一样，合理的周期有助于抑制 YBAR 中的杂散模式。经过研究，发现当四分之一的叉指换能器周期与 BAW 在其工作频率下的等效波长相似时，即在 5GHz 左右的工作频率下叉指换能器的 2 μm 周期时，工作带宽中的所有杂散模式几乎都被完美抑制，如图 8.35 中的结果所示。在此设置下，如果改变叉指换能器的电极宽度，YBAR 的工作频率将略有偏移，但几乎不会影响机电耦合系数和杂散模式的抑制。

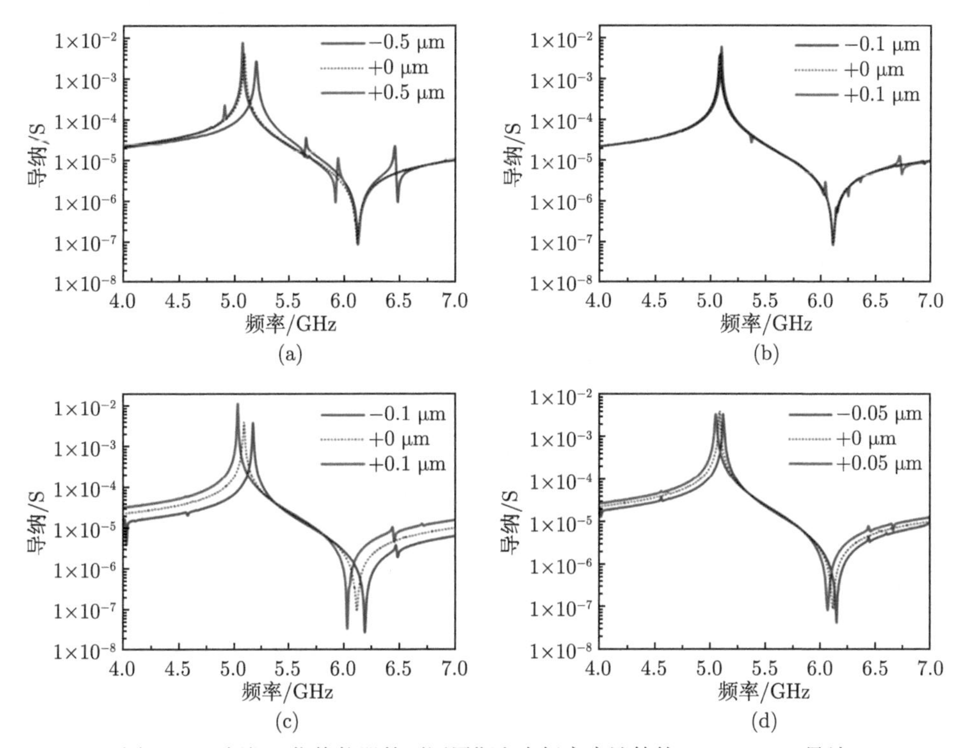

图 8.35 根据叉指换能器的不同周期和电极宽度计算的 SM-YABR 导纳

对于 SM-YBAR，一种可能的制造工艺如图 8.36 所示。多层衬底上的 200 nm $LiNbO_3$ 单晶膜可以通过许多先进的 BAWR 中使用的智能切割技术来制备。该工艺避免了 $LiNbO_3$ 膜与底部电极的直接结合。相反，通过在 He^+ 注入的 $LiNbO_3$ 薄膜的表面上沉积来产生底部电极。

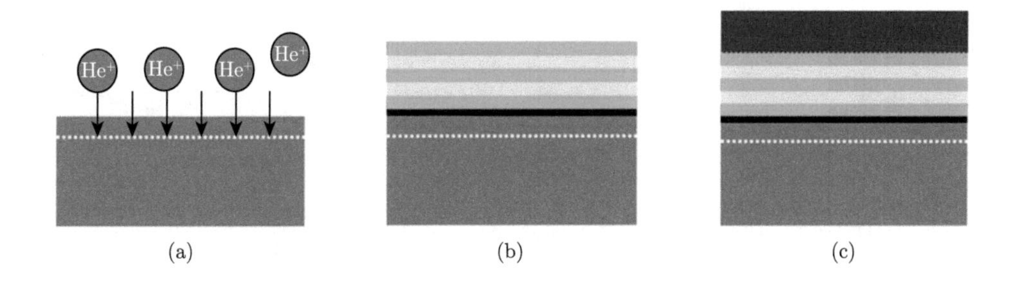

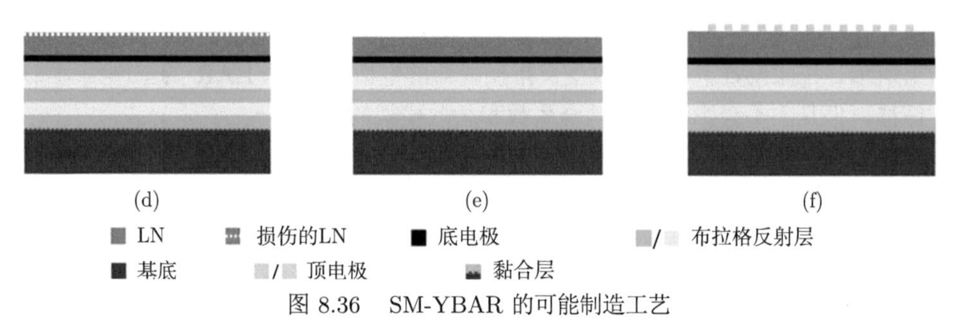

图 8.36　SM-YBAR 的可能制造工艺

而由于实际制造过程中的误差，装置各部分的实际几何尺寸不可避免地会在一定程度上偏离设计尺寸。可能偏离的几何参数主要包括：① $LiNbO_3$ 薄膜的厚度，②顶部和底部电极的厚度，以及③布拉格反射器中的多层膜的厚度和④叉指换能器的电极宽度。

几何参数偏离设计值后的器件性能结果如图 8.37 所示。考虑到①器件不同部件的不同加工技术，以及②当前行业的技术能力和生产效率，这些偏差设置为 ±2 ~ ±50 nm。可以看出，在考虑了这些主要的误差后，所提出的 SM-YBAR 仍然具有良好的性能。这些误差可能会略微影响 YBAR 的谐振频率，但几乎不会影响其机电耦合系数，并且不会将杂散模式引入其工作频带。

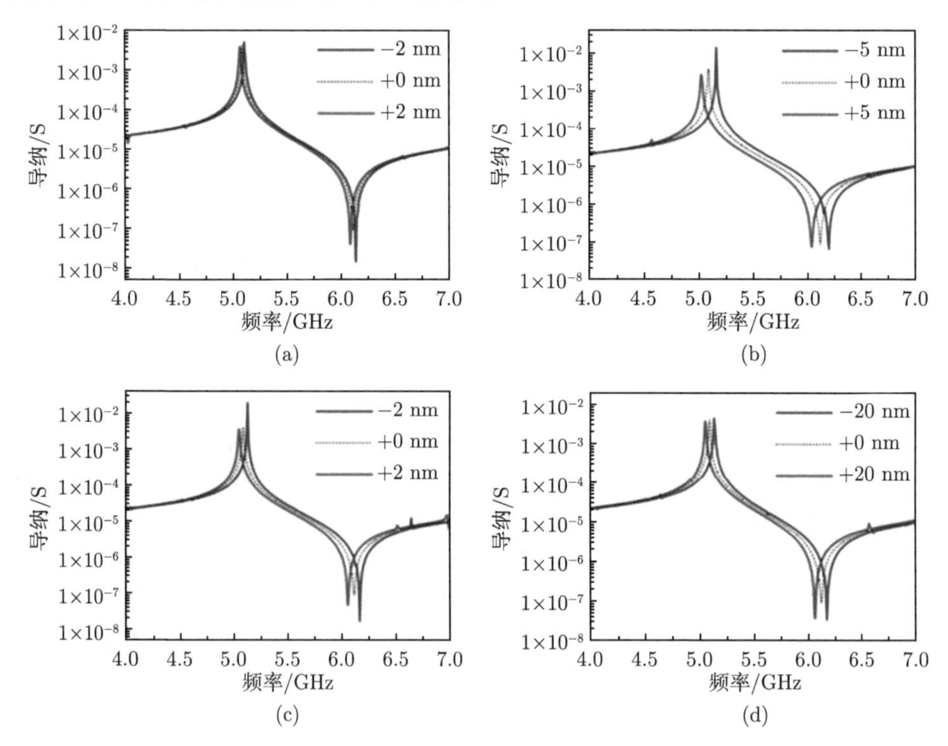

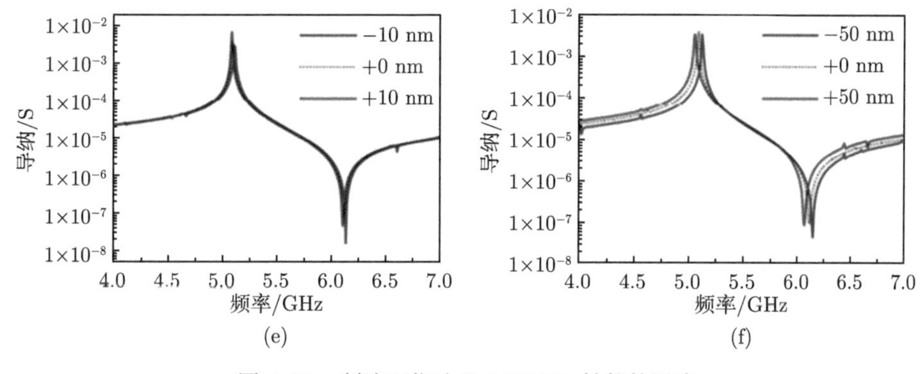

图 8.37 制造工艺对 SM-YABR 性能的影响

8.4 四 工 器

近年来，全球消费电子市场持续低迷，市场空间进一步收缩，本土射频前端行业深陷低端化内卷的竞争泥淖，向模组化、高端化市场进阶的需求日益迫切。随着以本团队为代表的本土射频厂商在高性能滤波器、双工器/多工器上陆续取得突破，突围的曙光正愈加清晰。

随着 5G 的快速普及，日常通信所需的频段数量大幅增加，为了充分发挥频段间的协同优势，载波聚合成为实现 5G 速率提升的关键方式。在载波聚合方式被普遍采用后，射频前端对多工器件的需求大大提升。在射频前端中，每个多工器通常由多个不同频率的滤波器构成，需要配以更陡峭的通带边缘滚降，更深和更多的频段间的相互抑制，这既给了国内射频厂商更广阔的市场机会，也在产品研发上带来了极大挑战。

在智能手机终端中，“B1+B3” 频段是最常用的载波聚合组合之一，“B1+B3” 四工器则是其核心的组网元器件。从全球范围来看，共有 25 家运营商正在大规模使用 B1 和 B3 频段，包括中国大陆、澳大利亚、欧洲部分国家，以及阿拉伯地区等，覆盖了无比庞大的用户规模。相较于 N41、N77、N79 这些常用频段，B1 和 B3 频段的网络覆盖面更加广阔，是不可多得的优质频段。因此，为了保障良好的通信能力，在一些中高端智能手机中，运营商在协议标准中明确要求使用“B1+B3”四工器。就射频前端方案配置而言，四工器既能在智能手机的中高端离散方案中直接使用，也能为本土射频厂商未来的 L-PAMiD 模组开发打下坚实基础。

“B1+B3” 的 BAW 四工器由四颗 BAW 滤波器集成打造，不论收发通路之间的隔离度水平，还是 B1 与 B3 频段之间的交叉隔离度，均需达到相当的水准。此外，四工器的插损与灵敏度性能均是四工器的核心指标。

相较于 SAW 滤波器，BAW 滤波器具有更高的稳定性、更高 Q 值、更低的插入损耗和耐高功率等特性，能够在中高频通信频段发挥重要作用。从应用层面来看，基于 MEMS 工艺的 BAW 滤波器具备更强大的性能优势，适合要求苛刻的 4G 应用 (包括载波聚合以及长期演进语音承载 (voice over long-term evolution，VoLTE) 等)，甚至采用更高频率的 5G Sub-6GHz 应用。而由四颗 BAW 滤波器集成打造的四工器产品性能表现直接与 BAW 滤波器的性能相关，同时四工器还需要面对许多更为复杂的问题，最核心的便是干扰问题，既包括同一频段发射与接收通路之间的隔离度，也包括不同频段相互之间的交叉隔离度。由于四工器集成了四个滤波器，在仿真和优化上面临极大挑战，计算机在内存、CPU 上的消耗大幅升高，其复杂程度往往达到单颗滤波器的十倍以上。在设计调整的过程中，通常需要应对几十个参数的同步优化。

目前，国内厂商所研制的 BAW 四工器已经做到插入损耗均在 2 dB 左右，如图 8.38 所示 [49]；此外，不论是 B1 和 B3 的隔离度，还是两者之间的交叉隔离度均能保持在 60 dB，如图 8.39 所示 [49]，将发射通路对接收通路的影响降到最低，信号收发灵敏度达到优秀水准。

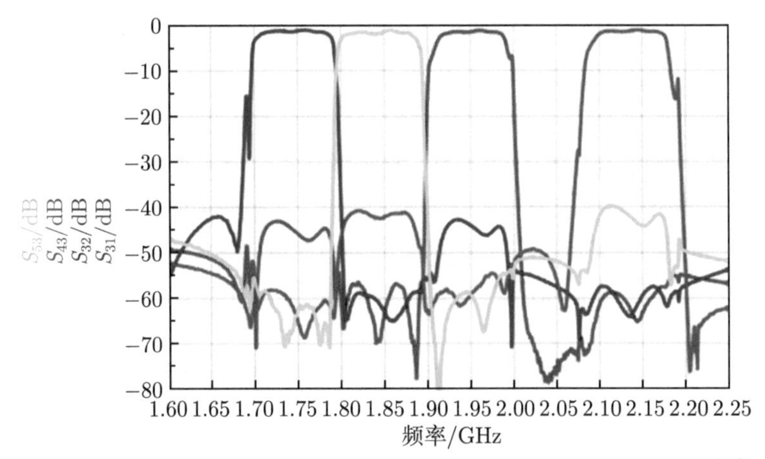

图 8.38　四工器 HSQP1213 所有通带内插入损耗达到 2.0 dB 左右 [49]

目前，在高端智能手机中，模组化方案已成为主流，四工器也成为其中的必备器件。近年来，随着射频前端模组化程度的不断提高，本土射频厂商迈向高端市场的压力越来越大。而在射频前端模组化的突围上，最关键的短板便是缺乏高性能、高品质的滤波器资源。不论对分集接收模组，还是主集模组而言，滤波器都是高端模组中最核心、难度最大的器件。长期以来，由于高度的设计仿真复杂性，四工器一度被国际少数顶级射频器件供应商垄断。实现国产高性能 BAW 四工器，对射频前端国产自主化有着举足轻重的意义。

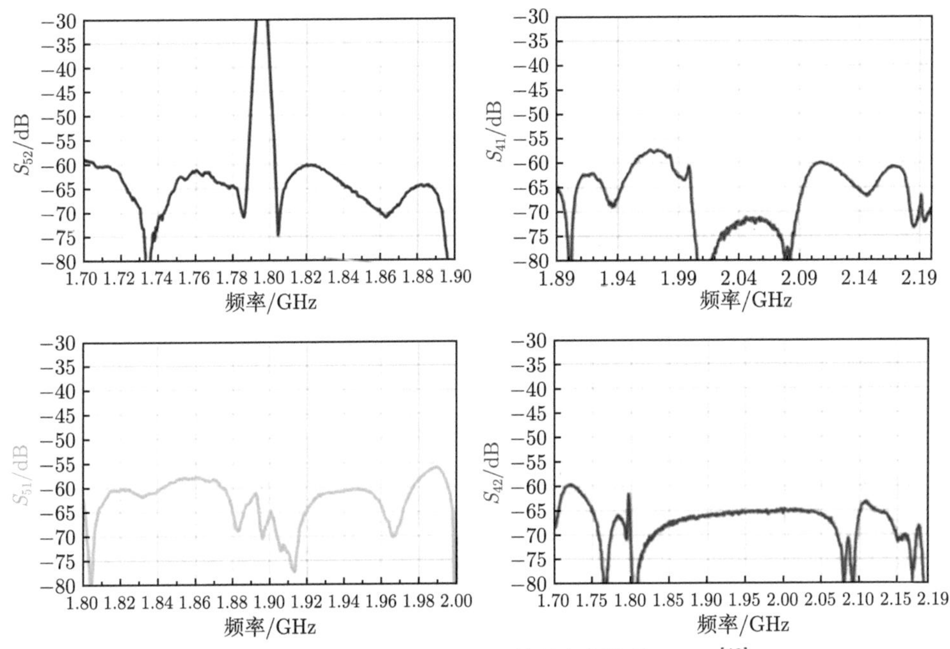

图 8.39 四工器 HSQP1213 的隔离度达到 60 dB[49]

8.5 体声波滤波器在 L-PAMiD 上的应用

根据集成方式的不同，射频前端模组主集天线射频链路包括 FEMiD(集成射频开关、滤波器和双工器)、PAMiD(集成多模式多频带 PA 和 FEMiD)、L-PAMiD(LNA、集成多模式多频带 PA 和 FEMiD) 等 (图 8.40)；分集天线射频

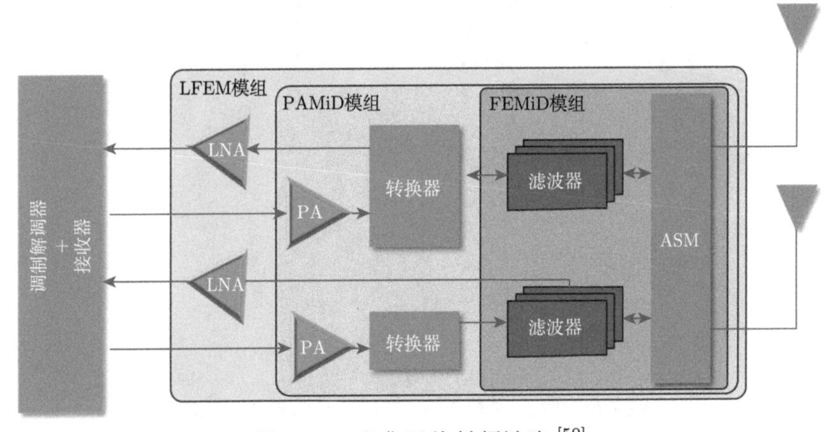

图 8.40 主集天线射频链路 [50]

链路可分为 DiFEM(集成射频开关和滤波器)、LFEM(集成射频开关、LNA 和滤波器) 等 (图 8.41)[50]。

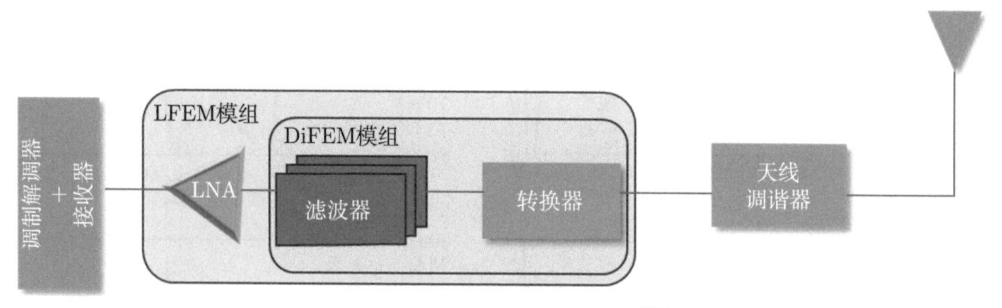

图 8.41　分集天线射频链路 [50]

由上图射频前端模组的组成结构不难看出，L-PAMiD 模组是集成了目前常见的分立多模多频 PA、LNA、集成射频开关、滤波器以及双工器等独立射频器件的射频前端模组，也是目前集成度最高、设计难度最大、封装工艺最复杂的射频前端模组。这类高端射频模组的市场，目前主要由美国 Broadcom、Qorvo、Skyworks、Qualcomm 等厂商占据。

从 Qorvo 公司 M/H L-PAMiD 模组 (图 8.42) 可见，该类产品集成了 17 颗 BAW，2 颗 GaAs HBT，6 颗 SoI 及 1 颗 CMOS 控制器，设计以及封装技术难度堪称射频前端领域最高。相比于单颗分立 PA 芯片的价格已经降到几十美分，这类复杂模组的售价可以达到 3~4 美元甚至更高。因此射频模组是未来射频前端器件的必然之路，有望成为竞争的主战场。

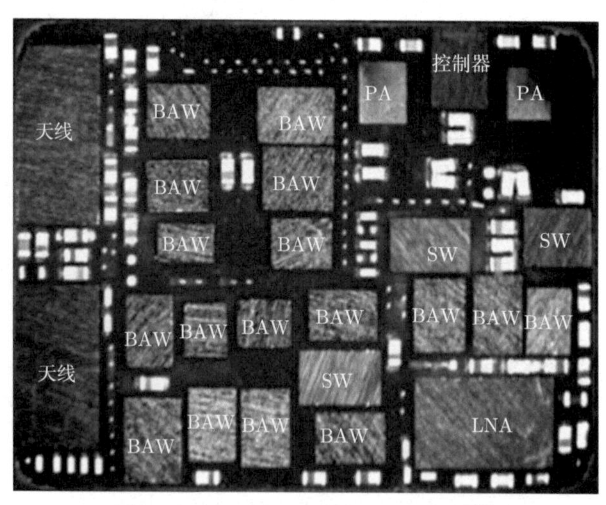

图 8.42　M/H L-PAMiD 开盖图 [50]

Yole 预测，到 2026 年，射频前端模组市场规模将达到 155.38 亿美元，约占射频芯片市场的 71.70%。其中接收模组市场规模将达到 33.39 亿美元，发射端 PA 模组市场规模可达到 94.82 亿美元。目前智能手机中高端机型多使用集成度高的 PAMiD/L-PAMiD 方案，但中低端机型也开始配置 L-PAMiD，方案呈现下沉趋势 [50]。

观察国内射频前端产业，当前已经在 PA、开关、天线等领域取得了令人欣喜的成绩，例如在 2G~4G 的单颗分立 PA 上，国产厂商占据了全球市场的主导地位，5G PA 市占率也在稳步提升，射频开关/LNA 领域更是诞生了全球龙头企业。但模组方面，即使是简单的 5G PAMiF 和 LFEM 模组领域，国内也才起步量产 2 年左右，由于设计集成难度大且受制于没有自己的 SAW 和 BAW 技术，大部分企业只能从国外大厂采购滤波器，这又面临供应受限的可能，因此国内几家领先的射频公司也才起步研发和小量试产 L-PAMiD SiP 模组，相比于上文提及的 4 家美国射频巨头公司落后了 5 年以上的时间。

可喜的是，国内众多射频前端企业早已聚焦于研发生产 SAW 和 BAW 滤波器，在研发和工艺提升方面都取得了重大的进步，开始有能力为国内射频前端模组的设计、研发和生产提供保障。虽然在性能指标和工艺制程方面与国际巨头仍有不小的差距，但是已经可以满足基本要求，模组设计公司也要在实际使用过程中不断和国内滤波器厂家进行合作试用、找差、改进、再试用的循环推进，共同保障国内高端射频 PAMiD SiP 模组的设计研发和生产供应，在努力追赶国外巨头技术的同时，做到关键器件的国产替代和自主可控。

射频前端模组作为高度集成的器件，核心在于需要极强的系统整合能力，对整个模组架构、设计、封测都提出了更高的要求，包括简化设计、小型化、降低能耗、降低解决方案成本、提高系统性能等诸多方面。除了设计，射频前端模组对封测能力也提出了更高的要求。例如 L-PAMiD 模组，产品设计要求在更小的尺寸上实现产品功能的高度集成带来了产品内部的高密度贴装，其中被动元器件间距、晶圆级封装 (WLP) 与芯片 (die) 间距、芯片到芯片间距等都在突破现有封装设计规则，这给表面贴片技术 (SMT) 贴装、清洗、塑封等制程带来了巨大的挑战，GaAs 芯片容易发生龟裂、SAW(WLCSP 封装) 滤波器的凸点空洞 (bump void) 和虚焊问题，以及挑战目前 SMT 贴装极限能力的 008004(公制 0201) 多层陶瓷电容器 (MLCC) 的贴装和塑封完全填充，都是 L-PAMiD 模组封装过程中要解决的工艺难点。

此外，对于 SiP 而言，由于系统级封装内部走线的密度非常高，普通的 PCB 难以承载；而 IC 载板的“多层数 + 低线宽线距”则更加契合 SiP 要求，更适合作为 SiP 的封装载体。为了追求产品极致性能和高可靠性，天水华天科技股份有限公司协同客户开发的 L-PAMiD 模组采用了无芯工艺的 8 层基板，要求基板侧面有多层漏铜来增强 EMI 屏蔽的电磁屏蔽性能，且模组背面四角焊盘使用绿油开窗增大焊盘面积以提升产品板级可靠性；这些特殊设计在封装过程中产生诸工艺难题，如成品切割时的基板绿油分层、侧面铜层氧化/变形、Sputter 溢镀和镀层分层等，给产品封装带来了很大的工艺难度。

从最简单的分集模组 DiFEM、LiFEM 到集成度最高的 L-PAMiD 等主集模组，实现的功能越来越多，也要求越来越多的分立器件集成在一个模组中，而且手机要求模组的尺寸越小越好，这给产品设计带来了极大的挑战，需要不断突破现有的设计规则上限。此外，模组中集成的不同滤波器采用了不同的材料和制造工艺，包含了 LTCC、WLP 和 CSP 三种主要的封装形式，在模组封装中都面临不同的挑战。比如 LTCC 主要解决焊接后倾斜和塑封完全填充的封装难题；WLP 主要解决凸点虚焊和凸点空洞的封装难题；CSP 则主要解决背面焊盘焊接后的锡膏空洞过大和塑封完全填充的难题。

因此随着模组中器件的密集度更高，如何保证封装中的贴装精度、焊接后彻底清洗干净、塑封完全填充严实、EMI 屏蔽的全覆盖和结合性、产品可以经受严格可靠性考核等都是模组封装面临的重要考验。

8.6　多谐振器级联滤波器

当前，由于单种类谐振器构建的滤波器分别有侧重点，例如 BAW 谐振器具有较低的带内插损，但带外抑制需要得到提高；LTCC 滤波器具有很好的带外抑制，但是带内插损性能较差。因此，运用合理的谐振器结合方式及级联结构构建滤波器，并将多种类型的谐振器，包括 BAW 谐振器、IPD 谐振器、基片集成波导 (SIW)、类同轴、带状线谐振器等的性能发挥出来，可以有效提升滤波器的插损、带外抑制及功率容量等核心性能。

8.6.1　不同类型 Si 基谐振器级联

在 Si 基三维结构上，需要采用不同形式的谐振器进行毫米波滤波器的设计，因此需要对不同的谐振器特性进行研究，从而充分发挥各谐振器的优势，实现小型化、高性能滤波器的构建。首先，对 Si 基三维结构的多种不同形式的谐振器进行建模，例如 SIW/半模 SIW/四分之一模 SIW，以及类同轴、微带等谐振器，采用理论分析和计算机电磁仿真软件相结合的方法，得到谐振器的性能参数。图 8.43 为几种形式的谐振器结构图。其中谐振器的 Q 值是影响滤波器损耗的一个关键指标，因此，可重点探究 Si 基谐振器的 Q 值影响因素，分析不同结构、尺寸参数、结构分布等对 Q 值的影响，求解谐振器 Q 值的优化设计区间，结合谐振器的结构得到不同滤波器拓扑所需要的优选谐振器形式。在此基础上，对谐振器进行参数化研究，分析三维结构的尺寸对谐振器性能的影响，从而对谐振器进行参数化建模，结合仿真及部分测试结果对参数化模型进行修正，从而构建谐振器模型库 (图 8.44)，用于辅助 Si 基滤波器的快速建模和仿真，即可得到符合要求的多类型谐振器级联的滤波器。

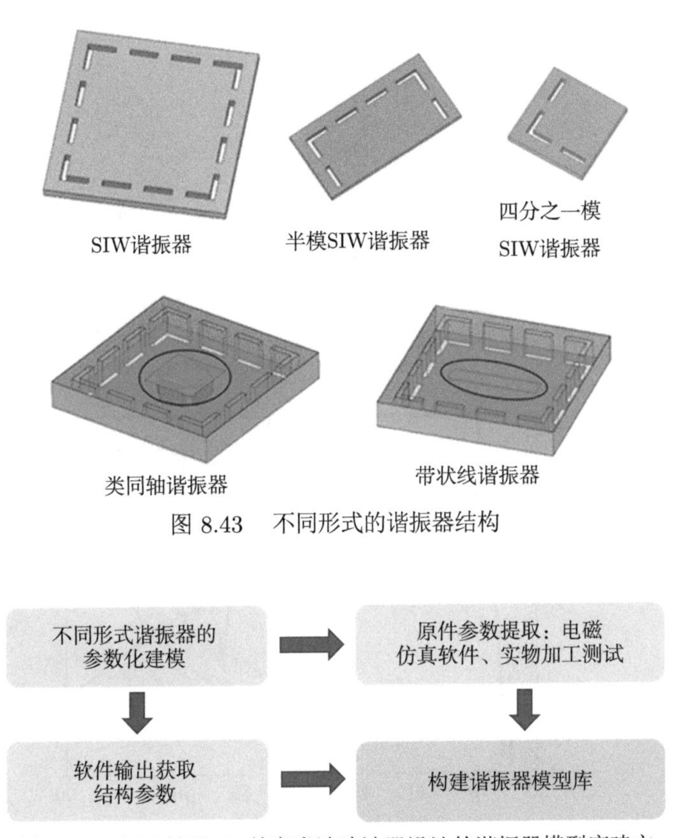

图 8.43 不同形式的谐振器结构

图 8.44 用于辅助 Si 基毫米波滤波器设计的谐振器模型库建立

8.6.2 滤波器级联效果

基于 SIW/半模 SIW/四分之一模 SIW、类同轴、微带/带状线谐振器等不同形式的谐振器可以设计高性能滤波器。图 8.45(a) 所示为拟采用的一种叠层共腔谐振器结构，四个四分之一模 SIW 谐振器重叠放置，相比传统的 SIW 谐振器滤波器尺寸大幅减小，同时经过谐振器位置的优化布局，可以灵活地实现各叠层谐振器之间的交叉耦合，产生传输零点，实现高带外抑制效果。另外，图 8.45(b) 给出了另一个滤波器实现方法，采用 Si 基 MEMS 结构在多层结构中设置两个类同轴的谐振器，并在其上方放置两个带状线谐振结构，从而构建出了四模谐振器，可以有效减小尺寸。图 8.46 给出了一个基于类同轴和带状线混合的 8 阶滤波仿真结果，该滤波器的带内仿真最低损耗为 0.35 dB。

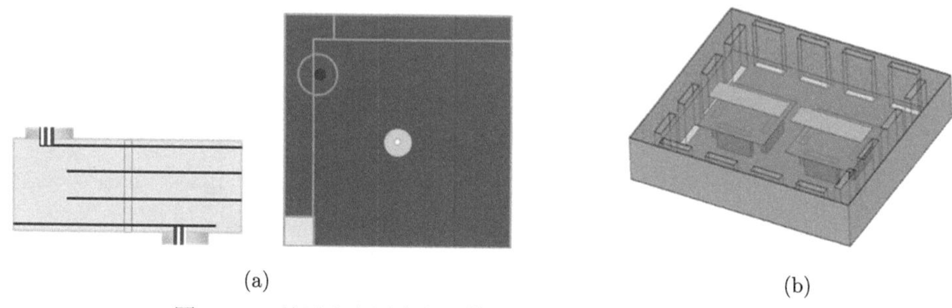

(a)　　(b)

图 8.45　基于多个四分之一模 SIW 共腔集成的封装滤波器
(a) 侧视图；(b) 俯视图

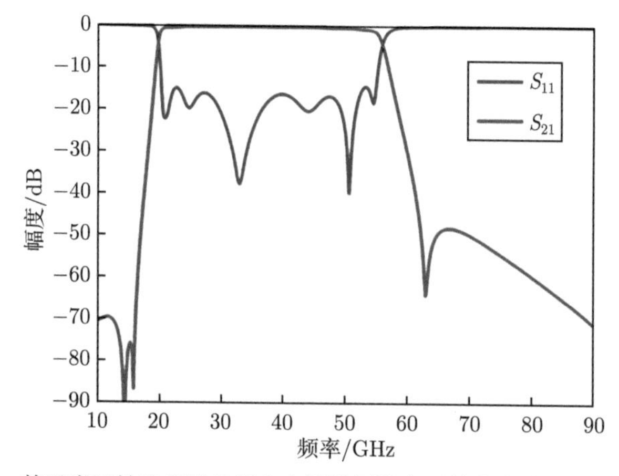

图 8.46　基于类同轴和带状线混合多模谐振器实现的毫米波滤波器仿真结果

在上述基础上，如果充分考虑三维结构中谐振器之间的耦合控制方法和各谐振器的优势，利用 Si 基三维结构布局，探索不同电路拓扑，进行高性能宽带滤波器设计，即可在实现宽带、小型化的同时实现低损耗和高抑制。

8.6.3　BAW 器件与其他器件结合方式

对于 IC 器件封装，封装后芯片面积远大于裸芯片面积，因此 BAW 的封装成为器件微型化的主要限制因素。RF-MEMS 封装中，由于器件处理的信号频率很高，外部的 I/O、封装管壳体，内部的互连传输线和微机械结构之间必然存在紧密的电磁耦合，故这些结构的设计必然对器件的总体射频性能产生影响。因此，须保证器件与外界直流、高频信号的正常交换，最大限度地减小信号衰减并抑制干扰、噪声信号和电磁辐射。利用 ADS 和 ANSYS 进行多物理场协同仿真，探究不同器件布局、衬底材料 (陶瓷、硅、玻璃) 等对器件散射参数、品质因数、插入损耗等的影响。

通常，BAW 器件采用微盖封装技术，微盖一般由硅、陶瓷、玻璃或金属等材料制成，其封装多采用环氧树脂高分子材料作为接合材料 (图 8.47)。通过阳极键合技术密封接合微盖与 MEMS 封装基底；硅通孔技术 (TSV) 结合电镀引出电极，形成 I/O 引脚和 GND，切割得到晶圆级封装的芯片。

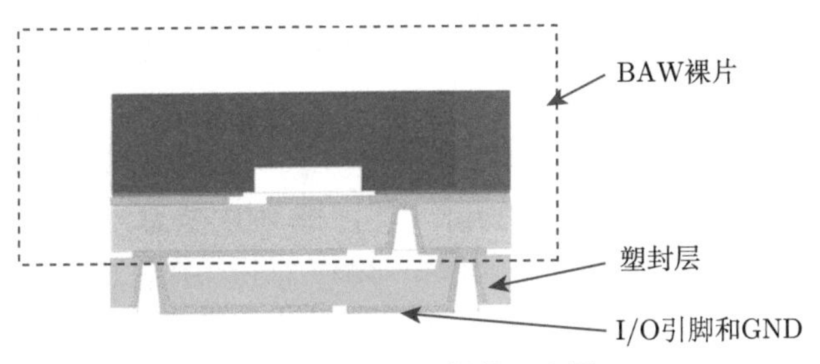

图 8.47 BAW 封装示意图

而微盖不直接影响 BAW 谐振器的谐振腔结构，在此封装结构上可以实现例如有源 PA、LNA、IPD 谐振器等其他器件的集成 (图 8.48)，IPD 电容电感可以在微盖内实现。

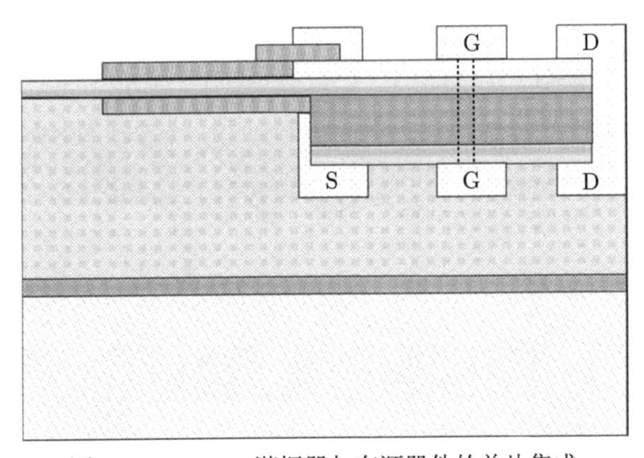

图 8.48 BAW 谐振器与有源器件的单片集成

在此基础上，高阻 Si 基滤波器的损耗和品质因数远小于低阻 Si 材料。利用高阻 Si 制备高 Q 值的滤波器，必须要解决 Si 材料的深孔刻蚀问题。湿法刻蚀制备的通孔粗糙度受到氢氧化钾的浓度、加热温度、超声功率以及添加剂的影响。因此需要系统性地探究多种气体比例对刻蚀形貌和纵宽比的影响，在保证高纵宽比的同时获得最高的刻蚀速率。这是现阶段实现多种谐振器集成需要解决的一项关键问题。

8.6.4 BAW 与 IPD 的混合

由于市场对小型化、高性能滤波器的需求越来越高。压电声波滤波器和芯片封装结合的结构成为目前关注的重点，该结构在连接压电声波滤波器的电感之间引入互感，调节压电声波滤波器传输零点的位置，并改善滤波器的高频性能。

然而现有滤波芯片封装结构的技术存在诸多不足之处，包括：常规滤波器所使用的集总元件往往由表面安装的元器件来实现，每一个电感、电容都会占用很大的空间；而若使用 IPD 技术实现集总元件的滤波器，其集总元件往往需要额外封装成独立器件然后与谐振器连接，因此这种封装工艺可能存在稳定性差、加工复杂度高等问题 [51]。

为解决现有技术中的缺陷，有相关研究提出了声波滤波器与 IPD 相混合的技术，其目的是通过 IPD 技术来实现集总元件 [52]，将 IPD 集总元件与 BAW 谐振器封装在一起，解决常规基于 IPD 几种元件和 BAW 谐振器在封装过程中需隔离封装的问题，减小芯片的体积，这使得 IPD 元件所在芯片与 BAW 谐振器所在芯片互为盖板并在内部进行互联。以上措施将极大地降低整体滤波器的尺寸、工艺复杂度、滤波器的整体加工成本，以及提高产品的稳定性，并使滤波器在实现良好封装的同时可以达到设定的性能 [53]。

图 8.49 为 BAW 滤波器与 IPD 混合的示意图：该滤波器主要分为两个部分，上半部分是 BAW 谐振器区域，下半部分是封装的盖板区域。其中，盖板区域上存在着利用 IPD 技术加工的集总元件，通过特定位置的键合柱将上下两个部分进行连接，该滤波器可以在完成自身封装的同时实现设定的滤波性能 [54]。

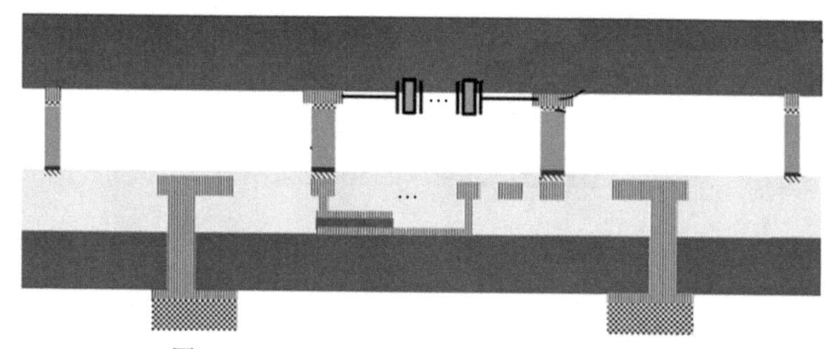

图 8.49 BAW 滤波器与 IPD 混合的示意图

参 考 文 献

[1] 欧阳佩东, 衣新燕, 罗添友, 等. 基于 AlN 的体声波滤波器材料、器件与应用研究进展. 人工晶体学报, 2022, 51(9): 1691-1702.

[2] Taylor K M, Lenie C. Some properties of aluminum nitride. Journal of the Electrochemical Society, 1960, 107(4): 308.

[3] Evans P E, Davies T J. Aluminium nitride whiskers. Nature, 1963, 197(4867): 587.

[4] Drum C M, Mitchell J W. Electron microscopic examination of role of axial dislocations in growth of AlN whiskers. Applied Physics Letters, 1964, 4(9): 164-165.

[5] Davies T J, Evans P E. Strength of aluminium nitride whiskers. Nature, 1965, 207(4994): 254-255.

[6] Witzke H D. Über wachstum von AlN-einkristallen aus der dampfphase. Physica Status Solidi (b), 1962, 2(8): 1109-1114.

[7] Drum C M. Axial imperfections in filamentary crystals of aluminum nitride. I. Journal of Applied Physics, 1965, 36(3): 816-823.

[8] Slack G A, Mcnelly T F. Growth of high purity AlN crystals. Journal of Crystal Growth, 1976, 34(2): 263-279.

[9] Slack G A, Mcnelly T F. AiN single crystals. Journal of Crystal Growth, 1977, 42: 560-563.

[10] Slack G A. Aluminum nitride crystal growth. General Electric Corporate Research and Development Schenectady NY, 1979.

[11] Segal A S, Karpov S Y, Makarov Y N, et al. On mechanisms of sublimation growth of AlN bulk crystals. Journal of Crystal Growth, 2000, 211(1-4): 68-72.

[12] Edgar J H, Liu L, Liu B, et al. Bulk AlN crystal growth: self-seeding and seeding on 6H-SiC substrates. Journal of Crystal Growth, 2002, 246(3-4): 187-193.

[13] Schlesser R, Sitar Z. Growth of bulk AlN crystals by vaporization of aluminum in a nitrogen atmosphere. Journal of Crystal Growth, 2002, 234(2-3): 349-353.

[14] Zhuang D, Herro Z G, Schlesser R, et al. Seeded growth of AlN single crystals by physical vapor transport. Journal of Crystal Growth, 2006, 287(2): 372-375.

[15] Lu P, Collazo R, Dalmau R F, et al. Seeded growth of AlN bulk crystals in *m*- and *c*-orientation. Journal of Crystal Growth, 2009, 312(1): 58-63.

[16] Goldberg Y, Levinshtein M E, Rumyantsev S L. Properties of Advanced Semiconductor Materials: GaN, AlN, InN, BN, SiC, SiGe. Hoboken, New Jersey: John Wiley & Sons, 2001.

[17] Balkas C M, Sitar Z, Zheleva T, et al. Sublimation growth and characterization of bulk aluminum nitride single crystals. Journal of Crystal Growth, 1997, 179(3-4): 363-370.

[18] Tanaka M, Nakahata S, Sogabe K, et al. Morphology and X-ray diffraction peak widths of aluminum nitride single crystals prepared by the sublimation method. Japanese Journal of Applied Physics, 1997, 36(8B): L1062.

[19] Schowalter L J, Carlos Rojo J, Yakolev N, et al. Preparation and characterization of single-crystal aluminum nitride substrates. MRS Internet Journal of Nitride Semiconductor Research, 2000, 5(1): 445-451.

[20] Schowalter L J, Rojo J C, Slack G A, et al. Epitaxial growth of AlN and $Al_{0.5}Ga_{0.5}N$ layers on aluminum nitride substrates. Journal of Crystal Growth, 2000, 211(1-4): 78-81.

[21] Hirata S, Okamoto K, Inoue S, et al. Epitaxial growth of AlN films on single-crystalline Ta substrates. Journal of Solid State Chemistry, 2007, 180(8): 2335-2339.

[22] Kakanakova-Georgieva A, Ciechonski R R, Forsberg U, et al. Hot-wall MOCVD for highly efficient and uniform growth of AlN. Crystal Growth & Design, 2009, 9(2): 880-884.

[23] Wang W L, Yang W J, Liu Z L, et al. Epitaxial growth of homogeneous single-crystalline AlN films on single-crystalline Cu (111) substrates. Applied Surface Science, 2014, 294(1): 1-8.

[24] Wang T Y, Tasi C T, Lin K Y, et al. Surface evolution and effect of V/ratio modulation on etch-pit-density improvement of thin AlN templates on nano-patterned sapphire substrates by metalorganic chemical vapor deposition. Applied Surface Science, 2018. 455(15): 1123-1130.

[25] Luo J, Wang W, Zheng Y, et al. AlN/nitrided sapphire and AlN/non-nitrided sapphire hetero-structures epitaxially grown by pulsed laser deposition: a comparative study. Vacuum, 2017, 143: 241-244.

[26] Li X H, Wang S, Xie H E, et al. Growth of high-quality AlN layers on sapphire substrates at relatively low temperatures by metalorganic chemical vapor deposition. Physica Status Solidi (b) Basic Research, 2015, 252(5): 1089-1095.

[27] Lee K, Cho Y J, Schowalter L J, et al. Surface control and MBE growth diagram for homoepitaxy on single-crystal AlN substrates. Applied Physics Letters, 2020, 116(26): 262102.

[28] Faria F A, Nomoto K, Hu Z, et al. Low temperature AlN growth by MBE and its application in HEMTs. Journal of Crystal Growth, 2015, 425(1): 133-137.

[29] 汪洪海, 郑启光, 魏学勤, 等. 等离子体辅助反应式脉冲激光熔蚀制备 AlN 薄膜的低温生长. 功能材料, 1999, 30(2):204-206

[30] Szekeres A, Fogarassy Z, Petrik P, et al. Structural characterization of AlN films synthesized by pulsed laser deposition. Applied Surface Science, 2011, 257(12): 5370-5374.

[31] Li G Q, Ohta J, Kobayashi A, et al. Growth temperature dependence of structural properties for single crystalline GaN films on $MgAl_2O_4$ substrates by pulsed laser deposition. Semiconductor Science and Technology, 2006, 21(8): 1026-1029.

[32] Yang H, Wang W L, Liu Z L, et al. Epitaxial growth of 2 inch diameter homogeneous AlN single-crystalline films by pulsed laser deposition. Journal of Physics D: Applied Physics, 2013, 46(10): 105101.

[33] Wang W L, Yang W J, Lin Y H, et al. Microstructures and growth mechanisms of GaN films epitaxially grown on AlN/Si hetero-structures by pulsed laser deposition at different temperatures. Scientific Reports, 2015, 5: 16453.

[34] Li G Q, Wang W L, Yang W J, et al. Epitaxial growth of group Ⅲ-nitride films by pulsed laser deposition and their use in the development of LED devices. Surface Science Reports, 2015, 70(3): 380-423.

[35] Wang H Y, Lin Z T, Wang W L, et al. Growth mechanisms of GaN epitaxial films grown on *ex situ* low-temperature AlN templates on Si substrates by the combination methods of PLD and MOCVD. Journal of Alloys and Compounds, 2017, 718: 28-35.

[36] Wang H Y, Lin Z T, Lin Y H, et al. High-performance GaN-based LEDs on Si substrates: the utility of *ex situ* low-temperature AlN template with optimal thickness. IEEE Transactions on Electron Devices, 2017, 64(11): 4540-4546.

[37] Lin Y H, Yang M J, Wang W L, et al. High-quality crack-free GaN epitaxial films grown on Si substrates by a two-step growth of AlN buffer layer. CrystEngComm, 2016, 18(14): 2446-2454.

[38] 胡念楚. 温度补偿的压电薄膜体声波滤波器. 天津: 天津大学, 2011.
[39] Nishihara T, Taniguchi S, Ueda M. Increased piezoelectric coupling factor in temperature-compensated film bulk acoustic resonators. IEEE International Ultrasonics Symposium (IUS), 2015: 1-4.
[40] 刘玉帅, 刘康福, 吴涛. 基于铌酸锂薄膜的 5G 谐振器和滤波器. 微纳电子与智能制造, 2020, 2(4): 136-151.
[41] Zhou J, Xu Q, Liu J, et al. Ring-shaped lamb wave resonator based $LiNbO_3$ film with A1/A3 mode resonance above 6/17 GHz. 2021 IEEE International Ultrasonics Symposium (IUS), 2021: 1-3.
[42] Takai T, Iwamoto H, Takamine Y, et al. I.H.P. SAW technology and its application to microacoustic components. Washington: IEEE International Ultrasonics Symposium (IUS), 2017: 1-8.
[43] Yang Y, Lu R, Manzaneque T, et al. Toward Ka band acoustics: Lithium niobate asymmetrical mode piezoelectric MEMS resonators. 2018 IEEE International Frequency Control Symposium (IFCS), 2018: 1-5.
[44] Lu R, Yang Y, Link S, et al. A1 Resonators in 128° Y-cut lithium niobate with electromechanical coupling of 46.4%. Journal of Microelectromechanical Systems, 2020, 3(29): 313-319.
[45] Plessky V, Yandrapalli S, Turner P, et al. 5 GHz laterally-excited bulk-wave resonators (XBARs) based on thin platelets of lithium niobate. Electronics Letters, 2019, 55(2):98-100.
[46] Kadota M, Ogami T. 5.4 GHz lamb wave resonator on $LiNbO_3$ thin crystal plate and its application. Japanese Journal of Applied Physics, 2011, 50(7S): 07HD11.
[47] Koulakis J, Koskela J, Yang W, et al. XBAR physics and next generation filter design. 2021 IEEE International Ultrasonics Symposium (IUS), 2021: 1-5.
[48] Qin Z, Wu S, Wang Y, et al. Solidly mounted longitudinally excited shear wave resonator (YBAR) based on lithium niobate thin-film. Micromachines, 2021, 12(9): 1039.
[49] 汉天下推出高性能 B1+B3 四工器为本土射频前端模组化筑地基. [2024-5-17]. https://www.ijiwei.com/n/834367.
[50] 国产射频前端模组高端化进程加速，华天科技 L-PAMiD SiP 封装助力国产射频模组突围. [2024-5-17]. https://www.ijiwei.com/n/870588.
[51] 高安明, 姜伟. 集成 IPD 技术封装的滤波器及封装方法: 202110057361.X. 2021-04-16.
[52] 于晓权, 何杰, 马晋毅. 压电 MEMS 兰姆波器件技术的最新进展与展望. 压电与声光, 2022, 44(2): 223-229.
[53] Zhang H, Yang Q R, Pang W, et al. Temperature stable bulk acoustic wave filters enabling integration of a mobile television function in UMTS System. IEEE Microwave and Wireless Components Letters, 2012, 22(5):239-241.
[54] Nishihara T, Taniguchi S, Ueda M. Increased piezoelectric coupling factor in temperature-compensated film bulk acoustic resonators. 2015 IEEE International Ultrasonics Symposium (IUS), 2015: 1-4.

《半导体科学与技术丛书》已出版书目

(按出版时间排序)

1. 窄禁带半导体物理学	褚君浩	2005年4月
2. 微系统封装技术概论	金玉丰 等	2006年3月
3. 半导体异质结物理	虞丽生	2006年5月
4. 高速CMOS数据转换器	杨银堂 等	2006年9月
5. 光电子器件微波封装和测试	祝宁华	2007年7月
6. 半导体科学与技术	何杰，夏建白	2007年9月
7. 半导体的检测与分析（第二版）	许振嘉	2007年8月
8. 微纳米MOS器件可靠性与失效机理	郝跃，刘红侠	2008年4月
9. 半导体自旋电子学	夏建白，葛惟昆，常凯	2008年10月
10. 金属有机化合物气相外延基础及应用	陆大成，段树坤	2009年5月
11. 共振隧穿器件及其应用	郭维廉	2009年6月
12. 太阳能电池基础与应用	朱美芳，熊绍珍 等	2009年10月
13. 半导体材料测试与分析	杨德仁 等	2010年4月
14. 半导体中的自旋物理学	M. I. 迪阿科诺夫 主编 (M. I. Dyakanov) 姬扬 译	2010年7月
15. 有机电子学	黄维，密保秀，高志强	2011年1月
16. 硅光子学	余金中	2011年3月
17. 超高频激光器与线性光纤系统	〔美〕刘锦贤 著 谢世钟 等译	2011年5月
18. 光纤光学前沿	祝宁华，闫连山，刘建国	2011年10月
19. 光电子器件微波封装和测试(第二版)	祝宁华	2011年12月
20. 半导体太赫兹源、探测器与应用	曹俊诚	2012年2月
21. 半导体光放大器及其应用	黄德修，张新亮，黄黎蓉	2012年3月
22. 低维量子器件物理	彭英才，赵新为，傅广生	2012年4月
23. 半导体物理学	黄昆，谢希德	2012年6月
24. 氮化物宽禁带半导体材料与电子器件	郝跃，张金风，张进成	2013年1月
25. 纳米生物医学光电子学前沿	祝宁华 等	2013年3月
26. 半导体光谱分析与拟合计算	陆卫，傅英	2014年3月

27. 太阳电池基础与应用（第二版）（上册）	朱美芳，熊绍珍	2014 年 3 月
28. 太阳电池基础与应用（第二版）（下册）	朱美芳，熊绍珍	2014 年 3 月
29. 透明氧化物半导体	马洪磊，马瑾	2014 年 10 月
30. 生物光电子学	黄维，董晓臣，汪联辉	2015 年 3 月
31. 半导体太阳电池数值分析基础（上册）	张玮	2022 年 8 月
32. 半导体太阳电池数值分析基础（下册）	张玮	2023 年 4 月
33. 高频宽带体声波滤波器技术	**李国强**	**2024 年 5 月**